생명의 비밀

차별과 욕망에 파묻힌 진실

생명의 비밀 차별과 욕망에 파묻힌 진실

지은이 / 하워드 마르켈
옮긴이 / 이윤지
펴낸이 / 조유현
편　집 / 이부섭
디자인 / 박민희
펴낸곳 / 늘봄

등록번호 / 제300-1996-106호 1996년 8월 8일
주소 / 서울시 종로구 김상옥로 66, 3층
전화 / 02)743-7784
이메일 / book@nulbom.co.kr

초판 발행 / 2023년 1월 30일

ISBN 978-89-6555-104-1 03400

※ 값은 표지에 있습니다.

생명의 비밀

차별과 욕망에 파묻힌 진실

하워드 마르켈 지음
이윤지 옮김

늘봄

나의 아내 데보라 고딘 마르켈 박사,
그녀는 헌신적인 과학자였습니다만
그녀의 인생은 암 때문에 가슴이 시리도록 짧았습니다.
이 책을
그녀에게 바칩니다.

ת׳ נ׳ צ׳ ב׳ ה׳
테헤 니쉬마토 쯔루아 비쯔로르 하하임

(그녀의) 생명은 내 주 하나님 여호와와 함께
생명 싸개 속에 싸였을 것이요(사무엘상 25:29)

차 례

1부 프롤로그

1. 오프닝 크레딧 »» 11
2. 수도원에서 발견한 멘델의 법칙 »» 24
3. 이중나선이 등장하기 전 »» 34

2부 다섯 명의 이중나선 발견 공로자

4. 프랜시스 크릭 »» 51
5. 모리스 윌킨스 »» 67
6. 로잘린드 프랭클린 »» 85
7. 라이너스 폴링 »» 120
8. 제임스 왓슨 »» 138

3부 운명의 1951년

9. 왓슨과 윌킨스의 첫 만남 »» 165
10. 케임브리지로 가려는 왓슨의 여러 시도들 »» 185
11. 왓슨과 크릭의 첫 만남 »» 200
12. 프랭클린과 윌킨스 »» 214
13. 프랭클린과 왓슨의 첫 만남 »» 237
14. 옥스퍼드의 꿈꾸는 첨탑 »» 260
15. 왓슨과 크릭의 삼중나선 모형 제작 »» 276

4부 1952년, 이중나선으로부터 비켜선 사람들

16. 라이너스 폴링의 불운 »» 303
17. 샤르가프의 불운 »» 315
18. 왓슨과 크릭에게 미소짓는 행운의 여신 »» 327
19. 다섯 연구자의 정중동 »» 338

5부 1952년 11월~1953년 4월, 마지막 경쟁

20. 오답으로 향하는 폴링의 연구 »» 357
21. 왓슨의 소화불량 »» 367
22. DNA 사냥터로 돌아온 왓슨과 크릭 »» 377
23. 문제의 51번 사진 »» 386
24. 이중나선 규명 직전에서 멈춰선 프랭클린 »» 405
25. 왓슨, 프랭클린의 연구 보고서를 손에 넣다 »» 421
26. 이중나선의 열쇠 염기쌍을 발견한 왓슨 »» 434
27. 도둑맞은 프랭클린의 과학적 우선권 »» 450
28. 패배 »» 463
29. 연구윤리를 내팽개친 공식적인 모의들 »» 480

6부 노벨상

30. 스톡홀름 »» 515
31. 엔딩 크레딧 »» 529

감사의 말 · 544
약어표 · 550
미주 · 551
인명색인 · 666

1부

프롤로그

역사는 — 어떤 현자가 말한 것처럼 — 합의된 우화일 뿐이다.

– 볼테르(Voltaire)[1]

내 입장에서는 모든 사람이 과거를 역사에 맡겨 둔다고 하면 더 좋다.
특히 내가 직접 그 역사를 쓰려고 할 때 더욱 그렇다.

– 윈스턴 처칠(Winston Churchill)[2]

[1]

오프닝 크레딧

모든 남학생은 DNA가 네 단어(A, T, G, C)로 된 매우 긴 화학 메시지라는 것을 알고 있다 … 이제 우리는 당연하게 그 답을 알고 있다. 모든 것이 완벽할 정도로 명백해서 예전에 DNA에 관한 문제가 얼마나 당혹스러웠는지 요즘은 아무도 상상하지 못한다 … 연구의 최전선은 언제나 안개 속이다.

— 프랜시스 크릭(Francis Crick)[1]

1953년 2월 28일 예배당 종소리가 정오를 알린 직후, 두 남자가 케임브리지대학 캐번디시물리학연구소 계단을 뛰어 내려왔다. 두 사람은 기쁨에 들떠서 자신들의 일생일대의 과학적 발견을 동료들에게 알리고 싶었다. 1층에 먼저 도착한 사람은 일리노이주 시카고에서 온 25세의 털보 생물학자 제임스 왓슨(James D. Watson)이었다. 뒤이어 도착한 사람은 영국 노샘프턴 웨스턴 파벨이라는 작은 마을 출신의 물리학자 프랜시스 크릭이었다.[2]

만일 그 순간을 영화처럼 재구성해보면 부감으로 케임브리지대학교를 내려다보는 장면으로 시작해 왓슨이 한때 사용했던 연구실이 있는 클레어칼리지(Clare College)의 아름다운 영국식 정원으로 이동할 것이다. 다시 카메라가 좁은 사각형 보트를 타고 힘겹게 하류로 향하는 뱃사공에게 초점을 맞췄다가 얕아진 캠(Cam) 강둑을 비추며 지나간다. 이어서 트리니티칼리지(Trinity College)와 킹스칼리지(King's College)의 넓

케임브리지 세인트베넷교회

고 아름다운 잔디밭을 가로질러 셀 수 없이 많은 석조 첨탑을 가만히 올려다본다.

두 과학자는 숨도 쉬지 않고 달리느라 넥타이가 비뚤어지고 재킷 뒷부분을 펄럭거리며 양쪽으로 열리는 캐번디시연구소의 고딕 아치문을 통해 밖으로 나온다. 두 사람은 비바람에 닳고 닳아서 울퉁불퉁한 판석이 깔린 짧고 구불구불한 '프리스쿨레인(Free School Lane)'을 질주한다. 건설 시기가 1033년까지 거슬러 올라가는 나지막한 색슨 양식 탑이 있는 세인트베넷교회(St. Bene't)와 그 교회를 가리고 있는 오래된 잡목 숲을 스쳐 지난다. 두 사람은 케임브리지 학생과 교수들의 주요 교통수단인 자전거 보관소 주위를 질주한다.

산들바람이 불고 계절에 맞지 않게 화창하던 그날 오후, 두 사람이 향한 곳은 '이글펍(the Eagle pub)'[3]이라는 술집이었다. 이글은 1667년 캐번디시연구소에서 고작 101걸음 떨어진 곳에 있는 베넷 거리 북쪽에 처음 문을 열었다. 개업 당시에는 '이글앤차일드(the Eagle and Child)'였는데 1센트에 맥주 3갤런(약 13.5ℓ)을 주는 것이 이 가게의 명물이었다. 그때부터 케임브리지 교수와 학생들이 즐겨 찾는 단골집이 되었다. 제2차 세계대전 때는 근처에 주둔한 영국 공군부대의 비공식적 본부 역할도 했다. 한쪽 귀퉁이에는 장황한 문장들, 되는대로 끄적거린 낙서, 비행편대 번호 같은 것이 남아있는 벽이 있었다. 이제는 잊힌 어떤 조종사가 실오라기를 대충 걸친 육감적인 몸매의 여자 그림으로 천장을 꾸며 놓기까지 했다.

왓슨과 크릭은 일주일에 6일을 영국 공군들의 장식이 남아있는 이글의 안락한 홀에서 점심을 먹었다. 2월 28일 두 사람이 숨을 헐떡이고 땀을 흘리면서 이글에 도착했을 때, 그곳은 이미 온기를 내뿜는 소시지와 으깬 감자, 피시앤칩스, 고기파이 등으로 식사에 몰두 중인 케임브리지 사람들로 가득했다. 씹고 삼키는 와중에도 케임브리지 소속의 이 똑똑한 남자들은 목청 높여 인간사의 거의 모든 측면을 주제로 토론하고 있었다.

이글에 도착한 왓슨과 크릭은 큰 소리로 자랑할 준비를 했다. 두 사람은 DNA로 더 잘 알려진 데옥시리보핵산(deoxyribonucleic acid)의 이중나선 구조를 막 풀어낸 참이었다. 프랜시스는 기쁜 마음에 들떠서 일생 중 가장 큰 목소리로 외쳤다. "우리가 생명의 비밀을 풀었다(We have discovered the secret of life)!"[4] 사실 크릭이 했다는 이 말과 그날의 정황은 왓슨이 주장하는 것으로, 크릭은 점잖고도 단호하게 그 운명적인 오후에 그런 발언을 한 적이 없다고 죽을 때까지 부인했다.[5]

케임브리지의 학자들은 이런 식의 자랑을 천박하게 여기는 풍조가 있었지만, 크릭은 그런 관례들을 별로 신경 쓰지 않았다. 어쨌든 왓슨과

케임브리지 사람들의 단골집인 이글펍

크릭이 생명의 비밀, 적어도 생명체의 핵심적인 생물학적 비밀을 밝혀냈다는 것은 논란의 여지가 없다. DNA 구조에 대한 왓슨과 크릭의 설명은 몇백 년간 전해져 오늘날까지 이어지는 연구 지침, 즉 생물학적 단위의 기능을 완전하게 이해(하고 조작)하려면 그 구조 또는 해부학을 먼저 밝혀야 한다는 관례에 따른 것이기 때문이다. DNA와 관련하여 유전 정보가 전달되는 방식에 대한 현대적 이해는 거의 모두 이 기초적인 발견을 기반으로 발전했다. 그런 이유로 두말할 필요 없이 1953년 2월 28일은 과학사, 나아가 인류사에 전환점이 된 순간이다. 이 한 번의 전환으로 유전학, 생명과학, 인체에 대한 우리의 이해는 완전히 바뀌었다. 마치 암흑시대에서 빛의 시대로 접어든 것처럼 모든 것이 바뀌었다.[6]

이중나선의 발견으로 하나의 세포가 두 개의 세포로 분열하는 과정에서 DNA가 핵심적인 역할을 한다는 것과 분열된 각각의 세포에 부모 DNA의 복사본이 포함되어 있음이 밝혀졌다. DNA의 구성 요소는 뉴클레오타이드(nucleotide)라 불리며, 각각의 뉴클레오타이드는 인산기(네 개의 산소 원자와 결합한 인 원자 한 개)와 질소 염기에 붙어 있는 당 또는 탄수화물로 구성된다. DNA 안의 질소 염기는 화학적으로 퓨린(purine)과 피리미딘(pyrimidine) 염기로 분류된다. 이제 우리는 한쪽 나선의 사슬에 들어 있는 퓨린(guanine과 adenine)이 다른 사슬에 들어있는 피리미딘(cytosine과 thymine)과 상보적으로 수소 결합하면서 나선 계단의 각각의 칸들을 생성한다는 것을 안다. 각 계단의 칸들은 이 나선 계단의 이중 난간 또는 뼈대가 연결된 당과 인산기이다. 수십억 개 이상의 DNA 분자와 결합한 이 분자는 퓨린과 피리미딘의 정확한 염기 배열을 이중나선 구조에 포함하고 있다.

뉴클레오타이드 분자의 기다란 이중나선에는 우리가 소위 유전 암호라고 부르는 생명의 비밀이 들어있다. 왓슨과 크릭의 통찰은 궁극적으로 유전학의 「$E=mc^2$」 같은 공식을 만들어냈는데, 크릭은 나중에 이 공식을 “분자 생물학의 중심 원리”인 「DNA → RNA → 단백질」이라고 명명했다.

20세기 전반기에는 물리학자들이 과학계에 강력한 영향력을 행사했다.[7] 물리학자들은 원자, X선과 방사능, 광전 효과, 특수 및 일반상대성이론 등의 중요한 발견을 통해 기본적인 물리 현상의 “불확실성”을 찾아내

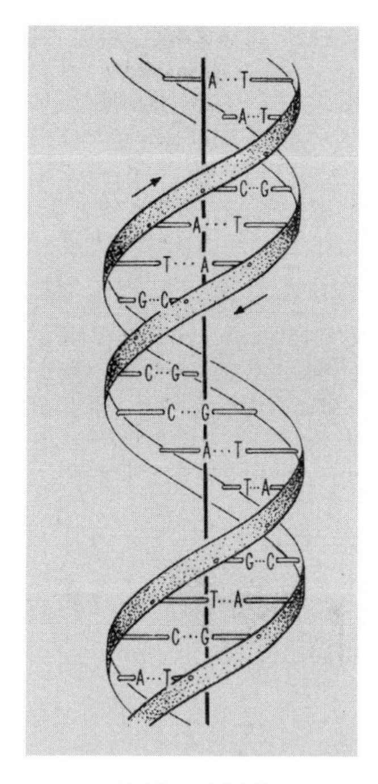

이중나선을 도식화한 그림
(Artist : Odile Crick, 1953)

고자 하는 사람들은 물론 전 세계를 열광시켰다. 이런 성취는 자연을 바라보는 우리의 시각을 급격하게 변화시켰고, 과학에 종사하는 사람들이 1900년에는 감히 상상도 할 수 없었던 수준으로 과학의 사회적 지위를 상승시켰다.[8]

현대 물리학의 주목할 만한 업적 중 하나는 양자역학 이론이다. "위대한 덴마크인" 닐스 보어(Niels Bohr), 오스트리아의 에르빈 슈뢰딩거(Erwin Schrödinger), 독일인 3인방 막스 플랑크(Max Planck), 알베르트 아인슈타인(Albert Einstein), 베르너 하이젠베르크(Werner von Heisenberg), 부다페스트 태생의 레오 실라르드(Leo Szilard) 외에 많은 과학자가 양자역학 이론을 발전시켰다. (다른 이론에 적용하기 위해 수정하기도 했다.) 이 과학자들은 인간의 눈으로는 볼 수 없는 원자를 비롯하여 전자, 중성자, 양성자, 더 최근에는 아원자 쿼크와 힉스 입자 같이 원자를 구성하는 더 작은 요소가 작동하는 저 깊숙한 물리 세계를 들여다보면서 설명하기 위해 애썼다. 이들은 숨이 멎을 듯이 멋진 일련의 수학적 개념으로 자연과학을 설명하고 나아가 예측하기를 꿈꿨다. 그래서 멋들어진 이론을 증명할 실험 자료만 따분하게 모으는 실험 물리학자들과 달리, 세계적으로 유명해진 것은 이론 물리학자들이었다.[9]

제2차 세계대전 시기 연합국의 물리학자들은 수학자, 화학자, 공학자와 협업하여 레이더, 수중 음파 탐지기, 제트 엔진, 플라스틱을 개발했고, 전자공학 분야를 발전시켰으며, 새롭게 등장한 컴퓨터 기술을 이용해 나치의 수수께끼 같은 암호 에니그마(Enigma)를 해독했다.[10] 뉴멕시코주 로스앨러모스, 테네시주 오크리지, 워싱턴주 핸퍼드에 근거를 둔 물리학자들은 히로시마와 나가사키를 파괴한 원자폭탄을 개발하기 위해 우라늄과 플루토늄 원자의 힘을 이용했다.

자신들의 연구 결과가 초래한 참상을 깨달은 다수의 물리학자는 다시는 군수품 생산에 참여하지 않겠다고 맹세했다. 대신 새로운 과학적 전망에 대한 활발한 논의는 생명의 가장 작은 단위, 즉 양자 수준의 역학에 관한 것으로 옮겨갔다. 이는 혈액, 근육, 뉴런, 장기, 세포를 구성하는 분자를 다뤘다(이를 지칭하는 용어는 분자생물학과 생물물리학이다). 제임스 왓슨이 이야기했던 것처럼 "제2차 세계대전 이후 학계에서 보편적으로 흥분을 일으키는 주제는 물리학뿐이었다. 화학 혁명도 물리학에서 나왔다. 또한 그 뿌리를 물리학에 둔 생물학 혁명도 DNA 구조가 밝혀지면서 시작된 것이다."[11]

1950년에는 지구상에서 가장 뛰어난 과학자들조차도 어떻게 유전자가 생명체의 중요한 데이터와 형질을 후손에게 물려주는지 알지 못했다. 유전자는 어떻게 작용했을까? 세포질이나 세포핵 안에 중간전달자가 존재했을까? 세포의 서로 다른 두 부분인 세포질과 세포핵은 어떻게 상호 작용했을까? 유전자 코드가 있는가, 만약 있다면 그렇게 다양한 정보

를 어떻게 전달했을까? 잠재적으로 무한한 수의 순열이 가능한 길고 꼬불꼬불한 아미노산 사슬을 고려할 때, 단백질은 세포가 어떻게 복제되는지를 계획하는 데 중요한 역할을 하는가? 아니면 아직 제대로 된 이해가 부족한 DNA가 그 역할을 하는가? 그렇다면 DNA가 어떻게 그렇게 복잡한 유전 정보를 전달할 수 있을까? DNA는 서로 다른 질소 염기를 오직 네 가지(아데닌, 구아닌, 티민, 시토신)만 지니고 있는데, 생명의 로제타 스톤(Rosetta Stone)으로 작동하기에는 화학적 요소가 지나치게 제한적이고 단순하지 않은가?

아마도 물리학에서 생물학에 이르는 긴 가시밭길에서 가장 영향력 있는 선구자는 에르빈 슈뢰딩거일 것이다. 그는 물리학자들이 계(系, system)의 파동 함수를 계산할 수 있는 방정식을 만든 것으로 잘 알려져 있으며, 양자이론에 대해 점점 커지는 자신의 불편한 심기를 드러내고자 "슈뢰딩거의 고양이"[12]로 알려진 사고 실험을 고안했다. 그는 「원자 에너지의 새로운 생산적인 형태의 발견」으로 1933년에 노벨 물리학상을 수상했다.[13] 슈뢰딩거는 1944년에 소책자 『생명이란 무엇인가(What Is Life?)』를 출판한 후 생물학 연보에 이름을 올렸다. 이 책은 1943년 더블린 트리니티칼리지 고등연구소에서 슈뢰딩거가 진행했던 일련의 강의를 바탕으로 쓰였다.[14] 분자생물학 개념에 관한 다른 어떤 출판물도 이 책만큼 지대한 영향력을 갖지는 못했다. 제임스 왓슨과 프랜시스 크릭, 그리고 모리스 윌킨스(Maurice Wilkins)는 각각의 인터뷰를 통해 슈뢰딩거의 이 책을 읽고 정신이 나갈 정도로 놀랐으며, 자신들의 학문 여정에 매우 큰 영향을 받았다고 회고했다.

『생명이란 무엇인가?』는 독일 출신의 물리학자 막스 델브뤼크(Max Delbrück)의 연구를 기술한 후 네 가지 생물물리학적 질문을 제기했다.

유전자는 무엇인가? 유전자가 유전의 가장 작은 단위인가? 유전자를 구성하는 분자와 원자는 무엇인가? 부모의 특성은 어떻게 다음 세대에 전해지는가? 이를 위해 슈뢰딩거는 비주기적 결정 또는 고체인 "유전자 또는 염색체 섬유로 추정되는 것"의 존재를 가정했으며[15], 이는 규칙적인 순서로 반복되거나 배열되는 분자로 구성된다. 나아가 이런 유전자의 화학 결합 안에 삶, 질병, 재생산을 이끄는 유전 정보가 있을 것이라고 주장했다. 젊은 제임스 왓슨과 다른 많은 젊은이는 수많은 화학 결합만이 아니라 정확한 배열 위치, 유전자를 구성하는 원자의 정확한 위치를 밝히는 것이 중요하다는 이런 관점을 받아들였다.

1947년에 시작된 영국 의학연구위원회는 런던대학교 킹스칼리지 물리학과에 「생물물리학 실험 … 세포 연구, 특히 살아 있는 세포와 세포의 구성 요소, 세포의 생산물에 관한 연구」를 수행하도록 2만2천 파운드(현재 가치로 약 21억, 파운드 가치는 1910년대보다 60배 올랐다)의 보조금을 지급했다. DNA의 구조, 세포의 생애에 DNA가 맡은 역할을 규명하는 것이 이 보조금의 여러 가지 목적 중 하나였다.[16] 킹스칼리지는 최고의 실험 장비와 DNA 표본을 가지고 느리지만 꾸준하게 자료를 축적하는 전통적인 과학적 방식으로 이 문제를 풀어내기에 적합했고, 적어도 서류상으로는 이 연구를 진행할 적합한 연구원을 확보하고 있었다. 하지만 불행하게도 이 작업은 핵심 연구원 두 명의 사이가 틀어지면서 문제가 됐다. 두 핵심 연구원은 몹시 신경질적이고 갈팡질팡하는 성격의 모리스 윌킨스와 신랄한 말투에 무뚝뚝한 로잘린드 프랭클린(Rosalind Franklin)이었다. 말다툼과 모욕이 오가고, 성별과 문화 차이, 가부장적 사상, 역학 관계에서 오는 문제가 연쇄적으로 작용해, 이들의 파괴적인 상호작용은 결과적으로 연구가 지연되는 사태를 일으켰다.

한편 케임브리지 캐번디시연구소에서 제임스 왓슨과 프랜시스 크릭은 우연히 파트너가 되었는데, 그들은 상대방의 말이 끝나기도 전에 상대방의 문장을 끝맺을 수 있을 정도로 잘 맞았다. 멈추지 않고 부산스럽게 농담을 주고받는 두 사람 때문에 일을 방해받다가 지친 이들의 지도교수들은 둘을 한 사무실에 배치했다. 캐번디시 역시 의학연구위원회로부터 두둑한 보조금을 받았는데, 생물물리학연구소는 산소를 결합하고 운반하는 적혈구 분자 헤모글로빈의 구조를 규명하는 일을 맡았다. 이 연구에서 아무런 영감도 받지 못했던 왓슨은 계속해서 영국 과학계의 행동 규칙을 어겼다. 미국 중서부 출신의 자신만만한 이 젊은이는 다른 부서에 배정된 연구 주제는 절대 건드리지 말라는 영국 신사들의 격언 따위는 안중에도 없었다. 그는 킹스칼리지 동료들에게 어떤 대가를 치르든, 어떤 공격을 받든 아랑곳하지 않고 DNA의 비밀을 밝혀내기로 작정했다. 아마도 왓슨이 벌였던 가장 지독한 행동의 대표적인 사례는 자신의 퍼즐을 완성하기 위해 로잘린드 프랭클린 몰래 그녀의 자료를 "빌린" 일일 것이다.

대양과 대륙 건너 저 멀리 패서디나에서는 캘리포니아 공과대학의 라이너스 폴링(Linus Pauling)이 세계에서 가장 뛰어난 화학자로 칭송받고 있었다. 1951년 록펠러재단으로부터 전적인 신임을 받고 연구 중이던 폴링은 단백질의 나선형 배열을 먼저 발견하면서 캐번디시연구소에 굴욕감을 안겼다.[17] 1953년에 폴링이 상정했던 DNA 구조가 처참할 정도로 잘못된 것으로 드러나면서 이 처지는 반전되었다.

그로부터 15년 후, 왓슨은 끝을 모르는 간교하고 교활한 태도로 역사적 기록을 무리하게 자신의 것으로 만들었다. 그가 사용한 무기는 아직 젊은 시절에 작성한 비열하지만, 매력적인 회고록이었다. 사실 왓슨은 30대 후반이던 하버드대 생물학 교수 시절에 몇 번의 여름 방학 동안 정성을 다해 이 책을 썼다. 그 결과물이 1968년을 상징하는 베스트셀러 『이중나선 : DNA의 구조 발견에 대한 개인적인 이야기』이다.[18] 할리우드의 장르 분류로 생각해보자면 왓슨의 『이중나선』은 소년과 소녀가 만나는 이야기인데 소녀가 소년들에게 모욕을 주고, 소년들이 앙갚음하기 위해 음모를 꾸며 결국 승리하는 이야기라고 할 수 있다. 과학적 탐구의 걸작인 『이중나선』은 그 이후의 어떤 DNA 이야기보다 시끄러울 정도로 자기주장이 확실하다.

48년 후, 2016년 5월 16일 콜드스프링하버연구소(Cold Spring Harbor Laboratory)에서 분자생물학계 인명록을 작성했다. 콜드스프링하버연구소는 생명과 질병에 관한 유전적 핵심을 탐구하는 곳으로 롱아일랜드 북쪽 해안가 녹음이 무성한 캠퍼스에 있다. 캠퍼스에서 가장 높은 건물은 이중나선 계단이 인상적인 적갈색 벽돌로 된 시계탑이다. 시계탑의 4면에는 DNA를 구성하는 아데닌, 티민, 구아닌, 시토신의 앞 글자인 a, t, g, c가 새겨진 대리석 명판이 있다. 비록 1953년 4월 25일 발행된 『네이처(Nature)』에 왓슨과 크릭의 발견이 발표된 이후 모든 과학자가 사용 중인 대문자가 아닌 소문자를 써서 건물을 망쳤다고 왓슨이 투덜거리긴 했지만, 이 시계탑은 왓슨을 위한 기념물이었다.

행사는 프랜시스 크릭의 탄생 100주년을 기념해 "프랜시스를 기리며"라는 주제로 열렸다(크릭은 2004년 7월 28일 88세로 사망했다). 심포지엄의 문을 연 것은 이제 88세 노인이 된 왓슨으로 그의 어깨는 수년간 책상 앞에서 보낸 탓에 구부정했고, 가느다란 흰 머리카락이 붉고 얼룩덜룩한 두피에서 떨어져 나갔다. 그는 자신이 콜드스프링하버로 모이라고 초청했던 청중들의 관심을 한껏 즐기면서, 최근 자신이 건립 기금을 모금하기도 했던 아름다운 신축 강당의 채광 좋은 연단에 섰다. 그는 "왕 제임스"였고, 그곳은 두말할 것 없는 왓슨의 과학 왕국이었다.

왓슨은 『이중나선』에도 썼던 그 유명한 술집 이글펍 이야기를 또 입에 올리는 것으로 발언을 시작했다. 하지만 이번에는 프랜시스 크릭이 생명의 비밀을 발견하고 외쳤던 감탄의 말은 "극적인 효과를 얻기 위해" 지어낸 것이라고 최초로 인정했다.[19] 2년 후 2018년 여름 콜드스프링하버의 이중나선 시계탑 그늘에 앉아 왓슨은 단어 선택을 더욱 신중하게 강조하면서 설명했다. "프랜시스가 그렇게 말했어야 했다. 아니, 했을지도 모른다. 그러니까 당시 상황에 대해선 프랜시스 성격상 그렇게 말했을 것이라는 내 상상을 썼을 뿐이다. 그리고 모두가 그렇게 받아들였다."[20]

왓슨의 고백으로 크릭이 이글에서 했던 말은 없던 일이 되었다. 많은 사람이 고등학교에서 배웠던 20세기의 가장 유명한 과학적 발표의 순간이 실제로는 전혀 달랐던 것이다. DNA 구조를 찾는 대서사시 속 다른 많은 요소처럼 이 극적인 순간은 오랫동안 과장되고, 조작되고, 변형되고, 미화되었다. 회고록과 신문 기사와 전기들은 정리되지 않은 채 한 명의 관점에서만 DNA 이야기를 들려주었다. 그래서 이제 역사는 「라쇼몽」의 전설을 따르게 되었다. 비전문가 대부분은 결론을 내릴 때 가장 최근에 받아들인 정보를 따라가게 마련이니까.

제임스 왓슨은 종종 자신을 깎아내리는 사람들에게 "분자밖에 없다. 다른 것은 모두 사회학이다"[21]라고 일갈하며 무시하곤 했다. 그러나 역사는 인간사의 과정이 그런 협소한 이분법이나 환원주의적 경로를 거의 따라가지 않는다는 것을 알려준다. 젊고 의지로 가득 찬 똑똑한 과학자들의 삶의 양상은 각각 다르게 나타난다. 당시에 크게 피어나는 몇몇이 있는가 하면, 잠시 나타났다 사라지거나, 무시당했다가 세월이 지난 후에야 그 중요성을 인정받는 몇몇이 있다. 우연하지만 중요한 사건들은 오랫동안 선후 관계로 엮인 것 같지만, 결국은 서로 무관하게 일어났다. 우연히 알맞은 사람이 알맞은 시간에 만나서 좋은 결과를 낳기도 했지만, 맞지 않는 사람들이 잘못된 시간에 만나 절망적인 일이 일어나기도 했다. 승리의 반짝임과 실패의 목마름, 동지애에서 나온 행동과 사소한 내분이 있었다. DNA를 둘러싼 이 이야기는 위대한 발견을 향한 1위 경쟁에 참여한, 결함 있는 인간들에 의해 벌어진 일련의 일화들을 다룬다.[22] 여러 해석이나 설명, 작정하고 일으킨 혼란에 층층이 묻혀버린 DNA 분자 구조 발견에 관한 이야기는 과학사에서 가장 잘못 추리된 '누가 범인인가'를 찾는 미스터리이다.

이제 진짜로 어떤 일이 벌어졌는지를 이야기해볼 시간이다.

[2]

수도원에서 발견한 멘델의 법칙

유전을 지배하는 법칙은 대부분 알려지지 않았다. 동종의 모든 개체, 또는 종이 다른 개체에서도, 어떤 특수한 성질이 있을 때는 유전되고 어떤 때는 유전되지 않는 이유는 무엇인가에 대해, 왜 자손은 종종 어떤 형질이 그 조부모, 또는 더 먼 조상으로 되돌아가 닮는 것인가에 대해, 또 어떤 특수한 성질이 종종 자웅의 어느 한쪽에서 양쪽의 성에, 또는 한쪽의 성에만, 그리고 그때 같은 성질은 흔히 하나의 성에서 양성으로, 또는 오직 하나의 성에게만 전해지고, 혹은 절대적인 것은 아니지만 같은 성에만 전해지는 것은 어째서인가에 대해 대답할 수 있는 사람은 아무도 없다.

– 찰스 다윈(Charles Darwin), 1859[1]

모라비아 브륀(Moravia Brünn, 현재 체코의 브르노)의 높은 언덕 위에 수도원이 있었다. 1352년 아우구스티누스 수도회(the Augustinian) 수사들이 벽토와 석조로 2층짜리 L자 모양 수도원을 짓고, 주황색 점토 지붕널을 댄 박공지붕을 얹었다. 지상층은 식당과 도서관을 두고 바로 위층에는 수사들이 쓸 기다란 개방형 기숙사가 있었다. 이 방들은 한쪽으로는 스비타바강(Svitava)과 스브라트카강(Svratka)의 합류 지점을 내려다보고 있었고, 다른 한쪽으로는 고딕 양식의 붉은 벽돌로 된 성모승천대성당(Basilica of the Assumption of Our Lady)이 있었다. 예수의 부활을 의심했던 도마의 이름을 따서 성토마스수도원(Abbey of St. Thomas)이라 불렀는데, "의심하는 도마"라는 별칭으로도 불린다.

실험 당시의 그레고어 멘델

수사들이 포식 동물을 쫓기 위해 설치한 그물에 갇힌 새가 지저귀는 소리를 제외하면, 수도원의 현관과 회랑은 적막 그 자체였다. 1325년 이래로 브뤈 주민들의 갈증을 해소해주고 있는 스타로브르노(Starobrno) 양조장의 호의 덕분에 수도원에서도 홉, 효모, 곡식을 끓이는 냄새가 떠돌고 있었다. 중정 한쪽 구석에는 잘 다듬어진 잔디로 둘러싸인 정원이 있었다. 그곳에서 그레고어 멘델(Gregor Mendel)이라는 수도사가 토마토와 콩, 오이를 재배했다.[2] 그는 짐작건데 푸네트 사각형(Punnett square)에서 싹을 틔운 후 여러 모양, 크기, 색깔로 자라는 완두콩을 자랑스러워했다.[3]

1822년에 태어난 요한(Johann) 멘델(아우구스티누스 수도회에 들어간 이후 그레고어라는 이름을 받았다)은 모라비아와 실레지아(Silesia)의 국경 근처에서 작은 토지를 경작하던 농가에서 태어났다. 소년 시절 멘델은 정원 손질과 양봉을 좋아했다. 멘델은 지역 학교에 무난하게 진학했고, 1840년 집 근처 올레막(Olemac)에 있는 대학교에 진학했다. 3년 후인 1843년, 가진 돈도 없고 학비도 비싸서 학위를 따기 전에 제적되고 말았다.

학업을 계속하기로 결심한 멘델은 얼마 안 되는 속세의 소유물을 포기하고, 1843년 성토마스수도원에서 수도사의 삶을 시작했다. 멘델은 밤마다 더는 근근이 벌어먹거나 가족의 빚을 갚아주지 않아도 된다는 것에 감사하는 기도를 올렸다. 멘델의 작은 침상은 편안했고 음식은 풍족했다. 그리고 수도원이 브륀의 지성이 모이는 곳이었던 덕분에 1851년 멘델은 관공비를 이용해 빈대학교(University of Vienna)에 자신을 보내 달라고 수도원장을 설득할 수 있었다.[4] 빈대학교에서 멘델은 물리학, 농업, 생물학과 식물 및 양의 유전 형질에 관한 연구 등에서 뛰어난 성적을 보였다. 지적으로 축복받은 멘델은 의심하는 도마가 아니라 사물과 사상을 연구했던 성 안토니오(St. Anthony)와 같았다.

1853년 수사 그레고어가 브륀으로 돌아왔을 때 수도원장은 그가 교사 자격증을 얻기 위한 구술시험에서 두 번이나 실패했는데도 지역 고등학교에서 물리학을 가르치게 했다. 그는 수도원 업무보다 정원 가꾸는 일을 훨씬 더 좋아했다. 그 좁은 땅뙈기에서 멘델은 현대 유전학을 길러냈다. 멘델은 완두콩의 연속적인 자가수분(제꽃가루받이) 세대에서 발견된 일곱 가지 변이를 매일 조심스럽게 관찰하고 기록했다. 키, 꼬투리의 모양과 색깔, 씨의 모양과 색깔, 꽃의 위치와 색깔에서 변이가 나타났다.

곧 멘델은 키가 큰 개체와 '난쟁이', 즉 키가 작은 개체와의 이종 교배를 시작했고, 모든 개체의 다음 세대는 키가 크다는 사실을 발견했다. 따라서 멘델은 '큰 키' 특성을 우성 형질로, '난쟁이' 특성을 열성 형질로 불렀다. 다음 세대에는 잡종끼리 교배하여 큰 키와 난쟁이 두 가지 형질이 모두 나타났는데, 우성 대 열성이 3:1의 비율로 나타되는 것을 관찰했다. 멘델은 완두콩의 다른 우성과 열성 형질에서도 비율이 고정되어 있음을 발견했다. 이윽고 멘델은 어떻게 이런 형질이 후속 세대와 수분 과정에서 나타나는지 예측하는 수학 공식을 개발했다.[5] 그는 이런 현상이

"눈에 보이지 않는 요인" 때문에 나타난다고 생각했다. 그 요인은 오늘날 유전자로 알려진 것이다.

수도사 멘델은 1865년 2월 8일과 3월 8일 저녁, 브륀자연사학회(Brünn Natural Science Society)에서 연달아 두 번 연구 결과를 발표했다. 오늘날 과학 세미나에서 발목까지 오는 검은 수사복을 입고 길고 뾰족한 검은 후드(capuche)를 등에 늘어뜨린 수도사를 발견한다면 이상해 보일지도 모른다. 하지만 브륀자연사학회에는 수도사, 지적인 지역 시민, 심지어 근처 농촌에서 온 호기심 있는 농부 등 많은 사람이 참석했다. 자신의 복잡한 공식을 발표할 칠판 앞에서 오랜 은거 생활로 속삭임에 가까운 목소리를 내는 멘델은 그 방에 있던 40여 명의 사람에게 깊은 인상을 남기는 동시에 어리둥절함도 안겼다.

이후 멘델은 자신의 강의를 학회지를 통해 출판했다. 슬프게도 「브륀자연사학회 학회지(Verhandlungen des naturforschenden Vereines in Brünn)」는 널리 유통되는 잡지가 아니었고, 멘델의 발견은 눈부신 성공을 거두지 못했다. 방구석 역사가들이 종종 멘델이 뒤늦게 명성을 얻게 된 원인으로 유명하지 않은 매체에서 출판했다는 점을 들지만, 사실은 그것보다 복잡하다. 개별적이고 예측 가능한 단위 내에서 발생하는 유전에 관한 멘델의 기술은 당시 신체와 재생산의 원리를 설명하는 이론을 거스르는 것이었다. 그 시절 관습적인 지혜에 따르면 네 가지 체액(혈액, 가래, 황담즙, 흑담즙)의 균형이 우리 장기의 기능과 나아가 태어나는 아이의 성격까지 결정했다.[6] 수 세기 묵은 이런 이론은 명백하게 틀린 것이었지만 이를 입증하기까지는 여전히 수십 년의 과학적 연구가 필요했다. 나아가 멘델이 자료를 해석하기 위해 사용한 수학은, 다윈 이론을 이해하는 일에도 여전히 분투 중이던 많은 생물학자와 자연사학자가 과학에 대해 생각하던 방식과는 다른 것이었다. 멘델과 동시대의 자연사학자들은 형태학적인 특징을 기준으로 서로 다른 표본을 모으고, 이름 붙이고, 분류하는 것이 훨씬 더 익숙했다.[7]

안타깝게도 멘델은 생의 마지막 17년을 성토마스수도원 원장으로 보냈고, 오스트리아 헝가리(Austro-Hungarian) 제국의 관료와 수도원 세금을 두고 분쟁에 휘말리고 말았다. 그는 1884년 62세의 나이로 만성 신장병 때문에 사망했다. 16년이 더 흐른 1900년에서야 네덜란드 식물학자 휘호 더프리스(Hugo de Vries), 오스트리아 농학자 셰르마크-제이젠네크(Erich von Schermack-Seysenegg), 독일 식물학자 카를 코렌스(Karl Correns), 미국 농경제학자 윌리엄 재스퍼 스필만(William Jasper Spillman)이 각자 독자적으로 일종의 사서(司書)적 감각을 발휘해, 먼지 쌓인 선반에 있던 멘델의 논문을 찾아내고 그의 결론을 입증했다.[8] 그 결과 오늘날 멘델을 강박적으로 기억해준 사람은 오직 이 네 명의 과학자들 뿐이다. 왜냐하면 그들은 매우 친절하게 그리고 정직하게 그래고어 멘델에게 최고라는 공로를 돌렸기 때문이다. 최근에는 앞서 있었던 사건을 빌미로 멘델의 논문에 보고된 수학적 비율이 통계적으로 너무 완벽하여 데이터가 조작된 것이라고 깎아내리는 소규모 집단이 있었다. 하지만 많은 생물학자와 생물통계학자들이 열렬하게 멘델의 방어에 나섰다.[9] 이제 역사학자 대부분은 멘델이 틀림없이 옳았고, 보고도 정직하게 했을 것이라는 데 동의하고 있다.

단순 열성과 우성 형질의 전달을 다루는 '멘델의 법칙'의 재발견은 현대 유전학의 기초가 되었다. 멘델은 고전 유전학의 아버지, 적어도 고전 유전학의 수도사라는 호칭으로 사후 불멸을 얻었다. 고전 유전학 체계에는 중요한 문제점이 있었는데, 대부분의 유전된 형질이 단순하지 않고 여러 유전자의 상호작용에서 비롯되며, 환경이나 사회, 그리고 다른 영향 아래서 표현형이 달라질 수도 있다는 것이다.

1868년 가을, 멘델이 논문을 발표한 지 3년이 지났을 때 요하네스 미셔(Johannes Friedrich Miescher)는 튀빙겐(Tübingen)의 외과 병동에서 막 수집해온 붕대의 고름을 모으고 있었다. 갓 의사가 된 스위스 사람 미셔(의학박사, 바젤대, 1868)는 좋은 집안 출신이었다. 그의 아버지 요한 미셔(Johann F. Miescher)는 바젤대학(University of Basel) 생리학 교수였고, 삼촌 빌헬름 히스(Wilhelm His)는 바젤대학 해부학 교수로 신경생물학, 발생학, 조직학 분야에서 혁신을 일으켰다.[10]

어린 시절부터 미셔는 중이염 때문에 상당한 청력 손실과 씨름해왔다. 때문에 환자와의 대화가 원활하지 않았고, 학교를 졸업하고 병원이나 진료소로 가기에는 무리가 있었다. 아버지와 삼촌은 미셔가 임상 실습에 들어가기 전에 시간을 좀 가지는 것이 좋겠다고 생각했다. 두 사람은 튀빙겐대학교(University of Tübingen) 펠릭스 호페 자일러(Felix Hoppe-Seyler) 교수 연구실의 알짜배기 연구 보직을 얻기 위해 연줄을 활용했다. 호페 자일러는 많은 발견을 이룩한 현대 생화학의 창시자이다. 그는 단백질인 헤모글로빈과 그 핵심 성분인 철이 적혈구 안에서 산소 운반 기능을 한다는 것을 발견하기도 했다.

호페 자일러의 연구실은 한때 호헨튀빙겐성(Hohentübingen Castle)의 지하 금고였던 곳에 있었다. 연구실에는 네카르강(Neckar)과 암마르 계곡(Ammar)이 내려다보이는 움푹 들어간 창문이 있는 몇 개의 좁은 방이 있었다. 미셔는 그 공간이 몹시 마음에 들었으며 호페 자일러의 지도하에 혈류를 따라 돌면서 외부 침입자를 찾아 감염을 차단하는 호중구와 백혈구의 내용물을 연구했다. 미셔는 백혈구가 조직 내부에 박혀있는 것이 아니기 때문에 쉽게 분리해서 정제할 수 있다는 이유로 백혈구를 선택했다. 게다가 백혈구는 세포의 지휘 본부 역할을 하는 핵이 특히 커서 광학 현미경의 확대경 아래 놓았을 때 눈으로도 확인할 수 있었다.

나중에 밝혀졌지만, 외과 환자의 팔에 감겨서 녹회색 고름으로 흠뻑 젖은 붕대에서 백혈구를 채취하는 것보다 더 나은 방법이 몇 가지 있었다. 19세기 중반의 외과 의사들은 지금은 폐기된 개념인 "고마운 고름(laudable pus)"을 옹호했다. 고름을 끔찍한 수술 후 치유되는 과정의 부산물이라고 여겼으며, 종종 의사의 더러운 메스와 손 때문에 고름이 더 생긴 것인데도 상처에서 고름이 더 많이 나올수록 치유될 가능성이 크다고 생각했다. 우리가 현재 아는 것처럼 고름의 과다 생성은 대부분 수술 후 감염이 진행되고 있다는 뜻이다. 고마운 고름을 옹호해서 얻은 흔해 빠진 결말은 감염이 혈류를 타고 퍼져서 환자를 패혈증이라는 죽음의 소용돌이 속에 빠트리는 것이었다.

과학 연구에서 종종 생기는 일인데, 미셔는 다른 연구자가 때맞춰 발명한 기술 덕을 봤다. 그에게 도움을 준 사람은 튀빙겐대학 외과 병원장 빅토르 폰 브룬스(Viktor von Bruns) 박사로, 그는 "모직 솜"이라고 불리는 흡수력이 뛰어난 직물을 개발했다. 현재 우리가 거즈라고 부르는 것이다. 수술 후 감염은 차치하고 이 새로운 스펀지 같은 붕대는 미셔가 매일 고름을 모으는 데 중요한 역할을 했다.[11]

DNA를 발견한 프리드리히 미셔

이윽고 미셔는 이 붕대에서 모은 고름의 액체 부분에서 연약한 백혈구를 훼손하거나 파괴하지 않고 온전히 분리하는 방법을 알아냈다. 쉽지 않은 작업이었다. 다행히 미셔는 외과 의사들이 "좋은 손"이라고 부르는 손을 타고 나서 일련의 화학 기술을 개발하고 지금까지 기록된 적 없는 인과 산이 풍부한 물질을 침전시켰다. 미셔는 이 물질이 오직 세포의 핵에서만 발견된다는 것을 밝히고 뉴클레인(nuclein)이라고 이름 붙였다. 오늘날 우리는 미셔가 밝혀낸 이 물질을 데옥시리보핵산, 즉 DNA라고 부른다.[12] 일상 대화에서 사람들은 왓슨과 크릭이 DNA를 발견했다고 잘못 언급하곤 하지만 사실 왓슨과 크릭은 프리드리히 미셔가 84년 전인 1869년에 화학적으로 밝혀낸 물질의 분자 구조를 발견한 것이다.

1871년 미셔는 튀빙겐을 떠나 라이프치히(Leipzig)로 이주해, 저명한 생리학자 카를 루드비히(Carl Ludwig) 밑에서 연구했다.[13] 거기서 미셔는 호페 자일러 박사의 지도에 따라 뉴클레인에 관한 연구 논문을 준비했다. 호페 자일러는 재현 가능성이 뛰어난 미셔의 논문 자료를 꼼꼼하게 검토한 후 자신이 편집을 맡은 저명한 의학 저널 『의약화학연구(Medicinisch－chemische Untersuchungen)』 1871년호에 발표했다. 호페 자일러는 미셔의 논문에 붙인 서설을 통해 뉴클레인의 과학적 참신성을 강력하게 지지했다.[14]

이듬해 미셔는 19세기 독일, 오스트리아, 스위스의 박사 후 강사직이자 젊은 의사의 학계 입문자 지위인 하빌리테이션(Habilitation)으로 일하기 위해 고향 바젤로 돌아갔다.[15] 1872년 28세의 미셔는 바젤대학 생리학 교수이자 학과장 자리를 제안받았다. 아버지와 삼촌 모두 바젤대학의 유명한 교수였기 때문에 질투심 많은 동료들이 정실인사라며 근거 없는 불만을 드러내기도 했다. 미셔는 시기하던 사람들이 틀렸다는 것을 증명하고 과학 연구자로서 해야 할 역할을 충실히 수행했다.

바젤대학은 라인강 유역에 자리 잡고 있다. 그 위치 덕분에 다른 놀라운 우연이 일어났다. 연어 낚시는 바젤 지역의 주요 산업이었다. 연어 정자 세포 역시 미셔가 활동하던 시기의 화학 기술로도 쉽게 분리하고 정제할 수 있었다. 우연히도 연어 정자 세포의 핵이 유난히 컸으며 추출해서 연구할 뉴클레인이 고름보다 더 많았다. 그래서 미셔는 연어의 생식샘이 마르지 않는 강에서 낚시하기를 즐겼다. 연구실에서 미셔는 뉴클레인이 탄소, 인, 수소, 산소, 질소로 이루어져 있다는 것을 발견했다. 뉴클레인을 연구하고자 했던 미셔의 초기 시도는 정상 위치를 이탈한 단백질과 그 구성 성분인 황 때문에 종종 표본이 오염되곤 했다.

1874년 미셔는 여러 척추동물의 뉴클레인이 갖는 많은 유사점(그리고 일부 미세한 차이점)을 보고했다. 미셔는 논문의 한 부분에서 다소 미

온적인 문장으로 과학자로서 복권 당첨이나 다름없는 사실 근처를 맴돌기만 했다. "만약 한 가지 물질이 수정의 특정한 원인이라면 의심의 여지없이 처음으로 가장 중요하게 꼽아야 할 것은 뉴클레인이다." 하지만 엄청나게 뜸을 들인 후에도 미셔는 결국 어떻게 재생산처럼 복잡한 과정을 그렇게 "제한된 다양성"을 지닌 단순한 화학적 존재가 이끌 수 있는지 헤아리지 못했다. 몇 문장 다음에 미셔는 다음과 같이 결론 내렸다. "수정을 설명할 수 있는 특정한 분자는 없다."[17]

그레고어 멘델처럼 이 딱한 미셔도 차분히 사색하며 더 유익하게 활용할 수 있는 시간을 행정 업무로 옥신각신하며 허비했다. 미셔는 1895년 55세의 나이로 폐결핵 때문에 사망했다. 바젤대학에는 그의 이름을 딴 생물의학 연구기관이 있다. 그러나 고향을 벗어나면 그의 이름과 업적을 기억하는 사람이 많지 않다. DNA가 실제로 어떤 역할을 하는지 밝혀지기까지 고작 반세기가 더 필요했다. 그 발견이 일어나기 전까지 불행히도 유전에 대한 학계의 이해는 정상 궤도를 벗어나 달려갔다.

[3]

이중나선이 등장하기 전

모자람 있는 인간이 그와 똑같이 모자람 있는 자손을 생식하는 것을 불가능하게 하자는 요구는 가장 명석한 이성의 요구이며, 그 요구가 계획적으로 수행된다면, 그것이야말로 인류의 가장 인간적인 행위를 뜻한다. 그 요구는 몇백만의 불행한 사람들에게 부당한 고뇌를 모면하게 할 수 있을 것이며, 그럼으로써 일반적인 건강 증진을 가져올 것이다 … 같은 시대와 후세 사람들에게는 축복이다. 100년의 일시적인 고통은 몇천 년을 고통에서 건질 수 있고 또 건질 것이다.

– 아돌프 히틀러(Adolf Hitler), 1925[1]

앵글로 색슨계 백인 프로테스탄트 상류층 남성들(아내와 자녀도 물론)이 조국의 유전자 풀(pool)의 미래에 집착하는 현상은 1880년대 후반에 시작되어 1930년경 절정에 달했다.[2] 이들의 두려움을 부채질한 것은 1883년 찰스 다윈의 사촌이기도 한 영국 박물학자 프랜시스 골턴(Francis Galton)이 제시한 유사과학 체계였다. 골턴은 자신의 이론을 특징적으로 묘사하기 위해 "혈통이 좋거나 유전적으로 천부적인 고결한 성질"을 뜻하는 그리스어 유게네스(εὐγενής)에서 따온 우생학(eugenics)이라는 새 용어를 만들어냈다. 골턴은 "보다 적합한 종족에게 … 적합하지 않은 종족을 빠르게 압도할 수 있도록 더 나은 기회를 부여"하여 공중 보건을 증진하기 위한 계획을 제안했다.[3] 오래 지나지 않아 골턴의 우생학은 영국과 유럽, 미국에 이르기까지 백인 지식인 사이에 들불처럼 번졌다.

역사학자들이 진보의 시대(1900~1920)라고 이름 붙인 기간에 미국에서는 당대의 개혁가들이 당시의 주요 사회 문제에 맞설 방안을 찾고 있었다. 도시 빈곤, 교육, 미국 해안 지역에 도착한 수많은 이민자의 흡수 동화 문제, 전염병부터 충격적으로 높은 유아 사망률에 이르는 공중 보건 위기, 인구의 폭발적인 증가 등 여러 문제가 있었다. 이 개혁가들은 종종 자신들이 달갑지 않게 생각하는 사람들에게 부적절한 우생학적 설명을 적용하곤 했다. 이들이 못마땅해했던 사람들은 소위 "정신적으로 결함이 있는 자"(당시 의사와 심리학자들은 새로운 임상 용어로 "정박아, 백치, 멍청이"라고 불렀다), 시각 장애인, 청각 장애인, 정신 질환자, "절름발이 불구자", 간질환자, 고아, 미혼모, 아메리카 원주민, 아프리카계 미국인, 이민자, 도시 슬럼가나 애팔래치아산맥(Appalachia)의 언덕이나 동굴에 사는 빈민, 그 외 수많은 "외부자" 집단이다. 이 모든 "열등한 종족"은 진보주의자들이 주장하는 미국 사회의 경제, 정치, 도덕에 대한 실존적 위협 그 자체였다.

우생학은 권력을 차지한 미국인들이 특정 종족을 위험인자라고 경계하는 편견을 입증할 수 있는 권위 있는 과학적 언어를 제공한 셈이었다. 당시의 해법은 달갑지 않은 존재들이 "우월"하고 지배적인 미국 토박이 백인을 오염시키지 않도록 방지하고, 격리하고, 출입을 통제하는 것이었다.[4] "우생학적으로 우월"하다고 여겨진 사람들은 특히 앵글로 색슨계 백인 개신교도로 *적극적 우생학*이라는 개념에 따라 더 많이 번식하도록 독려받았다. 열등한 유전자라고 판정된 사람들은 사실상 앵글로 색슨계 백인 개신교도를 제외한 모든 사람이었는데, *소극적 우생학* 방침에 따라 번식을 줄이도록 제한당했다. 소극적 우생학 방침에는 정신적 결함이 있는 사람들의 불임을 주 정부 법으로 강제하고, 인종법 또는 혼혈생

식법으로 결혼 상대를 제한하며, 성병 환자의 결혼 허가 발급 전 필수 혈액 검사, 산아 제한, 가혹한 입양법 실시 등이 있었다. "동화될 것 같지 않은" 이민자들의 출입을 제한하는 더욱 불온한 사회정책이 이민 배척주의자들의 요구로 등장했다. 우생학적 선전을 소위 말하는 증거 기반으로 삼으면서 미국 의회는 향후 40년 이상 미국의 문을 닫아버리는 이민법을 통과시켰다. 이런 정책은 독일과 동유럽에 있던 수백만 유대인에게는 사형집행 영장과도 같았는데, 히틀러의 광기를 피해 미국으로 이주할 수 없게 되었기 때문이다.[5]

미국 우생학 운동의 중심지는 롱아일랜드 콜드스프링하버의 실험진화연구소(Station for Experimental Evolution)와 우생학기록사무국(Eugenics Record Office)이었다. 두 기관은 불굴의 의지를 가진 하버드 출신의 저명한 생물학자이자 미국과학아카데미(National Academy of Sciences) 회원인 찰스 대븐포트(Charles Benedict Davenport)가 국장을 맡았다.[6] 우생학기록사무국은 철도계의 거물 에드워드 해리먼(E. H. Harriman)의 아내 메리 해리먼(Mary Harriman)의 막대한 유산을 비롯해, 워싱턴 DC 카네기재단(Carnegie Institution), 록펠러주니어(John D. Rockefeller Jr), 콘플레이크의 창시자이자 배틀크리크요양원(Battle Creek Sanitarium)의 의료원장이던 존 하비 켈로그(John Harvey Kellogg) 박사의 자선 기부 덕분에 1910년 설립되었다. 제임스 왓슨이 인종차별적 헛소리를 지껄이다 해고되기 전까지 오랫동안 이끌면서 확장하고 널리 알려온 오늘날의 콜드스프링하버연구소가 있는 곳이기도 하다.[7] 현재에도 콜드스프링하버연구소 대학원 생물학과 학생들은 한때 찰스 대븐포트가 살았던 음울한 빅토리아 양식의 기숙사에 살고 있다.

멘델의 연구가 재발견된 이후 그의 이론은 커다란 공론화의 소용돌이를 일으켰다. 우생학기록사무국만큼 멘델의 이론을 풍성하게 발전시킨 곳은 없었다. 이 풍성한 연구의 유일한 오류라면 우생학자들이 멘델의 완두콩 관찰을 수많은 복잡한 사회 문제에까지 잘못 적용했다는 것이다. 대븐포트는 자신이 국가 유전자 풀의 순수성에 위협이 된다고 판단한 것들에 대해 전쟁을 선포했다.[8] 1910년 미국육종가협회(American Breeders Association)의 우생학위원회(Committee on Eugenics)에서 대븐포트는 큰소리로 외쳤다. "사회는 스스로 보호해야 합니다. 살인자의 목숨을 빼앗을 권리를 주장하는 것처럼 흉물스러운 뱀의 구제할 길 없는 사악한 원형질을 전멸시킬 수도 있습니다."[9]

이 목표를 달성하기 위해 대븐포트는 사회복지사, 현장 연구자, 사회학자, 생물학자로 꾸려진 부대를 지휘하여 모든 행동의 유전적 기반을 분류하는, 방대하고 불완전하면서 영향력은 큰 혈통 분석을 시작했다. 이들이 분석한 '모든 행동'에는 대븐포트가 이탈리아인들 사이에서 흔하게 나타난다고 주장한 성욕과 범죄행위, 유대인의 유전적 특성이라고 본 신경쇠약 · 결핵 · 사업 거래에서의 교활함, 가난한 애팔래치아 지역 출신 특유의 지적장애, 집시와 부랑자들의 특징인 방랑기, 심지어는 선원들의 바다 사랑(thalassophilia)까지 포함되었다.

우생학기록사무국 국장
찰스 대븐포트, 1914년

대븐포트가 생각하기에 동유럽 유대인은 미국 사회에 특

히 심각한 위협이었다. 1925년 4월 7일, 대븐포트는 그의 친구였던 매디슨 그랜트(Madison Grant)를 맹렬히 비난했다. "우리는 매사추세츠(Massachusetts Bay)에서 로드 아일랜드(Rhode Island)로 침례교도를 몰아넣었던 우리 조상처럼 유대인을 몰아넣을 공간이 없다. 또한 조상들은 마녀를 불태웠지만, 상당한 숫자의 인구를 불태우는 것은 관습에 어긋난다."[10] 보호주의자이자 법률가, 미국자연사박물관(American Museum of Natural History)의 이사인 그랜트도 중요한 우생학 지지자 중 한 명이었다. 그는 1916년『위대한 인종의 소멸(The Passing of the Great Race)』이라는 책에서 강제 단종법에 따라 단종해야 할 "열등한 혈통"에서 태어나는 미국인이 너무 많다고 보았기 때문에 이민 반대 정책과 "열등한" 인종의 분리를 옹호했다. 이 책이 초래한 가장 사악한 결과는 나치 독일에서 펼쳐졌다. 아돌프 히틀러는 그 악명 높은 "민족 위생(racial hygiene)"을 계획하면서 그랜트의 이 대표작을 "자신의 바이블(bible)"이라고 했다. 유대인 600만 명과 수백만 명 이상의 동성애자, 집시, 장애인, 정치범 혹은 종교범, 그 외에도 총통(Der Führer)이 된 히틀러가 생각하기에 독일의 제3제국(Third Reich)에 어울리지 않는 사람들이 몰살당했다.[11]

유전학의 지울 수 없는 이런 오명과는 달리, 이 시기 한쪽에서는 현대 유전학의 신기원을 열고자 노력하는 몇몇 과학자들이 있었다. 가장 중요한 업적은 일군의 유전학자들이 염색체라고 알려진 세포핵 속의 실 같은 구조를 통해 유기체가 유전 형질 일부 혹은 전부를 전달한다는 것을 증명한 것이다. 이 염색체가 오늘날 우리가 유전자라고 부르는 것이다. 여러 실험실에서 생화학자들은 염색체가 단백질과 데옥시리보핵산(DNA)으로 구성된다는 것을 증명할 방법을 개발했다. 여전히 다른 과학자들은 집단유전학이라는 분야를 만들고 특정 집단 안의 유전적 변이와 서로 다른 집단 사이의 유전적 변이를 연구하고 있었다.[12]

그러나 현대 유전학을 제창한 쪽이나 집단유전학에 몰두한 쪽 모두 생명체가 재생산하는 방법, 즉 생물학적 메커니즘을 밝혀내지는 못했다. 이들이 핵심적인 질문에 도달하기 전에 전혀 다른 지평을 연 분자생물학이 발달했기 때문이다. 분자나 원자가 어떤 역할을 하는지 완전히 알아내기 전부터 유전자의 형태나 구조는 분자나 원자라는 가장 작은 단위로 설명되었다. 이러한 설명을 방해한 것은 유전 형질이 DNA 내부에 있는지, 단백질 내부에 있는지, 혹은 양쪽 모두에 있는지를 두고 벌어진 첨예한 논쟁이었다. 20세기 전반에는 화학적으로 훨씬 복잡한 단백질 쪽에 내기를 걸었다(후에 틀린 것으로 밝혀졌다). 많은 이들이 DNA는 유전자가 머무는 받침대 역할을 하는 분자에 불과해 수동적으로 움직인다고 생각했다.[13]

이런 과학적 논쟁은 특히 뉴욕의 록펠러의학연구소(Rockefeller Institute for Medical Research) 안에서 격렬하게 일어났다. 록펠러재단과 스탠더드오일(Standard Oil)의 기부로 1901년 설립된 록펠러의학연구소는 미국 최초로 자금을 전액 지원하는 독립 의료연구소였다. 록펠러 부자(父子)는 이 연구소가 현대 의학 연구의 빛나는 등불로 확실하게 자리잡기를 바랐다.[14] 우선 록펠러 부자는 실질적인 과학 연구는 상당한 넓이의 부지가 필요하다는 것을 이해했다. 그래서 1903년에 록펠러(John D. Rockefeller)와 록펠러 주니어는 65만 달러라는 막대한 금액을 들여 맨해튼의 이스트강을 내려다보는 이스트 64번가와 68번가 사이 절벽 위의 약

1만6천 평의 땅을 사들였다. 1906년 5월 그 자리에 록펠러의학연구소가 들어왔으며, 4년 뒤에는 인접하여 병상 60개짜리 병원이 문을 열었다. 이 병원에서는 연구가 진행 중인 5대 주요 질환에 걸린 환자는 누구나 무료로 치료받을 수 있었다. 5대 주요 질환에는 소아마비, 심장병, 매독, 복강 질환과 인간을 가장 집요하게 괴롭힌 엽폐렴이 포함되었다. 시간이 지나면서 연구 목표는 물론 병원의 임상 목표도 5대 질환의 치료가 되었다. 록펠러 가문은 "록펠러의" 연구자들이 바라는 모든 자원을 제공해줄 수 있다는 점을 자랑스러워했으며, 그러한 관대한 지원이 수많은 새롭고 위대한 발견으로 이어지리라 예상했다. 연로한 석유 거물은 아들에게 이렇게 말했다. "아들아, 우리에겐 돈이 있어. 하지만 이 돈을 생산적으로 쓸 수 있는 사상, 상상력, 용기가 있는 유능한 사람들을 찾아내야만 비로소 그 가치가 인류를 위해 발휘되는 거다."[15]

록펠러 가문이 지원한 생산적인 연구자 가운데 뛰어났던 사람은 오스월드 에이버리(Oswald T. Avery)였다. 캐나다 핼리팩스(Halifax, Nova Scotia)에서 태어난 에이버리는 1887년 목회자 아버지를 따라 가족과 함께 뉴욕으로 이주했고, 평생 뉴욕에서 살았다. 젊은 시절에도 에이버리는 꼿꼿한 자세에 근엄한 표정을 하고 비밀 주문 같은 의료 용어를 인상적으로 지시하는 사람이었다. 달걀 같은 두상에 머리가 벗겨진 에이버리는 긴 콧대에 코안경을 쓰고 다녔다. 키가 작고 목소리가 부드러우며 태도가 온화했던 그는 항상 흠잡을 데 없는 차림새를 했다. 에이버리의 학생들은 존경심과 유치한 빈정거림을 뒤섞어 에이버리를 "교수 그 자체"

라고 불렀다.[16]

에이버리 박사의 실무와 연구는 모두 "지역 사회성 폐렴(community-acquired pneumonia)"의 주요 세균성 원인이 되는 폐렴연쇄구균 또는 폐렴구균에 집중되어 있었다. 항생제가 개발되기 전에 폐렴은 매년 10만 명당 100명 이상의 빈도로 미국인의 목숨을 앗아갔다.[17] 폐렴구균이 지역 사회성 폐렴의 주요 원인이라는 것이 밝혀진 이래로 많은 연구자가 폐렴 희생자의 백혈구 세포와 혈액의 다른 면역 구성 성분으로 혈청을 개발하고자 했다. 목표는 이 혈청을 새로운 폐렴 환자의 혈류에 주사해 소극적으로 이들의 면역 체계를 강화하는 것이었다. 영국 세균학자이자 공중 보건 공무원이었던 프레더릭 그리피스(Frederick Griffith)가 열처리로 죽인 병원성 폐렴구균이 비병원성 변종을 병원성으로 바꿔버리는 현상을 관찰한 1928년 이후 과학계의 시각이 변화하기 시작했다.[18] 1930년대 초 록펠러의학연구소와 콜롬비아대학교의 연구자들이 후속 연구를 진행했다. 이 후속 연구를 통해 다당류 겉껍질 때문에 매끈한 표면을 가진 병원성 제3형 S 균주와 다당류 겉껍질이 없어서 거친 표면을 가진 비병원성 제2형 R 균주를 섞어서 배양하면 비병원성 폐렴구균이 병원성으로 전환된다는 것을 확실

오즈월드 에이버리
(록펠러의학연구소 병원), 1922년

하게 밝혀냈다.[19]

누구도 이 미생물 공정의 능동적인 형질전환물질이 무엇인지, 어떻게 다른 박테리아 변종에 병원성을 전이시키는지, 이 형질전환물질의 화학적 조성이 무엇인지 알지 못했다. 어떤 연구자들은 폐렴구균의 다당류 겉껍질이 자기복제의 틀로 작용한다고 생각했다. 다른 연구자들은 이 물질이 해당 세포 안에서 발견되는 단백질-다당류 항원이라고 주장했다. 1935년 초, 에이버리는 이 문제의 답을 찾는 일에 착수했다. 에이버리는 콜린 맥러드(Colin Macleod)와 매클린 맥카티(Maclyn McCarty)라는 두 명의 젊은 동료와 함께 아주 공을 들여 정밀하고 느린 속도로 작업을 해 나갔다. 많은 과학자가 에이버리의 이 연구가 노벨상을 받으리라 생각했다. 안타깝게도 1932년부터 1948년까지 13회에 걸쳐 후보로 지명되었지만 스톡홀름에 이르지는 못했다.[20]

에이버리는 마치 수도사처럼 자신의 미생물 정원을 가꿨다. 에이버리는 막대한 양의 폐렴구균 배양체를 성장, 조작, 원심분리하는 생화학 기술을 개발하면서 여러 해를 보냈다. 그의 노력은 대개 실패로 돌아갔다. 에이버리는 종종 이렇게 말했다. "실망이 내 일용할 양식이다. 하지만 나는 즐기고 있다." 유난히 힘이 빠지는 날에는 더 솔직하게 좌절감을 드러낼 때도 있었다. "우리는 여러 번 모든 것을 다 창밖으로 던져버리고 싶었다."[21] 마침내 에이버리는 "형질전환물질(transformative substance)"을 분리하고 분석할 수 있는 신뢰 가능성과 재현 가능성을 갖춘 일련의 절차를 만들어냈다.

실험실에서 극복해야 했던 수많은 기술적 어려움에 더해 에이버리는 자가면역질환인 그레이브스병에 걸렸다. 그레이브스병은 갑상샘 항진증의 하나로 "에이버리가 큰 노력을 기울였지만 때로는 숨기지 못하고 드러냈던 우울감이나 짜증"을 동반한다. 에이버리는 1933년이나 1934년에 갑상샘 적출 수술을 받았다(수술했던 병원 기록은 소실되었다). 이전의 건강을 거의 되찾았지만 에이버리는 종종 본인의 사회적 책임을 내려놓고 학회를 피해 "자신의 작업에 더욱 온전히 몰두"하기 위한 핑곗거리로 병을 이용했다.[22]

1943년 초에 에이버리는 형질전환물질이 데옥시리보핵산임을 밝혀냈다. 그해 5월, 늦은 밤이 되도록 에이버리는 밴더빌트대학교(Vanderbilt University)에서 의사로 일하던 동생 로이(Roy)에게 자신의 발견에 관한 편지를 썼다. 열네 장에 걸친 이 편지는 현재까지 DNA 역사의 핵심적인 문서로 남아있다.

> 누가 생각이나 했겠어? 내가 알기로 여태까지 이런 형태의 핵산이 폐렴구균에서 발견된 적이 없어. 다른 박테리아에서 발견되기는 했지만 … 바이러스 같기도 하고, 유전자일 수도 있겠지 … 유전학, 효소화학, 세포 대사, 탄수화물 합성 같은 영역도 관련이 있고. 단백질이 없는 데옥시리보핵산의 나트륨염이 이렇게 생물학적으로 활성화되어 있고 특정한 자질을 부여받았을지도 모른다고 누군가를 설득하려면 엄청 많은 문서 증거가 필요할 거야. (이제) 우리는 그 증거를 확보하려고 해. 비눗방울을 부는 것도 즐거운 일이지만 다른 사람이 터뜨리기 전에 스스로 터뜨리는 것이 현명할 테니 … 준비를 마치지 못하고 시작하는 것은 위험해. 나중에 의견을 철회하게 되면 당황스러울 거니까.[23]

1944년 에이버리가 발표한 논문은 화학, 혈청학, 전기 이동, 초원심 분리, 정제 기술, 비활성화 기술이라는 광범위한 영역에 기반했다. 그는 형질전환물질이 탄소, 수소, 질소, 산소, 인 등 핵산의 구성 요소와 같은 물질로 이루어져 있다는 것을 발견했다. 1억 분의 1로 활성화되었으며, DNA를 공격하는 효소에는 기능을 상실하지만 리보핵산(RNA)을 분해하는 효소, 단백질이나 다당류를 소화하는 효소에는 반응하지 않았다. 나아가 자외선을 이용해 분자의 "지문"을 제공하는 기술에 노출하면 형질전환물질은 핵산과 완전히 똑같은 파장을 흡수했다. 의사가 하나씩 배제하며 진단을 내리는 것처럼 에이버리는 절제된 문장으로 결론을 내렸다. "제시된 증거는 데옥시리보스 유형의 핵산이 제3형 폐렴구균 변형 원리의 기본 단위라는 믿음을 뒷받침한다."[24] 에이버리와 맥카티는 1946년 후속 논문을 두 건 더 발표하는데, 이 논문들은 형질전환물질의 분리 정도를 개선했음을 서술하고, 유전자가 DNA로 만들어졌다는 한층 강력한 주장을 담고 있었다.[25] 그러나 에이버리는 DNA가 실제로 어떻게 작동하는지, 정밀한 원자 구조 측면에서 어떻게 생겼는지 설명하지는 못했다. 그리고 멘델과 미셔의 경우와 마찬가지로 그의 업적은 즉각적으로 과학 세계의 풍경을 바꾸지는 못했다.

이는 단백질이 유전에 있어서 우월한 지위를 갖는다는 개념을 완고하게 지지하는 "단백질 지지자들" 때문이었다. 1945년부터 1950년 사이 몇몇 학회에서 이 단백질 지지자들은 에이버리의 논문에 목청 높여 반발했다. 아마도 에이버리의 가장 강력한 적은 록펠러의학연구소의 동료로 "사염기 가설(tetranucleotide hypothesis)"을 만들어낸 세계적인 생화학자 피버스 레빈(Phoebus A. Levene)이었을 것이다. 이 이론은 DNA가 담고 있는 뉴클레오타이드가 네 가지 염기(아데닌, 구아닌, 시토신, 티민)뿐이어서 유전 암호를 운반할 만큼 복잡하고 다양하지 않다고 보았다. 대신 레빈은 염색체의 단백질 성분과 염색체를 구성하는 수많은 아미노산이 유전의 기반 역할을 해야 한다고 주장했다. 레빈이 에이버리에게 가한 최후의 일격은 마치 독약 같았다. 에이버리는 준비 과정에서 단백질 흔적이 아예 없었다고 확신할 수 없었고, 결국 그 단백질 흔적이 형질전환의 참된 원인일지도 모른다고 생각했다.[26]

사후에 역사를 기록하는 일부 연구에서는 에이버리의 연구가 시기상조였기에 과학자 대다수, 특히 유전학자들에게 무시당했다고 주장한다. 자주 등장하는 주장 중 하나는 에이버리가 논문을 과학자보다 의사가 더 많이 보는 학술지 『실험의학저널(Journal of Experimental Medicine)』에 발표했기 때문에 무시당했다는 것이다.[27] 이런 주장은 말도 안 된다. 『실험의학저널』은 1896년 존스홉킨스병원의 윌리엄 웰치(William Henry Welch)가 창간하고 록펠러의학연구소가 발행을 맡아온 학술지로 오랜 명성을 지녔다. 미국 내 대학은 물론 해외에서도 의학도서관 서가에서 쉽게 접할 수 있었다. 유전학자들이 유명하지도 않은 멘델의 기념비적인 논문을 찾아낼 수 있었다면, 캠퍼스를 가로질러 도서관에 가서 에이버리의 논문을 살펴보는 일은 더 쉬웠을 것이다.

사실 1940년대 중반부터 1950년대까지 에이버리의 논문은 의사, 분자생물학자, 세균 유전학자가 참석하는 학회에서 널리 다루어졌다. 1930년대에 DNA의 구조 사진을 촬영하여 최초의 X선 결정학자가 된 영국의 물리학자 윌리엄 애스트버리(William Astbury)는 1944년 "우리 시대의 가장 놀라운 발견 중 하나"라며 에이버리의 연구를 칭송했다.[28] 나중에 왓슨의 박사후과정 연구 장학금을 심사했던 코펜하겐의 헤르만 칼카르(Herman Kalckar)는 1945년부터 에이버리의 연구를 알고 있었다고 했다.[29] 1946년에 에이버리는 「유전과 미생물 변이」에 대한 콜드스프링하버 여름 학회에 참석하여 자신의 연구를 최고의 유전학자들 앞에서 발표했다.

1958년 노벨 생리의학상을 받고, 1978년 록펠러대학 총장이 된 조슈아 레더버그(Joshua Lederberg)는 에이버리의 논문이 처음 발표되었을 때 읽어 본 사람이다. 그는 에이버리의 논문을 "유전자의 화학적 특성을 밝힐 가장 흥미진진한 열쇠"라고 여겼다.[30] 레더버그는 1940년대와 1950년대에 출판한 자신의 논문에서 종종 에이버리의 연구를 언급했다. 이후 과학자로서 성공적인 명성을 이어가는 동안 레더버그는 공손하지만 강경한 태도로 에이버리가 소위 무명이라는 주장에 동의하지 않았다. 1973년 『네이처』 편집장에게 쓴 편지에서도 "폐렴구균 변이에 관한 에이버리의 연구가 1944년 논문으로 발표된 후 10년이나 유전학자들에게 잘 알려지지 않았다는 것은 나의 기억과 경험에 비추어 보아 다소 이상한 일"이라고 분명하게 밝혔다.[31]

영향력 있는 유전학자이자 노벨상 수상자인 막스 델브뤼크(Max Delbrück) 역시 진심으로 레더버그의 의견에 동의했다. 델브뤼크는 1941년 혹은 1942년에 록펠러의학연구소에 있던 에이버리의 연구실을 방문했고, 후에 논문이 『실험의학저널』에 실리는 것도 지켜보았다.[32] 30년 후인 1972년, 델브뤼크는 1940년대를 지배했던 레빈의 사염기 가설에 맞서는 것이 얼마나 힘든 싸움이었는지를 다음과 같이 회고했다. "유전학을 들여다보거나 유전학에 대해 생각해본 사람들은 누구나 이 모순과 마주했다. 한편에서는 DNA가 특정한 효과를 내는 것처럼 보이고, 다른 한편에서는 당시 많은 사람의 믿음처럼 DNA는 멍청한 물질이자 테트라뉴클레오타이드(사염기)는 아무 역할도 못 하는 것처럼 보였다. 즉, 두 가지 전제 중 하나는 틀릴 수밖에 없었다."[33]

2부

다섯 명의 이중나선 발견 공로자

대부분의 사람은 그 자신이 아니야. 그들의 생각은 다른 누군가의 의견이고, 그들의 삶은 모방이며, 그들의 열정은 인용일 뿐이지.

– 오스카 와일드[1]

[1]

프랜시스 크릭

내가 본 프랜시스 크릭은 그렇게 겸손한 사람이 아니었다.

– 제임스 D. 왓슨[1]

이렇게 시작되는 왓슨의 『이중나선』 첫 문장은 프랜시스 해리 콤프턴 크릭(Francis Harry Compton Crick)의 마음을 상하게 한 동시에 그를 완벽하게 묘사하고 있다. 로잘린드 프랭클린에 대한 가혹한 묘사와는 달리, 왓슨은 크릭에게 무례하게 굴 의도가 전혀 없었다. 왓슨은 단순히 크릭이 너무나 뛰어났기 때문에 겸손할 필요가 없었다는 것을 표현하고자 했다. 하지만 상당한 시간 동안 크릭은 이 문장을 좋지 않게 받아들였다. 왓슨의 원고를 읽은 직후, 크릭은 왓슨의 번지르르한 언변에 기분이 상한 모리스 윌킨스를 비롯한 다른 몇몇 과학자들과 뜻을 모았다. 이들은 당시 하버드대 총장이었던 네이선 퓨지(Nathan Pusey)에게 하버드대 출판부가 이 원고를 출판하지 못하도록 해달라고 요청했다. 크릭은 전투에서는 승리했지만, 전쟁에서는 지고 말았다. 1967년 하버드대 출판부가 출판을 거부하자 왓슨의 편집자였던 토머스 윌슨(Thomas Wilson)은 원고를 들고 매사추세츠 케임브리지를 떠나 뉴욕의 출판사 아테네움(Atheneum)으로 향했다.[2] 이듬해 『이중나선』은 국제적인 인기 도서가 되어 그때부터 100만 부 이상이 팔려나갔다.[3]

프랜시스 크릭은 1916년 6월 8일 영국 이스트 미들랜드(East Midlands) 지역인 노샘프턴 부근 웨스턴 파벨의 한 마을에서 태어났다. 크릭의 부모 해리 크릭(Harry Crick)과 애니 크릭(Annie Crick)은 수익성이 좋았던 제화업과 가족이 경영하는 여러 소매점 덕분에 부유했다. 어린 프랜시스는 과학 서적과 백과사전을 달달 외울 정도로 탐독했다. 프랜시스는 어머니에게 자신이 어른이 되었을 때 새로 발견할 것이 없을까 봐 걱정된다고 얘기하기도 했다.

노샘프턴에서 중등학교(grammar school)를 졸업한 크릭은 런던 밀힐학교(Mill Hill School)에 진학했고 수학, 물리학, 화학, 장난치기에서 두각을 드러냈다. 한번은 저녁 자습 시간에는 사용이 금지되었던 라디오를 조작하여 사감이 복도를 순찰할 때 자동으로 켜졌다가 그가 소음의 근원을 찾아 크릭의 방에 들어오면 꺼지도록 했다. 크릭이 유리 용기에 다양한 폭발물을 채워 "유리병 폭탄"을 만들자 교사들은 한층 더 크릭을 멀리했다.[4]

1934년 옥스퍼드와 케임브리지 입시에 실패한 크릭은 유니버시티 칼리지 런던(University College, London)에 입학했다. 크릭은 물리학을 전공하고 21세에 2등급 학위를 받아 졸업했다. 흥미롭게도 모리스 윌킨스와 로잘린드 프랭클린도 2등급 학위를 받았는데, 이런 성적이라면 영국 과학계에서도 2등이 되는 것이 자연스럽겠지만 이들은 모두 뛰어난 업적을 남겼다.[5] 크릭은 대학 졸업 후 UCL의 에드워드 안드라데(Edward Neville da Coasta Andrade) 교수 밑에서 학생 연구직으로 일하는 쉬운 길을 택했다. UCL에 다니는 동안 크릭은 유리 세공과 사진 기술을 알려줬던 삼촌 아서 크릭(Arthur Crick)의 도움으로 대도시 런던에서 생활했다. 크릭은 UCL에서 "섭씨 100도와 150도 사이에서 압력이 가해질 때 물의 점도를 측정한다는 상상할 수 있는 한 가장 재미없는 문제"를 다뤘다.

생물학의 미래를 생각해보면 다행스러운 일이 벌어졌는데, 1939년 독일군의 폭탄이 크릭의 연구실과 공들여 만든 연구 장치를 날려버렸다. 그것으로 크릭의 물의 점도 측정 연구도 사실상 끝나버렸다. 이듬해인 1940년 크릭은 해군본부에서 적함과의 직접적인 접촉 없이도 폭발하여 기존 지뢰보다 몇 배 이상 효과적인 자기 지뢰와 음향 지뢰를 연구하는 6년짜리 전시 임시직을 시작했다. 전쟁이 끝난 후 무기 전문가들은 이 영국제 지뢰가 1,000대 이상의 적함을 침몰시키거나 파괴했다고 보았다.[7]

유니버시티칼리지 런던 시절의
프랜시스 크릭, 1938년

그 당시 크릭의 사생활은 다소 복잡했다. 그의 첫 부인 루스 도드(Ruth Doreen Dodd)는 UCL 동창으로 영문학을 전공하고 특히 토비아스 스몰릿(Tobias Smollett)의 건달소설(picaresque novel)에 빠져있었다. 전쟁이 발발하고 일손이 부족해지자 루스는 책을 모조리 정리하고 노동부에서 사무원으로 일했다.[8] 1940년에 결혼한 두 사람은 만 9개월 후 아들 마이클(Michael)을 낳았다. 1946년에 크릭은 1930년대에 영국으로 건너와 영어를 배우고 미술을 공부한 프랑스 여성 오딜 스피드(Odile Speed)

프랜시스 크릭과 아들 마이클, 1943년

와 사랑에 빠졌다. 전쟁 기간 오딜은 영국 여성해군(Women's Royal Naval Service)으로 근무했다. 루스와 크릭은 1947년 이혼했고, 크릭은 어린 아들의 양육에 큰 관심이 없었다. 1949년에 오딜과 재혼한 크릭은 그녀와 평생을 함께 살았는데, 슬하에 두 딸을 두었다.

종전에 접어들면서 크릭은 자신의 "그다지 좋지 않은 학점"과 미완성 박사학위를 어떻게 잘 활용할지를 궁리했다. 공무원으로 직업을 얻기에는 나이가 많았다. 해군본부에서도 이 말 많은 남자를 앞으로도 계속 고용할지 확실하지 않았다. 물리화학자이자 소설가인 스노우(C. P. Snow) 의장과 두 번째 면접을 마치고 크릭은 해군본부의 일자리를 제안받았다. 하지만 그때쯤 크릭은 "여생을 무기 설계에 바치고 싶지 않다"는 결심이 확고해졌고, 스노우의 제안을 거절했다.[9]

이후 크릭은 『네이처』 편집부에 지원서를 내고 과학 기자가 되겠다는 생각도 했었다. 그러나 곧 자신이 원하는 것은 남의 연구를 편집하고 발행하는 것이 아니라 자신만의 과학적 탐구라는 것을 깨닫고 지원을 철회했다. 여유 시간에 크릭은 생체분자 화학 결합의 특성에 관해서는 최고라는 평가를 받는 책을 읽으면서 화학계의 근황을 살폈다. 그의 표현에 따르면 그 책은 "라이너스 폴링이라는 특이한 이름을 가진 저자"가 쓴 책이었다. 크릭은 또한 "에이드리언(Edgar D. Adrian)의 뇌에 관한 소책자" 『신경 작용의 메커니즘: 뉴런에 관한 전기적 연구(The Mechanism of Nervous Action: Electrical Studies of the Neurone)』와 시릴 힌셜우

프랜시스 크릭과 오딜의 결혼사진, 1949년

드(Cyril Hinshelwood)의 『세균 세포의 화학반응 속도론(The Chemical Kinetics of the Bacterial Cell)』을 읽었다.[10]

매트 리들리(Matt Ridley) 기자가 쓴 것처럼 크릭은 "단순히 과학계에 뛰어드는 것을 넘어서서 어떤 영웅적인 업적을 남기고 싶었고, 무엇보다 세상의 신비를 폭파하듯 드러내고 싶었다."[11] 크릭이 가장 밝히고 싶었던 비밀은 인간의 뇌가 작동하고, 창조하고, 꿈꾸는 방식과 유전의 분자 단위 메커니즘이었다. 하지만 그는 어떻게 그런 원대한 염원을 이루어낼 수 있었을까?[12]

운이 좋게도 크릭은 해군본부에서 근무하던 초기에 호주 출신의 수리 물리학자 해리 매시(Harrie Stewart Wilson Massey)에게 조언을 받을 수 있었다. 매시는 1945년 UCL의 물리학과 학과장으로 자리를 옮겼다. 수많은 대화를 나누는 동안 매시는 크릭에게 슈뢰딩거의 책 『생명이란 무엇인가?』를 빌려주었다. 매시는 같은 책을 모리스 윌킨스에게도 빌려주었다. 모리스 윌킨스는 당시 런던 킹스칼리지 의학연구위원회 생물물리학 연구팀을

1933년 노벨 물리학상 수상자이자 크릭, 윌킨스, 왓슨에게 유전자와 DNA를 연구하도록 영감을 준 책 『생명이란 무엇인가?』의 저자인 에르빈 슈뢰딩거

이끌던 존 랜들(John Randall) 밑에서 부팀장으로 있었다.[13] 매시의 조언에 따라 크릭은 윌킨스를 찾아갔고 두 사람은 친구가 되었다. 동갑인데다 이혼 후 첫째 아들의 양육을 포기했다(사망 연도도 2004년으로 같다)는 공통점이 있는 두 사람은 유전자의 구조와 기능에 매료되었다. 크릭과 윌킨스는 종종 저녁을 함께했고 어느 시점에 크릭은 랜들의 연구실에 지원서를 내기도 했지만, 랜들이 크릭의 지원서를 받자마자 거절했다. 크릭은 런던 버크백칼리지(Birkbeck College)의 X선 결정학자 J. D. 버널(J. D. Bernal)의 연구실에도 지원했다가 비슷하게 거절당했다. 버널 연구실은 로잘린드 프랭클린도 1949년에는 거절당했다가 1953년 봄 들어가게 된 곳이기도 하다.[14]

그 후 크릭은 박사학위를 마치기 위해 영국 의학연구위원회에 장학금을 신청했다. 그의 지원서는 대담하고 멋진 내용으로 시작했다. 그가 가장 흥미를 품었던 "유전학 분야는 단백질, 바이러스, 세균, 염색체의 구조 등으로 특징 지을 수 있는 생물과 무생물의 경계선이다." 이어서 크릭은 "증명만 할 수 있다면 이를 구성하는 원자의 공간 분포"라는 측면에서 단백질, 바이러스, 세균, 염색체 등의 생물학 개체를 설명하는 것이 자신의 "궁극적인 목적"이라고 적었다. 그의 지원서 마지막 줄은 선견지명이 있는 결론이었다. "이는 생물학의 화학 물리학이라고 불러야 할 것이다."[15]

장학금을 신청한 크릭의 첫 번째 면접관은 1922년 노벨 생리의학상 수상자인 케임브리지의 생리학자 아치볼드 힐(A. V. Hill)이었다. 힐은 크릭을 극찬하는 추천서를 써주고 영국 의학연구위원회의 유력한 간사였던 에드워드 멜란비(Edward Mellanby)와의 만남을 주선해주었다.[16] 비타민 D를 발견하고 그것의 구루병 예방 기능을 밝혀낸 멜란비는 힐과 마찬가지로 젊은 크릭의 활기와 지식의 폭에 감명받았다. 1시간도 안 되는 대화 끝에 멜란비는 크릭에게 "당신은 케임브리지에 가야 한다. 거기서 당신 수준에 맞는 일을 찾을 수 있을 것"이라고 조언했다.[17] 면접 후에 멜란비는 크릭의 의학연구위원회 장학금 신청서에 다음과 같이 끄적였다. "이 사람은 대단히 매력적이다."[18]

1947년부터 1949년까지 케임브리지에서의 첫 2년간 크릭은 스트레인지웨이스(Strangeways) 연구소에 있었다. 스트레인지웨이스연구소는 1905년 케임브리지 연구병원(Cambridge Research Hospital)의 토머스 스트레인지웨이스(Thomas Strangeways) 박사가 류머티즘성 관절염을 연구하기 위해 설립했다. 크릭이 들어갔을 때는 뛰어난 동물학자이자 당시 요직에 있던 소수의 여성 과학자 중 한 명인 펠(Honor Bridget Fell)의 지휘에 따라 조직 배양, 기관 배양, 세포 생물학에 초점을 두고 있었다.[19] 크릭은 "세포 내부에 있는 세포질의 물리적 특성을 알아내는" 일을 하며 시간을 보냈다고 회고했다. "나는 그 과제에 크게 흥미가 없었지만 그런 피상적인 일이 당시의 나에게는 이상적이라는 것을 깨달았다. 왜냐하면 내가 익숙했던 분야는 자기(磁氣)와 유체역학뿐이었기 때문이다." 또한 이 작업은 젊은 과학자의 초창기 저술에 활용하기 적당한 구체적인 내용이어서 크릭은 실험 논문 하나와 이론 논문 하나를 『실험 세포 연구(Experimental Cell Research)』라는 학술지에 발표했다.[20]

스트레인지웨이스에서 보낸 두 번째 해에 크릭은 펠의 지시에 따라 케임브리지를 방문하는 연구자들에게 선보일 '분자생물학의 중요한 문제'에 관한 짧은 강연을 준비했다. 크릭은 이 손님들이 "기대에 차서 펜과 연필을 들고 있었지만, 강연이 진행되자 모두 내려놓았다. 분명히 그들은 내가 하는 말이 진지하지 않은, 그저 쓸모없는 추측에 불과하다고 생각하는 것 같았다. 딱 한순간 사람들이 받아적은 것이 있었는데, 내가 사실에 기반한 내용, 그러니까 X선을 조사하면 DNA 용액의 점도가 극적으로 감소한다고 말하자 다들 받아적었다." 72세가 된 크릭은 이 일화를 다시 이야기하면서 거의 40년 전에 정확히 뭐라고 말했었는지를 떠올리고 싶어 했다. 하지만 크릭은 "기억이 그때 이후 수년간 쌓인 아이디어와 발전으로 덧칠"되어 "믿기 어렵다"고 생각했다. 강의 노트도 남은 것이 없어서 크릭이 할 수 있던 것은 단지 그때의 강의 내용이 유전자가 재생산 과정에서 갖는 중요한 역할, 즉 "유전자의 분자 구조를 밝혀야 하는 이유와 어떻게 유전자가 최소한 일부분이라도 DNA로 구성되는지, 또 유전자의 가장 유용한 역할은 아마도 RNA를 중간 매개체로 한 단백질을 합성하는 것"이었을 것으로 추측하는 것뿐이었다.[21]

케임브리지대학교 졸업장은 과학계에서 위대한 인물이 되고자 하는 크릭의 최후이자 최고의 희망을 상징했다. 크릭은 그 졸업장을 최대한 활용하겠다고 결심했다. 스트레인지웨이스에서는 자신이 꿈꾸는 진짜 미래가 없다는 것을 깨달은 크릭은 연구 장소를 바꾸기 위해 에드워드 멜란비를 설득했다. 몇 번의 전화 통화 끝에 크릭은 캐번디시연구소의 생물물리학과에 재배정되어 막스 페루츠(Max Perutz)와 조수 존 켄드루(John Kendrew)의 지도를 받게 되었다.[22] 크릭의 우선 과제는 이들을 도와 헤모글로빈과 미오글로빈의 분자 구조를 알아내는 것이었다. 페루츠는 크릭이 박사 학위를 딸 수 있도록 돕기로 했다.[23]

캐번디시연구소를 향한 크릭의 첫 발걸음은 순조로운 시작과는 거리가 멀었다. 런던으로의 장기 여행을 마치고 돌아온 크릭은 케임브리지역 플랫폼에서 뛰어내린 후 큰맘 먹고 택시를 탔다. 본격적으로 경력을 쌓아가려는 진지한 학생은 기대감으로 가득 찼다. 크릭은 세계 최고의 생물물리학연구소에 입성하게 되었다는 사실에 맥박이 거세게 뛰는 것을 느꼈다. 택시에 올라타 작은 여행용 가방을 내려놓고 좌석 깊숙이 기대앉아 운전사에게 말했다. "캐번디시연구소로 갑시다." 운전사는 뒤를 돌아보더니 운전석과 뒷좌석을 구분하는 유리판 너머로 물었다. "어디요?" 크릭은 당황했지만, "모든 사람이 나만큼 기초 과학에 관심이 깊지 않다"는 것을 깨달았다. 크릭은 낡은 서류 가방 속 종이 뭉치를 뒤적여 캐번디시연구소의 주소가 적힌 종이를 찾아냈다. 운전사에게 프리스쿨레인(Free School Lane)이라고 알려주면서 크릭은 덧붙였다. "그게 어딘지 모르겠지만." 운전사는 시장광장(Market Square)에서 멀지 않은 곳이라며 차를 돌려 목적지로 향했다.[24]

19세기 후반부터 2차 세계대전 이후까지 물리학을 공부하려면 두 곳으로 가야 했다. 케임브리지대학교 캐번디시연구소와 나머지 다른 곳.[25] 많은 사람이 현대 물리학은 케임브리지에서 시작됐다고 주장한다. 1687년, 트리니티칼리지의 아이작 뉴턴(Isaac Newton)은 중력, 만유인력의 법칙, 그 외에 현재 고전물리학으로 알려진 수많은 법칙을 설명한 유명한 저서 『프린키피아(Principia)』를 발표했다. 거의 2세기가 지난 1874년, 은둔 과학자 헨리 캐번디시(Henry Cavendish)의 이름을 딴 캐번디시연구소가 설립되었다. 캐번디시는 18세기 영국의 천재 과학자로 "인화성 공기", 즉 수소를 발견했고, 두 물체 사이의 인력을 성공적으로 측정했으며, 중력 상수의 정확한 값을 계산해냈다.

캐번디시연구소 최초의 교수는 스코틀랜드 출신의 제임스 맥스웰

(James Clerk Maxwell, 1831~79)이다. 그는 관자놀이에서 아래턱까지 둥그스름하게 기른 희끗희끗한 구레나룻과 두 갈래로 갈라진 빳빳한 턱수염이 인상적인 남자로 디킨스 소설의 등장인물 같았다. 맥스웰은 케임브리지대학교 학부생일 때부터 설령 물리학이 자신의 세계관을 형성한 성경 말씀을 부정하더라도, 물리학 세계를 탐구하는 데 인생을 바치겠다고 생각했다.[26] 연구자로서 맥스웰은 오늘날에도 맥스웰 방정식이라고 불리는 수학식을 이용해 어떻게 전하와 전류가 전기장과 자기장을 형성하는지 밝혀냈다. 맥스웰은 또한 아인슈타인, 보어, 하이젠베르크, 슈뢰딩거를 비롯한 몇몇 학자들이 현재 이론 물리학이라고 부르는 과학적 예술의 경지에 이르기 위해 사용한 방법인 아리스토텔레스의 "사고 실험(thought experiment)"을 다시 한번 물리학자들에게 소개했다.[27]

케임브리지 학생들은 캐번디시를 "물리와 관련된 모든 것의 중심"이라고 불렀다. 석회석, 벽돌, 석판으로 지어진 3층짜리 건물은 고딕 아치와 좁은 계단이 많았다. 내부에는 "최대 180명이 앉을 수 있는 가파르게 경사진 좌석"이 있는 강의실과 교수실, 연구실, 실습실이 있었다. 2층에는 실험 기구로 가득 찬 교보재실과 학생 실험실이, 꼭대기 층은 다락으로 실험용 전기실이 있었다.[28]

48세에 사망한 맥스웰의 자리는 1879년 레일리(John William Strutt Rayleigh)가 이어받았다. 레일리는 몇 가지 주요 기체의 밀도를 밝혀내고, 아르곤을 발견하여 1904년 노벨 물리학상을 받았다. 레일리는 당시 연구소의 처참했던 상태를 개선하기 위해 노벨 물리학상 상금을 쏟아부었다. 1882년에는 여자도 캐번디시에서 수업을 들을 수 있도록 허가하는 새로운 규칙을 만들었는데, 이 덕분에 50년 후 로잘린드 프랭클린이라는 훌륭한 인재를 얻게 되었다.

1884년 머리가 벗어진 데다 콧수염이 듬성듬성 난 톰슨(Joseph John Thomson)이 캐번디시의 다음 교수로 내정되었다. 물리학자보다는 은행가처럼 생긴 톰슨은 교수직을 수락했을 당시 28세의 젊은 나이였다. 톰슨은 전자를 발견하고 전자의 질량과 전하량을 측정했다. 행동이 아주 어설펐기에 전자를 규명하기 위해 만든 섬세한 장비를 톰슨이 고장 내지 않도록 그의 실험 조교들이 계속해서 새로운 방법을 고안해냈다. 전자의 발견은 결코 작은 업적이 아니었는데, 전자가 발견되어 분자와 원자 수준에서의 화학 결합을 이해하는 초석이 마련되었다. 톰슨의 연구가 바탕이 되어 현재 전력원, 인공조명, 라디오, 텔레비전, 전화기, 컴퓨터, 인터넷을 넘치도록 사용하게 된 것이다.

1919년 어니스트 러더포드(Ernest Rutherford)라는 건장한 체격의 물리학자가 고향 뉴질랜드를 떠나 톰슨을 대신하기 위해 케임브리지로 돌아왔다. 러더포드는 핵물리학의 아버지가 되어 원자를 성공적으로 쪼개고, 양성자를 발견했으며, 방사선의 개념을 설명하고, 방사성 반감기의 개념을 정의했다. 이런 성과를 이루는 내내 러더포드는 아서 설리번(Arthur Sullivan)이 작곡한 찬송가 「믿는 사람들은 군병 같으니(Onward Christian Soldiers)」를 휘파람으로 불었다(특히 자신감이 넘칠 때는 노래를 불렀다).[29] 주기율표에서 원소 번호 104번인 러더퍼듐(rutherfordium)은 러더포드의 이름을 딴 것이다. 톰슨과 러더포드는 각각 1906년과 1908년에 노벨 물리학상을 받았다. 같은 시기, 곤빌앤카이우스칼리지(Gonville and Caius College)의 학장이자 캐번디시 출신 물리학자인 제임스 채드윅(James Chadwick)은 중성자를 발견했다. 채드윅은 1932년 노벨 물리학상을 받았다.

그러나 DNA에 관해서라면 캐번디시연구소에서 가장 중요한 인물은 1938년부터 1953년까지 교수로 있었던 윌리엄 로렌스 브래그(William Lawrence Bragg)이다. 케임브리지대학에서 교수직을 제안받았을 때 브래그는 39세였는데 물리학을 가르쳐본 적도, 대형 학과를 운영해본 적도 없었다.[30] 그는 아버지 윌리엄 헨리 브래그(William Henry Bragg)와 함께 X선 결정학을 발전시켰고, 이 공을 인정받아 1915년 노벨 물리학상을 받았다. 노벨상 역사상 부자가 함께 상을 받은 것은 이들이 유일하다.[31] 브래그 부자가 제안한 브래그 방정식은 결정에 특정한 각도로 X선을 조사(照射)하면 X선이 어떻게 회절하는지 설명하는 정리이다. 케임브리지에서 브래그가 맡은 임무는 캐번디시연구소를 현대화하는 것으로, 러더포드가 임기 내에 완수하지 못한 일이었다. 브래그는 자신의 장점을 살려 연구 범위를 핵물리학에서 X선 결정학으로 변경했다. 브래그는 빠른 상황 파악 능력과 통솔력을 가진 매우 뛰어난 행정가로 탈바꿈했다. 대공황과 두 차례

캐번디시물리학연구소

벌어진 세계대전의 여파에도 브래그는 캐번디시를 세계 수준의 연구기관으로 재건했다.[32]

브래그가 처음 착수했던 일은 연구소에 들어찬 시대에 뒤떨어진 시설을 정비하는 것이었다. 1930년대 후반 캐번디시에는 물리학자는 많았으나 실험 공간이 부족했다. 1936년에 브래그는 자동차 제조업자였던 허버트 오스틴(Herbert Austin)을 설득해 오스틴의 이름을 딴 부속건물을 지을 25만 파운드의 기부금을 받았다. 오스틴 기념관은 별다른 특징이 없는 실용적인 상자 모양의 4층짜리 건물로 밝은 회갈색 벽돌로 지어졌다. 미적인 부분은 둘째치고 이 건물 덕분에 90개의 새로운 공간이 생겨 연구실 31실, 사무실 13실이 추가되었다. 또한 유리 세공실, 장비와 기계 제작실, 도서관, 휴게실, "고도의 기술이 있어야만 수행할 수 있는 섬세한 작업"을 하는 특별 기술 작업실도 생겼다.[33] 바로 이 건물에서 왓슨과 크릭이 1951년부터 1953년까지 DNA 연구를 진행했다.

거침없이 말하고 항상 낙관적인 크릭은 뛰어난 두뇌와 속사포 같은 입 사이에 제동 장치가 없는 사람이었다. 그의 성품은 오스카 와일드의 자신감 넘치는 재치와 버나드 쇼(George Bernard Shaw) 작품에 나오는 헨리 히긴스(Henry Higgins) 교수의 권위적인 오만함에, 알베르트 아인슈타인의 천재성을 약간 첨가하면 완성되었다.[34] 로잘린드 프랭클린의 전기 작가인 앤 세이어(Anne Sayre)는 크릭의 자만심이 "초인적"이라고 평했다.[35] 금방 싫증을 내고 박사학위를 따기 위한 어떤 구체적인 진전도 없는데 훌쩍 하나의 연구 과제에서 다른 연구 과제로 넘어가던 크릭은 자연스럽게 브래그의 미움을 살 수밖에 없었다. 크릭은 조이스(Joyce) 소설의 난해한 자유연상 기법처럼 여러 발상과 이론을 끝없이 떠들면서 대화를 대부분 주도했다. 그가 분자 수준까지 파악한 생물물리학은 휘황찬란했다. 종종 다른 연구자들의 연구 과제의 문제점(과 해답)을 정확히 짚어냈기에 많은 연구자가 자신의 지적 재산을 빼앗길까 봐 크릭과는 연구에 관해 대화하는 것을 꺼렸다. 크릭은 실험주의 연구자가 지루하다고 생각했고, 단지 자신과 같은 천재의 뛰어난 발상을 증명하기 위해 존재한다고 생각했다. 크릭은 자신이 실험주의자보다는 위대한 발상을 하는 이론가에 가깝다고 생각했다. 하지만 최고의 아이디어를 떠올리기 위해 멈추지 않고 말하는 크릭의 과학적 독백을 주의 깊게 듣고, 그것을 조용히 탐구하고 수정할 수 있는 동료는 드물었다. 소설가 앵거스 윌슨(Angus Wilson)은 1963년에 "온갖 잘못된 무모한 계획이나 정신 나간 제안이 쏟아지고, 듣느라 시간을 뺏기면 진이 빠지고 껄끄러운 의견 대립이 일어난다. 그러다가 마침내 기적처럼 크릭 박사 같은 사람은 말도 안 되는 것을 말이 되게 설득하여 이번 세기의 위대한 혁명적 이론으로 만든다."[36]

1951년 7월, 크릭은 캐번디시의 동료 물리학자들을 위해 학과 강연을 진행했다. 존 켄드루의 제안으로 크릭은 강연 제목을 존 키츠(John Keats)의 시 「그리스 항아리에 부치는 노래(Ode on a Grecian Urn)」에서 따와 「열광의 탐구(What Mad Pursuit)」라고 붙였다. 크릭은 강의에서 패터슨 분석과 푸리에 변환부터 페루츠의 단백질 연구와 "파리의 눈"으로 알려진 브래그의 시각적 분석법까지 X선 사진을 해석하는 방법을 망라했다. 칠판에 수학 공식을 휘갈기느라 분필 가루가 구름처럼 날리는 가운데 크릭은 각 방법이 공허하다는 것을 증명했고, 대담하게 결론을 내렸다. "이 연구들에 적용된 대부분의 전제는 사실을 바탕으로 입증되지 않았다." 크릭이 주장하고 페루츠도 동의한 하나의 예외는 원자의 동형치환법으로, 분석 대상인 분자의 원자에 X선을 강하게 조사하여 외부의 원자로 구조 변화 없이 치환하는 것이다.[37] 크릭은 강연 제목과 같은 『열광의 탐구』라는 자신의 회고록에서 이 강연 후 브래그가 얼마나 격노했는지 적고 있다. 캐번디시에 들어온 지 얼마 안 된 크릭이 해당 분야의 개척자라고 불리는 사람과 그 밑의 직원들, 학생들에게 "그들이 여태 해온 연구가 어떤 쓸모있는 결과도 내지 못할 것"이라고 말한 것이다. "내가 해당 주제의 이론을 명확히 이해하고 있고, 실제로 과할 정도로 그 주제에 대해 금세 떠들 수 있다는 사실은 도움이 되지 않았다."[38]

다음 학과 강연에서 크릭은 브래그가 자기 아이디어 중 하나를 도용한 것 같다고 시사하여 더욱 무모한 길을 갔다. 이는 브래그를 향한 최후의 결정타나 다름없어서 브래그는 얼굴이 시뻘게진 채 거대한 몸을 움직여 자신을 비난한 크릭을 향해 분노로 씩씩대며 외쳤다. "풍파를 일으키지 말게, 크릭! 자네가 오기 전까지 캐번디시는 잘해왔어. 그런데 말이야, 자네 박사 연구는 언제 손댈 생각인가?"[39] 이 사건 이후 위대한 학자 브래그는 크릭이 연구소에 들어올 때마다 크릭이 "맨날 하는 헛소리"를 듣지 않기 위해 자신의 사무실 문을 쾅 소리 나게 닫았다. 60년 넘게 흐른 뒤, 제임스 왓슨은 다음과 같이 회상했다. "크릭의 목소리는 … 참고 견디기에는 너무 컸다 … (그의 웃음소리는) … 아주 강력했다."[40]

[5]

모리스 윌킨스[1]

DNA는, 알다시피, 미다스의 금이다. 누구든 손대는 사람은 미쳐버린다.
– 모리스 윌킨스[2]

박사이자 대영제국 훈작사(CBE), 영국 왕립학술원 회원(FRS)인 모리스 윌킨스(Maurice Hugh Frederick Wilkins)는 키는 크지만 마르고 뻣뻣한 몸에 신경증을 한가득 채워 넣은 것 같은 사람이었다. 윌킨스 본인도 인지하고 있었던, 삶에 대한 공포는 그가 맺는 대부분의 인간관계를 어색하거나 고통스럽게 만들었다. 윌킨스는 유명한 병원 밀집 지역인 할리가(Harley Street)에서 많은 정신과 의사들의 단골손님이었다. 끝이 없는 자아 성찰 과정에서 두려움, 공포증, 콤플렉스가 쌓여 있는 융(Jung) 주의자가 되기 전까지 윌킨스는 프로이트(Freud)의 학설에 따라 정신 분석을 받았다.[3] 다른 사람과 대화할 때 윌킨스는 거의 눈을 맞추지 않았다. 그는 몸을 뒤틀어 사람들을 등지는 자세를 선호했다.[4] 부드러운 말투에 느린 억양을 가진 윌킨스가 구사하는 문장은 별 관계가 없는 내용과 두서없는 구조 때문에 종종 듣는 이의 인내심을 시험하곤 했다. 어떤 확실한 내용에 이르기까지 영원에 가까운 시간이 걸렸다.[5]

앤 세이어는 윌킨스를 다음과 같이 묘사했다. "타인과의 교류에 근본적으로 문제가 있어서 고통받는다. 윌킨스에게 인간관계는 고통이다. 인간관계는 그를 불구로 만든다." 윌킨스는 자신의 마음속으로 향하는 억

연구 중인 모리스 윌킨스, 1950년

울함과 분노, 특히 로잘린드 프랭클린에 대한 분노 때문에 괴로워했다.[6] 윌킨스의 정신 건강에 대해 프랜시스 크릭은 "당신이 모리스를 몰라서 그렇다. 그때 모리스는 감정적으로 너무나 속박되어 있었다"[7]라고 말했다. 반면 윌킨스는 실수에 너그러웠기 때문에 특히 남자 동료들, 연구 조교, 학생들에게 인기가 있거나 최소한 동정받았다.

윌킨스는 1916년 12월 15일, 뉴질랜드 폰가로아(Pongaroa)의 산간 지역에 있는 투박한 나무집에서 태어났다.[8] 그의 아버지 에드거(Edgar)는 더블린의 트리니티 의대(Trinity Medical College)에서 공부한 소아과 의사였다. 어머니 이블린 휘태커(Eveline Whittacker)는 더블린 경찰서장의 딸이었다. 윌킨스는 어머니를 "긴 금발 머리에 상식이 풍부한 다정한 여성"이라고 묘사했다.[9] 윌킨스 부부는 1913년 더 나은 삶을 찾아 아일랜드를 떠나 머나먼 뉴질랜드로 향했다. 뉴질랜드에서 꿈꿨던 수준의 성공을 거두지 못한 에드거는 1923년 가족을 데리고 런던으로 이주해 킹스칼리지에서 공중보건학 박사학위를 따기 위해 공부를 시작했다.

1922년 윌킨스의 두 살 터울 누나 에이네(Eithne)의 혈액, 뼈, 관절에 염증이 생겼다. 에이네는 그레이트오몬드아동병원(Great Ormond Street

Children's Hospital)에서 고통스러운 입원 생활을 하며 여러 차례 정형외과 수술을 받았다. 항생제가 없던 시절, 병든 누나에 대한 기억은 그 후에도 떠올릴 때마다 모리스의 마음을 어지럽혔다. 누나를 면회하는 날이면 어린 소년 모리스는 부모님의 손을 꽉 움켜쥔 채 "커다란 병원 계단을 올랐다." 세 사람은 하나같이 아프고 외로워 울고 있는 아이들이 누워 있는, 군인처럼 가지런히 줄을 맞춘 침대가 놓인 10여 개의 열린 병실 앞을 지나갔다. "거대한 병원에 잡아먹혀 얼굴을 거의 알아볼 수 없는" 에이네를 만나기까지 마치 영겁의 시간이 흐르는 것 같았다. 간호사가 에이네의 "아름다운 금발"을 모조리 밀어버린데다 감염 때문에 얼굴이 부어올라 모리스는 누나의 얼굴을 알아보기 힘들었다. 그가 잊을 수 없던 것은 누나가 "악몽 같은 음모의 희생자가 되어, 두 다리를 공중에 들어 올리는 도르래와 밧줄이 달린 거대한 침대 틀에 갇힌" 모습이었다. 그 모습은 런던 타워에서 본 중세의 고문실을 연상시켰다.[10]

에이네가 차라리 죽고 싶다고 고백했을 때 여섯 살짜리 모리스가 느꼈을 공포를 상상해보라. 자신의 의술로 자식을 고칠 수 없는 아버지는 무력했다. 그는 자식을 곧 땅에 묻어야 할지도 모르는 부모라면 누구나 느낄만한 끔찍한 불안으로 가득 차 런던의 거리를 비통하게 헤맸다.[11] 이 위기는 온 가족의 마음에 서로 다른 형태의 상처를 입혔다. 모리스가 여성을 신뢰하고 소통하는 데 어려움이 생긴 근원이 이 시기에 있을지도 모른다. 에이네가 마침내 집으로 돌아왔을 때, 오히려 모리스는 한때 가장 가까웠던 놀이 친구를 잃었다. 둘 다 너무나 좋아했던 유치한 놀이를 이제 에이네가 거부했기 때문이다. 그때부터 "우리 사이에는 대화가 몹시 적었다"고 모리스는 말했다.[12]

1929년, 윌킨스 가족은 버밍엄(Birmingham)으로 이사했다. 버밍엄에서 에드거는 교내 소아과의사로 일하다가 「취학아동의 건강검진(Medical Inspection of School Children)」이라는 중요한 논문을 저술했다.[13] 1929년부터 1935년까지 젊은 모리스는 영국의 뛰어난 주간학교 중 한 곳인 킹에드워드학교(Kind Edward's School)를 다녔다. 그곳에서 그는 천문학과 지질학에 빠졌다. 1935년, 모리스는 명망 있는 케임브리지 세인트존스칼리지(St. John's College)의 입학 허가와 함께 런던의 목수 길드(Worshipful Company of Carpenters) 장학금을 받았다.

케임브리지에서 윌킨스는 "인간의 생명과 직접적으로 연관된 과학"을 추구했다. 이런 탐구 방향과 관련된 그의 초기 스승 중 한 명이 마크 올리펀트(Mark L. E. Oliphant)로, 당시 캐번디시물리학연구소 소장 어니스트 러더포드의 밑에서 부소장을 맡고 있었다. 세인트존스칼리지에서 윌킨스의 지도교수였던 올리펀트는 "물리학자는 자신만의 도구를 만들어야 한다"고 가르쳤다. 이는 윌킨스가 어릴 때 아버지의 작업장에서 어설프게 뭔가를 만들며 행복했던 시간을 떠올리게 해주는 가르침이었다.[14]

또 다른 스승은 존 데즈먼드 버널(John Desmond Bernal)이었다. 버널은 1937년까지 캐번디시에 있다가 러더포드가 자신의 종신 재임을 거부하자 버크백칼리지로 옮겼다. 아일랜드 티퍼레리주(Tipperary) 출신인 이 뛰어난 과학자는 아버지가 스페인 · 포르투갈계 유대인이었다. 버널은 X선 결정학으로 바이러스와 단백질의 구조를 연구했다.[15] 윌킨스는 버널이 말하는 과학과 공산주의적 정치사상에 빠져들었다. 1930년대에 겸손하게 표현해서 '현자'라는 호칭으로 불렸던 버널은 같은 생각을 하는 많은 동료 교수와 강사, 학생들을 끌어모아 1932년에는 케임브리지 반전 과학자 그룹(Cambridge Scientists Anti-War Group)을 만들었다.

당시 수많은 학생이 그랬던 것처럼 윌킨스도 카를 마르크스의 책을

모리스 윌킨스와 존 랜들

읽고 "(마르크스가) 인도적이고 독재적이지 않은 공산주의 사회로 가는 방법을 찾는 데 실패하더라도, 역사에 대한 마르크스의 물질주의적 이론을 높이 평가"했다.[16] 윌킨스는 케임브리지 반전 과학자 그룹과 나치주의의 발흥, 스페인 내전, "인도 독립에 관한 극심한 문제"를 다루는 다른 좌파 학생 조직에도 참여했다.

젊은 윌킨스는 세인트존스칼리지에서 여러 현대미술관과 갤러리를 방문하고 자연과학 동아리 모임에 참석하면서 재미를 찾고 있었다. 종종 지역 영화관에 가서 그루초 마르크스(Groucho Marx), 치코 마르크스(Chico Marx), 하포 마르크스(Harpo Marx), 제포 마르크스(Zeppo Marx) 형제의 무모한 코미디 영화 속에서 재치 있게 표현된 다른 유형의 마르크스주의자들을 접하기도 했다. 윌킨스는 특히 자신의 정치 신념과 일치하는 유럽 예술 영화를 즐겨 보았다. 1925년 소비에트에서 제작된 세르게이 에이젠슈타인(Sergei Eisenstein)의 무성 장편 영화 「전함 포템킨(Battleship Potemkin)」을 아주 좋아했다.[17] 잠시 펜싱을 하기도 했으나 "단순히 재빠르지 못해서" 포기했다.[18]

윌킨스는 학문에 흥미를 느끼고 있었지만, 자신보다 부유하고 자신감 넘치는 같은 대학의 학부생들과 비교하며 불안함과 열등감에 괴로워했다. 1990년에 윌킨스는 케임브리지에 있는 동안 다음과 같이 느꼈던 것을 고백했다. "내가 보는 나의 가치가 크게 내려갔다 … 몇몇 다른 사람들이 너무나 똑똑하게 느껴졌다."[19]

윌킨스는 특히 다른 성별과 소통해야 할 때 늦된 모습을 보였다. 1937년 윌킨스는 케임브리지 반전 과학자 그룹의 마거릿 램지(Margaret Ramsey)라는 동료 학생에게 반했다. 불행히도 수줍음이 너무 많았던 윌킨스는 어떻게 감정을 전달해야 할지 알지 못했다. 어느 날 저녁 두 사람은 세인트존스 기숙사에 있는 윌킨스의 방에서 마주 보고 멀찍이 앉아 있었는데, 윌킨스가 불쑥 두서없이 사랑한다고 말했다. 마거릿은 이 난데없는 행동에 당황했고, 의미심장한 침묵 끝에 일어나서 작별을 고하고 떠났다. 젊은 윌킨스가 대학 시절 여성과 신체 접촉을 한 경험은 런던의 백화점에서 여성 점원과 우연히 부딪힌 것이 전부인 것으로 보인다. 50년이 지난 후에도 윌킨스는 그 젊은 여성 점원의 "엄청난 부드러움, 온기, 향수 냄새"가 줬던 에로틱한 경험을 생생하게 기억했다. 연애 관련 경험이 없는 것은 그 세대 젊은 남자들에게 드문 일이 아니었지만, 이 두 가지 일화를 통해 윌킨스가 여성들과 로맨틱하고 플라토닉한 교류를 할 때 많은 경우 얼마나 무력하고 당황했을지 알 수 있다.[20]

케임브리지에서 보낸 마지막 해인 1938년 가을, 윌킨스는 남은 인생 내내 씨름했던 정신 질환인 심각한 우울증으로 빠져들었다. 우울증은 윌킨스의 학계 평판에 거의 도움이 되지 않았다. 1939년에 마지막 시험을 치르고 물리학 2등급 학위를 받았는데, 이는 윌킨스에게 있어서 소설 『주홍글씨』의 주인공 헤스터 프린(Hester Prynne)에게 새겨진 것보다 더 붉고 죄스러운 표식이 되었다. 2등급 학위를 받은 학생은 케임브리지 대학교에서 상위 등급의 공부를 계속할 기회를 받지 못했다. 목표 달성에 실패한 경험이 있는 학생이라면 능히 공감할 만한 이 실망스러운 일은 윌킨스를 커다란 충격에 빠뜨렸다. 실제로 윌킨스는 "세상이 끝난 것처럼" 느꼈다.[21]

하지만 1등급 학위를 받는 데 실패한 것은 결국 윌킨스에게는 좋은 일이 되었다. 왜냐하면 이로 인해 케임브리지라는 안락한 고치를 벗어나게 되었기 때문이다.[22] 당시 윌킨스는 전자가 결정체를 통해 움직이고 빛을 방사하는 현상인 열발광(熱發光, thermoluminescence)에 관심을 두기 시작했다. 윌킨스는 1937년 케임브리지와 옥스퍼드 대학원 과정에 탈락한 후 버밍엄대학교로 시야를 돌렸다. 당시 버밍엄대학교에서는 예전에 케임브리지에서 윌킨스의 멘토였던 마크 올리펀트가 물리학과가 나아가야 할 방향은 "영국에서 가장 큰 입자 가속기(사이클로트론)"를 건설하는 것이라고 주장하고 있었다.[23]

올리펀트를 도와 이 작업을 하던 물리학자는 존 랜들(John Turton Randall)로, 과학 제국을 건설하는 일에 눈에 띄게 기업가적인 태도를 지녔던 사람이다. 안경을 쓰고 머리가 벗어진, 다소 밋밋한 생김새의 랜들은 지역 유치원에서 정원사로 일하던 아버지 밑에서 태어났다. 랜들은 자신의 소박한 출생 환경과 육체적인 단점을 포장하기 위해 주문 제작한 섬세한 모직 양복, 멋진 비단 나비넥타이를 걸쳤다. 이에 더해 옷깃에는 마치 해롯(Harrod) 백화점의 매장 매니저처럼 갓 줄기를 자른 카네이션을 꽂았다. 1926년부터 1937년까지 랜들은 웸블리(Wembley)에 있는 제너럴일렉트릭(General Electric Company) 연구소에서 수익성 있는 발광 램프 선을 개발하기 위해 물리학자, 화학자, 공학자 등의 핵심 인력을 이끌었다. 1937년, 올리펀트는 랜들을 왕립학술원 회원으로 초대했다.

윌킨스가 박사 과정을 할 생각으로 버밍엄의 올리펀트에게 연락했을 때, 올리펀트는 흔쾌히 윌킨스를 받아주고 랜들의 연구실에 배정했다.[24] 윌킨스는 랜들이 "종교적인 열광"을 품고 연구 목표를 추구하는 것을 보고 깊은 인상을 받았다. 랜들은 "과학에는 개인적인 인정과 명성이라는 유혹적인 측면"이 있으므로 과학이 종교보다 낫다고 보았다.[25] "일류 과학자들에 대해 이상할 정도로 많이 알고, 남의 재능을 잘 판단"하는 랜들은 휘하의 연구원들이 자유롭게 자료가 이끄는 대로 연구하도록 했으며, 연구실을 가진 다른 동료들과는 달리 자신의 연구실에는 남성과 여성을 모두 고용했다.[26] 그러나 랜들 밑에서 일한다고 무조건 즐겁고 영감이 넘치는 것은 아니었다. 랜들은 빠른 성과와 절대적인 충성을 요구하고 일련의 엄격한 지시를 내리는 쪼잔한 상사이기도 했다. 랜들은 나폴레옹 같은 과장된 분위기를 내면서 연구실에 들어와 그 자리에 있는 모든 사람에게, 윌킨스의 말을 빌리면, "깡충깡충 뛰도록" 시키기도 했다.[27]

윌킨스는 랜들의 루미네선스연구소에서 1938년부터 1940년까지 일했고, 1940년에는 고체 물리학, 인광(燐光), 전자 트랩(electron trap)에 관한 학위를 마쳤다.[28] 또한 자신의 연구를 발전시킬 도구를 개발하고, 자신의 학계 경력에 도움을 줄 선배 물리학자들과 돈독한 관계를 쌓았다. 덕분에 윌킨스는 케임브리지에서 2등급 학위를 받았던 일을 덮어버릴 수 있었다.[29]

하지만 윌킨스가 덮어버릴 수 없었던 것은 그저 서툴기만 했던 여성들과의 관계였다. 1940년부터 1941년까지 독일이 영국에 공격을 퍼부었던 대공습 시기에 윌킨스는 (회고록에 따르면) 그냥 브리타(Brita)라고만 불렀던 젊은 바이올리니스트를 만났다. 두 사람은 전원 지역에서 자전거를 타거나 함께 식사하고 같이 시간을 보냈다. 최소한 윌킨스는 그렇게 생각했다. 둘의 관계는 "아주 고지식하게" 유지됐는데 자신의 감정을 바탕으로 어떻게 행동해야 하는지 무지한 것은 물론 감정 표현조차 제대로 하지 못했던 윌킨스 때문이었다. 마거릿 램지에게 했던 것처럼 윌킨스는 "브리타의 방구석"에 앉아서 "철학적인 진술"이라도 하듯 브리타에 대한 사랑을 선언했다. 이 이상한 접근 방식은 케임브리지에서의 마거릿 램지의 반응과 똑같은 반응을 끌어냈다. 수많은 세월이 지난 후, 윌킨스는 다음과 같이 고백했다. "나의 로맨틱하지 않은 접근 때문에 브리타의 마음이 식은 것 같다. 내가 곤란해하는데도 브리타는 전혀 도와주지 않았다. 나는 공포와 절망에 얼어붙은 채 물러났다."[30] 실연의 절망 속에서 윌킨스는 "인생에서 사랑은 포기하고 더 높은 가치에 몰두"하기로 했다. 어떻게 "스피노자가 사랑을 포기하고 망원경 렌즈 가공을 시작"했는지를 영감의 원천으로 삼아 윌킨스는 양자역학에 몰두했다. 양자역학을 통달하고 감정적인 고통을 극복하면서 윌킨스는 자신의 "삶에 대한 통제권"을 얻었다. 그리고 브리타와 헤어진 일에 대해 "나의 경력에 지대한 공헌을 했다"고 결론 지었다.[31]

윌킨스의 연구에 감명받은 랜들은 윌킨스를 위해 1940년 1월에 시작하는 버밍엄대학교의 박사 후 연구직을 주선해주었다. 이 기간에 랜들은 거대 공동 자전관이 누구의 위대한 발명품인가를 두고 주도권을 잡기 위해 마크 올리펀트와 격렬한 경쟁을 벌이고 있었다. 거대 공동 자전관은 원활히 작동한다면 마이크로파 탐지기 역할을 하여, 영국의 국토를 파괴하고 사기를 꺾는 독일 비행기처럼 공중에 있는 대상을 탐지할 수 있었다. 개발 초기에는 작동이 불안정해서 계속 "한 주파수에서 다른 주파수로 바뀌었다." 이런 불안정성을 줄이는 것이 랜들의 임무였고, 곧 몇몇 사람들이 "2차 세계대전이 낳은 가장 중요한 발명"이라고 평가한 기계를 개발하는 데 성공했다.[32] 그러나 올리펀트는 자전관 개발에 본인이 이바지한 몫을 확실히 하기 위해 랜들의 자금 요청을 묵살했다. 그러자 랜들의 연구실에서 일하던 물리학자들은 올리펀트 연구팀이 방문할 때마다 문을 잠갔고 저녁에는 책상마저 잠가버렸다. 특히 국가의 존망이 걸린 전쟁에서 영국이 나치 독일에게 지고 있는 형세라 윌킨스는 이런 내부 분열이 몹시 곤란했다.[33]

랜들은 아주 분했겠지만, 윌킨스는 1944년 랜들의 연구실을 떠나 올리펀트의 새로운 전시 물리학 부서인 버밍엄폭탄연구소(Birmingham Bomb Lab)로 옮겼다. 나치 독일에서 망명한 유대인이었던 루돌프 파이얼스(Rudolph Peierls)와 오토 프리시(Otto Frisch)라는 두 명의 수석 연구원이 원자폭탄 제조에는 애초에 생각했던 것보다 더 적은 우라늄이 필요하다는 것을 계산해낸 후, 올리펀트 팀은 당시 가장 대규모로 과학적 연구를 실행하던 맨해튼 프로젝트(Manhattan Project)를 돕기 위해 미국에 파견되었다. 윌킨스는 전설적인 핵물리학자이자 1939년 노벨상 수상자인 어니스트 로렌스(Ernest Lawrence)가 거대 사이클로트론을 처음 개발했던 곳인 UC버클리(University of California, Berkeley)에 배정되었다. 윌킨스의 임무는 금속 우라늄을 증발시킬 방법을 알아내는 것이었다. 그러나 윌킨스는 로렌스가 직접 해결할 때까지 그 방법을 찾아내지 못했다. 로렌스나 올리펀트보다 보안 등급이 낮았지만, 윌킨스는 자신이 대량 파괴 무기 제조를 돕고 있다는 것을 알았다. 많은 평화주의 과학자들도 전쟁 물자 생산에 참여한 데다가 추축국(樞軸國)의 정복 위협이 너무나 심각했기 때문에 윌킨스는 이런 임무를 정당화했다. 그렇다고 윌킨스가 기쁘게 일했다는 것은 아니다.

전쟁이 끝난 후 윌킨스는 폭탄 제조업계를 떠나기 위해 최선을 다했다.[34] 윌킨스는 핵무기의 억제되지 않은 폭력성을 혐오했을 뿐만 아니라, 전시에는 필수였던 비밀 유지 풍조에 반대했다. 비밀 유지를 중시하는 분위기는 윌킨스가 소중하게 여겼던 과학자의 표준에 스며들어 부정적인 영향을 미쳤다. 여전히 윌킨스는 최상의 과학은 "개방적이고 협조적인 분위기" 속에서만 이루어질 수 있다고 믿을 정도로 순진했다.[35] 핵무기에 반대하는 윌킨스의 정서는 타인의 이목을 끄는 것이었다. 미국 FBI와 영국 비밀정보부 MI5는 맨해튼 프로젝트에 참여한 뉴질랜드 혹은 호주 출신 과학자 9명 중에서 누군가가 1급 기밀을 누출했다고 의심했다. 사실 윌킨스는 1945년부터 최소한 1953년까지는 MI5의 감시 대상이었다. 한 정보원이 윌킨스를 두고 "심한 괴짜"이자 "과학자의 우스꽝스러운 표본", "평범한 인간관계에 무능"하고 "공산주의자보다는 사회주의자"에 가깝다고 묘사했지만, MI5는 윌킨스가 유죄라는 증거를 발견하지 못했다.[36]

캘리포니아에 머무는 동안 윌킨스는 루스 애보트(Ruth Abbott)라는 캘리포니아 출신 미술학도와 사랑에 빠졌다. 이 사랑은 윌킨스의 다른 연애담처럼 태평양의 해안선보다도 암초가 가득한 파국의 모래톱에 빠르게 부딪히고 말았다. 애보트가 임신하자 윌킨스는 그녀에게 청혼했다. 나중에 윌킨스는 애보트의 결혼관이 자신과 같을 것이라고 잘못 생각했다고 인정했다. 윌킨스는 결혼 관계에서 남성이 지배력을 가지며, 특히 경력이나 인생에서 중요한 결정은 남성을 따라야 한다고 생각했다. 정작 애보트는 이런 구시대적인 발상에 동의하지 않았다. 윌킨스는 애보트의 반발을 놀랍게 생각했고, 짧은 결혼생활 내내 불화가 끊이지 않았다.[37] 두 사람은 버클리 힐스의 커다란 집에 살면서 싸우고 분에 차 씩씩댔다. 몇 달 후 애보트는 윌킨스에게 변호사와 약속을 잡았으니 만나라고 했고, 윌킨스와 만난 변호사는 애보트가 이혼을 원한다고 전했다. 당연히 충격을 받은 윌킨스는 애보트나 아들에 대해 할 수 있는 것이 거의 없었다고 회상했다. "나는 혼자서 영국에 돌아왔다."[38]

윌킨스가 받았던 학계의 일자리 제안은 세인트앤드루스대학교(St. Andrews University)의 자연철학과 조교수 단 하나뿐이었다. 이는 랜들이 제안한 것으로, 랜들은 이미 자신을 떠났던 제자를 용서했으며 버밍엄의 학내 정치와는 멀리 떨어진 스코틀랜드로 지역을 옮긴 상태였다. 1945년 8월 2일, 시에라 네바다(Sierra Nevada) 산맥을 홀로 도보여행하며 휴가의 마지막 날을 보낸 윌킨스는 랜들에게 조교수 제안을 수락하는 편지를 보내면서 아내는 함께 가지 않는다고 썼다. 점잖게 아내를 "아주 훌륭한 여자"라고 지칭하면서 윌킨스는 랜들에게 이혼에 대해, 그리고 이혼 비용으로 절실했던 200달러를 어떻게 쓰게 되었는지 적었다. 불행히도 영국 법에 따르면 애보트가 재혼하지 않는 한 3년간 계속 지급해야 했는데, 윌킨스의 변호사는 귀국 후에도 한동안은 그런 법적 절차를 비밀에 부치도록 조언했다. 실제로 아주 오랫동안 윌킨스는 부모에게조차 이혼에 관해 이야기하지 않았다.[39]

윌킨스는 1945년부터 1946년까지 자신의 치욕스러운 사생활을 저주하고 갓 태어난 아들과 연락할 수 없다는 점에 절망하면서 대학 연구실을 목적 없이 어슬렁댔다. 그때 프랜시스 크릭과 함께 해군 연구소에서 소해정(掃海艇)을 연구했던 물리학자 해리 매시가 (크릭에게 그랬던 것처럼) 윌킨스에게 슈뢰딩거의 책 『생명이란 무엇인가?』를 한 부 건넸다. 매시는 윌킨스가 다음에 무엇을 공부해야 할지 불확실한 갈림길에 서 있다고 생각하고 제안했다. "이 책이 흥미로울 겁니다." 매시가 암묵적으로 전한 뜻은 분자나 양자생물학에 대해 생각해보라는 것이었다.[40] 케임브리지의 학생이었을 때 윌킨스는 양자물리학에서 슈뢰딩거가 이룬 업적과 파동역학이라는 복잡한 개념을 설명한 방식을 몹시 존경했다. "아인슈타인이 어떤 소년이 광파 위에 앉아서 우주를 본다면 어떻게 보일지 사고한 것처럼 현실적인 설명이다."[41] 『생명이란 무엇인가?』의 각 문단, 쪽, 장을 탐독한 윌킨스는 물리학에서 생물학으로 자연스럽게 넘어갈 수 있다는 영감을 처음 받았다. 유전자의 구조에 대한 슈뢰딩거의 설명은 불규칙한 결정체처럼 윌킨스 안에 깊이 다가왔다. 윌킨스의 연구 관심사는 고체물리학과 결정 구조였기 때문이다.[42]

같은 해에 랜들은 런던 킹스칼리지의 명망 있는 휘트스톤(Wheatstone) 물리학과장 자리를 제안받았다. 1946년 임명 직후에 랜들은 의학연구위원회의 꿈의 황금 고리와 같은 2만2천 파운드의 자금을 따왔다. 다년간 주어지는 막대한 지원금으로 물리학과 안에 엘리트 생물물리학 연구팀을 꾸리고 일련의 엘리트 생물학자와 물리학자를 선발해 생물학 체계의 구조를 연구할 수 있게 되었으며, 랜들이 의학연구위원회의 위원들을 홀린 것처럼 "생물학의 구조를 풀기 위해 물리학의 논리를 가져오고자" 했다.[43] 지금은 익숙한 과학 용어인 "분자생물학"이라는 새로운 이름도 이때 생겼다.[44] 랜들은 세인트앤드루스에 있던 연구팀 전체를 런던으로 데려왔고 윌킨스를 생물물리학 연구팀의 부팀장으로 임명했다.

의학연구위원회 몰래 랜들은 록펠러재단에서 또 다른 거액의 보조금을 받아, 분자생물학 연구를 위한 장비를 구매했다. 대학교 행정부서에서 이 명백한 이중 수령에 관해 묻자, 랜들은 록펠러재단의 보조금은 킹스칼리지 물리학과가 받은 것이고 의학연구위원회의 보조금은 생물물리학 연구팀이 받은 것이라고 능수능란하게 답변했다.[45]

예상대로 랜들이 받아온 보조금은 자금이 부족한 킹스칼리지 내의 동료들은 물론이고 학교 너머에서도 질투 섞인 조롱을 받았다. 랜들은 신중하게 논란을 피해 자신이 감독하는 거대한 연구 집단을 구성하는 일에 집중했다. 프로젝트의 목록은 길고도 다양했다. 세포, 세포막, 세포핵, 염색체, 정자, 근육 조직, 핵산, DNA 구조 연구에 물리학의 방법론을 적용하는 것이 목표였다.[46] 이 노선은 타 연구팀의 주제를 건드리지 않는 신성불가침이라는 영국의 연구 예절 기준에도 부합했다. 즉, 얼마 지나지 않아 캐번디시 팀이 헤모글로빈과 미오글로빈의 구조 발견과 관련된 의학연구위원회 자금에 우선권을 주장한 것처럼, 1947년 이래로 킹스칼리지의 생물물리학 팀이 DNA 연구를 "소유"했다. 의학연구위원회 지원을 받는 집단 내부에 경쟁이 존재했던 것이다.

1829년에 설립된 킹스칼리지는 런던대학교에서 특별한 종파에 속하지 않는 유니버시티 칼리지에 대항하기 위해 성공회에서 세운 학교이다(유니버시티 칼리지는 케임브리지와 옥스퍼드의 영국 국교회 계열 대학에 대항하여 설립되었다). 킹스칼리지는 빠르게 진화하는 세계 속에서 학생이 일할 준비를 마치도록 그에 맞는 교육을 제공하는 현대적인 대학교였다. 비교적 최근인 1952년까지 킹스칼리지에서 가장 눈에 띄는 특징은 대공습 때 독일 공군의 폭탄 때문에 안뜰 한가운데에 생긴 너비 18m, 깊이 8m에 달하는 거대한 구멍이었다.[47] 템즈강과 워털루 다리(Waterloo Bridge), 위엄 있는 서머싯 하우스(Somerset House)가 남쪽으로 내려다 보이고 북쪽으로는 북적이는 스트랜드(Strand)를 향해 열려있는 킹스칼리지는 오랫동안 폭탄, 총알, 빈곤에 시달렸다. 생물물리학 팀은 기둥으로 장식된 본관 지하에 자리 잡았다. 캐번디시의 멀끔한 셋방과는 대조적으로 킹스칼리지의 생물물리학자들은 매일 스트랜드에서 정신없이 내려와 좁은 계단을 거쳐 지하 연구실로 들어갔다.

윌킨스는 스코틀랜드의 계곡, 호수, 그리고 외로움을 등지게 되어 더할 나위 없이 기뻤다. 혼자 살 아파트를 구하지 못해 햄스테드(Hampstead)에 있는 결혼한 누나 에이네의 집으로 들어갔다. 햄스테드는 런던에서 "예술가, 지식인, 나치 망명자"로 가득 찬 지역이었다. 여유시간에 윌킨스는 웨스트엔드(West End)에 있는 화랑들에 자주 들렀다. 한 곳에서 안나(Anna)라는 빈(Vienna) 출신의 화가를 만나 연애를 하게 되었다. 만년에 윌킨스는 안나가 최소한 열 살 연상이었기 때문에 자신들의 관계가 일부일처와는 거리가 멀었다고 회상하며 키득거렸다. 안나와의 연애는 윌킨스가 안나의 가까운 친구 중 한 명과도 만나고 있다고 고백하면서 갑작스레 끝났다. 자기 삶에서 또 다른 여성이 퇴장하며 몰고 온 감정의 소용돌이에 고통스러웠던 윌킨스는 프로이트식 심리치료에서 위안을 찾았다. "공식 프로이트 기관"은 윌킨스에게 1년간 여성 심리치료사와 구조화된 자기성찰을 하도록 처방했으나 너덜너덜해진 윌킨스의 신경을 진정시키는 데 거의 도움이 되지 않았다. 결국 윌킨스는 심리치료사의 상관에게 "그 여자는 결코 나에게서 아무것도 끌어내지 못할 것"이라고 불평한 뒤 심리치료사를 해고했다. 윌킨스는 더는 프로이트식 치료법에 관심을 두지 않았고, 한층 심한 우울증에 빠져버렸다. 자살도 생각했지만 최근 아버지가 세상을 떠나 한창 슬퍼하고 있는 어머니를 더 속상하게 만들고 싶지 않았기 때문에 그만두었다.[48]

윌킨스의 정신 건강에는 다행스럽게도, 윌킨스 본인의 연구를 진행하는 동시에 랜들의 "오른팔" 역할을 하느라 바쁜 나날이 이어졌다. 윌킨스는 DNA라는 수영장에 머리부터 뛰어들었다. 왓슨과 크릭처럼 오즈월드 에이버리의 연구에서 시작해 유전자의 가장 중요한 정보를 운반하는 것은 단백질이 아니라 DNA라는 확신을 전에 없이 키워갔다. 결국 윌킨스는 생물학과 물리학의 결합 속에서 사랑을 발견했다. 지적인 면에서는 모든 것이 마침내 이 수줍은 남자 앞에서 하나가 되는 것 같았다. 윌킨스의 진로는 이제 명확했다. 생물물리학과 살아있는 분자의 구조와 기능은 윌킨스를 사로잡았다.[49]

지도교수에게 복종하는 위치에서 일하는 한 윌킨스는 온전히 자유롭지 못했다. 연구실 위계질서 하에서는 종종 한 사람이 연구실 전체가 쏟는 노력을 통제한다. 매일 아침 윌킨스는 의학연구위원회의 프로젝트 운영을 뜻대로 통제하려는 랜들을 견뎌야 했다. 윌킨스는 동요하지 않기 위해 최선을 다했으나 곧 행정적인 부분을 닥치는 대로 운영하는 랜들의 방식에 지치고 말았다. 윌킨스의 모든 논문에 저자로 이름을 넣으려 하고, 심지어 제1 저자 자리를 요구하는 선배 교수들도 견디기 힘들었다. 점점 윌킨스는 연구 질문과 자원을 두고 상사에게 대항하는 편에 참여하게 됐다. 분쟁의 근본 원인은 랜들이 행정 업무에 치여 어떤 의미 있는 연구도 직접 수행하지 못하면서 연구소의 모든 DNA 관련 작업을 통제하려는 욕망에 있었다. 랜들의 끊임없는 시간 제약은 윌킨스를 짜증나게 했으며, 그 결과 윌킨스는 연구소에 "랜들의 서커스"라는 별명을 붙였다. 그리고 더 직설적으로 한 줄의 명료한 문장을 남겨 랜들과의 관계를 끝내버렸다. "랜들을 존중하고 존경했지만, 랜들이 호감 가는 사람이라고 할 수는 없다."[50]

1년이 넘도록 윌킨스는 DNA에 변화를 일으키기 위해 초음파를 사용하고, DNA를 현미경으로 볼 수 있도록 자외선과 적외선을 이용했다. 빈약한 결과물만 얻은 후, 윌킨스는 케임브리지의 존 켄드루와 킹스칼리지, 플리머스해양연구소(Plymouth Marine Station)의 생물학자들에게 연구 방향을 두고 조언을 구했다. 1950년대 초반에 윌킨스는 X선 회절 기술을 사용하여 송아지 가슴샘 세포의 핵에서 DNA 표본을 추출하는 일련의 작업에 착수했다. 송아지 가슴샘 세포는 도살장에서 구매한 췌장 뭉치에서 채취했다. 이때 스위스의 베른대학교(University of Bern) 유기화학자인 루돌프 지그너(Rudolf Signer)가 이소프로필 알코올(isopropyl alcohol)과 소금을 적절하게 섞어 잼 유리병에 보존한 귀중한 DNA 표본을 윌킨스에게 기꺼이 나눠주었다. 윌킨스는 지그너가 준 15g이 "딱 콧물처럼 보이는" 끈적이는 금 같았다고 묘사했다. 하루가 지날수록 윌킨스는 놀라울 정도로 구조가 균일해서 결정 분석에 적합한 10㎛(1㎛=10^{-6}m)에서 30㎛ 길이의 섬유나 사슬을 회전시키는 일에 익숙해졌다. 누구나 탐내던 지그너의 표본은 현재 잊혔을지 몰라도 DNA 분자 구조 발견에 핵심적인 공헌을 했다.[51]

하지만 윌킨스가 이렇게 훌륭한 연구 자료를 손에 넣었음에도 랜들은 장광설을 늘어놓으며, 윌킨스가 결과를 내기까지 시간이 너무 오래 걸린다며 모욕했다. 랜들은 X선 결정학에 필요한 손재주를 익히려면 바이올린을 숙달하는 것만큼 오랜 시간이 걸린다는 사실을 인정하지 않았다. 1950년 봄, 랜들은 인내심을 잃고 자신의 연구소에서 X선 회절 연구를 담당할 전문적인 결정학자를 찾기 시작했다. 랜들이 최종적으로 선택한 지원자는 서른 살의 물리화학자 로잘린드 프랭클린이었다. 파리에서 석탄을 완벽하게 결정학적으로 분석하면서 4년의 박사 후 연구 과정을 장학금으로 마친 프랭클린은 고향인 런던으로 돌아와 생물학적 구조에 X선 카메라를 향하게 할 준비가 되어 있었다.

[6]

로잘린드 프랭클린

로잘린드가 증거를 원한다고 하면 증거 그 자체를 원하는 거지 다른 근사치는 충분하지 않았어요 … 로잘린드의 성격을 대충 묘사한다면 모순되는 것처럼 들리겠지요. 정직하면서도 요령 있고, 논리적이면서도 따듯하고, 어마어마하게 추상적인 지식과 동시에 쾌활한 인간성과 감수성을 지닌 사람. 하지만 다 사실이라서 로잘린드의 성격은 모순이 아니라 조화를 이뤘지요. 이 미묘한 차이를 정확하게 적어낼 수 있다면 무엇이든 하겠어요. — 앤 세이어, 뮤리엘 프랭클린(로잘린드의 어머니)에게 보낸 편지, 1970년 2월 5일[1]

로잘린드가 아스퍼거 증후군 같다는 내 진단에 자네가 동의하지 않을지도 모르지만, 이런 생각을 한 것이 내가 처음은 아니라네. – 제임스 왓슨, 제니퍼 글린(로잘린드의 동생)에게 보낸 편지, 2008년 6월 11일[2]

어린 시절부터 로잘린드 엘시 프랭클린(Rosalind Elsie Franklin)은 자신이 남과 다르다는 것을 본능적으로 알았다. 응석받이로 자란 형제들과도 달랐고, 부유한 독일계 영국 유대인으로 자본가이면서 공상적 박애주의자인 가족들과도 달랐다. 20세기 초 가정 안에서만 활동하도록 제한받던 학교의 다른 소녀들과도 달랐다. 생김새와 말투가 낯선 동유대인(Ostjuden)과도 완전히 달랐다. 동유대인은 뉴욕시로 치면 사람이 바글거리는 로어이스트사이드(Lower East Side)인 런던의 이스트엔드(East

End)에 정착한 동유럽 유대 난민이다.[3] 제임스 왓슨은 종종 로잘린드의 독특한 성질이 그녀가 속했던 "상류층"이라는 사회 계급에서 왔다고 추측했다.[4] 가능성이 없는 추측은 아니지만, 프랭클린 가문이 속한 부유한 계급은 주로 유대계였다.

로잘린드의 어머니 뮤리엘은 웨일리(Waley)라는 명망 있는 영국 유대계 가문 출신으로 몇몇 유명한 법조인, 자본가, 시인, 정치인을 배출했다. 1835년 웨일리 가문의 친척인 데이비드 살로몬스(David Solomons)가 런던 최초의 유대인 주 장관으로 선출되었으나 기독교 신앙에 충성을 맹세하는 의무 서약을 할 수 없어 취임은 하지 못했다. 대신 살로몬스는 1851년에 첫 번째 유대인 하원의원으로, 1855년에는 첫 번째 유대인 시장으로 선출되면서 더욱 성공적으로 사회에 기여했다.

프랭클린 가문이 오랜 은행가 가문이기는 했지만, 가문의 역사는 단순히 부를 축적한 것 이상으로 특별했다. 로잘린드의 할아버지인 아서(Arthur)는 가문의 역사를 정리하면서 다윗 왕의 직접적인 후손이라고 주장했다.[5] 왕가 혈통이라고 주장한 것은 차치하고서라도 프랭클린 가문의 가계도에는 뛰어난 랍비가 몇 명 있었는데, 탈무드(Talmud)와 카발라(Kabbalah) 학자였던 프라하의 랍비 유다 뢰브 벤 브살렐(Judah Loew ben Bezalel, 1512?~1609)도 있었다. 구전에 따르면 뢰브는 점토로 인조인간 골렘(Golem)을 만들어 반유대주의자로부터 프라하의 유대인 거주구역을 보호했다. 골렘 전설은 이디시 문학의 주요 요소로 1818년 메리 셸리(Mary Shelly)가 쓴 소설 『프랑켄슈타인(Frankenstein)』의 모티브가 된 것으로 보인다.[6]

1763년 프랭켈(Fraenkel, 곧 영어식으로 Franklin으로 변경) 가문이 독일 브레슬라우에서 런던으로 이주했을 때 영국에는 유대인 거주자가

8,000명이 안 됐다. 아서 프랭클린은 자신의 가문이 영국에서 오래 살아왔다는 것을 나타내고자 조부모 4명 중 3명이 영국에서 태어났다고 곧잘 자랑하곤 했다. 1478년에 일어난 스페인 종교재판을 피해 영국에 온 세파르디 유대인처럼 입지가 확고한 것도 아니고, 로스차일드(Rothschild) 가문처럼 부유하지는 않았지만, 프랭클린 가문은 영국 엘리트 유대인에 속했다. 영국의 엘리트 유대인은 "그들만의 작은 사회로 유입되는 혈연과 자본을 바탕으로 배타적인 구성원들이 모인 밀접한 집단이다. 이따금 문을 열어 베딩턴(Beddington), 몬터규(Montagu), 프랭클린, 사순(Sassoon) 가문 출신이나 지위, 부를 획득한 사람을 받아들인 후 다시 굳게 닫혔다."[7]

현대 이스라엘의 역사에도 프랭클린 가문 출신이 다수 이름을 올리고 있다. 로잘린드의 고모인 헬렌 캐롤라인 '메이미' 프랭클린 벤트위치(Helen Caronline 'Maime' Franklin Bentwich)는 페미니스트 활동가로 1920년대에 유치원이나 예술회관 설립, 여러 사회 행사 기획에도 참여했다. 그녀의 남편 노먼(Norman)은 1920년부터 1931년까지 영국 위임통치령 팔레스타인의 법무부 장관을 지냈다. 그녀의 아버지 허버트(Herbert)는 저작권 변호사로, 영국에서 처음으로 테어도어 헤르츨(Theodore Herzl)을 지지했으며 초기 시오니스트(Zionist) 운동에서 주요한 역할을 했다. 로잘린드의 친척 중에서 가장 유명한 사람은 종조부 허버트 루이스 사무엘(Herbert Louis Samuel, 1870~1963)이다. 1915년 사무엘 자작이 영국 내각에 보낸 "비밀" 제안서의 영향으로 1917년 밸푸어 선언이 발표되고, 팔레스타인 지역에 세워질 "유대 민족의 조국" 개념이 성립되었다. 1920년 로잘린드가 태어나기 3주 전, 사무엘은 팔레스타인의 첫 고등판무관으로 임명되었다.[8]

어린 시절 로잘린드는 자신이 조용히 말하고 주변을 잘 관찰하며 통찰력 있는 판단을 내린다는 점에서 오빠 데이비드(Daivd), 남동생 콜린(Colin), 롤랜드(Roland), 여동생 제니퍼와는 다르다는 것을 알았다. 특히 누군가 자신을 업신여기거나 부당하게 대우하는 상황에 지나칠 정도로 예민했던 어린 로잘린드가 취한 행동은 상황을 피하고 깊이 생각하는 것이었다. 로잘린드의 어머니 뮤리엘은 전통적인 유대인 아내의 전형으로 로잘린드가 죽고 10년 이상 지났을 무렵 다음과 같이 적었다. "로잘린드가 화났을 때의 모습은 말미잘을 건드렸을 때 말려 올라가는 촉수 같았다. 상처를 숨기고 어떤 문제 때문에 위축되고 화가 났는지 드러내지

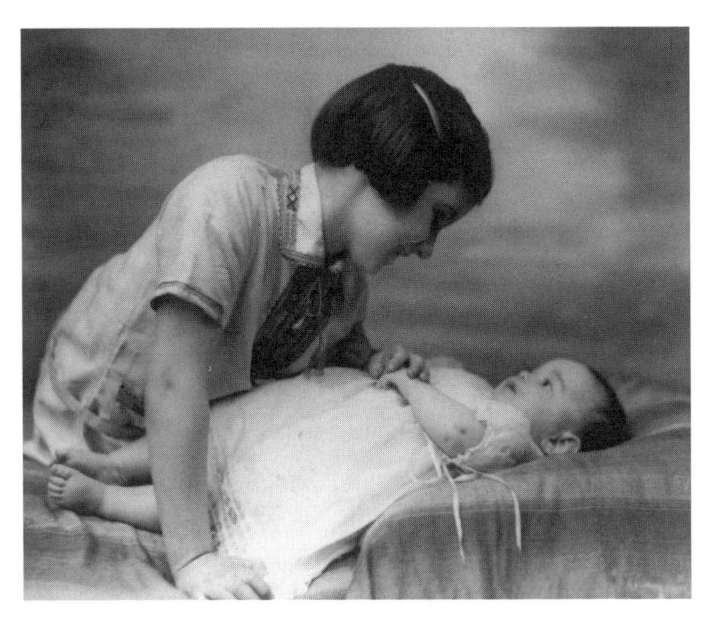

아홉 살 때 여동생 제니퍼를 보살피는 로잘린드 프랭클린

않았다. 학교에서 무슨 일이 있을 때마다 로잘린드는 입을 꾹 다물고 집에 왔기 때문에 매번 알아챌 수 있었다."[9]

그런 예민한 모습에 로잘린드의 재능이 가릴 때도 있었다. 1926년 로잘린드의 고모 메이미는 남편에게 로잘린드 가족과 함께 콘월 해안으로 갔던 여행 이야기를 했다. 메이미는 여섯 살짜리 조카 로잘린드의 특징을 아주 잘 설명했다. "(로잘린드는) 걱정될 정도로 영리해요. 재미로 산수 문제를 풀면서 시간을 보내는데 매번 정답을 맞힌답니다."[10] 어린 로잘린드에 대한 뮤리엘의 기억도 크게 다르지 않았다. "어마어마하게 반짝였고, 아주 강하고 우수했다. 지성만 뛰어난 것이 아니라 정신 자체가 뛰어났다."[11] 뮤리엘의 마지막 말은 11세 때 어머니에게 사진 현상의 과학적 원리를 들은 후 "머릿속이 질척하게 뭉개지는 느낌이었다"고 말한 로잘린드에게 잘 어울릴지도 모르겠다.[12] "로잘린드는 항상 자신이 어디로 향하는지 정확히 알고 있었다"고 뮤리엘은 주장했다. "로잘린드의 주관은 단호하고 뚜렷했다."[13] 10대 시절의 로잘린드는 이미 신랄한 말투와 공격적인 태도를 갖추고 있었다. 다른 사람에 대한 불쾌감이나 비판을, 특히 과학을 위해서라면 두려워하지 않고 드러냈다. 로잘린드는 자신이 사랑하는 사람들에게는 재미있고 장난기 있으면서도 사고가 예리한 이상적인 친구였다. 하지만 어떤 면에서든 로잘린드가 실망하거나 그녀의 기대에 부응하지 못한 사람들에게는 그렇지 않았다. 뮤리엘은 딸이 얼마나 직설적인 말로 남에게 상처를 줄 수 있는지, 또 고마워할 줄 모르는 사람들의 귀에는 그 말이 얼마나 모욕적으로 들릴지 너무나 잘 알고 있었다. "로잘린드가 누군가를 싫어하면 그 감정은 우정만큼이나 오래 지속되었다."[14]

재능을 타고난 다른 젊은이들처럼 로잘린드 프랭클린은 자신의 강렬한 지적 관심과 빠르고 논리적인 사고방식이 보편적이고 흔하다고 잘못 생각했다. 평생 로잘린드는 평범한 사람들을 견디느라 힘든 시간을 보냈고 종종 과학자로서의 발전이 더뎌지기도 했다. 앤 세이어가 지켜본 로잘린드는 "불합리한 일에 격노했다." 로잘린드는 불합리한 사람이나 상황을 접하면 "격렬하고 완고하게 분노"했다.[15] 뮤리엘에 따르면 로잘린드가 아주 뛰어나지는 않다고 판단했던 사람들은 로잘린드의 "타고난 효율성"을 따라가지 못해 그녀를 방해하여 거슬리게 했던 사람들이다. 로잘린드는 "무슨 일을 하든 발휘되는 타고난 효율성이 두드러졌고, 자신과 같은 수준에서 체계적으로 일하지 못하는 사람들을 결코 이해하지 못했다. 로잘린드는 누군가 실수를 하면 좋은 뜻으로 했더라도 잘 참지 못했고, 멍청한 사람들을 좋게 넘어가지 못했다."

로잘린드는 당시 부유한 영국 유대인 사회의 중심지였던 런던 근교의 노팅힐(Notting Hill)에서 자랐다. 프랭클린 집안은 유복했지만, 절대 과시하지 않으려 노력했다. 뮤리엘은 꼼꼼하게 가계부를 작성했고, 매주 월요일 남편에게 정해진 용돈을 내주었다. 엘리스 프랭클린(Ellis Franklin)은 별장이나 운전기사처럼 쉽게 감당할 수 있는 사치조차 거부하고, 지하철을 타고 시내에 있는 가문의 개인 머천트뱅크(merchant bank) 사무실로 출근하는 것을 좋아했다. 주말에는 지켜보는 눈을 피해 차트리지 버킹엄셔(Chartridge Buckinghamshire) 마을에 있는 엘리스 부모의 사유지에 지은 주택에서 시간을 보냈는데, 이 주택은 그 유명한 버킹엄궁의 외관을 설계한 건축가가 개축했다.[16]

프랭클린 가문의 삶은 가족 관계, 예의범절, 영국적인 것에 대한 사랑 안에서 움직였다. 엘리스와 뮤리엘 프랭클린은 자녀들에게 교육의 중요성과 불우이웃에 관심을 쏟아야 한다는 생각을 깊이 심어주었다. 엘리스 프랭클린이 가장 좋아했던 자선단체는 워킹멘스칼리지(Working Men's College)로 세인트 판크라스(St. Pancras) 자치구의 크라운데일로드(Crowndale Road)에 있었다. 1854년 설립되어 노동자들에게 대학교 수준의 교육을 제공하고자 경제학부터 지리학, 음악, 크리켓을 아우르는 교육 과정이 있었다. 엘리스 프랭클린은 부학장을 맡아 오랫동안 전기학을 가르쳤다.[17]

프랭클린 가문이 자선 정신만큼 중요시했던 것은 뿌리 깊은 유대 신앙이었다. 로잘린드의 가족은 베이스워터(Bayswater)에 있는 뉴웨스트엔드 유대교회(New West End Synagogue)에 정기적으로 예배를 드리러 갔다. 엘리스는 뉴웨스트엔드 유대교회를 후원했고 나중에는 "유대교는 종교일 뿐 인종이 아니다 … 영국 유대인은 다른 영국인들처럼 영국인"이라는 동화원칙에 근거해 교회를 재편하기도 했다.[18] 하지만 다수의 영국인이 유대인은 분명하게 다른 종족이며 영국인처럼 존중받을 필요가 없다고 여기던 시대였기 때문에, 엘리스 프랭클린의 가족이 얼마나 영국 생활에 동화되어 있는지와는 상관없이 낯설고 동떨어진 존재로 취급받았다. 고정관념은 쉽게 변하지 않고, 이 시기 영국인 대부분은 셰익스피어의 샤일록이 기독교인 손님에게 바가지를 씌우는 장면이나 디킨스의 파긴이 가출 소년들을 소매치기로 만들려고 음모를 꾸미는 장면으로 유대인을 처음 접했다. 조지 오웰이 1945년에 기록한 것처럼, 영국에는 전체 인구의 0.8%밖에 안 되는 40만 명의 유대인이 거주 중이었고, "대도시 여섯 군데에 거의 모든 수가 밀집"해서 살고 있었다. 더 나쁜 것은 "우리가 마지못해 인정하는 것보다 영국에는 더 많은 반유대주의자가 있으며, 전쟁으로 반유대주의자의 입장이 강화되고 있다 … 반유대주의의 근간은 상당히 비이성적이며, 논쟁에 굴하지 않을 것"이라고 결론 내렸다.[19] 로잘린드 프랭클린이 성인이 되었을 때도 "다른 영국인만큼 영국인답지 않다"는 점을 두고 주변과 다퉈야 했다. 로잘린드는 영국 물리학계에 등장한 몇 안 되는 여성일 뿐만 아니라 백인 기독교도 남성이 자리 잡고 지배 중이던 상아탑을 무단침입한 유대인이었다. 로잘린드는 성별과 강한 성격이라는 짐을 떠안은 것도 모자라, 미묘하게 영국 학계 어디에나 존재하던 반유대주의가 더해져 그녀의 우수성과는 관계없이 성공할 기회가 거의 없는 것이나 마찬가지였다.

1930년 초 아홉 살이 된 로잘린드는 파도치는 영국해협이 내려다보이는 서식스(Sussex) 해안 벡스힐(Bexhill)의 린도레스 여자기숙학교(Lindores School for Young Ladies)로 가게 되었다. 아무리 로잘린드가 수업에 집중하고 수공예 수업 시간에 손과 눈의 뛰어난 협응 능력을 선보였다 해도, 종종 집을 그리워하며 부모님과 어린 동생 제니퍼가 얼마나 보고 싶은지 편지를 썼다. 린도레스가 로잘린드에게 잘 맞는 곳이 아니라는 것이 확실해지자, 1932년 1월 로잘린드의 부모는 4학년 중간에 로잘린드를 런던 웨스트켄싱턴(West Kensington)에 있는 세인트폴여학교(St. Paul's School for Girls)로 전학시켰다. 세인트폴여학교는 노팅힐에 있는 집에서 버스로 금방 갈 수 있고, 학교 이름과는 달리 교회에 대한 충성이 없는 곳이라 지식인 유대인들의 딸이 많이 다니고 있었다.[20] 로잘린드는 기숙사에서 생활하기에는 성격이 너무 "섬세하다"고 염려하면서도 어린 자신을 기숙학교에 보낸 부모에게 화를 내기도 했지만, 집 근처로 전학하게 된 사실을 행복해했다.[21]

세인트폴은 외모를 단정하게 가꾸고, 연구를 꼼꼼하게 수행하며, 답안을 반복해서 검토하는 일종의 여성적인 특징을 과학 교육 과정에서 강조하고 있었다. 남의 눈길을 끌거나 대담한 방법을 사용하는 것은 권장하지 않았다. 여학교가 되기 전의 세인트폴은 최신 설비가 갖춰진 연구소로, 세 명의 "잘 훈련된 여교사"가 생물학, 물리학, 화학을 가르치던 곳이었다. 세인트폴에서 미국식 중학교 과정에 해당하는 첫 4년을 마친 뒤, 프랭클린은 6학년에 올라가 대학 입학 자격시험을 목표로 화학, 물리학, 수학을 공부하겠다고 가족들에게 말했다. 의대를 지망하는 학생들이 수강하는 생물학과 식물학 과정은 건너뛰었다. 세인트폴 시절 프랭클린의 친구 중 한 명인 앤 크로퍼드 파이퍼(Anne Crawford Piper)에 따르면, 프랭클린은 동료들을 앞서기 위해 혼자서 엄청난 양의 과학 연구를 했다.[22]

17세의 프랭클린은 케임브리지대학 입학시험 과목 중 수학과 물리학을 준비하고 있었다. 다른 수많은 학생처럼 시험이나 면접에 대한 불안감을 겪었지만, 묵묵히 해나갔다. 1938년 10월, 케임브리지 거튼칼리지(Girton women's college)와 뉴넘칼리지(Newnham women's college)의 입학 허가를 받았다. 이 두 학교는 어떤 건축학적 기준으로 판단해도 아름다운 곳이었지만, 남자들만 입학하는 다른 대학들의 웅장함에는 미치지 못했다. 프랭클린이 최종적으로 선택한 뉴넘의 건물들은 붉은 벽돌에 하얗게 칠한 창틀, 높이 솟은 굴뚝이 있는 퀸앤(Queen Anne) 양식으로 녹음이 짙은 정원에 둘러싸여 있었다.

케임브리지는 "아주 오래된 대학교"인데도 1869년까지 여학생을 받지 않았고, 1871년까지 유대인을 받지 않았다. 수십 년 후에도 젊은 여성이 선택할 수 있는 범위는 남학생이 입학할 수 있는 스물두 곳의 칼리지에 비해 두 곳으로 한정되어 있었다. 남학생 정원이 5,000명이고 여학생 정원은 500명이었다.[23] 이런 현상은 2차 세계대전 이전의 영국에서 일류

케임브리지 뉴넘칼리지

교육을 받으려는 젊은 여성이 견뎌야 했던 불평등한 처우 중에서 극히 일부일 뿐이었다. 수도 없이 많은 기록물에 여성을 무시하는 평가가 휘갈겨졌다. "우수하지만 여자임."[24]

1921년부터 여학생에게 학위를 수여했던 옥스퍼드와 달리 케임브리지는 1947년까지 여자를 "대학교의 일원"으로 인정하지 않았다. 여학생들은 케임브리지 대신 거튼이나 뉴넘의 학생으로만 기록되었다. 여자는 칸타브리지아(Cantabrigia, 케임브리지의 라틴어) 학사 학위를 받을 자격이 없었고, 졸업장에는 "명목상의 학위(degree titular 또는 degree tit.)"라고 적혀 있었다. degree 'tit'(젖꼭지를 뜻하는 구어)라는 약어 때문에 많은 남학생 사이에서 낄낄거리는 웃음이 일었다. 성차별적인 농담 외에도 케임브리지 여학생은 교실에서 좌석의 맨 앞줄처럼 분리된 구역에 앉아야 하는 등 매일같이 2등 학생 취급을 받았다.[25] 여학생이 수업에 지각하여 남학생 구역의 남은 빈자리에 앉으면 남학생들은 여학생이 앉은 나무 의자 뒤를 발로 차거나 침 뱉은 종이를 공처럼 구겨서 던졌다.

1928년 10월, 소설가 버지니아 울프(Virginia Woolf)가 뉴넘칼리지의 미술 모임과 거튼칼리지의 ODTAA(One Damn Thing After Another, 나쁜 일 다음에 또 나쁜 일) 모임에 강연하러 왔다. 한치의 낭비 없이 신중하게 쓰인 문장으로 울프는 그해의 그 강연을 『자기만의 방(A Room of One's Own)』이라는 제목의 책으로 출판했다. 이 책에서 울프는 여학생들이 남자 대학의 파릇파릇한 잔디밭에 실수로 들어갔을 때 느끼는 불안을 묘사했다. 이 실수는 심각한 대학 규칙 위반에 해당했다. 오직 대학에 소속된 사람만이 잔디를 밟지 말라는 표지판을 무시할 수 있는데, 대학에 소속될 권리는 남자들에게만 허락되었기 때문이다.[26] 그나마 위안이라고 한다면 뉴넘의 여학생들은 뉴넘칼리지의 17에이커 넓이의 잔디밭과 정원을 자유롭게 다닐 수 있다는 것이었다.

프랭클린은 독자로서는 버지니아 울프를 그리 좋아하지 않았다. 울프의 소설 『등대로(To the Lighthouse)』를 끝까지 읽지 않고 덮은 후 프랭클린은 부모에게 다음과 같이 썼다. "저는 잘 조합된 긴 글을 좋아하지만, 울프의 글은 너무 배열이 정해져 있어 마지막에 이를 때까지 첫 문장이 무의미해 보인다는 것이 적절하지 않은 것 같아요."[27] 울프의 소설에 대한 프랭클린의 소감이 어떻든 간에, 울프가 『3기니(Three Guineas)』라는 여성 인권을 다룬 책을 출판한 1938년에 프랭클린도 학부를 졸업했다. 『3기니』에서 울프는 교육, 부동산, 현금 자산, 귀중품, 후원, 직업에 대한 접근성 등의 측면에서 영국 남자와 여자 사이에 어떤 불평등이 있는지를 냉정하게 꼬집었다. 특히 울프는 차별과 불평등 때문에 여자가 겪는 역경을 명확하게 요약했는데, 프랭클린이 보았다면 진실이라고 생각할 만한 완벽한 문장이었다. "우리는 같은 세상을 보고 있지만, 다른 눈을 통해 보고 있다."[28]

언제나 순종적인 자식이었던 프랭클린은 일주일에 두 번씩 집으로 편지를 보냈다. 이 편지들은 호기심 많고 공감을 잘하고 열심히 일하고 야망이 있으며 성실한 젊은 여성, 특히 자신과 주변 사람을 대상으로 뛰어난 유머 감각을 지닌 여성의 면면을 여실히 드러내고 있다. 추가 과정을 밟고 강의를 더 들어야 한다거나, 실험실에 머무르는 시간이 8시간 이상 늘어난다 해도 채울 수 없는 과학 지식에 대한 프랭클린의 갈증이 편지에 담겨 있었다. 말하자면 읽는 재미가 있는 편지들이었다. 편지들을 통해 우리는 대학 생활의 자유를 사랑하면서도 런던에 있는 가족과의 관계를 잘 유지하고 싶은 청년의 성장기를 대신 경험해볼 수 있다.

초기의 편지에서는 여러 우려와 심사숙고 끝에 뉴넘컬리지를 선택했지만, 자신의 선택을 비웃는 프랭클린의 모습을 볼 수 있다. 나치가 케임브리지에 격렬한 폭격을 가한 다음 날, 프랭클린은 부모에게 보내는 편지에 다음과 같이 적었다. "뉴넘에 오길 잘했어요 … 거튼은 지난주 내내 불길 속에 있었어요. (이 지역에 주둔 중인 영국 공군 때문에) 케임브리지대학교가 공격 목표가 되고 있다고 반복적으로 방송이 나와요."[29] 한 편지에서 프랭클린은 (평생 문제였던) 악필 때문에 미안하다고 사과하면서 소녀다운 일에 집중하기도 했다.[30] 다른 편지에서는 어머니에게 다음과 같이 요청했다. "어머니 소식을 들려주세요. 그리고 이브닝드레스(튤립이 그려진 것), 이브닝 슈즈, 이브닝 패티코트도 보내주세요. 신발(금색이나 은색)은 옷장 맨 밑 서랍에 있어요. 다음 주에 졸업생들과 만찬을 갖는 기념식 같은 행사 때 입어야 해요. 재학생도 초대를 받았어요 … 왜냐하면 졸업생들이 많이 오지 못할 거라서요."[31] 심각한 폭격이 지나간 후에는 시급한 일과 일상적인 일을 섞어서 편지를 썼다. "저도 제 방독면이 필요해요!! 그리고 지난주 세탁을 맡겼던 잠옷이랑 손수건도 필요하고요. 가죽끈은 오른쪽에 있는 제 호두나무 서랍장에서 찾으실 수 있어요. 가죽끈은 스케이트 탈 때 꼭 필요하거든요."[32] 나중에는 아버지가 사랑하는 워킹멘스칼리지의 이사진 사이에 불화가 일어나 마음고생을 하자 아버지를 위로하기도 했다. "사람이 그렇게 파괴적일 수도 있다는 것이 정말 믿기 어렵네요."[33]

프랭클린은 1940년 부모에게 보내는 편지에서 저명한 프랑스계 유대인 물리학자이자 전쟁에서 남편을 잃고 파리에서 영국으로 피난 온 아

1939년 노르웨이에서 등산 중인 로잘린드 프랭클린

드리엔느 바일(Adrienne Weill)을 만났다고 적었다. 바일과 바일의 딸은 처음에 뉴넘에 숙소를 구했다가 나중에는 프랑스 난민을 위한 쉼터를 직접 운영했다. 프랭클린에게 바일은 여성 과학자 중에서 핵심 인물인 마리 퀴리(Marie Curie)를 직접 연결해줄 수 있는 사람이었다. 바일이 1921년부터 1928년까지 라듐연구소(Institut du Radium)에서 그 위대한 퀴리의 지도를 받으며 공부했기 때문이다.[34] 케임브리지에 와서 바일은 캐번디시 연구소의 브래그 밑에서 물리학과 금속공학을 연구했다. 퀴리의 업적에 대한 바일의 강의를 들은 후, 프랭클린은 부모에게 소감을 쏟아냈다. "지금 영국에 와 있는 모든 프랑스 사람을 통틀어 제가 제일 먼저 만나야 할 사람은 바일이었어요 … 바일은 다른 사람을 기분 좋게 해주고 좋은 이야기만 하는 사람이에요. 가장 흥미로웠던 것은 과학이나 정치에 관해서라면 어떤 주제로든 이야기할 수 있었던 거예요 … 바일의 강의를 듣고 정말 황홀했어요."[35] 본인은 학문의 부름을 받았지만 그런 학문적 추구를 온전히 이해하지 못하는 가정에서 태어난 다른 수많은 젊은이처럼, 바일과의 접촉은 프랭클린의 삶에서 분수령이 되는 순간이었다.[36]

정치나 종교는 프랭클린 집안의 저녁 식사 자리에서 종종 화제로 오르는 주제였다. 대다수 젊은이처럼 로잘린드는 부모님, 특히 맹목적인 사랑을 주면서 부담도 주는 아버지를 괴롭히는 수단으로써 그런 주제를 활용했다. 로잘린드는 사회주의적이거나 자유주의적인 관점을 취했는데, 아버지는 보수적인 신념의 소유자였다. 전쟁 시기에 엘리스 프랭클린은 공부를 그만두고 낮에 정부 기관 사무직으로 일하면서 저녁에는 휴가를 받은 군인들의 붕대를 감아주고 차를 한잔 타 준다면 전쟁에 더 보탬이 될 거라고 말해 로잘린드는 심한 모욕감을 느꼈다. 몇몇 친구들에 따르면 아버지의 이 발언이 평생 잊지 못할 상처가 되었다고 한다. 그래도 로잘린드가 믿을 수 있는 가족 구성원에게 자기 일을 진지하게 논의하고 싶을 때 선택하는 사람은 거의 매번 아버지였다.[37]

엘리스 프랭클린은 주식, 채권, 대출, 손익계산의 세계를 다뤘다. 유대교 철학의 경우, 엘리스는 율법을 통해 무한한 신의 영광과 유대인만이 선택받은 민족이라는 것을 배웠다. 그의 시각에서 이러한 가르침은 확고한 것이었다. 반면 로잘린드는 증거, 사실, 사유가 뒷받침되지 않는 한 그런 말씀을 인정하지 않았다. 여섯 살 때 로잘린드는 어머니에게 신이 존재한다는 확실한 증거를 요구했다. 화는 났지만 신실했던 어머니가 어떤 대답을 하든 어린 로잘린드는 조숙하면서도 통찰력 있는 질문을 연달아 빠르게 던졌다. 매끄러운 질문의 끝을 장식하는 것은 이 질문이었다. "신이 여자가 아니라 남자라는 건 어떻게 알아요?"[38]

1940년 여름, 공습이 격화되면서 가을 학기에 케임브리지를 닫아야 하는 것이 아니냐는 논의가 있었다. 이 혼란 속에 쓰인 4쪽짜리 편지에서 스무 살의 프랭클린은 과학을 종교에 이용하고 있다는 아버지의 추궁에 답했다. 프랭클린은 신과 "과학적 진실" 중에 무엇이 최고권위를 지니는지에 대한 아버지의 의견에 동의하지 않았지만, 그 논조는 발랄하고, 사려 깊고, 애정 어린 것이어서 아버지로서는 칼날처럼 예리한 사고력을 지닌 딸과의 논쟁이 자랑스럽지 않을 리 없었다.

아버지가 편지에서 자주 언급하셨죠. 제가 아주 편향된 시각을 갖고 있고, 모든 것을 과학의 관점에서 생각한다고 넌지시 말씀하시기도 하셨고요. 이 말씀은 매우 왜곡된 견해라고 생각해요. 확실히 저의 사고와 추론 방식은 과학적 훈련의 영향을 받았어요. 그렇지 않다면 제가 받은 과학적 훈련은 시간과 자원의 낭비이자 실패가 될 거예요. 하지만 아버지는 과학(아니면 과학을 이야기하는 것)이 인간의 사기를 떨어뜨리는 어떤 발명품이라고 생각하고 계세요. 과학이 실제 생활과 동떨어진 것이고, 일상적인 존재와 분리하고 조심스럽게 보호해야 하는 것이라고요. 그렇지만 과학과 일상은 분리될 수 없고, 분리되어서도 안 됩니다. 제가 볼 때 과학은 삶의 일부분을 설명해줘요. 과학은 사실, 경험, 실험에 기반해요. 아버지의 이론은 아버지를 비롯해 다른 사람들도 쉽고 즐겁게 믿을 수 있는 것이지만, 제가 보기에는 삶에 대해 즐거운 시각을 가지도록 해준다는 것(그리고 인간의 중요성에 대해 과장한다는 것) 외에 근거가 없는 이론이에요.

저는 신념이 (어떤 종류든 상관없이) 인생의 성공에 중요하다는 생각에는 동의하지만, 아버지의 신념, 즉 사후 세계에 대한 시각은 받아들일 수 없어요. 저는 신념에 필수적인 요소가 우리가 최선을 다했을 때 성공에 가까워질 수 있다는 믿음, 우리가 목표로 하는 성공(현재와 미래에 전 인류의 운명을 개선)이 달성할 가치가 있다는 믿음이라고 봅니다. 종교에서 암시하는 것들을 다 믿을 수 있는 사람이라면 분명히 그런 신념을 가져야겠지만, 저는 저승에 대한 믿음 없이 이승에 대한 믿음만으로 완벽하게 그런 신념을 유지할 수 있어요 … 한 가지 더 덧붙이자면, 아버지의 신념은 아버지와 다른 사람의 개인적인 미래에 달려 있지만, 저의 신념은 우리 후손의 미래와 운명에 달려 있어요. 아버지의 신념이 저의 신념보다 더 이기적인 것 같아요.

아버지가 창조자에 관한 질문을 하실 수도 있다는 생각이 퍼뜩 들었답니다. 무엇의 창조자인가요? 제 전문 분야가 아니기 때문에 생물학적으로 논쟁할 수는 없어요 … 저는 원형질이나 원시 물질의 창조자 같은 것이 존재한다면 우주의 한 구석에 있는 하찮은 우리 종족, 나아가 더욱 하찮은 우리 개인에게 관심을 가질 것이라는 믿음의 근거가 없다고 봐요. 여기서 다시 저는 왜 우리가 하찮다는 믿음이 제가 정의했던 우리의 신념을 약화하는지 이유를 알 수 없네요 … 이제 평범한 얘기로 돌아가자면….[39]

앤 세이어는 과학을 긍정하지 않는 아버지와의 다툼이 프랭클린의 심리 상태에 안 좋은 영향을 주었다고 추측했다.[40] 1970년대 초, 세이어와 뮤리엘 프랭클린은 대서양을 넘어 편지를 주고받으며 이 주장의 옳고 그름을 다퉜다. 뮤리엘은 죽은 남편의 유산을 확실하게 지켜야 했다. 그런데도 뮤리엘은 남편이 로잘린드의 직업 선택을 진심으로 지지했다고 주장했으며, 이를 부정하는 것은 "옳지 않다"고 생각했다. 뮤리엘은 프랭클린 부녀 사이에 심각한 분열은 결코 없었다고 주장했다.[41] 이후의 편지에서 뮤리엘은 세이어가 엘리스 프랭클린을 "시각이 협소하고 보수적인 빅토리아 시대의 아빠"라고 묘사한 것을 부정하면서, 로잘린드가 "가끔 실재하지 않는 불만을 품었고, 이런 불만이 강조되고 고조되어 지독하게 왜곡된 초상화를 그려냈다"고 반박했다.[42]

1950년대 중반쯤 프랭클린과 이 주제로 얘기한 적이 있다고 주장한 세이어는 정신 건강에 이롭지 않은 부녀 갈등이라는 서사를 고수했다. 1974년 10월 30일, 세이어는 뮤리엘 프랭클린에게 다음과 같이 설명했다. "로잘린드는 자신이 편견과 싸우고 반대를 극복해야 하는 사람이라고 생각했고, 수많은 사람에게 이런 주장을 강력하게 피력했기 때문에 사람들은 이것이 로잘린드의 성격 일부라고 생각했다." 세이어는 "아버지가 로잘린드의 의도나 야망을 진짜로 반대"한 적이 없다는 뮤리엘의 주장을 흔쾌히 받아들였다. 하지만 세이어가 볼 때 그런 현실은 상관이 없었다. 왜냐하면 "사실을 얼마나 오해했든 간에 로잘린드는 반대당했다고 생각했고, 이런 확신은 다양한 방면에서 로잘린드에게 영향을 끼쳤기 때문이다."[43]

수십 년 후 제임스 왓슨, 모리스 윌킨스, 프랜시스 크릭은 각각 이 널리 알려진 불화를 악용해 프랭클린이 아버지와의 관계에 문제가 있었다고 덮어씌웠으며, 남자를 대하는 데 문제가 있다는 소문의 근거로 삼았다. 많은 공적인 자리에서 왓슨, 윌킨스, 크릭 등은 프랭클린이 전통적으로 부유한 젊은 여성이 담당하는 아내, 어머니, 자선단체 후원자 역할을 하지 않았기 때문에 아버지가 실망할 수밖에 없었다고 근거 없이 주장했다. 이런 주장은 여성이 태어나 아버지와 맺게 되는 복잡하게 얽힌 관계를 무례하게 오해한 것이다. 특히 여성이 성장하여 성인이 되고 인생에서 최초로 중요한 남성인 아버지로부터 독립하기 위해 발전적인 욕구를 충족한다는 점에서 그렇다.[44] 로잘린드 프랭클린은 어떤 면으로 봐도 착하고 헌신적인 딸이었으며 동시에 부모, 형제자매와 가까운 사이였고 성격면에서 독립적인 정신, 영혼, 열망을 가진 사람이었다. 가족 간의 불화 대부분이 그렇듯 진실은 이 사이 어딘가에 있을 것이다. 엘리스와 뮤리엘 프랭클린은 단순하게 로잘린드가 결혼하고 가족을 돌봤다면 더 마음이 편했을 수도 있다. 부부의 눈에는 너무나 의문스러운 고도로 전문화된 과학 영역이기에 시대를 앞서가는 딸의 직업 선택을 받아들이려면 프랭클린 부부에게 시간이 필요했을 수도 있다. 특히 아버지를 따라 가업인 은행업에 종사하는 아들들과 비교했을 때 더 이해하기 어려웠을 수도 있지만 결국 두 사람은 받아들였다. 그리고 엘리스는 오랫동안 전기와 물리학에 관심이 있었기 때문에, 로잘린드와 과학에 대해 즐겁게 대화를 나눌 수 있었다. 엘리스는 딸을 깊이 사랑했고, 로잘린드도 그만큼 깊이 아버지를 사랑했다. 수많은 부녀처럼 엘리스와 로잘린드의 관계도 복잡했고, 우연히도 성 역할, 사회, 과학계에 세대교체 및 지각 변동이 일어나는 시기였기 때문에, 그 관계가 더욱 복잡해졌을 뿐이다.

케임브리지에서 프랭클린을 알던 사람들 모두 접해본 적 있는 그녀의 격렬한 성격은 성공의 잠재적인 걸림돌이었다. 프랭클린을 높이 사던 사람들이 생각하기에 그런 성격은 단지 끝을 모르는 진리와 지식 탐구의 한 가지 모습일 뿐이었다. 하지만 다른 사람들은 프랭클린이 냉혹하고 까다로운 사람 혹은 무뚝뚝하고 차가운 사람이라고 생각했다. 대학 때 지인인 거투르드 '페기' 클락 다이시(Gertrude 'Peggy' Clark Dyche)는 프랭클린이 "인내심 없고, 상사처럼 굴고, 양보하지 않는 어려운 성격"으로 보일 수도 있었다고 회고했다. 프랭클린은 무언가를 설득할 때 교묘한 화법을 쓰거나 사교성을 발휘하지 않았는데 "이는 전부 프랭클린이 높은 기준을 가지고, 본인의 이상적인 요구사항에 다른 사람들도 맞출 수 있을 것이라 기대했기 때문"이었다.[45] 아드리엔느 바일도 진심으로 동의했다. "프랭클린은 항상 호불호를 몹시 솔직하게 드러냈다."[46]

프랭클린의 학생 시절 공책에는 오늘날의 학부생에게서는 거의 발견하기 어려운 심도 있는 연구가 담겨 있다. 프랭클린은 뉴턴, 데카르트, 도플러를 만났다. 라이너스 폴링의 『화학 결합의 본질(The Nature of the Chemical Bond)』을 처음부터 끝까지 읽었다. 심지어 프랭클린은 송아지 흉선에서 추출한 DNA의 염 형태인 티모핵산나트륨(sodium thymonucleate)의 본질을 심사숙고하는 데도 시간을 보냈다. 곧 프랭클린의 운명을 상징할 분자에 관해 공부하는 동안 프랭클린은 공책에 나선 구조를 그리고 "유전의 기하학적 근거?"라고 적었다. 프랭클린은 또한 기초 X선 결정학을 공부하고 여러 가지 결정 형태와 단위격자의 도해를 그렸다. 그중에는 나중에 DNA 구조 규명의 핵심으로 밝혀진 유형인 "면심 단사정계(monoclinic all face-centered)"도 있었다.[47]

강의실에서 프랭클린을 가르쳤던 교수들은 그녀가 "최고 수준의 사고"를 하며 연구에 전념하리라 생각했다. 하지만 시험을 치를 때면 완벽주의가 종종 프랭클린의 발목을 잡았다. 프랭클린은 초반 문항부터 답안을 자세히 적는 경향이 있었고, 그것 때문에 시간이 부족해 나머지 문항은 해치우듯 작성할 수밖에 없었다. 게다가 중요한 시험 전날 밤에는 이리저리 뒤척이며 잠을 이루지 못해 초조하게 보냈다. 수면 부족을 만회하기 위해 프랭클린은 콜라와 아스피린을 섞은 자극적인 음료를 들이켰는데, 당시 많은 학부생이 이 음료를 마시는 것을 "약을 한다"고 표현했다.[49]

학위를 따기 위한 최종 관문인 케임브리지의 우등 졸업 시험을 하루 앞둔 날, 프랭클린은 심한 감기에 걸렸다. 시험의 2/3는 우수하게 완성했으나 마지막 부분에서 얼어붙고 말았다. 윌킨스나 크릭의 학력에서 살펴봤듯이 1등급 학위는 케임브리지나 옥스퍼드에서 학업을 이어가기 위해서는 필수적인 요소였다. 우등 졸업 시험의 물리화학 점수는 월등했지만, 풀지 못한 문제들이 있어 프랭클린은 2등급으로 떨어진 채 1941년 봄 학위를 받게 되었다. 다행히도 지도교수였던 프레더릭 데인튼(Frederick Dainton)의 강력한 추천서 덕분에 '상 2등급'을 받았고 물리화학 분야 대학원 연구장학금을 받을 수 있었다. 프랭클린은 1967년에 화학반응 역학 연구로 노벨 화학상을 받게 되는 로널드 노리시(Ronald G. W. Norrish) 밑으로 배정되었다. 여기서 프랭클린은 물리화학 박사학위 취득에 충분한 실험 연구를 하게 될 예정이었다.

노리시의 연구실은 대학교의 물리화학과 소속으로 캐번디시연구소에서 프리스쿨레인을 따라 내려간 곳에 있었다. 이곳은 어떤 학생에게도 불편한 곳이었지만, 특히 젊은 여성에게 힘든 곳이었다. 노리시 교수는 "불안정하고 성미가 급하며 술을 많이 마셨다. 전부 로잘린드 프랭클린이 좋아할 만한 성향이 아니었다."[50] 프랭클린이 노리시의 연구실에 들어갔을 때는 고작 21세로, 전쟁이 한창인 와중에 가르침을 받고자 하는 4학년 학생이었다. 변덕스럽고 적대적인 노리시가 볼 때 프랭클린은 쉽게 무시하고 경멸할 수 있는 하찮은 여자였을 뿐이다. 게다가 연구에 접근하는 두 사람의 자세도 정반대였다. 프랭클린은 종종 "흥미로운 일에는 완벽히 몰두하고 그렇지 않은 일에는 무관심한 특성을 보일 때가 있었는데, 이는 프랭클린의 지적인 부분만이 아니라 감정적인 부분에도 두드러지는 점"이었다.[51] 데인튼에 따르면 논리를 중심으로 집중하여 엄격하게 과업을 수행하는 프랭클린은 노리시와 맞지 않았다. 노리시는 "빈번하게 틀리지만 때로는 설명할 수 없는 방식으로 뛰어나게 옳은 결과를 내는 재주가 있었다. 개인적인 가치나 지적인 가치도 다르고, 사물을 인식하고 정서적으로 반응할 때 상대적으로 크게 받아들이는 부분도 다르고, 문화적 배경도 달라 두 사람은 기질적으로 물과 기름이었다. 노리시의 연구실을 그만둔다는 로잘린드의 선택은 옳았다."[52]

노리시가 로잘린드에게 그저 고생하라고 맡긴 과제는 포름산과 아세트알데히드의 중합반응을 기술하는 것이었는데 이미 노리시와 다른 학생이 1936년에 해결해 출판까지 한 화학 공정 연구였다.[53] 이 과제는 화학적으로 힘들고 지겨운 일이었고 프랭클린도 그 사실을 알고 있었다. 설상가상으로 노리시는 폐소공포증이 있는 프랭클린에게 좁고 어두운 방을 작업실로 쓰도록 했다.

1941년 12월, 프랭클린은 노리시와의 고통스러운 사제관계를 설명하는 편지를 집으로 보냈다. "노리시 교수님 악명에 그럴만한 이유가 있다는 것을 이제 막 깨닫고 있어요. 저는 이제 완전히 눈 밖에 났고, 교수님과의 관계는 거의 교착상태에 이른 것 같아요. 교수님은 본인의 말에 무조건 그렇다고 대답하고, 잘못된 발언에도 동의하는 사람을 좋아하는 사람인데, 저는 항상 그런 눈먼 동의는 거부하니까요."[54] 몇 달 후, 1942년 초 프랭클린은 자신이 노리시의 연구에서 실수를 발견하자 일어난 일을 부모에게 전했다. 프랭클린이 노리시의 실수를 자랑스럽게 지적하자, 노리시는 분노로 거의 폭발했다. 프랭클린은 어떻게 자신의 방식으로 노리시의 괴롭힘에 굴하지 않고 버티는 중인지 부모에게 이야기했다. "제가 맞설 때마다 교수님이 굉장히 모욕적인 태도를 보여서 지독한 언쟁으로 번진 적이 있어요. 사실 여러 번 그랬지요. 지금으로서는 교수님한테 져드려야 하지만 잠시라도 교수님에게 맞서기를 잘한 것 같아요. 교수님을 매우 경멸하게 되었기 때문에 나중에 무슨 말을 듣더라도 전혀 타격이 없을 거예요. 교수님을 눈앞에서 보면 그저 엄청나게 거만한 태도가 느껴질 뿐이에요."[55]

학생이 논문 지도교수와 다투는 것은 좋은 생각이 아니다. 왜냐하면 지도교수가 그 학생의 급여, 대학원 과정에서의 지위, 학위 수여, 미래의 취업 기회에까지 영향력을 미치기 때문이다. 그런데도 프랭클린은 노리시의 음주 습관, 폭력적인 행동, 비뚤어진 판단을 참을 수 없었고, 그에 대한 의견을 강하게 표현했다. 어떤 사람들은 노리시에 대한 프랭클린의 투쟁이 그녀가 남성과 어떻게 소통하는지 보여주는 전조라고 깎아내린다. 하지만 보다 정확한 평가는 프랭클린이 비합리적인 남성(또는 여성), 최소한 본인이 비합리적이라고 여긴 사람과는 잘 지내지 못한다는 것이다. 평생에 걸쳐 프랭클린은 그녀의 별난 성격을 견디고, 겉모습을 넘어 그녀의 장점을 봤던 많은 남성, 여성 동료와 원활하게 일했다. 프랭클린은 바보를 참아줄 수 없었던 것뿐이다.

스트레스가 많았던 이 시기 프랭클린이 가장 큰 위안으로 삼았던 것은 뉴넘칼리지에서 캠강 건너편인 밀로드(Mill Road)에 있던 아드리엔느 바일의 호스텔에 살게 된 것이었다. 프랑스어를 연습하고, 다른 나라 학생들과 소통하면서 프랑스어에 대한 재능을 발휘할 기회이자, 영감을 주는 바일과 함께 시간을 보낼 기회였다. 이는 프랭클린이 노리시의 연구실에 일하면서 겪었던 정서적인 상처를 치유하는 시간이었다.

1942년 6월, 영국 노동부는 모든 여성 연구생을 "징집 대상"으로 삼도록 법을 개정하고 전쟁 관련 업무에 집중시켰다. 프랭클린은 케임브리지에 남고자 했지만 확실한 기회가 없는 상황이었다. 1942년 6월 1일, 프랭클린은 남성만 가지는 특권이나 부당한 권력이라고 인지한 것에 대해 얼마나 격렬하게 저항하고 있는지 아버지에게 보내는 편지에 거침없이 적었다.

> 이 일에 관해서는 아버지가 불공평하신 거예요. 제가 전시 노동 때문에 박사학위를 포기하는 걸 "불평"한다는 생각은 어디서 착안하셨는지 모르겠어요. 1년 전에 여기 연구직을 처음 지원했을 때 저는 전시 노동을 원하는지 질문을 받았었고, 하겠다고 대답했어요. 제가 해결해야 할 첫 번째 문제가 전시 노동이라는 믿음을 갖게 되었지요. 곧 제가 속았다는 것을 알게 되었고 그때부터 노리시 교수님에게 여러 번 전시 노동을 하게 해달라고 요청했어요. 전시 노동도 교수님과 제가 의견이 달랐던 수많은 일 중의 하나예요. 그리고 저는 선배들의 조언과는 반대로, 당장 전시 노동을 하고 박사학위는 나중에 따겠다고 몇 가지 안건에 대해 확실하게 의견을 밝혀왔어요.[56]

다행히도 전쟁 덕분에 프랭클린은 노리시의 실험실을 탈출해 박사 학위를 완성하는 동시에 전쟁 노력에도 이바지할 수 있었다. 1942년 8월, 프랭클린은 런던 교외 지역의 킹스턴어폰템스(Kingston-upon-Thames)에 있는 정부가 후원하는 영국석탄이용연구소(British Coal Utilization Research Association, 이하 BCURA)에서 물리화학자로 일하게 되었다. 연구소의 운영을 맡은 도널드 뱅햄(Donald H. Bangham)은 친절하고 지원을 아끼지 않는 화학자로, 열정 있는 젊은 남녀 과학자를 채용했다. 뱅햄은 전시 에너지 자원을 강화하기 위한 석탄과 목탄의 새로운 이용 방법을 찾아내도록 연구소의 과학자들에게 전권을 주었다. 보조 연구원으로서 프랭클린의 임무는 켄트, 웨일스, 아일랜드에서 채굴한 역청탄과 무연탄을 연구하는 것이었다. 밤이 되면 프랭클린과 당시 퍼트니(Putney)에 살던 사촌 아이린은 공습 감시원으로 자원봉사를 했다.

공습 감시원 일은 프랭클린의 성격과 용기 때문에 하게 되었다. 프랭클린은 폐소공포증 때문에 방공호를 싫어했다. 비좁은 장소에서 프랭클린이 불편해하는 것을 직접 본 앤 세이어는 프랭클린이 보인 두려움을 다음과 같이 기억했다. "극심하지는 않았지만, 확실히 두려움을 느끼고 있었다. 프랭클린은 습관적으로 두려워하는 모습을 숨겼다. 지하철을 타지 않기 위해 여러 도시의 버스 노선을 외우고 있었고, 전쟁이 종반으로 접어들 때쯤에는 공습 감시원이 되었는데 방공호에 들어가지 않겠다는 의도도 어느 정도 있었다."[57] 프랭클린은 좁은 공간에 대한 공포와 싸우기 위해 이 기간에 그녀가 즐겨하던 여가 활동 중 하나에 깊이 빠져들었는데, 바로 노스웨일즈의 산을 돌아다니며 고된 하이킹을 하는 것이었다(나중에 프랭클린은 노르웨이, 이탈리아, 유고슬라비아, 프랑스를 포함한 유럽 여러 곳의 산맥을 등반했고, 알프스산맥을 횡단했으며, 캘리포니아의 산에도 올랐다). 왓슨과 윌킨스처럼 프랭클린도 산행을 즐겼는데, 아쉽게도 이 세 과학자가 기분 전환을 위해 산행 같은 야외활동을 함께하는 일은 없었다.

1945년 전쟁이 끝날 때쯤 프랭클린은 케임브리지에서 물리화학으로 박사학위를 따기에 부족함 없는 자신만의 연구 조사를 마쳤다. 1946년에 프랭클린은 BCURA의 수장 도널드 뱅햄과 함께 첫 논문 「석탄과 탄화석탄의 열팽창(Thermal Expansion of Coals and Carbonized Coals)」을 발표했다. 이 논문은 최고의 화학 저널인 『패러데이 논문집(Transactions of the Faraday Society)』에 실렸으며 서로 다른 석탄에 나타나는 미세한 구멍인 다공성과 그런 다공성이 에너지 생산량에 어떻게 작용하는지 규명했다.[58] 엘리스 프랭클린조차 국가의 주요 에너지원을 연구하는 데에 딸의 재능이 최대한 활용되고 있다는 것을 인정할 수밖에 없었다.

1946년 가을에 프랭클린은 영국왕립과학연구소(Royal Institution)에서 열린 탄소 학회에서 뛰어난 논의를 펼쳤다. 성격에 별난 점이 있음에도 프랭클린은 우수하고 자신감 넘치는 연사였다. 아드리엔느 바일은 이 발표에 두 명의 프랑스인 동료를 초대했다. 초대받은 마르셀 마티외(Marcel Mathieu)와 자크 메링(Jacques Mering)은 파리국립화학중앙연구소(Laboratoire Central des Services Chimiques de L'Etat) 소속의 결정학자였다. 몇 주 후, 메링은 프랭클린에게 물리화학자로서 X선 회절 기술로 석탄, 목탄, 흑연의 미세 구조와 다공성을 분석하는 일자리를 제안했다. 1947년 초, 프랭클린은 파리로 옮겨 연구소에 출근했다. 연구소 사람들은 연구소를 *라보(labo)*라고 불렀다. 이 연구시설은 파리 4구 앙리4세가 12번지에 있었는데 센강이 내려다보이는 아치형 납틀 창문이 독특한 건물이었다. 프랭클린은 여기서 4년간 프랑스인 등 여러 외국인으로 구성된 핵심 부서에서 함께 연구했다. 프랭클린은 뛰어난 운동 능력, 날카로운 사고, 실험 연구를 향한 열정을 발휘하여 세계 수준의 유능한 X선 결정학자로 성장하는 기회를 마음껏 누렸다.[59]

세계적인 X선 결정학자가 되는 것은 쉬운 일이 아니었다. 먼저 분석하기에 적합한 분자를 구분할 수 있어야 한다. 분자의 결정 구조가 어느 정도 균일해야 하고 상대적으로 크기가 커야 한다. 그렇지 않으면 X선 패턴에 다수의 오류가 나타나게 된다. 한번 적절한 결정을 선별하면, 결정학자는 X선을 해당 결정에 조준한다. 결정을 이루는 원자의 전자에 X선이 닿으면 산란하게 되는데 그 배열이 결정 바로 뒤에 놓인 인화지에 기록된다. 산란한 X선의 크기, 각도, 강도를 측정하고 복잡한 수학 공식을 적용해 그 형태가 드러나면 결정학자들이 결정의 전자 밀도를 3차원 사진으로 현상한다. 이 사진으로 결정의 모양을 확정하는 원자의 위치를 잡을 수 있으며, 따라서 분자의 구조를 파악할 수 있다.

하지만 당혹스러운 점은 단 하나의 X선 사진만으로는 전체적인 답을 알 수 없다는 것이다. 결정학자는 표본을 극미한 차이가 있는 수백 개 각도로 단계적으로 180도(혹은 그 이상) 범위로 회전시켜야 하고, 매 각도에서의 X선 사진을 찍어야 한다. 각 사진에서는 그 사진만의 얼룩이나 회절 무늬가 나타나는데 이 과정은 시간이 많이 들고, 너무나 지루하며, 몸이 힘들다. 프랭클린이 연구하던 당시, 수백 개에서 수천 개의 X선 회절 무늬를 일일이 분석하는 도구는 사람의 손과 눈, 계산자였다. 만약 각 단계가 정확하게 수행되지 않으면 측정에 인위적인 결과나 오류가 발생할 수 있었고, 이는 잘못된 해답이나 결론으로 이어졌다.[60] 흐릿한 그림 때문에 분자 내의 원자 배열에 관한 판단은 더욱 흐려졌다. 다행히도 프랭클린은 놀라울 정도로 능숙했고 그녀가 내놓는 결과물은 최상이었다.[61] 프랭클린의 동료였던 이탈리아계 유대인 결정학자 비토리오 루차티(Vittorio Luzzati)는 프랭클린의 "황금손"에서 나오는 결과물에 감탄했다.[62] 프랭클린을 지도하던 자크 메링 역시 유대인이었는데 프랭클린이 최고의 학생이며, 새로운 지식을 열렬하게 추구하고 복잡한 실험을 설계, 수행하는 일에 뛰어나다고 말했다.[63]

파리에서 프랭클린의 사회생활은 대륙적인 면모를 띠었다. 프랑스어가 능숙했던 프랭클린은 청과물 가게와 정육점에서 물건을 샀다. 가는 길에 크림 페이스트리를 급하게 먹고 완벽하게 마음에 드는 스카프나 스웨터를 사기도 했다. 빛의 도시라 불리는 파리의 샛길을 탐험하다 길을 잃기도 했다. 프랭클린은 크리스챤 디올의 "뉴룩(New Look)"을 받아들여 착 붙는 허리선과 좁은 어깨가 특징인 딱 맞게 재단된 원피스 또는 길고 풍성한 치마를 입었다.[64] 프랭클린은 지역의 문화와 정치에도 빠져들어 친구나 잠재적인 교제 상대와 함께 영화, 연극, 강연, 콘서트, 미술전을 빈번하게 보러 다녔다. 프랭클린의 생기, 유행에 따른 차림새, 젊은이 특유의 아름다움은 평생 남자들의 주목을 받았다. 일부에서는 프랭클린이 잘생기고 추파를 던지는 자크 메링에게 반했다는 추측을 하지만 메링은 유부남이었고, 비록 아내와 소원했다고는 하나 프랭클린은 로맨틱한 관계가 될 기회가 없다는 것을 깨닫고 빠르게 물러났다.[65]

파리에서 보낸 4년 중에서 3년간 프랭클린은 가랑시에르(Garanciére) 거리의 주택 꼭대기 층에 있는 월세 3파운드짜리 작은 방에서 살았다. 집주인은 과부로 엄격한 규칙이 있었다. 오후 9시 30분 이후에는 소음을 내서는 안 되고, 가정부가 집주인의 저녁을 준비한 이후에만 부엌을 쓸 수 있었다. 그런 제한 속에서도 프랭클린은 완벽한 수플레 요리법을 배웠고 종종 친구들을 위해 저녁을 만들었다. 욕조는 일주일에 한 번만 쓸 수 있었고, 그 외에는 양철 대야에 담긴 미지근한 물을 써야 했다. 집세는 다른 곳의 1/3 수준이었고 위치가 완벽했다. 이 집은 파리의 상징인 센강 좌안이자 소르본대학이 있는 파리 6구에서도 뤽상부르 궁전 정원과 활기 넘치는 카페가 많은 생제르맹데프레(Saint-Germain-des-Prés) 사이에 있었다.[66]

라보에서는 남녀가 똑같이 실험에 참여하고, 식사와 커피를 나누며, 마치 토론 결과에 목숨이 걸린 것처럼 과학 이론을 논했다. 1953년에 브루클린공과대학(Brooklyn Polytechnical Institute)에서 크릭과 사무실을 함께 썼던 루차티는 프랭클린의 마음 깊은 곳에 그로서는 결코 풀 수 없었던 "심리적 매듭"이 있었다고 회상했다. 루차티에 따르면 프랭클린은 친구가 많고 일부 적이 있었는데, 대체로 "프랭클린의 주장이 아주 강하고 비판적인데다 자신과 타인에게 요구하는 것이 많고, 타인에게 항상 호감만 살 수 없다는 현실을 잘 견뎠기" 때문이다. 비록 루차티도 종종 프랭클린의 말다툼을 수습해줘야 했지만, 다음과 같이 주장했다. "프랭클린은 진심을 다하는 정직한 사람이었고, 자신이 정한 원칙을 어기지 않았다. 프랭클린과 직접 일한 사람은 모두 프랭클린을 아끼고 존중하는 마음으로 포용했다."[67]

프랭클린이 경험한 *자유로운 파리 생활*은 나중에 런던 킹스칼리지에서 마주한 전형적인 영국식 행동 양식과는 정반대였다. 파리와 킹스칼리지 양쪽에서 프랭클린과 함께 일했던 물리학자 제프리 브라운(Geoffrey Brown)은 라보에 대해 다음과 같이 말했다. "라보는 유랑 가극단과 비슷했다 … 비명을 질러가며 발을 구르고 말싸움을 하고 장비의 작은 부품을 서로에게 집어 던지다가 울음을 터뜨리면서 서로의 품으로 쓰러졌다. 이 모든 일이 어떤 토론을 하든 일어난다." 그렇게 열띤 토론 끝에는 "어떤 유감도 남기지 않고 태풍이 지나갔다."[68]

프랭클린은 몇 번인가 파리의 극적인 드라마를 킹스칼리지 연구실에서도 펼쳤고, 이는 프랭클린의 평판에 해가 되었다. 어느 날 오후, 프랭클린은 X선 작동에 필요한 고전압을 생산하기 위해 고안된 전기회로인 테슬라코일을 브라운에게 빌려 갔다. 자신의 실험에도 코일이 필요해진 브라운이 몇 번이나 돌려달라고 정중하게 부탁했지만, 프랭클린은 듣지 않았다. 그래서 브라운은 "내가 직접 가서 가져온 후 벽에 박아 두었다. 그러자 프랭클린이 오더니, 코일을 뽑아서 그대로 나가버렸다." 당시 브라운은 일개 학생이었고 프랭클린은 후기 연구원이었다. 확실히 연구실에서는 계급이 특권이었다. 브라운이 기억하기로 테슬라코일 일화는 아무런 악감정 없이 해결되었다. 브라운, 브라운의 아내, 프랭클린 세 사람은 변치 않는 친구가 되었다. 하지만 프랭클린이 킹스칼리지에 불러일으킨 다른 몇 가지 불화는 악감정이 쉽게 사라지지 않았다.[69]

1949년 초부터 1950년 내내 프랭클린은 영국으로 돌아가기 위한 계획을 짰다. 프랭클린은 라보에서 일하는 것을 아주 좋아했지만 이제 영국에서의 삶을 헤쳐가야 할 때였다. 1950년 3월 부모에게 보낸 편지에서 프랭클린은 고향으로 돌아갈 예정이라고 적으면서 "이곳과는 영원한 이별이나 마찬가지라 런던을 떠나 여기 올 때보다 훨씬 더 힘들다"고 했다.[70] 1949년에 프랭클린은 런던 버크벡칼리지 J. D. 버널 교수 밑의 연구직에 지원했다. 버널은 프랭클린과 다른 지원자였던 해군연구소 출신의 프랜시스 크릭이라는 물리학자 둘 다 거절했다.

1950년 3월, 프랭클린은 BCURA에 근무할 때 알게 된 이론 화학자 찰스 쿨슨(Charles Coulson)과 차를 마쳤다. 쿨슨은 킹스칼리지에서 일하고 있었다. 쿨슨은 존 랜들에게 프랭클린을 소개했고, 랜들은 그녀의 이력이 마음에 들었다. 당시 랜들은 잘 훈련된 일종의 '선배' 인력이 부족했고, 의학연구위원회 보조금을 정상적으로 운영하기 위해 지켜야 하는 필수 의무조항 때문에 고심하고 있었다. 랜들은 윌킨스가 X선 장비를 제대로 다루지 못해 좌절했다. 자신의 연구소라는 서커스를 굴릴 새로운 단원을 유혹할 때 가장 매력적으로 변신하는 랜들은 프랭클린을 설득할 때도 그랬다. 불행히도 랜들은 프랭클린에 관한 판단을 크게 그르쳐, 프랭클린이 조용하고 내성적인 여성이라 생각했고 킹스칼리지의 생물물리학 연구팀에 완벽하게 어울릴 것으로 생각했다.

킹스칼리지 박사후과정 연구장학금에 대한 프랭클린의 지원서는 미래의 상사인 랜들과 수많은 상담 끝에 작성되었다. 최초의 연구 계획은 「단백질 용액과 단백질 변성에 동반되는 구조 변화에 관한 X선 회절 연구」라는 제목이었다.[71] 1950년 6월, 프랭클린은 3년간 매해 750파운드를 받는 터너-뉴월 연구장학금 면접 심사를 받았고, 7월 7일 정식으로 최종 합격했다. 다른 일반적인 연구장학제처럼 가을부터 업무가 시작되었으나 프랭클린은 "파리에서 진행 중인 연구 일부를 마치기 위해" 1951년 1월 1일부터 킹스칼리지에서 근무하겠다고 요청했다.[72]

1950년 12월 4일, 랜들은 프랭클린에게 몇 달이나 먼저 새로운 연구 과정에 대해 편지로 지시를 내렸다. 이 대화로 과학사에서 인사 발령 대

등산 중 휴식을 취하는 로잘린드 프랭클린, 1950년

혼란이라고밖에 할 수 없는 사건이 시작되었다. 랜들의 편지는 다음과 같이 인용할 가치가 충분한데, 곧 참담하게 뒤틀어질 프랭클린과 모리스 윌킨스의 관계에 대한 신탁과 같기 때문이다.

> 정말로 문제가 되는 것은 X선 작업이 다소 유동적인 상태이고 연구의 초점도 지난번 자네의 방문 이후 다소 변화했다는 것이네.
>
> 관련된 선임자들과 주의 깊게 심사숙고하고 논의해보니 지금은 우리가 관심을 두고 있는 특정 생체섬유의 구조에 대해 자네가 고각과 저각 회절 모두 연구하는 것이 더 중요한 것 같아. 생체섬유 용액에 관한 작업을 주요하게 생각했던 기존의 프로젝트를 지속하는 것보다 말이지.
>
> 스톡스(Stokes) 박사는 내가 오랫동안 살펴본 바에 따르면 장래에 이론적인 문

제에 전념하고 싶어 하고 그 분야는 X선 광학으로 국한할 필요가 없어. *그러니 실험적인 X선 연구에 관해서라면 현재 자네와 고슬링(Gosling)뿐이고, 시러큐스를 졸업한 기간제 조수 루이스 헬러(Louise Heller) 부인이 함께할 것이네. 윌킨스와 함께 작업하면서 고슬링은 이미 베른대학의 지그너 교수가 제공한 양질의 섬유도형을 추출할 수 있는 재료에서 데옥시리보핵산의 섬유를 발견했네. 이 섬유는 강한 음의 복굴절을 띠는데 섬유를 잡아 늘이면 양의 복굴절이 되고 습한 환경에서는 반대로 변해. 당연히 알고 있겠지만 핵산은 세포의 구성 요소 중에서 가장 중요한데 우리가 보기에는 이 섬유를 자세하게 연구하는 것이 아주 가치가 있을 것 같아.*(저자가 기울여 표기) 이런 계획 변경에 동의한다면 당장 용액 작업을 위한 카메라를 설계할 필요는 없을 것 같군. 그래도 이런 섬유의 벌어진 공간을 확인하려면 카메라가 아주 중요하지.

그렇다고 용액에 관한 작업을 포기하라는 뜻이 아님을 자네가 이해해주길 바라네. 하지만 섬유를 연구하는 것이 당장 더 유익할 거고 아마도 연구의 핵심이 될 거라고 우리는 생각하고 있네.[73]

모리스 윌킨스는 죽는 그날까지 랜들이 프랭클린에게 1950년 12월 4일 자로 쓴 편지를 프랭클린 사후 몇 년이 지나서야 읽어 보았다고 주장했다. 윌킨스는 이 믿기 힘든 이야기를 고집하면서 그날 이후 순교에 버금가는 고통이 급격히 늘어나기만 한 동료에게 자신이 저지른 잘못을 집요하게 호도하려 했다. 윌킨스를 취재했던 모든 역사학자와 기자의 문서함은 그들의 책과 기사를 읽은 윌킨스가 보낸 정정 편지로 가득하다.

다음의 사실은 널리 알려져 있다. 윌킨스가 겨울 휴가를 보내기 위해 연구실을 떠난 날짜는 12월 5일로 랜들이 편지를 쓰고, 서명하고, 날짜를 적은 다음 날이다. 일주일 가까이 윌킨스는 에델 랭(Edel Lange)이라는 예술가와 함께 웰시산맥을 여행했는데 낮에는 "온화한 겨울 햇살" 아래서 낭만적인 산책을 하며 구애하고 긴 겨울밤에는 함께 제인 오스틴을 읽었다.[74] 윌킨스가 주장하기로는 여행 직전에 DNA의 "명확한 결정 구조를 띤 X선 패턴"을 현상했다고 한다. "짧은 휴가"를 보내는 동안 윌킨스는 "현미경으로 하는 연구를 아주 포기하고 DNA의 X선 구조 분석에 전념해야겠다"고 결정했다. 비록 겨울 휴가에서 돌아올 때까지 랜들한테 자신의 결정을 단 한 줄의 메모로도 알리지 않았지만.[75]

킹스칼리지에 돌아온 후 윌킨스는 스스로 인정한 바 있는, 결혼이나 업무에서 여성이 남성에게 복종해야 한다는 구식 사고방식을 펼쳤다. 프랭클린의 박사학위나 수년에 걸친 독립적인 연구 경험에도 윌킨스는 프랭클린이 자신의 연구 조수로 채용되었다고 생각했다. 제임스 왓슨은 후일 다음과 같이 적어 이 오해를 널리 퍼뜨렸다. "프랭클린은 DNA가 자신의 연구과제이며, 자신은 모리스의 조수가 아니라고 주장했다 … 당시 진짜 문젯거리는 프랭클린이었다. 윌킨스는 이 고약한 페미니스트가 자신의 실험실을 가장 만만하게 여기고 있는 것은 아닌지 하는 억측을 떨쳐버릴 수가 없었다."[76]

2000년에 프랭클린의 전기 작가인 브렌다 매독스(Brenda Maddox)와의 대화에서 윌킨스는 당시 자신이 연구실의 부실장이었고, 채용에 관한 모든 사안을 잘 알고 있어야 했다는 점을 인정했다. 또 이를 고려하면 랜들의 "로잘린드 편지"에 대해 자신이 아무것도 몰랐다는 알리바이가 의심스러울 수 있다는 것을 인정했다.[77] 하지만 다른 인터뷰에서 윌킨스는 마치 그로 인해 일종의 감사를 받게 되기라도 하는 것처럼 프랭클린 채용의 공을 자신에게 돌리기까지 했다. 1951년 2월 6일, 프랭클린이 킹스칼리지에 도착한 지 한 달이 지난 후 윌킨스는 케임브리지의 몰테노 연구소(Molteno Institute)에 있는 로이 마컴(Roy Markham)에게 다음과 같이 썼다. "우리 연구실에는 이제 X선 작업을 해줄 프랭클린 씨가 있고, 여름 이래로 아무런 진전이 없었기 때문에 실제 결과를 낼 수 있기를 바라고 있다."[78] 2000년에 윌킨스는 브렌다 매독스에게 자신이 "로잘린드를 DNA 작업에 배정하는 데에 기여했다고 생각한다. 로잘린드가 단백질 용액 연구를 하러 온다고 랜들에게 들었을 때, 핵산에서 이렇게 좋은 결과를 얻고 있는데 단백질 용액을 연구한다는 것은 낭비라고 생각했다. 로잘린드의 X선 전문지식을 고려하면 '데려다가 DNA 연구를 하게 하는 건 어떠냐'고 제안했다. 놀랍게도 랜들이 선뜻 동의했다"고 했다. 이런 언급은 연구실에서 프랭클린이 맡게 될 직책을 정확히 몰랐다고 단호하게 주장해온 윌킨스의 입장과는 상반된다.[79]

그런데도 2003년의 회고록에서 윌킨스는 확고하게 모든 책임을 랜들에게 돌렸다. 윌킨스는 상사였던 랜들이 자신이나 스톡스와 제대로 대화해보지도 않고 두 사람의 DNA 연구가 끝났다고 프랭클린에게 말한 것이 잘못이라고 주장했다. 윌킨스는 랜들이 프랭클린에게 직접 보고를 받으면서 그 연구를 차지하려고 했다고 비난했다. 전 상사를 가리켜 "무자비하다"고 언급한 윌킨스는 다음과 같이 주장했다. "만약 랜들이 끼어들지 않았다면 로잘린드는 나나 스톡스와 함께 행복하게 작업했을지도 모른다. 또, 로잘린드의 전문적인 X선 접근법이 우리의 기술, 이론과 유익하게 결합했을지도 모른다."[80] 하지만 윌킨스는, 현재로서는 확인할 길이 없지만, 연구를 수행하는 프랭클린의 능력에 감탄하는 기록을 남기는 겸손함을 보이기도 했다. "우리 학과장의 비밀 편지와는 극명하게 다른 현실, 즉, 나와 스톡스가 DNA 연구를 그만둘 것이라는 어떤 징조도 없는 상황 속에서도 (로잘린드의 DNA 연구 능력은 뛰어났다). 편지와 실제 상황이 다르다는 것이 로잘린드에게 굉장한 부담이었을 텐데 나는 로잘린드의 의연한 태도가 내내 인상적이었다."[81]

킹스칼리지의 고용 문제에 관해서는 직접 프랭클린을 채용한 사람의 주장을 듣는 것이 가장 나을 수도 있다. 1970년, 존 랜들은 앤 세이어와 인터뷰를 했다. 세이어는 랜들을 "'아이고 저런'이 말버릇인 활기찬 유형"이라고 묘사했다. 랜들은 프랭클린과 윌킨스 사이에 생긴 오해는 전부 자신의 책임이라고 하면서도, 다른 한편으로는 커다란 연구실을 운영하느라 "비는 손이 없었다"며 금방 핑계를 댔다. 세이어는 랜들에 대해 다음과 같이 기록했다. "로잘린드를 어떤 면으로든 좋게 기억하지 않는데도 그녀의 외모가 얼마나 보기 좋았는지 언급해서 꽤 놀랐다. 랜들의 감정은 (스스로 거리낌 없이 인정했듯이) 몹시 복잡했는데, 이는 만약 로잘린드와 윌킨스가 함께 연구했다면 케임브리지보다 먼저 DNA의 구조를 규명했을지도 모른다는 생각 때문이었다 … 랜들은 이 실패가 '비극'이라고 말했고 '윌킨스가 어떤 면으로는 좀 까탈스러울 수 있지만' 윌킨스보다 로잘린드의 잘못이 더 크다고 여겼다." 다른 설득의 말 없이 랜들은 힘주어 덧붙였다. "한순간도 로잘린드가 왓슨이 말했던 것처럼 윌킨스의 '조수'였던 적은 없다 … 로잘린드는 독립적인 연구자로 윌킨스에게 속할 이유가 없었다."[82] 슬프게도 랜들은 실제 일이 벌어진 지 20년 후에나 로잘린드를 지지하는 듯한 이 열변을 토했다. 1951년 12월 4일, 그 순간에 랜들은 처참하게 실패했다.

[7]

라이너스 폴링

그의 비범한 사고와 따라 웃게 만드는 활짝 웃는 얼굴의 조합은 무적이었다. 그러나 몇몇 동료 교수는 라이너스가 하는 행동을 복잡한 감정으로 지켜보았다. 시연용 탁자 주변을 펄쩍펄쩍 뛰어다니며 신발 한 짝에서 토끼를 꺼내는 마술사처럼 팔을 움직이는 폴링의 모습을 보고 있노라면 자신들이 부족한 것처럼 느껴졌다. 라이너스가 조금이라도 겸손했다면 동료들이 편하게 받아들였을 텐데! 라이너스가 헛소리를 하더라도 이미 매료된 학생들은 라이너스의 끝없는 자신감 때문에 전혀 알아차리지 못할 정도였다. 수많은 라이너스의 동료는 그가 중요한 일을 망쳐 고꾸라지는 날이 오길 조용히 지켜보았다.

– 제임스 D. 왓슨[1]

물리학자들이 생물학을 개조하기 위해 양자론을 가져다 쓴 것처럼 라이너스 폴링은 화학에 양자론을 도입했다.[2] 폴링은 1936년 35세의 나이로 칼텍의 화학과 학과장, 화학 및 화학공학부 학부장으로 지명되었다. 록펠러재단의 풍족한 지원을 받아 폴링은 화학, 생물학, 물리학을 융합해 "살아있는 세포의 궁극적 단위와 관련된 수많은 비밀을 밝혀내기 시작한 분자생물학"이라는 새로운 분야를 만드는 데 필요한 자원을 마련했다.[3] 이는 명분과 자원을 챙기는 현명한 투자였다. 이 시기 폴링의 연구는 훑어보기만 해도 놀라울 정도이다. 그의 연구 범위는 무기물과 유기물의 분자 구조에 대한 새로운 연구 방법론 개발부터 화학에 양자론을 응용하는 것에 관한 중요 교과서의 공동 집필까지 걸쳐 있었다.[4] 이런 과업을 해나가면서 폴링은 날카로운 청회색 눈으로 완전히 새로운 과학적 지평을 바라보고 있었다. 그것은 생명체를 구성하는 단위인 단백질의 구조를 밝히는 것이었다. 등산에 비유해서 히말라야에 오를 정도의 노력을 쏟아부어서 단백질 구조 규명에 성공한다면 여러 과학자와 물리학자가 생명의 일상적인 기능을 더욱 잘 이해하는 데 도움이 될 거라고 폴링은 생각했다. 또 지금까지 잠겨있던 유전학의 상자를 여는 열쇠가 될지도 몰랐다.[5] 이는 한치의 과장도 없는 아주 절제된 예측이었다.

라이너스 칼 폴링은 1901년 2월 28일 오리건주의 콘던(Condon)에서 태어났다.[6] 그의 아버지 허먼 폴링(Herman Pauling)은 부족한 사업 수완과 심신을 갉아먹는 복통으로 오랫동안 고생했던 약제사였다. 어린 시절 라이너스는 아버지가 소화불량 약을 짓는 모습을 지켜보는 것을 좋아했다. 1909년 콘던에 있던 약국이 불탄 후, 허먼은 가족을 데리고 포틀랜드(Portland)로 이주했다. 1년 후 허먼은 고작 34세의 나이에 천공성 궤양과 복막염으로 사망했고, 당시 라이너스는 9세였다. 어머니 루시 폴링(Lucy Isabelle Darling Pauling)은 가사와 육아 외에는 할 줄 아는 게 거의 없었다. 폴링 가족의 경제 상황은 참혹한 수준으로 떨어졌고, 폴링 부인은 포틀랜드에서 떠돌이 여행자를 위한 작은 하숙집을 운영하면서 근근이 생계를 이어가기 시작했다. 금전적 상황은 여전히 좋지 않았고, 폴링 부인은 자주 아팠으며, 라이너스는 온갖 잡다한 일을 하며 가계에 보탬이 되어야 했다. 학교에 가고 허드렛일을 하는 사이, 라이너스는 동네의 공공 도서관에서 가능한 오랜 시간을 보내며 주제와 종류를 가리지 않고 책을 읽었다. 라이너스는 암기력도 좋았는데, 책에서 읽은 내용들을 학교 수업 때 적절하게 써먹곤 해서 선생님들을 놀라게 하곤 했다.

폴링이 14세가 되었을 때 가장 친한 친구가 장난감 화학 실험 도구를 선물 받았고, 두 소년은 질리도록 가지고 놀았다. "폴링은 단순한 화학 현상이나 물질 반응, 때로는 눈에 띄는 특징이 나타나는 물질 반응에 황홀해했다. 그리고 세상의 화학적 측면을 더 많이 배우고 싶다는 꿈이 생겼다."[7] 얼마 후 폴링은 할아버지가 보안요원으로 일했던 폐용광로에서 주워온 화학 약품, 유리그릇, 시약 등을 갖춘 자신만의 지하 실험실을 만들었다. 프랜시스 크릭이 소년 시절 벌였던 짓궂은 장난처럼 폴링의 화학 실험 결과물 대부분은 냄새나는 폭탄이나 폭발하는 폭죽을 만드는 데에 그쳤다. 흥미진진한 실험실을 유지하기 위해 폴링은 서로 다른 물질을 섞었을 때 어떻게 변화하는지, 물질의 구성이 어떻게 변화하는지 더욱 폭넓게 공부하기 위해 도서관에서 화학 교재를 빌리기 시작했다.

16세가 된 폴링은 코밸리스에 있던 오리건농과대학(Oregon Agricultural College, 이하 OAC)에서 화학 공학 학위를 따는 것을 목표로 삼았는데, 자신의 지적 호기심을 충족하면서 안정적인 일자리를 구하고자 하는 현실적인 목표였다. OAC는 오리건주에 거주하는 학생에게는 학비가 무료였기 때문에 특히나 매력적이었다. 코밸리스(Corvallis)에 가려면 남서쪽으로 72마일 움직여야 한다는 것이 심각한 문제점이었다. 폴링의 어머니는 폴링이 방과 후에 기계 공장에서 일하면서 벌어오는 돈이 절실하게 필요했기 때문에 학문적 야망은 버리고 계속 일을 하기를 바랐다. 하지만 폴링은 의지를 관철하여 고등학교를 그만두고 금세 OAC 입학 허가를 받았다.

1917년 가을 폴링은 대학에 입학했지만 1919년에 잠시 학교를 떠나 오리건주 도로포장 공사 감독관 일을 하면서 집을 도와야 했다. 다행히 18세의 폴링은 화학과 언변에 뛰어난 재능을 보였고, 대학에 돌아가는 대로 정량분석 과목 정규직 조교로 일하기로 되어 있었다. 이제 폴링은 코밸리스에 살면서 공부하는 동시에 수입의 상당 부분을 포틀랜드에 있는 어머니에게 보낼 수 있게 되었다.

4학년 때 폴링은 일생의 사랑인 에바 헬렌 밀러(Ava Helen Miller)를 만났다. 길고 검은 머리카락을 가진 그녀는 밝고 예뻤으며 남자에 관심이 많은 1학년이었다. 폴링은 나중에 "에바는 내가 만났던 어떤 여자애보다 똑똑했다"고 사랑의 열병에 빠졌던 이유를 회고했다. 오리건주의 비버크릭 출신인 에바 헬렌은 독일에서 이주한 학교 선생님이자 진보적인 민주당 성향이 사회주의에 가까운 아버지와 여성 참정권 운동에 참여한 어머니 사이의 열두 자녀 중에서 열째로 태어났다. 에바 헬렌은 여성권부터 인종 평등, 사회 개혁, 화학에 이르기까지 관심사가 폭넓었다. 에바 헬렌이 폴링이 가르치던 "가정에서의 화학" 과목을 수강하면서 두 사람은 만나게 되었다. 처음에 폴링은 에바 헬렌에게 데이트를 청할지 망설였는데 교강사와 학생의 연애가 바람직하지 않은 일로 여겨졌기 때문이다. 폴링은 에바 헬렌과 자신의 관계가 여학생과 젊은 교수 사이가 아니라 두 명의 학생 사이라고 명확하게 정의 내리면서 자기 자신을 설득했고, 사랑의 감정이 교내 행정 제도를 넘어섰다. 폴링은 설탕 과자를 나눠 먹으며 긴 산책을 하거나 학교 댄스파티에서 에바 헬렌의 마음을 얻으려 노력했다. 1922년 늦봄, 마지막 학점을 주기 전에 폴링은 에바 헬렌에게 청혼했다. 에바 헬렌이 청혼을 받아들인 후 폴링은 약혼자의 편의를 봐주었다는 의심을 사지 않기 위해 그녀의 점수를 1점 낮추어 채점했다.[8] 두 사람은 1923년 봄에 결혼했고 이후 60년간 이어지는 가정, 사상, 과학, 정치 활동의 동반자 생활을 시작했다. 핵확산 반대 활동으로 폴링이 1962년 노벨 평화상을 수상했지만 애초에 폴링에게 평화 운동을 소개했던 것은 아내였다.

라이너스 폴링과 에바 헬렌 밀러, 1922년

폴링은 OAC를 졸업한 후, 새롭게 공과대학으로 개편되어 기부금, 선구적인 연구, 노벨상 수상자가 넘치는 패서디나의 칼텍 박사과정에 입학했다. 칼텍은 이후 40년간 폴링의 학문적 둥지가 되었다.[9] 박사과정 학생이 된 폴링은 X선 결정학, 양자론, 원자 구조라는 주제에 빠져들었다. 폴링은 1920년 최초로 칼텍에서 박사학위를 받은 로스코 디킨슨(Roscoe Dickinson) 교수의 지도를 받아 1925년에 「X선을 이용한 결정 구조 측정(The Determination with X-rays of the Structure of Crystals)」이라는 논문을 완성했다. 이듬해 1926년, 학부장이었던 아서 노예스(Arthur Noyes)는 1925년 개설되어 분야를 가리지 않고 뛰어난 학자를 대상으로 하는 프로그램인 존사이먼구겐하임 기념재단 장학금(John Simon Guggenheim Memorial Foundation Fellowship)을 폴링이 받을 수 있도록 영향력을 행사했다.[10]

폴링은 이 기금으로 아내와 함께 뮌헨으로 가서 아르놀트좀메르펠트 이론물리학연구소(Arnold Sommerfeld Institute of Theoretical Physics)의 객원 연구직을 맡았다. 좀메르펠트는 양자 물리학을 개척한 연구소로 나중에 노벨 물리학상 또는 화학상을 받은 박사과정 학생들을 교육했다. 베르너 하이젠베르크(Werner Heisenberg), 폴 디락(Paul Dirac), 볼프강 파울리(Wolfgang Pauli) 등이 좀메르펠트 출신이다.[11] 연구소에서 폴링은 유럽 최고 수준의 물리학자와 화학자들을 만났고, 이들은 폴링에게 자신들의 연구를 소개했다. 이론물리학은 폴링의 전문 분야는 아니었지만, 폴링은 "분자의 구조와 행위", 원자, 원자의 화학 결합을 이해하기 위한 핵심이 양자론이라는 것을 확신했다.[12] 구겐하임재단은 추가 후원을 집행했고 덕분에 폴링과 아내는 코펜하겐으로 가서 닐스 보어의 유명한 물리학연구소를 방문할 수 있었다. 거기서 폴링은 현대 원자 물리학의 발전에 관한 지적 협업 정신인 양자역학의 코펜하겐 정신(Der Kopenhagener Geist der Quantentheorie)을 잠시 경험했다.[13]

폴링은 1927년 가을 이론화학 조교수 자격으로 칼텍에 돌아왔다. 혜성같이 등장한 그는 1930년에 29세의 나이로 정교수가 되었다. 1931년 칼텍에 채용된 한 독일 물리학자가 폴링의 강의 하나를 청강했다. 강의 주제는 화학 결합을 이해하기 위해 파동역학을 응용하는 것이었다. 신문기자가 그 독일 물리학자에게 강의가 어땠는지 묻자, 그는 주저하면서 말했다. "저에게는 너무 복잡했어요." 또 그는 "젊은 폴링 박사의 대화에 끼려고 하기 전에 그 주제를 공부"하겠다고 다짐했다. 이 독일 물리학자는 알베르트 아인슈타인이었다.[14] 같은 해에 아서 노예스는 젊은 과학자 폴링을 두고 "곧 노벨상을 받게 될 떠오르는 별"이라고 말했다.[15] 1933년에 32세가 된 폴링은 한층 더 노벨상에 가까워졌다. 그해 가을 폴링은 미국 과학자에게 주어지는 최고의 영예 중 하나인 국립과학아카데미 회원으로 선출되었다.

1937년 폴링은 영국의 X선 결정학자이자 선구적인 분자생물학자인 윌리엄 애스트버리를 초청해 칼텍에서 일련의 강의를 열었다. 리즈대학교(University of Leeds) 섬유과학 교수였던 애스트버리는 양모, 솜, 동물의 털 같은 천연 섬유의 분자 구조에 초점을 맞추고 있었다. 애스트버리는 케라틴 섬유의 상세한 X선 회절 사진이 담긴 방대한 포트폴리오를 가져왔다. 케라틴 섬유는 머리카락, 손톱, 동물의 발톱, 뿔, 깃털, 척추동물의 표피를 이루는 주요한 단백질이다.[16] 이 X선 회절 사진에 나타난 선, 점, 얼룩을 해석하는 것이 얼마나 어려운 작업인지 애스트버리만큼 잘 알고 있는 사람도 드물었다. 또한 이 복잡한 자료집의 해석에 성공하더라도 그 결과물은 다른 연구자들의 엄청난 수정이나 반대에 부딪힐 것이었다.

애스트버리는 "자신의 자료와 모순되지 않는다고 판단한" 몇 가지 가능한 단백질 구조를 제안했다. 하지만 사진을 검토한 폴링은 애스트버리의 결론에 동의하지 않았다. 폴링은 단백질의 구성단위인 아미노산의 구조에 대한 현존하는 지식이 적을 뿐만 아니라 "누구도 이 문제에 철저하고도 체계적으로 대처하지 않았다"고 불평했다. 해당 주제에 대한 학술 문헌을 모두 꿰고 있던 폴링은 그때까지 출판된 아미노산에 관한 X

라이너스 폴링의 가족들(왼쪽부터 린다, 크릴린, 피터, 라이너스 주니어), 1941년

선 연구가 "전부 틀렸다"는 결론을 내렸다. "애스트버리가 말하는 내용이 틀렸다는 것은 알았다. 우리는 단순한 형태의 분자를 연구해 결합 길이와 결합각, 수소 결합 형성에 대한 충분한 지식을 얻었고 이는 애스트버리의 견해가 틀렸다는 것을 보여줬다. 하지만 무엇이 옳은 것인지는 알 수 없었다."[17]

7년 전인 1930년, 폴링은 무기물인 규산염 광물의 분자 구조를 풀기 위한 새로운 방법론을 개발하기 시작했다.[18] 폴링의 번뜩이는 직관으로 양자 화학과 이론물리학을 결합한 것이었다. 특히 폴링은 분자 성분의 크기와 모양에 대해 알아낼 수 있는 것은 모두 알아내기 시작했다. 폴링은 분자 속 원자의 화학 결합에 관해 밝혀낸 정보에 근거하여 일련의 가정을 세웠다. 이 추론이 옳다면 화학 결합의 3차원 형태를 형성하는 특정한 각도, 꼬임, 회전을 설명할 수 있었다. 폴링은 이 정보를 활용해 정밀하게 만든 공과 막대기로 모형을 세우고 원자와 분자를 엄청나게 확대하여 재구축한 형태를 만들었다. 학부 학생도 유기 화학 시험공부를 벼락치기 할 때 덜 정밀한 형태의 막대기와 돌기가 있는 공을 사용할 수 있었다. 막대기와 공으로 모형을 완성한 후, 폴링은 X선 촬영한 자료와 모형을 비교해 자신이 예측한 화학 결합과 분자 모양이 실제와 정확하게 맞는지 확인했다. 폴링은 이 방법을 "확률적(stochasitc)"이라고 했는데, 이는 그리스어 στόχος(stókhos)에서 온 단어로 "과녁을 겨누다" 또는 "추측하다"는 뜻이다.[19]

1939년에 출판되어 고전의 반열에 오른 책 『화학 결합의 본질』을 마무리하기 한참 전에 폴링은 유기 분자 또는 생체분자에 관한 자신의 연구를 다시 쓰려고 계획 중이었다. 폴링이 생각하기에 단백질의 형태는 수소 결합에 따라 결정되는데, 수소 결합은 근본적으로 양전하를 띠는 원자와 음전하를 띠는 원자 혹은 원자단 사이의 정전기적 인력이다. 폴링은 이 결합이 형태를 결정하기 때문에 항원항체 반응, 근육 수축부터 전기 자극과 뇌에서 신경 세포로 메시지를 전달하는 것까지 "생물학적으로 중요한 물질의 특성"을 좌우할 것이라고 설명했다. 폴링은 단백질의 분자 구조를 이해하기까지 "오랜 세월이 걸릴 것 … 이 접근 방식이 결국은 성공할 거라고 믿는다"고 했다.[20] 폴링은 겸손하지도, 모호한 태도를 보이지도 않았다. 폴링이 단백질의 일반적인 구조를 규명하기까지 11년이 걸렸다.

단백질의 구조 규명을 이루기 전, 폴링은 유전자가 어떻게 복제되고 어떻게 세대 간에 특성을 전달하는지 깊이 생각하기 시작했다.[21] 1940년 폴링은 칼텍의 동료이자, 슈뢰딩거의 『생명이란 무엇인가』의 주인공인 막스 델브뤼크와 함께 짧은 논문을 썼다. 델브뤼크가 책의 주역인 것과는 별개로 폴링은 이 책이 "졸작"이라고 생각했다.[22] 폴링이 델브뤼크와 함께 출판한 논문은 『사이언스(Science)』에 실렸는데, 유전이 동일한 분자 사이를 통과하는 정보에 의해 가능하다고 주장한 독일 이론물리학자인 파스쿠알 요르단(Pascual Jordan)의 견해를 반박하는 것이었다. 폴링과 델브뤼크는 공유 결합의 형태에 대해 이미 밝혀낸 것을 적용하여 "이런 상호작용은 병렬했을 때 상호보완적인 구조를 가진 두 개의 분자 체계에 안정성을 부여하지만, 두 분자의 구조가 반드시 같을 필요는 없다."[23] 폴링과 델브뤼크가 제안한 모형은 자물쇠의 열쇠이자 회전판에 가까웠다. 한 분자에 "열쇠"의 뾰족한 부분이 있다면 "자물쇠", 즉 짝이 되는 분자에는 그에 상응하는 홈이 파여있다. 폴링은 1940년대 내내 이 그럴듯하지만 증명되지 않은 이론을 옹호했고[24] 이는 당시 제임스 왓슨이나 프랜시스 크릭이 주목하지 않은 것이었다. 상호보완성은 DNA의 구조를 풀어내기 위한 열쇠가 될 원리였다.

이 시기 폴링이 아꼈던 동료는 로버트 코리(Robert Corey)라는 수줍음 많은 X선 결정학자였다. 코리는 어린 시절 앓았던 회백수염 때문에 왼팔에 부분적으로 마비가 남고 한쪽 다리를 절었는데, 걸을 때는 지팡이가 필요했고 "허약한 체질"로 죽을 때까지 고생했다. 1924년 코넬대학교(Cornell University)에서 화학 박사학위를 받은 후 코리는 1928년에 록펠러의학재단의 펠로우십을 받기 전까지 분석 화학 강사로 코넬에 머물렀다. 1930년, 코리는 록펠러의학연구소에 물리화학 조교수 자리를 제안받았다. 록펠러의학연구소는 오즈월드 에이버리가 기념비적인 폐렴쌍구균의 "형질전환 원칙"을 밝혀낸 곳이기도 하다. 불행히도 코리가 있던 연구실은 대공황 때문에 록펠러재단조차 예산을 줄여야 하는 상황에 부딪혀 1937년 해체되었다.

코리는 록펠러의학연구소 다음에 1년짜리 펠로우십을 받고 워싱턴 DC의 국립보건원(National Institute of Health)으로 옮겼는데, 칼텍에서의 일자리를 구하기 위해 폴링과 접촉하기 전이었다. 그때까지 자신의 지위에 절망하고 있던 코리는 개인 장비를 가지고 갈 것이며 급여도 알아서 충당하겠다고 폴링에게 제안했다. 폴링은 코리를 무급 연구원으로 연구실에 채용했다. 하지만 몇 주가 지나지 않아 폴링은 코리의 가치를 알아보았다. 두 사람이 사적으로 가까운 사이는 아니었으나, 폴링은 칼텍에서 코리가 경력을 쌓을 수 있도록 조심스럽게 이끌었으며 비록 성공하지는 못했지만 몇 번이나 코리를 노벨상 후보에 올렸다. 폴링의 지도하에 코리는 꾸준히 학계의 사다리를 올라갈 수 있었고, 1949년 정교수가 되었다. 코리의 친구이자 칼텍의 결정학자였던 리처드 마시(Richard Marsh)는 코리를 다음과 같이 설명했다. "혼자 있는 것을 즐기고 모든 사교 활동을 싫어하는 것 같았다. 집에서 (아내) 도로시(Dorothy)와 함께 길버트와 설리번(Gilbert and Sullivan)의 오페라를 듣거나 마당 가꾸는 일을 더 좋아했다. 코리는 세상의 이목을 즐기고, 아부에 가까운 칭찬도, 의견의 대립도 흥미로워했던 폴링과는 정반대였다. … 폴링이 매력적이고 흥미진진한 강의를 펼쳐 약간 허풍 같다는 느낌을 청중이 받을 때쯤, 코리가 직접 찾아낸 근거로 주의 깊게 작성한 완벽한 문서가 등장했다. 세부 항목에 신경 쓰고 주의하는 태도는 밥 코리 그 자체였다."[25]

이 독특한 한 쌍의 연구자는 아미노산의 구조를 연구할 때 모든 일이 그저 수월해 보일 정도로 손발이 척척 맞았다. 코리는 글리신(glycine)이라는 가장 단순한 아미노산의 구조를 확인하는 것부터 시작했다. 코리가 글리신 구조의 모든 원자를 성공적으로 규명해낸 후, 폴링은 코리에게 다이케토피페라진(diketopiperazine)으로 알려진, 글리신이 두 개인 다이펩타이드(dipeptide)의 분석을 맡겼다. 두 사람은 더욱 복잡한 아미노산 구조 연구에 필수적인 자료를 얻을 때까지 분자의 복잡성 연구를 계속했다. 폴링과 코리의 목표는 단순한 분자의 결합 길이와 각도를 활용해 어떻게 원자 단위에서 단백질이 형성되는지 추론하고, 모형에서 작동하는 것과 작동하지 않는 것을 배제하는 과정을 거친 후, 단백질의 원자 구조를 설명해내는 것이었다.

1948년과 1949년 학기에 폴링은 옥스퍼드의 베일리얼칼리지(Balliol College)에서 조지이스트만 초빙교수(George Eastman Professor)를 지냈다. 이스트만은 "세계적으로 존경받는 초빙 교수직"으로 이스트만코닥(Eastman Kodak Company)의 설립자가 그 기금을 기부했다.[26] 당시 영국 X선 결정학자들 사이에서는 리즈대학교의 윌리엄 애스트버리와 그의 팀이 현상한 아주 선명한 케라틴 회절 사진이 큰 화제였다. 애스트버리의 추측에 따르면 케라틴의 분자 구조는 "지그재그 모양"으로 길게 휘어진 리본처럼 매 510피코미터(picometer, 1조분의 1미터)마다 꼬여 있었다. 하지만 X선 자료를 해석한 다른 학자들은 그 구조가 침대 용수철이

칼텍에 있는 라이너스 폴링의 연구소, 1930년대

나 나선형, 즉 이중나선에 가깝다고 묘사했다. 이중나선의 강력한 지지자 중 한 명이 당시 케임브리지 박사과정 학생이었던 프랜시스 크릭이었다. 크릭은 애스트버리가 "원자간 각도나 거리에 세심한 주의를 기울이지 않은 솜씨 없는 모형 제작자"라고 비판했다. 크릭은 또한 "똑같은 고리가 반복되는 사슬은, 각 고리를 똑같은 방향으로 회전시키고 또 인접한 고리와 똑같은 관계가 이루어지도록 만들면 그 사슬은 모두 나선형이 된다"[27]는 것이 당대에 단백질을 연구하는 사람 사이에서는 상식이라고 주장했다.[28] 지그재그 모형이나 나선 모형에서 폴링을 거슬리게 한 것은 510피코미터마다 반복되면서 조밀한 화학 결합을 한다는 규칙에 왜 구성 요소인 아미노산이 순응하는지 아무도 설명하지 못한다는 것이었다.

옥스퍼드에서 춥고 습한 겨울 학기를 보내는 동안 폴링은 단백질의 딱딱한 껍데기를 비집어 열었다. 후에 폴링은 이 비범한 발견이 평범한 감기 덕이라고 했다. 나중에 폴링이 별다른 근거 없이 비타민 C를 과량 복용하면 치료된다고 주장했던 성가신 질병인 감기가 공을 세운 것이다.[29] 이 감기는 초빙교수직에 함께 제공된 "어울리지 않는" 숙소에 폴링을 묶어둘 정도로 고통스러운 부비강 감염으로 발전한 상태였다. 폴링은 다음과 같이 기억했다. "첫날 탐정 소설을 읽으며 그저 끔찍한 기분을 피하려고 노력했고, 이튿날도 똑같았다. 하지만 탐정 소설도 곧 지겨워졌고 '단백질의 구조에 대해 생각해보는 것이 낫지 않을까?' 하는 생각이 들었다."[30] 침대를 뛰쳐나와 종이와 연필을 손에 쥔 폴링은 가능한 구조를 여러 가지 그리기 시작했다. 폴링은 분자의 뼈대, 혹은 특정 단백질에서 생물학적으로 유효한 성분을 위한 받침대를 설명해야 할 필요성을 처음으로 깨달았다. 곧 폴링은 종이를 4면체와 겹쳐서 끼울 수 있는 관 모양으로 접기 시작했고, 수없이 종이를 폈다 접은 끝에 어쩔 수 없이 불완전하지만, 꽤 괜찮은 나선 모형을 만들었다. 수십 년 후 폴링은 "감기에 걸렸다는 건 다 잊어버릴 정도로 너무나 기뻤다"고 당시를 회상했다.[31] 모형을 접은 후에도 폴링이 알아내지 못한 것은 애스트버리가 이미 X선 사진에서 밝혀낸 것처럼 사슬의 꼬임과 꼬임 사이의 거리를 정확히 510피코미터로 맞추는 방법이었다. 이 까다로운 과제를 해결하기까지 3년이 더 걸렸다. 폴링의 실험 방식에 제약이 있었던 것뿐만이 아니라 학과 운영, 연구원과 학생 교육, 새로운 실험 설계, 저술 활동, 수업, 강연 등 집중을 방해하는 요소들이 많았다.

이 기간에 폴링이 택한 연구 주제 중 가장 중요한 것은 겸상 적혈구 빈혈에 분자적 병인이 있다는 것을 증명한 것이다. 폴링과 동료들은 전기

영동(electrophoresis)이라는 새로운 기술을 사용해서 헤모글로빈을 구성하는 긴 단백질 사슬 속에 있는 단일한 아미노산의 전하에 생기는 작은 변화가, 겸상 적혈구 빈혈 환자와 의사에게는 너무나 익숙한 임상상(像)의 변화로 이어진다는 것을 증명했다. 11번 염색체에서 발견되는 헤모글로빈 단백질의 베타 사슬에 관한 유전자의 뉴클레오타이드 중에서 단 한 개가 변이되어 상염색체 열성 형태로 후손에게 전달되면 둥근 적혈구 세포가 낫 모양으로 길고 뻣뻣하게 변한다. 낫 모양의 적혈구 세포는 마치 상처 입었지만 두려움을 모르는 여행자처럼 몸속을 흘러가다가 가장 좁은 혈관을 틀어막고 혈류와 산소 운반을 방해한다. 겸상 적혈구 빈혈로 인한 혈관막힘 위기라는 매우 고통스러운 상태가 되는 것이다.[32] 폴링의 발견은 단백질 화학의 큰 진보일 뿐만 아니라 기나긴 질병 목록을 분자 수준에서 설명할 수 있도록 하는 첫 발판이었다. 20년 후인 1968년, 폴링은 겸상 세포를 가진 사람과 겸상 적혈구 빈혈을 앓는 사람들의 재생산을 낮추는 방법으로 극악무도한 우생학적 접근을 제안해 자기 얼굴에 먹칠했다. "모든 젊은이의 이마에 겸상 세포 유전자 유무를 상징하는 문신을 새겨서 심각하게 결함이 있는 유전인자를 지닌 사람끼리 사랑에 빠지지 않도록 (예방해야 한다)."[33]

단백질 문제라는 까다로운 공을 쳐 내고자 했던 시대의 강타자는 폴링만이 아니었다. 케임브리지대학교 캐번디시연구소에서 윌리엄 로렌스 브래그와 동료 연구자 막스 페루츠, 존 켄드루는 복합 단백질의 구조를 밝혀내고자 별다른 소득 없이 몇 년이나 고생하고 있었다. 가장 작은 원자 성분부터 연구하여 전체 구조를 예측하는 모형을 구축하고, 그 결과를 X선 사진과 비교했던 폴링과는 달리 캐번디시 연구팀은 반대 방향에서 문제에 접근하여 전체 단백질의 X선 사진 분석에서 시작했다. 이는 너무나 지루한 작업이라 막스 페루츠는 다음과 같이 불평했다. "수많은 날

로버트 코리와 라이너스 폴링, 1951년

밤잠을 설쳤다. 작고 검은 수천 개의 점을 맨눈으로 보면서 선명도를 측정해야 하는 끔찍한 부담을 견뎠는데도 헤모글로빈의 비밀에 가까워질 수 없었다. 도저히 풀리지 않을 듯한 문제를 풀려고 하다가 인생에서 중요한 시기를 낭비했다."[34] 좌절감을 느끼긴 했지만, 1950년에 브래그, 켄드루, 페루츠는 폴링을 이길 수 있을 만큼 충분한 자료를 모았다고 생각하고 「결정화된 단백질의 폴리펩타이드 사슬 배열(Polypeptide Chain Configurations in Crystalline Proteins)」이라는 논문을 『런던 왕립학회 회보(Proceedings of the Royal Society of London)』 10월호에 발표했다.[35] 이 학술지를 손에 쥐자마자 폴링은 브래그와 동료들이 문제를 전혀 해결하지 못했다는 것을 알게 되어 기뻤다. 브래그 등의 논문은 최근 제안된 모든 폴리펩타이드 구조를 단순히 검토한 것에 불과했다. 분자에 관

해 길게 나열한 논문의 마지막은 케라틴 섬유가 접힌 모양 또는 구부러진 리본 모양이라는 애스트버리의 잘못된 이론을 편드는 것으로 끝났다.

폴링은 더 나은 해결책을 손에 쥐고 있었다. 하워드대학교(Howard University) 소속 아프리카계 미국인 물리학자인 허먼 브랜슨(Herman Branson)이 1948년과 1949년 학기에 휴가를 내고 칼텍에 와 있었다. 폴링은 코리, 브랜슨과 함께 단백질 사슬을 구성하고 있는 아미노산 사이의 거리와 공유 각도에 알맞은 나선형 구조를 제안했다. 실험에 기반하여 아미노산과 연결된 펩타이드 결합이 안정적이고 견고한 평면이라는 가설을 세웠다. 양자역학의 측면에서 보면 이는 원자가 평면에 속해 있고 결합 주변으로 회전이 없는 부분적 이중 결합을 형성하고 있다는 뜻이었다. 폴링, 코리, 브랜슨은 이어서 나선 구조의 방향이 바뀌는 지점들 사이에 가능한 많은 수소 결합이 허용되는 구조를 구축했다. 이 추론을 따라 폴링은 "단백질에 나타나는 두 개의 주요한 구조적 특징은 수천수만의 단백질 뼈대를 형성하는 것으로 알려진 알파 나선과 베타 병풍"이라고 결론 내렸다.[36] 폴링은 이 결론을 『미국국립과학원회보(Proceedings of the National Academy of Sciences)』의 1951년 4월호와 5월호에 8개의 연작 논문으로 발표했다. 이 연작 논문은 종종 "구조생물학계의 위대한 성취 중 하나"로 꼽힌다.[37] 이후 10년이 넘는 시간 동안 발표된 대량의 X선 결정학 후속 연구들이 그의 이론이 정확하다는 것을 뒷받침했다.

1년 전 브래그의 단백질 관련 논문이 발표되었을 때 칼텍에서 벌어졌던 광경을 거울에 비춘 것처럼 캐번디시의 연구원들도 『미국국립과학원회보』에 발표된 폴링의 논문을 읽었다. 브래그는 폴링이 그렇게 공개적인 방식으로 자신이 틀렸다는 것을 증명하자 경악했다. 12년이 지난 1963년에 브래그는 「어떻게 단백질이 규명되지 못했는가」라는 제목의 강연을 열었다. 그는 1950년에 발표한 논문의 오류를 인정하고 "1950년의 논문은 계획부터 잘못되어 내가 참여했던 논문 중에 가장 실패한 논문이라고 항상 생각하고 있다"고 고백했다.[38] 브래그의 실수가 학계에 광고되다시피 전시된 후, 불안을 실은 공기는 캐번디시 곳곳의 벽과 계단에 스며들었다. 브래그의 연구실에 있던 모든 사람은 과학계 누구보다 항상 한발 앞서있는 듯한 라이너스 폴링 때문에 좋지 않은 방향으로 이름을 떨치게 될까 봐 두려움에 떨었다.

[8]

제임스 왓슨

시카고

혀를 빼물고 공격 태세에 든 개처럼 사납고,
황야에서 살아남는 원시인처럼 영악하고,
모자도 없이,
삽질하며,
부수고,
계획하고,
세우고, 파괴하고, 다시 세우며…

폭풍처럼 억세고, 청춘의 떠들썩한 웃음을 웃어대며, 반은 벌거벗은 채, 땀을 흘리며, 돼지 백정이 된 것을, 대장장이, 타작꾼, 철도 및 화물 취급자가 된 것을 자랑하며 떠들고 뽐낸다.

– 칼 샌드버그(Carl Sandburg)[1]

솔 벨로(Saul Bellow)의 자전적 등장인물인 오기 마치(Augie March)처럼 제임스 듀이 왓슨(James Dewey Watson)은 "시카고 태생 미국인"이고 "나 스스로 터득한 대로 자유로이 모든 일을 하며, 그 기록들을 내 나름대로 남기고자 한다. 나는 처음으로 노크를 해서 최초로 허락받은 사람이다. 노크는 때로는 순수하고, 때로는 그렇지 못하다."[2] 1928년 4월 6일, 시카고 사우스사이드의 복고 고딕 양식인 세인트룩스병원(St. Luke's

Hospital)에서 축복 속에 왓슨이 태어났다. 왓슨은 태어난 순간부터 짐(Jim)이라고 불렸다. 그의 "DNA 강박"과 어울리게도 왓슨은 미국이 독립이라는 정치적 실험을 하던 식민지 시기의 시민이나 대평원을 향해 길을 떠난 용감한 개척자 같은 자신의 선조 이야기로 다른 사람들을 즐겁게 해주는 것을 좋아했다. 친척 중에 윌리엄 웰던 왓슨(William Weldon Watson)이라는 사람은 1794년 뉴저지에서 태어나 애팔래치아산맥 서쪽 지역에서는 처음으로 테네시주 내슈빌(Nashville)에 생긴 침례교회의 목사가 되었다. 그의 아들 윌리엄 웰던 왓슨 2세는 일리노이주 스프링필드(Springfield)를 향해 북쪽으로 여행을 떠나, 눈에 띄게 키가 크고 음울한 변호사, 에이브러햄 링컨(Abraham Lincoln)의 집을 설계했다. 왓슨 가와 링컨 가는 길 하나를 사이에 둔 이웃이었다. "정직한 에이브(Honest Abe, 링컨의 애칭)"가 워싱턴에서 부름을 받아 미국의 대통령직을 수락했을 때, 윌리엄 왓슨 2세와 아내, 아들 벤(Ben)은 링컨 가족과 함께 대통령 취임식 열차에 탔다. 벤의 아들인 윌리엄 왓슨 3세는 시카고 지역에서 숙박업체를 운영했다. 윌리엄 왓슨 3세의 다섯 아들 중 한 명인 토머스 톨슨 왓슨(Thomas Tolson Watson)은 짐의 할아버지로 "메사비산맥에서 한몫 잡아보려 했다. 슈피리어호 서편의 덜루스에 인접한 메사비산맥은 철광석이 풍부한 지역이었다."[3]

짐의 아버지인 제임스 듀이 왓슨 시니어(James Dewey Watson Sr.)는 일리노이주 라그레인지(La Grange) 지역의 부유한 공립학교 시스템이 낳은 사람으로, 1년간 오벌린대학(Oberlin College)을 다니다가 성홍열 때문에 그만두었다. 그래도 1차 세계대전 때 프랑스에서 1년 동안 일리노이주 방위군(Illinois National Guard) 33사단 소속으로 근무할 수 있을 정도로 회복했다. 시카고로 돌아오면서 아버지 짐은 학교 선생이 되겠다는 꿈을 버리고 원격 비즈니스 과정을 제공하는 라살통신대학(La Salle Extension University)에서 수금 담당자로 일했다.[4] "(아버지 짐은) 진심으로 돈벌이에 열중한 적이 없었다." 하지만 그는 새 관찰은 너무 좋아해서 아주 능숙한 탐조 활동가가 되었고 1920년에는 시카고 지역의 새에 관한 유명한 안내서를 공동 집필하기도 했다.[5] 아버지 짐과 함께 새를 보러 다녔던 사람은 네이선 레오폴드 주니어(Nathan Leopold Jr.)라는 10대 소년이었는데, 얼마 지나지 않아 절친한 친구였던 리처드 러브(Richard Loeb)와 함께 영원히 지워지지 않을 악행을 저질렀다. 1924년, 이 두 젊은이는 프리드리히 니체(Friedrich Nietzche)의 초인(Übermensch) 개념, 즉 지적 재능이 있는 일부가 열등한 대중을 규제하는 법보다 위에 있다는 생각에 병적으로 사로잡혔다.[6] 후에 이 두 사람이 주장하기로는 이 정도를 벗어난 사상에서 영감을 받아 14세 소년 바비 프랭크스(Bobby Franks)를 납치하고 잔인하게 살해했다고 주장했다. [클래런스 대로(Clarence Darrow)는 언론에서 "세기의 재판"이라고 언급한 재판에서 레오폴드와 롭의 변호를 맡았다].[7] 다행히도 짐 시니어는 자신을 "진실하고, 합리적이며, 품위 있는" 사람이라고 우러르는 아들에게 새에 대한 사랑만 물려주었고, 친구를 고르는 눈이나 줄담배를 피우는 습관은 물려주지 않았다.[8] 아버지의 영향으로 짐 왓슨 주니어의 첫 번째 장래 희망은 야생에서 새로운 종을 발견하고 주립 대학교에서 강의하는 조류학자가 되는 것이었다.

짐의 어머니 마거릿 진 미첼 왓슨(Margaret Jean Mitchell Watson)은 2년 동안 시카고대학교에 다니다가 비서가 되었는데, 처음에는 라살통신대학에서 일했고 나중에는 시카고대학교의 기숙사 사무실에서 일했다. 10대 시절 류머티즘 열병을 앓고 난 후 마거릿은 울혈성 심장질환이 생겼고 평생 금방 숨이 찼으며 주말에는 침대에서 쉬었다. 마거릿과 짐 시니어는 1920년에 결혼했고 두 자녀, 짐 주니어와 엘리자베스(Elizabeth)를 두었다.

1933년, 왓슨 가족은 왓슨의 외조모인 엘리자베스 글리슨 미첼(Elizabeth Gleason Michell, "내너(Nana)")과 함께 살기 시작했다. 아일랜드 티퍼레리주(County Tipperary) 출신 이민자의 딸이었던 미첼 부인은 1907년, 새해 전날 남편을 잃었다. 글래스고 출신 재단사였던 남편 로츨린 미첼(Lauchlin Mitchell)은 팔머하우스호텔(Palmer House Hotel)에서 나오는 길에 고삐 풀린 말에 치여 사망했다. 마거릿 진은 아버지가 죽었을 때 열네 살에 고질병도 앓고 있었지만 슬퍼하는 어머니를 돌봐야 했다. 돌봄 역할은 마거릿 진의 아이들을 돌볼 때가 되어서야 바뀌게 되었다. 매일 오후 '내너'는 학교에서 돌아오는 짐과 어린 여동생 엘리자베스(Betty)를 따듯하고 애정 넘치게 마중해주었고, 아이들의 부모가 일하는 동안 저녁을 만들어 주었다.[10]

다른 많은 이웃과는 다르게 왓슨 가족은 특별히 종교를 믿지는 않았다. 가톨릭으로 자란 마거릿 진 왓슨은 크리스마스와 부활절에만 미사에 참석했다. 짐 시니어는 성당에 한 번도 가지 않았다. 그래서 왓슨이 자랑스럽게 자신은 "가톨릭을 탈출"했다고 선언한 것일 수도 있다. 왓슨 가가 기독교에 관해서는 불가지론자에 가깝지만, 두 아이에게 지식의 중요성에 관한 열렬한 믿음은 확실하게 심어주었다. 1996년 왓슨은 다음과 같이 회상했다. "우리 가족은 가난했지만, 책은 아주 많았다." 7년 후인 2003년, 왓슨은 "나의 아버지가 신을 믿지 않아 영혼에 대한 어떤 심적 부담감이 없었다는 것이 나에게는 가장 큰 행운이었다. 나는 그 자체로도 거대한 신비인 진화의 산물이 우리 인간이라고 본다."

책, 새, 사상은 둘째치고 왓슨 가족을 가장 짓누르던 문제는 각종 요금을 제때 내는 것이었는데, 특히 대공황 때문에 나라 재정 상황이 수년간 악화하자 왓슨 가의 문제도 심각해졌다. 1930년대 초반, 짐 시니어의 연봉은 절반이 줄어 3천 달러가 되었는데 직장이라도 지키기 위해 감액을 조용히 받아들여야 했다. 대학교에서 시간제로 일했던 마거릿 진의 벌이 없이는 가계가 유지되지 않았다.[14] 왓슨 가는 프랭클린 D. 루스벨트(Franklin D. Roosevelt)의 뉴딜 정책의 충실한 지지자이자 수혜자였다.

열 살 때의 제임스 왓슨, 1938년

왓슨 가족은 루엘라 거리 72번지에 살았다. 시카고 사우스사이드의 79번가 바로 아래에 있는 "대출을 많이 낀" 1,604m^2짜리 벽돌집이었다. 2층에 침실이 네 개 있고, 담장을 두른 뒤뜰이 딸린 집을 소유하고 있다는 사실이 왓슨 부모에게는 자부심의 근원이 되었다. 이 집은 시카고대학교에서 4마일 정도 떨어져 있으며, 잭슨공원(Jackson Park)과 미시간호수의 서쪽 기슭에서는 15블록이 채 되지 않는다. 또 집과 베티가 다녔던 호러스맨중등학교(Horace Mann Grammar School)와 도 딱 알맞은 거리였다.[15]

나중에 왓슨은 "(그의 집이) 시카고대학교보다 … 인디애나주의 개리 제철소에 가까웠다고 기쁜 듯이 말했다." 하지만 이는 정확하지 않은데, "개리 웍스(Gary Works)"는 20마일 정도 남쪽에 있었기 때문이다. 그래도 커다란 연기를 내뿜는 미국 역사상 최초의 10억 달러 기업 US스틸(US Steel)의 공장은 왓슨이 매일같이 보는 풍경 일부였다. 창문을 내다보기만 해도 공기를 오염시키는 산업 배기가스가 회색으로 높게 솟아오르는 것이 보였다.

왓슨은 아주 마른데다 부끄럼이 많고 생김새가 특이한 운동신경이 없는 소년으로, 툭 튀어나온 눈에 특유의 표정을 짓는 버릇이 있었다. 낮에는 야구보다는 조류 관찰을 즐겼다. 밤에는 『세계 연감(World Almanac)』에 루비 활자처럼 작은 글자로 적힌 여러 사실과 그림을 외우면서 잠이 들었다.[16] 학교에서 인기가 없었던 왓슨은 "멍청한" 남자애들을 습관적으로 업신여겼고, 남자애들은 정기적으로 왓슨을 두들겨 패는 것으로 응수했다.

책에만 열중하는 왓슨의 태도는 그래도 한 가지 사회적인 이점이 있었다. 1940년, 루이스 코원(Louis Cowan)이라는 한 부지런한 시카고 사람이 「퀴즈키즈(The Quiz Kids)」라는 프로그램을 만들었다. 13년간 NBC의 전국 방송에서 크게 성공한 라디오 프로그램으로, "알카셀처(Alka-Seltzer) 제조사"인 바이엘이 후원했다.[17] 매주 거대한 머천다이즈마트(Merchandise Mart) 빌딩 깊은 곳의 스튜디오에 6세부터 12세 사이의 아이들이 시끌벅적하게 모였다. 조숙하게 느껴질 정도로 똑똑한 아이들은 100달러짜리 미국저축채권을 따내기 위해 여러 분야의 퀴즈를 풀

「퀴즈키즈(The Quiz Kids)」에 출연한 제임스 왓슨(왼쪽 두 번째), 1942년

었다. 왓슨은 다음과 같이 기억했다. "내가 (그 프로그램에) 출연한 이유는 프로듀서가 말 그대로 이웃 사람이었기 때문이다. 나는 많은 사실을 외우고 있는, 프로그램에 적당한 똑똑한 아이였다." 14세 소년 짐은 1942년 가을에 곧 이 프로그램의 인기 고정 출연자가 된 루스 더스킨(Ruth Duskin)이라는 8세 어린이에게 성경 관련 문제로 질 때까지 3주밖에 출연하지 못했다. 왓슨은 90세가 되어서도 짧게 끝난 라디오 출연을 속상해했다. "그래, 그 애는 어린 유대계 여자애였지. 예쁘고 외향적이라 퀴즈쇼에 완벽하게 어울렸어. 당연히 구약에 대한 건 전부 꿰고 있었고."[18] 하지만 왓슨은 어린 시절의 패배와 인기가 없던 시간을 자신의 무기로 바꿀 수 있었다. 괴롭힘당하고 얻어맞아 멍든 소년 대부분이 그렇듯, 어린 짐 왓슨은 언젠가 갚아 주리라 맹세했다. 1980년대에 왓슨은 한 동료에게 그 시절 이래로 자신을 괴롭혔던 가해자들에게 쭉 "복수 중"이라고 말

한 적이 있다.[19]

중등학교 졸업 후 왓슨과 여동생은 철학자며 심리학자이자 교육 개혁가였던 존 듀이(John Dewey)가 설립한 유명한 진보적 주간 학교인 시카고대학교 부설 실험학교(Laboratory Shchool of the University of Chicago)에 다녔다. 왓슨 가의 두 자녀는 각각 15세에 대학에 입학했는데, 왓슨 아버지와 오벌린(Oberlin) 동창이자 당시 총장이었던 로버트 허친스(Robert Maynard Hutchins)가 조기 입학을 허가해주었다. 허친스는 1929년 30세의 나이로 시카고대학교 총장으로 취임하면서 미국에서 가장 젊은 대학 총장이 되었다.[20] 2년 후 1931년, 허친스는 전국적으로 유명해진, 당시로는 참신했던 "서양의 위대한 저서" 과정이 기본이 되는 4년제 교양 교육 프로그램을 개발했다. 1942년 허친스는 더 혁신적인 계획을 발표하는데, 짐 왓슨과 베티 왓슨처럼 학문에 재능이 있는 고등학교 2학년생의 대학교 입학을 허가하여 이런 학생들의 지적 발전을 자극하고 "고등학교의 지루한 주입식 수업으로부터 탈출"시키는 것이었다.[21] 짐 왓슨은 부모님 집이 시카고대학교에서 버스 요금이 15센트인 거리라 집에서 통학할 수 있었기 때문에 완벽하게 알맞은 지원자였다. 왓슨의 어린 나이와 미숙함을 고려하면 대학에서 성공하기 위해서는 가족의 지원이 몹시 중요했다.[22]

고딕 양식을 흉내 낸 시카고대학교 캠퍼스는 시카고 하이드파크(Hyde Park) 부근에 있었는데 미국침례교교육위원회(American Baptist Education Society)의 원조와 존 D. 록펠러(John D. Rockfeller)의 후원 덕

제임스 왓슨의 시카고대학 졸업사진, 1947년

분에 건립되었다. 1890년에 설립되어 비교적 신생 학교였던 시카고대학교는 20세기를 대표하는 유명한 교수진과 더불어 배움에 대한 열망이 강하고 헌신적인 학생이 모여들었다. 그런 환경 속에서 1943년부터 1947년까지 왓슨은 조류학을 공부하며 아버지에게 물려받은 새 사랑을 이어갔다. 왓슨의 교수 중 한 사람이었던 폴 와이즈(Paul Weiss)는 발생학과 무척추 동물학을 가르쳤는데, 학부생이던 왓슨이 "수업 중에 일어나는 일에 아예 무관심했다(적어도 무관심한 것처럼 보였다). 필기를 한 번도 하지 않는데, 학기 말 성적은 1등이었다"고 말했다.[23] 2000년, 왓슨은 시카고대학교에서 배운 것에 대한 자신의 해석을 늘어놓았다. 왓슨은 학기 말 시험이 강의 자료에서는 거의 출제되지 않고 대신에 제시되었던 자료의 타당성 검증에 집중하고 있다는 것을 발견했다. "로버트 허친스의 뜻을 따르는 대학에서는 좋은 점수를 받으려면 사실이 아니라 발상이 중요했다."[24]

성적 증명서가 B학점투성이긴 하지만, 왓슨은 시카고대학교에서 장차 그의 학문 인생에 도움이 되는 세 가지 대전제를 세웠다. 첫째, 다른 사람들의 해석을 따라 하지 말고 원전을 직접 읽어라. 둘째, 어떤 일련의 사실이 어떻게 서로 맞물릴 수 있는지 생각하여 이론을 발전시켜라. 셋째, 사실을 암기하는 대신에 생각하는 방식, 중요하지 않은 것을 소거하는 방식을 배워라. 왓슨은 1993년에 이중나선 발견 40주년 기념식에서 자신의 대학 시절을 더 간결하게 묘사했다. "예의에 발목을 잡혀서는 안 된다. 쓰레기는 잘 해봐야 쓰레기다."[25] 왓슨이 동기 학생들보다 자신이 "타고나길 똑똑하다"고 생각한 것은 아니었다. 대신 왓슨은 다른 학생보다 쉽게 과학적으로 말이 안 되는 사회적 통념이나 기존의 이론에 도전했다. 왓슨에게는 어떤 배경이나 부가 아니라 지식의 추구가 중요했다. 10대 시절에 이미 왓슨은 돈이나 학문적으로 "사소한 것", "뚜렷한 목적이 없는 배움"에 인생을 한순간도 낭비하지 않겠다고 결심했다.[26]

매일 밤 잠들기 전에 왓슨은 그날 정한 대중소설이나 단편을 읽었다. 왓슨의 상상력에 큰 충격을 주었던 작품은 싱클레어 루이스(Sinclair Lewis)의 『애로우스미스(Arrowsmith)』로 1925년 퓰리처상을 수상한 소설이다. 미국 소설 중에는 처음으로 의학자의 삶, 업무, 사상을 상세하게 묘사했다.[27] 짐은 또한 「카사블랑카(Casablanca)」, 「시민 케인(Citizen Kane)」 같은 명작 영화와 찰리 채플린(Charlie Chaplin), 마르크스 브라더스(Marx Brothers) 같은 코미디 대가의 영화를 포함해 할리우드의 영화 제작소들에서 만들어낸 섬세한 판타지에도 매료되었다.

1945년, 17세의 왓슨은 에르빈 슈뢰딩거의 『생명이란 무엇인가?』를 발견했다(그리고 금세 읽어 내렸다). "이 얇은 책을 생물학 도서관에서 발견하여 읽고 난 후 내 생각은 완전히 달라졌다. 새가 이주하는 방식 같은 주제보다 생명의 근본이 되는 유전자가 명백하게 더 중요한 주제였고, 내가 이전에 충분히 배우지 못한 분야였다."[28] 윌킨스나 크릭이 의문을 품은 것처럼 슈뢰딩거의 책을 읽은 왓슨은 어떻게 "완전한 염색체 한 벌에는 이러한 작용을 하는 모든 (유전) 부호가 들어있는지"에 관한 궁금증이 생겨났다.[29]

4학년 가을 학기에 왓슨은 집단 간, 집단 내의 유전적 변이와 차이점을 연구하는 집단 유전학의 창시자 중 한 명인 시월 라이트(Sewall Wright) 교수의 생리 유전학 수업을 청강했다. 라이트 교수의 모습에서 왓슨은 처음으로 과학적 우상을 발견했고, 종종 부모에게 라이트 교수의 "뛰어난 머리"에 대해 감격해서 말하곤 했다.[30] 라이트는 DNA에 관한 오즈월드 에이버리의 1944년 실험 연구도 왓슨에게 소개해줬다. 또한 왓슨이 일생을 바쳐 답을 구하려 한 일련의 질문도 제시했다. "유전자란 무엇인가? … 어떻게 유전자가 복제되는가? … 어떻게 유전자가 기능하는가?"[31] 라이트의 수업이 시작되고 몇 주 지나지 않아 왓슨은 조류학을 그만두고 유전학을 공부하기 시작했다. 1947년에 비록 이미 학사를 마쳤고, 19세의 나이로 파이베타카파(Phi

1952년 여름 콜드스프링하버에서
막스 델브뤼크와 살바도르 루리아

Beta Kappa)의 회원이 되었지만, 왓슨은 유전자의 수수께끼를 풀려면 공부를 더 해야 한다는 것을 알고 있었다. 과학적 방법론을 통달하고 학계의 회원증이나 마찬가지인 박사학위를 따기 위해 먼저 대학원 입학 허가가 필요했다.

왓슨의 박사학위 지원서는 칼텍을 통과하지 못했다. 하버드는 입학 허가를 주기는 했지만, 생물학과의 연구방식이 실험보다는 여전히 19세기 분류학의 원칙에 빠져 있어 젊은 왓슨을 사로잡지 못했다. 더욱 현실적인 이유는 하버드가 수업료, 기숙사비, 식비 등을 포함하는 장학금을 제공하지 않아서 왓슨이 매사추세츠주 케임브리지로 이주하는 것이 금전적으로 불가능했다는 것이다. 왓슨은 근처 블루밍턴에 있는 인디애나 대학교(Indiana University)에서 기숙사비, 식비를 포함한 전액 장학금을 받으면서 대학원에서 생물학을 공부할 수 있는 더 나은 제안을 받았다. 인디애나대학교는 단순한 주립 대학교를 넘어 유전학 연구의 중심지였다. 연구를 이끈 사람은 허먼 J. 멀러(Herman J. Muller)로, 초파리에 다양한 세기의 X선을 쪼여 초파리 게놈의 변이를 측정한 연구가 1946년 노벨 생리의학상을 받았다.

교수진 중 다른 두 명 역시 왓슨을 인디애나대학교로 이끌었다. 한 사람은 트레이시 손번(Tracy Sonneborn)으로 존스홉킨스에서 박사과정을 마쳤는데, 생물학 과목을 수강하기 전까지는 랍비가 되고자 열망했던 사람이다. 손번은 단세포 유기체인 짚신벌레의 유전학을 연구했다. 다른 사람은 토리노 출신의 유대계 물리학자 살바도르 루리아(Salvador Luria)로, 무솔리니 통치하의 파시스트 반유대 이탈리아를 탈출해 처음에는 프랑스로 갔다가 나중에 미국으로 왔다.[32] 루리아는 왓슨의 멘토이자 평생 친구가 되었다. 싱클레어 루이스(Sinclair Lewis)의 소설 속 인물인 마틴 애로우스미스(Martin Arrowsmith)처럼 루리아는 박테리아를 공격하는 바이러스인 박테리오파지를 연구했다. 본질적으로 박테리오파지는 "살아있는 유기체에서 불필요한 것을 제거한 벌거벗은 유전자"이다. 박테리오파지는 다른 살아있는 세포를 감염시키고 그 안에서 복제하면서 존재한다.[33] 또한 빠른 복제율 덕분에 며칠, 몇 주, 혹은 그 이상의 시간이 아니라 단 몇 시간 만에 실험을 통해 박테리오파지의 유전학을 추적할 수 있었다.[34]

가볍게 겉옷을 걸친 대학원생 왓슨은 캠퍼스에서 "전형적인" 시골뜨기 남학생들과 "동창회의 여왕"처럼 시시덕거리는 여학생들이 맺는 야릇한 관계를 조롱하는 것을 즐겼다. 당시 수업을 들을 때 남학생은 여전히 코트를 입고 넥타이를 맸는데, 왓슨은 낡은 무명 작업 바지에 바지 밖으로 나온 셔츠, 끈이 풀린 운동화 차림을 선호했다. 그는 인기 있는 집단을 무시하려고 최선을 다했고, 동료들 앞에서 초연한 척했다. 생물학과의 많은 구성원에게도 왓슨은 똑같이 불친절했다. 경쟁이 심했던 펠로우십에서 탈락한 후, 왓슨은 어색한 희망 사항을 말하며 부모에게 자신이 실망했다는 사실을 감췄다. "생물학과에서는 지적 호기심이 있는 일류 연구자를 데려오기 위해 돈을 쓰고 있어요. 불행히도 그런 연구자가 여기에 흔치 않고요."[35] 1947년 가을에 또 한 명의 흔치 않은 일류 연구자가 인디애나대학교에 입학했는데, 이탈리아에서 이주한 물리학자인 레나토 둘베코(Renato Dulbecco)였다.[36] 왓슨은 조언을 구하고 우정을 쌓을 상대로 항상 연상의 남성을 선호했는데, 실험을 하는 사이 종종 테니스를 치

막스 델브뤼크와 파지그룹
왼쪽부터 장 바이글, 올레 말뢰, 엘리 울먼, 군터 스텐트, 막스 델브뤼크, 솔리. 1949년

러 갔던 대학교 테니스장에서 둘베코와 만나 친분을 다졌다.

대학원에서 서열이 낮았던 왓슨은 "로프를 당겨 위, 아래로 이동하는 초기 엘리베이터가 여전히 작동하는" 동물학 건물의 가장 위층에 있는 작은 사무실을 배정받았다. 왓슨의 사무실보다 몇 층 아래인 1층에는 최근 어리상수리혹벌의 진화 연구를 그만두고 여전히 금기시되던 인간의 성으로 연구 주제를 바꾼 한 외로운 교수가 애를 쓰고 있었다. 그 교수의 이름은 알프레드 킨제이(Alfred Kinsey)였다. 젊은 왓슨은 킨제이의 연구를 지루하다고 생각했는데, 그 이유는 킨제이가 발견한 것들이 "너무나 통계 일색이어서, 외설스럽기는커녕 경건해 보일 지경"[37] 이었기 때문이다.

집을 나와 보냈던 처음 1년간 왓슨은 조류 관찰을 계속했고 혼자 조던가를 산책했다. "인기 있는 여학생 클럽이 있는 곳이어서, 과학동에서 만나는 여학생들보다 더 예쁜 학생들을 볼 수 있었기 때문이다." 왓슨은 또 오래된 기념구장(Memorial Stadium)에서 소리 지르며 경기를 응원하는 2만 명의 다른 축구 팬들과 함께 토요일 오후에 열리는 대학 축구 경기에도 즐겨 참석했다.[38]

로잘린드 프랭클린과 마찬가지로 왓슨도 충실하게 (그리고 매주) 부모님에게 자신의 학문적 목표와 여러 가지 활동에 대해 편지를 적어 보냈다. 이 편지들은 전부 콜드스프링하버연구소의 기록 보관소에 소중하게 보관되어 있어 이 시기 왓슨의 삶을 가까이에서 살펴볼 수 있다. 집에 보낸 첫 번째 편지에서 왓슨은 살바도르 루리아를 만나, 자신이 세균학 입문에 관한 선수과목을 듣지 않았는데도 그의 바이러스 강의를 듣게 되었다고 썼다. "제 성적과 유전학자가 되고 싶다는 뜻을 전했더니 강의를 듣게 해줬어요. 루리아 교수님은 이탈리아계 유대인인데 학생들을 '개'처럼 다룬다고 라몬트 콜(LaMont Cole)이 저한테 말한 적이 있어요. 하지만 확실히 이 캠퍼스에서 지적으로 뛰어난 사람이에요. 서른에서 서른다섯 살 정도로 젊고 바이러스의 유전학—아주 좋은 분야죠—에서 좋은 성과를 이뤄 왔어요. 루리아 교수님에게 많은 것을 배울 수 있을 거예요."[39] 다른 편지에서 왓슨은 허먼 멀러에 대해 "현대 생물학의 거장 중 한 명"이라고 적었다.[40] 하지만 일주일 후의 편지에서는 멀러의 수업과 필수 실험 과정이 "모든 수강생이 절망할 정도로 헷갈린다"고 썼다. 강의는 "어렵고 재미있었지만", 멀러는 왓슨을 "초파리 연구"에 끌어들이는 것은 실패했다. "미생물 연구의 가능성이 나에게는 더 매력적이었다."[41]

왓슨은 손번과 루리아에게 매료되었다. 손번의 수업은 미생물 유전학에 관한 것으로 꽤 인기가 있었다고 왓슨은 기억했다. "대학원생들이

(루리아에 대한) 절찬이나 숭배가 반영된 소문을 주고받았다 … 그에 비해 많은 학생이 루리아를 무서워했는데 틀린 사람을 향해 오만하게 군다는 루리아의 악명 때문이었다." 루리아에 대한 왓슨의 증언은 왓슨이 가진 오만함의 발로였다. "나는 루리아가 멍청이들을 배려하지 않는다는 소문의 근원을 찾지 못했다." 인디애나대학교에서 첫 학기를 마치기도 전에 왓슨은 손번의 짚신벌레 대신 루리아의 박테리오파지를 선택했다.[42] 처음에는 왓슨도 모든 분야의 학생에게 흔하게 나타나는 불안을 겪었다. 왓슨은 자신이 지도교수의 "애제자"에 들어갈 만큼 똑똑하지 않은 것은 아닐까 걱정했다. 젊은 왓슨은 곧 감정을 가라앉히고 상황에 대처했다. 2007년에 왓슨은 다음과 같이 회고했다. "파지에 대해 배워갈수록 어떻게 파지가 증식되는지 그 비밀의 늪에 빠져들었고, 가을 학기가 절반 정도 지나기도 전에 멀러 교수 밑에서는 학위를 받고 싶지 않다는 생각이 들었다."[43]

초파리를 통해 유전자 연구를 하는 것은 과거의 산물이고 박테리오파지를 통한 연구가 미래라는 왓슨의 판단은 이후 왓슨의 출세 지향적인 사고를 아주 잘 나타내주는 예라고 할 수 있다. 왓슨은 과학이 나아갈 길을 간파하고 다음에 올 거대한 흐름에 집중하는 묘한 재주를 몇 번이고 선보였다. 시카고대학교 학부생 시절 왓슨은 조류학과 고전 기재생물학 대신 유전학을 선택했다. 이제 인디애나대학교의 1년 차 대학원생으로서 왓슨은 초파리 실험 대신 미생물 유전학 실험에 집중했다. 그 명성만으로도 학계에서 왓슨에게 큰 도움을 줄 수 있는 노벨상 수상자 멀러보다 상대적으로 무명인 루리아와 함께 연구한다는 것은 상당한 위험을 감수하는 것이었다. 왓슨이 감수한 여러 직업적 위험 중 하나였는데 나중에 배당금처럼 돌아오긴 했지만, 당시에는 성공을 상상하기 어려운 투자였다.

왓슨의 첫 연구과제에 대해서 루리아는 "X선 때문에 비활성화된 파지가 계속 유전적 재조합을 이룰 수 있는지, 부모 파지에 나타나는 손상된 유전 결정 인자가 없는 생존 가능한 재조합 자손을 생산할 수 있는지를 살펴보라"고 했다.[44] 루리아는 자외선으로 비활성화된 파지에서 그런 현상이 나타나, 결과적으로 대장균 숙주 세포가 감염될 수 있다는 것을 규명했다. 이후 3년간 왓슨은 박테리오파지 군집을 온갖 종류의 방사능성 돌연변이 유발원에 노출 시키면서 그 변화 속도를 확인했다.

왓슨이 금세 알게 된 것처럼 루리아는 누구도 "개처럼" 다루지 않았다. "루"는 관대하고 동료 의식이 있으며 체계적인 교사였고, 학계라는 정글에 존재하는 수많은 악한 행위자들과는 달리 자기 학생이 발전할 수 있도록 적극적으로 도왔다. 이후 수년간 루리아는 왓슨에게 많은 기회의 문을 열어주었다. 1948년, 루리아는 나중에 왓슨의 동지이자 일생의 친구가 된 막스 델브뤼크와 왓슨의 첫 만남을 주선해주었다. 루리아와 델브뤼크는 "파지그룹"의 지도자였다. 숫자는 적었지만 다들 유전학에 혁명을 일으킨 사람들이고, 이들의 연구는 여러 차례 노벨상을 받았다.[45] 델브뤼크는 카리스마와 동시에 상냥한 성품을 지녀 많은 젊은 과학자들을 끌어당기는 축복받은 사람이었다. 다른 선구적인 분자생물학자들은 델브뤼크가 간디와 소크라테스를 섞어 놓은 인물이라며 신화적인 위치까지 그를 추켜세웠다.[46] 나이와 학계에서의 지위 차이가 있었지만 (델브뤼크는 42세의 저명한 과학자였고 왓슨은 고작 20세에 아직 대학원 1학년이었다) 루리아의 응접실에서 악수한 이래 델브뤼크와 왓슨은 항상 서로를 성이 아닌 이름으로 친근하게 불렀다. 왓슨이 기억하는 두 사람의 첫 만남은 다음과 같다. "델브뤼크의 첫 마디를 듣자마자 나는 앞으로 실망할 일이 없으리라 생각했다. 델브뤼크는 핵심만 이야기했고 그가 하는 말의 의도는 항상 명확했다."[47]

1948년 여름에 루리아는 왓슨이 콜드스프링하버연구소에서 파지 연구를 할 수 있도록 주선해주었는데, 이 연구소에 간 덕에 왓슨은 롱아일랜드사운드(Long Island Sound)에서 수영을 즐기고 인근 뉴욕시의 메모리얼병원(Sloan-Kettering Memorial)에서 강력한 X선 기계를 사용할 수 있었다. 부모에게 보낸 편지에서 왓슨은 7월 4일 독립기념일 주말에 뉴욕시에 가면서 브루클린 플랫부시(Flatbush) 구역에 있는 야구장 이벳필드(Ebbets Field)를 다녀온 일도 적었다.

> 어젯밤에는 몇 사람이랑 다저스 경기를 보러 갔어요 … 좋은 경기였고 기대했던 그대로의 관중이었어요. 제가 몇 번 짧게 와 본 결과 브루클린은 주민 대부분이 유대계거나 이탈리아계인 아주 붐비는 가난한 도시 같아요. 외적 조건만 보면 살

코펜하겐에서 여동생 베티와 함께한 왓슨, 1951년

기에는 최악의 도시에요.[48]

1949년, 패서디나에서 여름을 보낸 후 왓슨은 가능한 모든 형태의 X선 변이 파지를 확인했고 논문을 쓰기 시작했다. 델브뤼크와 루리아는 왓슨이 생화학을 어느 정도 공부해 과학적 식견을 넓힐 필요가 있다고 판단했다. 1949년 가을에 두 사람은 시카고에서 열린 파지그룹 모임의 쉬는 시간에 코펜하겐대학교의 헤르만 칼카르(Herman Kalckar)와 마주 앉아 왓슨이 칼카르의 연구실에서 박사 후 연구 과정을 밟을 수 있도록 이야기를 나눴다.[49] 루리아의 지도에 따라 왓슨은 처음으로 코펜하겐에서 쓸 용돈과 생활비를 요청하는 지원금 신청서를 작성했다. 이런 불안정한 상황에 부닥친 학생 대부분이 그렇듯, 이 시기 왓슨이 부모에게 보낸 편지에는 거절당할 확률이 높다는 불안감이 가득했다.[50]

1950년 3월 12일, 왓슨은 명망 있는 미국국립과학원의 국가연구위원회(National Research Council)가 운영하는 2년짜리 머크장학금(Merck Fellowship)을 받기 위해 면접을 보게 되었다. 위원회에 소속된 머리가 희게 센 젠체하는 과학자 여러 명이 쓸데없이 넓은 아르데코 양식의 뉴요커호텔(Hotel New Yorker) 대연회장에 놓인 긴 테이블에 둘러앉아 있었다. 모두 남자에, 경쟁심 있고 성공하려는 의지에 불타는 지원자들이 로비에 불안하게 앉아 있었다. 지원자의 연구과제에 어떤 가치가 있는지 깐깐히 심사하기 위해 한 시간 간격으로 위원회 사람이 대연회장의 양 문을 열고 한 명씩 안으로 불러들였다. 2주 후, 왓슨이 머크장학금에 선발되었다고 알리는 위원회의 등기우편이 도착했다.[51] 자랑스러워할 "엄마, 아빠"에게 편지를 쓰면서 왓슨은 양순하게 인정했다. "결국 제가 했던 걱정이 다 별 쓸모가 없었던 것 같아요." 자금 지원과 가까운 미래가 결정되자 왓슨은 여권 신청서, 적당한 옷 마련, 여행 계획 같은 보다 평범한 일에 집중할 수 있었다.[52]

1950년 9월 11일 이른 아침, 왓슨은 스웨디시아메리칸라인(Swedish-America Line)의 가장 작은 배이자 특히 항해가 힘든 경향이 있는 동력선 스톡홀름(MS Stockholm)을 타고 거친 항해 끝에 뱃멀미하며 덴마크에 도착했다(6년 후인 1956년, 스톡홀름호는 불운한 이탈리아 여객선인 증기선 안드레아도리아(SS Andrea Doria)와 충돌했다). 미국에서 덴마크로 건너오는 동안 왓슨은 끊임없이 요동치는 배와 치밀어 오르는 구토에 맞서기 위해 멀미약인 드라마민(Dramamine) 알약을 삼켰다.[53] 도착한 첫날 왓슨은 부모에게 쓴 편지에서 코펜하겐이 "멋지다"고 적었는데 이는 프랭크 레서(Frank Loesser)의 인기곡 「멋진 코펜하겐(Wonderful Copenhagen)」이 나오기 1년 전이었다. 왓슨은 다음과 같은 관찰 내용을 적으며 편지를 마쳤다. "꽤 놀랍게도 덴마크 여자들은 제가 본 어떤 여자들보다 매력적이에요. 미국 대부분 지역과는 상당히 대조적인데, 평균적으로 보기에 얼굴이 전혀 불쾌하지 않아요."[54]

이틀 후인 9월 13일, 뱃멀미의 반동으로 쓰린 속을 부여잡고 왓슨은 헤르만 칼카르가 소장을 맡고 있던 세포생리학연구소(Institute for Cytophysiology)에 출근했다. 유대인인 칼카르는 나치가 덴마크를 침공하기 전에 유럽을 떠나 전쟁 기간 대부분을 미국 칼텍, 워싱턴대학교, 뉴욕시의 공중보건기관에서 보냈다. 전쟁이 끝난 후 당시 과학계의 유력한 세력이었던 코펜하겐대학교에 다시 합류하기 위해 덴마크로 돌아왔다.

코펜하겐대학교의 왕은 "원자의 구조와 원자에서 방출되는 복사선의 연구"로 1922년 노벨 물리학상을 받은 닐스 보어였다.[55] 칼카르와 보어의 친분은 특히 두터웠는데, 1938년에 27세의 나이로 갑자기 사망한 칼카르의 남동생 프리츠(Fritz)가 보어 밑에서 공부했기 때문이다.[56]

칼카르의 동료였고 1980년에는 노벨 화학상을 받은 폴 버그(Paul Berg)는 칼카르가 "역설적인 관찰 결과를 바탕으로 종종 참신한 설명을 찾아내는 몽상가"라고 묘사했다. 과학계에서는 "산화적 대사 과정에서 포획, 저장되는 자유 에너지의 형태로서 고에너지 결합이라는 개념을 초기에 만들어낸 사람 중 한 명"이었다. 이런 핵심적인 생화학 원리를 잘 모르겠다면 ATP(adenosine triphosphate)로 알려진 분자의 형태로 전달되는 세포 동력원을 떠올리면 도움이 될지도 모르겠다.[57] 칼카르는 명석했고, "낙천적이며 재미를 추구하는" 사람이었다. 자신의 연구실에서 누구든 아주 작은 발견이라도 해내면 아쿠아비트(aquavit)나 체리히어링리큐어(Cherry Heering liqueur)로 축배를 들었다. 영어로든 모국어인 덴마크어로든 뚝뚝 끊어지는 문장을 구사했던 칼카르의 말은 "알아듣기 어려운" 선에서 시작해 거의 항상 해독하기 불가능한 수준으로 떨어졌다.[58] 많은 동료는 칼카르가 노벨상을 받지 못한 이유가 "성격과 호기심 때문에 너무 많은 주제에 관심을 가졌고, 한두 가지 연구 주제에 집중하지 못했기 때문"이라고 생각했다.[59]

막스 델브뤼크는 칼카르가 칼텍에서 마지막 해를 보낸 1938년에 파지 유전학 연구를 소개했다.[60] 12년 후, 칼카르는 자신의 파지 연구모임을 만들 계획을 품고 왓슨과 군터 스텐트 같은 다른 델브뤼크의 제자를 자기 연구소에 채용했다. 하지만 코펜하겐에 젊은 왓슨과 스텐트가 도착할 무렵 칼카르는 마음이 바뀌어 왓슨에게 "뉴클레오타이드의 대사 과정"

에 집중할 것을 요구했다.[61] 그런 섬세한 생화학 연구를 할 손기술도 없고, 익힐 생각도 없던 왓슨은 이 연구과제가 막다른 길이라는 것을 바로 알아차렸다. 나중에 프랜시스 크릭이 왓슨의 『이중나선』에 묘사된 과장된 기록을 바로잡을 수단이 되길 바라며 작성한 회고록 『풀린 나사(The Loose Screw)』의 첫 줄에 심사숙고하여 적은 내용과 같았다. "짐은 손재주가 형편 없었다. 그의 유일한 기술은 오렌지 껍질을 까는 것이었다."[62]

박사후과정을 시작한 지 일주일째인 9월 19일, 칼카르는 스텐트와 왓슨을 주립혈청연구소(State Serum Institute)에 파견 보내, 칼텍 파지 연구실에서 공부한 또 다른 델브뤼크의 제자인 올레 말뢰(Ole Maaløe)와 협업하도록 했다.[63] 왓슨과 말뢰는 박테리오파지 DNA 연구에 방사성 추적자를 도입한 일련의 연구를 수행했다. 방사성 추적자는 대대로 바이러스를 추적하며 후손에게 전달된 방사성 DNA를 측정했다.[64]

왓슨은 코펜하겐을 싫어하게 됐고, 집으로 보내는 편지에 생활이 얼마나 지루하고 불행한지 적었다. 한 편지에서는 중고 자전거를 350크로네, 즉 50달러에 사서 두 기관 사이를 오가는 1.5마일을 자전거로 달리는 것이 유일한 기쁨이라고 적었다.[65] 이 자전거 주행은 왓슨이 받아들인 몇 되지 않은 이 동네의 관습 중 하나였다. 왓슨이 사회적으로 교류를 나눈 것은 영어를 유창하게 하는 몇몇뿐이었다. 2018년에 왓슨은 코펜하겐에 머물던 시기를 다음과 같이 회고했다. "덴마크어를 배울 생각은 하지 않았다. 스칸디나비아 문화에도 정말 관심이 없었다. 코펜하겐에 있을 때 관심이 있던 것은 DNA뿐이었다."[66]

1951년 1월 14일 왓슨은 부모에게 "비와 어둠"으로 점철된 "끔찍한" 날씨에 대해 적은 편지를 보냈다. 왓슨은 날씨가 좋아져 매일 자전거를 타고 산책을 할 수 있기를 바랐다. "연구하고 책 읽는 것 말고는 할 일이 거의 없어요. 최근 며칠 동안에는 (존) 스타인벡의 「빨간 조랑말(The Red Pony)」, 「긴 골짜기(The Long Valley)」 같은 단편을 몇 편 읽고 있어요."[67] 영화를 보러 가면서 휴식을 취하기도 했다. 어느 날 밤, 왓슨과 말뢰는 1950년 고전 누아르 영화 「선셋대로(Sunset Boulevard)」를 봤다. 왓슨은 글로리아 스완슨(Gloria Swanson)이 그려낸 기이한 무성영화 인기배우 노마 디스몬드(Norma Desmond)와 감독 빌리 와일더(Billy Wilder)의 힘있는 연출에 깊은 인상을 받았다. 특히 "캘리포니아에 있는 나를 쉽게 상상할 수 있어서" 영화에 빠져들었다.[68]

운이 좋게도 말뢰와 함께한 연구에서 "일반적인 기준으로 볼 때 꽤 괜찮은 연구 결과물을 쓸 수 있는 충분한 자료"를 얻을 수 있었고, "그 해 남은 시간에 연구를 쉬더라도 비생산적이라는 평가를 받지는 않으리라 생각했다."[69] 자신에게 생화학이 맞지 않다는 것을 확신한 왓슨은 다른 박사후과정 연구자들에게 칼카르의 종잡을 수 없는 연구 계획에 대해 불만을 토하며 몇 시간이고 낭비했고, 연구실 동료들에게는 "DNA의 구조 (규명) 전에는 어떻게 유전자가 복제되는지 알 수 없을 것"이라고 주장했다.[70]

그러나 집에 보내는 편지에서 왓슨은 칼카르가 관대한 조언자라고 적었다. 1950년 11월 초, 칼카르는 미국의 국립과학아카데미 격인 덴마크왕립학회(Royal Society of Denmark)가 주최하는 저명한 과학자 모임에 왓슨을 동반자로 데려갔다. 왕립학회는 칼스버그재단(Carlsberg Brewery Foundation)이 소유한 "아주 겉멋이 든" 건물에 있었는데 "대체로 55세 이상인 아주 위엄있는 남자들의 집단으로 … (한번) 들어가면 매주 모이는 남성 클럽 같다는 인상을 받는다." 왕립학회 회장은 닐스 보어였고 "모임에 참석할 수 있는 게스트는 아주 드물었다. 오직 그날 저녁의

자전거의 도시 코펜하겐

발표자만이 손님을 단 한 명 데려올 수 있었다. 칼카르가 본인이 발표하는 날 나를 데려갔다. 살면서 그렇게 내가 어리다는 느낌을 받아본 적이 없다. 그래도 즐거운 저녁 시간을 보냈다."[71]

모임에서 왓슨은 덴마크 과학이 부유한 칼스버그재단의 지원을 주로 받는다는 것을 알았다. 왓슨은 치기 어린 젊은이나 할법한 자만에 찬 생각을 했다. "재단을 통제하는 임원진은 왕립학회가 선출하므로 사실상 코펜하겐에서 가장 큰 산업이 과학자들의 것이다."[72] 왕립학회는 칼스버그재단의 후원을 받는 유일한 수혜자가 아니었다. 닐스 보어와 그의 가족이 이탈리아 르네상스 전성기의 팔라초에서 영감을 받은 칼스버그 저택에 살았다. 저택은 칼스버그 양조장 구내에 있었는데 왓슨이 묘사하기로 "궁궐의 축소판"이자 아름다운 예술 작품, 가구, 식물로 채워진 박물관을 결합한 곳이었다. 양조장의 소유자였던 J. C. 야콥센(J. C. Jacobsen)이 세운 저택인데 왓슨이 부모에게 이야기한 바에 따르면 1887년 사망한 야콥센의 유언에 따라 거주자가 결정됐다. "유언 때문에 덴마크에서 가장 탁월한 사람이 저택에 머물러야 하는데, 지금 사는 닐스 보어는 죽을 때까지 저택의 주인일 거예요. 이미 20년째 살고 있고요."[73]

왕립학회 모임 직후 왓슨은 자기가 다음 주에 진행할 예정인 대학교 강연에 "닐스 보어가 올 것이라는 소식을 들었다." 그 소식을 접했을 때 왓슨과 그의 부모가 가졌을 자부심을 상상해 보라. 당시에는 왓슨 가의 누구도 알지 못했지만, 원자의 구조를 이론화한 보어가 DNA의 구조를 이론화하려는 왓슨의 강연을 들으러 온 그날 오후는 중요한 역사적 사건이 되었다. 강연 후, 왓슨은 부모에게 다음과 같이 겸손하게 편지를 썼다. "무슨 말을 해야 할지 열심히 준비했어요. 내 강연이 그렇게 나빴던 것 같지 않고요. 보어가 꽤 흥미를 느낀 것 같았고 어느 정도 적극적으로 토론에 참여했어요." 왓슨은 강연 이야기만큼이나 그 주에 봤던 영화 이야기를 열정적으로 적었다. 「유령은 서쪽으로 간다(The Ghost Goes West)」는 1935년 상영된 영국 코미디 영화로 르네 클레르(RenéClair) 감독이 연출하고 로버트 도냇(Robert Donat)이 주연을 맡았다. 왓슨은 이 영화가 "가장 유쾌한 정신을 그려낸 최고의 영화"라고 여겼다.[74]

12월 초반 왓슨은 부모에게 다시 불평을 늘어놓고 있었다. 이번에는 커다란 상품이 진열된 모든 상점과 반짝이로 장식된 트리로 가득한 코펜하겐의 크리스마스가 지나치게 상업적이라고 투덜댔다.[75] 12월 21일, 모든 것이 바뀌었다. 왓슨은 흥분을 억누른 편지를 집으로 보냈다. "칼카르가 이탈리아 나폴리에 있는 생물학연구소를 4, 5, 6월에 방문할 예정이에요. 저도 같이 갈 것 같아요. 꽤 재미있을 거예요. 가서 탈 차도 한 대 살 거고요."[76]

이 짧은 편지는 단순한 여행 기회가 아니라 왓슨의 지적 인생에서 가장 중대한 여정의 시작을 알리는 것이었다.

3부

운명의 1951년

신은 내게 맑은 눈과 성급하지 않은 성격을 주었다. 신은 내게 모든 허세와 가식, 미완으로 남겨진 것을 보고 조용히, 가차 없이 분노할 힘을 주었다. 신은 관찰한 결과와 계산한 결과가 같아질 때까지, 혹은 경건한 기쁨 속에 나의 오류를 발견하고 논박해낼 때까지 잠을 자지도, 찬사를 받아들이지도 않는 꾸준한 성격을 주었다. 신은 내게 신을 믿지 않을 힘을 주었다.

– 싱클레어 루이스, 『애로우스미스(Arrosmith)』[1]

[9]

왓슨과 윌킨스의 첫 만남[1]

제임스 왓슨 박사(인디애나대학교 블루밍턴, 칼텍)와 바버라 라이트 박사(캘리포니아 퍼시픽그로브의 홉킨스해양연구소)라는 특별한 재능을 지닌 두 명의 젊고 멋진 생물학자가 있는데, 우리 회원이 되고자 합니다. 미국 국가연구위원회의 박사후 연구자로 여기 왔고요. 회원 가입이 가능하겠습니까?

– 1951년 1월 13일, 헤르만 칼카르가 나폴리동물학연구소 소장 라인하르트 도른에게 보낸 편지[2]

거절할 이유가 있을까요? 당연히 없지요! 거절하지 않을 몇 가지 이유가 있겠습니다만 하나만 꼽자면 박사님의 팀워크를 저해하는 불상사가 없길 바라기 때문입니다. 게다가 미국은 여러 세대에 걸쳐 나폴리연구소를 후하게 지원해줬기 때문에 당장 미국에 할당된 책상이 없더라도, 미국의 생물학자에게는 말 그대로 우리 작업시설을 자유롭게 이용할 수 있도록 해서 은혜를 갚아야 한다는 기분이 듭니다.

– 1951년 1월 21일, 라인하르트 도른이 칼카르에게 쓴 편지[3]

이 편지 두 장은 먼지 쌓인 나폴리기록보관소의 부식 방지 처리된 상자 속, 수백 건의 다른 편지 틈에 묻혀 있었다. 오페라로 치면 서곡이 되는 문서인데, DNA의 구조 규명을 위한 X선 결정학 이용에 관한 모리스 윌킨스의 발표를 짐 왓슨이 나폴리에서 처음 들었기 때문이다. 마법이 일어난 듯한 그 봄으로부터 30년 후, 왓슨은 과학계의 신화를 한층 빛나게 하고자 나폴리동물학연구소 소장에게 직접 편지를 보냈다.

> 다른 많은 사람처럼 저도 나폴리에, 그리고 나폴리동물학연구소에 귀중한 전통이 있다는 사실을 알고 갔습니다. 그 전통의 혜택을 제가 조금이라도 받을 수 있기를 바라면서요. 행운은 실제로 일어났지요. 저는 연구소에서 윌킨스를 만나 처음으로 DNA가 가용성일 수도 있다는 사실을 깨달았습니다. 그렇게 제 삶은 변했고, 그 변화는 연구소를 젊은 과학자들의 만남의 장으로 이용할 수 있었던 덕분입니다.[4]

하지만 이 오페라에는 싸구려 1막이 있었고, 그 속에서 왓슨은 주변 인물에 불과했다. 이 1막의 주연은 42세의 헤르만 칼카르와 24세의 바바라 라이트(Barbara Wright)라는 해양 생물학자였다.

날씬하고, 매력적이며, 혈기 왕성했던 라이트는 1927년 패서디나에서 태어났다. 아버지는 공상과학소설 작가였고 어머니는 학교 선생님이었는데 라이트가 열 살 생일을 맞이하기 전에 이혼했고, 캘리포니아 퍼시픽그로브에서 성장했다. 라이트도 왓슨처럼 테니스, 자연 탐험, 등산을 즐겼다. 두꺼운 검은 테 안경 뒤에는 머리카락 색과 어울리는 적갈색 우묵한 눈이 흐릿하게 빛났다. 라이트는 의대에 가겠다는 뜻을 품고 스탠퍼드대학교 근처에서 학부 생활을 시작했다. 1947년 생물학 우등 학사 학위를 받으며 졸업한 후, 라이트는 진로를 변경하여 팔로알토(Palo

Alto)에 머물면서 1948년에 석사 학위를, 1950년에 생화학과 미생물학 박사 학위를 땄다.[5]

왓슨과 라이트는 1949년 여름에 칼텍의 델브뤼크 연구실에서 만났다. 델브뤼크의 시선을 끌기 위해 경쟁했고 서로를 아주 싫어했다. 어느 주말에 왓슨, 군터 스텐트(Gunther Stent), 볼프하르트 바이델(Wolfhard Weidel)이라는 분자생물학자 셋이 산타카탈리나섬에 캠핑하러 가기로 했다. 왓슨은 몹시 불쾌했겠지만, 스텐트는 이 여행에 라이트를 초대했다. 가파른 카탈리나 팰리세이즈 협곡(Catalina Palisades)을 하산하는 동안 스텐트와 바이델이 길을 잃었다. 라이트와 왓슨은 섬의 유일한 마을인 아발론(Avalon)으로 간신히 돌아왔다. 정신은 없었지만 다치지 않았던 두 사람은 지역 보안관 사무실에 친구들이 실종되었다고 알리고, 그날 내내 경찰 지프차를 타고 "스텐트와 바이델을 찾아 섬의 고립된 지역"을 돌아다녔다.[6] 왓슨은 1949년 8월 15일에 벌어진 이 모험을 부모에게 보내는 편지에 적었다. "다행히 둘이 자력으로 절벽을 탈출해서 우리 도움 없이 아발론으로 돌아왔어요. 보안관이 정말 좋은 사람이었고, 온 섬을 돌아다니면서 장관을 볼 수 있었죠."[7]

수색하는 동안 라이트보다 두 살 아래의 얼빠진 왓슨은 자신의 학문적 성취나 노랑턱멧새, 캐나다 산갈가마귀를 관찰한 일을 늘어놓으며 라이트에게 인상을 남기려 했다. 라이트는 전혀 귀담아듣지 않았다. 왓슨은 부모에게 보내는 편지에 이 불의의 사고를 겪으며 독서 안경을 잃어버렸다고 적었다. 편지의 행간을 잘 살펴보면 왓슨이 한두 푼의 자존심도 같이 잃어버린 것 같은데, 이 일을 기점으로 대화 중에 바버라 라이트의 이름이 튀어나오면 악의적으로 대응하게 된 듯하다.[8]

1950년 12월 1일, 라이트가 칼카르의 연구실에서 일하기 시작했을 때 왓슨은 근무한 지 10주 정도 되었다. 어리고 활기찬 미국 미인의 등장에 덴마크인 생화학자 칼카르는 마음을 빼앗겼다. 젊은 왓슨은 인정하지 않았지만, 라이트가 연구실에 들어올 때마다 칼카르는 무관심하고 좌절한 유부남에서 파티를 즐기는 스타로 변신했다. 12월 중순, 국가연구위원회 연구장학금 프로그램 감독관인 C. J. 랩(C. J. Lapp)이 새로 도착한 라이트를 만났는지 묻는 편지를 왓슨에게 보냈다. "우리 사무실에서 확인한 정보에 따르면 라이트 박사는 유능한 과학자이자 매력적인 사람 같군요."[9] 왓슨이 랩의 편지에 어떻게 반응했을지는 상상해볼 수밖에 없지만, 델브뤼크에게는 라이트에 대한 질투심을 숨기지 못했다. "헤르만이 자기 연구보다 바버라의 연구에 관심이 있어 보이는 건 사실이에요. 바버라의 연구도, 바버라라는 사람도 아주 괜찮다고 생각하는 것 같아요." 왓슨은 칼카르가 결국 라이트의 예쁜 외모를 넘어 본질을 볼 수 있을 거라고 자신했다. "말뢰와 저도 라이트가 퍼시픽그로브 시절 작성한 논문에서 구체적인 내용은 아무것도 찾지 못했거든요." 젊은 왓슨은 칼카르와 라이트가 서로 양극에 있다고 생각했다. "칼카르는 처음에는 애매해 보이지만, 사실 굉장히 정확해요. 반대로 바버라는 굉장히 꼼꼼한 것처럼 굴지만 자세히 따져보면 다소 엉성하죠."[10]

칼카르가 아내 몰래 욕망으로 보낸 몇 주가 흘렀다. 냉정하고 점잔 떠는 음악가인 칼카르의 아내 비베케 '빕스' 마이어(Vibeke 'Vips' Meyer)는 무언가 잘못되었다고 의심하기 시작했다. 남편은 이리저리 흔들리던 눈을 그렇게 놀라면서 크게 떠서는 안 됐다. 부부는 침대를 함께 쓰지 않은 지 오래됐고, 칼카르가 결혼을 유지하는 이유는 복잡하게 얽힌 덴마크 문화계와 정계에 마이어 가문의 영향력이 크기 때문이었다. 크리스마스쯤이 되자 칼카르는 더는 라이트와의 연애를 숨기지 못했다. 한때 "알아듣기 어렵다"는 평가를 받던 그의 말투는 "결혼 생활은 끝이다, 이혼하고 싶다"고 연구실 사람들에게 말할 때는 너무나 분명했다.[11]

1월 둘째 주에 칼카르와 라이트는 "열흘간 노르웨이로" 도피했다. 노르웨이에서 돌아온 칼카르는 라이트의 아파트로 이사했다. 3월 22일, 왓슨은 마침내 코펜하겐에서 벌어진 촌극을 막스 델브뤼크에게 알렸다. "이제는 침묵을 깨도 될 것 같은 기분이 들어요 … 헤르만이 저에게 이런 말을 해서 몹시 놀랐어요. 자기는 바버라와 사랑에 빠졌고, 자신을 포함해 바버라나 빕스에게 무슨 일이 일어난 건지 모르겠다고 했어요." 이어서 왓슨이 설명하길 헤르만이 이런 고백을 하기 몇 주 전부터 "제대로 먹지도, 자지도 못해서 헤르만의 꼴이 꽤 충격적"이었으며, 칼카르는 자기가 활동 결핵에 걸렸다고 주장했지만, 왓슨이 볼 때는 아니었다. "다른 병이 의심됐어요. 이 극도로 혼란한 상황에서 칼카르는 사실상 모든 친구에게 자기감정을 얘기했죠. 저희가 알 수 없는 요인은 바버라의 반응뿐이었어요. 바버라는 매우 심란해 보였지만 아무하고도 얘기하지 않았어요."[12]

칼카르의 행동에 몹시 실망한 왓슨은 "이 사이에 헤르만의 연구실에 퍼져있던 병적인 감각은 설명하기 어렵다"고 생각했다. "칼카르의 정상적인 반응 체계가 붕괴하여 연구실 전체의 사기가 완전히 떨어졌고, 사실상 두 달 넘게 아무도 어떤 연구도 하지 못했다." 왓슨과 스텐트는 주립혈청연구소에서 시간을 보내며 이 해로운 분위기를 탈출하려 했다. 하지만 이미 스며든 얼룩을 떨쳐내기에는 너무 늦은 시점이었다. 왓슨이 델브뤼크에게 말한 바에 따르면, 칼카르의 격정적인 연애는 코펜하겐 과학계 전체의 이야깃거리가 되어 있었다.

> 이제 이 이야기가 어떻게 끝날지 예측이 안 돼요. 가끔 몹시 나쁜 할리우드 비극 영화를 보는 것 같아요. 이 염세주의는 아마 헤르만이 천천히 예전의 매력과 균형 감각을 되찾으면 옅어지겠지요. 2주 후에 칼카르는 바버라 라이트와 3개월간 나폴리(동물학 연구소)로 떠날 예정인데 다들 칼카르가 정신을 차리고 돌아오길 바라고 있어요.[13]

유럽 남쪽으로 떠나기 위한 짐을 미처 싸기도 전에 라이트는 임신 사실을 알았다. 빕스 칼카르는 이제 이혼에 응하는 것 외에 별다른 선택지가 없었다.

12월 어느 날 칼카르가 왓슨에게 내년 5월에 라이트와 함께 나폴리에 가자고 했을 때, 왓슨은 자신이 위장을 위해 초대되었다는 것을 몰랐다. 왓슨이 동물학연구소 근처의 오래된 하숙집을 혼자서 구하는 동안, 중년의 생화학자는 자신과 라이트의 숙소로 나폴리만을 내려다보는 낭만적인 저택을 예약했다는 사실을 숨겼다. 자기 밑에서 최근 박사후과정을 밟게 된 두 사람을 동시에 초대해 연구 수행을 돕게 한다는 책략을 세운 칼카르는 나폴리 출장을 완전히 합법적인 것으로 포장할 수 있었다. 시간이 지나 추문은 사라지고 DNA의 이중나선 발견이 칼카르와 라이트의 성적인 관계에서 시작되었다는 역설에 웃음이 날 뿐이다.[14]

나폴리동물학연구소는 1872년 독일의 동물학자이자 찰스 다윈과

나폴리동물학연구소

에른스트 헤켈(Ernst Haeckel)의 제자인 안톤 도른(Anton Dohrn)이 설립했다. 동시대의 동물학자들은 다윈의 진화론을 핵심적인 과학적 사실로 발전시키는 일에 몰두하고 있었다.[15] 다른 많은 해양 생물학자처럼 도른도 나폴리만의 풍부한 해양 생물과 온화한 기후에 매료되었다. 도른은 게르만족의 매력을 강하게 발휘하여 시의회를 설득했고, 왕실 정원이었던 빌라코무날레(Villa Comunale)의 가운데 노른자 지역에 자신이 제안한 동물학연구소 건립 허가를 받았다.

도른은 1층에 근사한 수족관을 두어 대중을 끌어들이고, 연구소 운영에 필요한 수입의 안정적인 원천으로 삼고자 했다. 2층부터는 도른이 고안한 "책상 시스템"으로 돌아가는 연구실이 여러 개 있었다. 정확히 말해 책상 시스템은 연구실 좌석이나 책상을 다른 연구 기관이나 대학교, 과학 조직에 빌려주는 것이다. 참여하는 각 기관이 연간 책상 사용료를 매년 개별 연구자에게 보낸다. 총액을 월별, 분기별, 반년 단위로 나눌 수도 있다. 매일 저녁 입실한 과학자들이 연구하고 싶은 다양한 해양 생물에 대한 요청사항을 작성하고, 다음 날 아침 이른 시간에 연구소 소속 선박들과 어부들이 출항해 요청받은 생물들을 포획하여 연구소로 돌아왔다.[16] 코펜하겐대학교 세포생리학연구소(The University of Copenhagen Institute for Cytophysiology)도 책상을 빌렸던 많은 기관 중 하나였다.[17]

안톤 도른의 아들인 라인하르트가 1909년 행정권을 물려받았고, 두 차례의 세계 대전으로 인한 피해를 수습하는 번거로운 일거리를 떠맡았다. 유네스코 지원금 3만 달러 덕분에 1947년부터 연구소는 매년 유럽 최고의 생물학자들과 함께 유전학과 발생학에 관한 학회를 개최하게 되었다.[18]

나폴리의 빛나는 명성과 달리 "(왓슨은) 첫 6주를 쭉 추위 속에서 보냈다." 왓슨은 해양 생물학에 전혀 흥미가 없었고, 난방이 형편없던 "19세기에 지어진 6층짜리 건물의 맨 위층에 있던 냄새 나는 방"은 물론 외풍이 드는 연구소도 간신히 견뎠다.[19] 좁고 이리저리 굽은 자갈 깔린 거리를 걸으면서 왓슨은 2차 대전 후 불결해진 나폴리의 상태에 혐오감을 느꼈다. 1951년 4월 17일, 왓슨은 부모에게 보낸 편지에 다음과 같이 적었다.

> 나폴리는 밀라노하고도 아주 달라요. 물가에 아름답게 자리하고 있지만, 베수비오산(Vesuvius)이 압도적이라 극도로 추한 도시이기도 해요. 원래도 추한데 전쟁 피해 때문에 더 추해 보여요. 도시 전체가 빈민가 같고, 사람들이 지독하게 가난해서 시카고의 흑인 구역이 오히려 쾌적해 보일 정도죠. 인구가 백만이 넘는

큰 도시이지만 몹시 더러워요.[20]

2주 뒤인 4월 30일, 왓슨은 여동생에게 나폴리에 적응했으며, "사람들이 매우 비슷해 보이고 더럽지만, 절대 도덕관념이 없다고 할 수 없는 그들만의 문명이 있다"고 마지못해 인정했다. 주말이 되면 왓슨은 카프리(Capri), 소렌토(Sorento), 폼페이(Pompeii) 등으로 여행을 떠났고, 5월 중순에 여동생이 도착했을 때는 자신감 있는 태도로 능숙하게 관광지를 안내할 수 있었다. 라이트와 칼카르가 표면적으로는 성게알의 퓨린 대사를 연구하는 사이, 연구소 기록에 왓슨의 연구 내용은 "서지 작업 중"이라고 적혀 있었다.[21]

왓슨은 여동생에게 다음과 같이 말했다. "시간 대부분을 읽고 쓰는 데 보내고 있어. 박사 논문 작업을 오랫동안 방치한 덕분에 이제 전혀 지루하지 않게 논문을 쓸 수 있지."[22] 왓슨은 4만 권 이상의 장서와 당시 영국, 이탈리아, 독일에서 출판된 모든 주요 생물학 학술지가 갖춰진 연구소 도서관을 자유롭게 드나들 수 있었다. 도서관에는 "유전학 초기 시절에 나온 논문들"을 포함해 많은 학술지가 있었고, 대부분 창간호부터 보관되어 있었다.[23] 서가 위에는 조각가 아돌프 힐데브란트(Adolf von Hildebrand)가 설계한 프리즈 장식과 벽기둥 안에 후기 인상주의 화가 한스 폰 마레스(Hans von Marées)가 "바다와 바닷가 생활의 매력"을 묘사한 연작 4색 프레스코화가 있었다.[24]

이 시기 왓슨은 미래를 걱정하고 있었다. "생명의 비밀 발견"을 두고 너무 많은 공상을 한 탓에 "탁월한 아이디어"는 전혀 떠올리지 못하고 있었다.[25] 왓슨은 1950년부터 1951년으로 넘어가는 겨울에 올레 말뢰와 함께 쓴 원고를 수정할 시간이 있었다. 막스 델브뤼크에게 검토를 받

나폴리동물학연구소 도서관

은 후, 최종적으로는 『미국과학아카데미 논문집』에 게재되도록 그의 도움을 받고자 했다. 이 연구에서 왓슨과 말뢰는 바이러스의 DNA에 나타나는 부모 파지 바이러스 입자 안에 있는 인 성분에 방사성 표지를 달고, 자손 파지에서 다시 추출했다. 두 사람은 유명한 에이버리의 실험을 복제할 새로운 방법을 고안하고자 했다. 하지만 방사성 인의 산출량이 30% 수준에 그쳐서 델브뤼크는 초고에서 "유전 물질"이라는 용어를 "바이러스 입자"로 바꿨다. 이는 1951년에는 바이러스 유전학의 세계적 권위자도 "바이러스의 유전자를 바이러스 DNA로 제한할 준비"가 되지 않았다는 것을 시사한다.[26]

왓슨의 마음을 가장 무겁게 짓누르던 문제는 현재 진행 중인 지도교수의 불륜도, 논문을 쓰는 것도 아니었다. 1951년 3월 6일, 왓슨은 지역 징병위원회로부터 입대 전 신체검사를 받아야 하므로 3주 이내에 시카고대에 보고하라는 명령이 적힌 편지를 받았다. 왓슨은 군 복무를 미루기 위해 칼카르, 루리아, 델브뤼크에게 그가 최근 통지받은 육군 징병 유예를 요청하는 지원서의 보증을 부탁했다. 미국은 당시 한국전쟁에 참전 중이었고 징병 유예는 결코 사소한 문제가 아니었다. 또한 해외에서 연구를 지속하기 위해서는 머크 장학금의 1년 연장도 신청해야 했다. 이런 문제들 사이에서 왓슨은 걱정의 바다에 잠기지 않고 간신히 버티고 있었다.[27]

왓슨이 동물학연구소에 체류하는 동안 맞이한 가장 빛나는 순간은 1951년 5월 22일부터 25일까지 열린 유네스코가 후원한 「원형질의 극미소 구조」라는 제목의 학회였다. 본래 학회는 강연자들이 준비된 원고와 스크린에 비친 텍스트를 한 글자 한 글자 읽으며 쉴 새 없이 웅얼거리기 때문에 참석자들 사이에서 경직은 아니더라도 지루함을 유발하는 것으로 악명 높다. 그러는 동안 청중은 발표를 듣는 척하면서 마치 교향악의 리듬에 맞춰 움직이는 오케스트라 현악기의 활처럼 아래위로 고개를 끄덕인다. 영감을 주는 강연자가 등장해, 재미있으면서 교훈까지 주는 발표를 펼치는 일은 드물다. 과학자 대부분은 서면으로 출판하는 것을 선호하는데, 인쇄된 자신의 이름을 보는 즐거움 때문만이 아니라 어떤 발견을 선점했다는 것을 보장할 수 있는 유일한 길이기 때문이다. 출판되지 않으면 죽음뿐인 현대 세계에서 소수의 과학자만이 강연을 통해 위대한 학자 반열에 오를 수 있다.

나폴리 학회의 기조연설은 폴링이 단백질 구조를 해석하는 데 영감을 주었던 리즈대학교의 윌리엄 애스트버리(William Astbury)였다.[28] 애스트버리가 집중했던 양모, 솜, 케라틴, 동물의 털 같은 단백질은 "길고 사슬 같은 분자"로 구성되어 있어 쉽게 늘어나고 X선 결정학을 적용하기 쉬웠다. 비록 DNA가 섬유산업에 사용될만한 천연 섬유는 아니지만, DNA 역시 애스트버리의 X선 회절 분석을 적용할 수 있을 만큼 적당히 길고 잘 늘어나는 섬유였다. 10년이 넘도록 애스트버리는 큰 수확 없이 DNA 구조 주변만을 맴돌고 있었다.[29]

1938년, 애스트버리와 그의 박사 과정 제자 플로렌스 벨(Florence Bell)은 DNA 섬유의 첫 번째 X선 사진을 발표했다. 화상이 다소 흐릿하긴 했지만 애스트버리와 벨은 DNA의 뉴클레오타이드 구조가 "동전 더미" 같다고 묘사했다.[30] 1947년 애스트버리는 논문 「핵산의 X선 연구」를 개정하면서 뉴클레오타이드 사이의 거리가 대략 3.4나노미터이고 "일종의 거대한 구조적 반복이 27옹스트롬마다 발생한다"고 정확히 추정했다. 서술적 은유만 약간 바꾸어 애스트버리는 "뉴클레오타이드끼리 바로 포개져 있어 접시가 위로 쌓인 모양이고 *분자의 긴 축을 둘러싼 나선형 배치는 아니다.*"[31](기울임 저자 추가)

왓슨은 학회에 참석하기를 몹시 바랐지만, 리즈에서 온 쾌활하고 통통하며 머리가 벗어지고 눈이 툭 튀어나온 교수를 보고 실망했다. 왓슨은 애스트버리를 마치 스카치위스키를 즐겨 마시고, 바이올린으로 모차르트의 선율을 쥐어 짜내면서, 과학을 논의하는 수단으로 질 나쁜 농담을 던지기 좋아하는 옛날 사람이라고 생각했다.[32] "단백질의 사나이"로서 애스트버리는 생명의 비밀을 푸는 방정식에서 단백질을 제외할 생각이 없었다. 「몇 가지 단백질을 둘러싼 최신 모험」이라는 제목의 강연에서 애스트버리는 단백질이 바이러스 복제를 지배한다는 "핵단백질 이론"을 상술하여 일종의 보험을 들었는데, 의외로 "핵산이 바이러스 복제 과정, 사실은 생물학적 복제의 모든 과정에 필수적이라는 타당한 결과"를 제시했다.[33] 왓슨은 애스트버리의 강연 내내 거의 졸았다고 털어놨다.[34] 67년 후인 2018년에도 왓슨은 애스트버리의 말이 "영감을 그다지 주지 않았다"며 무시했다.[35]

왓슨이 가장 만나고 싶었던 발표자는 존 랜들이었다. 킹스칼리지의 생물물리학자 랜들은 의학연구위원회의 지원으로 자기 팀에서 진행 중인 핵산의 구조에 관한 연구를 발표할 예정이었다. 애스트버리가 간발의 차로 이 자금 지원 확보에 실패한 것은 우연이 아니었다.[36] 그런데도 왓슨은 "강연에서 얻은 것이 없어서 나의 실낱같은 기대도 산산이 부서졌다"고 회고했다. 왜냐하면 "단백질과 핵산의 3차원 구조에 관한 강연은 대부분 과장"되어 있었기 때문이다. 학자들이 이 연구에 뛰어든 지 거의 20년이 되었지만 "거의 뜬구름 잡는 소리였다. 어떤 확신을 가진 아이디어가 나오더라도 단순히 누군가 쉽게 반증할 수 없을 거라는 점을 기뻐하는 미숙한 결정학자들이 내놓는 미숙한 결과물에 가까웠다." 더 나쁜 것은 헤르만 칼카르를 포함해 소수의 생화학자만이 X선 결정학자들이 말하는 특수 용어 범벅의 복잡한 내용을 알아들을 뿐이었고, 그보다 적은 수의 과학자들은 그저 미숙한 주장을 믿고 싶어 했다. 왓슨은 "헛소리를 따라가려고 복잡한 수학적 방식을 배운다는 것은 말이 안 된다"고 생각했다. "이런 이유로 나를 가르친 사람 중에 내가 박사 후 연구를 X선 결정학자들과 하게 될 가능성을 점친 사람은 아무도 없었다."[37]

랜들이 학회 직전에 참석을 취소하고 나타나지 않자 왓슨은 실망했다.[38] 랜들은 대신 당시 연구소의 부소장이던 모리스 윌킨스를 떠밀어 보냈는데, 무료 나폴리 여행의 대가로 대신 강연에 나서라는 것이었다.[39] 만약 학회 날 아침에 과연 어떤 강연자가 뛰어난 주제를 가져와 청중의 상상에 불을 지필만한지 내기가 열렸다면 모리스 윌킨스의 이름은 오르지도 않았을 것이다. 하지만 기대를 뒤엎는 일이 실제로 일어났다.

나폴리로 떠나기 전 윌킨스는 지그너의 송아지 가슴샘 DNA를 X선 결정학으로 분석할 수 있도록 가공하는 새로운 방법을 개발하고 있었다. 처음에 윌킨스는 꽉 막힌 코에서 나오는 점액질 같은 지그너의 시료 일부를 그냥 떼서 현미경의 유리 슬라이드에 올렸다. 다른 유리 슬라이드를 주걱으로 사용해 시료를 얇은 필름처럼 펼쳤다. 1962년 노벨상 수상 강연에서 윌킨스가 말한 것처럼, 유리봉을 콧물 같은 묘약이 담긴 통에 담갔다가 뺄 때마다 "얇아서 거의 보이지 않는 DNA 섬유가 거미줄처럼 딸려 나오는 것이 보였다. 온전하고 균일한 섬유는 그 분자가 규칙적으로 배열되어 있다는 뜻이었다."[40]

단순히 시료를 슬라이드에 바르는 대신 얇은 실로 자아내는 방식이 불러온 혁신은 실험 절차를 크게 발전시켰다. 윌킨스가 섬유를 늘인 후, 대학원생 제자인 레이먼드 고슬링이 "작은 거미처럼 앉아서 (처음에는 클립을 썼고, 이후 우아한 텅스텐 선을 썼다) 굽은 선 주위에 (섬유를) 감고 눌러서 양쪽 끝을 붙여 선이 여러 개인 표본을 만들었다."[41] 윌킨스와 고슬링은 조심스럽게 이 장비를 화학과 지하실에서 발견한 구형 레이맥스(Raymax) X선 카메라 앞에 두고, 배경의 흔들림을 줄이기 위해 카메라에 달린 용기를 수소로 채웠다. 몇 가지 조정이 더 필요했지만, 깔끔한 가로줄 무늬 기둥 사진이 나왔고 이는 1938년 애스트버리가 "동전 더미"라고 했던 사진보다 훨씬 선명했다.

고슬링은 학과의 냄새 나는 암실에서 사진 한 장을 현상한 일을 즐겁게 회상했다. "나는 윌킨스가 살다시피 했던 물리학과로 통하는 터널로 다시 내려갔고, 윌킨스는 거기 있었다. 그 사진을 윌킨스에게 보여주고 그의 와인(Sherry)을 꿀꺽꿀꺽 나눠 마셨을 때 느낀 흥분을 지금도 생생하게 기억한다."[42] DNA를 한 줄로 늘이는 이 가공 방식은 윌킨스가 직접 경험을 쌓을수록 개선되었고, X선 회절 하의 구조를 더욱 쉽게 알아볼 수 있게 되었으며, 아마도 DNA 구조 규명이라는 장거리 경주에서 윌킨스가 가장 크게 공헌한 부분일 것이다.

1951년 5월 22일 오전, 윌킨스가 소심한 태도로 「자외선의 2색성과 살아있는 세포의 분자 구조」에 대해 발표할 때 왓슨은 가장 뒷줄에 앉아 지루해하며 신문을 보고 있었다. 이윽고 윌킨스는 핵산을 논하기 시작했고, 윌킨스가 발표할 내용은 왓슨을 "실망시키지 않았다." 윌킨스가 어마어마하게 꼼꼼한 사진을 화면에 띄웠을 때, 화면을 올려다본 왓슨의 입은 벌어졌고, 손에 쥔 신문은 바닥으로 떨어졌다. "모리스의 건조한 영국식 말투"로는 놀라운 발견에 대한 열의가 드러나지 않았지만, 윌킨스는 분명하게 "자신의 사진이 이전의 사진들보다 더 많은 것을 보여주고 있으며, 실제로 결정질에서 나타나는 형태라고 볼 수 있다는 점을 말했다. 이제 DNA 구조가 밝혀지면 유전자가 어떻게 작용하는지 우리는 더 잘 이해하게 될 것이다."[43]

윌킨스의 극적인 자료에 사로잡힌 사람은 왓슨만이 아니었다.[44] 도른은 랜들에게 보내기 위해 즉시 야단스러운 편지를 썼다. "공동연구자 윌킨스를 학회에 보내주셔서 감사합니다. 윌킨스의 논문은 대단히 흥미로웠고, 그가 다소 느리게 말하는 편이라 영어 사용자가 아닌 청중도 발표를 따라갈 수 있어서 대성공이었어요."[45] 애스트버리도 윌킨스를 칭찬하며 "자신이 찍었던 어떤 사진보다 무늬가 훨씬 잘 나왔다"고 말했다.[46]

강연 다음 날 열린 칵테일파티에서 윌킨스는 애스트버리의 장단에 맞추어 술을 마시고 잡담을 하느라 고군분투하고 있었다. 왓슨은 멀리서 그 장면을 바라보며 만약 "유전자가 결정화할 수 있다면 … 좀 더 간단하게 풀 수 있는 규칙적인 구조를 띨 것이 틀림없다"는 생각에 사로잡혀 있었다. 진토닉 첫 잔을 다 마시기도 전에 왓슨은 불륜으로 물든 칼카르의 연구실에서 단 한 순간도 더 낭비할 수 없다는 것을 깨달았다. 코펜하겐 생활은 과학의 세계에서 목표를 잃고 사막을 헤매는 것과 같았다. 약속의 땅으로 향하는 길은 X선 결정학뿐이었고, 이는 윌킨스를 설득해 킹스칼리지 생물물리학 부서에 입성해야 열리는 길이었다. 하지만 왓슨이 이 온순한 물리학자에게 접근하기도 전에 "윌킨스가 사라졌다."[47]

학회 마지막 날이었던 1951년 5월 26일, 동물학연구소 직원들은 학회 참석자들을 위한 나들이를 준비했다. 목적지는 한때 그리스의 주요 도시였던 티레니아해(Tyrrhenian Sea) 연안의 파이스툼(Paestum)에 있는 고대 신전으로, 오늘날 캄파니아(Campania)로 더 잘 알려진 마그나 그라에키아(Magna Graecia) 지역이었다. 이 웅장한 폐허는 연간 수 톤의 모차렐라 치즈(mozzarella di bufala)를 생산하는 전원 지역인 살레르노(Salerno)에서 멀지 않다. 나폴리 방문객은 대부분 폼페이로 바로 이동한다. 매년 250만 명이 넘는 관광객이 베수비오산 기슭에 있는 한때 부지런히 움직였던 도시의 잔해를 보며 감탄한다. 베수비오산은 서기 79년 분화해 주민들을 포함해 폼페이 전체를 뒤덮었고, 운수 없는 날이 무엇인지를 보여준다. 아름다운 바다를 찾는 사람들은 카프리와 이스키아(Ischia)의 섬으로 배를 타고 갈 수 있다. 이에 비해 소수의 여행객이 도리아 양식 열주가 있는 세 개의 웅장한 신전을 보기 위해 파이스툼으로 95km 거리를 이동한다.[48]

단체로 관광버스를 탔을 때 왓슨은 윌킨스와 대화를 하려고 했다. 하지만 왓슨이 "모리스에게 질문을 퍼붓기도 전에" 버스 기사가 불쑥 모두 자리에 앉으라고 지시했다. 윌킨스는 이상한 미국인을 피해 잽싸게 움직

파이스툼에 있는 제2 헤라 신전

여, 좋은 인상을 남기고 싶은 애스트버리 교수 곁에 앉았다. 버스가 좁고 굽이치는 연안 도로를 달리는 동안 여러 나라에서 온 생물학자, 생화학자, 물리학자, 유전학자가 단체로 수다를 떨고, 웃고, 직장 얘기를 하며 시간을 보냈다. 애스트버리는 불협화음 같은 수다에 끼어든 사람 중에 목소리가 큰 축에 속했고, 야한 농담을 던지거나 자신의 오래된 순은 술통을 꺼내 독한 스카치위스키를 한 모금씩 나눠줬다.

불과 몇 줄 뒤에서 왓슨은 풀 먹인 분홍색 드레스를 적절히 차려입은 젊고 예쁜 여자 옆에 조용히 앉아 있었다. 여자는 흰색 장갑을 낀 손으로 흰색 가죽 가방을 쥐고 있었고, 끝이 말려 올라간 긴 금발 머리 위에 얄팍한 분홍색 필박스 모자를 쓰고 있었다. 여자는 왓슨의 여동생 엘리자베스로, 왓슨이 가장 아끼고 존중하는 여자였다. 엘리자베스는 왓슨과 유럽 여행을 하기 위해 며칠 전 이탈리아에 도착했고, 여행 후에는 옥스퍼드나 케임브리지에 입학할 예정이었다.[49] 전혀 흥미가 일지 않는 파이스툼으로 가는 내내 왓슨은 어떻게 윌킨스에게 접근해서 그의 연구실에 들어갈 수 있을지, 가장 좋은 방법을 찾아 머리를 굴렸다.

파이스툼에 도착하자마자 과학자들의 무리는 일행 중 한 사람이 극찬했던 "경이로운 소풍"을 즐기기 위해 광대한 고고학 유적지 사이로 흩어졌다.[50] 왓슨은 가장 잘 보존된 제2 헤라 신전의 기초를 이루는 사각형의 낮은 돌 하나에 엉덩이를 붙였다. 신전에 깃든 고대 신들 덕분인지 번뜩이는 묘안이 떠올랐다. 윌킨스가 엘리자베스에게 매력을 느끼는 것 같았고, "곧 두 사람은 함께 점심을 먹고 있었다." 이 둘을 짝지을 생각을 하자 왓슨은 끝도 없이 기분이 좋아졌다. 오랜 시간 왓슨은 "엘리자베스에게 멍청이들만 연달아 구애하는 상황을 뚱하게 지켜봤기 때문이다." 왓슨은 엘리자베스가 "얼간이"가 아닌 멀쩡한 사람과 결혼하길 바라는 마음으로 들떴다. 윌킨스가 자기 여동생과 사랑에 빠지고, 좋은 처남과 매제 사이가 되어 자신에게 킹스칼리지에서 DNA X선 공동 연구자 자리를 제안하는 미래가 그려졌다.[51]

왓슨의 기억에 따르면 윌킨스는 엘리자베스와의 짧은 만남 후 자리를 피했는데, 왓슨은 이 행동을 "예절 바른 윌킨스가 나와 내 누이동생 간에 긴밀히 나눌 대화가 있을 것이라 생각한 것"이라고 오해했다. 불행히도 나폴리로 돌아온 후 DNA에 관한 대화는 더 이어지지 않았다. 윌킨스는 왓슨 방향으로 고개를 한 번 숙인 후 갈 길을 갔다. 여동생을 팔아보려던 왓슨의 소심한 실험은 처참하게 실패했다. "내 누이의 미모도 DNA에 대한 나의 열정도 윌킨스를 유혹하지 못했다. 그와 함께 런던에서 일하고 싶다는 염원은 물거품이 되고 말았다. 우울한 기분으로 코펜하겐으로 가는 내내 나는 이제 더 이상 생화학 따위에 기웃거리지 않겠다고 마음속으로 다짐했다."[52]

회고록은 역사적 사건을 기록하기 위한 근거로 삼기에는 교활하고 믿기 어려운 자료이다. 따라서 윌킨스가 2003년에 회고한 파이스툼 나들이의 기억은 왓슨이 풀어낸 유명한 이야기와 일치하지 않는 부분이 상당하다. 왓슨을 처음 만났을 때 윌킨스는 단조로운 미국 중서부 억양으로 "유전자와 바이러스"에 대해 줄줄 흘러나오는 말을 거의 알아듣지 못했다. "내가 박테리오파지에 대해 아는 것이 많지 않아서 왓슨의 얘기를 잘 이해할 수 없었다."

윌킨스는 왓슨이 학회 참석자 중에는 흥미로운 사람이었다고 기억했지만, 엘리자베스에게 추파를 던진 적은 없다고 부정했다. "왓슨의 동생이 왓슨과 함께 있었지만 잘 기억이 나지 않는다. 어쨌든 나는 주변의 (파이스툼의) 아름다움에 다소 취해 있었다."[53] 하지만 윌킨스는 런던으로 돌아가자마자 레이먼드 고슬링에게 그 미국인을 부서에 합류시킬 가능성은 없다고 말했다. 나중에 고슬링은 이렇게 말했다. "윌킨스는 왓슨에게 겁을 먹었어요. 온 힘으로 밀어붙이는 짐은 꽤 무섭거든요."[54] 이 파이스툼 나들이에 대한 다른 이야기 속에서 윌킨스는 왓슨을 "멀대 같은 젊은 미국인"이라고 칭하면서, 고슬링에게 왓슨이 킹스칼리지에 나타나면 윌킨스는 "이 나라를 떴다"고 말하라고 시켰다.[55]

어쨌거나 왓슨의 새로운 연구 방향은 명확했다. 생물물리학자와 X선 결정학자가 연구에 꼭 필요했다. 나폴리에서 왓슨은 생물물리학자와 X선 결정학자의 방법론을 DNA 구조에 적용하는 것이 자신뿐만 아니라 분자생물학의 미래가 되리라는 사실을 기민하게 알아차렸다. 킹스칼리지 연구팀으로 이직하기가 힘들어지자 왓슨에게는 두 가지 선택지만이 남았다. 첫 번째는 칼카르 밑에서 펠로우십을 마치고 미국으로 돌아가 칼텍에서 라이너스 폴링의 가르침을 받아 유능한 X선 결정학자가 되는 것이었다. 상상력이 풍부한 왓슨은 "라이너스가 수학 지식이 부족한 나 같은 생물학자를 가르치는 데 시간을 낭비하기에는 너무 위대한 학자"라는 생각이 들어 이 길은 빠르게 포기했다.[56] 두 번째 선택지는 더 위험한 길이었는데 스칸디나비아 지역에 체류해야 한다는 펠로우십 약관을 어기고, 케임브리지의 캐번디시연구소 생물물리학 부서로 몰래 돌아가는 것이었다. 선택지를 두고 셈을 해본 짐 왓슨은 케임브리지를 선택했다.

[10]

케임브리지로 가려는 왓슨의 여러 시도들

8월에는 위원회에 편지를 쓰겠다고 자네에게 약속했었는데, 쓰지 못했네. 그러니 전적으로 내 탓일세. 그렇다고 위원회에 그 일을 적은 어처구니없는 편지를 보내다니, 자네는 빌어먹을 놈이야.

– 1951년 10월 20일에 살바도르 루리아가 제임스 왓슨에게 보낸 편지[1]

1951년 7월, 앤아버(Ann Arbor)에 있는 미시간대학교에서 대학원생을 위한 국제 생물물리학 강좌가 열렸다. 2차 세계대전 전까지 10년간 매년 여름에 미시간대 물리학과는 닐스 보어, 엔리코 페르미(Enrico Fermi), 로버트 오펜하이머(J. Robert Oppenheimer) 같은 권위자들이 강의하는 이론 물리학 여름 프로그램을 개최했다. 이 여름 강의의 초대장은 대서양 양쪽의 물리학자들이 모두 탐내는 물건이었다. 서면으로 옮기면 기나긴 목록이 되는 중요한 발견과 여러 저작물의 싹이 "천재들의 남다른 기운"이 공기 중에 떠도는 이 모임에서 움텄다.[2]

1951년의 생물물리학 강의는 케임브리지를 거쳐 1949년부터 1956년까지 앤아버에서 교수로 재직한 고든 서덜랜드(Gordon Sutherland)가 계획했다.[3] 서덜랜드는 인디애나대의 살바도르 루리아, 칼텍의 막스 델브뤼크, 캐번디시연구소의 존 켄드루를 포함해 여덟 명의 뛰어난 생물물리학자를 모아 강의를 맡겼다. 서덜랜드의 목표는 "물리학자와 생물학자를 한자리에 모아 물리학자는 물리학의 방법론을 적용해야 하는 생물학 문

미시간대학교, 1950년

제를 검토하고, 생물학자는 생물학 연구에 활용할 수 있는 새로운 물리학적 도구나 기술을 배우는 것"이었다.[4]

많은 다른 미국의 캠퍼스들처럼 앤아버 미시간대학교는 2차 세계대전 이후 새로운 건물, 연구소, 강의실이 건축되는 등 급격하게 성장했다. 미국 학계는 연방정부의 연구 지원금, 방위 계약, GI 법안으로 알려진 1944년 제대군인원호법의 혜택을 받는 학생들의 학비가 끝없이 흘러들어오는 돈의 바다에 빠져 있었다. 미시간대학교는 싱클레어 루이스가 묘사했던 것처럼 "마일 단위로 재야 할 정도로 건물들"이 서 있었고 "만약 생산품이 조금이라도 맞지 않으면, 완벽하게 상호교환 가능한 부품으로 아름답게 표준화하는 포드자동차회사" 같았다.[5]

그해 여름 날씨는 매년 달력 구석에 도사리고 있는 가혹한 겨울을 잊어버릴 만큼 햇살이 좋고 더웠다. 여름에는 상대적으로 적은 수의 학생이 앤아버에 남았고, 학생들은 40에이커 넓이의 중앙 캠퍼스를 비스듬히 십자로 교차하는 "다이액(Diag, 대각선을 뜻하는 diagonal의 첫 네 글자)"이라고 불리는 오솔길을 느긋하게 가로질러 전면이 웅장한 기둥으로 장식된 붉은 벽돌과 석회석으로 지은 건물로 들어갔다. 수업 쉬는 시간에 학생들은 참나무와 느릅나무로 그늘이 진 다이액의 푸르른 잔디밭에 앉아 있었다. 이 나무들은 오솔길 양옆으로 평행하게 줄을 이루고 있어서 마치 미시간 군악대를 나무로 옮겨놓은 것 같았다. 교수들은 앤아버에 남아 특정 과목에서 1년 전에 학점을 따지 못했던 학부생들을 가르치거나 생물물리학 프로그램처럼 업계 동료들을 위한 특강을 진행했다. 여름마다 돌아오는 고요한 분위기를 가르며 아침 9시 15분부터 밤 9시까지 15분마다 종탑(Burton Bell Tower) 깊은 곳에서부터 웨스트민스터 벨 소리가 울려 퍼졌다. 종탑은 약 65m 높이에 겉면을 석회석으로 바른 아르데코 양식 건물로 다이액을 내려다보는 초소였다. 대체로 오후가 되면 53개 종으로 이뤄진 세계에서 네 번째로 무거운 카리용(carillon, 종으로 구성된 악기)이 뎅그렁거리며 선율을 연주했다.[6]

그해 여름, 짐 왓슨과 여동생은 미시간 남동부에서 멀리 떨어진 곳에 있었다. 두 사람은 나폴리에서 출발해 이탈리아 북부, 파리, 스위스 등을 빙 돌면서 코펜하겐으로 향하고 있었다. 매일 밤 왓슨 남매는 즐거운 독서 시간을 가졌다. 왓슨은 하버드 출신 철학자 조지 산타야나(George Santayana)가 "소설 형식으로 쓴 비망록"인 1936년의 베스트셀러 『마지

막 청교도(The Last Puritan)』를 읽었다. 『마지막 청교도』는 청교도주의와 상류층의 특성이 20세기 미국 문화와 완전히 배치되는 보스턴에 사는 오래된 가문의 자손에 관한 이야기이다. 왓슨은 자신을 주인공과 동일시하면서 지금은 부모에게조차 거의 잊힌 주인공의 조상과 소년기를 묘사한 "특히 앞부분이 매우 훌륭하다"고 썼다.[7]

왓슨은 업무차 1949년과 1950년 막스 델브뤼크가 주최한 콜드스프링하버 파지그룹 여름 과정에서 만났던 스위스 출신 파지 생물학자 장 바이겔(Jean Weigel)과 며칠간 제네바로 출장을 다녀왔다. 칼텍에서 겨울 학기를 보내고 최근에 스위스로 돌아온 바이겔은 왓슨에게 폴링이 단백질의 구조를 막 풀어냈다고 알렸다. 만약 폴링이 옳다면, 그는 "생물학적으로 중요한 고분자"의 배열을 처음으로 밝혀낸 과학자가 되는 것이었다. 왓슨은 바이겔이 얘기하는 폴링의 최신 업적을 들으며 그 위대한 발표가 이루어진 곳에 자기가 있었던 것처럼 상상의 나래를 펼쳤다. "자신이 고안한 아이디어 모형을 커튼으로 가렸다가, 강의가 끝날 무렵에야 학생들에게 자신 있게 보여주었다. 커튼을 걷은 후 라이너스는 두 눈을 반짝거리며 자신의 알파 나선 모형이 얼마나 독자적인 아름다움을 지녔는지 그 특징을 설명해나갔다." X선 결정학에 조예가 깊지 않은 바이겔은 왓슨이 퍼붓는 질문 세례에 답할 수 없었다. 바이겔은 몇몇 동료가 "알파 나선이 아주 예쁘다고 생각했다"고 하면서도 다들 정확하게 확인하기 위해 『미국국립과학원회보』에 실릴 폴링의 논문을 기다리고 있다고 했다.[8]

즉각적으로 전 세계와 소통을 할 수 있는 우리 세대에서는 반세기 또는 그보다 전에 얼마나 정보가 느리게 퍼졌는지 체감하기 어렵다. 1950년대 초반 원자력 시대까지도 『미국국립과학원회보』 같은 과학 학술지의 최신 호가 미국 우정공사의 트럭, 기차, 비행기에 실려 미 전역의 도서관과 독자의 손에 들어가려면 식자, 교정쇄, 인쇄, 표지 작업 등의 번거로운 과정을 거쳐야 했다. 몇 개의 최신 호 묶음은 증기선에 실려 바다를 건너 6주나 지나서야 유럽 구독자들에게 전해졌다. 따라서 왓슨이 1951년 7월 코펜하겐대학교로 돌아왔을 때 사서로서는 『미국국립과학원회보』 4월호를 책꽂이에 진열해두는 것이 최선이었다. 왓슨은 말 그대로 사서의 손에서 4월호를 빼앗아 여러 번 탐독했다. 불과 몇 주 후, 왓슨은 "폴링의 논문 일곱 건이 추가로" 게재된 5월호도 잡아먹을 것처럼 읽었다. 나중에 왓슨은 다음과 같이 회고했다. "적힌 말을 대부분 이해할 수 없어서 폴링의 주장에 대한 대략적인 인상밖에 받지 못했다. 논리가 통하는지를 판단할 도리가 없었다. 유일하게 내가 확신한 부분은 글이 우아하게 쓰였다는 것이었다."[9] 내용을 다 이해하지 못했는데도 폴링의 최신 발견은 왓슨을 근심의 회오리에 빠트렸다. 만약 왓슨 자신에게 문제를 풀 기회가 오기도 전에 폴링이 이 "수사적인 수법"을 DNA에 적용한다면?[10]

7월 말에 칼카르의 연구실 인원 대부분이 여름휴가를 마치고 돌아왔고, 덕분에 왓슨의 외로움도 누그러졌다. 왓슨은 코펜하겐의 습하고 추운 날씨가 자신의 정신 건강에 미치는 영향, 생화학에 느끼는 거부감, 나폴리에서 X선 결정학의 매력에 빠져 마음을 바꾸게 된 일 등을 포함해 다양한 핑계를 대며 동료들에게 코펜하겐을 떠나 케임브리지로 돌아가기로 했다고 얘기했다. 7월 12일에 부모에게 보내는 편지에서 왓슨은 가을에 케임브리지로 옮기고자 하는 자신의 욕망을 다듬어서 적었다. "코펜하겐 과학계의 가능성에 제가 크게 기운을 뺏긴 것 같아요. 저한테는 유럽 최고의 대학이 케임브리지인 것 같으니 9월 말이나 10월 초에는 돌아가려고요."[11] 이틀 후 7월 14일에 왓슨은 여동생에게 이 모든 훌륭한 핑계를 뒷받침할 또 다른 근거를 댔다. 바로 헤르만 칼카르에 대한 깊은 혐오감이었다. 젊은 사람 중에는 연애와 관련된 꺼림직한 일이나 기행을 보면 격분하여 비판하는 사람이 있는데, 왓슨이 바로 그 꼴이었다. 왓슨은 그의 성전이나 다름없는 연구실을 더럽힌 사람과 나란히 일한다는 것은 물론 불륜 자체를 참을 수도 없었다. 눈에 띄게 배가 부른 바버라 라이트와 칼카르가 손을 잡은 것을 보는 것만으로 왓슨은 "밑바닥부터 우울해졌다."[12]

왓슨이 받은 머크 국가위원회 장학금은 1951년 9월에 종료되었다. 장학금 약관에 따르면 왓슨은 한 해 더 지원을 요청할 수 있었다. 이미 왓슨은 스톡홀름에 있는 카롤린스카연구소(Karolinska Institutet)에서 카스페르손(Torbjörn Caspersson)이라는, 생화학 분야에서 핵산과 단백질 합성을 전공한 세포 생물학자이자 유전학자와 일하기로 조율되어 있었다.[13] 하지만 나폴리에서 깨달음을 얻은 후 왓슨은 스웨덴으로 가는 것이 시간 낭비라고 생각했다. 중간에 전공을 바꾸기 위해서는 재빨리 제안서를 써서 장학이사회의 허가를 받아야 했다.[14] 이 시점에 이 이야기에서 너무나도 중요한, 행운과도 같은 우연의 여신이 다시 한번 개입한다.

왓슨이 알지 못했던 저 먼 곳, 미시간대학교의 생물물리학 여름 과정에서는 존 켄드루와 살바도르 루리아가 케임브리지로 옮기려는 왓슨의 희망을 작전계획으로 탈바꿈시키고 있었다. 습도가 높았던 7월의 어느 날 저녁, 이 두 명의 과학자는 강의실을 떠나 비공식적인 사교 모임으로 술을 마셨다. 사반세기가 지난 후, 켄드루는 왓슨이 없었던 이 모임이 어떻게 그의 인생 경로를 바꾸게 되었는지 회고했다. "맥주를 한잔 두고 (나는) 루리아에게 '우리 분야가 확장되고 있다, 똑똑한 학생을 찾아야 하는데 누구 아는 사람 없냐' 고 물었고 루리아는 '왓슨이라는 친구가 있는데 지금 코펜하겐에 있고 지도교수가 아내를 갈아치워 불행해하고 있지'라고 말했다."[15]

존 켄드루, 1962년

왓슨이 공부하던 시절에 연구장학금을 받는 지역을 바꾼다는 것은 연구제안서의 본질을 바꾸는 것만큼 엄격하게 금지되어 있거나, 금지까지는 아니더라도 아주 비정상적인 일이었다. 장학이사회 대부분이 이런 이동을 미성숙함, 자신의 연구에 대한 진지함 부족, 지원자의 실력 부족의 증거라고 판단했기 때문에 이런 요청은 소수의 예외를 제외하면 거부당했다. 교수의 학생 관리가 경직된 상명하복 체계에서 이루어지던 시절이라 "그냥 안 되는 일이었다"고 2018년의 왓슨은 회고했다.[16]

8월에 집으로 보낸 편지에서 왓슨은 케임브리지로의 이동이 기정사실인 것처럼 적었다. 8월 21일, 왓슨은 부모에게 코펜하겐에서의 실험 작업을 마무리 짓고 있다고 했다. "연구실에 제 자리가 있는 것이 확실하니 다음 학기에는 꼭 케임브리지로 가야겠어요. 10월 중순에는 코펜하겐을 영원히 떠날 수 있을 거예요."[17] 고작 일주일 후인 8월 27일, 왓슨은 영국으로 가기 전에 9월 초에 코펜하겐에서 열리는 제2차 국제소아마비학회(the Second International Poliomyelitis Conference)에 반드시 참석하고 싶다고 적었다.[18] 같은 편지에서 왓슨은 부모에게 막스 델브뤼크의 조언에 따라 계획 중인 생물물리학 연구 자금 마련을 위해 국립소아마비재단(National Foundation for Infantile Paralysis) 장학금을 신청했다고 적고, 시카고대와 인디애나대에서 자기 성적증명서를 떼다가 뉴욕시에 있는 국립소아마비재단 사무실에 보내달라고 부탁했다.[19]

소아마비 학회의 첫날, 학회의 명예회장인 닐스 보어와 프랭클린 D. 루스벨트의 전 법률 자문이자 국립소아마비재단 회장인 바질 오코너(Basil O'Connor)의 소개 연설 직후에 막스 델브뤼크가 바이러스 증식과 변이에 대한 전체 강연을 했다. 각 세션 사이에 왓슨은 세계 최고 수준의 많은 바이러스 학자들과 교류했다. 왓슨이 만난 학자는 록펠러연구소에서 영향력이 큰 토머스 리버스(Thomas Rivers), 효소의 유전적 조절 작용과 바이러스 합성에 관한 연구로 1965년 노벨 생리의학상을 받은 파리 파스퇴르연구소(Institut Pasteur)의 앙드레 르보프(Andre Lwoff), 프레더릭 로빈스(Frederick Robbins), 토머스 웰러(Thomas Weller)와 함께 다양한 세포에서 소아마비 바이러스를 배양하는 방법을 개발하여 1954년 노벨 생리의학상을 받은 하버드 의대의 존 엔더스(John Enders), 백신 사상 가장 규모가 큰 현장 실험을 거쳐 1955년 소크백신(Salk vaccine)은 "안전하고, 효과적이며, 강력하다"고 발표한 미시간대학교의 토머스 프랜시스 주니어(Thomas Francis, Jr.) 등이 있었다.[20] 왓슨은 다음과 같이 회고했다. "대표단이 도착한 순간부터 국제적인 장벽을 허물기 위해 미국 달러로 마련한 무료 샴페인이 여유 있게 제공되었다. 일주일간 매일 밤 환영 연회와 만찬이 있었고, 자정 무렵에는 물가 근처 술집에서 모임이 벌어졌다. 머릿속으로 부패한 유럽 귀족을 연상하게 되는 상류 사회 생활 방식을 처음 경험하게 되었다."[21]

이 학회에서 인맥을 쌓은 것은 왓슨만이 아니었다. 바질 오코너와 조너스 소크(Jonas Salk)도 여기서 처음 만나 유익한 관계를 맺게 되었다. 미국으로 돌아가는 증기선에서 오코너와 소크는 선장이 주최하는 만찬 테이블에서, 또 일등석 갑판에서 느긋하게 쉬는 동안 백신 접종 방식을 토론하며 상당히 가까워졌다.[22] 배가 뉴욕에 도착한 지 얼마 지나지 않아 소크는 국립소아마비재단의 막대한 지원을 받게 되었다.

학회 이후 왓슨은 "무척 들뜬 채 영국으로 떠나" 막스 페루츠(Max Perutz)를 만났고, 9월 15일에는 확신에 차 부모에게 장문의 편지를 썼다.

> 제가 케임브리지로 옮겨야겠다고 결심한 것은 분자의 복잡한 구조를 규명할 방법을 연구하는 몇몇 뛰어난 물리학자들 때문이에요. 미래에 이 연구는 바이러스 연구에 대한 우리 생각을 크게 바꿀 거예요. 그래서 저는 유럽에 있는 동안 이들의 기술을 배우는 게 좋겠다고 생각했어요 … 저는 물리학계에서 중요한 여러 발견을 해낸 유명한 연구소인 캐번디시연구소에서 일하려고 해요. 제 연구는 반은 생물학, 반은 물리학의 영역인데 실제로는 대체로 물리학일 것 같고 상당한 수준의 수학도 필요할 거예요. 사실 수업을 다시 들어야 해서, 지금 4년 전에 블루밍턴에 갈 때랑 비슷한 기분이 들어요 … 읽고 공부하는 것만으로 방대한 양의 지식을 빠르게 습득할 수 있다니 어떻게 보면 아주 즐거운 일이죠 … 공부를 다시 시작하려니 아주 행복해요.[23]

왓슨은 케임브리지로 이동할 계획을 국가연구위원회의 C. J 랩에게 알리지 않은 채 10월 초까지 버텼다. 왓슨은 생화학적인 방법만으로는 핵산이 유전 과정에서 어떤 역할을 하는지 정확하게 밝힐 수 없다고 주장하면서 랩에게 다음과 같은 편지를 보냈다. "다가오는 학기에 페루츠 박사의 연구실에서 일할 수 있다면 생물학자로서 저의 미래가 아주 넓게 펼쳐질 거로 생각합니다."[24] 왓슨은 중요한 사실 한 가지는 빼놓고 편지를 썼다. 바로 그가 캐번디시연구소에 있는 페루츠의 사무실에서 얼마 떨어지지 않은 곳에 앉아 이 편지를 적었다는 사실이다.

왓슨은 장거리 전화로 헤르만 칼카르에게 지원을 요청했다. 칼카르는 왓슨이 케임브리지에 도착해 업무를 시작한 날인 1951년 10월 5일에 국가연구위원회에 왓슨을 칭찬하는 편지를 보냈다. 편지에서 칼카르는 왓슨이 케임브리지로 이동하도록 자신이 권했으며 막스 페루츠와 연구하고자 하는 왓슨의 요청은 "전적인 지원을 받을 만하다"고 적었다.[25] 11일 뒤인 10월 16일, 왓슨은 국가연구위원회 머크 장학이사회의 새로운 의장이 자신의 이동 신청을 거부했다고 여동생에게 적어 보냈다. 새로운 의장은 시카고대 시절의 폴 와이즈 교수로, 몇 년 전 강의 시간에 무성의한 태도를 보였던 왓슨에게 아직도 화가 나 있었으며, 옛 학생에게 복수할 완벽한 기회를 잡은 셈이었다. "내가 왜 코펜하겐을 떠나려 하는지 이해를 못 하니 케임브리지로 옮기겠다는 내 뜻을 받아들이지 못하는 거야. 이 일은 루(루리아)에게 맡기기로 했어. 루리아도 내가 페루츠 밑에서 연구하길 바라고 있으니까 나를 위해 싸워줄 거야. 어떻게 될지 걱정하지 않으려고 해."[26]

하지만 실제로는 크게 걱정해야 할 문제가 되었다. 와이즈와 랩 모두 왓슨이라는 건방진 친구의 변덕스러운 행동을 곱게 보지 않았고, 장학이사회는 왓슨의 요청을 거부할 권리가 있었다. 사태를 진정시키기 위해 살바도르 루리아가 10월 20일에 편지를 보내 왓슨의 이동은 전적으로 자기 책임이고, 자신이 이동을 추진하면서 워싱턴의 관료들에게 보고하는 것을 잊어버려 일을 망쳤다고 사과했다. 루리아는 왓슨을 그저 "소년"이라고 표현하면서 자신과 델브뤼크는 "바이러스의 재생산과 생물학적 고분자에 관한 연구를 이전에 탐구한 적 없는 새로운 방향에서 발전시키고자 큰 희망을 품었다"고 적었다. 이어지는 편지는 왓슨이 전년도에 수행한 바이러스학 연구가 케임브리지에서 얼마나 발전될 수 있는지에 관한 "선의의 거짓말"로 가득했다. 루리아는 왓슨이 캐번디시보다는 몰테노기생충학연구소(Molteno Institute for Research in Parasitology)의 바이러스 핵단백질과 무황색모자이크바이러스 전문가 로이 마컴 박사 밑에서 주로 연구하게 될 것이라는 명백한 거짓말을 했다.[27] 즉, 왓슨을 이동시키는 계획이 "어떤 학문적 표류와는 전혀 다르며, 생물학 분야에서 왓슨을 유용하게 활용하기 위한 일종의 준비를 시키기 위해 적지 않게 탐색"한 것이라고 주장했다.[28] 기만의 그물을 넓히기 위해 루리아는 마컴에게 접촉해 속임수에 동참해줄 것을 설득했는데, 마컴은 이를 두고 "적절한 행동이 무엇인지 전혀 모르는 미국인의 완벽한 표본이었다"면서 "어쨌든 나도 이 허튼수작에 동참하겠다고 약속했다."[29] 왓슨은 다음과 같이 회고했다. "마컴이 위원회에 고자질하지 않을 거라고 확신하면서 나는 페루츠와 마컴에게 동시에 배운다면 얼마나 이득이 될지 겸손하게 장문의 편지를 워싱턴에 보냈다."[30]

속임수가 제대로 굴러가는 것처럼 보였다. 와이즈는 왓슨에게 10월 22일 자로 편지를 보내면서 캐번디시에서 분자생물학을 배우겠다는 왓슨의 계획이 "여태까지 연구했던 주제와 밀접하게 연관된 몰테노연구소에서 수행할 바이러스 핵산에 관한 연구와 그저 우연히 겹친 것"이라고 이제 이해했다고 적었다. 같은 편지에서 와이즈는 언제 코펜하겐을 떠날 예정인지를 포함해 더 자세한 제안서를 달라고 요청했다.[31] 하지만 짐 왓슨은 이미 덴마크를 떠난 상태였고, 코펜하겐에 도착한 와이즈의 편지는 다시 영국으로 돌아와야 했다. 왓슨은 루리아의 계획이 잘 굴러갔다고 생각하며 일단 안정을 찾았지만, 11월 13일 와이즈로부터 친절도 관대함도 없이 반전만 있는 편지를 받았다. 왓슨에 따르면 와이즈는 "속임수에 놀아나지 않았다."[32]

이 난전 속에 단 한 줄기 빛이 있었다. 10월 29일, 왓슨이 의기양양한 표정으로 소아마비연구의 거물들을 만난 지 단 8주 만에 국립소아마비재단에서 1952~53년 학기에 왓슨에게 장학금을 지급하겠다고 알려왔다.[33] 이로 인해 1955년쯤 국립소아마비재단은 성공적인 소아마비 백신은 물론 DNA의 이중나선 규명에 핵심이 된 연구를 지원했다는 주장을 당당하게 할 수 있었다.

좋은 소식은 그렇다 치더라도 국가연구위원회와는 여전히 풀어야 할 문제가 있었다. 루리아의 조언과 막스 페루츠의 허락을 받은 왓슨은 11월 13일에 그로서는 드물게 겸손함이 드러난 장문의 편지를 와이즈에게 보냈다. 왓슨은 자신의 케임브리지 이동을 둘러싼 정황을 사과하면서도 이동하고자 한 이유는 과학적으로 정당하고도 순수한 것이라고 주장했다. 왓슨은 와이즈에게 순전히 몰테노연구소와 캐번디시연구소라는 강력한 조합에 끌렸을 뿐이라고 말했다. 또 몰테노연구소와 캐번디시연구소에서 바이러스 핵산의 대사보다는 구조를 규명하기 위해 협업할 수 있을 것으로 기대하며, 바이러스 핵산의 구조를 규명하면 "복제의 메커니즘에 더 직접 다가갈 수 있을지도 모른다"고 말했다.[34]

일주일 후인 11월 21일, 왓슨은 그제야 그의 케임브리지 이동을 둘러싼 부정을 완전하게 파악한 C. J. 뱁으로부터 한층 가혹한 편지를 받았다. 이동의 책임을 지고 싶지 않았던 왓슨은 "어마어마한 충격을 받았다"는 랩의 편지에 계획대로 루리아를 탓했다. "제가 주도해서 여기 온 것이 아니라 루리아 박사님의 조언을 따른 것이며, 케임브리지 연구소에서 저에게 자리를 제안하자마자 지원한 것입니다. 하지만 지금 생각하니 경위를 더 자세히 설명해드렸어야 하는지도 모르겠군요." 왓슨은 코펜하겐에서 칼카르 박사의 "가정 내 어려움" 때문에 "기대했던 격려와 조언을 받지 못하여" 자신의 연구에 방해가 되었다고 덧붙였다.[35]

왓슨이 국립소아마비재단에서 3천 달러의 지원금을 받기는 했지만, 이는 케임브리지가 아니라 이듬해 칼텍에서 할 델브뤼크와의 연구를 지원하는 자금이었다. 국립소아마비재단의 지원금이 아주 훌륭한 안전망이긴 했지만, 왓슨은 11월 28일 부모에게 보내는 편지에서 적었듯이 여전히 캐번디시에서 연구하고 싶었다. "6개월에서 1년 정도 (국립소아마비재단 지원금의) 수령을 연기하는 개인적인 보류 조건을 걸고 받을 거예요. 제 계획이 의도치 않게 애매한 상태라서요."[36] 같은 날 왓슨은 머크 장학이사회가 그 해 자신의 연구를 지원하기로 마음을 돌릴 가능성에 대해 비관하는 편지를 여동생에게 보냈다.[37] 일주일 후인 12월 9일, 짐은 막스 델브뤼크에게 자신의 암울한 처지를 알렸다. "제 케임브리지 이동에 관해 아직도 논란이 뜨거워요. 머크 장학이사회(폴 와이즈)는 머리끝까지 화가 났고 아마 앞으로 제가 내는 모든 논문에는 '한때 국가연구위원회 장학생이었음'이라는 꼬리표가 붙을지도 몰라요." 이어서 왓슨은 자신이 아직 "공식적으로 해고"되지는 않았으며, 국가연구위원회에서 받는 급료의 1/3 정도를 캐번디시에서 받게 될 가능성도 있다고 적었다. 왓슨은 다음과 같이 자신 있게 편지를 맺었다. "하지만 급하게 케임브리지로 이동한 것은 절대 후회하지 않아요. 헤르만의 연구실은 우울 그 자체였으니까요."[38]

1952년 1월 8일, 스코틀랜드에 있는 동료의 호화로운 사유지에서 겨울 휴가를 보내고 돌아온 왓슨은 다음과 같이 부모에게 근황을 알렸다. "저보다 부모님이 더 걱정하고 계실 것 같네요 … 저는 세상에서 가장 불쾌한 인간인 폴 와이즈의 권위를 존경하지 않기로 했어요. 케임브리지로 온 덕을 크게 보고 있어서 코펜하겐을 일찍 떠난 일을 후회하지 않아요. 코펜하겐에서는 지적으로 정체된 기분이었어요."[39]

와이즈의 사무실에서 왓슨에게 케임브리지에서 어떤 연구든 하려면 새로 지원서를 낸 것으로 간주하겠다고 알리자, 왓슨은 정식으로 지원서를 작성하고 대서양 너머에 있는 장학이사회의 시시한 권력을 향해 몇 가지 사과를 덧붙인 후 마감일인 1월 11일에 맞춰 보냈다. 약 일주일 후 1월 19일, 왓슨은 부모에게 편지로 이 "장학금 사태"가 "케임브리지 생활을 즐기는 데 악영향을 미치고 있다"고 털어놓았다. 또 왓슨은 아직 "먹고 살 수 있는" 700달러가 수중에 있다고 부모를 안심시키면서 "이해심 있는 부모님"의 돈은 필요 없다고 적었다.[40]

마침내 3월 12일, 왓슨은 "위원회에 알리거나 동의를 받지도 않고 케임브리지에 분자 구조 분석 연구를 하러 간 것" 때문에 공식적인 비난을 받았다.[41] 머크 국가연구위원회 장학이사회는 태도를 누그러뜨려 코펜하겐에 지급했던 원래의 12개월짜리 장학금 대신에 케임브리지에서의 연구를 8개월간 지원하는 장학금을 지급했다. 지난 1년간 코펜하겐에서 저축한 돈과 새로운 지원금을 합치면 숙식을 해결하기에 충분하다는 계산이 서자 왓슨은 새로운 국가위원회의 조건을 공손하게 받아들였다. 하지만 루리아에게는 와이즈가 "빌어먹을 놈"이라고 말했다. 루리아 교수는 더욱 날카로운 평가로 이전 제자인 왓슨의 표현을 수정했다. "폴

와이즈에 관한 자네의 정의에 대체로 동의하지만, 자네보다 덜 영국적으로 표현하자면 나는 '빌어먹을 놈'보다는 '지옥에나 떨어질 개자식'이라고 하겠네."[42]

지나친 성공을 거둔 저서 『이중나선』에서 왓슨은 국가연구위원회의 관료들이 자기 DNA 연구에 전적으로 투자하지 않은 탓에 1년 남짓 후에 발표된 그 유명한 왓슨과 크릭의 논문에 당당하게 이름이 실릴 기회를 놓친 무능한 바보라고 했다. 모든 일이 벌어진 후 돌이켜보면 참에 가까운 발언이다. 왓슨은 유전학의 미래가 어디로 향하는지 이해하고 있었고, 장학금을 둘러싼 답답한 규칙을 강요받았는데도 스스로 그 미래에 없어서는 안 될 일부가 되고자 했다. 왓슨이 볼 때 이 상상력 없는 행정 관료들은 자신의 창의적인 천재성을 억압해 기쁨을 앗아갔다. 이들은 명백하게 성과를 보여줬음에도 왓슨이 왓슨답게 군 것을 이해하지 못했다. 왓슨의 확고한 자신감과 외골수 야망은 왓슨의 장단점을 동시에 드러냈다. 합의했던 조건을 어기더라도 왓슨은 "문제 해결에 필요한 물리학과 생물학을 모두 공략할 의지가 있는 소수"가 모여 단백질과 DNA의 복잡한 분자 구조를 규명하는 과학적 활동을 벌이는 곳이라면 어디든 찾아갔다.[43] 이런 방식으로 학계에 주사위를 던져 승리를 거머쥔 것은 흔치 않은 스물세 살의 박사후 연구생이었다. 당연히 동시대의 국가연구위원회의 관료들은 이 사건들이 어떻게 펼쳐질지 알 수가 없었다. 이들은 왓슨의 행동을 미성숙한 젊은이가 부당하게 계약 의무를 어긴 것으로 여겼다. 그저 본보기로 삼아야 한다고 믿으면서 왓슨에게 처벌을 내렸고, 선견지명을 지닌 관료는 오늘만큼이나 과거에도 드물었다는 사실만을 증명했다.

[11]

왓슨과 크릭의 첫 만남

케임브리지의 실험실에 간 첫날, 나는 이곳에 오래 머물게 되리라는 것을 알았다. 프랜시스 크릭과 말을 트자마자 대화의 재미를 느꼈는데 떠난다는 것은 바보 같은 짓이었다.

– 제임스 왓슨[1]

케임브리지는 여태 짐 왓슨이 봤던 곳 중에 가장 아름다운 곳이었다. 왓슨은 벽돌과 석회석으로 된 고딕양식 대학 건물과 넓은 복도, 예배당, 첨탑, 초록빛 잔디밭에 매료되었다. 학문적인 임무만을 다하기 위해 출근하는 기쁨을 누릴 수 있는 완벽한 환경을 갖춘 곳은 시카고대와 인디애나대의 대리석 복도도, 칼텍의 야자나무와 콜드스프링하버의 숲이 우거진 물가도 아니었다. 왓슨이 생명의 비밀을 풀 수 있도록 뒷받침한 곳은 바로 케임브리지였다.

춥고 우중충한 코펜하겐을 무사히 떠난 왓슨은 몰테노연구소의 로이 마컴 밑에서 바이러스 생화학을 연구할 생각이 없었다. 존 켄드루는 이미 앤아버에서 막스 페루츠에게 연락해 살바도르 루리아의 제자인 왓슨이 곧 갈 거라고 알리면서 왓슨이 의학연구위원회 생물물리학팀에 보탬이 될 수 있는 총명한 젊은이라고 설명했다. 페루츠와 켄드루가 유전지도로 그려내고자 했던 것은 헤모글로빈의 생물학적 구조로, 헤모글로빈은 폐에서부터 신체의 말단 기관과 세포까지 산소를 운반하는 적혈구 속의 단백질이다. 이 생물물리학자 두 사람은 미오글로빈 연구도 하고 있었는데, 미오글로빈은 척추동물 대부분과 거의 모든 포유동물의 근육 속에 있는 헤모글로빈과 유사하면서도 구조는 더 단순한 철과 산소 결합 분자였다.[2]

막스 페루츠, 1962년

페루츠는 키가 작고 머리가 벗어진 데다 두꺼운 안경을 쓰고 오스트리아 억양이 섞인 영어를 썼기 때문에 실제 나이인 37세보다 훨씬 늙어 보였다. 페루츠는 점잖은 행동과 상냥한 태도 덕분에 예민한 건강염려증과 몇 가지 특이한 혐오증, 예컨대 양초가 켜진 레스토랑, 껍질을 벗긴 바나나, 광천수를 건강의 위협으로 받아들이는 모습을 잘 숨길 수 있었다. 빈 섬유 산업계에 직조기와 방적기를 도입해 부를 쌓은 부유한 유대인 가문의 자손인 페루츠는 어린 시절 특권층의 삶을 누렸다. 1932년 부모가 원하던 법학의 길 대신 빈대학교 입학을 선택한 페루츠는 유기화학과 생화학을 만나 열정을 불태우기 전까지 "무생물을 연구하는 엄격한 과정을 공부하며 다섯 학기를 낭비"했다.[3]

페루츠는 부모의 권유로 가톨릭교회에서 세례를 받았지만 단지 그 사실만으로는 히틀러의 치명적인 반유대주의정책을 피하기 어려웠다. 다행히도 페루츠는 1929년 노벨 생리의학상을 수상한 프레더릭 홉킨스(Frederick Gowland Hopkins)가 발견한 비타민에 학문적인 매력을 느끼고 있었다. 그래서 1936년에 케임브리지에서 박사과정을 밟기 위해 빈을 떠났다. 하지만 홉킨스와 연구하는 대신 카리스마적인 J. D. 버널과 학계 영향력이 컸던 캐번디시연구소의 윌리엄 브래그 교수 밑으로 가게 되었다. 페루츠는 논문 주제를 정하기 위해 버널에게 살아있는 세포의 구성요소를 밝히는 데 도움이 되려면 어떻게 해야 할지 물었고, 버널은 마치 신탁을 내리듯 대답했다. "생명의 비밀은 단백질 구조 속에 있고, X선 결정학만이 그 비밀을 밝혀낼 유일한 방법이다."[4] 1938년 히틀러의 침공으로 오스트리아 합병이 일어난 후, 페루츠의 부모는 스위스로 피난했다. 1939년, 브래그는 페루츠가 록펠러재단의 장학금을 받을 수 있도록 도와줬는데, 이 장학금으로 학계에서 경력을 쌓기 시작한 것은 물론 부모의 영국 이주를 도울 수 있었다. 따라서 1981년 페루츠가 과거를 반추하며 다음과 같이 적은 것은 그리 놀라운 일이 아니다. "나를 만든 것은 빈이 아니라 케임브리지였다."[5]

나중에 막스 페루츠가 회고한 것처럼 9월 어느 오후에 난데없이 "짧게 깎은 머리에 눈이 툭 튀어나온 처음 보는 젊은 남자가 내 연구실로 쓱 들어오더니 인사도 제대로 하지 않고 '여기서 일할 수 있을까요?' 하고 물었다."[6] 왓슨은 세계적으로 유명한 이 물리학 연구실에서 일하게 됐을 때 몹시 불안했다고 나중에 돌이켜 얘기했다. 페루츠는 왓슨을 받아주면서 물리학 교과서를 한 권 빌려줬는데, 왓슨이 하고자 하는 연구는 "고차원적인 수학은 필요 없을 것"이라고 확언했다. 또 페루츠는 자신이 최근 폴링의 알파나선을 검증했다고 겸손하게 설명하면서 24시간밖에 걸리지 않았다고 덧붙여 의도치 않게 왓슨을 아연실색하게 만들었다. 왓슨이 기억하기로 "막스의 설명을 따라갈 수 없었다. 나는 모든 결정학 개념의 기본인 브래그 법칙조차 모르고 있었다." 신임 연구원의 머리를 이해할 수 없는 공식과 용어로 가득 채워버린 후, 페루츠는 왓슨을 데리고 나가 "킹스칼리지부터 백스를 따라 걸은 후 트리니티칼리지의 중정 그레이트코트를 지나는" 산책길을 걸었는데, 이후 1년 반 동안 왓슨은 수도 없이 이 길을 지나게 되었다. 죽을 때까지 왓슨이 반복했던 다음 문구는 듣는 이들을 즐겁게 했다. "살면서 그렇게 아름다운 건물들을 본 적이 없었어요. 생물학자로서의 안전한 삶을 버리면서 품었던 망설임이 남김없이 사라졌죠."[7]

이후 페루츠와 왓슨은 "딱 보기에도 우울한 … 학생에게 방을 세놓는 눅눅한 분위기의 하숙집" 몇 곳을 살펴보았다. 왓슨은 이런 많은 숙소가 "디킨스 소설"의 냄새가 난다고 생각했지만, 캐번디시에서 걸어서 10분 거리에 있는 지저스그린(Jesus Green)의 2층 건물에서 어느 정도 만족스러운 방을 찾자 "아주 운이 좋다"고 느꼈다.[8] 다음 날 아침, 왓슨은 브래그에게 인사를 하러 갔다. 처음에 왓슨은 브래그가 "블림프 대령(Colonel Blimp)" 같고 "애서니움(Athenaeum) 같은 런던의 사교클럽에 앉아서 온종일 시간을 보내는" 학계의 화석 같은 존재이자 "사실상 은퇴해 유전자 따위는 관심도 없는" 사람 같다고 무시했다.[9] (왓슨이 말한 블림프 대령은 만화가 데이비드 로우(David Low)가 그린 오만하고 호전적이며 포동포동한 영국 만화의 등장인물이자 1943년에 나온 유명한 영화 「직업 군인 캔디 씨 이야기(The Life and Death of Colonel Blimp)」의 모델이다.) 브래그의 이력을 찾아보고 나서야 왓슨은 브래그가 "아주 훌륭한 … 노벨 물리학상 수상자"라는 것을 깨달았다.[10]

왓슨은 미국에서 돌아온 페루츠의 오른팔이자 공동 연구자인 존 켄드루를 만났다. 켄드루의 아버지는 옥스퍼드대 기상학 교수였고, 켄드루 자신은 케임브리지 트리니티칼리지를 1등급 학위로 졸업했다. 또 공군 중령이자 영국 공군의 군사 연구 기관에서 레이더 개발을 도운 2차 대전의 영웅이었다. 종전 후 켄드루는 케임브리지에서 다시 연구를 시작해 1949년에는 브래그 밑에서 박사학위를 땄다. 그의 학위논문은 양의 태아성 헤모글로빈과 헤모글로빈 A의 차이점에 관한 것으로, 그가 발견한 내용은 신생아와 소아 대상 의약품 실무에 지대한 영향을 미쳤다.[11]

캐번디시의 울타리 안에 안착한 왓슨은 코펜하겐에 잠시 돌아가 얼마 안 되는 소지품을 가져오는 한편 헤르만 칼카르에게 "운 좋게 결정학자가 되었다"는 것을 보고해야 했다.[12] 이전 상사에게 안녕을 고한 지 몇 시간 후, 왓슨은 다른 기차를 타고 남쪽으로 향했다. 단조로운 풍경에 지루해진 왓슨은 2등 칸에 앉아 졸면서 꿈을 꾸었다. 2018년, 이 여행에 관한 질문을 받은 왓슨은 어떤 생각을 했는지는 정확히 기억하지 못했지만, 다음과 같이 답했다. "다가올 18개월이 얼마나 중요한 시간이 될지 그때의 나는 상상조차 할 수 없었다." 동시에 왓슨은 시곗바늘이 빠르게 돌고 있으며, 케임브리지라는 마법 마차가 다시 호박으로 돌아가기까지 상대적으로 시간이 많지 않다는 것을 알았다. 그렇게 되면 왓슨은 중대한 발견을 했든 아니든 미국으로 돌아가야 했다.[13]

다행히 왓슨은 국가연구위원회로부터 더 이상 돈이 나오지 않을 거라고 가정한 후에도 1년 동안 생활할 수 있는 충분한 자금을 가지고 있었다. 게다가 "최근 파리에서 사들인 최신 유행 양복 두 벌 값을 여동생이 (큰맘 먹고) 대신 내주었다."[14] 처음 몇 달간 왓슨은 근검절약하며 겨우 생활을 꾸려갔다. 지저스그린(Jesus Green)에 빌린 하숙집은 아침밥이 근사한 곳이었다. 하지만 주인아주머니가 까다로운 규칙을 들이밀어 왓슨을 괴롭혔다. 왓슨이 10월 16일에 부모에게 쓴 편지에 따르면 그녀는 "괴팍하고 어떤 소음도 용납하지 않았다."[15] 왓슨은 "주인아주머니의 남편이 잠자리에 드는" 밤 9시 이후 집에 들어올 때 신발을 벗으라는 하숙집 규칙을 계속 무시했다. 왓슨은 종종 "비슷한 밤 시간대에 화장실 물을 내리지 말라는 경고"를 잊어버렸고, "더 나쁜 점은 밤 10시 이후에 빈번하게 집을 나섰다." 케임브리지의 문도 전부 닫은 시간이라 왓슨이 외출하는 "동기가 의심스러운" 시간이었다. 일주일도 채 지나지 않아 왓슨은 그 하숙집에 오래 살지 못할 수도 있겠다고 생각했고, 한 달이 되기 전에 주인아주머니가 왓슨을 "내쫓았다."[16]

존 켄드루와 그의 아내 엘리자베스는 당시의 에두른 표현을 빌리자면 독립적인 생활방식을 추구하는 어울리지 않는 한 쌍이었는데, 이 두 사람이 왓슨의 동아줄이 되었다.[17] 두 사람은 테니스코트로(Tennis Court Road)에 있는 작은 테라스가 달린 자기들 집의 꼭대기 층을 왓슨에게 빌려주었다. 집은 세드윅동물학연구소(Sedgwick Zoology Laboratory), 지구과학박물관(Earth Sciences Museum), 몰테노연구소(Molteno Institute) 등을 포함한 과학 관련 기관들의 복합단지가 있는 다우닝가(Downing Street) 바로 건너편이었다. 켄드루 부부의 집은 "믿을 수 없을 정도로 축축했고, 고작 낡은 전열기 하나로 난방"을 하고 있었지만, 부부는 왓슨에게 "집세를 거의 받지 않았다." 나중에 왓슨은 그 집이 결핵에 걸리기 딱 좋은 환경이었다고 회고했다. 그러나 돈을 아껴야 할 처지의 왓슨은 주머니 사정이 나아질 때까지 켄드루 부부의 친절한 제안을 받아들여 테니스코트로에서 살았다.[18]

케임브리지에서 일한 지 며칠이 지나자 왓슨은 "코펜하겐에서 내내 머물면서 알게 된 사람 수만큼 케임브리지 사람을 알게 되었다." 왓슨은 새로 얻게 된 유명세를 가지고 부모에게 농담하기도 했다. "현지어를 아는 게 도움이 되네요!" 왓슨은 "같이 연구 중인 누구보다도" 아는 것이 없는 분야에서 일하는 것이 얼마나 불안한지 고백하면서 자신의 심정이 마치 "다시 강박적인 학생"으로 돌아간 것 같다고 했다. 다행히 시험은 없었기 때문에 왓슨이 느끼는 압박감은 순전히 마음에 달린 것이었고 "지겨울 때까지 관련 서적을 읽으러" 도서관으로 수없이 발걸음을 옮기면 해소되었다. 왓슨은 스쿼시와 테니스를 치면서 마음의 안정을 찾기도 했다. 또 새의 이동과 경로의 원리를 연구하는 핵물리학자 데니스 헤이 윌킨슨(Denys Haigh Wilkinson)과 친구가 되었는데, 케임브리지에 온 초반 몇 주간 주말에는 자주 윌킨슨과 함께 도요새나 물떼새류를 찾아 교외나 지역 하수처리장을 탐사했다. 관찰한 새의 목록은 충실하게 아버지에게 보고했다. "도요새, 흰물떼새, 검은가슴물떼새, 셀 수 없이 많은 댕기물떼새."[19]

거의 3주간 왓슨은 존 켄드루 바로 밑에서 일했다. 왓슨의 주요 업무는 캐번디시와 지역 도살장을 오가며 미오글로빈 추출용 말 심장이 잘게 갈린 얼음 위에 위태로울 정도로 들어찬 무거운 양동이를 가져오는 것이었다.[20] 젊은 나이의 과학자치고 왓슨은 실험에 전혀 관심이 없었다. 솜씨 좋은 기술이 필요한 대부분의 과학 실험을 시행하기에는 너무 서투르고 성격이 급했다. 특히 민감한 생물학 소재를 다뤄야 하는 실험에는 더했다. 외과 의사인 셔윈 눌랜드(Sherwin Nuland)는 다음과 같이 말했다. "부드럽게 다루는 것이 핵심이다. 예민한 조직은 거칠게 다루면 잘 반응하지 않는다 … 살아있는 생물학적 구조물은 거친 행동에 대한 역치(閾

直)가 매우 낮고, 자연의 설계에 따라 정해진 정도 이상으로 다루면 금세 불쾌해한다."[21] 왓슨은 "살아있는 생물학적 구조물"을 다루는 데 필요한 "부드러운 손길"이 없었고, 영영 배우지도 못했다. 왓슨이 빈번하게 말의 심장 근육을 심하게 망가뜨리자 켄드루는 표본의 분자 구조를 제대로 결정화, 시각화할 수 없었다. 그러나 이런 서투른 손재주가 오히려 행운으로 작용했다. 왓슨이 섬세하게 말의 심장을 손에 쥘 줄 알았다면 켄드루는 언제까지나 왓슨에게 그 일만 시켰을지도 모른다. 하지만 켄드루는 표본을 앞에 둔 왓슨이 얼마나 쓸모가 없는지 알게 됐고 "오래 걸리는 지루한 작업은 왓슨에게 맞지 않는다"고 결론 내렸다. 덕분에 왓슨은 자유의 몸이 되어 프랜시스 크릭이라는 캐번디시의 외톨이와 함께 시간을 보낼 수 있었다.[22]

성공적인 협력관계는 성공적인 결혼 생활만큼이나 수수께끼다. 왓슨은 프랜시스 크릭을 만나서 대화하자마자 "재미가 있었다." 왓슨이 회고하기를 "막스의 연구실에서 단백질보다 DNA가 더 중요하다고 생각하는 사람을 발견한 것은 그저 운이었다." 하지만 "주변에 DNA가 모든 것의 핵심이라는 생각에 공감해주는 사람이 없었기 때문에 (크릭은) 캐번디시의 연구실에서 잠재적이고도 개인적인 곤란을 겪고 있었고, 이는 (크릭이) DNA 연구를 행동에 옮기는 것을 방해했다."[23]

1988년, 크릭은 짐 왓슨이 케임브리지에 왔다는 소식을 아내 오딜에게 처음 들었던 순간을 돌이켰다. 오딜은 어느 날 저녁 현관에서 크릭을 마중하면서 이렇게 말했다. "막스가 당신이랑 만났으면 하는 젊은 미국인을 데려왔는데, 그거 알아요? 머리카락이 없어요!" 왓슨의 짧게 깎은 머리는 "당시 케임브리지에서는 볼 수 없는 것이었다. 시간이 지나면서 케임브리지 스타일을 받아들여 점점 머리카락을 길렀지만, 짐은 1960년대 남자들의 긴 머리모양을 자랑스러워한 적이 없다."[24] 다음날 실제로 크릭과 왓슨이 만났을 때 두 사람은 "만나자마자 죽이 잘 맞았다. 관심 분야가 놀라울 정도로 비슷했기 때문이기도 하고, 아마 어떤 오만함, 무자비함, 성급함을 동반한 엉성한 생각이 우리 두 사람에게서 자연스럽게 나왔기 때문일 것이다."[25]

이 두 과학자는 크릭이 "모든 훌륭한 과학적 협업을 망치는 독"이라고 정의한 "예의범절"을 따르지 않았다. 대신 그들은 허심탄회한 태도를 택했고, 어떤 아이디어나 해법이 헛소리라고 생각되면 서로 무례할 정도로 반응했다.[26] 크릭의 내부자 관점이 젊은 미국인의 외부자 시각과 잘 섞여들었다. 왜냐하면 아주 따듯하고, 똑똑하면서도 엉성한 면이 있고, 크든 작든 모든 형태의 권력에 냉소적인 크릭은 왓슨에게 끝없는 기쁨의 원천과도 같았기 때문이다. 왓슨은 막스 델브뤼크에게 크릭에 대해 다음과 같이 말했다. "의심할 여지 없이 함께 일한 사람 중에 가장 똑똑하고 폴링에 가까운 접근 방식을 취하는 사람이에요. 사실 외모도 폴링을 상당히 닮았고요. 크릭은 쉼 없이 말하면서 생각하는 사람이고, 저는 남는 시간을 대체로 크릭의 집(그에게는 요리를 아주 잘하는 매력적인 프랑스인 아내가 있어요)에서 보내기 때문에 저는 자극에 둘러싸인 상태라고 할 수 있죠."[27]

페루츠와 켄드루는 오스틴동의 1층에 있는 작은 사무실에서 대부분 작업을 했고, 구석에 책상 하나가 간신히 들어가는 사무실의 대기실을 크릭에게 내주었다. 1951년 가을 왓슨이 이 팀에 합류한 직후, 한 층 위에 있는 103호실을 사용할 수 있게 되었다. 브래그는 "갑옷도 뚫을 것 같은 (크릭의) 목소리와 웃음소리에서 벗어나려고 헛된 몸부림"을 쳤다고 증언한 생화학자 에르빈 샤르가프(Erwin Chargaff)를 위해서라도 크릭을 좁은 103호로 따로 내보내라고 권했다.[28] 크릭은 이 추방이 오히려 고마웠던 것으로 기억했다. "어느 날, 막스랑 존이 손을 비비면서 오더니 '다른 사람을 방해하지 않으면서 둘이 대화할 수 있도록' 그 방을 나와 짐에게 주기로 했다고 알렸다."[29] 그 방은 건물 출구로 이어지는 계단 근처였다. 오스틴동에 있는 다른 많은 방처럼 103호도 가로 7m, 세로 5.5m, 높이 4m의 삭막한 공간이었다. 회반죽을 칠한 벽돌 벽 위로 "몇 개의 넓은 목재 윗가지가 덮여 있었는데, 장차 첫 번째 DNA 도식이 걸릴 곳이었다. 금속 창틀로 된 넓은 창문 두 개를 통해 동쪽으로 들어찬 다른 건물들이 보였다."[30]

새로 배정된 둥지에서 크릭은 왓슨에게 X선 결정학을 가르쳤다. 크릭은 훌륭한 선생님이었다. 1951년 11월 4일, 왓슨은 부모에게 다음과 같이 적어 보냈다. "X선 결정학이라는 과목이 생각보다 그렇게 어렵지 않아요. 이론 공부와 절차가 정해진 생화학 실험을 번갈아 하고 있어요." 왓슨은 자신의 사고가 폭주하여 잘못된 방향으로 갈 때 크릭이 브레이크 역할을 해주며 자신의 독서 습관이 "더 균형 잡히도록" 도와주고 있다고 덧붙였다. 왓슨은 애정을 담아 편지를 마무리했다. "지금 있는 연구실에서는 신나는 일이 잔뜩 벌어지고 있어서 생물학자로서 중요한 결과를 낼 수 있을 것 같아요."[31]

두 사람의 관계는 상호보완적이어서 왓슨은 크릭이 생물분자에 관한 생물학을 터득할 수 있도록 도와주었다. 앤 세이어가 적은 것처럼 왓슨은 "크릭이 당면한 문제에 집중할 수 있도록 이끄는" 재주가 있었다. 크릭은 과학적 사고를 분출하는 화산 같은 사람으로 계속 놀라운 아이디어와 개념이 솟아났지만, 이 단계에서는 과학자로서 아직 "끈질기게 매달려 아이디어를 구체화하고 깔끔한 결론을 추구하는 자질을 갖추지 못했다 … 짐이 프랜시스에게 하는 잔소리가 도움이 되었다."[32] 하지만 몇 년 후 크릭이 작가인 아이작 아시모프(Issac Asimov)에게 언급한 것처럼 왓슨과 크릭의 협업은 첫눈에 보이는 것보다 훨씬 미묘한 구석이 있었다. "짐이 생물학자 역할, 내가 결정학자 역할만 했다는 근거 없는 소리가 있는데 엄밀하게 따지면 말도 안 된다. 우리는 함께 작업하면서 역할을 바꿔 서로를 비평하기도 했고, 덕분에 DNA를 규명하려는 다른 사람들보다 훨씬 유리했다."[33] 두 사람이 함께 작업하면서 가장 중요했던 부분은 왓슨에 따르면 "항상 유전자에 관해 이야기하고 싶어 하는 내가 연구실에 있으니 프랜시스는 더 이상 DNA에 관한 생각을 머릿속에만 넣어둘 필요가 없었다." 두 사람의 토론 대부분은 유전자와 DNA의 구조에 초점이 맞춰져 있었다.[34] 하지만 이 당시 두 사람의 토론은 그저 대화에 지나지 않았다. 1951년 가을 케임브리지에 도착한 이래로 짐 왓슨은 런던 킹스칼리지와 캐번디시 사이의 업무 분담과 DNA를 모리스 윌킨스의 '개인 소유물'로 인정하던 분위기 때문에 좌절하여 이를 갈고 있었다.[35]

어느 날 오후 트리니티칼리지의 그레이트코트 주변을 산책하다가 크릭은 문득 윌킨스의 연구를 침범하지 않고 이 난관을 헤쳐 나갈 방법을 떠올렸다. 엄청나게 단순한 방법이라 왓슨은 깊은 인상을 받았다. 즉, "라이너스 폴링의 방식을 모방해 폴링을 이기자"는 것이었다. 일단 추론과 사고를 통한 배제의 방식으로 확률적인 DNA 모형을 세운다. 크릭은 왓슨에게 "폴링의 성취는 상식의 산물이지 복잡한 수학적 사유의 결과물이 아님"을 알려줬다. 두 사람에게 필요한 것은 "단순한 양자 법칙"과 구조 화학뿐이었다. X선 결절 패턴에서 시작하는 것이 좋겠다고 두 사람은 동의했지만 "그 대신 요점은 어떤 원자끼리 나란히 배열되는 경향이 있는지 탐구하는 것"이었다.[36]

대부분의 물리학자는 종이와 연필 또는 칠판에 의지해 이론적인 사고를 펼쳐 나갔다. 하지만 크릭과 왓슨은 "미취학 아동의 장난감처럼 많은 부분이 생략된 분자 모형을 주로 사용했다." 두 사람이 해야 할 일은 이 분자 모형으로 "노는" 것이었고, "운이 좋다면 DNA 구조는 나선형일 것이다. 다른 배열 형태는 너무 복잡할 것 같다. 간단한 답이 있을 수도 있는데 복잡성을 걱정하는 것은 너무나 멍청한 짓이다."[37] 이 접근법에는 단 한 가지 중대한 문제가 있었다. 어쨌든 "어떤 원자끼리 나란히 배열"되는지 이론적인 사고를 검증하려면 어느 정도의 X선 자료가 필요했다. 하지만 이 시기 왓슨과 크릭 모두 런던 킹스칼리지에서 벌어지고 있던 흥미진진한 실험에는 접근할 수 없었다.

11월 첫째 주, 크릭은 주말에 저녁 식사도 하고 수다를 떨며 쉬는 시간을 보내자고 모리스 윌킨스를 초대했다. 진짜 목적은 윌킨스에게 DNA 모형 구축 연구를 허락받는 것이었다. 식사는 오딜이 요리사처럼 준비한 전통적인 일요일 만찬으로 마늘, 타임, 소금, 후추로 완벽하게 양념한 로스트비프에 버터, 민트, 골파를 넣어 삶은 감자와 훌륭한 요크셔푸딩을 곁들였다. 그리고 잉글랜드인이 하는 것만큼 푹 삶아서 으깬 콩이 수북하게 준비되었다. 크릭이 첫 번째 고기 조각을 썰기도 전에 윌킨스는 폴링의 "모형 구축 놀이"가 DNA 구조의 비밀을 결코 밝히지 못할 거라고 비관적인 전망을 했다. DNA의 구조가 3개의 폴리뉴클레오타이드 사슬이 꼬여 있는 나선형이라는 잘못된 가설에 사로잡힌 윌킨스는 유용한 모형을 만들려면 X선 결정학 분석을 더 많이 해야 한다고 주장했다.[38]

불행히도 이 X선 자료를 모으는 일은 "쉽게 화를 내고 적대적인" 로잘린드 프랭클린과의 협업에 전적으로 달려 있었다. 윌킨스는 경멸의 뜻을 담아 "로지"라고 프랭클린을 불렀고, 왓슨과 크릭 또한 이 호칭을 기꺼이 받아들였다. 저녁 식사 내내 윌킨스는 프랭클린과의 관계가 날이 갈수록 나빠지고 있다고 한탄했다. 윌킨스는 베른에서 얻어와 애지중지하던 지그너 표본을 포함해 프랭클린에게 "괜찮은 DNA 결정을 전부" 넘겨줘야 했고 그저 "결정화되지 않은" 질이 떨어지는 DNA 표본으로 연구하도록 강요받았다고 불평했다. 이에 더해 프랭클린이 킹스칼리지에 있는 DNA를 다루는 X선 기계를 사용하도록 허가된 것은 본인뿐이라고 주장하며 윌킨스에게 "불리한 흥정"을 걸어왔다. 존 랜들은 사무실까지 찾아온 프랭클린을 내보내고 상황을 진정시키는 것에만 집중하여 너무나 손쉽게 프랭클린의 조건을 받아들였다.[39]

윌킨스의 전망 중에는 긍정적인 것도 한 가지 있었다. 몇 주 후인 11월 21일, 프랭클린이 연구 성과를 발표하는 세미나를 킹스칼리지에서 열 예정이었기 때문에 왓슨과 크릭도 프랭클린의 X선 회절 사진을 볼 기회가 있을지도 몰랐다. 크릭은 세미나에 참석하는 것이 아주 중요하다는 것을 금방 깨달았다. 왜냐하면 "DNA 문제를 두고 끝없이 떠들긴 했지만, 짐과 나는 어떤 종류의 DNA 실험 연구도 해보지 않았기 때문이다."[40] 왓슨이 기억하기로 "핵심은 로지의 새로운 X선 사진이 나선형 DNA 구조설을 조금이라도 뒷받침할 수 있는가였다."[41]

크릭은 도로시 호지킨(Dorothy Crowfoot Hodgkin)과 만나기로 한 중요한 약속 때문에 프랭클린의 세미나가 있는 날 오후에 옥스퍼드에 가야 했다. 호지킨은 비타민 B_{12}, 페니실린, 인슐린의 분자 구조를 밝혀 1964년 노벨 화학상을 타게 되는 결정학자였다.[42] 시간상 프랭클린의 발표 참석 자체가 불가능한 것은 아니었지만 크릭은 나선형 이론에 관한 새 논문을 논의하기로 한 호지킨과의 만남에 집중하고 싶다고 윌킨스에게 말했다. 그래서 윌킨스는 왓슨이 혼자 프랭클린의 세미나에 참석하는 것에 동의했고, 세미나 후 왓슨은 옥스퍼드로 가서 크릭과 합류하여 런던에서 케임브리지까지 기차로 한 시간 정도 이동하는 사이에 간단히 프랭클린의 발표 내용을 크릭에게 알려주기로 했다.

프랭클린의 세미나 전까지 왓슨은 그녀가 틀림없이 언급할 것 같은 복잡한 물리학을 이해하기 위해 평소의 배 이상 공을 들여 결정학 교재와 필기를 들여다봤다. 나중에 왓슨은 특유의 투지와 경쟁심을 담아 "로지가 하는 말을 이해하지 못하는 일은 없어야 했다"고 말했다.[43]

[12]

프랭클린과 윌킨스

로잘린드 프랭클린이 당했다는 끔찍한 일이 무엇인가? 그녀는 최상의 DNA를 독점했다. 연구생으로 고슬링을 배정받았다. 에렌베르크(Ehrenberg) 미세초점 X선관을 독점했다. 작업실에 특별한 카메라가 필요하다고 했을 때는 훌륭한 기술자가 와서 설치했다. 그야말로 모든 것을 가졌다. 구내식당에서 점심 먹을 권리 빼고! 연구에 불편한 점이 하나라도 있었을 리가 없다. 반대로 보면 그녀는 같은 목표를 향해 노력하는 팀에 합류하기를 거부했고, 최고의 시설을 이용하면서도 연구 문제를 독점한 사람이었다.

– 모리스 윌킨스[1]

킹스칼리지에서 보낸 첫 두 해는 (로잘린드가) 심하다고 느낄 정도의 하찮은 경쟁의식과 질투로 번잡한 시간이었다. 명확하고 기민하고 사고가 빠른 두뇌 덕분에 로잘린드의 방법론과 결론은 종종 색다르고 독창적이었다. 선구적인 사고를 하는 많은 사람처럼 로잘린드도 반대에 부딪혔고, 종종 동료들이 자기 속도를 쫓아오도록 설득하지 못한 채 안달하고 낙담하기 일쑤였다.

– 뮤리엘 프랭클린[2]

프랭클린과 윌킨스의 관계를 다룬 여러 가지 이야기 속에서 책임이 있는 쪽은 프랭클린으로 그려진다. 프랭클린이 너무나 공격적이었다. 프랭클린이 연구의 소유권을 지나치게 주장했다. 너무 독립적이었다. 독불

장군이었다. 적대감이 과했다. 너무 여성스러웠다. 여성성이 부족했다. 쉽게 발끈하고 까다로웠다. 다른 사람들과 협업하기를 꺼렸다. 다른 것은 무시하고 자신의 가설을 입증할 증거 확보에만 집착했다. 상류 계급 특유의 태도로 거들먹거렸다. 유대인이 40만 명, 전 인구 대비 0.8%뿐인, 국교가 성공회인 나라에서 프랭클린이 지나치게 유대인스럽다는 모욕적인 평가도 있었다.[3] 끊임없이 이어지는 "프랭클린이 너무 했다"는 주장은 각 화자의 잘못된 관점에 의존해 바닥을 기듯 명맥을 이어왔다.

로잘린드 프랭클린이 때 이르게 세상을 뜬 후, 윌킨스와 적절하지 못한 연애 관계였다는 근거 없는 소문이 몇 가지 돌았다. 1975년, 존 켄드루는 프랭클린의 외모("프랭클린은 매력이 없는 편이 아니라 매력적이었다. 옷도 그렇게 못 입지 않았다. 그 부분에 대해서는 짐이 잘못 알고 있다")나 "과격한" 지적 정확성의 추구("만약 누가 헛소리를 한다고 생각하면 프랭클린은, 심지어 프랜시스보다도 직접적인 말로 지적할 것이다")를 언급하고 켄드루 자신은 프랭클린이 까다롭다고 생각해본 적이 없다면서("물론 내가 프랭클린과 직접 일을 한 적이 없어서 아무것도 증명하지 못하겠지만 … 늘 함께하기 편한 상대이자 아주 유쾌한 사람이라고 생각했다") 애매한 일련의 칭찬을 남겼다. 특히 말이 없고 조심스러운 켄드루답지 않은 언급도 있는데 "개인적으로 생각하기에 … 로잘린드가 모리스에게 손을 내밀었지만 모리스가 응하지 않았다고 항상 생각했다 … 그리고 그것이 문제의 원인이었다." 켄드루는 순전히 자기가 짐작한 것이고 모든 일이 "정반대로 벌어지거나 아예 일어나지 않을 수도 있었다"고 적으면서, "두 사람이 겪은 어려움은 일하는 동료 사이의 문제라기 보다는 더 깊은 인간적인 문제였다. 어떤 감정적인 문제가 있었다. 혹은 문제로 발전하지도 못한 무엇인가가 있었다."[4]고 했다.

프랜시스 크릭 역시 이루어지지 못한 짝사랑으로 프랭클린과 윌킨스 사이의 문제를 설명했지만, 짝사랑의 방향은 달랐다. 크릭이 보기에 윌킨스는 "끊임없이" 프랭클린에 관해 이야기하면서 집착했다. "우리는 다들 모리스가 로잘린드에게 빠져 있었다고 생각한다 … 로잘린드는 모리스를 아주 싫어했다 … 로잘린드가 늘 성가셔 한 것처럼 모리스가 멍청하게 굴거나 두 사람 사이에 무슨 일이 있었기 때문에 … (두 사람 사이에) 커다란 애증이 아주 강하게 존재했다."[5]

제프리 브라운과 레이먼드 고슬링도 프랭클린이 가진 매력을 그냥 지나치기 어렵다고 생각했다. 브라운이 보기에 프랭클린은 "여신처럼 아름다웠다."[6] 고슬링 역시 프랭클린의 외모에 매료되었다. "몸매가 상당히 좋았는데 말랐다기보다는 굴곡이 있는 몸이라고 해야 할 것이다 … 때로는 정말로 아름다웠는데, 특히 흥분하거나 화를 낼 때 그랬다." 고슬링은 프랭클린의 독특한 성격에도 매력을 느꼈다. "전문가라는 껍데기"를 벗어던진 프랭클린은 "사람의 기분을 좋게 하고 마음을 풀어주는 사람이었다 … (하지만) 어디서나 볼 수 있는 평범한 아가씨는 아니었다 … (프랭클린은) 평균적인 사람이 아니라는 점에서 약간 괴짜였다. 일반적인 사람들이 행동하는 대로 행동하지 않았다 … 괴짜로 보일 정도로 아주 열정적인 사람이었다. 또 고백하건대 나는 가끔 로잘린드가 덜 이상하게, 학문적으로 덜 단호하게 왓슨이나 크릭처럼 행동했다면 아주 매력적인 사람이 되지 않았을까 생각한다. 로잘린드는 잡담을 많이 하지 않았다. 상당히 완고한 여성이었다."[7] 또한 고슬링에 따르면 프랭클린은 "아주 충만한 사교 생활을 했다. 내가 알기로 어느 시기엔가 로잘린드는 런던필하모닉의 제1 바이올린 연주자와 교제했다. 우리처럼 (동네 술집) 핀치스(Finch's)에 앉아 맥주나 마시는 애들과는 차원이 다른 상대다."[8] 고슬링의 요점은 크릭이 말했던 것처럼 "항상 윌킨스가 로잘린드한테 반했다고 생각했고 가끔 로잘린드도 윌킨스한테 끌리기도 했다는 의심이 들었다. 로잘린드와 윌킨스의 상호 적대감은 서로 가졌을 것으로 추측되는 호감과 관련이 있을 것이다."[9]

프랭클린이 죽고 수십 년이 지난 후에도 모리스 윌킨스는 프랭클린에게 연애 감정이 있었다는 소문을 바로잡기 위한 노력을 거의 하지 않았다. 1970년, 윌킨스는 프랭클린의 첫인상이 밝고 열정적이었으며 "물론 다들 알다시피 외모도 뛰어난 편이었다"고 회고했다.[10] 6년 후인 1976년에는 호레이스 저드슨(Horace Freeland Judson)이 쓴 책 『창조의 제8일(The Eighth Day of Creation)』의 원고를 미리 보고 수많은 교정 표시를 하면서 윌킨스는 프랭클린의 코를 "살집이 있다"고 한 저드슨의 묘사에 반대했다. 윌킨스는 원고의 여백에 검은 만년필로 휘갈겨 쓴 글씨로 저드슨에게 항의했다. "로잘린드 프랭클린의 코는 살집이 있지 않았습니다! 그녀는 멋진 여자였어요."[11]

하지만 최근에 이런 설을 지지하지 않는 역사가들도 있다. 프랭클린의 전기작가 브렌다 매독스(Brenda Maddox)는 프랭클린이 윌킨스의 관심에 대해 알지 못하거나 관심이 없다고 생각했으며, 더 안전하고 남녀를 구분할 필요가 없는 관계, 즉 파리의 동료인 자크 메링(Jacques Mering)과 같은 유부남이나 고슬링과 브라운 같은 그녀보다 훨씬 어린 남자들과의 관계를 더 선호했다고 생각했다. 매독스에 따르면 프랭클린이 존경한 남자들은 하나같이 단호하고 똑똑한 사람들이었기 때문에 윌킨스는 기회조차 없었을 것이다.[12] 로잘린드의 여동생인 제니퍼 글린은 프랭클린과 윌킨스 사이에 미칠 듯한 사랑이 있었다는 호사가들이 좋아하는 가설은 "태어나서 들어본 얘기 중에 가장 멍청한 소리"라고 한층 날카롭

게 선을 그었다.[13]

1951년 1월 8일, 로잘린드 프랭클린이 처음 킹스칼리지 생물물리학 부서에 출근했을 때 만난 사람은 랜들, 고슬링, 윌킨스와 일하던 이론 물리학자 알렉 스톡스(Alec Stokes), 시러큐스대학교(Syracuse University)를 졸업한 의학물리학 대학원생으로 연구실에서 자원봉사를 하고 있던 루이스 헬러(Louise Heller)뿐이었다. 윌킨스는 아직 휴가 중으로, 웨일스의 언덕을 걷고 있었다. 레이먼드 고슬링은 증인의 관점에서 말했다. "만약에 모리스가 연구실에 있었다면 그 회의에도 참석했을 것이다. 그랬다면 모든 일이 다르게 풀렸을지도 모른다." 프랭클린은 자연스럽게 신경이 예민해졌고 새로운 상사에게 자신이 하기로 된 연구에 관해 몇 가지 적절한 질문을 던져 상황을 확실히 하려고 했다. 기본적으로 랜들은 프랭클린에게 "기존의 X선 사진에는 점이 너무 많으니 추가로 찍어서 DNA 구조를 X선 회절 패턴으로 규명하기 바란다"고 했으며, "그 후로 로잘린드가 하고자 했던 일이 바로 그것이었다."[14]

프랭클린의 첫 번째 업무는 가능한 최상의 X선 사진을 찍는 데 필요한 방사선 사진 장비를 구매하는 것이었다. 영국석탄이용연구소(British Coal Utilization Research Association)에 있을 때나 파리에 있을 때 어떤 장비 제조업자를 선택해야 하고 어떤 제조업자를 피해야 하는지, 적절한 가격은 얼마인지, 잘 찍기 힘든 DNA 사진의 특성상 활용 가능한 장비의 사양은 어떻게 조정해야 하는지, 연구 목적을 달성하기 위해 다른 어떤 사항을 수정해야 하는지 알고 있었다.

몇 달 전 윌킨스는 킹스칼리지에 있는 장비가 "필요한 특정 작업에 적합하지 않다"는 것을 깨달았다. 처음에 윌킨스가 해군본부에서 빌려와 쓰던 X선 기계는 반납해야 했다. 윌킨스는 자신이 회절시키려는 섬세한 DNA 섬유를 다루기에 너무 엉성하고 크기만 큰 오래된 장비를 치워버리고 싶었다. "아주 강력한 빛을 쪼일 수 있는 회전양극 X선 발생기"를 구매하려고 했지만, 버크벡칼리지의 결정학 연구소를 방문한 직후 X선을 극소표본에 집중시킬 수 있는 베르너 에렌베르크(Werner Ehrenberg)와 월터 스피어(Walter Spear)의 "새로운 미세초점 X선관"에 흥미를 갖게 되었다. 미세초점 X선관이 있다면 윌킨스는 주위의 습도를 잘 조절하여 1/10mm 넓이인 DNA 섬유 한 가닥의 사진을 찍을 수 있었다. 에렌베르크는 양산된 X선관을 윌킨스한테 파는 대신에 자신의 시제품을 기꺼이 기증했다.

프랭클린도 에렌베르크 X선관을 마음에 들어 했으며, 이어서 작고 기울어진 카메라 도안을 그렸다. 사진 영역에서 공기를 뺄 수 있는 진공펌프가 달린 카메라로 킹스칼리지 물리학 공방에서 금방 제작할 수 있었다. 다음으로 고슬링과 프랭클린은 가운데에 위태롭게 쌓은 시료를 찍어 정밀 조준한 X선을 카메라 안으로 보내주는 황동 시준기를 부착할 방법을 고심했다. 고슬링에 따르면 "유일한 특이점은 수소 손실을 줄이기 위해 내가 조심스럽게 황동 시준기에 끼워 놓았던 콘돔"이었는데 이를 통과한 수소는 카메라의 습도를 일정하게 유지해 DNA 표본이 마르는 것을 방지했다. 고슬링과 윌킨스가 장비를 만지작거린 것은 프랭클린이 도착하기 몇 달 전이었고, 이 고무 장치를 본 프랭클린이 무슨 생각을 했는지 기록이 남아있지 않다. 어느 날 오후, 수분 손실 문제를 해결하기 위해 분투하다가 윌킨스는 주머니에서 듀렉스(Durex) 콘돔 한 통을 꺼내 고슬링에게 주면서 "이걸로 해보라"고 했다.[15] 듀렉스는 유명한 영국 브랜드로 durablity(내구성), reliability(신뢰도), excellence(탁월함)의 앞 두 글자씩을 따 1929년 붙여졌다. 콘돔 덕분에 사진 영역에 불균등하게 퍼져 있던 공기를 최소화하고 "약하게 산란하는 표본에서 적당한 회절 무늬"를 얻기 위해 장시간 노출할 때 필름 위로 안개 같은 모양이 생기는 것을 예방할 수 있었다.[16]

나중에 윌킨스는 프랭클린과 함께 일했던 초반에는 긍정적인 관계를 형성했다고 주장했다. 휴가에서 돌아온 윌킨스가 가장 먼저 받았던 업무 지시는 프랭클린을 만나 "그녀가 팀에 가능한 한 빨리 적응할 수 있도록 하는 것"이었다. 윌킨스는 회고록에서 킹스칼리지의 동료들도 놀라고 프랭클린을 그렇게 괴롭혔던 발언, 프랭클린이 자기 조수라고 분명히 말했던 일을 기억하지 못했다. 대신 윌킨스는 프랭클린에게 훨씬 독립적인 자리를 마련해준 것으로 적고 있다. 윌킨스는 프랭클린의 자리를 "새로운 주 연구실에서 다소 떨어진" 건물 지하에 배정하여 프랭클린과 고슬링이 "컴퓨터가 도입되기 이전에 X선 회절 사진의 무늬를 3차원 분자 구조로 전환하기 위해 필수적이었던 카드 체계와 관련된 힘든 계산을 평화롭게 할 수 있도록" 했다.[17]

프랭클린이 킹스칼리지에 머물렀던 초기에 윌킨스는 방문객이 들어가면 문을 등지고 앉은 프랭클린의 늘씬한 뒷모습이 보이도록 책상이 배치된 "비좁은 방"으로 찾아갔다. 프랭클린이 돌아보았을 때 윌킨스는 그녀가 "흔들림 없이 관찰하는 듯한 짙은 눈동자를 가진 상당히 멋진 사람"이라는 것에 놀랐다. 대화는 필연적으로 연구 관심사로 흘러갔고 윌킨스는 프랭클린이 "자기가 무슨 말을 하는지" 정확히 알고 있다고 판단했다. 프랭클린이 자리에서 일어섰을 때는 그녀의 "권위적"이고 자신감 있는 태도를 보고 상상했던 것보다 키가 작아서 놀랐다.[18] 윌킨스는 또 프랭클린이 벽에 걸어놓은 거울을 보고 당황했던 것을 기억했다. "작은 거울이 벽에 걸려 있는데 책상에 앉으면 마주 보는 자리였다. 프랭클린 등 뒤의 사무실 문에 있는 사람을 보기엔 너무 작았고 당시에 나는 그녀가 외모를 신경 써서 걸어둔 것인지 궁금했다." 얼마 지나지 않아 윌킨스는 프랭클린이 일을 마칠 때까지 자신을 쳐다보지 않으면서 손만 흔들어 사무실에 들어오라고 하고 자리에 앉으라고 손으로 가리키는 것과 같은 강렬하고 퉁명스러운 태도에 불안을 느꼈다. 윌킨스는 이런 프랭클린의 행동이 무례하다고 받아들였다. 세련되지 못한 첫 만남이었지만 윌킨스는 처음부터 "프랭클린이 좋은 동료가 될 거로 확신했다"고 나중에 주장했다.[19]

킹스칼리지에서 보낸 처음 몇 주간 프랭클린은 파리연구소에서 시

킹스칼리지 생물물리학연구소의 부서간 크리켓 경기 중(왼쪽부터 존 랜들과 아내 도리스, 레이몬드 고슬링, 신원 미상, 모리스 윌킨스, 윌리 시즈), 1951년

작했던 논문 몇 개를 마무리 짓는 작업을 했다. 토요일마다 미혼 직원 몇 명이 연구소에서 한나절만 근무한 후 킹스칼리지에서 트래펄가 광장(Trafalgar Squre)으로 길을 따라 쭉 내려가면 나오는 스트랜드팰리스호텔(Strand Palace Hotel)에서 점심을 먹었다. 종종 여러 물리학자들이 식탁에 합류했고, 윌킨스에 따르면 어떤 때는 "로잘린드와 나 둘뿐이었다." 윌킨스의 말에 따르면 두 사람은 핵전쟁 위협 같은 정치 문제를 포함해 "과학 외의 다양한 주제"를 논했다. 2차 세계대전 때 복무했던 윌킨스에게 핵전쟁은 몹시 걱정스러운 문제였다. 그리고 프랭클린은 영국이 냉전 속에서 비전투원이 될 수 있다고 보는 정치 철학인 중립주의가 굉장히 의미 있다고 생각했지만, 윌킨스는 "완전히 멍청한" 소리라고 일축했다. 윌킨스는 자기가 과일과 크림을 얼마나 맛있게 먹었는지 말했을 때 프랭클린이 "차가운 말투로 '하지만 진짜 크림은 아니었어요'라고 대답"한 것처럼 "때로는 약간 뾰족한 태도를 보이더라도" 프랭클린이 유쾌한 대화 상대라고 생각했다.[20] 두 사람의 교류가 진전될수록 윌킨스는 자신이 프랭클린과 더 깊은 우정을 맺고 싶다고 바랐을 수는 있지만, "수줍은 젊은 여자"가 이상형이었기 때문에 프랭클린과의 연애는 원하지 않았다고 주장했다.[21] 하지만 이런 친근한 점심 식사에 대한 묘사는 소량의 미심쩍은 양념을 친 것으로 보인다. 킹스칼리지에 있었던 다른 물리학자 실비아 잭슨(Sylvia Jackson)은 자신과 윌킨스, 장 핸슨(Jean Hanson), 알렉 스톡스, 안젤라 브라운(Angela Brown), 윌리 시즈(Willy Seeds) 등의 킹스칼리지 물리학자들이 어떻게 매주 인근의 스트랜드팰리스에 가거나 때로는 "에핑(Epping)에 있는 술집에 차로" 갔는지 기억했다. "(로잘린드는) 그런 모임에 기본적으로 참여하지 않았다. 의지가 강했다 … 그녀는 연구에만 전념하는, 어마어마하게 열심히 일하는 사람이었다. 다소 빠르게

성큼성큼 걸어 다녔다. 말을 붙여보면 아주 친절했다. 하지만 *무시무시했다.*"[22](원전의 강조 표시)

프랭클린의 친구이자 전기작가인 앤 세이어(Anne Sayre)가 널리 주장하는 것 중 하나는 킹스칼리지의 선임연구원 휴게실에 남성만 출입하도록 제한되어 있어 점심이나 차를 함께할 수 없다는 것을 프랭클린이 심각한 모욕으로 여겼다는 것이다. 랜들의 연구실에 있던 프랭클린과 다른 많은 여성 직원들은 복도 끝에 있는 더 작은 식당에서 식사해야 했다. 이 식당에서 어린 직원 대부분이 정오에 모여 앉아 밥을 먹고 차를 마시며 쉬었다.[23] 레이먼드 고슬링은 윌킨스와 랜들을 포함한 선임 남자 연구원들이 "더 넓고 서비스가 더 빠르다"는 장점 때문에 남성 전용 휴게실을 선호했다고 전했다.[24] 성별과 종교 모두 소수자에 속해 퇴짜 맞는 일에 예민했던 프랭클린은 이런 식당 사용 방식에 항의했다. 남성이 너무나 지배적이어서 "과학 사제직"이라고 불리기도 하는 분야에서 식당 사용 차별은 한 겹 추가된 장벽을 뜻했다.[25] 오랫동안 윌킨스는 이 문제에 관해 프랭클린이 처한 상황을 이해하지 못했다. 혹은 이해하려 하지 않았다. 반페미니즘이나 반유대주의라는 추궁을 당할 때 윌킨스는 어떤 편견도 없다고 열띠게 부정했고 "반대로 생각한다면 섬뜩하다"고 덧붙였다.[26]

케임브리지 스트레인지웨이스연구소에서 크릭의 상사였고 킹스칼리지 의학연구위원회 생물물리학 연구 프로그램의 생물학 수석고문이었던 오너 펠(Honor Fell)은 매주 런던의 연구실을 방문했다. 그녀는 이상할 정도로 프랭클린과 윌킨스 사이의 다툼을 경시했다. "그 부서에 관해서는 내가 *아주* 잘 알고 있다. 그리고 성차별의 징후는 본 적이 없다. 물론 프랭클린이 다소 까다로운 성격이긴 했다 … *둘 다* 성격이 까다로운 편이었다. 그렇다고 프랭클린이 여자라서 차별을 받았다고 생각하지 않는다. 어떤 차별의 기색도 없었고, 있었다면 내가 어떤 조치를 했을 것이다 … 두 사람 사이에는 항상 불평이 터져 나왔고 그 다툼은 만성적이었다 … 프랭클린 박사가 어떤 불공정한 처사를 당했다면 그것은 여자로서가 아니라 개인으로서 겪은 문제일 것이다. 프랭클린과 윌킨스는 그저 기질적으로 완전히 맞지 않는 사이였다."[27]

킹스칼리지의 여성 업무 환경은 세이어나 펠이 말한 것과는 미묘한 차이가 있었다. 실비아 잭슨은 "영국의 어떤 연구기관보다 여성에게 열린 곳"이라고 주장했다.[28] 프랭클린이 1951년 초 일하기 시작했을 때 생물물리학 부서의 과학자 서른한 명 중에 아홉 명이 여자였는데 이는 1950년대 영국에 여성 물리학자의 수가 얼마나 적었는지 고려한다면 놀라운 숫자였다. 1970년과 1975년 사이에 기자 호레이스 저드슨은 이 아홉 명 대부분과 면담 혹은 서신을 주고받기 위해 큰 노력을 기울였고 "당시 킹스칼리지에서 프랭클린의 동료였던 여성들은 킹스칼리지에서 프랭클린에게 일어났던 문제들이 성별 때문에 배제당해서 생긴 것이라는 견해를 만장일치로 부정했다"고 결론 내렸다. 저드슨은 이들이 "사건이 일어난 지 수십 년 후에" 자신과 대화를 나눴으며, 남자들에게는 없었던 체계상의 장벽을 마주해야 했던 현실을 이해하고 있었다고 지적했다. 이어서 저드슨은 다음과 같이 적었다. "그런데도 이들은 로잘린드 프랭클린을 과학계에서 여성이 처한 환경의 상징처럼 이용하는 것에 반대하면서 역사적 사실과 어긋나고 시대에 뒤처졌다고 생각했다."[29] 오늘날 많은 여성이 번지르르한 말로 이런 장벽을 부정하는 내용을 읽으면 믿을 수 없다고 고

개를 저을지도 모른다. 킹스칼리지의 연구소에서 여성이 학위를 받거나 근무할 수 있었다는 사실이 지니는 가치는 분명히 있지만, 세이어를 비롯해 많은 사람은 그곳이 여전히 아주 가부장적인 세계였다고 주장했다. "로잘린드는 남자가 아니었다. 남녀를 구별하는 퍼다(purdah, 베일)에 익숙하지 않았으며 때로 그 점이 그녀를 불쾌하게 만들었다."[30]

킹스칼리지 곳곳에 전이된 여성혐오의 징후는 프랭클린이 견뎌야 했던 험담과 농담 세례였다. 오늘날이라면 괴롭힘으로 규탄받았을 만한 행동이었다. 이 괴롭힘에 앞장선 사람은 윌리 시즈였는데 빈정거리기 좋아하는 과체중의 더블린 사람으로 핵산과 핵단백질 연구에 반사현미경과 자외선 현미분광계법을 사용하는 새로운 방식을 개발했다.[31] 시즈는 연구실 사람들에게 악의가 있어 보이는 별명을 붙였고 저항하는 사람이 있으면 그 별명을 더 확실하게 퍼뜨리는 신기한 능력이 있었다.[32] 아무도 프랭클린의 바로 앞에서는 감히 부르지 못한 호칭인 "로지"를 붙인 것도 시즈였다.[33] 몇 년 후 프랭클린은 크릭과 이글에서 점심을 먹다가 미국인 해양 생물학자인 도로시 라케(Dorothy Raacke)를 만났다. 라케는 프랭클린이 어떻게 불리길 원하는지 예의 있게 질문했다. "'로잘린드라고 불러주셔야 할 것 같네요'라고 빠르게 답했다. 그리고 눈을 번뜩이며 '절대 로지는 아니에요'라고 했다."[34]

장난 섞인 놀림에 쉽게 발끈하는 과민한 면은 프랭클린에게 거의 도움이 되지 않았다. 나이가 든 후에 시즈는 "상급자들을 더 잘 이해"하기 위해, 그리고 남자는 성만 부르고 여자는 "부인(Mrs.)"이나 "양(Miss)"이라고 성에 붙여 부르는 관습을 피하려고 실질적으로 연구실의 모든 직원에게 별명을 붙였다면서 자신을 변호하고자 했다.[35] 윌킨스도 "로지(Rosy 대신 주로 Rosie라고 적음)"라는 이름을 썼는데 부팀장이라는 그의 지위를 고려하면 시즈의 행동을 암묵적으로 승인한 것과 같았다. 하지만 1970년에 윌킨스는 로잘린드를 로지라고 부른 적이 없다고 주장했다. "나는 별명을 부르는 사람이 아니다."[36]

시즈와 프랭클린 사이의 적대감은 단순한 험담 수준을 넘어섰다. 두 사람은 프랭클린이 연구를 위해 설계한 각도 변환 카메라를 두고 격렬하게 다퉜다. 시즈가 제안했던 카메라 설치 방법을 프랭클린이 맹비난하여 그의 반감을 샀다. 시즈는 비논리적인 근거를 가지고 프랭클린이 연구실 작업장의 희소한 자원을 낭비 중이라며 프랭클린을 상대로 수준 낮은 전쟁을 벌이려고 했다. 어느 날 저녁 프랭클린이 매일 밤 민감한 장비를 두꺼운 검은색 유포로 덮어둔다는 것을 알게 된 시즈는 그녀의 작업 공간에 몰래 들어가 검은 유포가 "킹스칼리지를 로잘린드가 휘젓고 있다는 것을 불길하게 연상시키는 집시, 외계인, 불가사의한 주술의 흔적"이라며 "로지의 응접실"이라는 표지판을 걸었다. 예상하다시피 프랭클린은 충분히 이해할 만한 반응을 보였다. 분노가 폭발한 그녀는 "하찮은 남학생들" 같다고 욕했다. 그리고 또 예상하다시피 윌킨스를 포함한 "하찮은 남학생들"은 프랭클린의 반응을 비웃었다.[37]

프랭클린과 윌킨스의 친구들에 따르면 두 사람 다 수줍음이 많고 일이 뜻대로 되지 않으면 우울해하는 경향이 있었다. 그리고 서로를 당황스럽게 했던 모습은 그런 수줍거나 속상한 태도였을 뿐이라는 것이다. 윌킨스는 성격이 강한 사람들을 피하거나 침묵으로 대응했고, 자신이 보기에 무례하거나 모욕적이거나 위협적인 사람들과는 소통 자체를 거부했다.

프랭클린은 자신을 무시하는 사람들을 주로 피했지만 자주 자신만만한 모습으로 상대방에게 맞서기도 해서, 윌킨스처럼 온순한 치들을 겁먹게 했다. 타인과 눈을 마주치려고 하지 않는 윌킨스와 달리 프랭클린은 X선 기기로 DNA 표본을 겨눌 때처럼 한 치의 오차도 없이 인간을 살피는 광선을 조준하면서 대화 상대의 눈을 똑바로 바라봤다.[38] "많은 과학자가 즐기는 심각하고 열띤 논쟁"을 이야기하면서 앤 세이어는 "로잘린드도 그런 논쟁을 좋아했고 유용하다고 여겼다. 윌킨스는 아주 싫어했다"고 적었다.[39] 레이먼드 고슬링도 세이어의 의견에 동의했다. "로잘린드는 열정이 있었다. 로잘린드는 괴팍한 부분이 있었는데 킹스칼리지에서 바라는 성격은 아니었다 … 반면에 모리스는 항상 어떤 감정도 드러내지 않으려고 주의를 기울였기 때문에 두 사람은 매우 달랐다."[40]

어떤 사람들은 윌킨스를 향한 프랭클린의 강력한 언어 공격이 파리 생활의 잔재라고 보기도 한다. 파리의 연구소에서 벌어진 논쟁은 오페라를 방불케 했다. 아니면 프랭클린과 윌킨스의 서로 다른 민족적 배경이 영향을 미쳤을지도 모른다. 별다른 감정을 내비치지 않는 윌킨스 가문의 성향은 질풍노도와 다름없는 프랭클린 가족의 저녁 토론 문화와 상충하는 것이었다. 2018년에 프랭클린의 여동생 제니퍼 글린은 윌킨스와 프랭클린의 사이에 바람 잘 날이 없었던 또 다른 이유를 제시했다. "언니는 어떤 분야의 문외한에게 그 내용을 설명할 때는 참을성이 강했다. 하지만 언니가 볼 때 그 주제를 잘 알아야 하는 사람에게 굳이 설명해야 할 때는 상당히 짜증을 내곤 했다."[41] 세이어의 표현은 더 직설적이다. 프랭클린의 존중은 "여러모로 따져봐도 매우 얻기 힘들었다. 하지만 그만큼 저버리기도 쉽지 않았다."[42]

생물물리학자인 브루스 프레이저(Bruce Fraser)의 아내이자 킹스칼리지의 생물물리학자 메리 프레이저(Mary Fraser)는 1978년에 쓴 편지에서 프랭클린과 윌킨스 사이의 문제를 다음과 같이 적었다.

> 로잘린드 프랭클린이 왔을 때 우리는 그녀가 비커, 저울, 원심분리기, 페트리 접시에 둘러싸여 안정적으로 평범한 역할을 하리라 기대했던 것 같다. 하지만 아니었다. 로잘린드는 사람들과 섞이고 싶지 않은 것 같았고 아무도 그 점을 특별히 걱정하지 않았다. 결국 로잘린드 자신의 결정이고 사람은 누구나 남과 다른 결정을 할 권리가 있다. 로잘린드 프랭클린에게 호감이 없는 사람이라면 그녀가 남녀를 불문하고 사람인 동료는 다 싫어했다고 말할지도 모른다. 로잘린드의 언행은 퉁명스러운 데가 있었는데 다들 반사적으로 신경을 끄고 입을 다물었기에 로잘린드라는 사람을 알 수 없게 되었다. 로잘린드에게 동료 간 수다는 지루한 시간 낭비였기 때문에 방해받기 싫어했다. 당연히 우리처럼 결함 있는 필멸자(必滅者)들은 수다 떠는 것이 참 좋았다!!

그럼 로잘린드 프랭클린과 윌킨스는 왜 그렇게 사이가 나빴을까? 모리스 윌킨스를 보자. 키가 크고, 조용하고, 온화하고, 똑똑한 실험주의자로 고집은 부릴지라도 보통 말다툼은 하지 않았다. 자신이 준비한 DNA 표본으로 X선 사진을 찍은 그는 사진들이 아주 잘 찍혔다는 것을 알았다. 모든 증거가 그 안에 있다는 것도 알고 DNA의 구조도 알아내고 싶지만, 그 구조를 풀어낼 수학적 지식이 부족해 완전히 좌절하고 있었다.

로잘린드 프랭클린을 보자. 헌신적인 과학자이자 이미 훌륭한 연구를 해놓았으며 사진을 보고 답을 쉽게 구할 수 없다는 것을 알았다. 그 시절에는 컴퓨터 분석의 도움을 받을 수 없었기 때문이다. 앞으로 몇 달 동안 따분한 수학과 모형을 구축해야 했다. 아마도 프랭클린은 윌킨스가 성급하게 굴까 봐 우려되어 자신의 속도와 방식에 맞게 작업할 권리를 쟁취하려 했을 수도 있다. 여러 가지 의

미로 프랭클린은 소용돌이치는 DNA 분자의 악몽에 갇혔다고 느꼈을 수도 있고 윌킨스와 관련 문제를 논의하려고만 하면 저절로 화가 치밀어 올랐을 수도 있다. 로잘린드는 너무 강박적으로 모든 일을 개인적인 것으로 받아들였다. 만약 로잘린드가 윌킨스에게 도움을 청했다면 다 괜찮았겠지만, 그녀는 어떤 도움도 바라지 않았다.

윌킨스는 딜레마에 빠져 다른 동료 과학자들에게 도움을 구했다. 윌킨스를 탓할 수 있을까? 성별과 무관하게 로잘린드처럼 헌신적인 사람들, 위대한 예술가, 과학자, 작가, 등반가, 운동선수, 또 그 위대한 플로렌스 나이팅게일 같은 사람들은 집착하는 경향이 있으며 주위 동료들은 그들의 열정 앞에서는 부차적인 취급을 받을 수밖에 없다. 인간적으로 잘 지내기는 불가능하지만, 인류 역사의 각 장을 써 내려가는 사람들이다. 로잘린드 프랭클린은 아쉽게도 역사의 한 면을 장식할 과학적 성취는 이루지 못했지만 짧은 생을 살면서 여러 가지 흔적을 남겼다.[43]

킹스칼리지 연구실에서 일했던 또 다른 물리학자인 마조리 엠이웬(Marjorie M'Ewen)은 한 발 더 나아갔다. "유감스럽지만 로잘린드의 성격에 문제가 있었던 것 같다. 그렇게 유머 감각이 없는 사람은 본 적이 없는데, 유머 감각이 있었다면 얼마간의 사소한 (의견 충돌)은 아주 쉽게 풀렸을 수도 있다." 그래도 엠이웬은 『이중나선』이나 『로잘린드 프랭클린과 DNA』에서 로잘린드에 관한 기억이 폄훼되고 왜곡되었다는 점에도 유감을 표했다. 그녀는 "세상 빌어먹을 왓슨과 세이어의 책 같으니!"라고 욕하며 글을 마쳤다.[44]

결국 윌킨스는 레이먼드 고슬링에게 형편없는 프랭클린과의 관계를 개선하려면 어떻게 해야 할지 습관적으로 묻곤 했다. 고슬링은 윌킨스를 동정했다. "로잘린드와 모리스는 기질 자체가 애초에 극과 극이었고, 계속 그 상태를 유지했다. 그리고 사정은 사적인 쪽에서 더 나빠지기만 했다 … 로잘린드는 윌킨스와 업무 논의하는 것을 좋아하지 않았지만, 내가 생각하기에 윌킨스는 자기 몫을 가져가기 위해 아주 열심히 프랭클린과 논의하고자 했다."[45] 윌킨스는 심지어 초콜릿 한 상자를 화해의 선물로 프랭클린에게 보내라는 고슬링의 유치한 조언까지 따랐지만, 프랭클린은 전형적인 "중산층" 남자의 지긋지긋한 제스처라고 생각하고 퇴짜 놓았다.[46]

1951년 5월 초, 윌킨스를 경멸하는 프랭클린의 태도가 정점에 이르렀다. 윌킨스는 살아있는 유기체 안의 DNA를 모방하기 위해 지그너에게 받은 DNA 섬유를 수화(水化)하려 했는데 잘되지 않았다. 세포에서 분리된 DNA는 수분을 쉽게 흡수하지 않는 경향이 있었고, 단순히 표본을 물에 담그기만 하는 것으로는 충분히 수화되지 않았다. 몇 달을 보낸 끝에 윌킨스는 "20% 혹은 30% 이상"으로 섬유를 불리지 못했다. 나중에 윌킨스가 설명했듯이 이 실패 때문에 "잘못된 방향으로 연구가 흘러갔고 … DNA가 모든 유전자를 충분하게 담을 수 있는 단일한 나선형 사슬로 구성되어 있다는 생각을 밀어붙이기 시작했다."[47]

어느 날 아침 프랭클린은 완전무장을 한 채 연구실로 들어왔다.[48] 윌킨스가 작업대 위로 몸을 숙이고 조심스럽게 유리막대에 기다란 섬유질 표본을 감는 동안 옆에서 지켜보던 프랭클린은 못마땅하게 고개를 저었다. 윌킨스가 DNA 섬유를 수화하기 위해 사용하던 물통을 확인해본 프랭클린은 해결책을 제시했다. 수소 가스를 카메라실 안에 흘려 넣고 가스가 "염 용액으로 완전히 적셔지도록" 해보라. 윌킨스는 염분 "비말이 섬유에 옮겨붙어" DNA에 생물학적인 것이 아닌 인공적인 변화를 일으킬까 봐 우려하며 이 해결책에 반대했다. 짧은 말 몇 마디와 그보다 짧은 인내심으로 프랭클린은 솜씨 좋게 오염을 방지할 방법을 실연해 보였다.[49] 또 프랭클린은 후속 연구에서 표본의 수분을 끌어내 건조 작용을 하고 습도를 올리면 반대 작용을 하는 특정 물질 위에 DNA 표본을 올려놓는 수화 통제 수단을 완벽하게 만들어냈다. 이 기술 덕분에 프랭클린은 같은 표본을 여러 번 다시 사용할 수 있었다.[50]

조언에 감사하기는커녕 윌킨스는 모든 연구실 사람 앞에서 단지 여자에게 무안을 당했다는 이유로 분개했다. 거의 20년간 윌킨스는 "로잘린드의 제안은 새로울 것도, 독창적일 것도 없었다"며 불평했다.[51] 더 질이 나쁜 것은 윌킨스가 멋대로 생각하기에 "로잘린드가 이 일을 두고 굉장히 거만하게 굴었다. 항상 태도가 거만했다. 그러나 그 해결책이 제대로 작용한 것은 단순한 우연이었고, 로잘린드가 공헌한 부분은 이것, 이 우연뿐이었다."[52] 2003년에야 윌킨스는 마침내 프랭클린의 발견이 우연이 아니라고 인정했다. 그리고 이런 물리화학 기술을 이루어낸 프랭클린이 건넸던 "염을 사용하라는 충고는 옳았고, 그 비말은 사용하기가 어려웠지만, 프랭클린은 다양한 습도에 맞는 최적의 염들을 알고 있었다."[53] 윌킨스가 어떤 버전으로 이 이야기를 하든 프랭클린의 조언에 화를 냈던 그날 아침, 윌킨스는 그를 존중하던 프랭클린의 마음을 완전히 저버렸다. 윌킨스 역시 무엇을 잃게 됐는지 잘 알았다.

서로의 반감이 격화된 것은 1951년 7월, 막스 페루츠가 주최해 케임브리지에서 열린 '단백질 세미나'였다. 왓슨이 옮겨오기 3개월 정도 전이었다. 어니스트 러더포드(Ernest Rutherford)가 수많은 과학적 발견을 발표했던 강당에서 강연하게 되어 몹시 기뻤던 윌킨스는 나폴리동물학연구소(Naples Zoological Station)에서 했던 연구를 언급한 후 중앙에 "X" 혹은 "십자형" 무늬를 쉽게 구별할 수 있는 자신의 최신 X선 사진을 발표했다.[54] 당시 프랭클린을 제외하고 윌킨스는 물론 세미나에 참석했던 누구도 그 의미를 해독할 수 없었지만, X선 무늬에 빠져들었고 프랭클린은 짜증이 나기 시작했다. 강의가 끝나자마자 프랭클린은 X선 관련 연구는 자신의 영역이라고 못 박기 위해 빠르게 강당을 빠져나가 문 앞에서 윌킨스를 기다렸다. "현미경으로 돌아가세요!" 윌킨스와 윌리 시즈는 DNA 표본을 분석하는 대안적인 방법인 자외선 현미경 관찰법을 썼었는데 이 관찰법에는 X선 회절이 포함되지 않았다.[55] 2003년, 윌킨스는 이 수치스러운 순간이 바로 전날인 것처럼 선명하게 기억했다. 그는 막 "고무적인 진전을 보였다고 발표"했는데 "왜 나한테 그만두라고 해야만 했는지, 어떤 권리로 내 일을 제한하는지, 이 새로운 진보 덕분에 내 연구만이 아니라 그녀의 연구도 덕을 볼 거라는 사실을 모르는지" 그가 느끼기에 말도 안 되는 프랭클린의 이야기를 듣고 "충격받고 당황했다." 윌킨스는 "최악의 사태가 그저 해소되고 다시 정상으로 돌아가길 바라면서" 언쟁을 피했지만 "일은 그렇게 풀리지 않았다."[56] 프랭클린이 킹스칼리지에 올 때 존 랜들이 보냈던 편지를 생각하면 그녀의 반응을 이해할 수 있다. 랜들의 편지에 따르면 핵산에 관한 X선 회절 연구를 이끈다는 과제는 명백하게 프랭클린의 몫이었다.[57] 이는 랜들이 윌킨스에게 정확하게 업무 분담을 전달하지 못했다는 뜻이었다.

이 충돌이 있은 지 몇 시간 후 제프리 브라운과 안젤라 브라운이 캠강에서 하는 뱃놀이에 윌킨스를 초대했을 때, 윌킨스는 말 그대로 얼이 빠져 있었다. 프랭클린과 몇몇은 다른 배에 타고 있었다. 배를 타고 누워 있던 윌킨스는 어느 순간 빠른 속도로 접근하고 있는 배에서 노를 쳐들고 있는 프랭클린을 보았고, "그 배는 윌킨스가 보기에 위협적으로 돌진해오고 있었다." 윌킨스는 "나를 빠트려 죽이려고 해!"라고 소리쳤다. 우스꽝스러운 상황에 윌킨스와 노를 들고 있던 당사자를 제외하고 모두 웃음을 터뜨렸다.[58]

런던에 돌아온 후 윌킨스는 "가장 도움이 되었던" 융 방식의 심리치료사에게 고충을 토로했고, 심리치료사는 평화 협정을 맺으라고 제안했다. 이 시기쯤 연구실 직원들이 "꾸준히 토요일마다 스트랜드팰리스호텔에 모여 먹던 점심 식사 자리도 점점 줄어들었고" 심리치료사는 화해의 뜻으로 프랭클린을 저녁 식사에 초대해보라고 권했다. 윌킨스는 별 소득 없이 프랭클린을 찾아다니다가 마침내 얼룩진 실험실 가운을 입고, 연구실 바닥에 대자로 누워서 "에렌베르크 미세초점 X선관의 전력 배선을 조정하느라 바쁜" 그녀를 발견했다. 여러 펌프에 쌓인 찌꺼기와 진공 그리스를 제거하기 위해 X선 장비에 벤젠을 뿌린 후에야 프랭클린은 윌킨스에게 시선을 주었다. 윌킨스는 프랭클린이 "꽤 대화할 의향이 있는 것처럼 보였다"고 기억했다. 하지만 작업을 너무 열심히 한 탓에 주변 온도가 높았고 연구실 안의 공기가 "너무 밀폐"되어 있어서 윌킨스는 프랭클린의 체취가 역하다고 느낄 수밖에 없었다. 비이성적이지만 윌킨스는 그런 냄새나는 상태의 프랭클린과 "저녁 식사를 함께한다"는 생각 자체에 거부감이 들었다. 윌킨스는 연구에 있어서 뭐든 직접 해보는 프랭클린의 방식을 존중하긴 했지만, 프랭클린과 화기애애하게 저녁 식사를 할 의지를 짜내지 못하고 "도망치고 말았다."[59] 50년 이상이 지난 지금 돌이켜보면 믿을 수 없겠지만, 윌킨스에게 올드스파이스(Old Spice) 같은 체취 제거제 여분이 있었다면 과학계의 중대한 다툼 중 하나가 평화롭게 해결되었을지도 모른다.

이 냄새 나는 대화 이후에도 윌킨스는 계속 일종의 관계 개선책을 모색했다. 케임브리지 세미나 직후, 윌킨스는 프랭클린에게 나선 문제에 접근하는 몇 가지 다른 방식, 패터슨 방정식의 사용법, 일부 "유망한" 새로운 발견 등을 적어 보냈다. 윌킨스는 "휴일 잘 보내기를 바라요. M. W."라고 최대한 다정한 인사말로 쪽지를 마쳤다.[60] 슬프게도 평화를 향한 윌킨스의 어떤 시도도 먹히지 않았고 두 사람의 대립은 더욱 심해졌다.

거의 20년이 지난 후 1970년 앤 세이어와의 인터뷰에서 윌킨스는 프랭클린과 있었던 문제를 그저 "성격 차이"였다고 평가절하했다. 하지만 거기서 멈추지 못하고 이내 비통한 목소리를 냈다. "왜 정중하고 문명인다운 대화가 불가능했는지 모르겠어요. 이런 의문을 품는 것이 과한 것 같지도 않고요." 윌킨스는 하소연하듯 말했다. 프랭클린은 "너무 격렬"했고 "그저 사람들의 아이디어를 맹렬히 비난했으며 이로 인해 내가 바랐던 예의 바른 대화는 불가능했다." 윌킨스는 "피하는 것" 외에는 선택지가 거의 없었고 프랭클린이 영영 연구소를 떠나기 전까지 자기 DNA 연구는 미뤄 두었다. "어떤 대가를 치르든 평화롭기만 하면 되는 것이 (총리) 네빌 체임벌린(Neville Chamberlain)의 유화정책 수준이라고 할지도 모르겠지만 내가 굳이 마주할 필요가 없는 것들이 있었다. 그 모든 사나운 태도나 찌푸린 얼굴도 그렇고 그녀는 아주 퉁명스러울 때가 있었다. 대화의 가능성이라고는 없었다."[61]

세이어는 윌킨스가 프랭클린을 "특유의 감정을 억제하는 성향 때문

케임브리지의 킹스칼리지와 클레어칼리지 옆 캠강에서 하는 뱃놀이

에 … 틀어막혀 썩어버린 열정으로" 싫어했다고 생각했다. "윌킨스는 마치 프랭클린이 아직도 살아있고 매일 바로 옆방에서 연구하며 기회가 있을 때마다 자신에게 좌절감을 안기기라도 하는 듯이 그녀를 싫어했다 … 무덤에 누운 사람을 향해 10년 넘게 이렇게 큰 동력으로 유지되는 증오는 많지 않다."[62] 증오는 강한 표현이자, 특히 빗나간 이성애적 감정과 뒤섞이면 복잡한 양상이 된다. 분명한 것은 프랭클린이 고통에 시달리는 윌킨스의 마음에서 사라진 적이 없다는 것이다. 여생 내내 윌킨스는 자기가 프랭클린을 나쁘게 대했다는 비평가들의 분노에 찬 말들을 견뎌야 했다. 프랭클린이나 전반적인 여성에 관해 몇 가지 맹점이 있었지만, 윌킨스는 예절을 아는 남자였고 그런 그를 향한 비평가들의 적대감은 모든 면에서 윌킨스를 괴롭히고 위축시켰다. 윌킨스는 프랭클린의 망령에 잡혀있었다.

1951년 10월, 윌킨스와 프랭클린 사이의 대화는 단절되었고 랜들은 일종의 평화조약을 맺도록 중재하는 처지가 됐다. 프랭클린은 DNA X선 분석을 계속하고, 윌킨스는 현미경을 이용한 그만의 DNA 연구를 하게 됐다. 이런 지시를 내린 랜들의 태도는 윌킨스가 보기에 "개구쟁이 어린애 같았다."[63] 윌킨스는 이 상황을 두고 프로이트적으로 해석되는 성(性)과 관련된 심리학적인 꿈도 꾸었다. "악몽 속에서 나는 생선가게 좌판에 있는 생선이었다. '괜찮은 생선살 어떠세요. 부인? 아니면 뼈째로 드릴까요?' 로잘린드는 무서운 존재였다."[64]

프랭클린의 어머니는 랜들이 강제한 조약 이후에도 윌킨스가 "딸의 킹스칼리지 생활을 비참하게 만들었다"고 주장했다.[65] 1951년 10월 21일 프랭클린이 아드리엔느 바일(Adrienne Weill)에게 보낸 편지는 어머니의 주장을 뒷받침할 만하다.

> *아드리엔느에게*
> *오랫동안 아무 소식을 전하지 않아서 미안해요. 휴가를 마치고 절망적인 위기가 닥친 연구실로 돌아왔어요. 이 위기가 몇 주에 걸쳐 내 기력을 다 빨아가서 누구한테든 편지를 쓸 힘이 없었어요. 이제 약간 상황이 진정됐지만 가능한 한 빨리 여기서 빠져나가고 싶고, 파리에서 받아주기만 한다면 거기로 돌아가는 것도 진지하게 생각하고 있어요 … 내년 10월 전에 파리에서 다시 일할 방법이 떠오르기만을 바라고 있는데 불가능할 것 같아요.*
> — 사랑을 담아, 로잘린드[66]

[13]

프랭클린과 왓슨의 첫 만남

로지는 여성스러운 면을 강조하려 하지 않았다. 이목구비가 지나치게 뚜렷하긴 해도 매력이 없지 않았고 옷에 조금이라도 관심이 있었다면 아주 아름답게 꾸몄을 수도 있다. 하지만 그러지 않았다. 서른하나의 나이에 문학소녀밖에 떠오르지 않는 옷을 입었고, 검은 생머리를 돋보이게 해줄 만한 립스틱도 바르지 않았다. 그래서 이런 모습이 마치 똑똑한 여자가 멍청한 남자와 결혼하지 않으려면 바람직한 전문직의 모습을 갖춰야 한다고 만족을 모르는 어머니가 강조한 결과가 아닌가 쉽게 상상하게 된다. 하지만 실제로는 그렇지 않았다. 그녀는 풍족하고 박식한 은행가 집안의 딸이었기에 연구에 전념하는 금욕적인 삶을 살게 된 이유를 알 수 없다. 로지가 떠나거나 그녀의 콧대를 꺾는 수밖에 없는 상황이 됐다. 그녀의 호전적인 태도를 생각하면 로지가 떠나는 것이 확실히 더 좋은 해결책이었다. 모리스가 로지를 이기고 아무런 방해 없이 DNA만 생각할 수 있는 지배적인 지위를 유지하기는 굉장히 어려웠기 때문이다.

– 제임스 D. 왓슨[1]

로잘린드는 … 삶에 커다란 열정이 있었다. 치열하게 살았다 … 무슨 일을 하든지 온 마음을 써서 했다. 옷을 고를 때도 어마어마하게 신경을 썼고 항상 립스틱을 발랐다. (왓슨의) 책에서 한 문장만 봐도 설정된 논조가 있다는 것을 알 수 있을 것이다. 편향된 논조를 띤 문장이 많다.

– 뮤리엘 프랭클린[2]

1951년 11월 21일 수요일 로잘린드 프랭클린 박사는 여느 날과 다름없는 아침을 맞이했다. 그녀는 도나반코트(Donavan Court)의 4층에 있는 침실 하나짜리 아파트에서 아침 일찍 일어났다. 도나반코트는 드레이턴가든스(Drayton Gardens) 107번지에 1930년 세워진 8층짜리 건축물로 붉은 벽돌 가장자리에 사암 장식이 있었다. 도나반코트는 3~4층짜리 테라스 딸린 단정한 주택이나 저택이 있는 조용한 거리에 있었고(지금도 있다), 이 거리는 런던 사우스켄싱턴 지역 올드브롬턴로(Old Brompton Road)와 풀럼로(Fulham Road) 사이를 북에서 남으로 갈랐다.

프랭클린의 방은 주인의 취향과 솜씨를 반영하여 "수수하게" 꾸며져 있었다. 하지만 타인과 욕실을 공유하는 조그만 방에서 살아본 적 있는 프랭클린의 친구들이 보기에 이 새로운 방은 "호화로웠다."[3] 프랭클린은 급여에 비해 방세가 너무 비쌀까 봐 걱정하며 임대를 망설였다. 하지만 결국 "그전까지 프랭클린이 항상 경멸했던 (할아버지의 재산에서 상속받은) 개인적인 수입"에서 나오는 생활비가 있으므로 그런 가짜 절약은 바보 같다는 것을 깨달았다.[4]

프랭클린의 어머니는 그런 결정을 전적으로 지지했다. "로잘린드는 정해진 평범한 양식이 아니라 엄청나게 신경을 써서 가구를 갖췄다." 아파트는 "접이식 소파가 있는" 넓은 식사 공간 겸 거실, 전망창이 있는 침실, 욕조가 있는 욕실, 좁고 긴 부엌이 있었다. 프랭클린은 커튼도 따로 만들었다. 아파트는 "프랭클린이 해외여행에서 모아온 귀한 소품들로 가득해 온전히 개인적인 취향을 따라 예쁘고 매력적이었다. 프랭클린이 아무리 오래 떠나있더라도 친구들이 끊임없이 집을 빌렸기 때문에 결코 빈 적이 없었다." 프랭클린의 취향에 꼭 맞는 삶을 사는 데 필요한 것들 때문에 자주 집주인과 "언쟁"이 벌어지곤 했다. 그 로잘린드 프랭클린이 벌이

는 언쟁이었으므로 진 적은 거의 없었다.[5]

집 안에서 프랭클린이 가장 빛나는 곳은 부엌이었다. 프랑스 요리에서 영감을 받은 그녀의 특제 요리는 포도주로 토끼 고기나 비둘기 고기를 푹 삶은 요리, 바삭한 빵가루를 입혀 구운 아티초크, 수돗물 대신 버터로 끓인 햇감자 등이 있었다. 모든 요리는 많은 양의 올리브유, 신선한 허브, 잘 숙성된 단단한 파르메산 치즈, 바질, 마늘을 넣어 맛을 강조했다. 프랭클린은 아버지를 위해 로스트비프나 요크셔푸딩을 요리할 때도 톡 쏘는 맛이 나는 마늘을 몰래 넣었다. 프랭클린의 아버지는 마늘을 싫어한다고 공공연히 말하는 사람이었지만, 딸이 차린 맛있는 일요일 저녁 식사에 들어간 마늘은 알아채지 못했다. 오히려 두 번째 접시도 거의 물리는 법이 없었다.

연구실 바깥에서 프랭클린과 교류했던 수많은 남녀에게 그녀는 한 번도 무뚝뚝하고 거칠고 격렬한 프랭클린 박사였던 적이 없다. 대신 그녀는 우아함과 재미를 겸비한 존재 그 자체였다. 저녁 식사 자리에 초대한 손님끼리 원활한 대화를 나눌 수 있도록 항상 자리 배치에 주의를 기울였고, 모든 손님이 특별하다는 뜻을 담아 작은 선물을 각자의 자리에 준비해놓곤 했다. 프랭클린의 가정생활은 그녀가 인생의 다양한 부분을 얼마나 잘 구분했었는지 보여주는 완벽한 예시였다. 순종적인 딸, 매력적인 모임 주최자, 냉정하고 단호한 과학자. 가장 놀라운 점은 프랭클린이 수많은 역할을 얼마나 잘 수행하는지 그 모든 면면을 전부 본 친구나 가족이 드물다는 것이다.[6]

11월 21일 아침은 9도 정도로 서늘하고 거센 비바람이 불었다. 예년과 달리 11월 내내 비가 자주 내렸는데 강수량이 측정되지 않은 날이 8일밖에 되지 않았다.[7] 프랭클린은 평소처럼 우유를 조금 넣은 홍차와 통밀

비스킷 하나로 가볍게 아침 식사를 준비했다. 그리고 수수한 검정 치마를 걸친 후 눈처럼 하얀 블라우스 단추를 잠갔다. 프랭클린 밑에 있던 대학원생 레이먼드 고슬링은 그녀가 항상 "매력을 드러내는" 옷보다는 "실용적인" 옷을 입었다고 기억했다. 매일 몇 시간이고 DNA에 X선을 쏘이고, 종종 퀴퀴한 냄새가 나는 지하 연구실 바닥에 누워 까다로운 장비와 씨름해야 했던 프랭클린의 작업을 생각하면 현명한 선택이었다. 그래도 고슬링은 프랭클린의 외모가 "멋지고 여성스럽다"고 생각했다.[8] 프랭클린 어머니의 주장에 따르면 그녀는 "옷에 어마어마한 신경을 썼고 대부분 만들어 입었다. 치마(의 단)는 유행에 따라 길이가 달라졌다. 언제나 잘 차려입었고 우아했으며 최신 유행에 맞는 스타일이었다."[9]

아파트를 나서기 전에 프랭클린은 신경 써서 화장하고 립스틱을 발랐다. 제임스 왓슨은 프랭클린이 립스틱을 바르지 않았다면서 심보 나쁘게 묘사한 내용을 출판했고, 그 후 한참 지난 후에 뮤리엘 프랭클린은 딸이 사람들 앞에 모습을 드러내기 전에 거쳤던 일상적인 습관을 다른 사람들에게 다시 한번 확실하게 알렸다.[10] 현관 복도에 있는 황동 우산꽂이에서 우산을 집어 들고 비옷을 걸친 후 프랭클린은 문을 잠그고 엘리베이터를 타고 내려가 길거리로 통하는 넓은 복도를 걸어갔다. 프랭클린이 결연하게 한 걸음을 디딜 때마다 앞부분이 네모난 하이힐 굽이 노면에 부딪히는 또각또각 소리가 들렸다. 폐소공포증 때문에 연구실까지 12분 걸리는 지하철을 타지 않고 대신에 30분 정도 걸려 알드위치(Aldwych)와 드루리레인(Drury Lane)의 모퉁이로 가는 버스를 탔다. 프랭클린은 알드위치와 드루리레인의 모퉁이에서부터 몇 분을 더 걸어서 스트랜드가의 상업 지구와 법조계의 늪인 인스오브코트(Inns of Court)를 모두 조심스럽게 피해 명징한 사고의 상징으로 여겨지는 킹스칼리지로 들어섰다.

프랭클린은 스트랜드가로 난 인상적인 철문을 통과해 템스강에 인접한 사각형 안뜰로 양했다. 폭탄 때문에 가운데에 구덩이가 생긴 안뜰을 크게 돈 후 왼쪽으로 방향을 틀어 난간과 아치형 창문이 있고 화강암으로 지어진 조지 왕조식 8층짜리 웅장한 킹스칼리지 건물의 계단을 올랐다. 수많은 킹스칼리지의 학생이나 직원처럼 프랭클린도 우화에 등장하는 두 존재가 경비를 서고 있는 정문 위를 올려다본 적이 거의 없었다. 하나는 십자가를, 다른 하나는 책을 들고 있다. 킹스칼리지의 문장(紋章)을 본뜬 두 개의 구조물은 상테 엣 사피엔테르(Sancte et Sapienter, 신성하게 그리고 지혜롭게)라는 킹스칼리지의 표어를 상징했다. 또각또각, 프랭클린의 구두 굽이 젖어서 번들거리는 로비의 대리석 바닥에 부딪히는 소리가 울려 퍼졌다. 로비에 있는 거대한 계단과 그리스 극작가 소포클레스(Sophocles), 그리스 서정시인 사포(Sappho)의 실제 키보다 큰 대리석 조각상이 압도적이었다. 조각상을 왜 그 자리에 세워놨는지 어떤 설명도 표지도 없었다.[11]

프랭클린은 옆문으로 가서 계단을 한 층 내려가 두꺼운 방화문을 열고 성큼성큼 걸어 들어가 생물물리학 연구실에 도착했다. 작업실에 도착한 프랭클린은 우비를 벗고 남성용으로 만들어져 너무 크고 헐렁한 새로 풀을 먹인 흰색 실험실 가운으로 그녀의 우아한 차림새를 가렸다. 실험실 가운이라는 꼭 필요한 마지막 한 겹을 걸치면 프랭클린은 육체적, 정신적으로 친구들의 사랑을 받는 명랑한 로잘린드에서 위압적이고 때로는 까다로운 프랭클린 박사로 변신했다.[12]

이날(11월 21일) 존 랜들은 연구원들에게 오후 3시 계단식 강의실에서 열리는 핵산학회에서 발표하라고 지시했다. 발표자는 세 명이었다. 윌킨스가 첫 번째 발표자였는데 5월에 나폴리와 7월 캐임브리지에서 발표했던 내용을 갱신한 것으로 DNA가 "나선 구조임을 가리키는 … '가로' X선 무늬"의 증거를 발표했다. 그는 또한 핵산 섬유의 신축성(늘어나는 양상은 "네킹[necking]"이라고 불렀다), DNA의 광학적 특성, 갑오징어 정자 세포핵에서 추출한 DNA 연구 등을 논했다. 윌킨스는 학회에서 "새로 보고할 것이 거의 없었지만" 몇 년이 지나 "각 생물종의 DNA에 들어있는 아데닌과 티민의 양이 같고 구아닌과 시토신의 양이 같다는 (에르빈) 샤르가프(Erwin Chargaff)의 중요한 결론을 언급했던 것 같다"고 주장했다. 학회에 참석한 이들 중에 윌킨스가 샤르가프와 관련된 내용을 발표했다고 기억하는 사람은 아무도 없었다.[13]

알렉 스톡스가 윌킨스 다음으로 자신의 새로운 나선 이론을 발표했다. 스톡스는 일주일 정도 전에 케임브리지에서 같은 발표를 했던 크릭과는 독자적으로 나선의 푸리에 변환으로 알려진 2차원의 격자 구조에서 반복적으로 나타나는 회절 무늬를 설명하는 수학 공식을 풀었다. 스톡스는 자기 연구가 DNA 회절 무늬를 해석하는 새로운 방법이라며 자랑스럽게 결론 내렸다.[14] 이 학회로부터 23년 후에 있었던 인터뷰에서 스톡스는 "나선 회절 이론에 대해 발표했다. 나는 발표 서두에 크릭과 코크런(Cochran)이 똑같은 공식을 풀어냈다는 얘기를 들었지만 내 발표는 전적으로 나의 연구에 기반하고 있다고 말했던 것을 기억한다. 문제는 (다음 순서였던 프랭클린의 발표가) 어떤 내용이었는지 기억이 몹시 흐릿하다는 것이다. 아시다시피 나는 막 내 발표를 마친 상태였다."[15]

프랭클린은 오후에 열리는 학회에서는 최악이라 할 수 있는 마지막

런던 킹스칼리지의 메인 로비와 계단

순서였다. 이미 두 시간 이상 학회가 진행되어 졸린 눈을 한 참석자들은 학회 후에 들이킬 한잔의 맥주에 정신이 팔리기 시작했다. 자신의 연구를 평가할 사람들을 힐끗 쳐다본 프랭클린은 마음을 다잡고 무대에 올랐다. 목재 연단에 종이 한 뭉치를 올려놓고 목을 가다듬은 후 프랭클린은 표준 영어 발음으로 고도로 기술적인 연구 내용을 상세하게 발표했다. 프랭클린의 시선이 바로 닿는 딱딱한 나무 좌석의 첫 줄에는 모리스 윌킨스가 앉아 있었다. 한두 줄 뒤에는 다리를 꼰 짐 왓슨이 강연이 지루할 때를 대비해 들고 온 신문지 몇 장을 들고 앉아 있었다. 프랭클린과 왓슨이 직접 대면한 것은 이때가 처음이었다.

1965년 노벨 생리의학상 수상자인 프랑수아 자코브(François Jacob)는 이 무렵 열렸던 학회에서 젊은 왓슨이 보였던 행동을 기억했다. 왓슨은 "키가 크고, 흐느적거리고, 앙상했던" 외형뿐만 아니라 누구도 흉내는

커녕 범접할 수 없는 태도 때문에 눈에 띄었다. 왓슨은 강연장에 들어갈 때 "거기 있는 과학자 중 가장 중요한 인물을 확인"하고 그 근처에 앉기 위해 "가장 훌륭한 암탉을 찾는 수탉처럼 목을 빼고" 들어가곤 했다. 그의 옷차림도 다분히 의도적으로 이상했는데 "셔츠 자락은 흩날리고 무릎은 굽었고 양말은 발목까지 내려와 있었다." 마지막으로 "자신은 의식하지 못하는 당황스러운 버릇이 있었는데 언제나 툭 튀어나온 눈에 입을 벌리고서 구두점을 찍듯 '아! 아!' 하는 소리가 들어가는 짧고 고르지 못한 문장을 중얼거렸다." 이 모든 특징을 종합하여 자코브는 "어색함과 약삭빠름이 놀랍게 뒤섞여 있었다. 세상살이에는 유치했지만, 과학에 관한 것은 잘 알고 있었다"고 왓슨을 평가했다.[16]

11월 21일의 학회에는 물리학자가 15명 정도 참석했다. 그렇지만 로잘린드 프랭클린의 발표 내용에 관해서는 세 가지 기록밖에 존재하지 않는다. 1968년 발표된 왓슨의 회고록, 2003년 발표된 윌킨스의 회고록(수년에 걸쳐 윌킨스가 마지못해 인정한 몇 차례의 인터뷰를 주석으로 달았다), 1951년 프랭클린이 발표 직전에 준비했던 발표 노트가 그것이다. 왓슨의 기록이 가장 널리 인용되는데, 프랭클린과 관련된 사건이나 행동을 묘사할 때 종종 왓슨의 신뢰도가 떨어진다는 점을 고려하면 유감스러운 일이다. 호레이스 저드슨이 적은 것처럼 왓슨은 학회 이야기를 "간략하게 얼버무리면서 자신이 발표를 필기하지 못한 점, 프랭클린이 이야기하는 바를 이해하지 못한 점, 그나마 이해한 몇 안 되는 내용을 정확하게 기억하지 못한 점에 집중하고 있다. 왓슨의 이야기를 보면 그가 관심이 있는 것은 자신의 실패뿐이었다."[17] 그렇다 하더라도 이날 학회에 대한 왓슨의 견해부터 살펴보자.

11월 20일 화요일 저녁, 왓슨은 케임브리지에 있는 브래그의 집에서 열린 셰리주(sherry) 파티에 참석했다. 잠자리에 들기 전에 술에 취한 왓슨은 부모에게 편지를 썼다. "내일 런던에 가서 킹스칼리지에서 열리는 핵산 강연을 들을 예정이에요 … 그리고 금요일에는 연구실 다른 사람들이 다 간다고 해서 옥스퍼드에 들를 것 같아요."[18]

왓슨은 타고난 괴상한 성격 같은 것보다 훨씬 더 중요한 이유로 그 강연에 참석하기 적합한 인물이 아니었다. 크릭이 몇 년 후 회고했듯이 왓슨은 "결정학 분야에 관해서는 초짜에 불과"했다.[19] 비록 그가 부모에게는 이 신비로운 주제를 금방 이해했다고 말했지만, 왓슨은 공부를 시작한 지 몇 주 되지 않은 상태였고 복잡한 수학이나 회절 무늬의 해석, 결정의 단위격자가 비대칭 단위와 대조되어 사용되는 경우와 같이 용어의 중대한 차이도 구분할 줄 몰랐다. 왓슨은 이 결정의 단위격자와 비대칭 단위의 차이를 몰라 프랭클린의 강연 내내 당황했다. "세상살이에 유치했다"는 왓슨의 특징을 이 상황에 대입하면 프랭클린의 발표에 대한 기억, 외모에 대한 기억이 모욕적이라는 점이 놀랍지도 않다.

> 15명 남짓 되는 청중을 향해 빠르고 신경질적으로 말하는 그녀의 말투는 우리가 앉아 있었던 장식 하나 없는 오래된 강당에 어울리는 태도였다. 온기나 경솔함이라고는 찾아볼 수 없었다. 그런데도 아예 흥미롭지 않다고는 말할 수 없었다. 한 순간 나는 그녀가 안경을 벗고 머리카락으로 참신한 행동을 한다면 어떨까 상상했다. 그래도 내 주 관심사는 결정의 X선 회절 무늬에 관한 그녀의 설명이었다.[20]

런던 킹스칼리지의 계단식 강의실

왓슨은 이어서 프랭클린이 "DNA 구조를 규명할 유일한 방법은 순수한 결정학적 접근뿐"이라고 주장했다고 적었다. 왓슨은 프랭클린의 접근 방식이 "마지막 수단"을 제외하고 모형 구축을 포함하지 않았기 때문에 근거가 빈약하다고 생각했다. 그녀는 "폴링의 방식을 모방"하려 하기는커녕 "알파나선을 밝혀낸 폴링의 업적조차 언급"하지 않았다.[21] 프랭클린의 논문에서 그녀가 틀린 것은 없었다. DNA 구조를 규명하기 위해서는 느리지만 정확하게 X선 자료를 모으는 것이 핵심이었다. 하지만 왓슨은 자신의 귀중한 시간을 그런 자료 수집에 허비할 생각이 없었다. 왓슨은 "그저 바보같이 배운 것을 잘못 쓰게 만드는 케임브리지의 융통성 없는 교육"의 수혜자라고 프랭클린을 조롱했다.[22]

왓슨은 프랭클린의 발표를 잘못 이해하고, 그 내용을 몇 시간 안에 널리 퍼뜨렸으며 수십 년간 반복했다. "로지는 나선 이론에는 콧방귀도

꿔지 않았다 … 그녀가 생각하기에 DNA가 나선이라는 증거는 한 점도 없었기 때문이다."[23] 프랭클린이 발표를 마친 후 윌킨스만이 몇 가지 질문을 던졌지만 "기술적 특성"에 관한 것이었고 논쟁으로 번지지 않아 왓슨은 실망했다. 왓슨에 따르면 나머지 청중은 프랭클린에게 거센 힐난을 받을까 두려워서 자기 발만 내려다보며 침묵했다. "훈련받지 않은 분야의 주제에 관해 감히 의견을 냈다가 여자한테 한소리 듣는다면 안개 끼고 냄새나는 11월의 밤이 시작부터 기분 나쁠 터였다. 중학교 시절의 안 좋은 기억이 확실히 되살아날 것 같았다."[24]

윌킨스가 말하는 학회의 기억은 더 복잡하고 수수께끼 같다. 만년에 윌킨스는 프랭클린의 강의가 "가능성 있는 DNA 구조의 다양한 양상을 최고 수준으로 설명했다"고 마지못해 인정했다. "인산기가 분자 바깥에 위치해야 하는 이유를 명확하게 설명했고, DNA의 A형과 B형 구조에서 물의 역할을 이해하는 것이 얼마나 중요한지 설명했다."[25] 하지만 이렇게 인정하기 전까지 50년간 윌킨스는 프랭클린이 나선 구조에 크게 반대했다는 왓슨의 거짓말을 상습적으로 반복했다.[26] 1970년 윌킨스는 앤 세이어에게 말했다. "만약 (프랭클린이) 나선 구조에 반대하는 태도를 보이지 않았다면 크릭과 왓슨에 앞서 답을 알아냈을 것이 틀림없다 … 그 문제에 관해서 그녀는 아주 지독하게 굴었다. 내가 뭘 할 수 있었겠나? 그녀와 대화조차 나눌 수 없었다."[27]

2년 후인 1972년, 윌킨스는 나선 구조의 가능성을 명백하게 논하고 있는 프랭클린의 11월 21일 자 발표문을 서면으로 보게 되었다. 윌킨스는 가식적으로 꾸며냈다. "내 기억에는 프랭클린이 나선에 관해 아무 말도 하지 않았는데, 확실하지는 않다. 노트에 적어둔 추측을 학회에서 발표한다는 것은 프랭클린의 성격에 맞지 않는 행동이라고 생각한다."[28] 1976년이 되면 그의 이야기는 고발로 변모하고 있다. "그 시기에 프랭클린과의 의사소통은 아주 불완전했다. 프랭클린이 DNA가 나선 구조를 띨 수 없다는 증거 대신 다른 측면에서 연구에 진전이 있었다는 것을 우리에게 알리지 않았다는 것이 유감이다."[29]

묘하게 윌킨스의 편을 드는 이 근거 없는 이야기는 결국 2003년 윌킨스의 회고록에 들어갔다. "나는 프랭클린이 나선 구조를 논한 것이 기억나지 않는다. 짐 왓슨도 기억하지 못했다." 윌킨스는 프랭클린이 자신과 스톡스, 프랭클린 간의 협업을 피하려고 나선 구조에 반대했다고 근거도 없이 사실인 것처럼 말했다. 또 모리스는 이렇게 추측했다. "자신의 독립성을 지키기 위해 프랭클린이 강의 노트에서 나선 부분을 빠뜨린 것은 놀랍지 않다. 그녀가 확실한 방식으로 일하고 싶었던 거라고 생각한다."[30]

프랭클린의 발표를 녹화한 기록이 없고 청중 중에 아무도 그녀가 그날 오후 발표한 내용을 정확히 기억하지 못했다. 하지만 중요한 학회에서 자신의 연구를 발표하는 모든 학계의 과학자가 그렇듯이 로잘린드 프랭클린이 미리 준비한 강의 노트를 기반으로 발표했다고 보아도 역사적으로 큰 문제는 없을 것이다. 1976년 동료였던 알렉산더 스톡스는 학회 날 오후의 기억이 분명하지 않지만 "자신이 아는 한 프랭클린은 노트에 적은 대로 발표했을 것"이라고 동의했다.[31] 대체 어떤 이유로 프랭클린처럼 사실에 충실한 과학자가 어렵게 얻어낸 주요 실험 결과를 빠뜨리겠는가? 특히 자기 상사를 포함해 적대적인 관계로 인지하고 있는 사람들 앞에서 발표하는 자리에서? 그렇다면 프랭클린의 노트가 소리 내어 발표되었을 때 무엇 때문에 이런 혼선이 빚어졌을까?

다행히도 케임브리지 처칠칼리지의 기록 보관 담당자들은 붉은 표지로 묶은 로잘린드 프랭클린의 책과 종이 뭉치를 모두 보관하고 디지털 문서화해왔다. 이 문서들은 프랭클린이 킹스칼리지에서 일하는 동안 매일 기록했던 과학 실험, 추정, 분석, 계산 등을 담고 있다. 그 안에는「1951년 11월 학회」라는 제목으로 두 쪽이 펼쳐진 여덟 장의 노란 종이가 포함되어 있었는데 프랭클린이 개인적으로 그림을 그리고 수식을 적어둔 여섯 장이 추가로 함께 묶여 있었다. 이 낙서는 1951년부터 52년까지 연구 진척을 담은 프랭클린의 보고서와 함께, 왓슨과 윌킨스가 날조하고 공고하게 만든 반(反) 나선 이야기와는 전혀 다른 가닥을 풀어내고 있다.

이 노트 속 내용은 대부분 속기로 적혀 있다. 어떤 메모는 프랭클린이 청중과 계획대로 눈을 맞추며 잠시 말을 쉬기 전에 초조하게 노트를 내려다볼 때, 쉽게 기억하기 어려운 결론들을 상기시키는 간략한 단서 역할을 했다. 주의력을 올리고 더 많은 자료가 필요할 때 메모를 전체적으로 흩어놓는 것이 프랭클린의 오랜 습관이었다. 프랭클린은 청중을 향해 더 선명한 사진, 더 좋은 DNA 섬유, 카메라와 DNA 표본을 더 능숙하게 다루는 재주가 필요하다고 강조했다. 노트에는 발표 중에 뒤에 있는 화면에 사진을 띄우는 순서를 지시하는 "사진 보여주기" 지시문도 적혀 있었다.[32]

그날 오후 발표에서 왓슨이 골라서 받아들인 내용은 "로지가 자신의 발표를 예비조사처럼 다뤘다"는 것인데, 이를 근거로 프랭클린의 자료가 확인되지 않은 신뢰도 없는 것이라고 치부했다. 프랭클린의 자료가 예비조사의 성격을 띠었다는 것은 명백했다. 당시 프랭클린이 DNA 연구를 시작한 지 9개월밖에 되지 않았고 자신의 실험 방법론에 나타난 문제들을 풀어나가는 중이었다. 이런 상황에서 예비조사가 아닌 완전한 연구 결과라고 발표하는 것은 멍청하고, 부주의하고, 비과학적인 일이었으며 프랭클린은 단 한 번도 이 세 가지 실수를 범한 적이 없다.[33]

1951년 11월 프랭클린의 발표로부터 수십 년이 흐르는 동안 왓슨, 윌킨스, 크릭은 프랭클린이 DNA 분자가 나선형이라는 생각을 격렬하게 부정했다고 날조했다. 증인 중 한 명인 레이먼드 고슬링은 여러 번 이런 날조를 논박했다. "왓슨이 했던 말 중에 공정하지 않다고 생각했던 것이 있다. 로잘린드가 그저 나선형에 반대했고, 반대를 관철하기 위해 할 수 있는 것은 다 했다는 주장이다. 간단하게 말해 사실이 아니다."[34] 그러나 왓슨, 윌킨스, 크릭이 노벨상을 받아 과학계 거물이 된 후 고슬링의 반박은 더욱 힘을 잃었다.

사실 프랭클린의 1951년 11월 강의 노트는 나선형에 반대했다는 혐의를 오히려 부인한다. 프랭클린은 DNA가 살아있는 상태와 비슷할수록 DNA 섬유가 더 잘 수화된다는 점과 특히 어떻게 DNA 섬유가 펴지면서 꼬임이 풀리는지 묘사하는 데 큰 공을 들였다. 윌킨스가 사실과는 다르게 프랭클린이 놓쳤다고 주장하는 부분이다. 프랭클린은 DNA 섬유에 물을 첨가할 때 "상이 완전히 변하면서 훨씬 단순한 형태"가 생성된다고 적었다.[35] 다음으로 프랭클린은 체계적으로 철저하게 연구하여 염과 수용액의 사용에 관해 a) 젖은 상태, b) 결정화한 상태, c) 건조 상태라는 세 가지 "다소 알기 쉬운 상태"를 발견했다. DNA의 세 가지 상태를 발견한 이 예비 결과로 비춰보면 프랭클린의 (불과 몇 달 뒤 DNA의 형태를 뚜렷하게 다른 두 가지로 설명하기에 앞서) 실험이 완벽하지 않은 과도기를 거쳤음을 짐작할 수 있다. DNA의 두 가지 형태는 건조 결정 A형과 75~90% 습윤 파라결정(paracrystalline) B형이었다.

구체적으로 보면 프랭클린은 건조하고 결정화된 A형이 X선 촬영하기 쉽지만, X선이 분자 안의 원자를 흔들어 인위적인 흔적이 찍히기 때문에 결과적으로 해석하기는 더 어렵다는 것을 발견했다. 습윤한 B형은 사진으로 찍기는 힘들지만, 나중에 프랭클린이 증명한 바에 따르면 회절 무늬에서 나선 구조가 더 쉽게 드러났다. 1951년부터 1952년에 프랭클린은 열린 자세로 상충하는 자료를 분석하면서 "반 나선"과 "친 나선" 사이를 오갔다.[36] 4반세기가 더 지난 후 단백질 결정학자인 버크벡칼리지의 해리 칼라일(C. Harry Carlisle)은 프랭클린이 그렇게 조심했던 이유를 설명했다. "DNA A형과 B형에 관한 로잘린드의 뛰어난 X선 연구를 보면 최소한 그녀가 나선 구조를 부정하지는 않았을 거라 생각한다." 칼라일이 살펴본 바에 따르면 프랭클린이 A형에 집중했던 이유는 A형의 X선 회절 사진의 화질이 가장 좋았기 때문이며, 단순한 이론이나 추정을 벗어나 좀 더 강력하게 재현 가능한 결과를 내고자 했기 때문이다. 이는 과학적 탐구는 철저해야 한다는 훈련을 받은 결과라고 할 수 있다.[37] 따라서 1951년 11월 프랭클린의 발표를 더 정확하게 설명한다면 아직 DNA가 나선형이라는 결정적인 자료가 충분하지 않았고, 나중에 인위적인 요소로 밝혀졌지만, 당시에는 나선형에 반하는 근거가 일부 나왔던 상황이었다. 프랭클린의 연구 자료는 그녀에게 주어진 기술을 고려하면 예비조사로 여길 수밖에 없었다. 당시의 기술로는 DNA처럼 복잡한 유기 분자에 들어있는 모든 원자와 그 결합을 그려내려면 몇 달에서 몇 년은 걸렸다. 프랭클린은 시간, 인내, 점점 개선되는 X선 기술, 연구의 허점을 물어뜯으려는 다른 연구자들의 참견을 배제하는 것 등이 성공으로 가는 길이라고 말했다.

학회 날 오후에 프랭클린은 다른 몇 가지 주요한 실험적 논점들도 언급했지만, 왓슨의 귓등을 스쳐 지나갔다. 예를 들어, 프랭클린은 물 분자가 어떻게 DNA 분자의 가장자리에 있는 인산기 주변을 둘러싸는지 가설을 세울 수 있는 충분한 자료가 있었다.[38] 또한 그녀는 습윤한 DNA의 회절 무늬가 어떻게 3.4Å길이의 반원을 그리는 호로 나타나고 두 개의 "불투명한 얼룩이 40도 각도로" 나타나는지도 설명했다. 무늬 가운데를 수평으로 가로지르는 곳에서는 "고차 구조"를 뜻하는 "날카롭고 강렬한 점"을 발견했다. 건조한 DNA 형태에서는 그 점이 3.4Å호와 두 개의 측면 호만을 남기고 점차 축소된다고 보고했다. "결정"의 무늬와 관련해서는 1938년 애스트버리(Astbury)가 발견한 것과 같이 "27Å크기의 점"을 발견했는데 "단순히 다른 뉴클레오타이드와의 차이점이라고 하기에는 지나치게 뚜렷하고, 대응하는 위치의 뉴클레오타이드는 27Å간격으로만 나타난다는 뜻일 것이다. 27Å이 나선(spiral)의 변곡점까지의 길이임을 시사한다." 당시 spiral이라는 단어는 흔히 helix의 동의어로 쓰였다. 프랭클린은 추정 밀도를 계산하면서 자료에 따르면 각 분자에 사슬이 한 개 이상이고 습도가 올라갈수록 결정 형태가 변화하기 때문에 "길이에 큰 변화가 나타난다"고 관찰했다. 이는 습윤한 "나선은 어떤 압력이 가해지는 결정 형태일 때와는 다른 나선 구조를 띤다(폴링 연구 참조할 것)"는 것을 나타낸다.[39] 이 마지막 메모는 왓슨의 주장과 달리 프랭클린이 나선과 라이너스 폴링의 단백질 연구를 모두 언급했음을 보여준다.

프랭클린의 강의 노트는 계속해서 "거의 육각형으로 둘러싼 모양은 격자점마다 나선이 하나뿐이며, 나선에는 사슬이 한 개 이상 담겨 있을 수도 있다는 것을 나타낸다. 24잔기/27Å이라는 밀도 측정값에 따르면 사슬이 한 개 이상일 것이다."[40] 주의를 기울여 서술된 결론은 더욱 확실하게 반 나선 신화를 파괴한다. "거대한 나선이나 몇 개의 사슬, 외부의 인산염, 사슬 사이의 인산염-인산염 결합은 수분으로 파괴된다. 인산염 결합은 단백질에서도 가능하다."[41] 다음 문장에서 프랭클린은 자신의 연구가 "나선 구조를 뒷받침하는 증거"를 찾고자 한다고 설명하면서 꼬임이 없는 직선 사슬은 "존재하기가 거의 불가능"하기 때문이라고 밝혔다. 즉, 그런 구조는 자연을 통해 불균형하고 불안정한 것으로 입증될 것이다.[42]

몇 주 후, 프랭클린은 1951년 1월 1일부터 1952년 1월 1일까지 진행한 연구의 소결을 중간 보고서로 작성했고 랜들과 윌킨스 모두 해당 보고서를 검토했다. 한 줄씩 띄어 작성된 다섯 쪽짜리 보고서에서 "나선의" 또는 "나선"이라는 단어는 다섯 번 등장했다. 프랭클린이 1951년 11월 말 학회에서 발표했던 때부터 보고서를 작성하기 시작했던 크리스마스 연휴 사이에 어떤 발견을 추가로 이뤄냈다고 보기는 어렵다.

> 연구 결과에 따르면 꽉 닫힌 형태일 것이 분명한 나선 구조에는 나선 단위마다 2~4개의 축이 같은 핵산 사슬이 있을 것으로 보이며, 구조 바로 바깥에 인산기가 있을 것이다. 다량의 수분을 흡수할 수 있고 강력한 내부 나선 결합을 형성하는 부분은 이 인산기인데, 상당한 양의 수분을 주면 물질의 3차원 결정 구조가 드러난다. 수분이 과도하면 축이 평행한 독립적인 나선들의 "습윤한" 구조를 시작으로 물에 들어 있는 DNA 용액까지 이 결합이 파괴된다. 수분이 없으면 결합이 강하게 유지되어 극도로 건조할 때 나타나는 접합 효과를 설명한다. 건조한 구조는 수분이 빠지면서 남은 구멍 때문에 왜곡되고 압력을 받지만, 해당 물질의 3차원 결정 구조를 형성하는 결정 구조의 뼈대는 손상되지 않는다.[43]

최종적으로 DNA 구조를 규명하는 데 필요했던 중요한 사실이 한 가지 더 있었는데, 프랭클린의 1951년 11월 21일 강의 노트와 1951~52년 중간 보고서에 모두 적혀 있었다. 왓슨과 크릭이 그 유명한 논문을 발표하기 1년도 전에 로잘린드 프랭클린은 DNA의 결정 상태, 즉 A형이 단사정계 면심격자, 혹은 C_2라는 단위격자로 분류될 수 있다는 것을 알아냈다.[44] 이 장대한 결정학적 관찰 없이는 이중나선 구조를 확인할 방법이 없다는 것은 명백히 참이었지만, 참이라고 결론 내리기 전에 몇 가지 설명이 더 필요했다. 1975년 2월, 『뉴요커(New Yorker)』의 기자였던 호레이스 저드슨은 먼지 쌓인 예전 캐번디시연구소에서 거의 5마일 떨어진 케임브리지 남부에 새롭게 자리 잡은 의학연구위원회 연구소에 있던 막스 페루츠에게 가서 독자들에게 전달할 만한 설명을 해달라고 요청했다. 페루츠의 응답은 저드슨이 역사학자로서 본 독특한 결정학 개념에 대한 설명 중 최고였다.[45]

페루츠는 결정이 어떻게 대칭으로 다양하게 나타나는지 설명하는 것부터 시작했다. 더 엄밀하게 말하자면 어떤 결정들은 다른 것보다 약간 더 대칭을 띠기도 한다. 최소한의 대칭 요소만 공유하는 결정은 "삼사정이라고 불리는데 축이나 평면이 세 개 있고, 각 결정끼리 비스듬하게 접하고 있으며, 어떤 모서리 각도 직각으로 만나지 않는다." 대칭 요소가 최대인 결정은 사방정으로 "3면이 직각으로 교차한다." 페루츠는 이어서 프랭클린의 중대한 발견을 논했다. 결정 종류의 양극단인 삼사정과 사방정 사이에는 단사정이라는 종류가 있는데 단사정계는 "세 개의 각 중에 두 개가 직각으로 만나지만 셋째는 어떤 각도도 될 수 있다." 단사정의 "최소 대칭 요소"는 두 가지로, 만약 "축을 기준으로 반 바퀴 돌린다면 다시 일치하게 된다." 페루츠가 추정하기로 프랭클린은 DNA 결정이 "단사정계 대칭 요소를 띠며 대칭축이 섬유에 평행하지 않지만, 사슬에 수직"이라는 것을 발견한 데서 멈췄다. 이 발견은 "기하학적으로 특이한 결과"였지만 아쉽게도 "프랭클린이 그 중요성을 인지하지 못했다."[46]

수년에 걸쳐 이런 설명을 셀 수 없이 많은 학생 앞에서 해온 페루츠는 기자 저드슨의 혼란을 빠르게 읽어냈다. 페루츠는 연필 두 자루를 상의 주머니에서 꺼내 가까운 탁자에 나란히 올린 후 연필심 부분은 북쪽으로, 지우개 부분은 남쪽으로 향하게 했다. 격려하는 말투로 페루츠는 더 자세히 설명했다. "만약에 이 연필 한 쌍을 탁자 면 위에서 같이 회전시킨다면 360도를 다 돌리기 전까지 원래의 대칭적인 위치로 돌아오지 않을 겁니다." 설명을 실제로 보여주기 위해 페루츠는 연필 두 자루를 반시계 방향으로 한 바퀴 돌렸다. 그러더니 연필 한 자루의 방향을 바꿔 두 자루의 연필심과 지우개가 각각 반대로 향하게 했다. "위부터 아래까지 사슬 두 가닥이 반 바퀴 회전하면 대칭으로 돌아옵니다. 보세요. 방향만 바뀌었죠." 이어서 페루츠는 각각의 연필을 180도 회전시켰다. "만약 DNA가 X선 이미지상에서 단사정계를 띠고 그 대칭축이 사슬에 직각이라면", 페루츠는 흥분을 감추지 못했다. "그러면 바로 사슬 한 가닥이 위로 갈 때 다른 사슬 가닥은 아래로 갈 수밖에 없지요. 한 쌍이라면 (두 줄로 꼬인 염색체의) 사슬 하나가 위로 갈 때 다른 하나는 아래로 간다는 것이 물리학적 사실입니다."[47]

페루츠는 결정의 공간군과 단위격자의 의미를 설명하면서 한층 복잡한 논의로 이끌었다. 그는 "무늬가 반복되는 복잡한 벽지"를 비유로 들었다. "단위격자는 벽지에서 같은 크기, 모양, 내용으로 반복되는 무늬 중 가장 작은 부분을 말합니다. 다만 결정의 단위격자는 3차원이지요."

연필로 원자가 들어있는 단순한 3차원 상자를 그리면서 페루츠는 상자의 모서리 여덟 군데가 각각 원자를 의미한다면서 동그라미 쳤다.

그러고 나서 페루츠는 어떻게 상자가 "벽지 무늬처럼 반복되면서 3차원 원자 격자를 형성하는지" 언급했다. "모서리에만 원자가 위치한 격자는 primitive(초기)의 앞 글자를 따서 P라고 부르는데 만약 단사정계라면 대칭 요소가 두 가지라서 P_2 공간군이라고 부릅니다. 하지만 어떤 물질에서는 다른 원자나 분자가 각 상자 면의 중앙에 있을 수도 있지요." 각 면의 가운데에 공이 있는 두 번째 상자를 가정하면서 페루츠는 말을 이었다. "이 면은 관례상 C면이라고 하고 만약 이 상자도 대칭 요소가 두 가지라면 이 공간군은 C_2 또는 면심 단사정계라고 해요. 각 단위격자의 모서리, 원자나 분자가 있는 면도 격자점이라고 부릅니다." 이런 추상적인 용어는 "결정 구성요소의 순차적 배열"을 규명하려 한 수학자들이 개발했다. 페루츠의 설명에 따르면 자연에는 230가지 기하학적으로 다른, 즉 비등가적인 공간군이 존재한다. "이 공간군들은 19세기 고전 결정학자들이 3차원에서 반복되는 가능한 모든 격자 배열을 계산하여 밝혀냈는데, X선 결정학이 시작되기 한참 전의 일입니다."[48]

페루츠는 로잘린드 프랭클린이 연구 중에 "중대한 발견을 인지하지 못한 결과"가 어땠는지 타당한 비평을 했다. 아마 그녀가 오랜 시간 생물분자를 연구한 물리학자가 아니라 석탄 같은 무기화합물을 주로 다뤘던 물리화학자였기 때문인 것 같은데, 프랭클린은 C_2가 세포 복제의 기전과 DNA 이중나선의 기능을 설명한다는 것이 얼마나 중요한 발견인지 알아채지 못했다. 왓슨 역시 면심 단사정계 공간군 C_2 결정의 함의를 깨닫지 못했다. 더불어 다음날 크릭에게 이 정보를 제대로 전달하지도 못했다. 왓슨이 이해하지 못한 것은 분야가 생물학이라서가 아니라 그가 학회 당시에 "단위격자"와 "단위 대칭성"의 차이조차 이해하지 못할 정도로 노련한 결정학자가 아니었기 때문이다. 따라서 막스 페루츠는 프랭클린이 자기 자료의 함의를 알아채지 못하고 왓슨이 똑같은 과학적 죄로 향하게 만들었다는 점에서 프랭클린을 탓했다.[49]

11월 학회 직후에 무슨 일이 있었는지 기록한 유일한 문서는 『이중 나선』 뿐이다. 왓슨의 이야기 속에서 학회는 윌킨스가 긴장한 채로 프랭클린과 대화를 나누는 장면으로 끝났다. 키가 크고 깡마른 왓슨은 학회가 끝난 후에도 남아서 윌킨스에게 스트랜드가를 산책하고 소호(Soho)의 프리스가(Frith Street)에 있는 초이스(Choy's) 식당에서 저녁을 함께 하자고 권하기 위해 기다렸다.[50] 1958년 『영국 아일랜드 포도스 가이드(Fodor's Guide to Britain and Irland)』는 초이스에서 "영국 최고의 중국 음식"을 먹을 수 있으며 "진짜 동양의 분위기"를 느낄 수 있다고 절찬했다. 당시 영국에 있던 대부분의 중국 식당과 달리 초이스는 주류 허가가 있어 아주 훌륭한 와인 저장고를 갖추고 있었고, 일요일에도 밤 11시까지 영업했다. 유흥거리가 별로 없었던 1950년대 영국에서 주류 판매와 긴 영업시간은 중요한 문제였다.[51]

초이스에서 왓슨은 마주 앉은 윌킨스가 앞선 여름 나폴리에서 만났던 냉담하고 내성적이고 뻣뻣한 물리학자가 아니라는 점에 놀랐다. 윌킨스는 이제 연구소나 자기 연구, 로잘린드 프랭클린을 상대하는 어려움을 토로할 준비가 되어 있었다.[52] 찹수이(chop suey), 치킨 카레, 얇은 감자튀김, 볶음밥에 홍차와 싸구려 레드와인을 곁들이며 왓슨과 윌킨스는 DNA 연구에서 로잘린드 프랭클린을 배제하고자 작당하는 고루한 방식으로 유대를 다졌다. 윌킨스는 프랭클린이 킹스칼리지에 재직한 짧은 기간 동안 이뤄낸 성과가 별로 없다며 깎아내렸다. 정확히 말하자면 프랭클린은 윌킨스보다 능숙하게 더 깨끗하고 선명한 X선 사진을 촬영할 수 있었지만, 윌킨스는 프랭클린이 실제로 어떤 사진을 찍고 있는지 전혀 설명하지 않았다고 생각했다.[53] 이 불평불만은 킹스칼리지 연구소에서 프랭클린을 따돌리기 위해 윌킨스가 개시했던 맥없는 작전 중에 가벼운 한숨처럼 지나갔다. 다만 이번에는 연구소 바깥 사람에게 앙심에 찬 소문을 퍼뜨렸다.

윌킨스는 한 시간 전 강의에서 프랭클린이 발표했던 "DNA 표본 수분 함량" 추정치에 심각한 의문을 제기했다.[54] DNA 구조를 규명하려면 수분 함량을 반드시 정확하게 계측해야 했지만, 그 시점에 수치를 확언하기는 어려웠다. 프랭클린이 계산할 수 있었던 수분과 염분 밀도 근사치로 보면 분자당 뉴클레오타이드 사슬이 두 개인지, 세 개인지 명확하지 않았다. 프랭클린이 계산한 값에 따르면 사슬 개수의 선택지가 두 개, 세 개, 심지어 네 개까지 가능했으며, 어떤 것이 참인지 가려낼 만큼 결정적인 값이 아니었다. 확실한 평가를 위해서는 더 정확한 자료가 필요했다. 하지만 값이 확정되면 뉴클레오타이드 사슬의 정확한 수를 알아내는 것은 단순한 방정식을 사용하거나 X선 무늬를 관찰하는 것만으로 알아낼 수 있었다. 윌킨스가 부린 트집의 모순은 최소한 프랭클린이 올바른 길로 가는 동안 윌킨스는 어떤 진전도 이루지 못한 채 꾸물거리고 있었다는 점이었다. 나아가 나선을 지지한다던 윌킨스는 프랭클린이 발견한 DNA 단위격자의 C_2 대칭성이 얼마나 중요한지 알아채지도 못했다. 만약 이 관찰이 타당하다면 (실제로 타당했다) 나선 사슬의 수는 당시 윌킨스가 주장했던 것처럼 세 개가 아니라 두 개나 네 개로 짝수여야 했다.[55]

마음 편한 자리에서 윌킨스는 자신이 생물학 연구로 자연스럽게 넘어가는 것에 대해 물리학자 동료들이 대단하지 않게 생각했다고 털어놓았다. 물리학자 동료들은 학계 모임에서는 예의 바르게 굴었지만, 자신감이 없었던 윌킨스는 자기가 듣지 않는 곳에서 동료들이 2차 세계대전 이후 치열한 속도로 발전했던 물리학 연구를 뒤로한 자신을 폄하하고 있다고 확신했다. 심지어 윌킨스는 자신이 전부 구식 식물학자거나 동물학자였던 영국 생물학자들의 지지도 받지 못한다는 것을 알았다. 윌킨스가 동료로부터 인정받고 싶어 한다는 것을 알아챈 왓슨은 툭 튀어나온 눈으로 윌킨스를 바라보면서 경청하고 고개를 끄덕이고 용기를 북돋아 주었다. 또 왓슨은 윌킨스에게 최첨단을 달리는 생물학자로 구성된 본인의 동료 모임에서는 그런 낡고 고루한 학자들을 어떻게 배제하고 있는지 이야기했다. 왓슨에 따르면 낡고 고루한 학자들은 그저 자료를 수집하고, 범주화하고, 목록을 만들고, 분류하는 사람들로 어떻게 생명이 시작되었는지 확고한 과학적 근거에 기반하지 않은 가상의 정리만 만들어내고, 유전자가 DNA로 구성되었다는 것조차 인정하지 않았다.[56] 식사가 끝날 무렵, 왓슨은 성공적으로 새로운 동료가 될 윌킨스의 기운을 북돋아 주었다고 생각했으나, 윌킨스가 갑자기 다시 프랭클린에 대한 불평을 입에 올리면서 긍정적인 기운이 사라졌다. 왓슨은 낙담한 윌킨스가 초이스를 슬금슬금 빠져나가 어둡고 안개 낀 런던의 밤거리로 사라지는 모습을 지켜보면서 식사 비용을 냈다.[57]

[14]

옥스퍼드의 꿈꾸는 첨탑

오늘 밤 옥스퍼드에서 나가는 길을 잃다!

… 꿈꾸는 첨탑이 솟은 달콤한 도시,

아름다움을 드높이는 6월이 필요 없는 도시,

태어난 이래로 사랑스러운, 오늘 밤도 사랑스러운 도시!

– 매슈 아널드(Matthew Arnold) 「티르시스(Thyrsis)」[1]

킹스칼리지 학회 다음 날 아침 왓슨은 로잘린드 프랭클린이 어릴 때 살았던 노팅힐 집과 멀지 않은, 런던의 검댕투성이 패딩턴역(Paddington Station)에서 크릭을 만났다. 휑한 차고는 2차 세계대전 때 독일군 비행기의 폭격을 몇 번 맞아 아직도 수리 중이었다. 두 사람이 그레이트웨스턴철도(Great Western Railroad)의 급행 기차를 기다리던 승차장의 지붕은 (예전 지붕이 1944년 독일공군의 230kg짜리 폭탄에 파괴되고 한참 지난) 최근에야 교체되었다.

왓슨은 전날 윌킨스와 늦은 시간까지 함께 보내고 여전히 정신이 혼미한 와중에도 첫 옥스퍼드 방문에 열의를 보였다. 왓슨이 역에 들어오기 전에 패딩턴을 둘러볼 시간이 있었다면 아마 세인트메리병원(St. Mary's Hospital)을 염탐했을지도 모른다. 1928년 가을 세인트메리병원의 붉은 벽돌탑 높은 층에 있던 조그만 연구실에서 스코틀랜드 출신 미생물학자 알렉산더 플레밍(Alexander Fleming)이 우연히 페니실린을 발견했다. 페니실린은 여름휴가를 가기 전에 곰팡이를 배양하려고 놓아두었던 페트

라이너스 폴링과 도로시 호지킨, 1957년

리 접시에서 생겨났다. 2차 세계대전이 끝날 때쯤 페니실린은 20세기 기적의 신약으로 칭송받았고, 플레밍은 1945년 노벨 생리의학상을 받았다.[2] 왓슨도 크릭도 마침 미국의 추수감사절 휴일과 겹친 그날 페니실린의 유래에 관한 후일담을 남기지는 않았다. 또한 그날 오후 만났던 한 여성이 직접적으로 항생제 페니실린과 관련이 있었는데도 연결 짓지 않았다. 이 여성은 바로 도로시 호지킨(Dorothy Hodgkin)으로 세계적으로 저명한 X선 결정학자였다. 호지킨이 이룩한 많은 업적 중에는 페니실린의 분자 구조를 밝힌 것도 있었다.[3]

크릭은 호지킨을 만나 나선형 유기분자의 X선 회절을 해석하기 위해 새로 고안한 이론을 논의하고자 했다.[4] 왓슨은 기차에 타기 전에 둘이 얼마나 신났었는지 다음과 같이 묘사했다. "열차 출입문에 선 프랜시스의 상태는 최상이었다. 너무나 뛰어난 이론이라 직접 만나 이야기해야 했다. 이론의 위력을 즉시 이해할 수 있는 두뇌를 가진 도로시 같은 사람은 아주 드물었다."[5]

도로시 호지킨은 상냥한 성격 뒤로 자신의 명석함을 잘 숨길 줄 알았다. 덕분에 비슷한 위치에 있는 남자들이 호지킨을 위협적이라고 느끼는 일이 드물었고, 호지킨은 그 남자들이 그녀를 끌어내릴 기회를 찾기도 전에 미끄러지기 쉬운 학계의 사다리에 올라섰다. 로잘린드 프랭클린처럼 호지킨도 2차원 X선 회절 무늬를 해석하기 위해 복잡한 방정식을 적용했다. 그러나 프랭클린과 달리 호지킨은 모든 측정점이 빠짐없이 확정되기 전에 추측을 따라 가설을 세우는 것에 반대하지 않았다. 그렇지만 호지킨이 연구했던 가장 단순한 분자인 27개의 원자만으로 이루어진 페니실린조차 규명하는 데 수년이 걸렸다. 원자가 수백 개 들어있는 인슐린이나 비타민 B_{12} 같은 골치 아픈 분자는 훨씬 더 오랜 시간이 걸렸다.

크릭의 새로운 이론은 몇 주 전 핼러윈 오후에 싹텄다. 막스 페루츠는 글래스고대학교(University of Glasgow)에서 근무하던 체코의 결정학자 블라디미르 반트(Vladimir Vand)로부터 어떻게 나선형 분자가 X선 회절하는지 설명하는 편지를 받은 참이었다.[6] 페루츠는 반트의 추론에서 바로 오류를 발견해낸 크릭에게 편지를 넘겼다. 편지를 손에 들고 크릭은 곧장 3층에 있는 윌리엄 코크란(William Cochran)의 사무실로 갔다. 스코틀랜드에서 온 코크란은 재능있는 결정학자로, 잉글랜드 출신 동료들과 대화하기 위해서는 사투리 억양을 조절해야 했다. 생물분자의 비밀을 규명하는 연구를 담당하지는 않았지만 코크란은 크릭의 변덕스러운 아이디어에서 허점을 찾아내는 것을 즐겼고, 더 나은 아이디어를 찾는 데 도움이 되는 훌륭한 상담자였다. 두 사람은 반트가 제안한 내용보다 나은 일련의 공식을 찾아내기로 했다. 오전 내내 흠집 난 칠판에 방정식을 썼다 지운 크릭은 이글에서 점심을 먹기 위해 판서를 멈췄을 때쯤에는 두

통에 시달렸다. 크릭은 "약간 몸이 안 좋다고 생각하면서" 세인트존스칼리지에서 브릿지가(Bridge Street) 건너편에 있는 수백 년 된 건물 꼭대기 층에 있는 자신의 "작고 비싼 방 그린도어(Green Door)"에서 지친 머리를 쉬기 위해 이글을 나왔다.[7] 비좁은 거실에서 가스난로 옆에 앉아 아무것도 하지 않으니 더 힘이 들어서 크릭은 방정식을 끄적인 노트를 집어 들었다. 그는 곧 한 가지 답에 이르렀다.[8]

크릭은 트리니티가 근처에 있는 주류 판매점 매슈앤선(Matthew and Son)에서 열리는 와인 시음회에 오딜(Odile)과 참석하기로 했기 때문에 동틀 무렵 작업을 멈췄다. 왓슨에 따르면 와인 시음회 초대는 나날이 견디고 있던 캐번디시의 가혹한 처우를 벗어나 과시적인 케임브리지 사교계에 입장할 수 있는 출입증과도 같았기 때문에 크릭은 들떠 있었다.[9] 저녁에 열린 와인 시음회에서 접한 와인이나 분위기는 크릭 부부가 바랐던 만큼 맛있고 즐거운 것이 아니었기에 두 사람은 일찍 자리를 떴다. 왓슨은 크릭 부부가 일찍 일어난 이유가 그 자리에 "젊은 여성이 없었고" 손님 대부분이 "슬프게도 자신들이 얽매여 있는 부담스러운 행정적인 문제를 즐거운 듯이 얘기하는 대학 교수들"이었기 때문이라고 추측했다.[10] 크릭은 자신의 와인 시음회 참석에 관해 왓슨이 적은 내용이 "아예 말이 안 된다"고 하면서 "잘못된 편견을 바탕으로 이런 일을 판단해버리는 전형적인 짐의 모습일 뿐"이라고 말했다.[11] 하지만 크릭은 사장인 매슈가 대접한 1949년산 독일 화이트와인과 모젤와인을 시음했다는 것은 인정했다.[12] 확실히 크릭은 시음하면서 자제력을 크게 발휘했고 "생각보다 멀쩡하게" 집으로 돌아가 난로 옆에 앉아서 분자 계산을 재검토했다.[13]

다음 날 아침, 크릭은 페루츠와 켄드루에게 이야기했던 단백질의 나선 구조 예측에 쓸모가 있을지도 모르는, 아직 완전하지 않은 방정식으로 무장한 채 캐번디시로 향했다. 크릭의 발표를 듣고 몇 분 지나지 않아 코크란은 같은 내용을 설명하는 더욱 멋진 방정식을 가져왔다. 페루츠가 찍은 단백질의 X선 사진과 폴링의 알파나선을 비교함으로써 두 사람은 새로운 나선 이론과 폴링의 모형이 옳다는 것을 확인했다. 크릭과 코크란은 나선형 분자를 분자생물학으로 이해하는 데 중요한 한 걸음이 될 이 발견을 즉시 서면으로 작성하여 『네이처』 사무실로 보냈다.[14] 크릭이 케임브리지에 있던 초기의 일화들은 대체로 겉만 그럴듯하고 알맹이가 없는 연구 성과에 집중되어 있다. 그러나 캐번디시에서 나선 이론을 발표한 이후에는 아무것도 하지 않았더라도 상당한 과학적 명성을 누릴 수 있었을 것이다. 하지만 『이중나선』에서 왓슨은 크릭이 성공적으로 방정식을 구한 이야기를 하면서 성차별적이고 멍청한 "편견"을 내뱉었다. "이번만큼은 여자가 없어서 다행이었다."[15]

그렇다면 그날 밤 진짜로 크릭을 당황하게 했던 것은 무엇인가? 나중에 페루츠가 『뉴요커』의 기자 호레이스 저드슨에게 설명한 것처럼 인화지에 수직으로 놓인 나선형 분자를 X선이 통과하면 그 결과는 지그재그 모양으로 나타난다. X선이 필름에 닿으면 "특징적인 X나 몰타 십자 모양처럼 중심에서 대각선으로 뻗어 나오는 짧고 수평적인 얼룩이 눈에 띄게 생긴다. 지그재그 모양의 한쪽이 십자의 한쪽 팔이 되고 다른 쪽이 십자의 다른 팔이 된다. 이 십자가의 각도는 양팔이 교차하는 각도이며 나선의 높이가 된다."[16] 이렇게 크릭과 코크란(그리고 반트)은 수학적으로 아직 인지되지 않은 무엇인가를 증명해냈다. "십자가의 팔을 따라 한

단계씩 층선을 따라 움직이면 특정한 거리마다 점이 반대 방향으로 교차하며 찍히기 시작한다. 십자가는 타깃의 가장 위와 가장 아래에서 두 배가 되어 두 개의 마름모가 된다." 이런 무늬를 확인하려면 적당한 X선 장비와 해상도가 필요했지만, 페루츠는 "회절 무늬와 실제 분자 내 원자 사이의 공간"이 상호관계를 맺고 있다는 것을 알게 되었다고 설명했다. "반복되는 평면 사이의 넓은 공간이 타깃에 가까운 점들을 생성하는 것처럼 보이지만 떨어져서 보면 아주 미세한 공간이 있는 평면이 있다는 것을 알 수 있다."[17]

나선에 관한 꿈을 꾸는 사람은 크릭만이 아니었다. 1951년 여름 폴링의 알파나선 단백질 모형에 대해 읽은 직후 알렉 스톡스와 모리스 윌킨스도 "구조에서 X선 회절을 계산해내는" 작업 중이었다. 2003년 윌킨스는 같은 상호관계에 대해 스톡스와 논의했고, 다음 날 스톡스가 "나선에서 회절을 계산하는 바젤 함수를 만들어왔다"고 회고했다. 스톡스는 웰린가든시티(Welwyn Garden City)에 있는 집에서 출발해 런던까지 한 시간 남짓 기차를 타고 오면서 종이 한 장에 이 함수를 풀어왔다. 벡스힐의 유명한 해안가 휴양지가 그려진 여행 광고판을 지나면서 스톡스는 이 해법의 이름을 "바젤 해안의 파도"로 정했다.[18] 이 함수가 바로 스톡스가 11월 21일 학회에서 발표한 내용이었다.

비슷한 시기에 프랭클린은 최종적으로는 건조한 결정인 A-DNA와 수화된 형태인 B-DNA라는 두 가지 형태로 판명되었지만, 당시에는 세 가지로 예측하던 DNA의 형태를 최초로 밝혀내고자 촬영 기구의 영점을 맞추고 있었다. 스톡스는 "로잘린드가 찍은 B-DNA의 무늬를 선명하게 기억"하고 있었고 "계산한 값의 도해"에 적용했는데 두 가지가 얼마나 잘 일치하는지 확인하면서 흥분했다. 스톡스와 윌킨스는 기쁜 마음을 자제하지 못하고 프랭클린의 연구실로 찾아가 "중요한 좋은 소식"을 알렸다. 두 사람의 설명을 듣던 프랭클린은 화를 내며 말을 끊었다. "감히 내 결과물을 당신들이 해석하다니!" 이 일 때문에 스톡스와 윌킨스는 이 발견을 크릭하고 논의하기만 하고 따로 발표하지 않았다. 스톡스는 『네이처』에 실린 크릭의 논문에서 감사의 말에 언급된 것이 전부였다.[19]

크릭과 왓슨이 옥스퍼드에 있는 도로시 호지킨의 연구소를 향해 순례를 떠나기 몇 달 전에 로잘린드 프랭클린도 DNA X선 사진 몇 장을 가지고 호지킨을 찾아갔었다. 호지킨은 프랭클린이 찍은 사진들이 "내가 본 중에 최고의 X선 사진"이라고 말했다. 하지만 불행하게도 곧 두 사람 사이에 오해가 생겨났다. 호지킨의 연구소에 있던 결정학자 잭 더니츠(Jack Dunitz)에 따르면 무기물을 다루는 물리화학자로 교육받은 프랭클린이 "도로시가 매료된 DNA 구조의 배경이 되는 (유기) 화학을 도로시만큼 철저히 이해"하지 못했기 때문에 문제가 생겼을 수도 있다고 추측했다.[20] 프랭클린이 가져온 사진을 열중해서 살펴보던 호지킨은 그저 회절 무늬를 분석하기만 해도 분자의 공간군을 계산해내기 충분할 정도로 사진의 질이 뛰어나다는 것을 알았다. 프랭클린도 동의하면서 호지킨에게 자신이 이미 "가능성을 세 가지로 좁혔다"고 말했다. 그러자 호지킨이 어쩌면 조금 과한 열의를 담아 탄성을 뱉었다. "하지만 로잘린드!" 이어서 호지킨은 로잘린드가 제안하는 세 가지 구조 중 두 가지가 물리적으로 불가능하다고 지적했다. 문제는 "좌우상(handedness)"이라는 DNA 분자에 있는 당의 키랄(chiral) 방향성이었다. 로잘린드가 자신의 X선 화상을 분석하면서 "고려하지 못한" 것은 DNA에 들어있는 모든 당이 오른쪽으로 진행하며 나선을 이루고 있다는 것이었다. 더니츠는 "프랭클린이 제안했던 세 가지 구조 중 두 가지는 우상과 좌상을 모두 필요로 했다"고 기억하는데 이는 프랭클린 자신의 자료와도 일치하지 않았다.[21] 호지킨은 DNA를 연구하지 않는데도 이 오류를 바로 알아차렸다. 프랭클린은 그러지 못했다.

이 두 과학자는 멘토와 멘티로 아주 멋진 조합을 이룰 수도 있었다. 둘 다 케임브리지 뉴넘칼리지를 졸업하고, 남성 지배적인 영역에서 똑같은 고난을 겪었으며, X선 결정학에 대한 열정을 공유했다. 하지만 안타깝게도 따듯한 실무 관계는 성사되지 못했다. 더니츠에 따르면 프랭클린이 호지킨의 조언을 받아들이기보다 자신의 물리화학 지식이 기초적인 수준이라는 것을 너무 부끄럽게 생각했다. 더니츠는 호지킨의 "하지만 로잘린드!"라는 탄성에 프랭클린의 자존심이 너덜너덜해졌을 거라고 확실한 근거도 없이 주장했다. 2018년에 제임스 왓슨은 자신만의 신랄한 의견을 더했다. "로잘린드한테는 결정학을 잘 아는 친구가 정말 필요했을 것이다 … 나선 이론을 잘 아는 사람이 … (하지만 도로시 호지킨은) 로잘린드가 아무것도 모른다는 것을 단 몇 분 만에 간파했다." 그 자리에 있지도 않았는데 호지킨과 프랭클린의 만남을 더 자세히 설명해달라는 요청에 왓슨은 덧붙였다. "도로시의 명성도 있으니 좋은 인상을 남기고 싶었던 로잘린드는 분명히 도로시와의 만남을 걱정했을 것이다 … 로잘린드는 금방 자기 자신을 드러내고 말았다 … 같은 방에 머물 수 없을 정도로 똑똑하지 못한 자신을."[22] 호지킨과 프랭클린의 만남이 어그러진 이유가 직접적이거나 간접적인 비난 때문인지, 두 사람 사이에 경쟁심 때문에 다툼이 생긴 탓인지, 프랭클린이 DNA 연구를 혼자 하겠다고 고집한 것 같은 온건한 이유 탓인지는 그저 추측해볼 수밖에 없다. 단지 프랭클린이 이후 다가올 몇 달 동안 큰 도움을 줄 수도 있었을 잠재적인 공동 연구자이자 동료를 잃었다는 사실만이 남았다.

캐번디시연구소의 짝꿍이 옥스퍼드로 가는 기차의 이등칸에 자리를 잡자마자 크릭은 전날 킹스칼리지에서 얻은 정보를 말하라고 왓슨을 닦달했다. 윌킨스와 스톡스가 나선 이론을 연구 중이라는 것을 이미 알고 있었던 크릭은 왓슨이 프랭클린의 발표에서 발췌한 정보에 특히 관심을 보였다.[23] 하지만 기차역을 출발하고 얼마 지나지 않아 크릭은 왓슨이 프랭클린의 발표를 온전히 이해하지 못했다는 것을 깨달았다. 기차가 침목을 하나씩 지날 때마다 크릭은 왓슨이 학생의 기본적인 임무인 노트 필기조차 하지 않았다는 사실에 점점 짜증이 나기 시작했다. 왓슨은 윌킨스와 초이스에서 저녁을 먹으며 나누었던 이야기를 요약하면서 크릭의 화를 가라앉히려고 했다. 윌킨스가 왓슨에게 아는 것을 전부 말하지 않았을지도 모른다고 걱정하는 크릭에게는 소용없었다. 정작 본인과 크릭은 다른 사람에게 숨기는 것이 많으면서도 왓슨은 윌킨스에게는 그런 은밀한 행동을 할 재주가 없다고 헐뜯듯이 반박했다.[24]

프랭클린이 발표하는 동안 자기가 산만했다고 인정하는 대신 왓슨은 크릭이 학회에 참석했어야 프랭클린의 연구 결과를 더 잘 이해할 수 있었을 거라고 따졌다. 이거야말로 왓슨이 생각하기에 윌킨스라는 불안정한 존재에 지나치게 민감하게 군 대가였다. 불과 며칠 전 크릭은 왓슨에게 자신이 학회에 참석하면 윌킨스의 의심을 사거나 더 곤란한 상황이 될 거라고 따로 얘기했었다.[25] 왓슨은 자신과 크릭이 동시에 프랭클린의 연구 결과를 듣는 것이 "끔찍하게 불공정한" 일이라는 크릭의 주장을 이해하지 못했다. 영국 학계의 예절에 따르면 "DNA 문제와 씨름할 첫 번째 기회는 모리스의 것"이었다. 크릭은 윌킨스에게 지적인 면에서 위협을 느끼고 있었지만, 왓슨은 그런 위협을 덜 느끼고 있었기 때문에 크릭은 호지킨과의 만남을 핑계로 학회에 참석하지 않았다. 하지만 1968년 왓슨의 회고록에는 학계의 규범을 무시한 행동을 합리화하기까지 그런 내용이 하나도 언급되지 않았다. 정확히 말해서 왓슨은 몇 주 전 케임브리지에서 윌킨스와 함께했던 저녁 식사 자리에서나 프랭클린의 발표 후에 윌킨스가 "분자 모형을 가지고 노는 것으로 답을 구할 수 있다고 생각하는 낌새가 없었기 때문에" 자신과 크릭이 DNA 모형을 만드는 것이 용인되었다고 합리화했다.[26]

기차가 두 번째 역에 정차하기 전에 크릭은 작은 여행 가방에서 꺼낸 원고의 빈 자리에 대략적인 윤곽을 그리기 시작했다. 크릭은 미처 알지 못했지만, 왓슨이 프랭클린이 발표했던 DNA 표본의 수분 함량을 지나치게 과소평가하는 바람에 크릭의 계산에는 오류가 생겼다. 왓슨은 크릭의 복잡한 계산을 이해하지 못하겠다고 인정하고 『타임스』를 꺼내 읽기 시작했다. 얼마 지나지 않아 크릭은 머릿속에서 주변 세상을 잊고 해독을 바라마지 않는 분자 속에서 길을 잃게 만드는 아이디어가 번뜩였다. 크릭은 빌 코크란과 자신이 만든 나선 이론과 왓슨이 잘못 기억하고 있는 프랭클린의 자료에 일치하는 구조적인 답이 몇 가지 되지 않는다고 설명했다. 크릭의 수식에 완전히 당황하긴 했지만, 왓슨은 크릭이 제시한 연구계획의 주요 논점을 따라갈 수 있었다. 크릭은 X선 자료에 따르면 뉴클레오타이드 사슬을 이루는 나선이 이중, 삼중, 사중 중에 하나일 거라고 생각했다. 이제 "DNA 가닥이 중심축을 두고 꼬이는 각도와 반지름"을

결정해야 하는데, 이는 킹스칼리지의 경쟁자들로부터 더 많은 X선 회절 자료를 얻어내야 가능했다.[27]

패딩턴에서 출발한 지 1시간 정도 지난 후 왓슨과 크릭은 상대적으로 작은 옥스퍼드역에 도착했다. 대학교의 자연사 박물관에 있는 호지킨의 연구소에서 만나기로 한 약속 시간보다 몇 시간 앞서 두 사람은 시내 중심을 향해 반 마일 정도 걸어갔다. 크릭은 흥분을 감추지 못했을 것이고, 그 비 오던 오후에 크릭이 곧 답을 구할 수 있을 거라고 하자 왓슨은 큰 감명을 받았을 것이다. 크릭은 일주일 정도 분자 모형을 가지고 놀면서 모양을 만들면 올바른 답이 나올 것으로 예측했다.[28]

나중에 왓슨은 이 색다른 모험이 성공을 거두었다는 이야기를 『이중나선』에서 했는데 그 핵심은 로잘린드 프랭클린에게 노골적으로 악역을 부여한 것이다. 하지만 프랭클린이 과학자로서 지닌 능력을 깎아내리려 한 탓에 그녀가 별것 아닌 경쟁자처럼 그려지자 DNA에 정통한 다른 라이벌을 만들어내야 했다. 그 라이벌 캐릭터가 바로 라이너스 폴링이다. 비록 폴링이 당시 학계에서 아무것도 아니었던 왓슨과 크릭의 존재는커녕 자신이 DNA 규명 전쟁에 뛰어들었다는 것조차 몰랐지만 말이다. 왓슨은 폴링이 먼저 DNA의 비밀을 풀지도 모른다고 비관적으로 적긴 했지만, 폴링은 나중에 아들인 피터가 "경주 자체가 없었다"고 언급한 것처럼 DNA 경쟁에서 허수아비 같은 존재였다. 피터 폴링이 주장하기로 "경쟁에 참여하리라 예상된 유일한 인물은 짐 왓슨이었다. 모리스 윌킨스는 누구와도 어디에서도 경쟁하지 않았다." 피터의 설명에 따르면 프랜시스 크릭은 그저 "어려운 문제를 푸는 데 머리"를 쓰는 것을 즐겼다. 반면에 피터의 아버지 라이너스는 "핵산을 염화나트륨만큼이나 흥미로운 화학 물질"이라고 보았고 "둘 다 구조상에 흥미로운 문제가 보인다"고 했다. "유전학자로서 (짐 왓슨의) 인생에서 신경을 써야 하는 것은 유전자뿐이었고, DNA의 구조만이 풀어낼 가치가 있는 문제였다."[29]

폴링을 끌어들인 것은 왓슨이 얼마나 어부지리에 능했는지 보여주는 대표적인 사례다. 짐은 1년 전 폴링이 알파나선 구조를 밝혀내 브래그, 켄드루, 페루츠를 이겼을 때 캐번디시 연구원들의 집단 지성에 폴링이 침투했다는 것을 알았다. 케임브리지의 과학자들이 느꼈던 굴욕은 어린애 장난 수준이 아니었다. 국제적인 실수의 대서사시가 유서 깊은 『런던왕립학회 회보』와 『미국국립과학원 회보』에 인쇄되어 만천하에 공개되었다.[30]

왓슨은 이제 크릭을 조종할 방법을 파악할 정도로 그의 성격을 가까이서 충분히 살펴봤다. 크릭은 브래그 등이 폴리펩타이드 사슬의 배열에 관한 처참한 논문을 썼을 때는 막 캐번디시에 온 풋내기였을지도 모르지만, 캐번디시의 연구원으로 충분한 시간을 보내면서 그 "근본적인 실수"가 남긴 상처를 느낄 수 있었다. 브래그-페루츠-켄드루의 가설을 출판부로 보내기 전에 단체로 활발하게 토론할 기회가 있었지만, 이 토론은 크릭이 입을 다문 채 "유용한 것은 아무것도 말하지 않은" 몇 안 되는 사례 중 하나였다. 어쨌든 크릭은 크릭인지라 그는 드물게 침묵했던 이 순간을 오랫동안 후회했으며, 늙은 브래그를 잘 조종해 그런 엉망인 논문을 버리게 해야 했다고 생각했다. 왓슨은 과학자 무리가 경쟁적인 집단이고, 성공보다 실패를 훨씬 더 뼈아프게 곱씹는 과한 성취욕을 지녔다는 것을 잘 알고 있었다. 왓슨은 자기보다 나이는 많지만, 직급은 낮은 동료들에게 복잡한 생물학적 분자의 구조를 밝혀낼 정도로 명석한 과학자가 폴링 외에도 존재한다고 증명하여 라이너스 폴링을 당황하게 할 금쪽같은 기회가 다가왔다고 말했다.[31]

크릭과 왓슨은 옥스퍼드의 거리를 느긋하게 걸으면서 가능한 DNA 분자 배열을 주제로 논쟁했다. 두 사람을 스쳐 지나간 옥스퍼드라는 대학도시의 주민이나 대학 관계자 모두 두 사람이 서로에게 소리치면서 무슨 소리를 들었든 상스러운 욕설과 전문용어로 들어찬 문장을 토해내는 꼴을 보게 됐다. 객관적인 관찰자라면 이 정신 나간 2인조가 뿜어내는 흥분을 볼 수밖에 없었다. 당-인산 뼈대가 중앙에 있는 잘못된 모형들을 상상하면서 보낸 이 시간은 쏜살같이 지나갔다. 두 사람은 여전히 바깥으로 노출되어 불안정하게 고정된 뉴클레오타이드 염기들의 위치를 어떻게 하면 좋을지 해결하지 못했다. 적합한 내부 배열을 찾아내고 뼈대에 있는 음전하 인산기를 중성화하는 화학적 문제까지 해결하기만 하면 이 구조적인 딜레마가 마법처럼 사라질 것이라고 가정하고 일단 무시하기로 했다. 불행히도 이 가정은 바로 하루 전날 로잘린드 프랭클린이 제시했던 자료와 모순되었다. 프랭클린이 옳은 사실을 발표했음에도 한동안 왓슨은 프랭클린의 발견을 무시하고 크릭을 잘못된 방향으로 이끌었다. 프랭클린에 따르면 "큰 나선이나 몇 개의 사슬 바깥에 인산염이 있으며, 수분이 사슬 내부의 인산염-인산염 결합을 방해한다. 인산염 결합은 단백질에서도 가능하다."[32]

크릭과 왓슨은 DNA를 구성하는 원자의 3차원 배열과 원자를 둘러싼 음전하 인산기라는 당면한 문제를 해결하는 대신 엉뚱한 것을 물고 늘어졌다. 두 사람이 유일하게 쉬었던 시간은 하이가(High Street)에 있는 싸구려 가게에서 샌드위치를 먹었을 때뿐이었다. 커피의 유혹도 뿌리치고 두 사람은 옥스퍼드의 서점들을 여러 번 돌다가 마침내 옥스퍼드대 셸도니안극장(Sheldonian Theatre) 바로 맞은편에 있는 모든 서적상의 위대한 어머니인 블랙웰(Blackwell)의 서점에 들어섰다. 서점은 몇 개의 오래된 건물이 연결되어 있었고, 뒤죽박죽 정리된 어수선한 서고 어디에선가 두 사람은 그 서점에 한 권 남아있던 폴링의 『화학결합의 본질(The Nature of the Chemical Bond)』을 찾아냈다. 두 사람은 몇 파운드를 내고 책을 가져갔다. 이름답게 넓은 브로드가(Broad Street)의 한복판에 서서 마치 학자판 줄다리기를 하듯 책 양 끝을 각자 붙잡고 "무기 이온 후보"의 정확한 측정법을 찾아 책장을 넘겼다. 이번만큼은 폴링의 설명도 충분하지 않아서 왓슨과 크릭은 책 안에서 "문제를 해결"하는 데 도움이 될 내용을 전혀 찾지 못했다.[33]

자연사 박물관으로 들어가 도로시 호지킨의 광물결정학연구소로 향하는 복도를 걸으면서 두 사람의 어지러운 정신 상태가 한층 안정되었다. 연구소 입구에는 이곳이 1860년 영국과학진흥협회(British Association for the Advancement of Science) 논쟁 때 헉슬리(T. H. Huxley)가 옥스퍼드 주교 사무엘 윌버포스(Samuel Wilberforce)에게 맞서 당시 막 출판된 찰스 다윈의 진화론을 옹호한 곳임을 알리는 명판이 붙어있었다.[34] 긴 방에는 거대한 고딕양식 창문을 통과한 빛이 들었고, 높은 천장에 매달린 다락 같은 공간을 암실로 사용하기 위해 창문 윗부분은 검게 가려져 있었다. 방 가운데의 커다란 떡갈나무 책상 위에는 호지킨이 검토할 수 있도록 호지킨의 조수가 현상한 X선 회절 사진들이 펼쳐져 있었다.

왓슨에 따르면 처음에 대화의 초점은 호지킨의 인슐린 연구에 맞춰졌다. 대화 시간이 몇 분 안 남았을 때 크릭이 빠르게 자신의 나선 이론을 "훑었고" 더 간단히 "DNA 연구와 관련한 진전"을 언급했지만 해가 지면서 "더는 호지킨의 시간을 낭비할 의미가 없었다."[35] 캐번디시에서 온 두 사람은 옥스퍼드대 소속 칼리지 중에서 부유한 편인 모들린칼리지(Magdalen College)로 이동해 크릭의 친구인 면역학자 에이브리언 미치슨(Avrion Mitchison)과 레슬리 오겔(Leslie Orgel)이라는 화학자를 만나 차와 케이크를 먹었는데, 두 사람 모두 모들린의 선임연구원이었다. 미치슨은 부유한 노동당 의원인 카라데일 미치슨(Mitchison of Carradale)과 매력적인 베스트셀러 소설가 나오미 미치슨(Naomi Mitchison)의 아들이었다. 또한 유명한 유전학자이자 진화 생물학자인 홀데인(J. B. S. Haldane)의 조카이자 홀데인보다 훨씬 저명한 학자인 생리학자 존 홀데인(John S. Haldane)의 손자였다.[36] 크릭이 미치슨처럼 아는 친구들에 관해 수다를 떠는 동안 왓슨은 차를 홀짝이며 모들린칼리지 교수의 삶을 상상했다.[37]

모들린에서 가볍게 카페인이 섞인 한 끼를 먹은 후 크릭의 가까운 친구인 게오르그 크라이셀(George Kreisel)과의 저녁 식사가 이어졌다. 크라이셀은 수리 논리학자이자 루드비히 비트겐슈타인(Ludwig Wittgenstein)의 애제자였다. 세 사람은 600년 역사가 있는 마이터호텔(Mitre Hotel) 식당에서 저녁을 먹었다. 이들은 보르도 레드와인이 몇 병쯤 들어가서야 지나치게 익힌 밋밋한 음식에 대해 늘어놓던 불평을 그쳤다. 크라이셀은 오스트리아 억양이 강한 말투로 전후 유럽 각국의 통화를 매매해 "죽여주는 금융 소득"을 얻었다고 자랑하면서 대화를 주도했다. 왓슨은 그런 화제가 지루했으나 에이브리언 미치슨이 합류하자 기분이 좋아졌다. 왓슨과 미치슨은 둘만 식사 자리를 빠져나와 왓슨의 숙소로 향하는 중세 분위기의 거리를 걸었다. 반쯤 갔을 때 왓슨은 미치슨이 스코틀랜드 아가일(Argyll)의 킨타이어(Kintyre) 반도 남서쪽 끝에 있는 가문의 호화 저택에 초대해주기를 바라면서 크리스마스에 특별한 계획이 없다고 얘기했다. 왓슨은 심지어 여동생도 초대해줄 수 있는지 물었다. 여동생은 당시 왓슨이 질투심을 섞어 반대하던 덴마크 출신 배우의 구애를 받고 있었다. "그때는 기분 좋게 취해서 DNA를 알게 되면 무엇을 할 수 있게 될지 길게 떠들었다"고 왓슨은 회상했다.[38]

몇 주가 지난 1951년 12월 9일, 왓슨은 크릭에 관한 편지를 막스 델브뤼크에게 보내면서 크릭이 접촉한 과학계 인사와 옥스퍼드 모들린칼리지의 교수 휴게실에서 즐거운 식사를 했다는 내용을 담았다. 이어서 왓슨은 "만찬 주빈석에서 식사한 후 포트 와인을 마시는 경험은 설명하기에는 어렵지만 엄청나게 흥미로운 일"이었고 교제할 여성을 찾는 일은 소득이 없었다고 적었다. "아시다시피 케임브리지나 옥스퍼드에 여자는 드물고 파티에 함께 갈 만큼 활기 넘치고 예쁜 아가씨를 찾으려면 여간한 재주로는 안 되죠." 편지를 마치기 전에 왓슨은 본론을 적었다. "제 연구에 관해서는 나중에 결과를 좀 얻으면 쓰겠습니다. 저희는 DNA 구조가 금방 풀릴 거라고 생각해요. 시간이 말해주겠지요. 지금은 상당히 긍정적이에요. 저희 방법론은 X선 증거를 완전히 무시하고 있어요."[39]

[15]

왓슨과 크릭의 삼중나선 모형 제작

늘 그렇듯이 행동하는 크릭을 보는 것은 아주 재미있었다. 나는 로잘린드도 윌킨스도 크릭도 어마어마하게 존경하지만, 크릭은 성격이 불꽃 같았고 쇼맨십이 있어서 모임에서 눈에 띄었으며 토론을 하면 더 특출났다. 빠르게 움직이는 변덕스러운 사고를 했기에 그가 있는 자리에 가면 아주 즐거웠다. 그리고, 아, 모임에 약간 어려움이 있었다고 할 수 있는데 그것은 말했던 것처럼 로잘린드가 모든 것이 자기 자리를 찾고 옳은 것과 그른 것을 다 보여줄 수 있기 전에는 손에 든 것을 내보이고 싶어 하지 않았기 때문이다. 그런 사람 앞에 크릭이 모형을 하나 들고 뛰어든 것이었다 … 따라서 로잘린드는 그 모형이 맞을 거라고 기대하지 않았다.

– 레이몬드 고슬링[1]

왓슨과 크릭은 11월 25일 일요일 이른 오후에 케임브리지로 돌아왔다. 옥스퍼드에서 흥청대며 술을 마신 탓에 회복할 시간이 필요했다. 월요일 아침 왓슨은 자신의 음울한 침실에서 존과 엘리자베스 켄드루의 부엌으로 연결되는 좁은 계단을 비틀거리며 내려갔다. 일상적인 아침 인사를 나눈 후 왓슨은 자신과 크릭이 알아낸 "DNA 관련 최신 정보"를 얘기했다.[2] 존 켄드루는 의료보험으로 마련한 안경의 검정 플라스틱 테두리 너머로 왓슨을 흘깃 보았다. 왓슨은 켄드루가 무관심한 이유를 바로 파악했다. 켄드루는 크릭을 존중했지만, 크릭의 허황한 상상과 과학적 성과를 이루기까지 한 걸음 모자랐던 수많은 전적을 아주 잘 알고 있었다. 켄드루는 『타임스』에 실린 새로운 토리당 정부에 관한 기사[3]로 눈을 돌린 후 방금 먹은 계란프라이의 바삭한 노란색 찌꺼기가 얼굴에 남지 않았는지 손으로 차분하게 털어냈다. 아마도 켄드루는 크릭이 부끄러워하며 얼굴을 쓸어내리는, 크릭의 상징이 되어버린 익숙한 모습을 떠올렸을 수도 있다. 곧 켄드루는 미지근해진 차의 마지막 한 모금을 삼키고 피터하우스칼리지에 있는 자신의 중세풍 연구실로 가기 위해 자리에서 일어났다.

엘리자베스 켄드루는 과학자인 남편의 용기를 북돋아주는 역할을 오랫동안 해왔기 때문에 왓슨이 전한 소식에 기뻐하며 박수를 쳐주고는 왓슨이 거둔 "기대하지 않았던 운"이 무엇인지 자세히 말해달라고 격려했다. 하지만 빠르게 쏟아지는 설명에 그저 고개를 끄덕이는 것밖에 하지 못하는 엘리자베스를 상대로 왓슨은 금세 지루해졌다. 서둘러 자리를 파하며 캐번디시로 달려간 왓슨은 분자 모형을 가지고 놀면서 DNA 구조에 대한 선택지를 줄일 수 있기를 바랐다.[4]

로잘린드 프랭클린의 전기작가인 앤 세이어는 일명 DNA의 구조 발견을 위한 경쟁이 개인 간의 경쟁이었을 뿐만 아니라 "두 가지 다른 구조 결정 방법론" 사이의 경쟁이었다고 봤다.[5] 프랭클린이 선호했던 X선 회절 연구는 굉장히 번거로운 작업과 시간이 필요했다. 폴링이 개발하고 왓슨과 크릭이 따라 한 분자 모형 제작은 어마어마한 귀납적 논리 도약과 위험 요소가 있었다.

페니실린처럼 단순한 분자에서는 X선 회절 효과가 더 선명하게 나타나기 때문에 분자를 구성하는 개별적인 원자의 위치를 구별하는 일이 더 쉽다. 복잡한 유기 분자일수록 시각화가 훨씬 더 까다로워지는데, 이는 이런 분자의 회절 무늬가 더 약하게 나타나는 경향이 있기 때문이다. 특히 원자는 초점이 맞지 않고 흐릿하게 나타났다. 도로시 호지킨에 따르면 "털이나 DNA 같은 섬유 구조에서 확인할 수 있는 회절 효과는 더 제한적이라서 직접적인 구조 분석 방법은 적용하기 불가능하다."[6] 바꿔 말하면 로잘린드 프랭클린은 DNA 섬유의 복잡한 구조를 해독하기 위해 X선 결정학을 적용했기 때문에 히말라야 등반과 다름없는 어려움을 마주했고, 존 랜들은 바로 이 힘든 작업을 시키기 위해 프랭클린을 고용했다.

한편 분자 모형 제작 방법은 아동용 자동차 모형이나 비행기 모형을 만드는 것과는 차원이 다른 복잡한 일이었다. 설명서가 포함되어 있지 않은 것은 물론 모든 결합각, 결합 길이, 원자나 분자의 모형이 일정한 비율로 주문 제작되어야 했으며, 사람 눈에 보이지 않는 구조에 접근하기 위해서는 정확한 위치에 배치해야 했다. 하지만 짜증 나는 문제는 따로 있었다. 적합한 모형을 "증명하기"에 앞서 방대한 양의 X선 자료가 있어야 한다. 앤 세이어는 이 딜레마를 간단하게 설명했다. "어떤 물질에 관해 알려진 것이 전혀 없으면 당연히 모형도 아예 만들 수가 없다. 알려진 것이 너무 적으면 어떤 모형을 만들든 애매하고 불확실하며 그저 연구자의 바람에 따라 만들어져 무언가를 증명하기에는 부족할 것이다."[7]

그렇다면 어떤 방법론을 택해야 하는가? 시간이 너무 많이 드는 방법은 선택하고 싶지 않겠지만, 과학적으로 확실한 것은 수백, 수천 장의 X선 회절 사진 형태로 힘들게 자료를 수집한 후 수학 공식을 적용하여 3차원 모형을 만드는 것이다. 프랭클린은 그런 노동집약적인 일에 쉽게 적응했지만, 왓슨과 크릭은 아니었다. 도로시 호지킨은 프랭클린이 당면한 여러 가지 문제들이 "연구 틀을 고려하면 모형 설계가 필수인데, 먼저

DNA에 관한 정확한 자료를 수집"해야 했다는 점에 기인한다고 보았다. "프랭클린은 자료 수집을 완료할 때까지, 어떤 종류의 모형을 설계해야 할지 범위를 줄여줄 모든 정보를 자료에서 추출할 때까지 자연스럽게 모형 설계를 미뤘다." 호지킨이 프랭클린에게 조언을 할 수 있었다면 왓슨과 크릭이 이중나선을 풀어내기 1년도 더 전에 "염기, 당, 인산기의 기하학적 형태에 관한 전반적인 정보량이 충분하므로 자료 수집과 별개로 합리적인 과정을 따라 모형을 설계할 수 있다"고 말했을 것이다.[8]

프랭클린의 X선 자료에 접근하지 못한 채 왓슨과 크릭은 앞을 가로막은 장애물에 몸을 던졌다. 첫 번째 장애물은 만족할 만한 정밀 절단 금속 "원자" 모형이 캐번디시연구소에 없다는 것이었다. 그리 멀지 않은 옛날에는 괜찮은 화학, 물리학 연구소라면 모두 잘 설비된 공방을 갖추고 있었다. 유리, 금속, 공구 및 금형 기술자와 다른 숙련 기술자가 상주했고 이들은 과학자들이 실험에 사용하기 위해 설계한 장비를 제작했다. 1년 반 정도 전에 켄드루는 폴리펩타이드 아미노산 사슬 모형 작업을 하려 했지만, 탄소, 질소, 수소 조각은 넉넉했던 반면 "DNA에 알맞은 독특한 원자 군을 나타낼 만한 것이 없었다. 인 원자도, 퓨린과 피리미딘 염기도 구할 수 없었다. 막스 (페루츠)가 긴급 주문할 시간도 없었기 때문에" 일정 비율로 이 모형 조각들을 만드는 데에 몇 주가 걸릴 수도 있었다.[9]

공방에 작업이 밀린 탓에 왓슨은 월요일 아침 "가지고 있던 탄소 원자 모형에 구리 선을 감아 더 큰 인 원자로 바꾸는" 일부터 시작했다.[10] 다음으로 왓슨은 분자에 붙어있을지도 모른다고 생각했던 다른 무기 이온을 나타낼 조각을 만들려고 했지만, 결합각을 어떻게 설정해야 할지 명확한 아이디어가 없었기 때문에 큰 성과는 없었다. 왓슨은 금방 폐기하게 될 사고실험을 했는데 그 결론은 프랭클린이 학회 발표에서 강조했던 "올바른 모형을 만들려면 정확한 DNA 구조를 먼저 알아야 한다"는 것이었다.[11]

게으른 왓슨은 크릭이 모자에서 토끼를 꺼내는 마술사처럼 문제의 답을 가져올 거라 희망을 품은 채 크릭을 기다렸다.[12] 마침내 "열 시쯤" 도착한 크릭은 자신도 갈피를 못 잡았다고 털어놓았다. 크릭은 거의 문제를 방치하다시피 하고 일요일 내내 『낙원의 횃대(A Perch in Paradise)』라는 케임브리지 교수들의 성 착취와 하찮은 잘못을 다룬 다소 음란하고 유명하지 않은 소설을 읽었다.[13] 일요일 내내 크릭이 고찰한 유일한 지적 수수께끼는 과연 소설 속 어떤 인물이 크릭이 아는 여러 친구, 지인, 동료를 본떴는지 추측하는 것이었다.[14]

커피를 마시며 두 사람은 몇 가지 배열 방안을 궁리했고, 왓슨이 임시로 만든 원자 조각을 조합하거나 프랭클린의 발표를 듣고 왓슨이 애매하게 (잘못) 기억하는 X선 회절 자료에 대해 생각하기도 했다. 왓슨은 그저 "폴리뉴클레오타이드 사슬이 겹치는 가장 보기 좋은 방식에 집중"하기만 하면 신의 계시처럼 해답이 갑자기 스스로 나타날 거라고 여전히 기대하고 있었다.[15]

적당한 답을 내지도 못한 두 사람은 뱃속에서 천둥이 쳐 캐번디시를 나와 습관처럼 이글에 점심을 먹으러 갔다. 크릭은 막 연구실에 남겨두고 나온 문제를 조용히 곱씹었다. 논리적으로 다음 단계는 당연히 로잘린드 프랭클린에게 연락해서 DNA 구조를 해명하는 일에 힘을 합치자고 권하는 것이었다. 프랭클린과는 접점이 거의 없었던 터라 윌킨스를 통해 전해 듣기만 한 프랭클린의 인상은 사납고 거들먹거리는 여자라는 것이었다. 흠잡을 곳 없는 프랭클린의 자격에도, 이 두 명의 젊은 사내는 그녀를 마초적 노력이 필요한 물리학 세계에 속하지 않는 침입자로 취급하기로 했다. "우리는 항상 그녀에게, 말하자면 잘난 체를 했던 것 같다"고 크릭은 있는 그대로 인정했다.[16]

점심을 밀어 넣으며 프랜시스는 연구실에 돌아가는 대로 모형 제작을 본격적으로 시작해야겠다고 마음먹었다. 먼저 모형에 들어가 어떻게든 나선 형태로 결합하게 될 뉴클레오타이드가 한 가닥일지, 두 가닥일지, 세 가닥일지, 네 가닥일지 정해야 했다. 그래서 두 사람은 "Mg^{++} 같은 2가 양이온이 두 개 혹은 그 이상의 인산기를 고정하고 있는 염다리"로 연결된 삼중 나선 구조를 가정했다.[17] 크릭은 칼슘 이온이 당-인산 뼈대를 고정하는 것일지도 모른다고 추측했다. 이는 순전히 공상인 것으로 밝혀졌다. 프랭클린이나 윌킨스, 알렉 스톡스 등 누구도 결합 혹은 분자 다리를 형성하는 2가 양이온의 존재를 언급한 적이 없다. 왓슨은 그런 방침을 견지한 것이 "위험을 무릅쓴 것일지도 모른다"고 인정했다. 하지만 다른 해답을 궁리하는 대신 왓슨은 킹스칼리지 연구팀이 상상력이 부족했고 어떤 염이 존재하는지 알아내는 데 실패했다며 책임을 돌렸다(사실 킹스칼리지 팀은 염이 나트륨이라는 것을 알아냈다). 왓슨과 크릭은 구스베리 파이를 먹어 치우며 즉석에서 당-인산 뼈대에 추가한 마그네슘이나 칼슘 이온이 "이론의 여지가 없는 정확하고 우아한 구조를 빠르게 생성해낼 것"이라고 희망했다.[18]

라이너스 폴링의 "예쁜" 알파 단백질 모형과 달리 왓슨과 크릭의 세 가닥으로 된 흉물은 결코 보기 좋지 않았다. 모형 분자의 삼중 사슬은 땋은 머리처럼 꼬여서 나선 축을 따라 27Å마다 반복되었다. 이웃 연구실에서 빼돌린 받침대에 이상하게 묶은 금속 조각과 구리 선을 집게로 고정했다. 몇 가지 모형은 화학적으로 안정되기에는 원자끼리 지나치게 가까웠다. 왓슨과 크릭은 모형이 허술하다는 것을 알았지만 자신들이 잘못된 방향으로 질주 중이라는 사실을 보고도 못 본 척했다.

크릭의 집에서 저녁을 먹으며 쉬는 동안 두 사람은 그날 있었던 일을 오딜에게 설명하고자 했다. 오딜은 두 사람이 중요한 발견을 이뤄내 그것이 크릭의 쪼그라든 은행 계좌를 불리고 새 차를 사거나 더 큰 집으로 이사하게 되기라도 한 것처럼 기분 좋게 들떴다. 왓슨은 오딜이 수녀원에서 받은 교육이나 오딜이 지향하는 "겉멋만 든 세계", 부실한 금전 감각, 중력 개념을 잘 이해하지 못하는 점을 비웃었다(오딜은 중력이 지상 3마일에서 끝난다고 주장했다). 왓슨은 과학 지식수준이 얄팍한 오딜과 DNA 같은 주제로 논의를 한다는 것은 아예 시간 낭비라고 결론 내렸다.[19]

다음 날 아침, 왓슨과 크릭은 모형을 좀 더 만지작거린 후 "(왓슨이) 프랜시스에게 전달한 학회 내용과 들어맞는다"며 자기들끼리 만족했다. 현재 시점에서 편하게 당시를 돌이켜보면 이들의 모형이 절망적일 정도로 불완전하고 부정확했다고 쉽게 판단할 수 있다. 하지만 크릭이 설명한 것처럼 어떤 연구를 최초로 실행하는 과학자는 "항상 안개 속에 있다."[20] 이 명문을 쓸 때 왓슨은 모형 제작에 실패한 일을 떠올렸을 것이다.

다행히 우리는 1951년 11월 21일에 발표된 DNA에 관한 프랭클린의 청사진을 가지고 있는 것처럼, 1951년 11월 마지막 주에 크릭과 왓슨이 구상했던 초안도 가지고 있다. 크릭은 펜촉이 넓은 만년필로 18쪽짜리 원고를 쓰면서 "크릭과 왓슨"이라고 적었는데, 얼마 지나지 않아 이 저자명 순서는 영원히 바뀌게 된다. 이 원고는 마치 가상의 아이디어 폭풍 속에서 펜의 감청색 잉크가 마를 시간도 없이 말이 넘쳐흘렀다는 인상을 독자들에게 주었다. 크릭은 이 원고가 "1951년 11월 21일 학회에서 런던 킹스칼리지의 연구자들이 내놓은 결과물에 자극받았다"고 적으면서 "DNA의 구조를 형성하는 일반적인 원리를 발견할 수 있을지 도전한 것이다. 특정 사실에서 착안하기는 했지만, 우리가 시도한 이 접근법은 실험적 사실을 최소한만 포함하고 있다"[21]고 했다.

11월 26일 마지막 쪽을 완성한 후, 말 그대로 자기 마음대로 구리 선을 구부린 크릭은 전화기를 들어 캐번디시 교환원에게 런던에 있는 모리스 윌킨스를 연결해달라고 했다. 자신감에 찬 크릭은 윌킨스에게 자신과 왓슨이 DNA 나선의 모형을 만들었다고 했다. 윌킨스가 전화로 더듬거리며 대답을 하기도 전에 크릭은 가능한 한 빨리 케임브리지에 와달라고 윌킨스를 초대했다. 그날 오후 존 켄드루가 두 사람의 사무실에 와서 윌킨스가 그 소식을 어떻게 받아들였는지 외교적인 차원에서 물었다. 왓슨은 근거도 없는 잠재적인 발견에 흥분한 크릭이 "윌킨스는 우리가 하는 일에 거의 관심이 없는 것 같다"고 선언했다고 당시를 묘사했다.[22] 돌이켜보면 이 발언은 믿을 수 없다. 자신의 연구실에서 프랭클린과 다투며 일하는 것만으로도 윌킨스는 벅찼을 것이다. 케임브리지의 무단침입자들이 새로운 발견을 해냈을지도 모른다는 소식에 윌킨스는 분노로 부들부들 떨었을 것이 틀림없다. 캐번디시에서 날아온 새로운 소식을 듣고 목구멍에 쓴맛이 치미는 일은 이후에도 일어났다.

윌킨스가 DNA 모형을 만드는 일에 관심이 없었다는 왓슨의 주장은 사실과 다른 이기적인 발언이다. 사실 왓슨과 크릭이 모형을 만들었을 때 윌킨스도 삼중 나선 모형을 연구 중이었다. 프랭클린의 발표 다음 날, 킹스칼리지 팀의 가장 젊은 연구원인 브루스 프레이저(Bruce Fraser)라는 호주 출신 물리학자가 "알쏭달쏭한 미소를 띠고" 윌킨스의 사무실로 머리를 들이밀었다. 프레이저는 윌킨스에게 옆방인 자기 연구실로 오라고 손짓했다. 거기서는 프레이저와 그의 상관인 생물물리학자 윌리엄 프라이스(William Price)는 적외선 분광기로 DNA의 화학결합을 분석하고 있었다. 윌킨스는 회고록에 이 일을 이야기하면서 프랭클린을 간접적으로 비꼬지 않고는 배길 수 없었던 것 같다. "프라이스 팀과 우리 팀의 교류는 연구실에서의 협력 정신을 나타내는 또 다른 좋은 사례였다."[23]

최신 작품을 공개하는 조각가의 과장된 동작처럼 프레이저는 "올바른 높이, 지름, 각도 … 모형 가운데에서 층층이 쌓여 있는 평평한 염기 사이를 연결하는 수소 결합"을 증명하는 삼중 나선 사슬 DNA 모형을 선보였다. 프레이저는 전날 프랭클린이 발표한 자료와 "연구실의 전체적인 의견을 모아" 모형을 제작했다.[24] 프레이저와 윌킨스는 또한 어떻게 DNA 사슬들이 "염기 간 수소 결합으로 연결되어 있는지" 증명한 노팅엄대학교(Nottingham University) 걸랜드(J. M. Gulland)의 연구와 노르웨이 출신 물리학자 스벤 퓨베르그(Sven Furberg)의 연구에서 자료를 빌려왔다.[25] 1949년 런던 버크벡칼리지에서 J. D. 버널 교수의 지도를 받아 작성한 박사논문에서 퓨베르그는 "지그재그 사슬"로 알려진 한 가닥짜리 불안정한 DNA 모형을 가정했다.[26] 이 가설이 틀리기는 했지만 퓨베르그는 퓨린이나 피리미딘 염기의 평면이 "당 원자 대부분이 놓인 평면과 수직으로 만난다"는 중요한 사실을 규명했다.[27]

프레이저의 분자탑은 그 나름대로 구조적인 문제가 있었다. 가장 두드러진 문제는 삼중 사슬의 설계였다. 균등하게 배열된 삼중 사슬은 X선 회절 무늬와도, 뉴욕을 거점으로 활동하는 생화학자 에르빈 샤르가프가 최근 밝혀낸 퓨린과 피리미딘의 정확한 일대일 비율과도 맞지 않았다. 프레이저와 윌킨스는 며칠간 모형을 뚫어져라 쳐다봤지만 "옴짝달싹

할 수 없었다. 삼중 나선으로" 어떻게 해야 할지 두 사람 머릿속에 아무 것도 떠오르지 않았다.[28]

윌킨스는 다시 한번 프랭클린을 향한 적대감을 이겨내지 못하고 이 실수가 나선에 반대하면서 사슬이 세 가닥이라고 말한 프랭클린 탓이라고 했다.[29] 하지만 프랭클린의 강의 노트와 중간 보고서를 보면 분명하게 "나선 단위마다 2개나 3개, 4개의 축이 같은 핵산 사슬"을 상정하고 있다.[30] 결국 윌킨스는 방향을 알려줄 자료를 충분히 모을 때까지 "모형을 더 만들려고 해봤자 소용없다"는 프랭클린의 주장을 받아들일 수밖에 없었다. 하지만 윌킨스는 프랭클린이 잘못된 방향으로 자신을 이끌었다며 그녀를 희생양으로 삼는 짓을 멈추지 못했다. 윌킨스는 다음과 같이 징징댔다. "사슬이 삼중이라고 생각한 것 때문에 연구가 막혀버렸다. (프랭클린의) 실험 증거에 너무 많은 주의를 기울인 것이 가장 큰 실수였다."[31]

크릭과 통화를 마치고 몇 분 지나 윌킨스는 "연구실들을 돌아다니며" 케임브리지에서 초대를 받았다고 모든 사람에게 전했다. 가능한 모든 전력을 동원한 후 윌킨스는 크릭에게 다음 날인 11월 27일 수요일 아침 10시 10분 기차에 타겠다고 알렸다. 극적인 효과를 노렸을지도 모르지만, 윌킨스는 다음과 같이 덧붙이기 전에 느릿느릿한 말투 탓에 잠시 말을 멈췄다. 프레이저, 윌리 시즈, 그리고 "로지도 R. G. 고슬링이라는 지도 학생과 함께 같은 기차에 탈 거예요." 왓슨은 윌킨스 등이 다 같이 열정적인 반응을 보이자 경계심을 담아 으르렁댈 수밖에 없었다. "여전히 다들 DNA 구조 규명에 관심 있다는 것이 명백했다."[32]

다음 날 아침 킹스칼리지의 과학자 다섯 명은 6일 전 왓슨이 왔던 길을 거슬러 가는 짧은 여행을 떠나기 위해 넓은 킹스크로스역에서 만났다. 북쪽으로 향하는 길에 윌킨스는 농장, 길게 펼쳐진 초원, 원통형으로 굴러다니는 건초 더미, 졸려 보이는 소 떼가 드문드문 나타나는 창밖의 시골 풍경을 노려보던 프랭클린과 대화를 나누고자 했지만, 무시당했다. 열차 칸을 채운 정적은 다섯 청년이 모두 내심 느끼고 있던 우려와 극명한 대조를 이뤘다. 윌킨스는 한 시간가량의 여정을 묘사하면서 다음과 같이 말했다. "우리는 프랜시스와 짐이 아주 똑똑하다는 걸 알고 있었고 어떤 결과를 보여줄지 궁금했다."[33]

케임브리지에 도착하자마자 킹스칼리지 일행은 역에서 3.4마일 떨어진 캐번디시까지 어떻게 갈지 결정해야 했다. 윌킨스는 택시 요금을 나눠서 내자고 했다. 항상 윌킨스와 반대되는 프랭클린은 버스를 타자고 했다. 택시 뒷좌석에서 남자 네 명과 어깨를 좁힌 채 무릎끼리 닿는 상황이 된다면 프랭클린이 얼마나 불편할지 가히 상상된다.

일행은 프리스쿨레인에서 다시 만났다. "아빠 오리"를 쫓는 새끼 오리들처럼 킹스칼리지의 물리학자들은 윌킨스를 따라 캐번디시연구소의 오스틴동으로 향했다. 윌킨스는 곧 한 쌍의 비실험주의자 때문에 패배를 맛볼 처지에 놓인 동료들이 기운 내기를 바라며 쓸데없는 농담을 계속했다. 프랭클린은 기운을 북돋으려는 윌킨스의 행동을 무시하고 두 상사의 다툼에 끼어 점점 불편해하는 고슬링을 신경 썼다.[34]

왓슨에 따르면 윌킨스는 103호 안으로 "머리를 쑥 들이밀어" 도착을 알리면서 "몇 분 정도는 과학과 무관한 얘기를 하는 것이 적당하다"고 생각하는 것 같았지만 "로지는 바보 같은 대화를 나누려고 온 것이 아니기 때문에 빨리 연구 성과를 알고 싶어 했다."[35] 왓슨은 막스 페루츠와 존 켄드루가 윌킨스를 비롯한 일행을 환영했다는 것을 시작으로 킹스칼리지 팀의 방문이 어떻게 전개됐는지 자세히 설명했다. 왓슨이 크릭에게 매달려 발표를 하게 됐고, 덕분에 쇼맨십 있는 크릭이 빛을 보게 되었다. 왓슨과 크릭은 킹스칼리지 팀에게 "나선 이론의 장점"과 어떻게 "베젤함수로 깔끔하게 답을 구할 수 있는지" 가르치는 것으로 시작하려고 했다. 이어서 자신들이 만든 모형에 관한 가정과 사실을 간략히 설명하고 이글에서 친목을 도모하며 점심을 먹은 후 연구실로 돌아와 "DNA 구조 규명 문제의 마지막 단계로 어떻게 접근하면 좋을지 자유롭게 토론하는 오후 시간"을 가지려고 했다.[36] 이날 모임은 크릭이 자신의 나선 이론을 설명하는 것으로 시작되었다. 그러나 윌킨스가 "이렇게 요란하게 축하하지는 않았지만, 스톡스도 어느 날 저녁 집으로 향하는 기차 안에서 이 문제를 풀었다. 그리곤 다음 날 아침 작은 종이 한 장에 자신의 이론을 풀어썼다"는 사실을 알리면서 금방 중단되었다.[37]

이어서 모형을 살핀 프랭클린이 "매우 기뻐하며" 왓슨과 크릭의 남부끄러운 결과물을 비웃고 저격수처럼 정밀하게 이들의 작업을 비판해 침몰시켰다고 "흔히" 전해진다. 어떤 판에서는 심지어 프랭클린이 기쁨에 차 "어머, 보세요. 안팎이 바뀌었어요!"라고 소리쳤다고 한다.[38] 이는 왓슨과 크릭의 기억 속에 남아있는 프랭클린의 비평이기도 하다. 고슬링이 기억하는 것은 좀 더 미묘했다.

> 연구실에 들어가서 왓슨과 크릭의 모형을 마주했을 때 우리는 눈에 띄게 안심했다. 로잘린드는 교육자 같은 태도로 하나씩 지적하면서 "이런 이유로 잘못되었습니다…" 하고 두 사람의 가설을 파괴하는 근거를 나열했다 … 또한 이날은 누구든 "아주 오랫동안" 원자 모형을 만들 수 있다는 로잘린드의 관점을 확인해주는

킹스크로스역

기회가 됐지만, 누가 더 진실에 다가갔는지는 알 수 없었다. 만약 모리스가 양보해서 로잘린드와 내가 회절 강도를 측정하고 길고 힘든 계산을 끝낼 수 있게 해줬다면 결국 "자료 그 자체로 설명할 수 있었을 것이다."[39]

왓슨은 분노에 차 반박하면서 프랭클린이 "우리가 나선 이론을 선점했다는 데 콧방귀도 뀌지 않았으며 프랜시스가 주절거릴수록 짜증 나 하는 것이 보였다. 로지 마음속에 DNA가 나선이라는 증거는 한 점도 없었기 때문에 프랜시스의 좋은 말도 소용없었다. 모형을 점검하자 우리를 업신여기는 태도만 더 확실해졌다. 프랜시스의 주장 속 어떤 근거도 이 모든 난리를 정당화할 수 없었다." 왓슨이 기억하기로 크릭과 왓슨이 삼중나선 가닥을 고정하는 접착제라고 말도 안 되게 가정하고 성가시게 여긴 마그네슘 2가 이온으로 주제가 넘어가자 프랭클린은 갈수록 "뚜렷하게 공격적"인 태도를 보였다. 프랭클린은 "Mg^{++} 이온"은 "물 분자라는 단단

한 껍질로 둘러싸여 있을 것"이라고 주장했고, "빽빽한 구조의 중심" 역할을 할 수 없다고 봤다.[40] 프랭클린은 늘 그렇듯이 차분하고 단호하게 자신 있는 어조로 비평했을 것이므로 "뚜렷하게 공격적"이었다는 왓슨의 묘사는 어울리지 않는다. 자료를 중시하는 로잘린드 프랭클린에게 결점이 많은 왓슨과 크릭의 모형은 능숙한 음악가에게 잘못된 음으로 엉망진창인 교향곡을 강제로 들려주는 것과 비슷했다.

말투와는 상관없이 프랭클린이 삼중 나선 모형이 불가능하다는 점을 지적하자 103호실은 진공상태처럼 조용해졌다. 왓슨은 크릭이 "고급 지식을 한 번도 접하지 못한 불쌍한 식민지 어린이들을 가르치려는 자신감 넘치는 선생 같은 기분을 더 이상 낼 수 없었다"고 적었다. 힘을 합치자는 크릭과 왓슨의 요청에도 킹스칼리지 팀과의 협업은 이루어지지 않았다.[41] 역사가 로버트 올비(Robert Olby)는 이 제안을 냉정하게 평가했다. "프랭클린과 고슬링이 그런 제안을 무시하는 것은 당연했다. 그들 눈에는 장난치는 광대 두 명이 비쳤을 뿐이다. 그런 사람들과 협업해 장난을 용납해야 할 필요가 있는가?"[42] 왓슨과 크릭은 이 싸움에서 졌다. 프랭클린에게 명백한 승리가 돌아갔다.[43] 크릭이 솔직하게 표현한 것처럼 두 사람은 "멍청한 짓을 했다."[44]

그날 나머지 일정은 모든 참석자에게 불편했지만, 마침내 프랭클린의 짜증스러운 "반대가 단순히 심술이 아니었다"는 사실을 받아들여야 했던 왓슨은 특히 마음이 편치 않았다. 논쟁 중에 "로지의 DNA 표본에 있던 수분 함유량에 대한 (왓슨의) 기억이 옳지 않을 수도 있다는 당황스러운 사실이 튀어나왔다." 두 사람의 모형은 수분 함유량을 10 정도 과소평가하고 있었는데, 전부 왓슨이 프랭클린의 강의를 주의 깊게 듣지 않은 탓이었다. "우리 주장이 안이했다는 결론을 피할 도리가 없었다. 수분이 더 많이 포함되어 있을 가능성이 등장하자마자 잠재적으로 가능한 DNA 모형 숫자가 놀랄 만큼 늘어났다"고 왓슨은 인정했다.[45]

점심 식사 후 두 팀은 백스와 트리니티칼리지의 그레이트코트를 산책했지만 크릭이 제시한 어떤 회유의 말도 킹스칼리지 생물물리학자들의 마음을 돌리지 못했다. "로지와 고슬링은 호전적일 정도로 적극적이었다. 미숙한 헛소리뿐이었던 50마일 거리의 외출은 두 사람의 향후 활동 방향에 아무런 영향을 미치지 못할 것 같았다"고 왓슨은 묘사했다. 윌킨스와 시즈는 둘보다 합리적이었지만 단순히 "로지에게 동의하고 싶지 않은 강한 의지"에서 나온 태도일 수도 있었다. 젊은 과학자 무리가 캐번디시에 돌아올 때쯤 대화는 한층 더 어긋났다. 힘없이 관망하던 윌킨스는 "만약 서둘러 버스를 탄다면 리버풀역으로 가는 3시 40분 기차를 탈 수 있을 것"이라는 말로 침묵을 깼다. 이제 남은 할 말은 형식적인 인사뿐이었다.[46]

많은 사람이 수십 년간 이어진 왓슨의 로잘린드 프랭클린 혐오가 시작된 시점을 특정하고자 했다. 역사학자라는 특권을 가지고 필자는 그 시점이 103호에서 왓슨 귀에는 "어머, 보세요. 안팎이 바뀌었어요!"처럼 들린 어떤 말을 프랭클린이 외친 순간이라고 생각한다. 50년도 더 지났지만, 정확히 어떤 말이었는지와는 별개로 프랭클린이 준 수치는 여전히 왓슨의 귓가에 크게 울려 퍼지고 있었다. 2018년 콜드스프링하버의 사무실에 앉아서 왓슨은 마치 그 일이 그날 아침 일어나기라도 한 것처럼 씁쓸한 목소리로 회상했다. "우리한테는 친절한 적이 없었죠. 특히 나한테 … 로지는 항상 상대방보다 자기 머리가 뛰어나다는 것을 알려야 하는 사람이었어요. 실제로 그렇지 않은 경우에도요. 로지는 자기가 무엇을 모르는지 모를 정도로 겸손하지 못했어요."[47]

학과장 사무실 한 층 아래에서 무슨 일이 일어났는지 알게 된 브래그는 격노했다. 페루츠가 브래그를 진정시키려 했지만, 브래그는 크릭과 왓슨의 목을 날리고 싶어 했다. DNA는 엄격하게 킹스칼리지의 영역이었다. 의학연구위원회 팀의 연구를 방해하는 이 왓슨이라는 녀석은 대체 누구인가? 그리고 크릭 이놈은 자기 연구할 시간을 빼서 다른 기관에 있는 동료의 연구를 침범하다니 대체 무슨 짓을 하는 중인가? 크릭의 박사 논문 실패를 참아줄 생각이 없던 브래그는 크릭이 이런 식으로는 절대 논문을 완성하지 못할 것이라고 노성을 질렀다. 왓슨이 관찰한 바에 따르면 "브래그는 이제 과학계에서 가장 명망 있는 자리에 앉아 그에 따른 보상을 즐기기만 하면 됐는데, 실패한 천재가 벌이는 정신 나간 짓을 책임져야 하는 상황이 됐다."[48]

케임브리지에 있는 책이 가득 찬 브래그의 서재와 런던에 있는 토끼장 같은 랜들의 지하 연구실 사이를 잇는 전화선은 욕설과 사과의 말로 뜨겁게 달아올랐을 것이 틀림없다. 랜들도 이미 윌킨스로부터 케임브리지 원정 이야기를 듣고 당연하게도 몹시 화가 나 있었다.[49] 그날 오후 랜들과 브래그 사이에 오간 대화가 기록으로 남아 있지는 않지만 최근 "프랜시스 크릭의 잃어버린 편지"가 발견된 덕분에 최고의 간접 증거가 나타났다. 이 편지들은 1956년부터 1977년까지 크릭과 케임브리지대 사무실을 공유했던 2002년 노벨 생리의학상 수상자 시드니 브레너(Sydney Brenner)의 서류 상자 속에 끼어 있었다. 역사 기록 보존 과정 속의 기이한 우연으로, 이 편지들은 2010년 브레너가 자신과 크릭의 서류 아홉 상자를 콜드스프링하버 연구소 문서보관실에 기증할 때까지 발견되지 않

았다.[50]

1951년 12월 11일 자 타자로 인쇄된 편지 속에서 윌킨스는 크릭과 일종의 평화 조약을 구체화한다. 편지는 "친애하는 프랜시스에게"라는 다정한 호칭과 "토요일에 자네를 따로 보지 않고 급하게 떠나서" 미안하다는 사과로 시작했다. 편지의 다른 부분에서는 다정함이나 따듯함을 거의 찾아볼 수 없는데 이는 아마도 존 랜들의 글을 복사했거나 말을 그대로 받아적은 것이기 때문일 것이다.

> 미안하지만 킹스칼리지의 중론은 애석하게도 케임브리지에서 핵산 연구를 계속하겠다는 자네 의견에 반대하네. 여기서는 자네의 아이디어가 지난번 학회에서 발표된 내용에서 직접 파생된 것이라는 의견이 나왔는데, 나는 갑자기 그런 접근법을 떠올렸다는 자네의 주장만큼이나 이 의견도 설득력이 있다고 봐 … 나는 우리 연구소의 모든 구성원이 앞으로도 전처럼 자네나 캐번디시와 연구 내용을 자유롭게 논의하고 의견을 교환할 수 있도록 어떤 합의에 이르는 것이 가장 중요하다고 생각해. 킹스칼리지와 캐번디시는 서로 많은 관계를 맺고 있는 별개의 의학연구위원회 연구팀이자 물리학과지. 개인적으로 나는 자네와 내 연구를 논의하면서 얻는 것이 많다고 생각했지만 지난 토요일 자네의 태도를 본 이후로는 약간 불편한 느낌이 들기 시작했어. 이 경우에 무엇이 옳은지 그른지 자세히 따지는 것보다 중요한 것은 연구소 사이에 돈독한 관계를 유지하는 것이라 생각하네. 만약 자네와 짐이 우리 연구소와 멀리 떨어진 곳에서 연구하고 있었다면 우리는 자네들이 하고 싶은 대로 하라고 했을 거야. 나는 우리 팀과 자네 팀을 통틀어 다수가 찬성하는 시각을 따르는 것이 최선이라는 생각이 드네. 만약 자네 팀에서 우리 제안이 이기적이라거나 과학의 발전 같은 모두의 이익에 반한다고 생각한다면 알려주게. 막스도 우리 의견을 알고 이 문제를 랜들과 논의할 수 있

도록 이 편지를 보여줬으면 좋겠네. 랜들도 이 편지의 복사본을 가지고 있네.[51]

몇 시간 후 윌킨스는 존 랜들의 입김이 닿지 않은 짧은 자필 편지를 크릭에게 보냈다. 이 두 번째 편지에서 크릭과 윌킨스가 나눈 오랜 우정의 본질과 이 어색한 상황을 개선하기 위한 윌킨스의 조언이 더 잘 드러난다.

이 편지는 내가 얼마나 짜증이 나는지, 얼마나 끔찍한 기분이 드는지, 또 그렇게 안 보일 수도 있지만 내가 자네들을 여전히 얼마나 친밀하게 느끼고 있는지 전달하려고 쓰네. 정말이지 우리는 모두를 잘게 갈아버릴지도 모를 폭력적인 힘 사이에 끼어 있지 않나. 자네의 관심사가 우려를 사는 한 이 DNA 나선 구조에 관한 아이디어의 공을 자네가 일부 포기하는 것이 최선이라고 생각해. 내가 이 말을 하면 랜들이 자네의 행동에 항의하는 편지를 브래그에게 보내려는 것을 뜯어말려야 할 테니 상황이 어떻게 돌아가는지 알 수 있겠지. 말할 것도 없이 이미 랜들을 뜯어말리고 있지만, 자네와 브래그의 관계도 우려되니 지금 해야 할 훨씬 중요한 일은 입을 다물고 "문제"를 일으킨 적 없는 조용하고 성실한 연구원이라는 인상을 만드는 것이지. 주변의 호의를 다 저버리고 자네의 뛰어난 아이디어에 대한 공을 다 차지하려고 노력하는 것보다 말이야. 그리고 모든 중요한 내용에 자네가 지나치게 관심을 보인다면 나 역시 우리가 무엇을 토론했는지 약간 혼란스럽기는 해. 혼란스럽다는 건 말 그대로인데, 나는 지금 폴리뉴클레오타이드 사슬 등 관련된 내용을 논리적으로 사고하기가 전반적으로 힘든 상태야. 그리고 불쌍한 짐도 있군. 몹시 헷갈리겠지만 내가 악어의 눈물을 흘려도 되겠나? 그에게도 내 인사를 전해주게. 자네들에게 친애를 담아 마무리하겠네. 혹시 이 상황 속에서 내가 한 행동에 마음이 상한 부분이 있다면 말해줬으면 좋겠어! 존에게도 안부 전해주게![52]

이틀 후 12월 13일 크릭은 특유의 매력적인 편지를 윌킨스에게 보냈다.

> 편지를 보내줘 고맙다는 인사도 하고 자네 기운도 북돋을 겸 짧게 쓰네. 우리는 일을 바로잡으려면 우리 관점이 어떤지 온건하게 드러내는 편지를 보내는 것이 제일 좋겠다고 생각해. 하루 정도 시간이 걸릴 것 같으니 늦어지는 점을 양해해 주게. 원만한 합의를 이뤄야 한다고 캐번디시에서도 다들 공감하고 있으니 그 부분은 걱정하지 않았으면 좋겠어. 한편으로는 자네가 얼마나 운이 좋은 상황인지 얘기하고 싶군. 자네와 자네 팀이 생물분자 구조의 중대한 문제를 결정적으로 해결할 날이 눈앞에 있지 않나. 그 문제를 해결하고 나면 아주 핵심적인 생물학적 문제로 향하는 여러 문을 자네가 열게 될 거야. (그러니) 기운 내고 우리 연구가 쓸데없는 자극이 되었더라도 친구 사이 일로 받아들여 주게. 최소한 우리 도둑질이 자네 연구팀의 의견 통합이라도 일궈냈길 바라고 있어![53]

무사히 DNA를 수중에 돌려받았지만, 윌킨스는 이중나선 구조를 다른 사람보다 먼저 해결할 수 있는 또 다른 "운이 좋은 상황"을 맞이하고도 여전히 실수를 저지르고 있었다. 케임브리지를 다녀온 후 윌킨스는 "약간 우울한 채로" 자기 사무실에 앉아 있었는데, 프랭클린이 들어와 "DNA 나선에 관한 새로운 아이디어를 논의해보자"고 했다. 윌킨스는 "스톡스와 함께 로지의 분노 폭발 현장에서 도망친" 이래로 직접 대화를 한 적이 없었기 때문에 깜짝 놀랐다. 꿈꾸는 것이 아닌가 생각하면서 윌킨스는 앉을 자리를 권했고, 프랭클린은 자신이 알아낸 새로운 B 무늬에 관한 의견을 개진했다. 이 B 무늬는 윌킨스와 스톡스가 이미 나선형이라고 결론 지은 것과 같은 형태였다. 프랭클린이 "아주 합리적인 생각을 하고 있어서" 윌킨스는 놀랐다. 특히 프랭클린은 윌킨스에게 "DNA 분자 안에 있는 층선의 상대적인 강도를 보면 농도가 다른 두 층이 전체 길이를 따라 반복되는 구간의 3/8 지점에서 나눠진다는 것을 나타내고 있다"고 말했다. 윌킨스는 "3/8 지점마다 나뉜 두 덩어리의 물질이 들어 있는 나선 분자"를 찍은 듯한 사진을 들여다봤다. 불행히도 윌킨스와 프랭클린 모두 이 형상이 뜻하는 바를 전혀 이해할 수 없었다. 여기서 다시 한번 두 사람이 협업할 절호의 기회가 나타나자마자 사라졌다. 이때부터 반세기 동안 윌킨스는 어떻게 "감정적인 단절 때문에 로잘린드와 내가 농도가 다른 물질 두 개가 섬유를 따라 반복되는 3/8 지점에서 나눠지는 것이 이중나선 DNA의 나선형 사슬이라는 것을 알아보지 못했는지" 설명하느라 애써야 했다.[54] 이는 윌킨스가 당시 프랭클린과 함께든 아니든 실제 1951년 후반에 이뤘던 성과보다 DNA의 비밀 규명에 훨씬 더 가까웠다고 자기 입장을 과대 포장하는 방법인 듯하다. 하지만 그 당시 윌킨스는 여전히 "더 안정적인" 삼중 구조가 정답일지도 모른다는 희망에 사로잡혀 있었다. 정답이 정면에서 자신을 빤히 들여다보고 있는데도 윌킨스는 어떻게 연구를 진전시켜야 할지 감을 잡지 못했다.[55] 프랜시스 크릭은 DNA 규명을 목전에 두고 있었다는 윌킨스의 주장을 철저하게 조롱했다. "윌킨스가 가진 정보는 우리와 다를 바가 없었고, 지금 와서야 샤르가프의 논문에서 영감을 받았다고 하지만 다 말도 안 되는 소리다. DNA의 비밀을 풀어낼 방법 근처를 멍하니 맴돌고 있었을지는 몰라도 정확히 보지 못했고, 그게 전부였다."[56]

케임브리지에서의 DNA 연구 중단 지시는 브래그로부터 페루츠, 존 켄드루를 거쳐 마침내 왓슨과 크릭에게 떨어졌다. 크릭은 전에 하던 연구를 계속해 박사논문을 마치라는 지시를, 왓슨은 한 가닥짜리 RNA 바이러스이자 감염된 담뱃잎에 초록색과 노란색 반점이 나타나는 특징 때문에 담배모자이크바이러스라고 명명된 바이러스를 연구하도록 지시받았다.[57] 이 바이러스는 바이러스학과 분자생물학 초기부터 연구됐는데, 담배 산업에 손해를 끼치는 데다가 숙주 세포에 침투해 복제 기전을 탈취하는 "무자비한 트로이 목마 기술"을 보유했기 때문이었다.[58]

DNA 분자 모형에 관한 프랭클린의 질책을 견딘 후, 왓슨은 마지못해 자신의 삼중 모형에서 "구린내가 난다"고 인정했다. 브래그가 왓슨과 크릭이 실패한 모형을 만드는 데 사용했던 주형, 지그, 여러 부품을 킹스칼리지의 윌킨스에게 보내라고 지시하면서 사태는 한층 더 얼어붙었다. 그 사이 윌킨스와 프랭클린의 다툼은 심해지기만 했다. 왓슨은 "로지가 모리스의 명령을 받아 모형을 만드느니 구리선 모형을 모리스 목에 감아버릴지도 모른다"고 농담했다.[59] 이후 6개월 동안 크릭과 왓슨이 썼던 주형과 지그는 낡은 종이 상자에 담겨 킹스칼리지 생물물리학 왕국의 외딴 구석에 잠들어 있었다. 1952년 6월, 윌킨스는 왓슨과 크릭에게 주형을 돌려받고 싶냐고 물었다. 캐번디시의 2인조는 그렇다고 대답하면서 "폴리펩타이드 사슬이 어떻게 모서리에서 회전하는지 보이려면 더 많은 탄소원자가 필요하다고 넌지시 말했다."[60]

항상 준비된 사나이 짐 왓슨은 일생을 건 임무를 포기할 생각이 없었다. 다행히도 "(존 켄드루는) 나에게 다시 미오글로빈에 관심을 가지라고 하지 않았다." 켄드루는 브래그의 "DNA 연구 중단 지시가 DNA에 대해 생각하는 것까지 금지하지는 않는다"는 것을 알아챘다.[61] 연구소에서 왓슨은 "DNA를 향한 멈추지 않는 관심을 숨기기에 완벽한 가면"으로 서투르게나마 담배모자이크바이러스를 연구하는 모습을 보였다.[62] 왓슨은 남몰래 이론 화학을 공부하고 유전학 학술지들 속에서 "묻혀있는 DNA에 관한 단서"를 찾겠다는 희망을 좇으며 "어둡고 싸늘한" 케임브리지의 겨울을 보냈다.[63]

캐번디시연구소 단체 사진에서 확대한 왓슨과 크릭. 1952년

왓슨이 케임브리지에서 보내는 첫 학기가 끝나가고 크리스마스가 다가오면서 크릭은 왓슨에게 선물을 주었다. 선물은 몇 주 전 옥스퍼드의 블랙웰 서점에서 급하게 찾아냈던 라이너스 폴링의 『화학결합의 특성』 복사본이었다. 이 책은 프랜시스가 면지에 다음과 같이 글을 남기면서 특별한 책이 되었다. "짐에게 프랜시스가. 51년 크리스마스." 화학에 관한 폴링의 명저를 휙휙 넘겨 보면서 왓슨은 여전히 DNA의 비밀을 풀 단서가 들어있기를 바랐다. 시카고에서 온 자칭 무신론자는 역설적으로 크릭의 크리스마스 선물이 고마웠다고 기억했다. "기독교의 잔재가 실로 유용했다."[64]

1951년 크리스마스는 왓슨과 크릭의 날개가 거의 꺾일 뻔했던 날이라고도 할 수 있다. 브래그는 계속 삼중 나선 사태에 분개했고, 연휴 동안 크릭을 내보내기 위해 노력했다. 1952년 브래그는 몇 년 전에 크릭을 케임브리지에 채용한 근육 생리학자 A. V. 힐(A. V. Hill)에게 비밀리에 편지를 보냈다. 이 편지의 목적은 캐번디시에서 크릭을 쫓아내는 것이었다.

> 우리 연구소 페루츠 팀에서 일하는 한 청년이 있는데 제가 알기로 한때 당신의 제자였고 당신으로부터 생물물리학을 전공하라는 조언을 받은 사람입니다. 이 청년은 크릭이라고 합니다. 현재 크릭에게 우려되는 점이 있는데 만약 당신이 크릭에게 일시적인 수준 이상의 관심이 있다면 상담하고 싶군요. 크릭은 여기서 박사 학위를 따려고 연구 중이고 서른다섯 살인데 전쟁 때문에 학위가 늦어졌어요. 크릭이 아무 일도 꾸준히 하지 못한다는 점이 걱정스럽고, 올해에는 박사 학위를 받아야 하는데 충분한 노력을 기울이고 있는지도 의문이 듭니다. 그런데도 크릭은 굳건히 연구만 하겠다면서 절박하게 캐번디시에 매달리고 있어요. 아내와 가족이 있으니 일자리를 반드시 찾아야겠지요. 제가 볼 때 크릭은 자기 연구 능력을 과대평가하는 것 같고, 다른 노력 없이 연구직을 유지할 수 있을 거라는 확신을 가져서는 안 된다고 생각합니다. 이 주제를 논의해볼 정도로 크릭의 경력에 관심이 있으신가요? 크릭에게 어떤 진로를 권하면 좋을지 결정하기 위해 도움을 좀 받고 싶군요.[65]

다행히 힐이 브래그를 진정시켜 크릭 퇴출 시도를 멈출 수 있었다. 하지만 브래그가 꺼렸던 크릭의 성격 문제와 허락 없이 킹스칼리지의 영역을 침범한 일은 크릭의 경력을 위협하는 요소였다. 이제 우리는 패기 넘치는 성격 때문에 크릭이 주변 사람을 짜증 나게 하긴 했지만 귀중한 과학적 통찰력을 자주 발휘했다는 것을 알고 있다. 이론에서 분자 수준에 이르기까지 생물학에 관한 크릭의 이해도는 정말로 놀라웠다. 하지만 이 시기에 크릭의 독보적인 재능을 확인한 사람은 크릭 자신과 제임스 왓슨뿐이었다. 크릭은 자신이 퇴출당할 뻔했다는 것은 몰랐지만 최소한 케임브리지의 울타리 안에서는 안전했다.

4부

1952년, 이중나선으로부터 비켜선 사람들

그건 그렇고, 짐 왓슨이 했던 이야기 중에 크릭과의 다툼이라던가 다른 일에 관한 많은 내용은 순전히 상상의 산물이었다 … 왓슨이 항상 정확하지는 않았다. 그 책은 성인 남성이 쓴 것이라고 할 수 없다. 25세 때 부모에게 보냈던 편지를 거의 그대로 옮긴 것이나 마찬가지여서 그 점을 염두에 둬야 한다. 유럽에 처음 온 다소 자신만만한 젊은이와 그의 격렬한 반응 … (이 책은) 소설가의 해석과 같다.

– 윌리엄 로렌스 브래그[1]

[16]

라이너스 폴링의 불운[1]

1952년 6월 20일

담당자분께
저는 공산주의자가 아닙니다.
공산주의자였던 적도 없습니다.
공산당과 관련된 적도 없습니다. — 라이너스 폴링[2]

특출나게 뛰어난 많은 남녀처럼 라이너스 폴링도 자기 몫의 적이 있었다. 폴링을 비판하는 사람들은 그가 학문적 노출증 환자라고 깎아내렸다. 폴링의 연구에 감탄하는 사람들도 그가 자주 모든 과학적인 것들의 전문가처럼 행동한다고 걱정했다. 이 화학자는 과학 학술지에 인쇄된 자기 이름과 자기 위업을 즐겨 다루는 일간지 지면을 너무나 좋아했고, 놀라운 속도로 논문을 발표하면서 욕먹는 사태를 악화시켰다. 폴링의 옷차림새도 관심을 끌었다. 모직 트위드 재킷, 흰색 면 셔츠, 주름 잡힌 회색 플란넬 바지, 어두운색 니트 타이, 무거운 가죽 구두 같은 것을 입는 일반적인 미국 교수와는 달리 폴링은 밝은색 반소매 티셔츠, 형형색색 멜빵으로 고정한 헐렁한 카키색 바지, 발가락이 드러나는 샌들, 발랄한 베레모를 걸쳤다. 길고 성긴 반백의 머리카락은 전 세계 이발사들을 도발한 과학자 알베르트 아인슈타인의 머리 모양에 가까웠다. 폴링은 전형적인 학자로 점잖은 대학교 생활과 그런 점잖은 모습을 놀릴 수 있는 자유를 모두 사랑했다. 그가 설명했듯이 "내 성격에는 정반대 방향으로 향하는 두 가지 특징이 있었다. 순응하고자 하는 성향과 어떤 상황을 마주했을 때 나만의 평가에 의존하려는 성향이다."[3]

1950년대 초, 라이너스 폴링은 전선 두 곳에서 맞서 싸우고 있었다. 첫 번째 전선은 분자생물학과 화학의 새로운 전망을 정복하는 것과 관련이 있었다. 두 번째 전선은 정치적 활동에 있었는데 이로 인해 미국 정부의 집중적인 관심을 끌게 되었다. 손가락질 한 번에 경력과 인생이 끝장나는 숨 막히는 매카시 시대의 한 가운데, 폴링은 등에 빨간 과녁을 지고 있었다. 폴링이 정치판에 연달아 모습을 드러내면서 그를 저격하려는 적들의 시선을 끌었고, 과녁의 중심은 커지기만 했다.[4]

이 시기 많은 자유주의자는 보수로 급선회한 해리 트루먼 대통령에게 배신감을 느끼고 있었다. 트루먼 대통령은 공산주의자에 대한 "적색 공포"의 대두, 정부가 요구한 충성 맹세, 갑작스러운 한국 전쟁 참전으로 인해 "보수" 일변도를 달렸다. 폴링은 이런 시류 변화에 화가 나 자신의 관점을 라디오, 신문, 항의 시위를 통해 발언하면서 삶을 비참하게 만드는 권력자들을 콕 집어 비판했다. 폴링은 사실 정치적으로는 오래된 프랭클린 루스벨트의 뉴딜 연합을 지지했지만, 폴링이 지닌 사상의 독립성, 카리스마, 명성, 극좌파 단체에 대한 공공연한 지지는 대중의 큰 관심을 끌었다. 최악의 경우 폴링은 FBI 국장이 규정한 공산당 "동조자"에 해당할지도 몰랐다. 사실 폴링은 모든 형태의 전쟁에 반대하는 "평화주의자"에 더 가까웠다. 2차 세계대전 동안 폴링은 미국 정부의 기밀 정보 취급 허가를 받지 않았으며, 원자폭탄 설계에 참여하지도 않았다. 1940년대부터 죽을 때까지 폴링은 핵무기 반대, 반전 운동에 앞선 인물이었고 1962년 노벨 평화상을 수상했다.

상원의원 조셉 매카시(Joseph R. McCarthy)의 영향력이 나라를 좀먹는 동안 폴링은 미국 공산당과 관계가 깊다고 알려진 PCA(Progressive Citizens of America), ICCASP(Independent Citizens Committee of the Arts, Sciences, and Professions), 노벨상을 수상한 핵물리학자이자 프랑스 공산당 창립자인 장 졸리오 퀴리(Jean Frédéric Joliot-Curie)가 운영하는 국제조직의 파생 단체인 미국과학노동자협회(American Association of Scientific Workers) 같은 단체들에 가입하면서 더욱 공격에 취약한 입지로 빠져들었다. 폴링은 할리우드의 고전 영화인 『로마의 휴일(Roman Holiday)』, 『영광의 탈출(Exodus)』, 『스파르타쿠스(Spartacus)』의 각본가이자 1939년 전미도서상(National Book Award)을 수상한 반전 소설 『자니 총을 얻다(Johnny Got His Gun)』를 쓴 돌턴 트럼보(Dalton Trumbo)의 가석방을 도우면서 공산주의를 탄압하는 세력의 시선을 더욱 확실하게 사로잡고 말았다. 트럼보는 공산주의 활동으로 연방정부의 조사를 받은 유망한 각본가, 프로듀서, 감독 집단인 할리우드 블랙리스트(Hollywood Ten)에 속해 있었다. 1950년 트럼보는 미국 하원 반미활동위원회(Un-American Activities Committee)에서 활동에 연루된 인물들을 밝히는 것을 거부하고 연방 감옥에서 11개월을 복역했다. 폴링은 또한 1950년 소련을 위해 간첩

1953부터 55년까지 있었던 자신의 여권 발급 거부에 대해 증언 하는 폴링

활동을 했다는 죄로 체포된 줄리어스 로젠버그(Julius Rosenberg)와 에셀 로젠버그(Ethel Rosenberg)를 소리 높여 옹호하기도 했다. 1953년 두 사람이 처형되기 전까지 폴링은 관대한 처벌을 요구하는 청원을 몇 차례 제기하기도 했다.[5] 논란이 될만한 이 모든 활동에 폴링이 휘말리는 동안, 짐 왓슨이 묘사한 것처럼 미국 전체가 "중서부 마을의 법률 사무소로나 돌아가야 할 편집증 환자들이 만들어낸 이상한 냉전"에 갇혀 있었다.[6]

이런 행적 때문에 폴링은 반미활동위원회(HUAC), FBI, 국무부, 칼텍(California Institute of Technology)이 번갈아 실시한 경력을 위협하는 일련의 조사를 견뎌야 했다. 어떤 조사도 폴링이 공산당 세포조직에 소속되어 있다는 것을 증명하지 못했고, 폴링의 국가를 향한 충성심에 흠결을 찾고자 강의실이나 공개 강연에 FBI 요원들이 출몰하며 수년간 이어진 감시에서도 마찬가지였다. 그렇지만 1950년대 초에는 공산주의에 동조한다는 아주 사소한 흔적만으로도 한 사람을 사회적으로 매장하기 충분했다. 폴링이 칼텍 캠퍼스를 지나가면 동료들은 인사조차 하지 않으려 길을 건너갔다. 동료들의 관심을 갈구했던 폴링 같은 사람에게 그런 냉대는 고문과도 같았다. 1950년에 상원의원 매카시가 폴링에게 누명을 씌운 후 에바 헬렌 폴링은 눈물을 글썽거리며 폴링의 제자였던 사람에게 "남편이 얼마나 더 버틸 수 있을지 모르겠다"고 말했다.[7] 하지만 폴링은 끝내 버텨냈고 그를 구한 것은 과학이었다.

1951년 가을, 폴링은 영국의 미국국립과학원과 같은 기관이자 세계적으로 유명한 과학 단체인 왕립학술원에서 강연해달라는 초청장을 받았다. 1952년 5월 1일 열릴 예정인 이 행사는 단순한 강연이 아니었다. 폴링은 단백질의 분자 구조에 관한 연구를 발표해달라고 요청받았는데, 이는 박식한 변호사가 대법원행을 앞둔 중요한 사건을 변호해달라고 요청받은 것과 마찬가지였다. 알파 단백질 나선에 궁금증을 가진 세계적 수준의 화학자, 생물학자, 물리학자가 세심한 논평과 비평으로 중무장하고 청중으로 참석할 예정이었다. 강연을 준비하면서 폴링은 핵산에 관한 것을 포함할지 고민했다. 폴링은 폐렴구균에서 관찰되는 변형 물질에 관한 오즈월드 에이버리(Oswald Avery)의 연구를 오래전부터 알고 있었지만, 처음에는 중요하지 않다고 생각했다. "나는 에이버리의 연구를 인정하지 않았다. 알다시피 단백질에 너무 만족했기 때문에, 핵산이 당연히 어떤 역할을 하기는 하겠지만 유전 물질은 단백질일 거라고 생각했다."[8]

강연 초대를 받은 후 폴링은 모리스 윌킨스와 존 랜들에게 연달아 편지를 써 윌킨스의 "잘 나온 핵산 섬유 사진"을 보여달라고 청했다. 요청은 모두 거부되었다.[9] 과학에서의 개방성은 매우 중요하다며 자주 다른 사람들을 괴롭혔던 윌킨스는 출판되지 않은 자신의 연구 공유에는 예외를 두는 경향이 있었다. 1997년 윌킨스는 특유의 혼란스러운 태도로 폴링의 요청을 거절했던 일을 회상했다. "나는 '요청은 고맙지만, 안 되겠다'는 식으로 답하면서 '시간이 더 필요하다', 우리끼리 사진을 더 들여다볼 시간이 필요하다고 말했다. '괜찮다면 우리끼리 시간을 더 갖고 싶다'고 말했던 것이 전혀 부끄럽지 않다."[10]

폴링은 랜들과 윌킨스의 거절에도 당황하지 않고 DNA를 제외한 왕립학술원 강연 준비에 집중했다. 이후 몇 달 동안 폴링과 로버트 코리(Robert Corey)는 "(단백질의) 구조에 관해 실험하고, 개선하고, 다시 생각했다."[11] 그에 비하면 여권 갱신은 재미없는 업무였다. 여행 사유를 묻는 신청서에 폴링은 다음과 같은 목록을 적었다. "몇 가지 과학적 목적. 1952년 5월 1일 런던 왕립학술원이 개최하는 단백질 구조에 관한 토론회에 참석해 학계 사람들에게 과학적 주제로 강연. 특히 해외의 연구자들과 함께 단백질 구조에 관한 과학적 질문 논의. 툴루즈대학교(University of Toulouse)에서 수여하는 명예박사 학위(Docteur de l'Université) 취득."[12] 어느 상쾌한 가을 아침 워싱턴 DC에서 폴링의 신청서는 1928년부터 1955년까지 국무부 여권 발급 담당 부서장이었던 루스 쉬플리(Ruth Bielaski Shipley)의 책상으로 향하고 있었다.

쉬플리는 매일 유니폼처럼 고지식해 보이는 어두운색의 양모 혹은 리넨 정장에 무너진 수플레처럼 보이는 모자를 걸쳤다.[13] 참사가 일어난 듯한 모자 밑에는 청회색 머리카락을 꽉 틀어 올렸다. 상어를 닮은 그녀의 눈은 원피스에 핀으로 꽂은 검정 리본에 고정된 유행이 지난 코안경에 가려 희미했다. 영원히 찌푸린 인상에 갇힌 것처럼 입꼬리는 아래로 말려 있었다. 심각한 얼굴 밑에는 산더미처럼 쏟아지는 신청서를 처리할 부하직원이 200명 이상 있음에도 워싱턴으로 오는 모든 여권 신청을 직접 검토한다는 격렬한 자부심이 깔려 있었다.

1950년 전복활동 규제법(Subversive Activities Control Act)을 신이 내린 율법처럼 받아들인 쉬플리는 이 법의 주요 후원자인 상원의원 패트릭 맥캐런(Patrick McCarran), 국무장관 코델 헐(Cordell Hull), 딘 애치슨(Dean Acheson), 존 덜레스(John Foster Dulles), FBI 국장 에드가 후버(J. Edgar Hoover), 상원의원 조셉 매카시의 법률 자문인 로이 콘(Roy Cohn)을 친구이자 숭배 대상으로 보았다. 프랭클린 루스벨트 대통령은 조심스럽게 쉬플리를 "훌륭한 괴물"이라고 칭찬했다.[14] 『타임』은 쉬플리를 "정부 일을 하는 여성 중에서 해를 입힐 수 없고, 해고할 수 없고, 두려움을 불러일으키고, 존경받기로는 독보적"이라고 묘사했다.[15] 『리더스 다이제스트』는 쉬플리를 "국무부의 경비견"이라 칭했고, 4천만 독자에게 "쉬플리의 허가 없이는 어떤 미국인도 해외로 나갈 수 없다. 신청자에게 여권 발급이 타당한지, 신청자가 미국 정부의 보안에 위협이 되거나 부적절한 행실로 미국에 대한 편견을 일으키는 것은 아닐지 쉬플리가 결정한다"고 보도했다.[16]

돌이켜보면 선출된 것도 의회의 인준을 받은 것도 아닌 한 여성이 "신청자를 인정하거나 거부할" 전권을 독점한다는 것이 놀라울 따름이다.[17] 엄밀히 따지면 쉬플리는 복잡한 신청서가 있을 때 "그것을 최종적으로 중재할 권한이 있는 고문들로 구성된 위원회"에 해당 건을 넘기는 역할을 해야 했다.[18] 쉬플리는 공산당에 동조하는 듯한 희미한 기색이 느껴질 때마다 "바로 자신의 임무를 수행"하여 "거부"라는 글씨가 적힌 커다란 고무도장에 손을 뻗어 선명한 빨간색 인주에 누른 후 단호하게 지원서에 도장을 찍었다.[19] 쉬플리가 여권 발급을 거부한 유명한 사례는 극작가 아서 밀러(Arthur Miller)와 릴리안 헬먼(Lillian Hellman)을 비롯해, 가수이자 배우 · 시민운동가 · 친스탈린주의자인 폴 로브슨(Paul Robeson), 사회학자이자 학자 · 시민운동가인 두보이스(W. E. B. DuBois), 맨해튼 프로젝트 물리학자인 마틴 카멘(Martin D. Kamen), 짐 왓슨의 박사 학위 지도교수인 인디애나대의 살바도르 루리아(Salvador Luria) 등이 있었다.[20]

1952년 1월 24일 폴링은 쉬플리의 사무실로부터 아무런 회신이 없다는 점이 우려스러웠고, 여권 갱신에 관해 쉬플리에게 편지를 보냈다. 3주 후인 2월 14일 쉬플리는 밸런타인데이 카드와는 결코 헷갈릴 일이 없는 타자기로 인쇄한 편지를 보내왔다.

친애하는 폴링 박사님

1월 24일에 보내신 편지에 답변을 드리자면 박사님의 여권에 관한 요청은 부서에서 신중하게 검토되었음을 알려드립니다. 그러나 박사님이 제안한 여행은 미국의 이익에 부합하지 않는다는 것이 부서의 의견이므로 미 정부 여권은 발급되지 않습니다. 1951년 10월 17일에 제출했던 신청서에 동봉하신 여권 발급 수수료 9달러는 추후 환급될 예정입니다.

여권 발급 부서장

R. B. 쉬플리 드림[21]

이는 급작스러운 결정일 가능성이 거의 없었다. 쉬플리는 최소한 4개월 이상 폴링의 활동을 주시했다. 1951년 10월 쉬플리는 FBI에서 폴링에 관해 자세히 조사한 내용이 담긴 국무부 조사 문서를 요청해서 받아보았다. 이 문서에서 익명의 제보자는 화학자 폴링을 두고 아내의 잔소리 때문에 정치판에 뛰어든 "전문적인 공상적 박애주의자"라고 했다. 같은 제보자는 이어서 에바 폴링이 "매일 같이 남편에게 그가 현재 세계에서 세 손가락에 꼽힐 위대한 인물이고, 그가 가진 통솔력과 능력을 무시하면 안 된다고 설득했다"면서 "정치에 관해서는 완전히 바보"라고 묘사했다.[22] 쉬플리가 볼 때 이 보고서는 "폴링 박사가 공산주의자라고 믿을 충분한 근거"를 제공했다.[23]

그러나 쉬플리는 잘못된 상대에게 시비를 건 셈이었다. 폴링은 여권 갱신을 거부당하자 정부가 얼마나 변덕스러운지 알릴 완벽한 기회라고 생각했다. 2월 29일, 폴링은 불과 4년 전에 2차 세계대전 시기 "모범적으로 복무하며 뛰어난 공로"를 세웠다는 이유로 자신에게 훈장을 수여했던 해리 트루먼 대통령에게 편지를 날렸다.[24] 폴링은 총사령관에게 "이 행위를 바로잡고 나의 여권 발급을 조율해달라"고 청하면서 "나는 미국의 충성스럽고 양심적인 시민이다. 나는 결코 어떤 매국 행위나 범죄 행위를 한 적이 없다"고 썼다.[25] 하지만 미국의 대통령조차 쉬플리의 절대 권력을 점검해 보려 하지 않았다. 최선을 다해 빌라도를 흉내 낸 총사령관은 여권 발급 부서의 문제라고 답장했다. 쉬플리는 항의를 받아들이지 않았고, 트루먼 대통령은 아무 반응이 없었다.[26]

1920년 국무부에서 근무하기 시작할 무렵의 루스 쉬플리

동료들의 시위와 미 국립과학원장의 청원이 있었고, 결국 폴링은 워싱턴에 있는 쉬플리의 사무실을 방문했다. 양산되는 싸구려 책상 앞에 앉은 벽창호를 마주하고 폴링은 교수로서 이번 여행의 중요성을 설명했다. 지금은 물론 과거에도 공산당원이었던 적이 없다고 자발적으로 맹세했다. 쉬플리는 꿈쩍도 하지 않았다. 4월 28일 강연 일정에 맞게 런던에 도착할 수 있는 마지막 비행기가 떠났고, 폴링은 국무부로부터 전보를 받았다. 전보의 핵심은 다음과 같았다. 여권 발급 불가.

1952년 5월 1일 로버트 코리는 비틀거리면서 자신의 목발을 런던 왕립과학연구소(Royal Institution)의 우아한 반원형 강당에 마련된 강연자용 의자에 걸었다. 찰스 2세의 초상화 바로 밑에 서서 코리는 폴링의 강의 내용을 대신 발표했지만, 그의 말투는 우물거리면서 재미도 없고 고무적이지도 않았다. 코리와 함께 폴링 대신 발표한 칼텍의 결정학자 에드워드 휴즈(Edward Hughes)는 청중의 반응에 분노했다. 휴즈는 "그날 내내 강당에 앉은 영국인들이 우리 발표의 잘못된 점을 지적하기만 했다"고 언급했다.[27]

옳든 그르든 우파든 좌파든 유럽은 폴링을 원했다. 국제적인 과학 공동체들이 세계 곳곳에서 사설을 내고, 미 정부를 향한 그럴듯한 비난을 신문이 인용하도록 제공하고, 미 정부의 행동에 항의하는 시위를 조직하면서 폴링을 전보다 더 큰 별로 떠받들었다.[28] 노벨상 수상자인 화학자 로버트 로빈슨(Robert Robinson)은 5월 2일 발행된 『타임』에 편지를 보내 미 정부의 "개탄스러운" 행위를 꾸짖었다. 런던 그로스버너 광장(Grosvenor Square)에 있는 미 대사관에 주재 중인 국무부 직원은 외교 행낭에 관련 내용을 넣어 국무부 장관인 딘 애치슨(Dean Acheson) 앞으로 보냈다. 동봉한 편지에는 "이 사안이 미국 국익에 명확하고도 중대한 해를 끼치고 있다"고 명시했다.[29] 며칠 동안 폴링의 정치적 연금 소식이 런던의 신문 1면을 장식했다. 영국해협을 넘어 프랑스 과학자들은 미 국무부를 한층 더 경멸했다. 분노의 목소리를 더욱 키우기 위해 프랑스 과학자들은 폴링을 7월에 파리에서 열릴 2차 국제생물화학학술대회(International Congress of Biochemistry)의 명예회장으로 추대했다.[30]

워싱턴에서는 라이너스 폴링의 이동을 제한한 정부를 향한 대중적인 분노와 체감 온도가 비슷하게 올랐다. 너무나 많은 저명한 과학자와 시민들이 의원들에게 편지를 보냈고, 상원의원 헨리 로지 주니어(Henry

Cabot Lodge Jr.), 반공주의자에 가까운 리처드 닉슨(Richard Nixon)을 포함해 몇몇 하원과 상원의원이 국무부에 여권 거부와 관련해 소명하라고 요구했다. 폴링이 칼텍의 학보 『테크(Tech)』의 기자에게 투덜거린 것처럼 "이 사건 전체에서, 솔직히 말하자면, 악취가 난다."[31]

쉬플리는 입장을 철회하지 않겠다고 했다. 다음날 날짜로 된 메모에서 쉬플리는 "과학자가 전문가인 과학 문제에서는 내가 과학자를 따라야 하는 것처럼 여권 거부라는 기술적인 문제에 관해서는 저들이 국무부를 따라야 한다"고 비웃었다.[32] 전하는 바에 따르면 국무부 장관 애치슨은 쉬플리에게 여권 발급을 거부당한 미국 시민들이 합당한 항소를 하지 않았다는 것을 알고 놀랐다고 한다. 국무부의 출혈을 멈추기 위해 애치슨은 폴링이 이미 널리 알려진 사실, 즉 폴링이 공산당원이 아니라는 사실을 확인해준다면 영국과 프랑스에서 학계 관련 일을 볼 수 있도록 제한적인 여권을 발급하겠다고 조용히 결정했다.[33] 어떤 공개적인 발표나 사과도 없었으며, 쉬플리의 결정이 그녀의 상사에 의해 뒤집혔다는 것을 보여주는 수정 각서 어느 곳에도 애치슨의 이름은 없었다. 7월 11일 폴링은 로스앤젤레스 연방 건물에 나타나 다시 한번 현재 공산당원이 아니며, 공산당원인 적도 없었다는 진술서에 서명했다. 폴링의 "제한적인 여권"은 3일 후인 7월 14일 발급됐다. 폴링은 16일에 비행기로 뉴욕으로 이동한 후 거기서 18일에는 런던으로, 19일에는 파리로 향했다.[34]

폴링과 그에게 협조한 국제 과학단체들이 이번에는 승리를 거두었지만, 더 큰 그림으로 보자면 폴링은 고통스러운 패배의 쓴맛을 봤다. 사실 쉬플리의 여권 거부는 DNA 구조 규명으로 향하는 폴링의 길을 심각하게 틀어막았다.[35] 폴링이 더 일찍 런던으로 갈 수 있었다면 분명히 킹스 칼리지를 방문했을 것이고, 그랬다면 로잘린드 프랭클린은 자기의 최신

X선 사진을 보여주었을 것이다. 1952년 5월, 프랭클린은 B형 혹은 젖은 DNA가 선명하게 담긴 새로운 사진을 현상했고, 이 사진은 결국 왓슨, 크릭, 윌킨스, 폴링을 그렇게나 헷갈리게 했던 삼중 구조를 배제하는 근거가 되었으며 이중나선의 "십자가 같은 형태"를 증명했다. 윌킨스가 나중에 BBC 기자에게 털어놓은 것처럼 만약 폴링이 그해 봄 킹스칼리지 연구소에 미리 알리지도 않고 그저 나타나기만 했더라도 "나는 어쩔 도리 없이 우리가 가진 모든 것을 폴링에게 보여줬을 것이다. 왜냐하면 (그는) 이 분야의 신과 같은 존재이기 때문이다. 연구 중인 자료를 폴링에게 보여줄 수 있다는 것만으로도 영광이었을 것이다."[36]

[17]

샤르가프의 불운

(1944년에) 에이버리와 몇몇 동료가 소위 말하는 그리피스 현상, 즉 폐렴구균의 형질이 다른 것으로 전환되는 현상의 기전에 관해 연구한 출판물이 나왔다 … 갑작스럽다고도 할 수 있는 이 발견은 유전과 관련된 화학의 발전 징후이자 나아가 유전자 핵산의 특성에 개연성을 불어넣었다. 많지는 않더라도 몇몇 사람들이 이 발견의 영향을 받았는데, 나보다 깊은 영향을 받은 사람은 없을 것이다. 왜냐하면 이 발견을 통해 생물학 기초 원리의 출발점이라 할 수 있는 어스름한 형태가 내 앞에 있다는 것을 알았기 때문이다. 신앙의 원리를 말한 그 유명한 뉴먼 추기경(Cardinal Newman)의 책 『동의의 원리(Grammar of Assent)』처럼 나는 이를 과학의 주요 요소이자 원칙을 서술하는 데에 사용한다. 에이버리는 우리에게 새로운 언어가 담긴 첫 번째 교과서를 주었다. 어디를 찾아보아야 할지 알려주었다. 나는 이 교과서를 살펴보기로 결심했다.

– 에르빈 샤르가프[1]

모리스 윌킨스가 "이중나선의 제삼자"라는 입장 때문에 오랫동안 애를 끓이긴 했지만, DNA 규명을 향한 노력 속에서 정말로 잊힌 사람은 오스트리아 출신 망명자 에르빈 샤르가프였다. 1905년에 태어난 샤르가프는 중산층 유대 가문의 자손으로 아직 어릴 때 체르니우치(Czernowitz)에서 문화적으로 풍요로운 빈으로 이주했다.[2] 10대 초반에 벌써 5개 국어(그리스어, 라틴어, 프랑스어, 독일어, 영어)에 능통했으며 역사, 수학, 문학, 음악, "약간의 물리학과 우스울 정도로 적은 양의 '자연철학(Naturphilosphie)'"을 익혔다.[3]

당시 샤르가프는 9번 구역에 있는 막시밀리안 김나지움(Maximilian Gymnasium, 오스트리아-헝가리제국의 명문 고등학교)을 다니고 있었는데, "등굣길에 베르크가세(Berggasse)에 있는 한 집을 지나야 했다. 그 집 현관에는 의사 'S. 프로이트'의 사무실이라는 명판이 걸려 있었다." 샤르가프는 "당시의 나에게는 아무 의미가 없는 곳이었다"고 회상했다. "모르는 채로 두는 것이 더 나았을 수도 있는 영혼의 대륙 전체를 발견한 사람의 이름을 그때는 들어본 적이 없었다."[4] 1923년 18세의 나이로 빈대학교에 입학했을 때, 샤르가프는 직업 안정성과 생활력을 이유로 인문학 대신 화학을 공부하고자 했다. 자기 좌절에 빠진 문학가였던 샤르가프는 여기저기에 두서없는 산문을 남겼는데, 거기에는 중부 유럽 억양의 책, 음악, 예술에 대한 모호한 언급이 덧붙여져 있었다. 그것들 중 상당수는 풍부한 자료가 있어야만 해독할 수 있는 것들이다.

에르빈 샤르가프

5년 후 박사 학위를 딴 샤르가프는 예일대에서 화학 박사후 과정을 밟기 위해 미국으로 떠났다. 유대인으로서 뉴잉글랜드 마을의 부유한 신교도 가정에서 살았던 샤르가프는 "계급의식이 강한" 뉴헤이븐(New Haven)의 위계질서 속에서 자신의 위치가 바닥이라는 점에 분개했다. 샤르가프는 1929년 고향에 방문하는 동안 리투아니아의 빌뉴스(Vilnius)에서 빈으로 이주한 가문 출신인 베라 브로이다(Vera Broida)와 결혼했다. 1931년 두 사람은 샤르가프가 베를린대학교 위생연구소(Institute of Hygiene)의 "화학과 조교수"로 임명되면서 베를린으로 이사했다. 샤르가프는 "행진하는 군홧발 소리"가 울려 퍼지는 히틀러 통치하의 독일을 떠나기 전까지 베를린대학 연구소 책상에서 부지런히 일했다. 독일을 떠난 후에는 위대한 루이 파스퇴르의 직계 제자이자 결핵 백신의 창시자인 알베르 칼메트(Albert Calmette)가 이끄는 파리의 파스퇴르 연구소에 2년간 머물렀다.[5] 샤르가프는 파리 같은 대도시조차 나치 확산에 대항하는 피난처가 될 수 없음을 빠르게 깨닫고[6] 1935년 다시 이주를 결정, 콜롬비아 의과대학의 생화학과에 자리를 제안받아 뉴욕으로 향했다. 샤르가프는 이후 학계를 떠나기 전까지 계속 콜롬비아대에 머물렀다. 매일 아침 센트럴파크웨스트(Central Park West)와 96번가 사이에 있는 아파트 13층을 출발해 지하철 C라인을 타고 워싱턴하이츠(Washington Heights)에 있는 콜롬비아 의과대학 건물에 있는 어수선한 연구실까지 이동했다.[7] 미국에서 수십 년을 보냈지만 어린 시절 고향에서 유리되어 홀로코스트로 너무 많은 친척을 끔찍하게 잃은 샤르가프는 평생 "뿌리가 없고", 저 악명 높은 히틀러의 표현을 역설적으로 사용하자면 "피와 흙"이 없다고 느꼈다.[8]

DNA의 형질 변환 요인에 관한 오즈월드 에이버리의 기념비적인 1944년 논문을 처음 읽었을 때, 샤르가프는 사람의 혈액 응고 체계를 화학적으로 연구한 지 거의 10년이 다 되어가고 있었다. 에이버리의 연구에 매료된 샤르가프는 "갑작스럽게" 연구의 "방향타"를 돌렸다.[9] 에이버리의 연구에 더해 샤르가프는 "위대한 오스트리아 물리학자 에르빈 슈뢰딩거가 겸손하게도 『생명이란 무엇인가?』라는 제목을 붙인 작은 책에도 깊은 인상을 받았다." 왓슨, 윌킨스, 크릭 또한 이 책에 영향을 받아 유전학이라는 분야에 입문했다.[10] 샤르가프는 "당시만 해도 여전히 미지의 유전 단위였던 유전자의 좌석으로 알려진" 세포핵을 탐구하며 여생을 보냈다.[11]

샤르가프의 연구는 DNA의 이중나선 구조를 풀어내는 데 핵심적인 역할을 했다. 1944년부터 1950년 사이에 샤르가프의 연구실에서는 분할 크로마토그래피와 자외선 분광법을 사용해 "퓨린이나 피리미딘 같은 DNA (뉴클레오타이드) 염기의 내용물과 순서의 차이"를 규명하는 방법을 개발했다.[12] 샤르가프는 나중에 샤르가프의 법칙으로 정리된 복잡하게 얽힌 밀도 높은 결과물을 발표했다. 특히 샤르가프는 종마다 특정한 비율의 뉴클레오타이드 염기를 함유하지만, 퓨린 대 피리미딘 뉴클레오타이드 염기의 분자 비율은 1:1에 "근접한다"는 것을 증명했다. 즉, 아데닌과 티민의 양은 "거의 비슷했고" 구아닌과 시토신의 관계도 그랬다.[13] 불행하게도 샤르가프는 신중한 성격 탓에 1950년에 "(1:1 비율)이 우연인지 아닌지 아직 확언할 수 없다"고 적었다.[14] 나중에 밝혀지듯이 이 비율은 정확하게 1:1, 혹은 A=T, G=C였으며 결코 우연이 아니었다. 하지만 후에 샤르가프가 한탄하듯이 "과학자로서 나의 최대 단점이자 많은 성공을 거두지 못한 이유는 단순화를 거부하는 점일 것이다. 다른 많은 이들과 달리 나는 '끔찍하게 일을 꼬는 사람'이다."[15]

1:1 비율은 결국 왓슨과 크릭의 손에 들어가 DNA의 구조와 기능을 밝히는 "열려라 참깨" 같은 주문으로 작용했다. 당시 샤르가프는 왜 더 나

아가지 못하고 자신의 발견이 유전학적으로 지니는 함의를 이해하지 못했을까?[16] 한 가지 설은 샤르가프가 "생명의 모든 것이 화학과 관련된 어떤 단계가 있다"는 19세기 독일의 과학적 전제 위에서 연구했기 때문이라는 것이다. 이 전제에 따라 샤르가프는 실험 생화학자로서 거의 적정, 정화, 증류의 방법에만 의존했다. 라이너스 폴링이나 왓슨, 크릭과 달리 샤르가프는 DNA를 구성하는 원자와 분자의 근본적인 3차원 구조를 이해하지 못했다. 그는 X선 결정학 사진을 어떻게 사용하거나 해석해야 할지 전혀 갈피를 잡지 못했고 분자생물학이 "근본적으로 면허 없는 생화학"이라고 조롱했다.[17]

브래그의 DNA 연구 금지령이 내려지고 처음 6개월간 짐 왓슨은 "조립한 지 얼마 안 된 강력한 회전 양극 X선관"을 사용해 담배모자이크바이러스 표본 사진을 수백 장 찍었다.[18] 정규 근무 시간에는 DNA를 연구할 수 없었던 왓슨은 자주 밤 10시가 지나서 캐번디시로 돌아왔는데 그 시간이면 프리스쿨레인 쪽의 크고 무거운 문은 꽉 닫혀있었다. 출입을 위해 문 옆에 있는 숙소에서 잠든 수위를 귀찮게 하거나 유일하게 열쇠를 가진 근육 생화학자 휴 헉슬리(Hugh Huxley)에게 열쇠를 빌려야 했다. 운이 좋게도 켄드루 부부는 지저스그린의 집주인과는 달리 통금을 정하지 않았기 때문에 왓슨은 원하는 만큼 늦게까지 집 밖에 머물 수 있었다. 늦봄이 되었을 무렵 왓슨은 담배모자이크바이러스에서 나선무늬를 발견하기 충분한 증거를 모았지만 "DNA를 향한 길은 담배모자이크바이러스에는 없다"는 결론도 내린 상태였다.[19]

어느 봄날 저녁 왓슨은 "DNA 화학의 특이한 규칙성"에 관한 샤르가프의 논문을 읽고 다음 날 아침 크릭에게 얘기하지만 "아직 뭔가를 깨닫지는 못하고 다른 것들을 계속 생각했다."[20] 크릭의 깨달음은 몇 주가 지나도록 찾아오지 않다가, 생화학 유전학에 관심을 둔 이론 화학자 존 그리피스(John Griffith)와 함께 번샵(Bun Shop)에서 맥주 한잔을 즐기는 중에 찾아왔다.[21] 두 사람은 막 빅뱅 이론의 대안으로 오래전에 폐기된 "정상 상태 모형"에 관한 천문학자 토머스 골드(Thomas Gold)의 강의를 듣고 왔다. 정상 상태를 "완벽한 우주 원리"라고 설명한 골드는 우주가 항상 같은 밀도와 비율로 팽창하고 있고 그런 변화는 관찰 불가능하다고 청중을 매료시켰다. 더 시적으로 표현하자면 우주에는 시작과 끝이 없고, 거시적으로 우주는 항상 똑같아 보인다.[22] 골드는 "과격한 생각도 그럴듯해 보이도록" 만드는 재능이 있었고, 그의 "완벽한 우주 원리"라는 주장은 "완벽한 생물학적 원리"가 있지 않을까 생각하게 했다. 특히 "세포분열할 때 염색체가 두 배로 늘어나면서 완전히 똑같이 복제되는 유전자의 능력"이 그랬다.[23]

다양한 분자 순열을 머릿속에 떠올리던 크릭은 "DNA 복제는 납작한 평면과 (뉴클레오타이드) 염기를 끌어당기는 힘과 관련이 있다는 생각이 들었다."[24] 크릭은 이 직감을 바탕으로 그리피스에게 상호보완적인 또는 직접적인 DNA의 복제 메커니즘을 증명하는 데 필요한 계산을 해달라고 부탁했다. 며칠 후 두 사람이 "캐번디시에서 차를 마시려고 줄을 섰다가 마주쳤을 때" 그리피스는 크릭에게 "부분적으로 철저하게 검증한 논거에 따르면 아데닌과 티민의 평평한 면끼리 결합 가능해 보인다. 구아닌과 시토신 사이의 인력에 관해서도 유사한 논거를 적용할 수 있다"고 말했다. 아직 그리피스가 "강력하게 옹호"하려 하지 않았던 그리피스의 방정식은 근본적으로 왓슨이 크릭에게 "최근 중얼거렸던 샤르가프의 특이한 결론"과 같다는 것을 증명하고 있었다.[25]

1952년 5월 하순 샤르가프는 전쟁 이후 처음 유럽으로 돌아가는 길에 존 켄드루와 피터하우스칼리지에서 저녁을 먹고 술을 마시기 위해 케임브리지를 방문했다.[26] 샤르가프는 막 콜롬비아에서 정교수로 승진한 참이었고, 미국 전역과 이스라엘에서 여러 차례 강연하는 한편 6월에는 파리의 2차 세계생화학학술대회에서 DNA에 관해 중요한 논문을 발표할 예정이었다.[27] 밤이 되어 헤어지기 전에 켄드루는 샤르가프에게 "캐번디시연구소에 핵산으로 뭔가 해보려는 사람 둘이 있는데" 얘기해볼 의향이 있는지 물었다. 켄드루가 볼 때 "두 사람이 무엇을 하려는지 확실하지 않았기 때문에 그의 말로는 별로 유망해 보이지 않았다."[28]

그 모임에 대한 샤르가프의 기억은 특유의 신랄함을 담고 있었다. "본질적으로 기억할만한 것이 못 되는 사건이 종종 '시저가 루비콘강에 떨어졌다'는 식으로 각색되곤 한다. 막스 형제의 영화 속 익살스러운 사건을 뛰어난 기억력으로 기억하는 나조차도 덧칠하고 수정하고 광택제를 바른 칭송 일색의 전기 속에서 말도 안 되는 껍데기를 구별해 벗겨내기 어려울 지경이다."[29] 나이 든 남자 한 명과 젊은 남자 두 명은 보자마자 서로를 싫어하기 시작했다. 크릭과 왓슨은 샤르가프가 오만하고 참아주기 어려운 성격이라 생각했고, 샤르가프의 성격은 실제로도 비슷했다. 반대로 샤르가프는 툭 튀어나온 눈을 한 채 계속 코를 킁킁거리는 왓슨은 말할 것도 없고, 끊임없이 이어지는 크릭의 수다에 별다른 감명을 받지 못했다. 샤르가프는 왓슨의 미 중서부 억양을 비웃었으며 나중에 이 두 명의 분자생물학자를 "피그미"라고 지칭했다.[30] 왓슨은 켄드루가 "프랜시스와 내가 모형을 만들어 DNA 구조를 풀어내려 한다고 그 가능성을 말하자마자" 분위기가 얼마나 빠르게 안 좋아졌는지 기억했다. "DNA의 세계적인 권위자인 샤르가프는 경주 우승을 노리는 복병의 등장에 기분이 좋지 않았다."[31]

1978년에 이미 25년 이상 지난 이 날의 만남을 곰곰이 생각해본 샤르가프는 "내 판단이 확실히 성급하고 아마도 틀렸던 것 같다"고 인정했다. "그들에 대한 내 첫인상은 이랬다. 한 명은 호가스(Hogarth)의 판화 「난봉꾼의 행각(The Rake's Progress)」이나 크룩생크(Cruikshank), 도미에(Daumier)의 그림에나 나올 법한 시들시들한 경마 암표상 같은 외모를 한 서른다섯 먹은 사내였다. 쉴 새 없이 가성으로 마구 지껄이는 탁한 말의 흐름 속에 어쩌다 한 번 반짝이는 원석 같은 내용이 있었다. 다른 한 명은 상당히 덜 자란 것 같은 스물세 살로 순하다기보다는 간교해 보이는 웃음을 띠고 있었고 중요한 말은 하나도 하지 않았다." 샤르가프는 왓슨과 크릭이 폴링의 단백질 알파 나선 모형은 지나치게 인정하면서 아데닌과 티민, 시토신과 구아닌의 "상호보완적 관계를 설명하려는 시도"는 충분히 인정하지 않았다는 점에 분노했다. 샤르가프는 두 사람이 "정밀한 과학의 정수 그 자체인 화학에 거의 무지한 데 비해 엄청난 야망과 적극성을 보여서 당황했다." 어쨌거나 샤르가프는 "DNA 이중나선 모형"으로 왓슨과 크릭을 이끈 것은 자신과 나눈 바로 이 대화였다고 오랫동안 주장했다.[32] 그것이 자존심이든, 세대 간 의사소통 오류이든, 크릭의 나선 이론에는 필수인 계산값이지만 생화학자에게는 알 수 없는 주제였을 나선의 "정점"이나 각도에 관한 두 사람의 질문을 샤르가프가 이해하지 못했던 것이든, 샤르가프는 왓슨과 크릭을 두고 "나선을 찾아 헤매는 행상꾼 두 명"이라고 비꼬아 무시했다.[33]

크릭은 이 만남에서 절대 잊지 못할 연결에 관한 중대한 영감을 받았다고 인정했다. 인지의 순간은 샤르가프를 무시하는 다음 질문을 던진 거의 직후에 일어났다. "그럼, 이 모든 핵산에 관한 연구가 우리를 어디로 이끌었나요? 알고자 하는 건 아무것도 말해주지 않은 것 아닙니까." 과민한 샤르가프는 대답했다. "물론 있지. 1:1 비율이 있지 않나." 크릭은 "그게 무엇이냐"고 묻는 실수를 저질렀다. 샤르가프는 분노로 콧김을 뿜으며 "다 출판되어 있다"고 외쳤다. 크릭은 관련 문헌을 읽어본 적이 없어서 샤르가프의 연구도 본 적이 없다고 경솔하게 대답했고 "4개의 염기 사이에 화학적 차이가 있었는지 기억이 나지 않는다"고 인정하면서 샤르가프의 경멸에 더 큰불을 붙였다.[34] 하지만 얼마 안 있어 샤르가프가 1:1 화학 비율을 설명했고, 크릭은 일종의 깨달음을 얻었다. "감전된 느낌이었다. 그래서 기억하고 있었다. 갑자기 나는 '오, 세상에, 보완되는 짝이 있다면 1:1 비율에 묶이는 게 당연하지'라는 생각이 들었다."[35]

이 일화는 우스운 결말을 빼놓을 수 없다. 크릭은 샤르가프를 만났던 날 오후에 트리니티칼리지에 있는 존 그리피스의 연구실에 즉흥적으로 방문했다. 그리피스의 보완성 비율과 "양자 역학 논증"의 자세한 내용을 잊어버려 다시 알려달라고 해야 했다. 문을 열자마자 크릭은 젊은 여성과 열정적으로 뒤얽힌 그리피스를 보게 됐다. 두 사람을 개의치 않고 크릭은 그리피스의 계산을 확인해 봉투 뒷면에 공식을 휘갈긴 뒤 빠르게 퇴각했다. 이 침입 사건으로 그리피스는 DNA 여정에서 빠지게 됐고, 왓슨은 심술궂게 덧붙였다. "팝시(매력적인 젊은 여성을 가리키는 영국 속어)의 존재가 반드시 과학의 미래로 이어지지는 않는다는 것이 아주 확실했다."[36]

왓슨, 크릭과 생산적인 연구 관계를 맺는 데 실패한 샤르가프는 자신이 승산 없는 말(馬)에 베팅했다는 사실에 더욱 낙심했다. 1952년 봄 샤르가프는 왓슨, 크릭, 켄드루에게 지난 1년간 자신이 모리스 윌킨스에게 DNA 표본을 제공해주고 있었다는 것을 말하지 않았다. 위협이 되지 않는 존재인 윌킨스와 샤르가프는 지난해 여름 뉴햄프셔에서 핵산과 단백질에 관한 고든연구학술대회(Gordon Research Conference)가 열리기 전 여름부터 힘을 합쳤다. 고든연구학술대회에서 두 사람은 DNA가 유전의 중심적 행위자라고 주장하는 소수파에 속해 있었다.

1951년 10월, 랜들은 "DNA 표본을 둘로 나누었다." 윌킨스에게는 애석하게도 로잘린드 프랭클린 쪽이 지그너의 더 뛰어난 표본을 갖게 됐다.[37] 그렇게 되자 윌킨스는 나폴리에서 얻은 문어 정자머리로 실험을 했다. 하지만 12월이 되자 샤르가프가 뉴욕의 연구소에서 송아지 흉선과 대장균 배양액에서 추출한 DNA 묶음을 속달 항공우편으로 보내주었다. 그 대가로 윌킨스는 매달 경과 보고서를 보냈다.[38] 그러나 샤르가프가 보내준 표본 품질은 지그너 표본과 여전히 거리가 있었다. 샤르가프 표본은 추출한 직후부터 질이 떨어지는 경향이 있어 확장 X선 분석에는 사용할 수 없었고, 적절한 수화 방법을 쓰더라도 A형에서 B형으로 잘 전환되지 않았다.[39]

1952년 1월 6일, 브래그가 왓슨과 크릭에게 DNA 모형 연구를 금지한 지 몇 주도 지나지 않아 윌킨스는 자신이 촬영한 X선 사진 몇 장을 샤르가프에게 보내면서 "애스트버리가 가장 잘 찍은 송아지 흉선 사진보다도 잘 나온 것 같다"고 했다. 킹스칼리지 생물물리학 연구팀 편지지에 적어 같이 보낸 서신에서 윌킨스는 이제 DNA의 상징이 된 몰타 십자가 무늬를 그려 "동전이 쌓인 것 같은 나선 배열은 나선의 정점이 27Å이고 한

층마다 3.4Å 떨어져 있다"는 것을 나타낸다고 밝혔다. 이 발견은 왓슨과 크릭이 이중나선 모형을 발표하기 1년도 더 전이었다.[40] 서신의 둘째 쪽에서 윌킨스는 분자의 인산염과 당 부분이 외부 뼈대를 구성하는 원통형 구조가 나선형을 띠는 그림을 그리고 나선 중앙에 "N"이라고 뉴클레오타이드를 표시했다. 이렇게 샤르가프가 그렇게 열정적으로 찾았던 화학 조합과 윌킨스의 1952년 X선 사진, 대충 도식적으로 나타낸 그림은 1년 뒤인 1953년 왓슨과 크릭이 발견해낸 최종적인 해답과 놀라울 정도로 비슷했지만 정확성이 떨어졌다.

흥분으로 달아오른 윌킨스는 샤르가프에게 이를 엄중히 기밀로 해달라고 요청했다.

> 제가 이렇게 열광하는 것을 양해해주시면 좋겠습니다. 저희가 문제를 옳게 풀어가고 있는 것 같습니다. 앞으로 6개월간 세부 사항을 증명하고 똑같은 핵단백질 나선형 미셀(micelle)이 수분 함량이 낮은 비활성 정자뿐만 아니라 흉선 세포 등 살아있는 세포에도 존재한다는 것을 보여줄 수 있을 것 같습니다. 이 사진과 정보를 당분간 기밀로 다뤄주실 수 있을까요?
>
> 추신. 이 정보를 교수님만 아시고 동료들에게도 기밀로 다뤄달라고 부탁드리는 이유는 여기서 몇 가지 결과를 두고 지나칠 정도로 큰 관심을 보이는 사람들이 부주의하게 행동한 일이 있었고, 우리가 연구하기도 전에 그 결과물의 함의를 풀어보려고 시도해 당황스러웠던 적이 있기 때문입니다. 아이디어를 (이런 표현이 맞다면) 착상시키기 위해 3개월에서 6개월 정도의 짧은 시간 동안 비밀로 하는 것이 과학의 발전을 저해할 것 같지는 않습니다. 제가 말한 대부분 논점은 1~2개월 정도면 됩니다. 최근의 결과나 아이디어가 교수님의 연구와 제공해주신 표

본 덕분이라는 것을 꼭 알려드리고 싶었습니다.[41]

만약 이때 발견한 것들을 완전하게 해석했다면 오늘날 이중나선을 이야기할 때 언급하는 이름이 샤르가프와 윌킨스가 되었을 것이다. 하지만 왓슨과 크릭이 해결하기 만 1년도 전에 필요한 자료 대부분을 책상 위에 올려놓고도 샤르가프와 윌킨스는 수수께끼를 풀어내지 못했다. 결국 샤르가프와 윌킨스에게는 왓슨과 크릭이 전력 질주해 경쟁자들을 제치고 결국 승리하도록 이끈 탁월한 직관이 없었다. 또 샤르가프가 너무나 성급하게 케임브리지의 왓슨과 크릭을 무시해버린 일은 그의 길고도 성공적인 경력에서 저지른 가장 커다란 실수였다. 비록 자신의 회고록에서 샤르가프가 율리우스 시저가 루비콘강을 건넌 후 주사위는 던져졌다고 선언한 비유를 철회했지만, 샤르가프는 왓슨과 크릭에게 등을 돌렸을 때 바로 자신이 돌아오지 못할 강을 건넜다는 것을 여생에 걸쳐 깨닫게 되었다. 샤르가프의 억울함은 왓슨, 크릭, 윌킨스가 1962년 노벨상을 받자 어마어마하게 커졌다.[42] 스톡홀름이 DNA 구조 규명에 기여한 자신의 연구를 누락시켜 분노한 샤르가프는 "자신이 제외되었다는 사실을 전 세계 과학자들에게 편지로 알렸다."[43] 1978년, 왜 이중나선 모형을 직접 만들지 않았느냐는 질문을 받자 샤르가프는 왓슨과 크릭에 관해 전해지는 이야기처럼 칭송 일색의 태도로 답했다. 샤르가프는 수수께끼의 답을 내기엔 자신이 "너무 멍청했다"고 말했지만 "만약 로잘린드 프랭클린과 내가 협업할 수 있었다면 1년이나 2년 후에 그런 모형을 만들었을 수도 있다"고 덧붙였다.[44]

[18]

왓슨과 크릭에게 미소짓는 행운의 여신

나는 생화학학회 다음에 르와요몽수도원(Abbaye at Royaumont)에서 일주일 일정으로 열릴 파지 모임에 모리스를 불러내 기운을 북돋아 주려고 했다 … 나중에 모리스가 나를 찾아올 거라 생각했지만 저녁 식사 자리에 나타나지 않아 내가 그의 방으로 갔다. 모리스는 납작 엎드린 채 내가 켰던 흐릿한 조명의 빛을 피해 얼굴을 숨기고 있었다. 파리에서 먹었던 것이 제대로 소화되지 않아 그렇다면서 모리스는 나에게 신경 쓰지 말라고 했다. 다음 날 아침 몸은 회복했지만, 아침 일찍 기차를 타고 파리로 돌아간다며 문제를 일으켜 미안하다는 모리스의 쪽지를 받았다.

– 제임스 D. 왓슨[1]

파리에서 열린 제2차 국제생화학학술대회는 2,200명 이상의 화학자, 물리학자, 생물학자, 의사를 불러들였다. 소르본의 위풍당당한 원형 강당으로도 간신히 청중을 감당할 정도였다.[2] 생화학을 주제로 며칠간 강연을 하고 국립오페라극장(Théâtre National de l'Opéra)에서 저녁에 정장이 필수인 발레 관람 행사로 피날레를 장식할 예정이었다. 이 7일간의 학술대회는 소설가이자 수필가, 변호사인 프랑스 교육부 장관 피에르 올리비에 라피(Pierre-Olivier Lapie)의 개회 선언으로 시작되었다. 모험은 좋아하지만, 학회는 지겨운 학회 참석자의 배우자를 위해 낮 동안 샹티(Chantilly)의 레이스 제조 공방, 유명한 두 차례의 휴전 협정이 맺어진 콩피에뉴(Compiègne) 숲을 방문하는 나들이도 준비되어 있었다. 콩피에뉴는 1918년 11월 11일 1차 세계대전을 끝낸 협정과 1940년 6월 22일 히틀러의 프랑스 점령을 공식화한 협정이 맺어진 곳이다.[3]

강연 사이 쉬는 시간에 에르빈 샤르가프와 제임스 왓슨은 소르본 중정에서 서로를 스쳐 지나갔다. 왓슨은 인사차 손을 뻗었지만, "가소롭다는 미소의 흔적"만 남은 연상의 과학자에게 악수를 퇴짜맞았다. 최소한 왓슨은 샤르가프와 마주친 일을 이렇게 기억했다.[4] 샤르가프는 상당히 다르게 기억하고 있다. "내가 느낀 감정은 '가소로움'과는 거리가 멀었다. 나는 화장실을 찾고 있었지만, 문을 열 때마다 리슐리외 추기경(Cardinal Richelieu)의 커다란 초상화가 걸린 강의실뿐이었다."[5] 모욕을 주려고 했든, 무관심했든, 단지 화장실을 가고 싶은 욕구에 충실했든 간에 47세의 샤르가프는 젊은 왓슨을 위협하는 데 성공했다. 최소한 그 순간에는.

학회의 핵심 행사는 7월 26일에 열린 단백질 구조와 생물 발생에 관한 분과였다. 기조 강연자는 예일대학교의 효소 화학자 조셉 프루턴(J. S. Fruton)이었지만 강당이 청중으로 가득 찬 것은 급하게 준비된 라이너스 폴링의 강연 때문이었다. 무산된 5월의 왕립학술원 발표 원고를 엮어서 자료를 만든 폴링의 발표는 학회장에서는 드물게 우레와 같은 박수를 끌어냈다. 이 압도적인 반응은 폴링의 연구 결과는 물론 억압적인 정부 정책에 용감하게 저항한 정신에 보내는 것이었는데, 강당의 뒷자리에 뚱하게 앉아 있던 짐 왓슨에게는 아무런 도움도 되지 않았다. 왓슨은 폴링의 강연이 "이미 발표된 아이디어들을 재미있게 되풀이한 것에 불과하다"고 혹평했다. 왓슨은 이미 폴링의 "최신 논문을 속속들이 알고 있었

다. 새로운 내용도, 현재 폴링이 전념하는 주제가 무엇인지 암시하는 내용도 없었다."[6]

왓슨의 의견은 소수에 속했다. 에바 헬렌과 라이너스 폴링이 생제르멩데프레(Saint-Germain-des-Prés)에 있는 르 트리아농호텔(Le Trianon)로 돌아오자 거기에는 학회의 "명예회장"을 축하하고자 모인 지지자와 동료가 넘쳐났다. 몇 시간 후 두 사람은 기념 정찬을 위해 아름답게 장식한 연회장의 주빈 테이블에 마치 왕과 여왕처럼 앉아 있었다. 식사 메뉴 표지에는 어린 요정들이 구조물 위에서 벽을 세우는 삽화가 그려져 있었는데 벽돌마다 다른 아미노산 이름표가 붙어 있었다.[7] 내지에는 호화로운 요리가 적혀 있었다. 미네스트로네, 마요네즈로 요리한 랍스터, 양다리 구이, 그린 샐러드, 모둠 치즈, 피치 멜바(peach Melba)에 빈티지 와인 푸이 퓌세(Pouilly Fuissé), 포마르(Pommard), 샴페인을 곁들이거나 커피, 다른 여러 가지 술을 곁들일 수 있었다.

학문적 축제의 장이 벌어지는 가운데 윌킨스는 조용히 연회장에 들어섰다. 그는 전날 기름진 프랑스 음식을 과식한 탓에 소화불량으로 여전히 메스꺼움을 겪고 있었다. 윌킨스는 일부러 "사교적인 대화를 하지 않을 것처럼 멀리 떨어져 앉은 남자" 옆에 앉았다. "하지만 (그 남자는) 금세 바이러스가 재생산을 위해 세균을 감염시킬 때 DNA만 세균에 침투한다는 것을 보여주는 자신의 새로운 연구에 관해 아주 신난 듯이 이야기를 시작했다."[8] 처음에 윌킨스는 이 과학자가 그저 오즈월드 에이버리의 폐렴쌍구균 실험을 이야기한다고 생각했다. 다음 날 아침 윌킨스는 지난 밤 저녁 식사를 함께한 남자가 콜드스프링하버의 유전학자 알프레드 허쉬(Alfred D. Hershey)로 르와요몽수도원에서 열리는 국제파지학회의 기조연설을 맡은 사람이라는 것을 알게 되었다.

르와요몽수도원은 파리 북쪽으로 30km 떨어져 있고, 기차를 타고 갈 수 있다. 후에 성 루이(Saint Louis)가 되는 루이 9세가 1228년부터 1235년 사이에 건축가를 시켜 지었다. 수도원에는 여기저기 이상한 바큇살이 튀어나온 것처럼 생긴 건물이 있고, 한쪽으로 치우친 사각형 안뜰이 있다. 수도원 내부 공간은 압도적인 파도 같은 고딕 아치형 구조물, 줄지어 늘어선 정교한 다발 기둥, 늑재궁륭(肋材穹窿), 놀랄 정도로 아름다운 스테인드글라스 창문으로 채워져 있다. 수도원 외부에는 녹음이 무성한 정원에 십자가 모양으로 빛을 반사하는 연못이 있다. 원래 시토수도회(Cistercian monastery) 소속 수도원으로 초창기부터 수많은 지식인, 예술가, 과학자들이 중요한 모임이나 공연, 강연을 열곤 했다.

비공식적으로 막스 델브뤼크와 살바도르 루리아가 운영하는 파지 그룹은 파리생화학학술대회 다음에 일주일간 여름 모임을 할 수 있도록 수도원을 예약했다.[9] 왓슨은 마지막으로 만난 지 1년도 더 지난 동료들을 다시 보게 되어 흥분했고, 파리에서 윌킨스를 마주치자 함께 가자고 초대했다. 초대를 받아들인 윌킨스는 유전학 이해의 기원을 열고 있는 핵심적인 과학자들을 새로 만나게 되어 즐거웠다.[10]

르와요몽 학회의 참석자는 모두 박테리오파지 유전학에 관한 알프레드 허쉬(Alfred D. Hershey)의 실험에 대해 알고 있었고 더 많은 것을 배우고자 했다. 키가 크고 말랐으며 불면증에 시달리는 허쉬는 수년간 마르타 체이스(Martha Chase)라는 조수 한 명과 연구를 해왔다.[11] 허쉬는 타고 나길 혼자 있고 싶어 하는 사람으로 말도 많지 않았다. 언젠가 콜드스프링하버 연구소의 방문객이 흥미로운 장비를 보여달라고 요

르와요몽수도원

청하자 허쉬는 특유의 무뚝뚝한 답변을 내놓았다. "없어요. 우리는 머리로 일해요."[12]

1952년, 허쉬와 체이스는 곧 워링 블렌더(Waring blender) 실험이라고 불리게 되는 중대한 연구를 발표했다. 두 사람은 소다수 판매점에서 맥아나 밀크 셰이크를 휘젓는 데 쓰는 것과 똑같은 기계인 워링 블렌더로 세균의 단백질 성분과 핵산 성분을 분리했다. 허쉬의 연구 목적은 단백질, DNA, 혹은 두 가지의 조합 중 무엇이 진정한 유전 물질인지 밝혀 논란을 영원히 잠재우는 것이었다. 이들이 사용한 방법은 단백질에서만 발견되는 황을 방사성 황으로 교체하고, DNA에서만 발견되는 인산염을 방사성 인산염으로 교체하여 박테리오파지의 방사성 동위원소를 측정하는 것이었다. 다음으로 세균을 방사성 파지 표본으로 감염시켜 세포가 복제될 때 바이러스성 DNA나 바이러스성 단백질이 다음 세대의 세포에 침투하는지 살폈다. 블렌더 안의 혼합물을 원심분리하여 더 가벼운 파지 입

알프레드 허쉬

자를 더 무거운 세균 세포에서 분리하자, 방사성 인산염을 함유한 DNA가 생산한 세균의 후손 세대도 방사성 인산염 DNA를 가진다는 것을 발견했다. 방사성 단백질을 포함해서 황이 표지된 파지에 감염된 세균은 다음 세대에서 방사능 성분이 없는 후손을 생산했다. 누가 들어도 이 결과의 의미는 명백했다. 분명히 DNA가 세포 복제를 담당했고 단백질은 아무 일도 하지 않았다.[13] 이 연구로 허쉬는 1969년 노벨 생리의학상을 받았다.[14] 1998년, 짐 왓슨은 『뉴욕타임스』에 허쉬 사망 기사를 기고하며 어떻게 "허쉬 체이스 실험이 대부분의 확인 발표보다 광범위한 충격을 주었는지, 또 어떻게 DNA의 3차원 구조를 밝혀내는 것이 생물학의 다음 중대 목표라는 것을 더욱 확신하게 해주었는지" 회고했다.[15]

라이너스 폴링도 깊은 인상을 받았다. 허쉬의 강연이 끝나자마자 폴링은 자리에서 일어나 자기 연구 방식의 오류를 인정했다. 강연에 사로잡힌 청중을 향해 폴링은 DNA가 "유전을 지배하는 분자이자 단백질 생성을 지시하는 분자"라고 대담하게 발언했다.[16] 폴링은 허쉬의 강연 끝에, 아직도 결승점을 향해 뛰는 것이 아니라 걷는 것처럼 보이긴 했지만, DNA 경주에 공식적으로 참여하겠다고 직접 발표한 것과 마찬가지였다. 아직 프랭클린이나 윌킨스의 X선 사진을 보지 못했지만, 폴링의 동료인 로버트 코리가 두 달 전 폴링 대신 왕립학술원에서 강연하면서 간단하게 그 사진들을 봤다. 코리는 폴링에게 그 사진들의 품질이 좋았다고 전하면서 "진지하게 (프랭클린이나 윌킨스가) 위협이 될 정도로 화학 지식이 충분해 보이지 않는다"고 했다. 마음대로 공유해도 되는 자신의 자료가 아니라는 윤리적인 이유로 코리는 폴링에게 프랭클린 사진의 정확한 도해도 보여주지 않았다. 하지만 코리는 상사인 폴링에게 킹스칼리지 팀이 내분과 험담으로 완전히 난리 통이라는 것은 알렸다. 그렇게 불안정한 환경에서는 어떤 긍정적인 결과물도 나오지 못할 것이라고 코리는 덧붙였다. 캐번디시에서는 브래그나 페루츠, 켄드루가 DNA에 관심이 있다는 어떤 조짐도 없었다. 폴링은 아직 크릭을 만나보지 못했고 불과 몇 년 전에 칼텍 박사 과정에서 거절당한 왓슨에게는 큰 인상을 받지 못했다. 대신 폴링은 시간이 자신의 편이고, 킹스칼리지 연구팀은 위협적이지 않으며, 케임브리지 사람들은 앞선 대결에서 자신을 이기지 못했다고 생각하며 마음의 안정을 찾았다.

허쉬가 강연하기 불과 몇 시간 전 짐 왓슨은 케임브리지에서 공부한 프랑스 파스퇴르연구소의 미생물학자 앙드레 르보프와 수다를 떨었다. 커피와 크루아상을 먹으며 르보프는 폴링과 폴링의 아내가 르와요몽 학회를 아주 기대하고 있다고 말했다. 왓슨은 허쉬 강연에서 좋은 자리를 잡아야 한다며 강당으로 종종걸음쳤고, 하버드 출신 분자생물학자이자 대를 이어 외교가 인물을 배출하는 상류층 혈통으로 미국 대사관의 과학 담당관인 제프리스 와이먼(Jeffries Wyman)의 보호를 받으며 들어오는 폴링을 질투를 담아 지켜보았다.

"곧바로 나는 점심시간에 폴링 옆자리에 앉을 방법을 궁리하기 시작했어요."[17] 왓슨이 추억에 잠겨 말했다. 실패할 거라고는 생각하지 않았다. 오전 내내 발표가 이어졌고 점심은 중세 수도원의 잔디밭에 차려졌다. 거기서 왓슨은 화학의 대가 폴링과 사교적인 인사를 나누고 바이러스와 X선 회절 연구에 관한 잡담을 했다. 왓슨은 막스 델브뤼크가 다음 해 칼텍의 박사후과정에 자신을 뽑으려 한다는 것을 폴링에게 확실히 전달했다.

왓슨과 델브뤼크는 파지 학회에서 왓슨이 폴링을 만날 것을 대비해 학회 몇 주 전부터 정기적으로 편지를 주고받았다. 5월 20일에 왓슨은 델브뤼크에게 자신의 담배모자이크바이러스 연구에 관한 긴 논문을 보내면서 케임브리지에서 떠도는 소문과 육군에 징집될지도 모른다는 걱정, DNA 모형 연구에 관련된 자신과 크릭의 소식을 전했다. "가까운 친구가 연구 중인 문제는 건드리지 않는다는 정치적인 이유로 지금은 DNA 모형 연구를 멈춘 상태예요. 하지만 만약에 킹스칼리지에서 계속 아무것도 안 한다면 다시 한번 우리 운을 시험해볼 수 있겠죠."[18] 델브뤼크는 6월 4일에 답장을 쓰면서 폴링이 "DNA 연구에 쓰도록 국립소아마비재단에서 1만 달러를 받았는데 인력이 없어서 쉬고 있다"고 전했으며 "1953년 3월에 칼텍에서 자네의 케임브리지 동료들이 거의 다 초대된 단백질 학회가 있을 예정이다. 그 학회를 반환점으로 삼을 수 있을 것이다. 아니면 1953년 여름 콜드스프링하버 학회의 주제가 바이러스이니 그곳을 반환점으

로 해도 될 것"이라고 조언했다.[19]

왓슨과 폴링의 짧은 대화는 왓슨이 바랐던 것만큼 잘되지 않았다. 왓슨이 다음 해에 바이러스 연구를 하러 칼텍에 갈 가능성에 대해 가볍게 얘기했다. 왓슨은 킹스칼리지에서 새로 찍었다는 X선 이미지를 화제로 올렸다. 폴링은 "그런 종류의 아주 정확한 X선 작업을 동료가 아미노산으로 완료했으며 그것이 핵산을 궁극적으로 이해하는 데 필수적"이라고 반박했다. 왓슨은 "사실상 어떤 말도 DNA로 이어지지 않았다"며 불만에 휩싸여 물러났다.[20]

"오히려 에바 헬렌에게 얻은 것이 많았다"고 왓슨은 껄껄 웃었다.[21] 왓슨은 폴링의 둘째 아들인 피터가 그해 가을 연구생으로 캐번디시에 온다는 것을 알았다. 또한 왓슨은 피터가 폴링의 아들이 아니었다면 다른 대학교를 전부 떨어진 것처럼 의심의 여지 없이 캐번디시도 떨어졌으리라는 것을 알았다. 스스로 인정하듯 "색마"인데다 칼텍에서 성적표를 C 학점으로 도배했던 피터 폴링은 3학년 때 선열에 걸리면서 성적이 더욱 엉망이 되었다.[22] 피터 폴링과 왓슨은 왓슨이 패서디나에서 델브뤼크 밑에 있었던 1949년 여름 한 파티에서 처음 만났다. 34년 후 피터 폴링은 당시 "동생의 육아 도우미를 유혹하겠다는 사춘기 소년의 꿈에 빠져있었기 때문에" 왓슨과 만난 일이 기억나지 않는다고 했다.[23]

피터의 어머니 에바 헬렌은 아들이 파티광인데다 아버지와 계속 비교당하면서 그 그늘을 벗어나지 못할 분야에 들어간다는 점이 걱정스러웠다. 에바 헬렌은 왓슨에게 피터가 "주변에 있으면 자기만큼이나 사람을 즐겁게 해주는 아주 괜찮은 애"라고 말했다. 에바 헬렌이 말하는 동안 왓슨은 피터의 아름다운 동생 린다(Linda)를 상상했고 "피터가 린다만큼 연구실에 보탬이 될 거라는 말에 설득당하지 않은 채로 조용히" 있었다.

왓슨은 때를 보다가 에바 헬렌 폴링에게 자기가 피터의 멘토가 되어 "케임브리지 연구생의 엄격한 생활에 적응할 수 있도록" 도울 수 있다면 정말 좋겠다고 감언이설을 흘렸다.[24]

ᛝ

르와요몽 파지 학회가 끝나고 일주일 뒤 왓슨은 이탈리아 쪽에서 알프스산맥을 오르고 있었다. 8월 11일, 왓슨은 해발 1,600m 지점에서 바위에 앉아 프랜시스와 오딜에게 파지 학회에 있었던 일에 관해 장문의 편지를 썼다. 왓슨은 담배모자이크바이러스 이야기를 하는 동안 미리 준비한 "남들이 어떻게 보든 신경 쓰지 않는 차림새"를 하고 있었다고 적었다. 헐렁하고 주름이 없는 셔츠, 크기가 큰 재킷, 지나치게 짧은 반바지, 구겨진 어두운색 양말, 끈이 풀린 오래된 갈색 옥스퍼드화를 걸쳤다.[25] 여름 학회에서 이런 차림새를 하게 된 이유는 파리에서 오는 동안 잠이 들었는데 가방을 "기차 안에서 도둑맞았기" 때문이었다.

짐은 크릭 부부에게 르와요몽의 건축물이 케임브리지와 닮았고 그 분위기가 파리보다 훨씬 더 위대한 사상에 적합하다고 적었다. 왓슨은 또 에두아르 드 로스차일드(Édouard de Rothschild) 남작 부인의 구비유-샹티(Gouvieux-Chantilly) 지역 사유지인 상 수시(Sans Souci)에서 열린 격식 있는 가든파티 이야기로 크릭 부부를 즐겁게 해주었다. 이 파티에서 왓슨은 예법에 맞게 한 무리의 집사가 가져다준 훈제 연어를 야금야금 먹고 차가운 샴페인을 홀짝이면서 호두나무로 된 벽에 걸린 루벤스(Rubens)와 할스(Hals)의 그림을 응시했다. 왓슨은 빌린 재킷과 타이를 걸치고, "향기가 아주 강한 포마드"를 당시 긴 편이었던 머리에 잔뜩 발라 "고전적인" 느낌을 냈다.[26] 불과 몇 주 전, 어머니가 케임브리지에 방문했을 때는 아들이 "길고 곱슬곱슬한 '아인슈타인' 머리 모양에 영향을 받았다"고 남편에게 편지를 썼다.[27] 왓슨은 자신이 남작 부인과 손님들에게 이상한 인상을 남긴 것에 만족했다. "귀족과 처음 만난 자리에서 내가 보낸 메시지는 명확했다. 남들처럼 행동했다면 나는 다시 초대받을 일이 없었을 것이다."[28]

편지에서 왓슨이 자기의 비틀린 패션 감각이나 파티 참석보다 훨씬 더 중요하게 지적한 것은 "폴링 부인과 나눈 잡담"을 적은 후 크릭에게 "피터가 아직도 정신을 못 차렸으니 우리 연구소에 … 조용한 젊은이가 오는 일은 없을 것"이라고 했다는 점이다. 왓슨은 피터가 정도를 지키도록 하려면 "생활비를 아주 적은 금액만 보내 금욕적인 삶을 사는 방향으로 이끌 수도 있다고 피터의 어머니에게 제안"했는데, 피터는 마침 새로 보조금 지원을 받으면서 "금욕적인 삶에서 탈출"하는 중이었다.

여기서 역사는 다시 한번 왓슨과 크릭에게 이익이 되는 방향으로 개입했다. 피터 폴링이 캐번디시연구소로 온다는 우연이 왓슨과 크릭이 DNA 연구로 복귀하기 고작 몇 달 전에 일어나면서 DNA 규명을 향한 경주의 판도를 바꾸는 엄청난 요인으로 작용했다. 단 몇 주 만에 왓슨과 젊은 피터는 친구가 되었다. 피터 폴링이 본 왓슨의 첫인상은 "다소 귀가 크고 마르고 머리카락이 거칠어서 외모가 웃긴, 약간 나이 차이 나는 사람"이었다.[30] 반면에 왓슨은 피터 폴링이 "케임브리지에서 만난 가장 중요한 친구 … 우리는 나이가 비슷했고 피터는 아주 재밌었다"고 애정을 담아 기억했다.[31] 오스틴동 103호에서 왓슨 옆에 앉은 피터 폴링은 곧 패서디나에 있는 라이너스 폴링 연구실의 소식을 왓슨에게 전해줄 인간 도청기가 될 참이었다.

[19]

다섯 연구자의 정중동

… 여기서 내가 마지막으로 하고 싶은 말은, 물론, 당신도 기억하고 있겠지만 내가 정말 (DNA) 문제를 연구하고 있지 않았다는 것, 그래서 그 작업이 계획에 없었다는 거예요 … 난 단백질에 관한 논문을 작업 중이었어요. 어쨌든, 내가 하려던 말은, 그 일이 계획적이지 않았던 이유는 나는 개인적으로 DNA를 연구하지 않았고, 알다시피 짐도 아니었을 거라고 생각해요. 큰 관심은 있었겠지만, 연구 과정이 아니었으니까요. 그래서 그 일이 무계획적이었다는 거죠.

– 프랜시스 크릭[1]

1952년 여름, 모리스 윌킨스는 골치 아픈 문제들에서 일시적으로 벗어날 수 있는 기회를 얻었다. 7월에 윌킨스는 브라질로 긴 여행을 떠났는데, 다른 영국 출신 분자생물학자 몇몇과 "연구소들을 방문하고 분자학의 중요한 발전에 관한 학회를 개최하여 브라질 과학계에 전반적으로 활기를 불어넣는 것"이 목표였다.[2] 그들은 유명한 의사이자 세균학자인 카를로스 샤가스(Carlos Chagas)의 손님들이었는데, 샤가스는 파동편모충(Trypanosoma cruzi)에 감염된 곤충에 물려서 생기는 기생충 감염을 규명한 후 그것을 샤가스병이라 명명한 사람이다.[3] 몇 달 전 인스부르크(Innsbruck)에서 취리히로 가는 기차 안에서 윌킨스는 크릭에게 다음과 같은 편지를 썼다. "프랭클린이 자주 짖긴 하지만 아직 나를 물진 못했네. 내가 내 시간을 정리하면서 일에 집중할 수 있게 된 이래로 더 이상 프랭클린이 신경에 거슬리지 않아. 마지막으로 자네를 만났을 때는 내 상태가 좋지 않았어."[4] 말로는 대담하게 주장했지만, 윌킨스는 피상적인 수준을 훨씬 넘어 자신에게 깊은 영향을 끼치고 있는 로잘린드 프랭클린으로부터 도망치기 위해 필사적이었다. 결과적으로 여름 여행은 완벽한 해법이었다.

윌킨스는 저명한 과학자로 환대받고, 이파네마 해변(Ipanema Beach)에서 햇볕을 쬐고, 리우데자네이루(Rio de Janeiro)의 길거리 상점에서 물건을 사면서 즐겁게 지냈다. 그다음 윌킨스는 "괴물 오징어"를 찾아 정자 머리와 DNA를 추출하기 위해 리마(Lima)로 떠났다. 오징어는 하나도 찾지 못했지만, 윌킨스는 페루의 예술계를 탐방하고 안데스산맥의 굽은 길을 따라 걸으면서 마추픽추(Machu Picchu)와 쿠스코(Cuzco)의 고대 문화에 전율했다. 산 정상에서 아래를 내려다보며 "잉카 문명의 아름다움과 … 무참하게 파괴된 비현실적인 유적지"에 대해 깊은 생각에 잠겼다.[5] 윌킨스는 풍요로운 동시에 폭력적인 잉카의 역사를 핵전쟁의 우화로 보았다. 트루먼 대통령이 히로시마와 나가사키에 원자폭탄을 투하하라고 지시한 지 7년이 지났고, 윌킨스는 "원자폭탄에 환멸을 느껴 … 분자생물학을 선택하게 됐지만", 여전히 원자폭탄 개발에 기여했다는 점을 깊이 괴로워했다. 대량파괴 무기에 관해 생각할 때면 "그 끝이 어디인가?" 하는 의문을 떠올렸다. "무한한 시간과 현실에서 유리된 듯한 감각"이 뒤섞인 이상한 무아지경에 빠져 윌킨스는 킹스칼리지에서의 일상적인 근심을 밀어두고, 멀찍이 물러서서, 세계를 새로운 눈으로 바라봤다. 윌킨스는 "세계의 과거, 현재, 미래"를 보고 질문했다. "세계는 어디로 귀결되는가?" 윌킨스는 그다운 결론을 내렸다. "그 질문에는 명확한 답이 없었다. 우리가 할 수 있는 거라곤 그 거대한 질문들을 확실히 마음에 새기고 계속해서 세상을 탐구하는 것뿐이라는 걸 깨달았다."[6]

불안에 얽매여 살아가는 이런 사람에게는 일종의 심리적인 해방이 필요했다. 고작 두 달 전 윌킨스는 프랭클린과의 다툼 때문에 "우리 DNA 연구 위에 드리워진 먹구름"을 지고 영국을 떠났다. 게다가 윌킨스는 여자친구 에델 랑게(Edel Lange)와 헤어진 여파를 감당하는 중이었다. 외딴 안데스산맥의 산꼭대기에 혼자 서서 윌킨스는 "연구소 책상으로 다시 돌아가 DNA 구조를 해결해야겠다"고 결심했다. 달리 그가 어디로 갈 수 있겠는가? 수십 년 후 윌킨스는 그의 삶에서 중요한 순간이었던 그때를 다음과 같이 회상했다. "누가 나에게 어둠을 뚫고 금방 중요한 세기의 과학적 진보가 이루어질 거라고 했다면, 빠른 진행 속도를 제외하면 놀라지 않았을 것이다."[7]

9월 초, 윌킨스는 긴 시간을 우회하여 집으로 돌아가는 비행기에 몸을 실었다. "햇살이 가득한 브라질"에서 소호에 있는 다락방으로 돌아와 그저 "어둡고 추운" 런던을 마주하니 "완전히 진이 빠졌다." 짐을 풀면서 윌킨스는 "에델과 나누고 싶었던" 여러 종류의 "페루에서 가져온 아름다운 물건"을 꺼냈다. 하지만 에델은 윌킨스를 떠났고 "돌아오지 않을 것이었다." 두 사람은 6개월 전 알프스에서 이별을 고했다. 아파트에 홀로 선, 외롭고 사랑을 잃은 수면 부족 상태의 윌킨스는 "폭발하여" 랑게에게 받은 선물을 전부 내던졌다. 하지만 윌킨스는 "내가 여행에서 막 가져온 새로운 물건들은 부수지 않았다. 나는 삶이 계속된다는 것을 알고 있었다."[8]

킹스칼리지에서는 로잘린드 프랭클린이 절망적일 정도로 불행한 상태로 X선 사진과 씨름하면서 여름을 보냈다. 거의 20년이 지나고 그녀의 동료였던 제프리 브라운은 생물물리학 팀의 연구소 분위기가 얼마나 해롭게 변해 있었는지 설명하며 슬픔에 젖어 고개를 저었다. "윌킨스는 특히 로잘린드에게 불친절했다 … 마지막으로 갈수록 그랬다 … 아마 윌킨스가 제안해 랜들이 도입했을 방침들은 그저 로잘린드를 쫓아내겠다는 뜻이었다."[9] 1952년 3월 1일, 프랭클린은 데이비드 세이어와 앤 세이어에게 편지를 보내 자신이 일터에서 독방에 감금된 수준이라고 했다. 비록 프랭클린이 킹스칼리지 연구소의 장비와 시설이 "예외적으로 좋다. 그런 장비와 시설에 대한 예산이 부족하다는 것을 생각하면 말도 안 되게 좋다"고 생각했지만, 가능한 한 빨리 연구소를 탈출하기를 간절히 바랐다. 신랄하게 동료들을 비판하면서 프랭클린은 "대체로 아주 친절했지만 똑똑한 사람은 없었던" 연구소의 젊은이들을 좋아했다고 말했다. 몇몇 연장자는 그저 "상냥하고 괜찮았지만, 불쾌한 분위기 속에 뛰어들지 않기 위해 연구를 하려 하지 않았다. 나머지 중간 연령대나 연장자는 확실히 거부감이 들었는데 이들이 연구소의 전반적인 분위기를 잡았다 … 또 다른 심각한 문제는 그들 중에 일류는커녕 괜찮은 두뇌를 가진 사람이 없다는 것이다. 사실 내가 과학적인 문제나 다른 어떤 문제를 논의하고 싶은 사람이 딱히 없었다." 다행히도 프랭클린은 다른 사람과 가능한 접촉을 피해 자신의 작은 연구실에 벽을 세울 수 있었는데, 갈등은 줄어들었지만 나날이 "지루하기 짝이 없었다."[10]

같은 편지에서 프랭클린은 "윌킨스와의 끔찍한 불화 때문에 파리로 돌아가는 거라고 봐도 무방하다. 서로 의견이 맞지 않다는 데에 동의한 이래로 일은 잘 돌아갔다. 사실 꽤 잘 돌아갔다"고 적었다. 그래도 갈등은 견디기 어려운 것이라서 프랭클린은 버크벡칼리지의 J. D. 버널과 만날

1950년 봄 이탈리아 토스카나에서 휴가 중인 로잘린드 프랭클린

약속을 잡고 이직할 자리가 있는지 알아보았다. 자신의 잠재적인 구세주를 잘 파악한 프랭클린은 버널이 잘난 체하지만 상냥하고 우수하며 영감을 준다고 묘사했다. 버널은 심지어 프랭클린에게 "언젠가 버널의 생물학팀에서 일할 수 있을 거라는 희망을 주었다. 그 단계에서는 그해에 이동할지 마음을 정하지 않아 확실히 답할 수가 없었다." 프랭클린은 자신이 이직을 고려하고 있다는 것을 "아직 아무도 모르기" 때문에 데이비드와 앤에게 비밀을 지켜달라고 당부했다. 하지만 킹스칼리지를 떠나 당시 노동자를 위한 평생교육원이나 야간 학교와 다름없는 곳에 가면 평판이 약간 떨어진다는 것을 프랭클린도 알고 있었다. 그녀는 "(버크벡이) 런던에 있는 다른 어떤 칼리지보다도 활기가 있다고 생각한다"고 앤과 데이비드에게 보내는 편지에 적었다. "버크벡은 시간제 저녁 수업만 있는데 이 학생들은 정말로 배우고 싶고 연구하고 싶어서 오는 거예요. 그리고 직원의 상당수가 외국인인 것 같은데 이것도 긍정적인 징후에요. 킹스칼리지에

는 외국인도 유대인도 없거든요."[11]

몇 달 후 1952년 6월 2일, 프랭클린은 유고슬라비아로 "멋진 여행"을 떠나 "스플리트(Split)에서 리예카(Rijeka)로 향하는 배"를 타고 항해 중이었다. 전망대에서 프랭클린은 다시 앤과 데이비드에게 편지를 써 런던의 상황은 거의 변하지 않았지만, 계획은 결정했다고 알렸다. "아직도 제 앞날이 어떻게 될지 하나도 모르겠어요. 결정되면 또 연락할게요. 버널을 만났고, 랜들이 동의한다면 나를 받아주겠지만 한 달간 자리를 비우기 전에 랜들한테 그 얘기를 꺼내는 건 좋지 않겠다고 판단했어요. 그러니 이직에 관한 것은 여행이 끝난 후의 즐거움으로 남겨뒀어요."[12]

이후 4주 사이 어느 시점에 프랭클린의 킹스칼리지에서의 운명이 공식적으로 결정되었다. 긴장된 분위기 속에서 랜들이 프랭클린을 연구소에서 내쫓았는지, 아니면 프랭클린의 결정이었는지는 여전히 논란이 남아있다. 아마 두 가지가 복합적으로 작용했을 터였다. 6월 19일, 프랭클린은 다시 버널에게 연락해 버크벡으로 옮길 수 있을지 물어보면서 랜들이 이동에 반대하지 않는다는 점을 강조했다.[13] 랜들 역시 프랭클린이 버널에게 연락하기 전에 조용히 버널과 대화를 나눠 프랭클린의 이직을 도우려 했을 수도 있다. 확실한 것은 랜들이 프랭클린에게 킹스칼리지 근무 연장을 권하거나 설득하려는 어떤 행동도 하지 않았다는 것이다. 랜들로서는 연구소의 악성 내분을 이렇게 쉽게 해결할 방법이 있다니 안도했을 것이 틀림없다.[14] 프랭클린은 앞으로 감수해야 할 학문적 위험과 함께 마쳐야 할 서류작업도 있었다. 1952년 7월 1일, 터너뉴월장학금위원회는 프랭클린이 장학생 3년 차에 자신의 X선 회절 작업을 담배모자이크 연구에 적용하기 위해 버크벡칼리지 J. D. 버널 교수의 결정학연구소로의 이동을 요청했다고 랜들 교수에게 알렸다.[15] 실제 이동은 1953년 3

월까지 이루어지지 않았다.

이 강제 버크벡 행의 비극은 킹스칼리지에서 프랭클린의 연구가 최고조에 달했다는 점이다. 프랭클린의 실험 과정에는 수많은 카메라 각도, mm나 그 이하의 미세조정, 수십 리터의 땀, 오늘날의 연구실이라면 절대 용납하지 않을 충격적인 양의 위험한 X선 노출 같은 것이 필수였다. 봄이 올 무렵, 프랭클린과 고슬링은 끈적거리는 섬유를 잡아 늘이고, 장비에 섬유를 쌓고, 그 어느 때보다 정확한 A형 DNA와 B형 DNA의 X선 사진을 찍는 일에 익숙해졌다.

초여름까지 X선 회절 무늬를 계산하는 지루하지만 평화로운 작업이 이어졌는데, 프랭클린 같은 사람에게는 기꺼운 작업이었다. 프랭클린은 복잡하고 사용자에게 자주 좌절감을 안기는 패터슨 함수를 적용했는데 이는 파리의 동료 비토리오 루차티가 “결정학자라면 택할 방법”이라고 조언했기 때문일 수도 있다.[16] 패터슨 함수는 1935년 영국의 X선 결정학자 아서 패터슨(Arthur L. Patterson)이 고안한 것으로 문제가 되는 분자의 원자간 거리를 벡터맵, 즉 “원통형 패터슨”으로 나타낼 수 있다. 각 지도의 지점은 회절된 X선의 밀도로부터 계산할 수 있고 이 자료상의 지점들을 가지고 결정학자는 분자의 차원과 구조를 세우려 노력했다.[17]

루차티와 프랭클린 같은 전문적인 결정학자들은 분자 구조를 풀어내는 이 방법에 전념했는데, 특히 확실한 근거 자료가 부족한 상황에 부닥치면 더 그랬다. 패터슨 함수는 규칙적이거나 반복적인 구조를 띠는 분자를 탐구할 때 미묘한 단서를 제공하고 “구조의 특성을 정의해 나머지 구조를 3차원에서 완전하게 해석할 수 있도록" 도와주었다. "아름답다"거나 "잔혹하다"는 말을 동시에 듣는 패터슨 함수의 문제는 정답에 근접하려면 어마어마한 수학적 전문 지식이 필요했다. 호레이스 저드슨이 적절하게 묘사한 것처럼 패터슨 함수의 결론은 "다코타 배들랜즈(Dakota Badlands) 국립공원에서 특히 높낮이 차이가 큰 1제곱마일을 도려낸 구역에서 구불거리는 고리와 선으로 가득한 지리학자의 등고선 지도처럼 보이는" 도표였다. 이런 지도에서 진짜 구조를 추론하는 것은 말도 안 되게 난해한 일이었고, 한 사람의 정신을 체에 거르는 것 같은 작업이었다.[18] 막스 페루츠와 존 켄드루는 훨씬 정제되지 않은 표현으로 패터슨 방법론이 "짜증 나게 어렵다"고 공언했다. 1949년 페루츠와 켄드루는 "소위 말하는 패터슨 합성의 물리적 의미는 결정학에서 가장 어려운 개념"이라는 이유로 패터슨 함수를 포기하고 다른 방법을 찾아갔다.[19] 프랜시스 크릭도 패터슨 함수는 유기 분자의 구조를 규명하기에는 "신뢰할 수 없다"고 생각했다.[20] 제임스 왓슨은 여태 한 번도 패터슨 방법론을 이해하지 못했다고 2018년에 느지막이 인정했다.[21]

오늘날 결정학자들은 패터슨 함수, 푸리에 변환, 베젤 함수, 그 외에 새로운 복잡한 수학적 모형 설계를 계산하기 위한 컴퓨터 소프트웨어를 코딩하거나 구매할 수 있다. 그런 작업은 이제 컴퓨터 버튼 하나 누르는 것만으로 1분 이내에 결과를 산출한다. 하지만 1952년에 프랭클린과 고슬링은 비버스 립슨 스트립(Beevers-Lipson strip)이라는 무겁고 느린 계산기를 사용했다. 비버스 립슨 스트립은 "곱게 광택이 나는 마호가니 나무 상자 속에서 적절한 간격으로 산출된 주기 함수의 값을 조합하고 순차적으로 배열"하는 기계였다. 이로부터 거의 반세기가 지난 후 레이먼드 고슬링은 특히 숙취가 심할 때 아직도 얇은 결과지가 든 상자를 바닥에 떨어뜨려 전부 올바른 순서로 주워 담아야 하는 악몽을 꾼다고 했다. 그래도 계산 작업이 "지루하고 반복적"이었던 만큼 고슬링은 프랭클린과 일하는 것이 "아주 즐거웠다 … 누구도 해본 적 없는 일이었다. 그래서 걱정되기도 했다. 하지만 로잘린드는 아주 전문적이었고, 이 일이 옳게 끝날 것이라는 확실한 자신감을 보였다."[22]

7월 2일, 프랭클린은 빨간색 실험실 노트의 새 페이지에 다음과 같이 끄적거렸다.

> 원통형 패터슨에 대한 첫 번째 기록: 나선의 지름이 11Å이라는 어떤 조짐도 없다. 가운데에 바나나 모양으로 솟은 정점의 곡면은 단위격자마다 두 번 꺾이는 지름 13.5Å으로 계산된 나선에 맞다. 만약 나선형이라면 한 가닥밖에 없을 것이다. (두 가닥이라면 [여기서 프랭클린은 서로 맞물린 타원형 두 개를 그렸다]) … 만약 이런 나선이라면 연속 균등 밀도와는 거리가 멀다.[23]

몇 주 후 7월 18일 프랭클린은 장난처럼 DNA 나선에 검은 테를 두른 "추모 카드"를 그렸다. 카드 그림은 널리 보여줄 목적이라기보다는 프랭클린 자신이 보고 웃기 위해, 또 윌킨스를 경멸하는 뜻을 담아 그렸다.

> 1952년 7월 18일 (결정화된) D.N.A. 나선의 사망을 알리게 되어 깊은 유감을 표한다. 오래 앓던 병을 일련의 베젤 항생 주사로도 완화하는 데 실패하여 사망했다. 추도식은 다음 주 월요일이나 화요일에 열릴 예정이다. M.H.F. 윌킨스 박사

가 고(故) 나선의 추모사를 할 것으로 보인다.

(서명) R. E. 프랭클린. R. G. 고슬링[24]

윌킨스는 처음에 "친구 사이의 장난"으로 고슬링이 쓴 줄 알았을 때도 이 가짜 부고가 전혀 재미있지 않았다. 카드에는 고슬링과 프랭클린의 서명이 모두 있었지만, 나중에 카드를 진짜로 쓴 사람이 프랭클린임을 알게 되자 윌킨스는 자기 직원들이 프랭클린에게 쳤던 장난은 생각하지도 않고 자신에게 창피를 주려는 프랭클린의 욕망만 강조하면서 용서란 없다고 했다. 자주 간과되는 점은 프랭클린이 낸 부고가 결정화된, A형 DNA에 관한 것이라는 사실이다. 몇 달간의 패터슨 분석에도 나선 구조를 논쟁에서 배제해야 할지 아닐지 결정하기에는 너무나 많은 인공적인 X선 회절 무늬가 나타났다. 고슬링이 자주 말했듯이 프랭클린은 단 한 번도 B형이 나선이 아니라고 생각한 적이 없다.[25] 모든 농담은 접어두고서 프랭클린은 그날 자신의 추모 카드도 작성했는데, 킹스칼리지에서의 근무에 종지부를 찍는 내용이었다.

역설적인 일이지만, 고통스러울 정도로 느린 회절 무늬 방법론을 고수한 로잘린드 프랭클린의 성실하고 완고한 태도 때문에 그녀는 오랜 시간 역사책 안으로 들어가지 못했다. 프랭클린이 아주 과소평가했던 것은 케임브리지의 모형 제작자들이 지닌 제트기 같은 속도였다. DNA 구조 발견 40주년 기념 학회에서 고슬링은 자신과 프랭클린이 그렇게 세심하게 준비했던 패터슨 맵을 완전하게 해석하기까지 얼마 남지 않았는데 왓슨과 크릭이 모형을 발표했다고 안타까워했다. 고슬링은 슬프게 회고했다. "물론 한번 가방에서 튀어나온 고양이를 다시 넣을 순 없죠. 우리도 원통형 패터슨 함수를 다시 들여다봤어요. 맵의 정점이 이중나선에 놓인 무거운 인산염 산소 군을 나타낸다는 것을 확실하게 알았죠. 한 가닥은 상승하고 다른 가닥은 하강하는 구조로요." 고슬링과 프랭클린의 힘만으로 답을 찾아낸 것이냐는 뻔한 질문을 받은 고슬링은 솔직하게 답했다. "모르겠어요. 우리끼리 발견했을 수도 있지만, 거기 그런 것이 있다는 말을 듣고 나면 단연코 더 분명하게 보이겠죠."[26]

짐 왓슨도 1952년 여름을 바쁘게 보냈다. 파리, 르와요몽, 이탈리아 알프스 여행을 마친 후 루카 카발리 스포르차(Luca Cavalli-Sforza)에게서 초대장을 얻어내 제2차 국제미생물유전학학회(International Conference on Microbial Genetics)에 참석했다. 카발리 스포르차는 이전에 케임브리지에 있다가 파르마대학교(University of Parma)로 옮겼다. 이 3일짜리 학회는 9월 초 이탈리아 북서부 피에몬테 지역 마조레 호(Lago Maggiore)를 내려다보는 우아한 마을 팔란차(Palanza)에서 열렸다.[27] 크릭은 크게 실망했지만, 왓슨은 잠시 DNA를 향한 집착을 내려놓았다. 대신 왓슨은 "성(sex)에 몰두했지만, 격려가 필요한 타입은 아니"라고 말했다. 학회의 중요성을 착각하게 만드는 형편없는 농담이었다. 반박의 여지 없이 이 학회에서 가장 중요한 발표는 카발리 스포르차, 런던 해머스미스병원(Hammersmith Hospital)의 윌리엄 헤이즈(William Hayes), 위스콘신대학교(University of Wisconsin)의 조슈아 레더버그(Joshua Lederberg)가 준비한 「세균에 존재하는 두 가지 별개의 성별」이라는 논문이었다.[28]

1946년, 21세의 나이로 레더버그는 예일대의 에드워드 테이텀(Edward

Tatum) 밑에서 미생물 유전학 박사 학위를 받기 위해 콜롬비아 의과대학을 휴학했다. 이 뛰어난 두 사람은 세균이 유전 형질을 공유하고 교환하는 "성적 단계"에 돌입하는 유전적 재결합을 증명하고자 했다.[29] 1947년 의학 학위를 마치러 콜롬비아로 돌아가는 대신 레더버그는 매디슨의 위스콘신대에서 유전학 조교수가 되기 위해 과감하게 서쪽으로 떠났다. 11년 후 33세가 된 레더버그는 1958년 테이텀, 조지 비들(George Beadle)과 함께 노벨 생리의학상을 수상했다.

신동 왓슨은 그보다 더한 신동인 레더버그가 일약 유명 인사로 떠오르자 질투를 느꼈다. 1968년, 왓슨은 레더버그가 노벨상을 수상한 지 7년 만에 39세의 나이로 "엄청난 수의 매력적인 실험을 수행했기 때문에 사실상 카발리 같은 학자를 제외하면 누구도 감히 같은 분야에서 연구할 수가 없었다. 조슈아가 라블레(Rabelais) 풍으로 3시간에서 5시간 동안 쉬지 않고 이야기하는 것을 들으면 그가 앙팡 테리블(무서운 신동)임을 확실히 알 수 있다. 나아가 그의 신 같은 성품은 매년 그 크기가 커지고 있어서 아마 마지막에는 우주까지 가득 채울 것"이라고 투덜거렸다.[30] 정통파 랍비들이었던 레더버그의 아버지와 모계쪽 조부를 언급하면서 왓슨은 "오직 조슈아만이 최근 그의 논문을 뒤덮은 유대교 율법 같은 복잡성을 즐길 수 있을 것"이라고 덧붙였다.[31] 대신에 왓슨은 "염색체 물질의 남성 부분만이 여성 세포에 침투한다는 … 세균의 성별을 발견한 것이 이전보다 간단한 세균의 유전적 분석으로 이어질지"에 관한 윌리엄 헤이즈의 "엄청나게 단순한" 설명을 선호했다.[32]

9월 중순 케임브리지에 돌아온 왓슨은 즉시 대학 도서관에 가서 찾을 수 있는 레더버그의 논문이란 논문은 전부 읽었다. 타고난 경쟁심에 불이 댕겨진 왓슨은 레더버그의 실험에 오류가 없는지, 혹은 지금의 발견을 더 발전시켜 "레더버그의 실험을 더 정확히 해석해 (레더버그를) 무찌르는 말도 안 되는 위업을 달성할" 단서는 없는지 찾고자 했다. 10월 27일 왓슨은 진행 중인 실험에 관해 여동생에게 편지를 썼다. "아주 보기 좋은 결과가 나올 거야. 5년 묵은 역설을 해결하고 세균 유전학 분야의 빠른 진보를 이뤄줄 만한 결과겠지 … 위스콘신의 조슈아 레더버그가 일생을 바친 (레더버그가 스물여덟쯤 되었으니 다소 짧은 기간이긴 해) 해답을 이길 수 있다면 좋겠어."[33]

왓슨이 품은 "조슈아의 숨겨진 비밀을 털어내려는 욕망은 프랜시스의 관심을 거의 끌지 못했다."[34] 학위 논문을 완성하는 데 필요한 작업을 묵묵히 하면서 기나긴 여름을 보낸 크릭은 이제 DNA 문제로 돌아올 준비가 되어 있었다. 크릭은 왓슨이 세균의 성생활에 더 많은 관심을 보일수록 DNA 규명에 집중할 시간이 적어질까 봐 걱정했다. 그렇게 주의가 분산되면 폴링보다 유리한 고지를 점하지 못할 위험이 있었다.[35] 이제 크릭이 동업자를 제자리로 돌려놓고 과학적 운명이 놓인 거친 덤불 속으로 향할 차례였다.

크릭이 폴링을 경계하는 데는 그만한 근거가 있었다. 파리와 르와요몽 학회 이후 여름 사이에 폴링은 단백질 분자생물학을 연구 중인 영국의 동료들을 방문했다. 폴링은 이 여행을 알파 나선 모형 발표를 축하하는 자리로 삼는 대신 자신의 이론에 문제를 제기한 동료들을 만나 비평과 질문을 듣고, 검토한 후 모형을 강화하고 개선하는 데 이용할 정도로 빈틈이 없는 학자였다.[36]

폴링의 첫 번째 목적지는 캐번디시연구소였다. 캐번디시 직원들은 폴링이 가장 만나고 싶어 한 사람이 막스 페루츠도, 존 켄드루도 아니라는 점에 놀랐다. 누군가를 지목한 폴링의 요청에 브래그는 앉아 있던 의자에서 굴러떨어질 뻔했다. 폴링은 바로 크릭과 만나 그가 제안한 "나선의 X선 회절을 예측하는 수학 공식"을 논의하면서 가능한 많은 시간을 보내고 싶다고 한 것이다.[37] 공개적으로 크릭을 싫어하는 감정을 터트리고 싶지 않았던 브래그는 잘 되기를 바라는 한편 은밀하게 짐짝 같은 대학원생 크릭이 변화를 원해 다른 사람을 짜증 나게 할지도 모른다고 상상하면서 마지못해 필요한 준비를 했다. 크릭은 나중에 폴링의 알파 나선 모형이 자신의 나선 이론이나 왓슨과 함께 한 이중나선에 영감을 주었을 거라는 추측을 반박했다. "그 말만큼 진실과 거리가 먼 얘기도 없다." 크릭은 따라 하기도 힘든 태도로 말했다. "답이 나선일 거라는 생각은 널리 퍼져 있었다. 나선이라고 생각하지 않는 사람은 둔감하거나 아주 고집이 센 사람뿐이었다."[38]

크릭처럼 자신만만하고, 똑똑하고, 확신에 차 있더라도 일개 대학원생이 세계적인 화학자 앞에서 어떻게 행동할지 쉽게 상상할 수 있다. 두 사람을 실은 택시가 케임브리지 거리를 지나는 동안 크릭은 폴링이 눈앞에 있어 몹시 들떴다. 과찬을 사랑하는 폴링은 크릭의 찬사를 일상적인 것처럼 침착하게 받아들였다. 그 유명한 왓슨의 『이중나선』 도입부와는 달리 크릭은 36년 인생에서 최초로 "겸손한 태도"를 취했다.[39] 그 폴링이 바로 옆에 앉아 있는데 어떻게 겸손하지 않을 수가 있겠는가?

점심 먹는 동안 크릭은 DNA를 화제로 삼지 않으려 했지만, 그런 분별 있는 행동은 브래그의 금지 조치 때문만은 아니었다. 크릭은 자신과 왓슨이 그렇게 열렬하게 탐구하고자 하는 길로 폴링을 들여보내고 싶지 않았다. 크릭은 폴링이 DNA를 공략하기 전에 단백질 연구를 먼저 집중해서 마무리하려고 킹스칼리지의 생물물리학연구소 방문은 건너뛰었다는 사실을 알고 안도의 한숨을 쉬었다. 폴링은 크릭에게 몇 달 전 이미 윌킨스와 랜들이 자료를 공유하지 않겠다고 거절한 사실을 알렸다. 폴링은 더 이상 관계가 불편해지는 것을 원하지 않았다.[40]

DNA를 논하는 대신에 크릭은 폴링의 알파 나선에 있는 몇 가지 허점을 설명할 수 있는 이론을 제시했다. 대부분의 생물학적 혹은 자연적 물질에서 관찰되는 5.1Å길이의 얼룩이 없었다. 크릭은 손위의 교수에게 정답을 넘겨주지 않은 채 조심스럽게 관심만 끌었다. 폴링은 자신도 비슷한 쪽으로 생각해왔다고 말하며 1년간 칼텍에서 연구하는 것이 어떠냐고 초대해 크릭이 품어 왔던 꿈을 이루어주었다. 황홀해진 크릭은 다음 질문에서 알파 나선끼리 꼬여 있는 것은 아닌가 생각해본 적이 있는지 물었다. 폴링은 간단하게 "해본 적 있다"고만 답하고 지나가 그가 젊은 크릭보다 더 신중하다는 것을 알 수 있었다.

크릭은 그런 단백질의 나선 형성을 예측할 수 있는 수학적 방정식을 개발하려고 연구해왔다. 폴링과 택시를 타고 가는 동안 불쑥 내뱉은 후 폴링이 자기 아이디어를 "훔칠까 봐" 걱정이 된 크릭은 서둘러 연구 기록을 작성해 「네이처」에 보냈다.[41] 이 연구 기록은 폴링과 로버트 코리가 어떻게 알파 케라틴이 스스로 꼬여 "코일드 코일(Coiled Coil)"을 형성하는지 상세하게 적은 논문을 제출한 지 며칠 후에 『네이처』에 도착했다. 크릭의 기고문이 실험 연구를 전부 담은 논문이 아닌 짧은 "편지"였기 때문에, "알파 케라틴은 코일드 코일인가?"라는 제목의 기고문은 1952년 11월 22일, 폴링과 코리의 논문이 실리기 6주 전에 먼저 출판되었다.[42] 이 일은 1년 전 크릭이 캐번디시에서 상사인 브래그를 표절로 몰아가 낭패를 보았을 때와 불편하리만큼 비슷해 보였으며, 국제적인 분란을 일으킬 소지가 다분했다. 긴장된 상황 속에서 수많은 편지가 오갔다. 상황을 설명하는 편지가 피터 폴링으로부터 아버지 폴링에게 갔다. "크릭에게 때려치우라" 하고 폴링의 논문을 발표하라는 편지가 브래그로부터 『네이처』 편집장에게 갔다. 크릭과 폴링 사이에도 편지가 오갔다. 두 과학자는 각자 따로 동시에 같은 결론에 이르게 됐다고 발표하는 것에 동의했다.[43]

이 만남으로 크릭은 몇 가지 교훈을 얻었다. 생물학 분자 구조를 규명하는 것에 관해서라면 폴링이 얼마나 생산적인지 알게 됐으며, 그가 특정한 문제에 집중하기 시작하면 얼마나 무서운 적이 될 수 있는지 알게 됐다. 아마 가장 중요한 교훈은 폴링의 단백질 연구 마무리가 지척으로 다가와 다음 거대 과제에 착수할 준비가 되었다는 것으로, 크릭은 왓슨과 함께 발등에 불이 떨어졌다는 것을 느꼈다. 몇 년 후 폴링은 다음과 같이 말했다. "나는 항상 머지않아 내가 DNA의 구조를 밝혀낼 거라고 생각했다. 그저 시간문제라고 생각했다."[44]

5부

1952년 11월~1953년 4월, 마지막 경쟁

젊은 왓슨이 엄청난 역할을 했다. 크릭은 왓슨 없이 해낼 수 있었으리라고 한순간도 생각한 적 없다. 왓슨의 열정은 그만큼 엄청났다.

– 윌리엄 로렌스 브래그[1]

프랜시스가 없었다면 어떤 결과도 낼 수 없었을 것이다 … 왓슨 없는 크릭은 가능했을 수도 있지만, 크릭 없는 왓슨은 확실히 불가능했다.

– 제임스 D. 왓슨[2]

[20]

오답으로 향하는 폴링의 연구

그사이에 수금(lyre)을 뜯던 소년이 있었는데,

너무나 명징한 소리가 갈망으로 가득한 심장을 부수었다.

소년이 노래한 것은 저물어가는 해를 위한 비가(悲歌, Linus의 노래)였다.

사랑스러운 … 소년의 고운 목소리는

다른 사람들과 함께 장난치고, 노래하고, 소리치고,

시간을 따라잡을 듯이 춤추는 발걸음을 따라서 오르내렸다.

– 『일리아드(The Iliad)』, 호머(Homer)[1]

크릭이 두려워했던 것처럼 폴링 역시 불안해 했다. 아양 떠는 학부생들에게 화학을 가르치고, 칼텍의 폴링 화학 제국을 관리하고, 많은 청중을 상대로 강의와 논문을 준비했지만, 이 모든 활동도 그의 굶주린 호기심을 채워주지 못했다. 폴링은 새로운 과학적 지평을 정복하고자 했고, 그 정복에 언제나 따라오는 성공을 칭송하는 목소리를 원했다. 그는 특히 DNA 정복을 노렸다.

11월 25일 화요일 오후 폴링은 게이츠크렐린화학연구소(Gates and Crellin Chemistry Laboratory) 건물 2층에 있는 사무실에서 나와 복도를 지나서 케르크호프생물과학연구소(Kerckhoff Laboratory of the Biological Sciences) 건물의 강의실로 향했다. 거기서 폴링은 캘리포니아대 버클리캠퍼스(University of California at Berkeley)에서 온 미생물학자 로블리 윌리엄스(Robley Williams)의 강의를 들었다. X선 결정학자 랄프 와이코프(Ralph Wyckoff)와 함께 연구한 윌리엄스는 전자 현미경을 사용하는 새로운 "금속 섀도잉(metal shadowing)" 기법을 개발했다. 이 방법으로 놀라울 정도로 상세한 세균의 3차원 이미지를 확인할 수 있었다. 폴링은 윌리엄스가 강의실 흰 벽에 영사한 선명하고 세밀한 현미경 사진에 매료되었다. 가장 깊은 인상을 받은 것은 염의 리보핵산(ribonucleic acid), 즉 염의 RNA가 담긴 슬라이드였다.

폴링은 어두컴컴한 강의실 가장 앞줄에 앉아 애스트버리가 1938년에 찍은 DNA의 X선 사진과 윌리엄스의 놀라운 사진들을 머릿속에서 비교했다. 애스트버리의 사진들에서 핵산은 "납작한 리본"처럼 보였다. 반대로 윌리엄스의 사진에서 RNA는 원통 또는 "길고 가느다란 관"처럼 보였다. 폴링은 DNA와 RNA가 같지 않다는 것을 잘 알고 있었지만, 1952년 윌리엄스의 현미경 사진은 당시 케임브리지와 런던이 모두 뜨겁게 관심을 쏟던 문제의 답을 보여주는 것과 마찬가지였다. 즉, DNA는 나선형이어야 했다.[2]

귀가 후 저녁 식사를 마친 폴링은 오랫동안 서재에 앉아 DNA 분자의 가능성에 대해 생각했다. 다음날 폴링은 "연필 한 자루, 종이 한 다발, 계산자 한 개를 가지고" 자기 사무실에 틀어박혔다.[3] 어느 순간 폴링은 책상에 높이 쌓아두었던 과학 정기간행물 더미를 뒤져 케임브리지 화학과의 다니엘 M. 브라운(Daniel M. Brown)과 알렉산더 토드(Alexander Todd)가 쓴 논문이 실린 영국 『화학학회지(Journal of the Chemical Society)』 최신호를 찾았다. 두 사람은 DNA 가닥에서 "뉴클레오타이드 사이 연결"이 어떻게 "인접한 뉴클레오타이드의 당 분자에 있는 3번 탄소와 다른 당 분자의 5번 탄소가 공유 결합하는 인산디에스테르(phosphodiester) 결합"되는지 증명했다.[4] 이 발견은 DNA의 나선형 당 인산 뼈대를 구성하는 원자간 복합 결합 혹은 연결을 화학 용어로 규명한 것이다.

계속해서 폴링은 전날 강연의 필기를 검토하며 윌리엄스가 RNA 분자의 지름에 관해 답한 것을 보았다. "아마 15Å일 것"이라고 윌리엄스는 같은 질문에 두 번 대답하면서도 지름을 정확히 측정하는 것은 어렵다고 인정했다. DNA 단위당 뉴클레오타이드 사슬의 수를 계산하기 위해 윌리엄스의 농도 자료를 사용하면서 폴링은 공책에 다음과 같이 적었다. "어쩌면 삼중 사슬 구조일 수도 있다!"[5] 1974년, 폴링은 자신이 계산했던 값과 사슬 두 개, 또는 이중 구조를 상정한 상보성에 관한 논문을 1940년에 발표한 적이 있었으므로 삼중나선이라는 결과에 놀랐다고 회상했다. 하지만 예전 자료에 인위적인 요소가 있었을 거라고 잘못 가정해버렸고 오답의 길로 굴러떨어졌다. 폴링은 나중에 인정했다. "이중나선이 아니라 삼중나선에서 연구를 시작했다는 것이 내가 봐도 놀랍다."[6]

왓슨과 크릭이 1년 전 그랬던 것처럼 폴링은 인산기가 나선 안에 있다고 생각하면서 자신을 기만했다. 바깥에 있다고 추정한 뉴클레오타이드 염기는 나선에 바짝 붙어 있으며 관찰 때 보이는 분자의 부피와 밀도를 나타냈다. 결합 각도를 계산하면서 폴링은 각 사슬이 "회전마다 대략 3잔기"로 구성되어 있다고 상정했고, "밀접하게 얽힌 사슬 세 개가 있으며 PO_4(인산기)로 수소결합 되어있다"고 보았다.[7] 폴링이 초기에 그린 삼중나선은 중심이 극단적으로 밀도가 높아 모든 원자가 들어갈 공간이 마땅치 않았다. 11월 26일 수요일 밤, 폴링은 기진맥진해 침대로 기어들어갔다. 다음 날은 가족과 함께 추수감사절을 보냈다.

3일 후, 11월 29일 토요일 폴링은 다시 공책을 펼쳤다. 그가 마주한 임무는 자신의 모형을 윌리엄 애스트버리의 흐릿한 X선 사진, 스벤 퓨베르그(Sven Furberg)의 더 흐린 사진, 토드의 화학적 설명에 맞추는 것이었다. "삼중 사슬 분량의 인산염을 애스트버리 사진의 한정된 공간에 쑤셔 넣는 것은 신데렐라의 유리구두에 의붓언니가 발을 밀어 넣으려고 하는 것 같았다. 인산염을 어떤 식으로 비틀고 돌려보아도 맞지 않았다." 좌절한 폴링은 당시 노트에 다음과 같이 끄적거렸다. "왜 기둥에 있는 PO_4끼리 이렇게 가까운가?" 폴링은 인산기를 가지고 여기를 늘인다든지 저기 길이를 자른다든지 하며 조금 더 씨름했으나 브레인스토밍을 멈추기 전까지도 별다른 진전이 없었다.[8]

12월 2일 폴링은 조교에게 도서관에서 최신 결정학 문헌을 가져오라고 했다. 이 논문들을 아마도 너무 빨리 소화했는지 폴링은 다음과 같이 적었다. "가능한 한 가까이 인산염을 배치하고 가능한 한 많이 비틀었다." 그런데도 모형에는 계속 문제가 남았다. 여전히 폴링은 대자연의 통상적인 법칙을 거슬러 중심에 너무 많은 원자를 집어넣고 있었다. 그런 문제점이 있는데도 폴링은 자신이 만든 모형에 푹 빠졌다. "완벽에 가까운 8면체로 결정학에서 기본이 되는 형태 중 하나다."[9]

폴링은 자신이 결승선에서 멀리 떨어져 있다는 것을 잘 알고 있었다. 그해 12월 거의 매일 아침, 이 중년의 화학자는 베르너 슈마커(Verner Schomaker)라는 후배 동료와 함께 전날 저녁부터 핵산에 관한 생각을 시시콜콜 논의하다가 연구실 계단을 구르듯 내려왔다. 폴링은 자신이 가진 근거와 달리 차고 넘치는 열정으로 아이디어를 자세하게 설명했다. 폴링은 당인산 뼈대의 구조는 물론 결합 각도나 뉴클레오타이드의 구조에 대한 정확한 자료가 없었지만, 스스로 옳다고 설득했다. 그리고 패서디나의 모든 지인에게도 숨김 없이 자기 생각을 전했다. 1952년 12월 4일 폴링은 지도 학생이었다가 이제 하버드대 화학과 교수가 된 브라이트 윌슨(E. Bright Wilson)에게 편지를 써 "핵산의 완전한 분자 구조를 발견한 것 같다"고 했다.[10]

12월 말, 코리는 모형을 살펴보고 전문가로서의 의견을 제시했다. 산소 원자가 모형 중앙에 너무 가까이 붙어 있어 이미 밝혀진 결합각과 길이에 부합할 수 없다. 그리고 분자의 염 형태인 티모핵산나트륨(sodium thymonucleate)이 형성되면 중심이 더욱 복잡해진다. 코리는 나트륨 이온이 들어갈 자리조차 없다는 것을 논증했다. 폴링은 포기하지 않고 연구실로 퇴각해 그날이 끝날 때쯤 인산염 사면체 모형을 들고나왔다. DNA가 세포를 복제하는 동안 어떻게 유전 정보를 전달하는지 설명하기 위해 생물학 법칙을 무시한 채 폴링은 그저 모형, 모형, 모형에 집착했다. 왜냐하면 폴링이 자랑하던 확률적인 방법은 과거 한 번도 그를 실망하게 한 적이 없었기 때문이다.

폴링은 자신을 너무 강력하게 속인 나머지 12월 19일에는 케임브리지의 알렉산더 토드에게 장문의 편지를 쓰면서 여러 단서를 가득 담았다. 폴링은 자신과 코리가 "여태까지 어떤 뉴클레오타이드의 정확한 구조도 확인되지 않아서 몹시 불안했다"고 하면서도 두렵지는 않았다고 공연했지만, 이제 자신의 연구소가 이 문제에 전념하고 있었다. "캐번디시 사람들이 이 분야를 연구 중"이라는 것을 알고 있었던 폴링은 "캐번디시에서 전부 해결할 거라 기대하지 않을 정도로 거대한 분야다. 그렇다고 우리가 캐번디시의 연구를 복사하겠다는 것은 아니다. 캐번디시에서 하나의 뉴클레오타이드 연구를 수행하고 있다면, 또 다른 뉴클레오타이드도 확인하는 것이 더 중요하다"고 이의를 제기했다. 폴링은 능글맞게 덧붙였다. "아마 브래그나 코크런에게 곧 편지를 써서 어떤 뉴클레오타이드를 연구 중인지 물어야 할 수도 있다. 둘이 맡은 바 반대가 없다면 우리한테 재료를 제공해줄 수 있을지도 물어보고자 한다. 만약 특별히 조사할 가치가 있을 것 같은 뉴클레오타이드의 결정성 제제나 관련 물질이 있다면 … 뉴클레오타이드의 구조는 정말 아름답다. 아직 완성된 적은 없지만 그림 없이는 묘사하기가 힘들다. 계속 당신에게도 정보를 전달하겠다."[11]

여기서 폴링은 낚싯대를 드리운 것뿐이었다. 그는 영국에서 DNA 구조 연구를 일차적으로 맡은 것이 킹스칼리지 연구소라는 것을 아주 잘 알고 있었지만, 왓슨과 크릭을 향한 걱정의 끈도 놓을 수 없었다. 아마 아들인 피터로부터 계속 전달되는 소식 때문이었을 수도 있다. 그래서 폴링은 토드에게 미끼를 던져 더 많은 정보를 캐고자 했다.

폴링의 마음속에 있는 것은 DNA만이 아니었다. 루이스 부덴스(Louis Budenz)라는 정보원 때문에 미 정부와 얽힌 훨씬 시급한 문제가 있었다. 미국 공산당 중앙위원회 정회원으로 활동한 적 있는 『데일리 워커(Daily Worker)』의 편집장 부덴스는 갑작스럽게 1945년 반미활동위원회에서 자신의 정치적 신념을 뒤바꿨고, 그 이래로 정보원으로서 두둑한 수익을 챙겼다. 그는 3천 시간 이상 FBI에게 조언하면서 여러 이름을 넘긴 것으로 기록되어 있으며, 미국 사회의 거의 모든 계층에 침투한 공산당에 관한 유명한 책과 기사를 썼다.[12] 1951년 11월호 우익 잡지 『아메리칸 리전(American Legion)』의 표지 기사로 부덴스는 "대학이 빨갱이 교수를 임용해야만 하는가?"라는 질문을 던졌다. 부덴스가 길고 폭력적인 기사에서 "빨갱이" 학자 중의 하나로 두드러지게 지목한 사람은 라이너

스 폴링이었다.[13]

1952년 11월 23일 비과세 자선 단체들의 정치 성향을 조사하는 하원 위원회에서 부덴스가 증언했다. 당시 폴링은 감시 대상 중 하나였던 존사이먼구겐하임기념재단의 자문위원회에 속해 있었다. 부덴스는 선서를 한 후 폴링이 "공산당원으로 교육받고 있다. 공산당 지도자들이 폴링에게 최고의 경의와 신뢰를 표했다"는 혐의를 제기했다. 같은 날 오후 부덴스는 구겐하임 재단 및 다른 저명한 재단에서 장학금을 받은 과학자 스물세 명과 구겐하임 직원 세 명을 공산주의자라고 지목했다. 스물여섯 명 모두 나중에 공산주의자였던 적이 없다는 사실이 밝혀졌지만, 누명이 벗겨졌을 때는 이미 늦었다. 막대한 법적 비용 외에도 일부는 연구 자금을 잃었고 일부는 직업을 잃었다.[14]

루이스 부덴스(왼쪽)가 워싱턴주에서 열린 반미 활동에 관한 캔웰조사위원회에서 증언하고 있다. 1948년 1월 27일

누명에 맞서 폴링은 부덴스를 비난했다. "그는 일삼아 거짓말을 한다. 미국 의회의 위원회가 존경받아 마땅한 사람들에게 이렇게 졸렬하고 비양심적인 인간이 일으키는 문제를 용인하다 못해 돕는 것은 수치스러운 일이다. 만약 부덴스가 위증으로 기소되지 않는다면 우리는 우리의 법원과 의회 위원회가 진실을 알고 밝혀내는 데 관심이 없다고 결론내릴 수밖에 없다."[15] 불행히도 부덴스는 폴링이 공격한 바로 그 의회 위원회로부터 위증죄 면책권을 받았다. "쥐새끼"는 비호 아래 조용히 모습을 감췄다.

폴링은 부덴스가 가한 실존적인 위협을 마음 한구석에 분리해 잘 넣어두고 "어떤 연구자가 제시한 것보다 정확한 핵산의 구조"를 탐구하는 데 집중할 수 있었다.[16] 폴링은 "유난히" 빡빡하게 들어찬 자신의 모형을 보고 동료들이 감탄할 수 있도록 크리스마스 날 연구실에 초대했다. 개별 원소와 화학적 결합을 나타내는 여러 가지 색깔의 공과 막대기가 배열된 독특한 모습은 뉴클레오타이드 염기들이 모형 바깥에 배치되어 "줄기에 난 잎"처럼 튀어나와 있었다. 폴링은 이 배열이 "분자로서 최대한의 가변성과 메시지로서 최대한의 특수성"을 부여해, 염기가 사실상 어떤 순서로도 배열될 수 있도록 필요한 공간을 제공한다고 공언했다.[17]

정오가 되자 연구실은 폴링의 DNA 모형처럼 화학자, 물리학자, 생물학자로 거의 가득 찼는데, 모두 주인님이 공연하는 동안에는 절대 거스르지 않도록 훈육된 이들이었다. 폴링은 자신의 찬양자 군단에게 이 모형이 첫 번째 시도에 불과하며 "아마도 더 개선할 수 있을 것"이라고 말했다.[18] 하지만 폴링은 이 삼중나선을 공식적인 논문으로 상술해『미국국립과학원회보』에 제출해도 되겠다고 발표했을 때 생각보다 많은 사람이 회의적인 반응을 보이자 놀랐다. 일주일 후인 1952년 12월 31일 폴링은 말한 그대로 논문을 보냈다.

원고를 보낸 지 몇 시간 지나지 않아 폴링은 윌킨스와 프랭클린을 경계하면서 킹스칼리지의 존 랜들에게 긴 편지를 보냈다.

> 코리 교수와 나는 이번 연휴를 아주 행복하게 보내고 있습니다. 우리는 최근 몇 달간 핵산의 구조를 풀고자 시도해왔고 아마 핵산의 구조일 것으로 보이는 구조를 발견해냈습니다. 또 우리는 핵산 분자가 오직 하나뿐인 안정적 구조를 가질 거라고 생각합니다. 이 주제에 관한 우리의 첫 논문을 출판하고자 제출했습니다. 다만 우리가 가진 티모핵산나트륨의 X선 사진이 그렇게 뛰어난 품질이 아닌 점이 유감스럽습니다. 킹스칼리지 연구소에서 찍은 사진은 보지 못했지만 애스트버리와 벨의 사진보다 훨씬 뛰어나리라 생각합니다. 반면에 우리 사진은 애스트버리와 벨의 사진만 못합니다. 더 좋은 사진을 찍을 수 있기를 바라왔지만, 운이 좋게 우리가 가진 사진만으로도 도출한 구조를 확인하기에는 충분합니다.[19]

이 선언이 충분하지 않았던 듯 폴링은 한 걸음 나아가 깃발을 꽂는다. 1953년 1월 2일, 폴링과 코리는 간략한 스물네 줄 분량의 기록을『네이처』에 긴급히 보내 DNA 구조 모형의 우선권을 주장했다. 이 공지는 2월 21일 자에 실렸으며 독자에게 DNA 구조에 관한 폴링과 코리의 논문 전문이 1953년 2월 발행될『미국국립과학원회보』에 실릴 것이라고 알렸다.[20] 이렇게 영국에서 먼저 공개한 목적은 런던에서 발행되는『네이처』를 통해 케임브리지와 킹스칼리지의 독자들에게 (잡지를 받는 다음날)

폴링의 소식을 확실히 알리는 것이었다. 수년간 조심스럽게 공들여 계산했던 단백질 구조에 관한 완벽한 탐구와 달리, 폴링은 DNA 규명을 4주라는 시간 안에 욱여넣었다.[21] 라이너스는 노래를 시작했지만, 자기가 얼마나 음정이 맞지 않는지 알지 못했다.

[21]

왓슨의 소화불량

거대한 미국의 악-소화불량 : 철저하고 규칙적인 소화 없이는 건강도, 남자답고 강한 정력도 없다. 의심할 여지 없이 미국인에게 생기는 약점, 실패, 때 이른 죽음의 4/5는 소화불량에서 시작한다 … 위장을 정상으로 돌리기 위해 약에 의지하지 말라. 약은 악마들의 왕자인 벨제붑(Belzebub)을 소환하는 것과 다름없다 … 만연해 있는 소화불량 대부분은 (너무나 쉽게 떠올리는) 어디에서나 언급되듯이 과도한 정신 활동의 결과이다.

– 월트 휘트먼(Walt Whitman)[1]

짐 왓슨은 어디든 가고자 하는 곳이 있으면 지름길을 택하거나 규칙을 피하거나 선의의 거짓말을 하는 짜릿함을 즐겼다. 시간이 오래 걸리고 번거로운 실험 단계를 건너뛰고, 상사에게 자기 뜻을 살짝 왜곡해서 전하고, 몰래 다른 과학자의 자료를 도용하는 것은, 왓슨이 25세 전에 보였던 수많은 법을 초월하지만 경계는 넘지 않는 행동 중 몇 가지였다. 이런 편법을 선호하는 태도가 1952년 가을에는 숙소 선택에까지 반영됐다. 존 켄드루와 엘리자베스 켄드루의 작은 집 안쪽 방에서 거의 1년간 신세를 졌던 왓슨은 자신만의 공간, 케임브리지대에 더 가까운 공간을 몹시 원하고 있었다.

늦가을쯤 케임브리지의 학적 담당자이자 연구위원회의 사무국장인 하비(L. M. Harvey)가 공식적으로 왓슨이 1952년 10월 학기부터 1953

클레어메모리얼홀. 왓슨의 방은 중앙 현관 왼편으로 1층에 있었다.

년 봄 학기까지 "J. C. 켄드루 박사의 지도로 본 대학교에서 수학 중인 등록 연구생"임을 인정했다.[2] 이는 왓슨이 대학 기숙사에 거주할 자격이 있다는 뜻이었다. 다윈, 뉴턴, 러더포드 등 많은 빛나는 케임브리지인처럼 제임스 듀이 왓슨도 공식적으로 대학교 주민이 되었다.

왓슨은 1년 넘게 여러 칼리지에 묵을 방이 있는지 살펴 왔다. 처음에는 "크고 더 명망이 있으며 부유한 트리니티칼리지나 킹스칼리지"에 비해 연구생 수가 훨씬 적고 입사 기회가 더 많은 지저스칼리지를 알아봤다.[3] 하지만 지저스칼리지가 혈기 왕성한 학부생으로 가득하다는 것을 알게 되자 포기했다. 지저스칼리지로 이끌린 소수의 연구생 중에 누구도 살만한 기숙사를 배정받지 못했다. 왓슨은 "지저스칼리지로 가면 박사 학위를 따면서 결코 얻고 싶지 않은 고지서를 손에 쥐는 미래밖에 없을 것"이

라고 약삭빠르게 결론 내렸다.[4]

1951년 가을, 막스 페루츠는 2차 세계대전에서 훈장을 받은 영웅이자 뛰어난 고전학자로 클레어칼리지의 전임강사인 니콜라스 해먼드(Nicholas Hammond)에게 도움을 청했다. 이 연줄을 통해 페루츠는 "(왓슨을) 클레어칼리지에 연구생으로 밀어 넣었다." 케임브리지에 살았던 첫해에 왓슨은 클레어칼리지 기숙사에서 식사도 할 수 있었다. 문제는 이 식사가 짧은 시간 동안 이루어져 사교활동을 할 시간이 거의 없었고, 음식 종류는 고작 "갈색 수프, 힘줄이 많은 고기, 기름진 푸딩"으로 이름처럼 맛이 없었던 것 같다.[5]

1년 후 왓슨은 신축된 클레어메모리얼코트(Clare Memorial Court) R 계단의 2인실인 5호실을 배정받았다.[6] 1952년 10월 8일, 왓슨은 여동생에게 다음과 같이 말했다. "지금 학교에서 사는 것이 꽤 마음에 들어. 방은 쾌적한 넓이지만 좀 칙칙하다. 그래도 오딜의 도움을 받으면 좀 더 활기가 생길 것 같아."[7] 『이중나선』에서 왓슨은 자신이 부정하게 대학에 소속되었다는 것을 인정했다. "또 다른 박사 학위 연구를 한다는 것은 말도 안 됐지만, 대학에 방을 얻는 방법은 그 수뿐이었다. 클레어는 예상치 못한 만족스러운 선택이었다. 완벽한 정원이 있는 캠(강)에 면해 있을 뿐만 아니라, 나중에 알게 됐지만, 미국인들을 특히 배려하는 곳이었다."[8]

왓슨이 새로운 거처를 사랑하지 않을 도리가 없었다. 새로운 셋방은 가격도 적당하고 명성도 있었다. 특히 매력적인 점은 통근 거리였다. 퀸즈로드(Queen's Road)를 건너 펠로우즈가든(Fellow's Garden)과 킹스 백 사이에 있는 길을 따라가다가 클레어 다리를 건너 캠강을 지나기까지 도보 10분이었다. 캠강을 건넌 후에는 클레어칼리지의 마스터스가든(Master's Garden)과 스칼라스가든(Scholar's Garden) 사이의 잘 가꿔진

캠강을 건너 클레어칼리지로 가는 다리

길을 통해 올드코트(Old Court)를 지나 곤빌앤카이우스칼리지(Gonville and Caius College)와 세닛하우스(Senate House)에 인접한 샛길을 지났다. 세 번 우회전하면 먼저 위풍당당한 킹스퍼레이드(King's Parade)가와 베넷가, 마지막으로 프리스쿨레인을 지나 한가롭게 산책하듯 캐번디시에 도착했다.

기숙사 음식이 계속 입에 맞지 않았던 왓슨은 전후 영국식에 익숙한 다른 많은 미국인처럼 음식이 과하게 익었다고 불평했다. 클레어 기숙사 그레이트홀(Great Hall)의 목재 벽, 격자무늬 천장, 크리스털 샹들리에조차 거기서 나오는 지겨운 음식을 변신시키는 효과는 없었다. 10월 18일 왓슨은 동생 베티에게 편지를 썼다. "클레어의 음식을 먹을 수가 없어서 식사는 주로 ESU(English Speaking Union)에서 하고 있어. 그리고 자정쯤에는 배가 꽤 고파져서 기숙사 방에 음식을 보관해. 나도 놀랐는데 내가 차를 끓일 수 있더라고."[9]

왓슨은 아침에는 대체로 윔(Whim)의 낡은 카운터에 앉아 평일 아침 8시, 일요일 아침 10시에 개시하는 트리니티가의 고정 메뉴를 아침으로 먹었는데 "클레어홀에 가는 것보다 훨씬 늦게" 먹는 아침이었다.[10] 3실링 6펜스를 낸 후 계란프라이, 블랙푸딩, 소시지, 등살 베이컨, 토스트, 마멀레이드, 차로 구성되어 싸고 포만감 있는 영국식 아침 식사를 열심히 먹었다.[11] 캐번디시로 출근하기 전까지 많은 양의 음식을 빠르게 먹어 치우는 동안 왓슨은 "빵모자(flat cap)를 눌러 쓴 트리니티 대학생"들이 즐겨 읽는 『텔레그래프(Telegraph)』나 『뉴스 크로니클(News Chronicle)』 같은 보수적인 신문 대신 『타임스』를 읽었다.[12]

크릭과 이글에서 먹는 점심은 더 비쌌지만 두 사람의 협업에 꼭 필요했다. 클레어 기숙사의 끔찍한 음식을 피하려고 하면 저녁 식사가 가장 큰 문제였다. 아츠호텔(Arts Hotel)이나 바스호텔(Bath Hotel)에서 파는 더 괜찮은 고정 메뉴도 있었지만 둘 다 매일 가기에는 너무 비쌌다. ESU에서 주는 식사에 질린 왓슨은 크릭 부부에게 빌붙어 집으로 저녁을 먹으러 가거나 정말 어쩔 수 없을 때는 켄드루 부부에게 갔지만 이 선택지들도 역시 나름의 한계가 있었다.[13] 결국 왓슨은 부근에서 가장 저렴하게 정해진 메뉴를 파는 인도 카레 가게나 저렴한 그리스 키프로스 음식점을 자주 갔다.[14]

저렴한 저녁밥은 왓슨의 위장에 치명적인 타격을 입혔다. 왓슨의 여린 "위는 매일 저녁 (그에게) 극심한 고통을 안기기 전까지, 11월 초까지는 버텼다." 베이킹소다를 잔뜩 넣은 우유 같은 민간요법은 증상을 거의 완화하지 못했다. 결국 왓슨은 트리니티가에 개업한 케임브리지 출신 의사의 도움을 받으러 갔다. "얼음장 같은" 진료소에 들어간 왓슨은 작은 검사실로 안내되었는데, 거기서 의사가 그의 장운동과 속이 부글거리는 빈도에 관해 당황스러운 여러 질문을 하는 한편 계속해서 배를 때리고 두드리면서 촉진했다. 마침내 의사는 왓슨에게 "식사 후에 먹는 큰 병에 든 하얀 액체 처방전"을 건넸다. 흰색의 백악질 약을 구하는 데 사실 의사의 서명은 필요 없는 것과 마찬가지였다. 그 약은 필립스(Phillips)사의 마그네시아유(Milk of Magnesia)로 물에 녹인 수산화마그네슘에 설탕과 페퍼민트 오일로 맛을 낸 제산제이자 완하제였다. (필립스의 마그네시아유는 여전히 배탈, 소화불량, 속 쓰림, 인류 문명의 큰 골칫거리인 변비에 자주 사용되고 있다.)[15]

마그네시아유는 도움이 되는 것처럼 보였지만 왓슨의 형편없는 식생활을 고려하면 그 정도 역할밖에 못했다. 약이 떨어지고 2주가 지나자 복수라도 하듯 증상이 돌아왔다. 향수병이 있는 많은 학생이 그렇듯 왓슨도 자신의 병이 위궤양에 담석, 거기다 더 중한 병도 있을 거라고 실제보다 과하게 생각했다. 진료소에 다시 갔지만 의사에게는 공감을 받지 못했다. 왓슨을 보는 둥 마는 둥 의사는 마그네시아유 처방전을 휘갈겼고 매운 탄두리 치킨이나 기름진 그리스식 샌드위치, 치즈 시금치 파이 같은 음식을 그만 먹으라고 했다.

의사를 만나고 나오는 길에 왓슨은 자전거를 타고 최근 크릭이 포르투갈 플레이스(Portugal Place)에 새로 산 집으로 향했다. 포르투갈 플레이스는 구부러진 자갈길을 따라 고르지 않은 나무 바닥과 가장자리 대리석 벽난로가 공간을 차지하는 좁은 주택들이 일렬로 서 있는 곳이었다. 짐은 "오딜과 수다를 떨어 복통을 잊을 수 있기를 바랐다."[16] 두 사람은 막스 페루츠의 집에 입주해서 집안일을 보고 있는 젊은 덴마크 여성 니나(Nina)에게 구애 중인 피터 폴링을 시작으로 잡담을 나눴다. 수다를 떨어도 왓슨의 복통이 나아질 기미가 없자 오딜은 왓슨의 관심을 몇 구역 남쪽의 스크루프 테라스(Scroope Terrace)에 있는 카미유 팝 프라이어(Camille Pop Prior)라는 프랑스 출신 이주민이 소유한 "고급 하숙집"으로 돌렸다. 팝은 프랑스어 교수였던 남편이 죽고 사업가로 두각을 드러내며 알려진 사람으로 "모든 종류의 극적인 뮤지컬쇼를 기획하는 지칠 줄 모르는 프로듀서"였다.[17] 팝은 돈을 벌기 위해 취업 기회를 넓히려고 케임브리지로 오는 "외국인 소녀" 무리에게 영어를 가르치고 하숙을 쳤다. 왓슨은 프랑스어를 배울 뜻은 별로 없었지만 "팝의 환심"을 사서 그녀가 주최하는 유명한 셰리주 파티에 들어갈 기회라는 점에 크게 마음이 동했다. 오딜은 "수업을 잡을 수 있을지 팝에게 전화 해보겠다"고 약속했다. 더 많은 "팝시"들을 만날 수 있다는 기대는 병든 왓슨에게 어마어마한 응원이 되었고 왓슨은 자전거를 타고 클레어칼리지로 돌아왔다.[18]

하지만 숙소로 돌아온 왓슨은 소화불량 때문에 며칠이고 석탄을 때고 머리끝까지 담요를 뒤집어쓴 채 DNA에 관해 깊이 생각하면서 계속 방에 붙어 있어야 했다. 기숙사 건물은 유난히 추웠다. 12월 초 잉글랜드 대부분은 혹독한 냉기류로 뒤덮여 있었는데, 영국에서 유독 많이 사용하는 난방용 석탄 때문에 발생한 두껍고 숨 막히는 스모그의 유황층 때문에 날씨가 더 좋지 않았다.[19] 어느 때인가 왓슨은 "난로 옆에 웅송그리고 앉아 어떻게 DNA 사슬을 예쁘게, 과학적인 방법으로 접을 수 있을지 백일몽에 빠졌다." 침대 옆에 쌓여있던 "DNA, RNA, 단백질 합성의 상호관계성"에 관한 이론을 담은 온갖 학술지, 인쇄물, 교과서 더미가 더 깊

은 사색을 도왔다.[20]

그 유명한 유전자 기능에 관한 "중심 원리"를 프랜시스 크릭이 발표하기 5년도 전이었다. 중심 원리는 어떻게 DNA 가닥의 정보가 RNA에 의해 복제되는지, 또 그 RNA는 어떻게 세포질 내 리보솜에 의한 단백질 합성을 위해 특정 편집 및 번역 효소의 도움을 받는지 설명했다.[21] 그렇지만 1952년 12월 초, 짐 왓슨은 이 공식의 초보적인 형태를 끄적였다. DNA → RNA → 단백질.[22]

당시 왓슨은 "사실 내가 접한 모든 증거가 DNA는 RNA 사슬을 만들기 위한 형판이라는 것을 뒷받침했다. 결국 RNA 사슬은 단백질 합성을 위한 형판 후보 같은 것이었다 … 화살표가 화학적 변환을 나타내는 것은 아니고 DNA 분자 내의 뉴클레오타이드 배열에서 단백질 내의 아미노산 배열로 유전 정보를 전달한다는 뜻이다." 왓슨은 마치 "유전자는 불멸한다는 생각이 맞는 것 같다"고 계속 염두에 둬야 하는 것처럼 이 내용을 끄적인 종이를 책상 바로 위 벽에 붙였다. 이 몽롱한 깨달음 덕분에 왓슨은 밤에 푹 잘 수 있었다. 잠에서 깼을 때 침실의 얼어붙을 것 같은 온도는 "DNA→RNA→단백질 같은 하나의 선전 문구가 DNA 구조를 대체할 수 없다는 익숙한 현실로 (그를) 되돌려 놓았다."[23]

브래그가 왓슨과 크릭에게 DNA를 포기하라고 한 지 만 1년이 지났다. 왓슨은 그 명령이 어리석다고, 좋게 봐줘야 독단적이라고 생각했지만, 객원 연구원이라는 미약한 입지를 생각하면 순종적인 모습을 보일 수밖에 없었다. 캐번디시에서의 입지가 더 불안했던 크릭은 박사 논문을 완성하고 단백질의 코일드 코일을 계산하고 헤모글로빈의 밀도를 해석하면서 1년을 보냈다. 이제 이글에서 점심을 먹으며 나누는 대화는 DNA 외의 것도 있었지만, 식사 후 킹스칼리지와 트리니티칼리지의 백스를 따라 산책할 때는 변함없이 "잠깐이라도 유전자가 슬그머니 화제에 올랐다." 그럴 때면 두 사람은 "모형을 만지작거렸던" 103호로 흥분해서 돌아갔지만 "프랜시스는 대체로 우리가 잠시 품었던 희망이 정답이 아니라는 것을 바로 깨닫곤 했다."[24]

왓슨은 이제 담배모자이크바이러스에 질렸지만, 지적 열정은 남아돌았다. 크릭이 헤모글로빈의 X선 사진을 노려보며 연구 노트를 계산으로 채우는 동안 왓슨은 칠판에 DNA 도해를 끄적였다. 이 두 과학자의 역설적인 점은 크릭의 공간 추론 능력이 훨씬 더 뛰어났다는 것이다. 크릭은 그 구조가 머릿속이 아니라 손안에 있는 것처럼 생물의 구조를 3차원으로 시각화할 수 있었는데, 이는 왓슨이 여전히 키우려고 분투 중인 필수적인 재능이었다.

어느 날 오후 미소 띤 피터 폴링이 자기 자리로 들어와 낡은 책상에 부주의하게 발을 올리며 앉던 순간까지, 두 사람의 작은 사무실을 채운 좌절감은 갓 만든 카푸치노의 거품처럼 쭉 부풀어 올랐다가 흘러내렸다. 캐번디시에서 피터의 품행은 모범적이라고 할 수 없어서 자리를 찾아 앉는 모습은 보기 드물었다. 피터가 "연구실에서 뭔가를 하는 것"보다 "신사들이 참여하는 피터하우스의 8인 보트에 끼어 노를 젓거나" 남의 집에 상주하는 젊은 여자 도우미를 쫓아다니고 사교활동에 더 많은 시간을 보냈기 때문에, 브래그는 피터 아버지의 영향력이 어떻든 간에 곧 피터를 쫓아낼 생각이었다.[25]

왓슨은 피터 폴링이 곧 최근의 성관계 성공담이나 "영국, 유럽, 캘리포니아 여자애들의 상대적인 미덕"을 혼자서 떠들 거라고 생각했다. 왓슨은 금방 "피터가 얼굴에 드러난 환한 미소와는 상관없이 잘생긴 얼굴"이라는 것을 알았다.[26] 피터는 크릭과 왓슨에게 방금 피터하우스칼리지에서 점심을 먹은 후 우편실에 들러 아버지에게서 온 편지를 가져왔다고 했다. 그의 아버지에게서 온 편지였다.[27] 학계 정치, 집안 경조사, 다른 가족 소식에 더해 라이너스 폴링은 왓슨과 크릭이 "오랫동안 걱정해온" 소식을 전했다. 폴링이 적극적으로 DNA 구조를 탐구 중이라는 것이었다.[28] 두 사람의 뇌에서 코티솔과 아드레날린이 쏟아져 동시에 투쟁 도피 반응을 일으킨 모습은 상상에 맡긴다. 폴링이 경주에 참여했다! 크릭은 만약 폴링과 동시에 구조를 발견하면 그 공로를 나눌 수 있을지도 모른다고 생각했다. 하지만 어떻게? 어떻게 아버지 폴링의 단서를 공유해 달라고 피터 폴링을 설득해서 자신들의 비밀은 노출하지 않고 연구에 추진력을 얻을 수 있을까?

왓슨, 크릭, 폴링은 통로를 지나 페루츠와 켄드루가 오후에 차 한 잔을 마시며 쉬고 있는 휴게실을 향해 계단을 올랐다. 다 같이 편지를 돌려봤을 때 브래그가 들어왔다. 왓슨의 입은 신의 섭리를 따라 굳게 다물렸다. "우리 중 누구도 영국 연구소가 다시 한번 미국 연구소에 창피를 당할 지경이라고 브래그에게 알리는 삐딱한 기쁨을 누리고 싶지 않았다. 우리가 초콜릿 비스킷만 우적우적 씹자 존은 라이너스가 틀렸을 가능성이 있다고 위로하려 했다. 결국 폴링은 모리스와 로지의 사진을 보지 못했기 때문이다. 하지만 우리 마음은 그렇지 않았다."[29]

[22]

DNA 사냥터로 돌아온 왓슨과 크릭

짐 왓슨의 책 『이중나선』을 읽은 많은 사람이 나를 보고 상대 팀에 첩보활동을 하고, 특별한 지위를 활용해 이 팀이 무엇을 하는지 알아내 다른 팀에 알려주는 이중 첩자 노릇을 한 것 같다고 했다. 이것은 결코 사실이 아니다. 나는 우리 연구실에서 무슨 일이 벌어지고 있는지 가능한 한 많이 이해하려 했고 가족에게 편지를 썼다. 편지에는 내가 연구실에서 어떤 영향을 받았는지 적었다. 아버지는 늘 나에게 어떤 일에 흥미가 있는지, 어떤 연구를 하고 있는지 알려주셨다.

– 피터 폴링[1]

크리스마스 연휴에 이르기까지 2주 동안 패서디나 전선은 조용해 보였다. 하지만 사실 라이너스 폴링의 모습을 한 게걸스러운 늑대가 신선한 먹이를 사냥하는 중이었다. 연휴에 접어들자 왓슨은 칼텍에서 어떤 엄청난 발견이 이루어지기 직전이라면 지금쯤 소식이 들려왔을 거라고 순진하게 확신했다. 쉬는 시간을 최대로 활용하기 위해 스위스로 스키를 타러 갔다. 런던을 지나는 길에 킹스칼리지를 방문해 윌킨스에게 폴링이 DNA 분자를 들쑤시고 있으며 곧 문제를 해결할지도 모른다고 전했다. 이 담소를 나눈 시점은 폴링이 12월 31일에 랜들에게 공식적인 "DNA 의향서"를 보내기 일주일 전이었다. 윌킨스가 개의치 않는 것 같아 왓슨은 실망했다. 윌킨스는 로잘린드 프랭클린을 쫓아내는 일에 훨씬 더 집중하고 있었다. 노이로제 수준으로 강박적인 윌킨스 같은 사람이 누릴 수 있는 한 최대의 기쁨과 자유를 누리면서 그는 프랭클린이 "마침내 자기 삶에서 사라져 총력을 기울인 DNA 연구를 시작할" 날을 손꼽아 기다렸다.[2] 이 장면을 완성하는 데 필요한 것은 매일 한 장씩 뜯어내 오늘을 알리는 구식 벽걸이 달력이었다.

1953년 1월 중순, 케임브리지로 돌아오자마자 왓슨이 처음 찾아간 사람은 피터 폴링이었다. 피터는 아버지로부터 1952년 12월 31일 자로 편지를 받았다고 왓슨에게 말했는데, 그 편지는 대륙과 대양을 넘어 실질적으로 과학적 수류탄을 던진 것과 마찬가지였다. 바로 폴링과 로버트 코리가 『미국국립과학원회보』를 통해 곧 발표될 DNA 구조를 제안했다는 내용이었다. 1975년 피터는 아버지가 브래그에게 보낼 견본 인쇄를 준비하는 중이라고 했던 것을 회상하며 "아버지는 나에게도 원고 사본이 보고 싶은지 물었다. 브래그가 DNA에 관해서는 심지어 나보다도 이해도가 떨어지는 터라 아버지 논문을 무시할 것 같았다. 그래서 나는 그렇다고, 사본을 받고 싶다고 대답했다."[3]

일말의 과장 없이 왓슨은 폴링이 또 다른 극적인 해법을 찾아낼 가능성 때문에 조마조마했다. 왓슨은 다음 며칠 동안 조슈아 레더버그를 꺾겠다는 희망을 담아 빌 헤이즈와 함께 쓴 세균의 성과 교환에 관한 논문에 시간을 쏟으면서 마음을 가라앉혔다.

정신을 분산시키는 그런 행동은 1월 28일 아침 우체부가 프리스쿨레인에 있는 캐번디시연구소로 폴링의 DNA 논문을 담은 봉투 두 개를 배달했을 때 모두 정지되었다. 브래그는 업무 체계에 따라 막스 페루츠에게 논문을 내려보내는 대신, 자신의 승인을 바라며 여러 저자들이 보낸 거대한 원고 더미에 묻어버렸다. 브래그는 페루츠가 크릭과 괴상한 미국인 왓슨에게 논문을 보여주면 시작될 난리를 피하고 싶었던 것 같다. 크릭이 논문을 거의 완성한데다 8개월 후면 브루클린 공과대학으로 1년간 유배 보낼 수 있는 시점에 그런 난리는 브래그가 가장 바라지 않는 것이었다. 윌킨스가 로잘린드 프랭클린을 눈앞에서 치울 날만 기다린 것처럼 브래그도 크릭의 "갑옷도 뚫을 만한" 웃음소리에서 다시금 해방되어 일할 수 있기를 기다렸다.[6]

피터 폴링, 1954년

피터 폴링이 기억하기로 "(나는) 유전자가 무엇인지도 몰랐다 … (그리고 아버지의 논문이) 나에게는 아무 의미도 없었기 때문에 그 논문을 중요하게 생각하는 것 같던 짐과 프랜시스에게 주었다."[7] 왓슨에 따르면 피터가 논문을 건넨 순간은 더 극적이었다. 피터가 103호의 문턱을 넘자마자 왓슨은 "어떤 중요한 일"이 곧 일어날 거라 직감했고 그의 "속은 패배했다는 불안감에 가라앉았다." 피터는 왓슨과 크릭에게 차근차근 아버지의 삼중나선을 전달했다. "당인산 뼈대가 가운데 있는" 삼중나선은 1년 전 왓슨과 크릭이 제안했다가 로잘린드 프랭클린에게 완벽하게 반박당한 모형과 극도로 비슷한 것 같았다. "브래그가 방해하지 않았다면 위대한 발견을 한 영광과 공로가 이미 우리 것이었을 수도 있다고 생각하자"

왓슨의 기분은 곤두박질쳤다. 신사의 예절은 물론 학자로서의 올바른 행동 양식까지 전부 어기면서 왓슨은 크릭이 원고를 봐도 되냐고 물어볼 틈조차 주지 않은 채 피터 폴링의 겉옷 주머니에서 논문을 잡아챘다.[8] 삼중나선을 설명하는 수치를 찾아 논문의 서론과 연구 방법론을 읽어 내려가는 동안 왓슨의 동공은 확장되었다. 잘 훈련된 왓슨의 눈은 곧 자신의 이름을 불멸의 반열에 올리게 되는 기적 같은 분자를 구성하는 "필수 원자"의 정확한 위치를 찾고 있었다.

과학계에는 몇 가지 유명한 발견이 있다. 발견 중에 널리 알려지는 것은 어떤 작용 원리에 관한 성가신 문제의 정답을 발견하는 경우이다. 발견하는 순간 엄청난 돌파구가 되어 전 세계 누구나 그 답을 옳다고 느낀다. 비슷하게 중요한 발견으로는 어떤 문제를 먼저 설명하면 승리하는 경쟁에서 나의 최대 경쟁자가 온 힘을 다해 답이라고 내놓은 것이 틀렸다는 것을 알아내는 발견이다. 폴링의 DNA 모형을 평가할 때 그런 결론에 재빨리 도달할 수 있는 사람은 라흐마니노프 피아노협주곡 3번을 기술 좋게 연주할 수 있는 피아니스트가 많지 않은 것처럼 드물었다. 짐 왓슨은 그런 드문 사람 중의 한 명이었다.[9]

거의 즉시 왓슨은 폴링의 협주곡이 불안정한 음과 서투른 카덴차로 가득하다는 것을 알아챘다. 폴링과 코리는 자신들이 "어떤 연구자가 제시한 것보다 정확하게 핵산의 구조를 설명했다"고 공언했지만, 논문의 흐름은 막히고 매끄럽지 않았으며 "핵산의 구조가 올바르게 증명되었다고 볼 수 없다"고 털어놓았다.[10] 새로운 자료도 없었고 모형에 사용된 X선 사진은 리즈대의 윌리엄 애스트버리가 15년 전에 찍은 것이었다. 폴링과 코리는 심지어 패서디나에서 찍은 X선 사진이 15년 전 리즈에서 현상한 것보다 "다소 열등했다"고 적었다. 폴링이 아직 살펴보지 못한 로잘린드 프랭클린이 찍은 사진은 말할 것도 없었다. 이런 결점도 폴링에게는 별 고민거리가 되지 못했는데, 왜냐하면 자신이 바로 그 라이너스 폴링이기 때문이었다. 바꿔 말하면 납으로 금을 만들어내서 한때 연금술 분야를 지배했던 화학의 마술사처럼 폴링은 참신한 확률적 모형 구축 방법론 덕분에 현존하는 문헌을 흡수한 지식과 재능을 갖고 있었다.[11]

폴링의 삼중나선 논문에는 큰 문제점이 세 가지 있었다. 첫 번째는 폴링이 삼중 가닥 안에서 당-인산 뼈대를 중심에 두고, 뉴클레오타이드는 바깥쪽을 향하도록 하여 원자를 너무 촘촘하게 붙여놓은 것과 관련이 있다. 확실히 DNA 모형에는 안정성도 필요하고 생물학에서 요구하는 근사치에 가깝게 원자 구성요소를 배열해야 하는데, 폴링은 자기 멋대로 기준을 넘어섰다. 이미 논문의 견본 인쇄가 들어갔는데도 폴링과 코리는 꽉 끼는 옷을 입은 꼴이 된 분자의 숨통을 틔워주기 위해 계속 모형을 수정했다.[12]

두 번째 오류는 왓슨이 생각하기에는 너무나 기본적이라 "만약 학생이 비슷한 실수를 했다면 칼텍 화학 학부에 어울리지 않는 학생이라고 생각할 만한 실수였다." 특히 "라이너스의 모형 속 인산기는 이온화되지 않았지만 … 각 인산기가 수소결합 원자를 지니고 있어 순전하를 띠지 않았다 … 세 가닥으로 얽힌 사슬을 고정하는 수소결합 일부가 그 수소였다."[13] 이는 폴링의 구조가 핵산의 주요 특징을 무시했다는 뜻이었다. 즉, 가장 중요한 첫 번째 특징인 "적당히 강한 산"이라는 점을 무시했다. 놀랍게도 "폴링의 핵산은 어떤 면에서는 전혀 산이라고 할 수 없었다."[14]

왓슨은 이런 추측이 전혀 옳지 않다는 것을 알았다. DNA가 두 가닥이든, 세 가닥이든, 네 가닥이든 이 사슬을 고정하기 위해서는 반드시 안정적인 수소결합이 필요했다. 그렇지 않으면 사슬은 그저 "뿔뿔이 흩어져 구조가 사라지게 되었다." 하지만 왓슨은 자신이 읽었던 핵산 화학 문헌에 근거해 DNA의 "인산기가 결코 수소 결합한 원자를 함유하지 않는다"고 확신했고, DNA가 신체 내에서나 다른 "생리학적 조건"에서 발견될 때 음전하를 띤 인산기가 대신 중성화하거나 양전하를 띤 나트륨 혹은 마그네슘 이온과 결합한다고 보았다. 왓슨은 "그러나 왜인지 세계 정상급 수준의 빈틈없는 화학자인 라이너스가 정반대의 결론을 내려" 놀랐다.[15]

크릭 역시 폴링의 "근본 없는 화학"에 매우 놀랐다. 처음에 크릭은 폴링에게 변명의 여지를 주려 했다. 혹시 폴링이 대형 생물 분자의 산과 염기의 작동에 관한 혁명적인 새로운 이론을 개발한 것이 아닌가? 만약 그렇다면 논문에 왜 그 부분에 관한 설명이 포함되어 있지 않은가? 왜 논문이 두 편으로 나뉘어 "첫 번째 논문은 새로운 이론을 설명하고, 두 번째 논문은 어떻게 그 이론을 DNA 구조 규명에 사용했는지 보여주지 않는가?" 결국 왓슨과 크릭은 이 논문은 그런 종류의 발표가 아니라고 결론 내렸다. 폴링이 정말로 실수를 저지른 것이다.[16] 근래 들어 처음으로 두 사람은 "아직 경주가 끝나지 않았다"는 것을 깨닫고 약간이나마 안정적으로 호흡할 수 있었다.[17]

폴링의 화학적 "실수가 너무 믿기지 않아서 몇 분이 지나자 입을 다물 수 없었다." 그래서 두 사람은 "라이너스의 화학이 이상하다는 확신을 얻기 위해" 로이 마컴의 바이러스학 연구실로 뛰어 올라갔다. 마크햄은 실망시키지 않았다. 예상했던 대로 남의 불행을 고소해하듯 마크햄 역시 패서디나의 위대한 폴링이 "대학 수준의 기초 화학을 잊어버렸다"는 사실을 매우 기뻐했다.[18] 마크햄이 케임브리지에서 일하고 있는 사람들을 포함해 다른 동료들의 실수담을 떠벌리기 전에 왓슨은 "유기 화학자들의 연구실로 넘어가 DNA는 산이라는 마음 놓이는 소리를 들었다."[19]

폴링 모형의 세 번째이자 가장 심각한 문제점은 삼중나선 구조가 어떻게 세포가 재생산되고 유전 정보를 순차적이고 예상 가능한 방식으로 전달하는지 전혀 설명하지 못한다는 것이었다. 퓨린, 아데닌, 구아닌 대 피리미딘, 티민, 시토신의 비율이 1:1이라는 에르빈 샤르가프의 규칙에도 어긋났다. 호레이스 저드슨이 결론 내린 것처럼 폴링의 "모형은 불통이었다. 아무것도 설명하지 못하는 모형 … 그 모형에서는 유전자의 비밀을 밝힐 어떤 요소도 나오지 않았다."[20]

캐번디시를 한 바퀴 돌면서 폴링의 희생을 잔뜩 비웃은 후 왓슨과 크릭은 휴게실에 앉아 자신들의 목표를 가다듬었다. 이제 크릭은 폴링 방식의 오류를 막스 페루츠와 존 켄드루에게 설명했다. 이들의 잔치 분위기는 논문이 일단 발표되면 서로 긴밀한 과학계의 다른 사람들도 그날 아침 자신들이 발견한 것처럼 폴링의 실수를 바로 알아볼 것이라는 점을 갑작스럽게 깨닫자 진정되었다. 이는 "라이너스가 다시 전력으로 DNA 문제를 쫓기 전까지" 두 사람이 문제에 골몰할 시간이 "6주 정도 남아있다"는 뜻이었다.[21]

그러자 차가운 회색빛 대서양 한가운데에서 불쑥 떠오른 독일 잠수함처럼 이 일을 모리스 윌킨스에게 알려야 한다는 문제가 등장했다. 누가 윌킨스에게 폴링의 논문에 관해 말할 것인가? 윌킨스에게 알리기는 해야 할까? 또 만약 지금 윌킨스에게 전화한다면 두 사람의 흥분한 목소리에서 아직도 DNA 경쟁에 관심을 가진 티가 나지 않을까? 왓슨과 크릭은 아직 케임브리지 외부 사람과 협력할 준비가 되어 있지 않았다. 또한 브래그의 금지 조치와 DNA 연구에 소유권을 주장하는 존 랜들도 여전히 문제였다. 랜들은 만약 50마일 떨어진 곳에서 무슨 일이 일어나고 있는지 알게 된다면 분노로 자연 발화할 수도 있었다.

단순히 빨리 윌킨스에게 전화를 거는 것만으로는 충분하지 않았다. 왓슨은 빌 헤이즈와 만나기 위해 이틀 후인 1월 30일에 런던에 갈 거라고 크게 떠들고 다녔다. 왓슨은 "(폴링의) 원고를 가져가서 모리스와 로지에게 검토하도록 하는 것이 합리적인 절차"라고 판단했다.[22] 이렇게 접근하면 왓슨과 크릭은 발견한 것을 소화하고 활용할 시간을 벌 수 있었다. 페루츠와 켄드루의 소극적인 승인 아래 왓슨과 크릭은 다시 DNA를 사냥하러 돌아왔고, 윌킨스와 프랭클린에게 들키든지 말든지 경쟁에서 이겨야겠다고 결심했다.

1950년대 영국식 하이파이브를 한 뒤 왓슨과 크릭은 이글로 향했는데, 술집에서 오후 2시 40분부터 6시 30분 사이에 주류 판매를 제한한 1914년 전시 국토방위령에 따라 이글도 6시 30분까지 문을 열지 않았다.[23] 이글이 문을 열자마자 "폴링의 실패"를 기념하며 건배했다. 고작 맥주를 들이켜거나 셰리주를 홀짝일 자리가 아니었다. 크릭은 자신의 젊고 열성적인 동료에게 괜찮은 스카치위스키를 들이밀었고, 두 사람은 상당한 양을 마셨다. 두 사람의 인생에서 어쩌면 가장 중요하고, 창의력을 합쳐야 하는 연구 시간을 포함해 앞으로 헤쳐가야 할 일이 산더미처럼 쌓여 있었다. 왓슨은 큰 부담을 지게 된다는 것을 잘 알았다. 만약 성공한다면 찰스 다윈으로 시작하는 현대 생물학의 전당에 오를 수 있다는 것도 알았다.[24] 왓슨은 크릭이 사준 독한 싱글 몰트위스키를 홀짝이며 소리 없이 전쟁을 선포했다. "상황은 여전히 우리에게 불리했지만, 라이너스도 아직 노벨상을 가져가지 못했다."[25]

[23]

문제의 51번 사진

인터뷰 진행자 : 당신의 … 그 유명한 사진에 관한 이야기는 몇 가지 다른 버전이 있지 않나. 당신 입장의 이야기는 어떤가.

모리스 윌킨스 : 오, 내가 어떻게 로잘린드 프랭클린의 사진을 훔쳐 짐에게 보여줬는지 말인가.

– 1990년경 모리스 윌킨스와의 인터뷰[1]

알다시피 프랜시스와 내가 킹스칼리지 사람들한테서 DNA 구조를 훔친 것과 다름없다는 소문이 있다. 로잘린드 프랭클린의 X선 사진이 내 눈앞에 나타났고 놀랍게도 나선이 있었는데 한 달 정도 후에 프랜시스와 내가 구조를 발견했으니 윌킨스는 나에게 그 사진을 보여주지 말았어야 했다. 내가 가서 서랍을 열고 사진을 훔친 것이 아니라 그냥 보게 된 것이다. 그리고 34Å마다 반복되는 크기라고 들었다. 알다시피 그게 무슨 뜻인지 나는 대략 알고 있었지만, 어, 전환점이 된 건 프랭클린의 사진이었다. 그 사진이 심적으로 집중하게 만들어줬다. …

– 1999년경 제임스 D. 왓슨[2]

대체 어떻게 모리스 윌킨스가 로잘린드 프랭클린의 DNA X선 사진을 손에 넣었을까? 1990년까지 윌킨스는 여전히 모든 사건에 대해 다소 방어적이었다. "고슬링이 로지 이직 준비를 하면서 나에게 원화를 줬다. 알다시피 로지가 옮길 준비를 하면서 물건을 정리하고 있었다 … 내가 사진을 달라고 한 건 아니었다 … 나에게 사진을 준 사람이 로지가 아니라 (고슬링이었다는 것은) 거의 확실하다 … 낭패였던 것은 9개월도 전인 5월에 무늬가 찍혔다는 것으로 … 나선이 된다는 증거를 아무한테도 이야기하지 않고 … 이 증거를 혼자 갖고 있었다는 것이 약간 무례하다고 느껴졌다." 다소 신중하게 윌킨스는 덧붙였다. "그래서 내 생각에, 오, 이런 … 이제 기존 의견을 완전히 바꿔 DNA 나선형 설에 함께하고 싶다면 자유로운 세상이니 누구도 반대할 수는 없다고 생각했다 … 나는 약간 냉소적이었다. 로지가 무언가를 실제로 이루어냈다는 것은 몰랐다. 그녀의 믿음을 저버린 것은 맞지만 내가 어떻게 알았겠나? 세상에는 서로 무엇을 하고 지내는지 모르는 사람들이 많고, 오해도 그래서 생긴다."[3]

13년 후인 2003년에 윌킨스는 회고록에서 사진 전달이 억울하게 벌어진 일이라고 언급했다. "로잘린드는 나에게 너무나 부정적이었기 때문에 나는 그녀에게 어떤 것도 요청하고 싶지 않았다."[4] 하지만 회고록의 몇 쪽 뒤에서 윌킨스는 물리학과 중앙 복도를 향해 가는 길에 "무언가 보기 드문 일이 일어난 순간" 레이먼드 고슬링을 마주쳤다는 것을 선명하게 기억했다. 고슬링은 프랭클린의 51번 사진을 윌킨스에게 건네주면서 프랭클린이 킹스칼리지 팀을 떠나면 윌킨스가 마음대로 사진을 사용해도 된다고 알렸다. 윌킨스는 그 사진이 "로잘린드가 1951년 10월 처음 공개해 나와 스톡스가 그렇게나 흥분했던 선명한 B 무늬보다 더 선명하고 강렬해서" 눈을 믿을 수 없었다. "새로운 무늬에는 나선의 X 형태가 그 어느 때보다 명확했다."[5]

시간이 흐름에 따라 이 핵심적인 사건에 대한 고슬링의 말도 달라졌다. 2000년에 고슬링은 "모리스가 그 사진 정보의 온전한 권리를 가졌다. 로잘린드가 오기 전에 킹스칼리지에서 너무 많은 일이 벌어졌다"고 설명

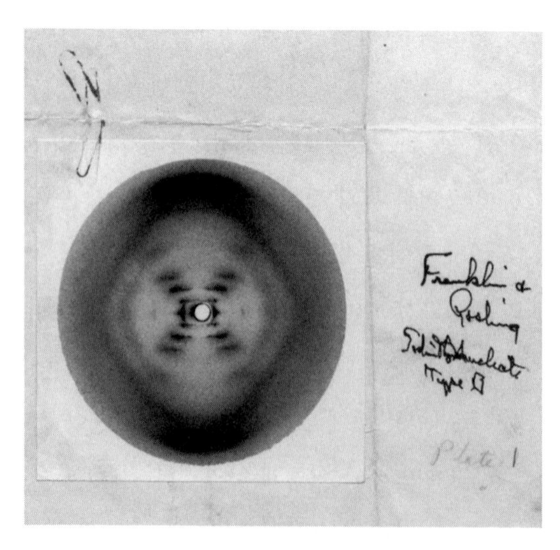

프랭클린의 51번 사진. 이중나선이 보이는 B형 DNA를 촬영한 것이다.

했다. 하지만 2003년에는 보다 불분명하게 이야기했다. "윌킨스가 이 아름다운 사진을 어떻게 손에 넣었는지 기억나지 않는다. 로잘린드가 줬을 수도 있고 내가 줬을 수도 있다." 9년 후인 2012년, 고슬링의 이야기는 한 번 더 바뀌어 프랭클린이 곧 연구소를 떠날 예정이었고 "이미 현상한 사진의 초기 분석을" 할 시간이 없어서 "모리스에게 우리가 찍은 최상의 B 형태 원화를 '선물'하기로 했다"고 설명했다. 하지만 이 이야기에서는 고슬링이 "1953년 1월 언젠가" 복도를 지나가다 윌킨스를 마주쳤다고 기억했다. "원화를 주자 윌킨스는 몹시 놀랐다. 이 흥미로운 자료를 자기 뜻대로 해도 된다고 로잘린드가 확실하게 말했는지 재차 확인하고자 했다."[8]

방어적인 기억이 가득한 호수에서 물을 참방거리기란 쉽지 않다. 그래도 뿌연 기억 속에서 반복적으로 등장하는 몇 가지 선명한 지점이 있다. 프랭클린이 지도 학생에게 중요한 발견이 담긴 사진을 넘겨 그렇게 경멸하던 킹스칼리지 사람들이 자유롭게 사용하도록 허락할 이유가 있나? 만약 그녀가 연구소를 나가면서 힘들게 얻은 자료를 누군가에게 양도하려고 했다면 박사후과정 연구원이 연구소를 떠날 때는 연구 결과 소유권이 대표 연구자에게 있다고 보는 관례를 따라 존 랜들에게 직접 건넸어야 하는 것이 아닌가?

프랭클린이 이 "아름다운" 51번 X선 회절 사진을 1952년 5월 2일 현상했다는 것은 확실하다. 프랭클린은 미세한 관 끝에 스무 가닥 이상의 콧물 같은 DNA 섬유를 조심스럽게 감는 것으로 시작해 무거운 카메라의 각도, 노출을 수백 번 바꾸고, 최소한 100시간 동안 고방사선에 노출되었다. 윌킨스와 왓슨 모두 고슬링이 이 X선 사진을 찍었다고 주장해왔는데, 고슬링이 프랭클린의 연구 조수였고 끙끙 소리가 절로 나오는 일의 상당 부분을 맡아 했으므로 엄밀히 따지면 사실이다. 하지만 프랭클린의 동생 제니퍼 글린이 정정한 바에 따르면 "실험을 계획하는 것과 X선 기계의 버튼을 누르는 것에는 큰 차이가 있다."[9] 자기가 사진 건판에 찍어낸 명징한 "X" 형태 안에 답이 있다는 것을 알아차리지 못한 채 다음 몇 달 동안 더 규칙적인 A형 결정을 분석하기 위해 시간을 잡아먹는 패터슨 방정식에 몰두했다.

🧬

1953년 1월 첫째 주에 프랭클린은 다시 B형을 해석하기 시작했다. 프랭클린의 연구 노트에 따르면 그녀는 결정학적 자료를 "DNA의 네 가지 염기가 안에 있고 인산이 바깥에 있는 구조"를 짜내 샤르가프의 법칙에 맞추기 위해 시도하는 한편 수분이 충분한 B형과 해석하기 더 어려운 건조한 A형의 나선형 본질을 열심히 연구하고 있었다.[10] 프랭클린은 1953년 1월 28일 킹스칼리지에서의 "마지막 학회"에서 이 자료를 중심으로 발표할 예정이었다.

이 일을 두고 가장 행복할 사람은 모리스 윌킨스여야 했다. 윌킨스는 윌킨스답게 굴었지만 행복하지는 않았다. 프랭클린의 발표 일주일 전에 윌킨스는 크릭에게 편지를 써 다가오는 학회에 대해 알리고 프랭클린의 방식을 심하게 헐뜯었다. "학회가 끝나고 공기가 좀 맑아지면 얘기를 나누세. 사악한 마술의 연기가 곧 우리 눈앞에서 사라지길 바라고 있어. 추신. '언제 마지막으로 그녀와 얘기했는지' 짐이 물어봤는데, 오늘 아침이라고 전해주게. 대화 내용은 내가 말한 한 단어가 전부였어."[11]

1월 28일에 프랭클린의 강연이 끝난 직후 윌킨스는 크릭에게 자기가 업무 환경 때문에 얼마나 우울한지 적어 보냈다. "로지의 학회 때문에 속이 조금 더 안 좋아졌어. 이 모든 일이 어떻게 풀릴지는 신만이 아시겠지. (로지가) 1시간 45분 내내 멈추지 않고 말하더군 … 깔고 앉을 수 있을 정도로 큰 단위격자가 있었는데 안에 아무것도 없었어."[12] 자신의 회고록에서 윌킨스는 다소 기억을 다듬어냈다. 그는 여전히 프랭클린의 발표가 "유난히 길고 A-DNA의 구조만을 다뤘다. B형에 대해서는 아무 언급도 하지 않았다"고 했다. 윌킨스가 기억한다고 주장하는 것은 "지그재그로 구부러진 철사 몇 가닥과 8자 형태"로 된 프랭클린의 모형뿐이었다. "물론 모든 것이 잘 고려된 모형이었지만 내가 볼 때는 말이 되지 않았다 … 로잘린드처럼 능력 있는 과학자가 잘못된 방향으로 분투한다는 생각만으로도 고통스러웠다."[13]

프랭클린이 "슬프게도 비나선형 구조"를 추구했다는 근거 없는 이야기를 사실로 만들려는 의도가 다분한 이 마지막 서술은 여러모로 기록과 모순되거나 검증하기 복잡하다. 프랭클린의 연구 노트, 윌킨스가 기자에게 1951년 11월 소위 프랭클린의 "반나선 강연"에 관해 이야기한 것, 심지어 윌킨스가 자신의 회고록에서 바로 다음 문장에 언급한 "강연 후 질문 시간"을 봐도 그랬다. 첫 번째로 손을 든 윌킨스는 프랭클린에게 "어떻게 그녀가 논한 비나선형 구조가 윌킨스에게 건네준 양질의 B 무늬와 조화되는지" 질문했다. 딱딱하고 자신감 있는 전문적인 태도로 프랭클린은 답했다. "아무 문제가 없다. B-DNA는 나선이고 A-DNA는 아니다." 2003년에 윌킨스는 당시 프랭클린의 답변에 놀랐다고 했다. "어떤 종류의 DNA든 나선형이 맞다고 그녀가 인정한 것은 처음이었기 때문에 답변을 듣고 당황했다. B-DNA는 나선형이고 A-DNA는 아니라는 생각에는 더 놀랐다. 그녀가 나선형을 인정할 거라고 생각하지 않았다." 또 윌킨스는 "스톡스와 나는 B-DNA가 나선형이면 A-DNA도 나선형일 거라고 굳게 믿고 있었다. 사실 반드시 그래야 한다기보다는 그런 경향이 있을 거라고 강하게 느끼고 있었"기 때문에 프랭클린이 DNA가 "수분 함량에 따라 쉽게 나선형과 비나선형을 오갈" 필요가 있다고 매끄럽게 설명하자 혼란스러웠다. 윌킨스가 회상하기로 아마도 그는 DNA에 관해 프랭클린과 얘기할 때마다 "주파수가 다르다"고 느꼈기 때문에 그녀를 잘 이해할 수 없었다. 설득력 있는 답을 하지 못한 채 윌킨스는 그저 자기 자리로 돌아갔다. 만년에 이르기까지 윌킨스는 그 강연에 관해 다음 태도를 유지했다. "누구도 B 무늬에 관한 어떤 말도 하지 않았지만, 만약 눈에 띄는 새로운 무늬가 청중 앞에 공개되었다면 어떤 토론이라도 벌어졌을 거라고 생각한다. 왜 그녀는 공개하지 않았을까?"[14]

프랭클린과 일해본 적 없는 윌킨스 밑의 박사후과정 연구원 허버트 윌슨(Herbert Wilson)도 학회에 참석했다. 윌슨은 프랭클린의 마지막 강연 필기를 했다고 주장했지만 슬프게도 후대를 위해 보존하는 데에는 실패했다. 1988년 그의 조언자였던 윌킨스가 아직 살아 있는 동안 윌슨은 "강연 내용에 B-DNA에 관해 참고할 것이 없었고 당시 그 구조에 관한 프랭클린의 관점도 드러나지 않았다"고 주장했다.[15] 프랭클린의 동료이자 옹호자인 아론 클루그(Aaron Klug)가 그녀의 연구 노트를 기반으로 프랭클린의 연구에 관한 논문을 『네이처』에 발표한 1968년까지 윌슨은 B형 DNA에 관한 프랭클린의 나선형 해석을 몰랐다고 주장했다.[16] 공공연히 몰랐다고 주장하는 윌슨의 태도에는 윌킨스를 향한 극도의 충성심이 포함된 것이 분명했다. 과연 윌슨은 사실을 말한 것인가? 아니면 프랭클린에게 한 행동 때문에 1980년대 후반 동료들로부터 맹비난을 받아 일상적으로 괴로워하던 예전 상사의 고통을 덜어주려 했던 것인가?

이틀 후 1월 30일, 짐 왓슨은 케임브리지에서 런던 킹스크로스로 가는 10시 기차를 탄 후 45분간 지하철로 이동해 해머스미스병원까지 걸어갔다. 거기서 윌리엄 헤이즈를 만나 세균 재조합에 관한 논문의 최종본을 만들었다. 왓슨의 주머니에는 폴링과 코리가 삼중나선에 관해 사전 출판한 논문이 쑤셔 넣어져 있었다. 왓슨은 점심을 건너뛰었고 다과 시간이 다가오자 해머스미스를 나와 킹스칼리지로 향했다.[17]

4시 직전에 윌킨스의 사무실로 쳐들어간 왓슨은 폴링이 DNA 모형을 개발했다는 소식을 털어놓고 "정답과 완전히 거리가 멀다"고도 전했다. 여전히 왓슨을 성가신 해충으로 생각하던 윌킨스는 아마도 이 미국인이 사라지길 바라면서 지금은 바쁘니 잠시 후에 다시 와 달라고 공손하게 요청했다. 어딘가로 사라지는 대신 왓슨은 프랭클린의 연구실을 향해 지하 복도를 내려갔다.[18] 프랭클린에 대해 왓슨이 품었던 감정이나 프랭클린이 왓슨에게 거의 호의를 보이지 않았다는 사실을 생각하면 지금 돌이켜봐도 이상한 선택이라고 할 수 있다. 프랭클린은 왓슨이 자기만의 실험 자료도 없이 그저 시끄럽게 돌아다니는 과학계의 호사가에 지나지 않는다고 생각했던 것을 숨기지 않았다.

왓슨에게 여자 문제가 있다는 것도 비밀은 아니었다. 실적은 좋지 않았지만, 왓슨은 모든 매력적인 "팝시"와 젊은 여성 가사 도우미들을 잠재적인 먹잇감으로 여겼다. 프랑스의 미생물학자 앙드레 르보프는 불신을 담아 왓슨의 행동을 관찰했다. "왓슨은 노골적인 폭력성을 띠고 여자들을 쫓았기 때문에 많은 이들을 괴롭히고 놀라게 했다."[19] 90세가 된 짐 왓슨은 자신이 간절하게 성생활을 탐구하는 젊은이였다고 인정하면서 "과학보다도 여자친구가 없다는 사실에 짓눌렸다"고 했다.[20]

왓슨이 보기에 여자는 크게 네 부류로 구분할 수 있었다. 첫 번째 부류는 어머니 마거릿 진이나 동생 엘리자베스, 아브리온의 어머니로 소설가이자 시인인 나오미 미치슨 같이 접근할 수도, 손에 넣을 수도 없으며 숭배, 경탄, 보호받아 마땅한 천상의 여신이었다. 두 번째는 옥스퍼드의 도로시 호지킨 같은 소수의 여성 과학자로, 탁월한 지성으로 왓슨을 위협하지 않고 상냥하고 어울리기 좋은 유형이었다. 세 번째는 왓슨이 나서서 거부하는 여자들이었는데, 헤르만 칼카르의 젊은 내연녀 바버라 라이트처럼 성적으로 타락한 부류였다. 네 번째는 왓슨이 가장 대하기 어려워하던 여자들로 왓슨의 미성숙함을 경멸하고 그의 지성을 의심하는 로잘린드 프랭클린 같은 유형이었다. 왓슨은 그런 사람들을 자기가 가진 탁월함에 미치지 못하는, 적대적이고 매력 없는 거친 여자들이라고 매도하면서, 자신의 불안감을 투사했다.[21] 1951년 11월 프랭클린이 자신의 삼중나선 모형을 박살 낸 것에 분개하던 왓슨은 프랭클린을 향한 원한을 수십 년간 갈고 닦으며 키워왔다.

왓슨이 행한 가장 악명 높은 짓은 『이중나선』 안에서 프랭클린을 "로지"라는 일차원적인 숙적으로 탈바꿈시킨 것이다. 1953년 1월 30일 오후 왓슨이 프랭클린에게 미리 연락하지 않고 그녀의 연구실로 찾아간 장면은 대표적인 각색 사례이다. 65년 후인 2018년 프랭클린의 동생 제니퍼 글린은 이 문단이 책 내용 중에서 가장 불쾌한 부분이라고 설명했다. "우리 어머니는 언니가 왓슨이 악랄하게 묘사한 모습으로 기억되느니 계속 무명으로 남거나 아예 잊히기를 바랐다. 어머니는 상처받고 속상해했다. 나 역시 상처받았고 어머니가 걱정되었다. 『이중나선』은 소설이다. 역사가 아니다."[22] 『이중나선』은 저자가 역사가로서 40년간 실무를 하며 접해본 한 과학자가 다른 과학자를 묘사한 출판물 중에서 가장 잔인하다고 할 수 있다.

대략 오후 4시 5분경, 왓슨은 문을 약간 열어둔 채 연구실 안에 있는 프랭클린을 발견했다. 왓슨이 연구실 안으로 들어가자 당연히 프랭클린은 깜짝 놀랐다. 그녀는 "빠르게 평정을 되찾고 내 얼굴을 똑바로 바라보면서 눈으로는 초대받지 않은 손님은 예의상 노크를 해야 하지 않느냐고 말하는 듯했다."[23] 실제로 그런 점잖은 행동은 단순한 예절 이상이다. 누가 봐도 프랭클린은 강인한 사람이었고 이 점에는 이론의 여지가 없다. 왓슨이 들이닥쳤을 때 프랭클린은 암실에서 현미경으로 라이트박스 위에 놓인 X선 회절 무늬를 들여다보고 있었다. 의사들이 환자의 X선 사진을 볼 때 사용하는 것과 같은 장치였다. 프랭클린은 100억 분의 1m인 Å 단위의 가장 미세한 얼룩을 측정하는 일에 완전히 집중하고 있었다. 왓슨의 난데없는 침입에 당연히 놀랄 수밖에 없었고 친절한 태도를 보이기는 쉽지 않았다.

왓슨에 따르면 프랭클린이 평정을 되찾자 폴링에 관한 소식을 전했는데, 프랭클린은 DNA의 나선 구조가 아직 과학적으로 증명되지 않았다고 주장했다. 프랭클린이 "반나선파"라는 윌킨스의 주장에만 전적으로 의존한 채 왓슨은 폴링의 논문을 계속해서 프랭클린에게 설명했다. 이는 프랭클린이 로버트 코리에게 몇 주 전에 요청했던 것과 같은 논문이었고, 그녀가 지난 5월 얼마나 기꺼이 코리와 사진을 공유했는지를 고려하면 즉시 논문을 받았을 터였다. 견본 인쇄된 논문의 둘째 장을 보자마자 프랭클린은 폴링과 코리가 DNA A형과 B형 표본이 혼재된 애스트버리의 1938년 X선 사진을 가지고 가설을 세웠다는 것에 깜짝 놀랐다. 더 터무니없는 것은 폴링과 코리가 1951년에 "킹스칼리지의 윌킨스"가 더 뛰어난 X선 사진을 찍었다는 것을 인정하면서도 프랭클린의 사진은 언급하지 않았다는 것이다. 이는 1952년 5월 프랭클린이 코리에게 친절하게 사진을 보여줬던 일이 공식적으로 인정받지 못했다는 뜻이었다.[24] 아마 이 점이 곧 왓슨에게 쏟아진 들끓는 분노에 기름을 끼얹었을 것이다.

왓슨은 프랭클린이 폴링의 실수를 알아채기까지 시간이 얼마나 걸릴지 궁금해하면서 잠깐 시간을 보냈다. 하지만 그는 곧 "로지가 나와 놀아줄 생각이 없다"는 것을 느꼈다. 불행히도 왓슨은 자신이, 그리고 프랭클린의 공을 언급하지 않은 폴링이 얼마나 그녀의 신경을 건드렸는지 눈치채지 못했다. 왓슨은 깊게 심호흡하고 속사포처럼 퍼붓던 질문을 멈추는 편이 나았을 것이다. 그는 B52 폭격기 같은 기세로 프랭클린에게 자기 생각을 밀어붙이면서 "폴링의 삼중나선과 그 모형이 15개월 전 프랜시스와 (자기가) 제시했던 것과 표면적으로 유사"하다는 점을 지적했다.

프랭클린이 B-DNA, 젖은 DNA 형태를 새로이 분석했다는 것을 전혀 알지 못한 왓슨은 그녀가 모형 구축을 염두에 두고 있다는 것도 몰랐다. 그 주에 프랭클린의 노트에는 왓슨이 방문했던 2월 2일 월요일의 항목을 포함해서 분명하게 그녀가 "어떤 구조를 세울지 시각화하기 위해 노력하면서 하나의 막다른 골목에서 다음 골목으로 가려고 몸부림친" 기록이 남아있다. 노트 속 프랭클린이 몇 쪽씩 깔끔하게 써 내려간 의문, 대안, 반박을 보면 생각이 막혀 좌절하는 모습이 생생하다. 나중에 아론 클루그(Aaron Klug)는 프랭클린이 느낀 짜증을 다음과 같이 완벽하게 설명했다. "당시 프랭클린이 도달했던 단계는 많은 과학자가 공감할만한 것으로, 명백하게 모순되거나 조화롭지 않은 관찰 결과가 눈에 띄는데, 이 문제를 풀 열쇠가 무엇인지는 모르는 상태였다."[25]

프랭클린은 왓슨의 호들갑을 들어줄 기분이 아니었기에 주절거리는 그의 말을 큰 소리로 차단했다. 왓슨은 프랭클린이 이미 알고 있는지 모르고 계속 말해주려 했다고 적었다. "그녀의 일장 연설에 끼어들어 가장 단순한 형태의 규칙성 폴리머는 나선형이라고 말했다." 왓슨은 "로지가 … 성질을 거의 이기지 못할" 때까지 계속 거들먹거렸다. "내가 그만 지껄이고 자신의 X선 증거를 본다면 내 발언이 얼마나 멍청한지 분명하게 알 거라고 하면서 로지의 목소리가 점점 커졌다."[26] 당연하게도 왓슨은 그때까지 프랭클린의 51번 사진을 보지 못했다. 자기 앞에 선 여성을 완전하게 오판한 채 왓슨은 프랭클린이 "완전히 폭발할 위험을 감수하기로 결심"하고 그녀가 "X선 사진을 해석하는 데 미숙하다"고 공격했다. "이론을 조금이라도 공부했다면 로지가 반나선의 특징이라고 주장한 것들이 규칙적인 나선을 결정격자에 채울 때 필요한 작은 뒤틀림에서 비롯되었다는 것을 이해할 수 있을 것이다."[27]

"만약에"… 만약에 이 언쟁이 거기서 끝났더라면. 하지만 역사적 충돌은 보통 승자의 편을 든다는 것을 왓슨이 알고 있었기 때문에 언쟁은 거기서 끝나지 않았다. 왓슨은 자신의 것이 될 모든 이야기 속에서 프랭클린을 승리자로 둘 생각이 없었다. 또 당시 연구실에는 두 사람뿐이었으며 프랭클린이 생전에 왓슨의 책을 보지 못했기 때문에 이는 전형적인 "한 사람은 말하고 한 사람은 말할 수 없는" 사건이 되었다. 따라서 프랭클린이 왓슨에게 신체적인 공격을 가하겠다고 위협했다는 혐의는 그의 입장에서 쓰여 전 세계에 공개되었다.

> 갑자기 로지가 우리 사이를 가르고 있던 책상에서 일어나 나에게 다가왔다. 그녀가 너무 화가 난 나머지 나를 때릴 수도 있겠다는 생각이 들어 두려워졌다. 폴링의 원고를 손에 쥐고 서둘러 열린 문 쪽으로 물러났다. 때마침 나를 찾아 연구실 안을 들여다본 모리스 때문에 내 탈출 시도는 실패했다. 모리스와 로지가 움츠린 나를 사이에 두고 서로 쳐다보는 사이, 나는 모리스에게 로지와의 대화가 끝나서 모리스를 휴게실에서 만나려 했다고 떠듬떠듬 말했다. 동시에 나는 둘 사이에서 조금씩 몸을 움직여 둘이 마주 보게 만들었다. 모리스가 몸을 물리는 데 실패하자 나는 혹여나 그가 예의상 로지에게 차를 함께하자고 권할까 봐 겁에 질렸다. 하지만 로지는 등을 돌리고 문을 굳게 닫음으로써 모리스의 내적 갈등을 끝내주었다.[28]

복도로 물러난 후 왓슨은 윌킨스에게 프랭클린의 "폭력"에서 자기를 지켜줘서 고맙다고 인사했다. 왓슨은 윌킨스가 "일어날 법한 일"이라고 말했다고 주장했다. 불과 몇 달 전 프랭클린은 "윌킨스에게 비슷하게 달려들었다. 윌킨스의 사무실에서 말다툼 끝에 난투를 벌일 뻔했다." 왓슨에 따르면 윌킨스가 도망가려고 하자 "로지가 문을 막았다가 마지막 순간에서야 비켜줬다. 당시 도움을 청할 다른 사람도 없었다."[29] 여기서 너무나 영리하게 덧붙인 중요한 말은 "도움을 청할 다른 사람도 없었다"는 것이다.

프랭클린이 키가 185cm인 왓슨이나 182cm가 넘는 윌킨스를 때리는 상황은 왓슨처럼 상상력이 풍부한 사람도 미처 떠올리기 어렵다. 1970년 모리스 윌킨스는 왓슨이 상황을 과장했을 거라고 짐작했다. "로잘린드의 분노가 두렵던 때가 있었다 … 그녀가 누군가를 물리적으로 공격했을 거라고 생각하지 않는다. (하지만) 누군가의 뺨을 올려붙이는 장면은 떠올릴 수 있지만 그건 신체적 공격이라고 할 수 없다."[30] 고작 6년이 더 흐른 뒤 PBS가 촬영한 다큐멘터리에서 윌킨스는 자신의 발언을 수정했다. "맙소사! 누가 누굴 때려요? 둘 중 누구도 서로를 때리지 않았을 겁니다. 어떤 사람들은 둘이 곧 손이 나갈 거라고 생각했을지도 모르지만 … 확실히 친근한 느낌은 거의 없었으니까요."[31] 옥신각신하던 현장을 직접 보지 않았지만, 프랭클린의 동생 제니퍼 글린의 평가는 더 확신을 준다. "언니는 162cm가 약간 넘었고, 몸무게도 제가 알기로는 56kg이 되지 않았다. 애초에 누구를 때릴 생각도 안 했을 것이다."[32] 실제 일어난 일과는 무관하게 왓슨은 동료 과학자의 평판에 해를 끼쳤다. 격노해 통제 불가능해진 로잘린드 프랭클린이 자리에서 일어나 왓슨의 뺨을 때리려 위협했다는 이야기는 마치 신발 밑창에 붙은 풍선껌처럼 귀에 착 들러붙는다. 왓슨은 자기 숨이 붙어 있는 동안에는 고집불통 잔소리꾼 로잘린드의 이야기를 끊임없이 되살렸다. 2018년 여름, 90세가 된 왓슨은 여전히 확신에 가득 차서 말했다. "나는 정말로 로지가 나를 때릴 거라고 생각했다."[33]

왓슨은 이 일로 "모리스가 전에 없이 마음을 열었다"고 적었다. "나는 이제 모리스가 지난 2년간 마주했던 정신적인 지옥을 상상할 필요가 없었다. 모리스는 이제 나를 거리감 있는 지인이 아니라 긴밀한 신뢰 관계 때문에 불가피하게 심한 오해를 할 수밖에 없었던 동료 연구자로 대했다."[34] 2001년 『유전자, 여자, 가모프』라는 또 다른 회고록에서 왓슨은 이 이야기를 더욱 생생하게 적었다. "거의 2년간 로잘린드의 비협조적인 태도에 휘둘리느라 화가 나 있던 모리스는 그때까지 킹스칼리지에서 대외비로 굳게 지키고 있던 사실, DNA가 결정인 A형만이 아니라 파라크리스털인 B형에도 존재한다는 것을 알려주었다."[35]

왓슨이 『이중나선』에서 회고한 것처럼 "그때 더 중요한 비밀도 튀어나왔다. 여름 중반부터 로지가 DNA의 3차원 형태에 관한 증거를 갖고 있었다는 것이다. 그 증거는 DNA 분자가 다량의 수분에 둘러싸여 있을 때 나타났다." 이번에는 왓슨이 자제하지 못하고 사실상 애원하듯 물었다. "무늬가 어땠나?" 모리스는 주위를 둘러보더니 조용히 옆방으로 들어가 서랍에서 "B 구조라고 불리는 새로운 형태가 인쇄된" 사진을 가져왔다. 얼마나 최근에 현상했는지 암실에서 사용하는 식초와 수용액의 악취가 여전히 풍기고 있었다.[36]

직후 제임슨 왓슨의 인생에서 가장 중요한 순간이 펼쳐졌다. 오늘날 이 일화의 핵심을 설명하지 못하는 과학자나 과학을 좋아하는 사람은 거의 없을 것이다. 문학, 영화, 스토리텔링을 사랑하는 왓슨은 20세기의 가장 위대한 과학적 발견을 기념하려는 의도를 띠고 기세등등했다. 왓슨이 선택한 단어와 쓰고 또 고쳐 쓴 방대한 회고록 초고는 모차르트의 선율만큼 인상적이다.

> 그 사진을 본 순간 입이 벌어지고 맥박이 거세게 뛰기 시작했다. 앞서 얻었던 A형 무늬들보다 믿을 수 없을 정도로 단순했다. 나아가 사진을 가득 채운 검은 십자가 모양은 오직 나선 구조에서만 나타날 수 있는 것이었다. A형에서는 나선형을 둔 논쟁이 결코 정리된 적이 없으며, 명확하게 어떤 종류의 나선 대칭이 나타나는지 상당히 모호한 상태였다. 그러나 B형에서는 X선 사진을 그저 검토하기만 해도 필수 나선형 매개변수를 몇 가지 찾을 수 있었다. 단지 몇 분 계산만 하면 분자 내의 사슬 숫자를 확정할 수 있었다.[37]

17년 후 윌킨스는 그날 오후를 다르게 해석했다. "로잘린드의 허락을 받아야 했겠지만 그러지 않았다. 상황이 아주 어려웠다. 누군가는 그녀의 허락을 받거나 최소한 상의하지도 않은 내 행동이 완전히 잘못되었다고 한다. 아마 나는 그랬을, 아니, 모르겠다. 당신이 원한다면, 그런 식으로 상황을 판단하고 있다면, 내가 잘못했다고 하면 된다. 특별히 나 자신을 변호하지 않을 것이다." 윌킨스는 왓슨에게 잘못을 떠넘기려 하기도 했다. "자료와 관련된 압박이 있었던 것 같다. 좋은 의문이나 즐거운 생각은 아니지만 그렇다. 그런 압박감이 있었던 것 같다고 말할 수 있다. 짐은 자료 압박에서 벗어나지 못했다. 그가 한 행동을 이렇게 얘기해볼 수 있겠다. 당시 프랜시스가, 프랜시스는 그런 짓을 하지 않는다. 하지만 프랜시스는 짐이 어디서 그런 자료를 가져오는지는 알고 있었다. 몰랐을

리가 없다. 프랜시스가 어떻게 정당화하려 할지 모르겠다. 관련해서 아직 얘기해본 적이 없다 … 그런 성과를 이뤄냈을 때, 두 사람은 그런 성과를 이뤄낼 만한 상황이 아니었다. 그건 내가 확신한다."[38] 크릭은 그저 윌킨스의 행동을 정당화하는 쉬운 방법을 택했다. 2000년 4월 다음과 같이 적었다. "나는 모리스가 짐에게 사진을 보여줄 때 아무 잘못도 하지 않았다고 생각한다."[39]

51번 사진을 보자 짐 왓슨의 정신적 수문이 개방되었다. 프랭클린이 찍은 빳빳하고 아름다운 사진을 처음 본 순간 왓슨은 과학계의 영광으로 향하는 길에 섰다. 윌킨스는 비통하게 말했다. "왓슨이 그럴 줄 알았더라면 그 무늬를 보여주지 않았을지도 모르겠다." 불행히도 윌킨스의 후회는 로잘린드 프랭클린의 자료를 외부인에게 보여주면서 배신을 저질렀다는 것보다 과학적 우선권을 다투는 경주에서 "염탐꾼 짐"에게 졌다는 것에 초점이 맞춰져 있다.[40] 2018년 제니퍼 글린은 이 "예의를 상실한" 일을 윌킨스가 여러 가지로 해명하려 한 것을 두고 "다소 근거가 희박하다고 생각한다. 윌킨스도 처신하기 힘들었을 것이다. 그는 무슨 일이 있었는지 자기변호를 하면서 50년을 보냈다."[41]

당사자들도, 과학자들도, 역사가들도 윌킨스가 왓슨에게 허락되지 않은 선물을 주면서 발생한 윤리적 문제를 셀 수 없이 다양한 방법으로 해결해보고자 골머리를 앓아왔다. 단순화의 위험성을 안고 명백한 두 가지 추정에서 시작하자. 1) 1953년 당시에 저작권이나 과학적 우선권은 확실하게 나뉘어 있었다. 2) 특정 연구의 원저자가 아닌 사람이 특정 연구를 원저자의 경쟁자로 알려진 사람에게 보여주려면 원저자의 허락을 항상 받아야 한다는 것은 현대 과학 연구의 표준 작업 절차이다. 그렇다면 핵심 질문은 다음과 같다. 대체 윌킨스, 왓슨, 크릭은 일을 저지른 순간이나 나중에 자신들의 행동을 정당화하려고 고군분투할 때 무슨 생각이었는가?

사실 윌킨스가 몰래 왓슨에게 51번 사진을 보여줬을 때 로잘린드 프랭클린은 고작 몇 걸음 떨어진 사무실에서 일하고 있었다. 몇 분 전에 왓슨과 만난 프랭클린이 얼마나 화를 냈든, 지난 1년간 얼마나 화가 나 있었든지 간에 윌킨스는 왜 "로잘린드, 자네 사진을 짐에게 보여줘도 되겠어?" 소리쳐 물어보지 않았을까. 아주 단순하게, 프랭클린의 허락을 빠뜨려도 되는 일이 전혀 아니었다. 특별히 프랭클린의 허락을 구하지 않아도 된다는 윤리 규범은 없었다. 그런데도 허락을 구하지 않았기 때문에 윌킨스가 왓슨에게 51번 사진을 보여준 일은 과학사 최악의 도둑질로 남게 됐다.

사진을 보고 꽤 오래 군침을 흘린 왓슨과 윌킨스는 킹스칼리지를 나와 저녁을 먹으러 소호로 향했다. 폴링이 DNA의 구조를 밝혀낼지도 모른다는 가능성에 압박감을 느낀 왓슨은 윌킨스에게 폴링의 실패한 삼중나선을 그저 비웃고 넘길 생각이 없다고 말했다. 여름학기를 칼텍에서 보낸 왓슨은 폴링이 금방 더 많은 양질의 X선 사진을 찍어낼 조수 팀이 있으며, 조수 중 일부는 의심의 여지 없이 나선형 B 구조를 증명해내리라는 것을 알았다. 그렇게 되면 게임은 끝이었다.[42]

하지만 왓슨이 애걸복걸하든 말든 윌킨스는 로잘린드 프랭클린이 연구소를 떠나 버크벡칼리지로 가기 전까지는 상황에 쫓겨 행동하지 않겠다고 왓슨의 제안을 거절했다. 윌킨스는 왓슨에게 눈앞에 닥친 모든 일을 맹렬히 좇는 것보다 하나의 과학적 감을 따르는 것이 훨씬 더 중요하다고 냉정하게 조언했다. 종업원이 주문한 음식을 가져온 후 윌킨스는 "과학이 어디로 향하는지 다들 동의할 수 있다면 모든 문제가 해결되어 우리는 공학자나 의사가 될 수밖에 없을 것"이라고 재차 충고했다.[43]

"질질 끄는" 대답과 더불어 윌킨스가 음식이 식기 전에 먹자고 하면서 논의는 동력을 잃었다. 최소한 윌킨스는 염기는 나선 내부에, 당인산염 뼈대는 외부에 배치한 프랭클린이 옳은 것 같다고 인정했다. 하지만 왓슨은 "로잘린드의 증거가 나와 프랜시스의 손이 닿지 않는 곳에 있었으므로 여전히 회의적이었다."[44]

왓슨은 식사 후 차를 몇 잔 마시면서 윌킨스가 힘을 내기를 바랐지만 그렇게 되지 않았다. 대신 두 사람은 저렴한 샤블리(Chablis) 와인 한 병을 비웠고, 희뿌연 알코올 기운 속에 왓슨의 "확실한 근거를 향한 열망"은 쪼그라들었다. 두 사람은 식당을 나와 옥스포드가를 가로질렀다. 윌킨스가 자기 아파트로 사라지기 전에 소리 내서 왓슨에게 말했던 단 하나는 "더 조용한 지역에 있는 덜 우중충한 아파트"로 이사 가고 싶다는 것이었다.[45] 작별 인사를 나눈 후 왓슨은 킹스크로스역으로 향했다.

기차에 타기 전 왓슨은 집에 가면서 읽으려고 내일 자 『타임스』를 한 부 샀다. 기차가 "빠르게 케임브리지로 향하는 동안" 왓슨은 모직 재킷의 가슴 주머니에서 연필을 꺼냈다. 왓슨은 십자말풀이가 인쇄되어있는 면의 빈 곳에 로잘린드 프랭클린이 기술과 땀을 쏟아붓고, 지나친 방사성 물질에 노출되고, 남자뿐인 판에서 유일한 여자로 활동하느라 입은 수많은 상처를 감수하면서 성취해낸 뛰어난 X선 사진을 기억에 의존해 그려 나갔다. 왓슨이 대략적인 형태의 "B 무늬"의 스케치를 마쳤을 때쯤, 그림은 왓슨의 것이 되어 있었다. 그림을 바라보면서 왓슨은 새로운 이중나선 모형을 만들어야 할지 아니면 다른 삼중나선 모형을 만들어야 할지 생각했다. 사슬이 두 가닥인 분자에 별 열의를 보이지 않던 윌킨스의 영향을 일시적으로 받은 탓일 수도 있었다. 저녁을 먹으면서 왓슨은 특정한 선택지를 고르기 전에 분자의 수분 함량과 밀도를 더 정확하게 추정한 값이 있으면 좋겠다고 했지만, 윌킨스는 계속 삼중나선으로 기울어 있었다.

그림 그리기에 너무 몰두했던 왓슨은 시간이 흐르는 것도 몰랐다. 기차가 비명 같은 기적 소리를 울리고 승무원이 "케임브리지! 케임브리지 역에 도착합니다!" 하고 소리치자 왓슨은 무아지경에서 빠져나왔다. 자전거를 타고 클레어칼리지로 몇 마일을 가는 동안 왓슨은 머릿속에서 숫자 몇 가지를 굴리면서 그 아름답고 심장 뛰는 사진 속 나선의 대칭성을 떠올렸고, 15개월 전에 실패했던 삼중나선 모형의 경험을 반복할 가능성이 있을까 봐 걱정했다. 클레어칼리지에 도착하자 이미 "시간이 지나서" 왓슨은 "후문을 타 넘었다."[46]

잠옷으로 갈아입고 양치를 하는 사이 짐 왓슨은 윌킨스가 선호하는 삼중 구조를 무시하고 이중 배열에 집중하기로 했다. 침대에 누워 킹스칼리지에서 보고 온 것을 프랜시스 크릭에게 이야기하고 DNA의 이중나선 구조를 설득하는 상상을 했다. "프랜시스는 동의할 수밖에 없을 것"이라고 마음을 달래며 수마에 빠져들었다. "프랜시스는 물리학자였지만 그래도 중요한 생물체는 쌍으로 나타난다는 것을 알고 있었다."[47]

[24]

이중나선 규명 직전에서 멈춰선 프랭클린

물론 로잘린드가 DNA 구조를 풀었을 수도 있다. 모리스만으로는 불가능했겠지만, 로잘린드와 함께라면 시간문제였다 … 글쎄, 모리스가 엄청나게 뛰어나지 않다는 것은 사실이니까 … 로잘린드에게 부족한 것이 있다고 굳이 꼽는다면 그건 직관이었다 … 아니면 직관을 믿지 않았다는 것 … 그리고 로잘린드는 생물학에 대해 아는 것이 없었다. 그게 발목을 잡았지. 생물학에 대한 감도 없었다 … 하지만 모리스가 어떤 부분에서 공헌할 수 있었을지 모르겠다. 모리스는 로잘린드의 X선 사진조차 이해하지 못했다. 최근에는 당시에도 이해하고 있었다고 말하고 있지만, 아니었다 … 모리스는 로잘린드가 B형을 우연히 얻었다고 하는데, 나는 모리스에게 자네가 거둘 수 있는 우연은 아니었다고 말했다 … 요점은 합리적이고 지능적인 실험을 설정하는 것이다. 결과를 예상하지 않으면 실험이 아니다. 하지만 원하는 결과를 얻을 수 있도록 설정하지 않으면 성공적인 결과가 나오지 않는다.

– 프랜시스 크릭[1]

물론 로지가 직접 우리에게 자료를 준 것은 아니다. 킹스칼리지의 누구도 우리 손에 그 자료가 있다는 것을 몰랐다.

– 제임스 D. 왓슨[2]

다음 날인 1월 31일 아침, 짐 왓슨은 일찍 일어났다. 옷을 걸친 후 신

윌리엄 로렌스 브래그, 1953년

나게 캠강을 건너 클레어홀에서 너무 끓여 회색이 된 포리지 한 그릇과 차 몇 잔을 마셨다. 풀 먹인 흰색 냅킨으로 얼굴을 훔친 후 왓슨은 탁자를 밀치고 일어나 캐번디시연구소로 달려갔다. 막스 페루츠의 연구실에 들이닥친 왓슨은 구석에 브래그가 앉아서 학술지를 보고 있다는 것을 눈치채지 못했다. 브래그는 왓슨의 바보짓에 이미 익숙해져 있었고, 이 성가신 미국인이 마침내 빠르게 닳고 있는 자기 신경 줄을 놓고 사라질 날을 고대하고 있었다. 크릭은 아직 도착하지 않았다. 토요일 아침에는 연구소에 일찍 오는 법이 없었고 아마 아직 플란넬 소재의 마크앤스펜서(Marks and Spencer) 잠옷을 입고 침대에서 뒹굴뒹굴하며 아내인 오딜과 신문을 읽고 있을지도 몰랐다.

왓슨은 어제저녁에 알게 된 정보의 미묘한 차이를 전하고 싶은 마음을 참을 수 없었다. 마치 DNA에 전혀 관심이 없는 브래그나 페루츠가 그 차이를 이해할 수 있기라도 한 것처럼 “B형, A형”이라는 말을 계속 중얼거렸다. 페루츠는 단백질 연구자였다. 브래그는 X선 결정학이라는 분야를 만든 핵심 인물 중 하나였지만 그의 연구 대부분은 금속이나 광물 같은 무기물 덩어리에 집중했다. 유전학 초기 분야는 고사하고 생물학도 거의 정식 교육을 받지 않은 것과 마찬가지였다. 왓슨은 다음과 같이 투덜거렸다. "브래그가 생각하는 광물 구조의 중요성이 100이라면 (DNA 구조의 중요성은) 1도 아니었을 것이다. 그는 비누 거품 모형을 만들며 엄청나게 즐거워했다. 당시 거품이 서로 부딪히는 방식을 담은 그의 기발한 영상을 다른 사람에게 보여주는 것 말고 로렌스를 더 기쁘게 하는 것은 없었다."[3]

왓슨은 상사들에게 더 자세히 설명하기 위해 페루츠가 분필로 휘갈긴 내용이 가득한 먼지투성이 칠판으로 다가갔다. 칠판에 적힌 것이 중요한지 아닌지 물어보지도 않고 공식 몇 가지를 재빨리 지운 왓슨은 프랭클린의 51번 사진에 나타난 "몰타의 십자가" 무늬를 기억나는 대로 그렸다. 브래그는 흐느적대는 미국인에게 일련의 질문을 퍼붓기 시작했다. 왓슨은 브래그 교수가 완전히 집중하고 있다는 사실에 흥분해서 말을 더듬으며 답변했다. 이어진 원투 펀치는 브래그의 명치에 정확히 꽂혔다. 왓슨은 "대서양 이쪽에 있는 사람들이 수수방관하는 사이 DNA를 규명할 두 번째 기회를 라이너스에게 주는 것은 너무 위험하다는 것이 문제"라고 말을 꺼냈다. 정확한 영국 왕실 예법에 따라 왓슨은 캐번디시 공방에 퓨린과 피리미딘을 나타내는 대량의 주석 조각 제작을 요청해 모형을 구축해도 될지 허락을 구했다. 왓슨은 자신이 직업윤리를 심각하게 훼손하는 결과를 낳게 될 화학식의 촉매제라는 것을 알았다. 브래그가 "생각을 굳힐 때까지" 몇 초나 걸리는지 세면서 왓슨은 늙은 상사를 손안에서 완벽하게 굴렸다.[4]

여전히 폴링의 알파나선 단백질 구조에 패배했던 기억이 쓰라린 한편 킹스칼리지에서 벌어진 "내홍"에 짜증 난 브래그는 "라이너스가 또 다른 중요한 분자의 구조를 발견하는 기쁨을 누리게" 내버려둘 수 없었고,

그러고 싶지도 않았다.[5] 왓슨과 페루츠는 연구를 발전시키고 DNA 경쟁에서 승리하려면 그의 허가가 필수라는 것을 뼈저리게 느끼고 결정권자인 브래그를 뚫어지게 바라봤다.[6] 실망할 일은 일어나지 않았다. 몇 초 만에 캐번디시의 교수는 가슴을 펴고 길버트와 설리번의 오페라 「군함 피나포어(H.M.S, Pinafore)」에 나오는 코코란 선장(Captin Corcoran)으로 변신했다. "스스로 말했듯이, 또 명예에 큰 영향을 미치기 때문에 그는 영국인이다"라고 노래하는 대신, 브래그는 전속력으로 물결을 헤치고 나아가라고 부하에게 명령했다. 이제 왓슨은 캐번디시의 명예를 위해서 반드시 DNA의 구조를 밝혀내야 했다. 영국 과학계의 대의명분을 위해서 반드시 성공해야 했다. 그리고 가장 중요한 것은 폴링이 오류를 깨닫고 모형을 수정하기 전에 반드시 해내야 한다는 것이었다.[7]

왓슨은 브래그에게 모형 구축 계획을 이야기할 때 인칭 대명사만 사용하도록 주의했다. 단순한 의미상의 장난이 아니었다. 왓슨은 프랜시스 크릭이 꼭 참여해야 한다는 것을 브래그에게 알리고 싶지 않았다. 왓슨이 워낙 오랫동안 담배모자이크바이러스를 혼자 연구해왔기 때문에 브래그는 이 연구 또한 왓슨의 개인 연구라고 생각했다. 왓슨은 음모를 꾸미듯 말했다. "그 덕에 그날 밤 브래그는 정신 나간 경솔한 짓에 뛰어들 권리를 크릭에게 몽땅 줘버렸다는 악몽에 시달리지 않고 잠들 수 있었다."[8] 브래그가 마음을 바꾸기 전에 왓슨은 페루츠의 사무실을 뛰쳐나와 "공방을 향해 계단을 구르듯 내려가서" 기술자에게 "일주일 안에 원하는 모형에 대한 계획을 짜려고 한다"고 알렸다.[9]

왓슨이 103호에 있는 자기 책상에 자리를 잡은 직후, 푹 쉬고 온 크릭이 한가한 수다거리에 지나지 않는 나름의 소식을 가지고 들어왔다. 전날 저녁 크릭과 오딜은 파티를 열었는데 지난달부터 카미유 팝 프라이어의 하숙집에 머물면서 케임브리지 생활을 하는 짐의 예쁜 여동생 엘리자베스를 초대했다. 왓슨은 교묘하게 엘리자베스를 팝의 하숙집에 보내 자기도 매일 저녁 "팝과 그 하숙집의 외국인 소녀들"과 식사를 할 수 있도록 상황을 만들었다. 이로써 왓슨은 엘리자베스가 "전형적인 영국 하숙집에 머무는 것"을 막고 "동시에 나의 복통을 안정시킬 수 있기를 바랐다."[10] 엘리자베스는 당시 연인인 베르트랑 푸르카드(Bertrand Fourcade)라는 부유하고 젊은 프랑스 남자를 케임브리지에 데려왔는데 왓슨은 그에게 성애적인 매력을 느껴 황홀해하듯이 "케임브리지에서 가장 아름다운 사람, 못해도 남성 중에는 가장 아름다운 사람"이라고 묘사했다. 푸르카드 역시 "영어에 숙달하기 위해 몇 달간" 팝의 하숙집에서 지내고 있었다. 그의 육체적인 매력과 "맵시 좋은 옷", 유럽 대륙 출신이라는 요소는 엘리자베스와 오딜을 두루 "사로잡았다." 그래서 전날 저녁 왓슨이 "모리스가 꼼꼼하게 접시의 모든 음식을 먹는 것"을 지켜보는 동안 오딜은 "다가오는 여름 리비에라(Riviera) 해안에서 암묵적으로 약속한 사교 만남 중에서 어느 것을 택할지 고민이라고 말하는 베르트랑의 얼굴 비율이 얼마나 완벽한지 감탄하고 있었다."[11]

크릭은 아직 가볍게 숙취를 겪고 있었지만, 왓슨이 시급한 소식을 가져왔다는 것을 감지했다. 왓슨이 또 DNA 문제에서 뒤처지고 있다고 큰 소리로 불평할 거라 마음의 준비를 했다. 그 대신 크릭은 51번 사진에 관한 왓슨의 생생한 묘사를 선물로 받았다. 단어가 이어질 때마다 왓슨이 전하는 정보는 더 강력하고 좋은 것이 되었다.[12] 크릭은 왓슨이 삼중나선 구조보다는 "생물학 체계에서 반복적으로 발견되는 이중성이 우리에게 두 가닥짜리 모형을 만들라고 하고 있다고 확신"했을 때는 "선을 그었다." 나중에 왓슨이 회상하기로 "당시 우리가 알고 있던 실험 자료로는 두 가닥인지 세 가닥인지 구별할 수 없었기 때문에 (크릭은) 두 가지 대안에 모두 주목하고자 했다. 나는 완전히 회의적이었지만 크릭의 주장에 반대할 이유도 없었다. 물론 이중나선 모형부터 시작하자고 했다."[13]

2월 2일, 로잘린드 프랭클린은 자신의 작은 지하 연구실 구석에서 문을 등지고 책상 앞에 앉아 있었다. 패터슨 방정식에 피땀을 쏟아부으며 그녀는 뉴클레오타이드 염기의 위치부터 외부의 당인산 뼈대가 취하는 형태에 이르기까지 구조적으로 가능한 배열을 연구하고 있었다. 이미 DNA 결정의 공간군이 단사정계 C_2에 속한다는 중대한 사실을 확인했지만, 어떻게 이것이 분자 구조를 풀어내는지 알아내지 못한 상태였다. 하지만 이날 프랭클린의 노트에는 새로운 방향이 명시되었다. 노트의 새로운 쪽에 프랭클린은 A 구조의 모형을 그리기 시작하면서 "8자형 구조를 기각함"이라고 적었다. 사고는 명징했으며 결론은 옳았다. "그러므로, 불가능하다."[14] 프랭클린은 "쌍으로 된 막대기 모양"과 한 가닥짜리 "반복되는 8자형" 사슬을 모두 배제하고 나선 구조를 재검토하기 시작했다.

일주일 후인 2월 10일, 프랭클린은 노트 상단에 굵은 글씨로 휘갈겼다. "B 구조. 사슬이 두 개라는 증거(혹은 사슬 한 개짜리 나선)?" 프랭클린은 회절 무늬에서 나선의 특징을 찾기 위해 골똘히 사진들을 들여다봤다. 이윽고 그녀는 나선 회절 이론에 관해 아는 것을 곱씹으며 여덟 줄을 적었다. 좋은 과학자라면 그러하듯이 프랭클린은 나선 구조일 가능성을 높이기 위해 자료에 질문을 던졌다. 몇 가지 수학 공식을 더 궁리해보았지만, 답은 명확히 나오지 않았다. 프랭클린이 자신의 빨간 노트 속 노란

페이지에 적은 것은 모두 감질나지만 애매한 단서들 뿐이다. 역사가들은 어떤 항목의 마지막 네 줄을 지우기 위해 힘차게 그어진 커다랗고 새카만 X 표시에서 안간힘을 쓰던 프랭클린의 사고를 좇는다. "이것을 Z값이 같은 잔기가 있는 이중나선과 구분하기 어려운데 왜냐하면 두 번째 사슬에 5~7개 회전(예를 들면[e.g.] 1~2)마다 반대 표시가 있고 예(e.g.)는 오직 포함하는 …"[15] 이 미완성 문단 바로 다음에 다른 일련의 식이 적혀 있는데, 젖은 DNA의 수분 밀도와 나선 구조에서 나타날 것 같은 회절 무늬가 포함되어 있다. 곧 B형에 대한 사고를 멈추고 여백만 남긴다.

프랭클린은 몇 주 후인 1953년 2월 23일이 될 때까지 51번 사진을 다시 분석하지 않았다. 그날 노트를 보면 프랭클린은 나선의 지름을 측정하고 뼈대가 "지름 바깥으로 꼬여 있다"는 이전의 발견을 검증했다. 또 "회전마다 나머지가 정수인 단순한 경우 반지름이 다른 나선 두 개"일 경우를 생각했다. "코크런, 크릭, 밴드(*Acta Cryst*. (1952), 581쪽 5줄)에 따르면 … 지름 양쪽 끝에 염기군이 쌍으로 있는 두 가닥으로 된 나선이다."[16] 계산을 더 해본 후 프랭클린은 "B 구조가 한 가닥짜리 나선일지 두 가닥짜리 나선일지" 다시 고민했다.[17] 거의 1년 동안 정신을 산만하게 했던 나선을 반대한다는 주변 소음을 단 몇 시간 만에 없애버린 발견이기 때문에 특히 주목할 만하다.[18]

이 시기 프랭클린의 노트를 살펴보면 그녀가 DNA A와 B를 모두 분석하면서 이중나선 구조 주변을 얼마나 가까이 맴돌고 있었는지 알 수 있다. 아론 클루그는 프랭클린이 DNA 경주에서 확실한 승리를 거두기까지 연역적으로 단 두 단계 떨어져 있었다고 했다. 프랭클린의 연구 논문과 노트를 검토한 후 클루그는 1953년 2월 말쯤에 프랭클린이 "A 구조는 단위격자마다 사슬이 두 개"라는 것을 알았으며 "사슬마다 뉴클레오타이드가 11개씩 있는 구조를 고려하고 있었다"고 결론 내렸다. B 구조는 뉴클레오타이드가 10개인 사슬 두 개로 이루어졌을 가능성이 크다고 생각했지만 "두 구조 사이의 관계는 파악하지 못했다. 아마도 비나선 구조를 반드시 검토해야 하는 과정, 즉 선험적 가정 없이 패터슨 함수를 풀고자 몹시 노력한 탓에 선뜻 그 노력을 버릴 수 없었을 것이다."[19] 1953년 2월 23일에 작성한 연구 노트의 마지막 장에서는 51번 사진을 상세히 분석했는데 이는 왓슨과 크릭이 DNA를 규명해내기 5일 전이었다. 클루그는 다음 두 단어가 많은 것을 담고 있다고 주석을 통해 언급했다. "목표에 근접함." 2월 24일에는 다음과 같이 적었다. "R.E.F가 마침내 A 구조와 B 구조 사이에 올바른 연결을 이루고 있다."[20]

여기서 연구의 흔적이 갑자기 멈춘다. 프랭클린은 왓슨과 크릭이 곧 밝힌 것처럼 퓨린과 피리미딘 뉴클레오타이드 염기가 어떻게 나선 안에서 서로 관계되는지, 그 연관성을 밝히지 않았다. DNA 결정(A형)이 C_2, 즉 면심 단사정계 공간군으로 구조화되어 있다는 생물학적 유사성도 깨닫지 못했다. 이제 널리 알려져 있듯이 이 배열은 분자 사슬 두 개의 상보성을 나타낸다. 누구든 조용한 기록 보관소에 앉아 2월 23일에 프랭클린이 작성한 기록의 마지막 몇 줄을 보다 보면 "안 돼! 계속해! 제발!"이라고 외치고 싶어질 것이다. 안타깝지만 그때나 지금이나 프랭클린에게는 들리지 않는다.

슬프게도 프랭클린은 성별, 종교, 문화적 차별, 하찮은 조직 내 정치, 가부장적 헤게모니, 또 당연히 그녀 자신의 매서운 성격, 결국 자멸을 불러온 자기방어적 행동으로 인해 고립되었고, 실존적으로 혼자였다. 1970년 윌킨스는 프랭클린의 B형 발견을 격렬하게 헐뜯었다. "사실 요행에 지나지 않았다. 본인이 무엇을 발견했는지 잘 몰랐을 거라고 생각한다."[21]

비슷하게 왓슨과 크릭은 프랭클린의 정체된 사고를 환기시키고 추정을 잘못할 때 이의를 제기할 수 있는 공동 연구자를 두지 않았던 점을 수십 년간 공개적으로 비난해왔다. 2018년 왓슨은 왜 프랭클린이 이중나선 발견에 실패했는지 자세히 언급했다. "그녀는 친구가 없었다. 함께 대화하거나 아이디어를 공유하고 그 아이디어를 발전시킬 수 있도록 수정하게 만드는 사람이 아무도 없었다. 위대한 과학은 그렇게 진화한다."[22] 하지만 윌킨스는커녕 왓슨과 크릭도 당시 로잘린드 프랭클린에게 도움의 손길 비슷한 어떤 것도 내민 적이 없다.

2월 4일, 패서디나에서 라이너스 폴링은 아들 피터에게 보내는 편지에 삼중 모형의 구조가 빡빡하고 통제하기 어렵다고 적었다. 폴링은 "핵산 구조 속 원자의 좌표를 약간 수정해야 한다는 것을 발견"했기 때문에 새로 조정하느라 바쁘다고 설명했다. "변수들을 다시 점검 완료하기까지 몇 주 정도 걸릴 것 같지만 다 잘 나올 거라고 기대 중이다. 어쨌든, 그렇게 바라고 있단다." 같은 편지에서 폴링은 캐번디시 연구원들이 구전 동화 속 크고 나쁜 늑대에 자신을 비유했으며, 그런 유치한 공포를 느끼면서도 왓슨과 크릭이 폴링의 삼중나선 모형에 몹시 회의적이라는 아들의 보고에 빙그레 웃었다.[23]

불과 몇 주 후인 2월 18일, 폴링은 피터에게 자기와 베르너 슈마커가 계속해서 겪고 있는 문제가 있다고 털어놓았다. "최초의 매개변수가 정확하지 않은 것 같다." 거기에 폴링답지 않은 일말의 불안함도 덧붙였다. "짐 왓슨과 크릭이 얼마 전에 벌써 이 구조를 공식화했지만, 공식을 가지고 아무것도 하지 않았다는 소문을 들었다. 아마도 소문이 과장되었겠지."[24] 폴링은 계속해서 모형을 수정했고, 2월 27일에는 결과물에 마음을 빼겨 문제가 됐던 부분들이 "그저 너무 아름답게 들어맞으니 바르게 수정된 것이 틀림없다"고 확신했다.[25]

2월 4일 아침, 책상에 앉아 딴 데 정신이 팔린 왓슨은 피터 폴링이 "팝(Pop Prior)을 꼬여내서 저녁 식사 자리에 참석할 권리를 얻었다"고 투덜거렸다. 왓슨의 번잡한 대뇌 속에서 튀어 오른 것은 "베드포드(Bedford) 근처의 유명한 별장에 친구 롤스로이스를 몰고 가서 … 부유층이 애용하는 (로스차일드의) 세계로 들어가 고지식한 아내를 얻는 현실에서 벗어날 기회가 있을지도 모른다"는 백일몽이었다.[26] 사무실 문을 세게 두드리는 소리에 깜짝 놀라 몽상에서 깨어났다. 올려다보니 위스키 냄새가 날 것 같은 등이 굽은 나이 든 공방 기술자가 양손에 인산염 원자 모형 세트를 들고 있었다. 모형은 더러운 천에 싸여서 금속 부스러기와 기름으로 얼룩져 있었지만, 왓슨에게는 금단지와 마찬가지였다. 놀랄 것도 없이 왓슨은 마치 금속 조각이 여러 날 굶은 다음 먹게 된 첫 식사인 것처럼 허겁지겁 달려들었다.

"당인산 뼈대의 짧은 구역 몇 개"를 엮고 나서 왓슨은 C 바이스, 막대기, 화학 연구실에서 가져온 철사 뭉치로 서툴게 모형을 손봤다. 왓슨은 당인산 뼈대의 위치에 관한 프랭클린의 자료를 아니꼽게 여겨 무시하고 "뼈대가 중앙에 있는 적절한 이중 모형"을 만들어 보느라 꼬박 하루 반을 버렸다. 그러나 왓슨이 프랭클린의 51번 사진에서 기억하는 부분과 그 가능성을 비교했을 때 왓슨의 과학적 직관은 갓 배열한 모형이 15개월 전에 크릭과 만들었던 삼중나선 모형만큼 잘못되었다는 것을 알았다. 즉, 왓슨은 어찌할 바를 모르게 된 것이다.

결국 왓슨은 수많은 스물다섯 살짜리 박사후과정 연구생들이 극복할 수 없어 보이는 지적 교착상태에 부딪히면 취하는 행동을 했다. 연구실을 떠나 놀러 나갔다. 반바지로 갈아입고 테니스 코트에서 도발적인 푸르카드(Fourcade)를 상대로 잔인하게 승리를 거뒀다. 몇 세트를 친 후 왓슨은 자신의 서브에 만족했고, 푸르카드는 애인 오빠의 마음을 얻었다는 것에 훨씬 더 만족했다. 두 사람은 차를 마시러 클레어칼리지로 갔다. 왓슨이 연구실로 돌아오자 크릭은 "DNA만 중요한 것이 아니라고 연필로 가리키면서" 왓슨이 마침내 "야외 스포츠의 만족할 수 없는 특성을 발견"하게 되는 날이 곧 올 거라고 했다.[27]

크릭의 참견 덕분에 왓슨은 매일 크릭의 집에서 저녁을 먹으며 업무시간을 연장했다. 비록 왓슨이 아직도 분자 중심에 당인산 뼈대가 있다고 주장했지만, 그의 내면에서는 "무엇이 잘못 되었나" 걱정하는 목소리가 들리기 시작했다. 크릭과 함께 커피를 홀짝이는 동안 왓슨은 자신만의 고해 신부(father), 케임브리지의 프랜시스에게 뼈대가 중앙에 있는 모형을 주장하는 근거가 모두 "이치에 맞지 않는다"고 인정했다. 그렇지만 왓슨은 염기를 가운데 두었을 때 발생할 문제와 씨름하는 것도 망설여졌다. 염기를 가운데 둔다면 어떤 것이 옳은지 골라내는 불가능에 가까운 임무만을 위해 "거의 무한한 수의 모형"을 만들어야 했다. 왓슨은 그런 작업이 걸림돌 같았다. 뉴클레오타이드 염기를 바깥에 배치하기가 훨씬 쉬웠다. 하지만 "만약 안으로 집어넣는다면" 서로 다른 크기와 모양으로 이루어진 뉴클레오타이드 염기 "사슬 두 개 혹은 그 이상을 어떻게 같이 고정하느냐 하는 끔찍한 문제가 생겼다."[28]

두 사람은 이 장애물을 어떻게 넘었는가? 블랙커피에 각설탕을 하나 더 넣고 휘저으면서 크릭조차 "단 한 줌의 빛"도 보이지 않았다고 인정했다.[29] 좌절한 왓슨은 양해를 구하고 자리에서 일어나 계단을 오른 후 포르투갈 플레이스를 나가 클레어칼리지 기숙사 방으로 향했다. 왓슨은 이제 "염기가 가운데에 있는 모형을 진지하게 만들기 전에 최소한 반만이라도 설득력 있는 주장"을 생각해오는 일은 크릭에게 달렸다고 건방지게 생각했다.[30] 왓슨이 고집스럽게 뉴클레오타이드 염기가 가운데 있고 당인산 뼈대가 바깥에 있는 모형을 거부한 이유 중 하나는 이것이 프랭클린의 아이디어였기 때문일 수도 있다. 뼈대 구조의 배열은 1년도 전에 프랭클린이 왓슨의 실패한 삼중나선 모형에서 지적했던 주된 요소였다.

다음 날 저녁 식사 자리에서 크릭은 왓슨이 당인산 뼈대를 구조 내부에 두고자 하는 "빈약한" 근거에 짜증을 표했다. 크릭은 자신의 회고록에서 왓슨에게 꺼림칙한 기분을 무시하라고 했을 때의 대화를 재현했다.

"왜 인산이 외부에 있는 모형을 만들면 안 되는 건가?" 크릭이 왓슨에게 물었다.

왓슨은 이렇게 대답했다. "너무 쉬운 길이니까(만들어야 할 모형이 너무 많다는 뜻이다)."

"그러면 왜 시도해보지 않고?" 크릭이 묻자 "짐은 계단을 올라 밤거리로 나갔다. 그때까지 만족할 만한 모형은 단 한 개도 만들지 못했다. 나중에 독창적인 모형이 아니라고 밝혀지더라도 당장 인정할 수 있는 모형을 단 하나라도 만든다면 진전이라 할 수 있었다."[31]

다음 날 아침 일찍 왓슨은 연구실로 돌아와 섬세한 모형 조각을 상하지 않게 주의하며 "특히 보기 흉했던 뼈대가 가운데 있는 분자"를 분해했다. 왓슨은 "뼈대가 바깥에 있는 모형"을 만들며 며칠을 보냈다. 공방에서는 아직도 "퓨린과 피리미딘 모양으로 자른 납작한 주석 판"을 연마하고 있었기 때문에 불가능해 보이는 염기의 배열을 최소한 일주일 더 보류할 수밖에 없었다.[32] 인산기를 움직이면서 왓슨은 얼마나 쉽게 외부 뼈대를 비틀어 "X선 증거에 부합하는 모양"으로 만들 수 있는지 확인했다. 곧 왓슨은 당인산 뼈대가 외부에 있는 것이 확실하다는 것을 깨닫고 소유권을 선언했다. "인접한 염기 두 개 사이에 가장 적당한 회전 각도는 30도에서 40도 사이"라고 판단하고, 왓슨은 연구 결과의 의미를 "만약 뼈대가 밖에 있다면 결정학적으로 반복되는 34Å은 나선 축을 따라 한 바퀴 완전히 회전하는 거리를 나타낸다"고 해석했다.[33]

크릭은 왓슨과 함께 작은 연구실에 있는 내내 지루하기 짝이 없는 학위 논문의 쪽수를 늘리고 있었다.[34] 가까이서 생산적인 브레인스토밍 중인 왓슨을 보며 크릭은 공동 연구자의 기쁨을 함께 누리고 싶었다. 왓슨은 나중에 다음과 같이 기억했다. "이 단계에서 프랜시스의 관심은 모형 연구에 활기를 더해주었고, 프랜시스가 붙잡고 있던 계산을 내려놓고 모형에 시선을 주는 빈도가 늘어났다." 왓슨의 주석 탑은 시간이 갈수록 확장되었지만, 2월 6일 금요일 오후에는 "우리 둘 다 망설이지 않고 주말에는 일을 쉬기로 했다. 토요일 저녁에는 트리니티칼리지에서 파티가 있었고, 일요일에는 폴링의 원고가 도착하기 몇 주 전에 이미 약속했듯이 모리스가 크릭 부부 집에 놀러 올 예정이었다."[35] 윌킨스는 전날 우편으로 방문 일정을 확인하면서 경솔하게도 크릭에게 "내가 로지(의 퇴직 강연) 내용을 적은 것과 기억하는 것을 전부 이야기해주겠다"고 적었다.[36] 모리스는 왓슨과 크릭에게 최적인 시기에 방문하게 됐다.

윌킨스는 2월 8일 일요일에 크릭 부부, 왓슨과 점심을 함께했고

"DNA를 잠시도 잊을 수 없었다. 역에 도착하자마자 프랜시스는 B 무늬의 상세하고 올바른 정보를 얻기 위해 윌킨스에게 캐물었다." 윌킨스는 추상적인 이야기를 할 때나 오딜이 준비한 음식을 밀어 넣을 때만 입을 열었다. 크릭도, 왓슨도 왓슨이 일주일 전에 얻어온 정보 이상을 뽑아내지 못했다.[37] 두 사람은 약삭빠르게 피터 폴링에게 그날 오후에 크릭의 집에 들를 수 있는지 물었다. 케임브리지 소속 3인은 크릭이 윌킨스에게 폴링의 원고 사본을 진작 보냈는데도 윌킨스가 아직도 원고를 읽지 않았다는 사실에 놀랐다. 폴링의 원고를 윌킨스에게 불쑥 내밀면서 세 사람은 무엇이 잘못되었다고 생각하는지 의견을 물었다.

윌킨스는 방금 마친 식사보다 훨씬 더 빠르게 원고 속 표와 수치를 소화했다. 그 역시 폴링이 "불운하게 끝난 프랜시스와 짐의 모형처럼 인산염이 나선의 중심에 형성된다"고 한 것이 잘못되었다고 했다. 나아가 "나트륨 원자가 목록에 없다"는 것을 파악했는데, 윌킨스는 결정화된 "DNA는 나트륨을 반드시 함유한다"는 것을 잘 알고 있었다. 윌킨스의 관찰 결과에 화답하며 크릭은 조지 버나드 쇼의 희곡 속 오만한 히긴스 박사의 자세를 취하고 기쁨에 찬 비명을 질렀다. "바로 그걸세!" 이 진심 어린 칭찬으로 늘 불안정한 윌킨스는 즉시 자기가 특별하다고 느꼈다. 윌킨스는 자랑스러워하며 회상했다. "나는 마치 구술시험에 합격한 학생처럼 자부심을 품고 모형의 결함을 지적했다. 모형은 X선 자료와도 부합하지 않았다."[38]

왓슨과 크릭은 윌킨스에게 제발 모형 구축을 시작하라고 애원하면서 "1등으로 DNA 구조를 발견하는 사람이 되라"고 했다. 피터 폴링은 만약 지금 한발 딛지 않는다면 아버지가 확실히 DNA를 규명하게 될 거라고 자비롭게 윌킨스에게 조언했다. 윌킨스는 차분하고 확고하게 프랭클린이 킹스칼리지를 떠나는 대로 몇 주 후에는 모형 구축을 시작할 거라고 설명했다. 이때 크릭과 왓슨은 마치 반대 증인을 덫에 걸려들게 하는 변호사처럼, 청혼보다 더 중대한 제안을 툭 꺼냈다. "우리가 DNA 모형을 만들어도 (윌킨스는) 괜찮은가?"[39]

50년 후 윌킨스는 이 중대한 질문에 자기가 어떻게 답했는지 아주 정확하게 기억했다. "두 사람의 질문이 불쾌했다. 과학을 경주처럼 대하는 것이 불편했고, 특히 나를 상대로 두 사람이 경쟁한다는 생각이 마음에 들지 않았다 … 내가 DNA 구조를 밝혀낸 거물이 될지도 모른다는 가능성을 당시 생각했는지 기억나지 않지만, 프랜시스와 짐에게 자리를 마련해주는 것이 즐겁지는 않았다." 이 진퇴양난의 상황을 해소할 명백한 해결책은 킹스칼리지와 캐번디시의 협업이었지만 그런 일은 일어나지 않았다. 왓슨과 크릭은 구조 규명을 위한 모든 자료와 재능을 갖추고 있다고 자신했으므로 협업을 제안하지 않았다. 윌킨스 역시 "런던과 케임브리지의 극한 생존 경쟁이 다시 시작"된다면 피할 수 없이 일어날 긴장 상황이 두려워 그 주제를 피했다.[40]

왓슨과 크릭은 윌킨스의 대답을 기다리면서 동시에 숨을 죽였다. 윌킨스는 윌킨스답게 과학 발전을 막는 것이 아닌가 하는 더 큰 쟁점을 고려하느라 잠시 멈췄던 것이라고 나중에 주장했다. "DNA는 사유물이 아니었다. DNA는 권력을 휘두르는 1인이 아니라 평화롭게 연구하려는 모든 사람에게 열려 있었다."[41] 마침내 그가 천천히 대답하기까지 억겁이 걸린 것처럼 보였을 것이다. "괜찮네." 윌킨스는 두 사람이 모형을 만들어도 개의치 않는다고 대답했다. 토끼처럼 빠르게 뛰던 왓슨의 맥박이 안도감으로 느려졌다. 윌킨스의 동의는 상관없다고 생각했기 때문에 왓슨이 아주 훌륭한 포커페이스를 유지한 것이 틀림없었다. 왓슨은 만약 윌킨스가

거리끼는 기색을 보였다 하더라도 크릭과 둘이서 모형 구축을 계속했을 거라고 나중에 인정했다.[42]

두 사람이 모형을 만들어도 괜찮다는 말을 내뱉자마자 윌킨스는 후회했다. 자비롭게 왓슨과 크릭을 싸움에 끼워준 그 순간 윌킨스는 DNA 경쟁에서 패배하고 말았다. 수십 년간 윌킨스는 후회 속에 자신을 괴롭혔다. 왜 존 랜들과 먼저 조건을 의논하지 않았는가? 아니면 오랜 친구이자 뛰어난 중재자인 존 켄드루라도 그날 오후 식사 자리에 초대했어야 했다. 당연히 켄드루는 공정한 거래를 중개해주었을 것이다. 나중에 윌킨스는 한탄했다. "나는 의기소침했었고, 그것을 숨기지도 못했다. 케임브리지에 오면서 근심 없는 즐거운 시간을 기대했는데 그럴 기회는 없었다. 그저 집에 돌아가고 싶었고 프랜시스도 나를 잡아두지 않을 것 같았다." 왓슨은 윌킨스를 따라 거리로 달려 나왔고 "유감을 표했지만 나는 선뜻 받아들일 수 없었다."

윌킨스는 왓슨과 크릭을 믿고 두 사람에게 나쁜 뜻은 없었으며 "계획이나 아이디어를 나에게 자세히 알려주지 않았지만, 전반적인 의도는 공개했다"고 말했다. 그의 판단은 모두 틀렸다.

[25]

왓슨, 프랭클린의 연구 보고서를 손에 넣다

서른다섯에서 쉰다섯 사이의 남자가 가장 정력이 넘치고, 매력적이다. 서른다섯 살 전에는 배울 것이 너무 많은데 내가 가르칠 시간은 없다.

– 헤디 라머[1]

2월 둘째 주의 케임브리지 날씨는 보통 온화했다. 주석 재질의 모형 부속품 제조가 더 지연되는 가운데, 날씨도 봄날 같아지자 짐은 연구에 무신경한 태도를 띠게 됐다. 매일 아침 크릭이 "10시쯤" 도착하는 것보다 한 시간 이상 먼저 나와 있기는 했지만, 왓슨이 자유롭고 편안한 태도를 보이자 보통 왓슨보다 더 자유롭고 편안하게 생활했던 크릭은 동요했다. 왓슨은 매일 오후 이글에서 점심을 먹은 후 대학교 운동장에서 테니스를 몇 세트씩 쳤다.[2] 왓슨을 상대했던 한 사람은 다음과 같이 기억했다. "(왓슨은) 자세에 대한 개념은 없었지만 넘쳐나는 에너지로 경기할 때마다 다른 모습을 보여줬다. 그리고 엄청나게 지기 싫어했다."[3] 왓슨은 테니스를 치고 103호로 돌아와 모형에 관해 가볍게 궁리하고 나면 팝 프라이어의 하숙집으로 "여자들과 셰리주를 마시러" 문을 박차고 나갔다. 크릭은 시간 낭비하는 왓슨이 불만이었지만, "염기를 해결할 방법이 없는 한 우리가 마지막으로 세운 뼈대를 더 다듬어봤자 실제로는 아무 진전도 없다"는 왓슨의 반론도 강력했다.[4]

왓슨은 이 중대한 기간에 며칠은 밤에 렉스시네마(Rex Cinema)로 영화를 보러 갔다. 케임브리지 학생들은 렉스를 벼룩 소굴이라고 깎아내렸는데, 이는 더러운 영화관을 칭하는 영국 속어였다. 이전에 롤러스케이트장이었던 1953년의 렉스는 바닥이 끈적끈적하고 앞선 관객들이 버리고 간 쓰레기는 건드리지 않는 것이 최선인 구질구질한 극장이었다.[5] 1실링 8펜스를 주면 예술 영화 애호가 행세를 할 수 있는 페데리코 펠리니(Federico Fellini), 비토리오 데시카(Vittorio De Sica), 장 콕토(Jean Cocteau)의 영화부터 할리우드의 번지르르한 영화까지 모든 종류를 볼 수 있었다.

이 며칠 사이에 왓슨이 봤던 영화 중에 "최악의" 영화는 오스트리아 출신 배우로 할리우드 MGM 스튜디오에서 성공적인 경력을 쌓고 있던 헤디 라머(Hedy Lamarr)가 주연한 「엑스터시(Ecstasy)」라는 영화였다.[6] 놀랄 만큼 고지식한 시절의 동년배 젊은이들처럼 왓슨은 진작부터 1933년에 만들어진 이 영화를 보고 싶었다.

20년이 지난 후에도 「엑스터시」는 "나체로 뛰어노는 모습", 나체 수영, 성교, 여성의 오르가슴을 담았는데도 포르노가 아닌 첫 영화로 널리 알려져 있었다. 모두 가짜였지만 라머의 연기를 통해 확실하게 전달되었다.[7] 왓슨은 동생, 피터 폴링과 함께 영화를 봤다. 이 "날 것을 추구하는 영화"는 관객들이 "영국의 검열에서 살아남은 유일한 수영하는 장면이 풀장 물에 거꾸로 비친 장면뿐"이라는 것을 알았을 때 "역효과가 났으며, 우리는 영화가 반 정도 지나자 넌더리가 난 대학생들과 함께 격렬한 야유를 보냈다."[8]

딴짓에 정신을 팔면서도 왓슨은 "염기에 대해 잊어버리는 것이 불가능하다는 것을 알았다." 그는 결국 당인산 복합체가 나선의 바깥에 오도록 구성한 뼈대가 "실험 자료" 및 프랭클린의 "정밀한 계산"에 부합한다고 인정했다. 하지만 프랭클린의 자료가 킹스칼리지 연구소도 모르게 유출되었다는 명백한 문제는 흐지부지 숨겼다.[9]

로잘린드 프랭클린의 자료를 악용한 연구 윤리 위반은 막스 페루츠가 개입하면서 더 악화하기만 했다. 케임브리지 의학연구위원회 생물물리학팀의 관리자로서 페루츠는 자신이 관리하는 팀의 연구 성과 보고서를 만드는 한편, 다른 연구팀의 연구 성과 보고서도 받아보고 있었다. 페루츠는 그런 보고서를 받는 이유가 다른 연구소의 "연구 활동을 살펴보려는 목적이 아니라 생물물리학계에서 연구하는 서로 다른 위원회들과 소통할 수 있도록 하는 것"이라고 나중에 주장했다.[10] 1953년 초, 존 랜들은 페루츠에게 킹스칼리지 의학연구위원회 생물물리학팀의 보고서 복사본을 보냈다. 흐릿하게 타자된 원고에는 "R. E. 프랭클린과 R. G. 고슬링의 송아지 가슴샘 DNA X선 연구"라는 제목으로 상술한 항목이 포함되어 있었다. 왓슨은 "보고서가 기밀이 아니었기 때문에 2월 10일에서 20일 사이에 막스는 거리낌 없이 프랜시스와 나에게 보여주었다"고 주장했다. 하지만 1968년 왓슨의 『이중나선』이 출판되기 전까지 막스 페루츠가 "선물"한 사건은 케임브리지를 벗어나지 않는 선에서만 공공연한 비밀이었다.

크릭이 11문단으로 요약된 프랭클린의 연구 내용을 읽었을 때 그의 머릿속에서는 원자가 분열하면서 더 많은 아이디어, 사고, 에너지가 분출되는 연쇄반응이 일어났다.[11] 크릭은 즉시 "이것이 핵심"이라는 것을 알았다. "나아가 의학연구위원회 보고서에 같이 실려있던 단위격자의 차원이 증명하는 것은 한 쌍(의 사슬 구조)이 분자 길이에 수직이어야 하고, 복제는 단순히 결정 내의 인접한 분자 사이에서 일어나는 것이 아니라 단일한 분자 내에서 일어난다는 것이다. 따라서 사슬은 분자 내에 세 개가 아니라 한 쌍으로 존재해야 하고 하나의 사슬이 상승할 때 다른 사슬은 하강해야 한다."[12] 크릭의 말이 뜻하는 바는 만약 한 가닥의 뉴클레오타이드 염기가 아래에서 위로 A-C-G-T라면 다른 가닥은 위에서 아래로 A-C-G-T라는 것이다. 이 정보 한 토막이 크릭을 비롯해 연구소 감독관이었던 페루츠와 켄드루에게도 강렬하게 다가온 이유는 이들이 오랫동안 면심단사정계 C_2 결정의 배열을 띠는 다른 생물 분자를 연구해왔기 때문이다. 바로 산소가 첨가된 형태의 헤모글로빈이다.

호레이스 저드슨이 설명해온 것처럼 크릭은 의학연구위원회 보고서를 통해 처음으로 무엇이 "두 개의 뼈대 사슬을 올라가고 내려오는지" 이해하게 되었다. "인산과 당이 연결되고 하나의 사슬에서 번갈아 나오는 결합 배열이 나란히 있는 다른 사슬에서는 뒤집혔다."[13] 가장 중요한 것은 크릭이 "이항 대칭"을 통해 정확한 3차원 모형을 구축하는 데 필수적인 발견, 즉 분자의 내핵 주변을 어떻게 뼈대가 나선 회전하는지 깨달았다는 것이다. 처음에 왓슨은 이중나선의 공간 복잡도를 정확하게 시각화하지 못했다. 그는 각 사슬이 원통형 중간쯤에서 34Å높이에 도달하고 이를 반복할 수 있게 개별적으로 회전하고 있다고 예측했다. 그런 배열은 부정확할 뿐만 아니라 당 분자끼리 너무 가까이 있었다. 크릭은 왓슨에게 "눈을 감고 생각해보라"라면서 참을성 있게 어떻게 두 뼈대가 모두 "구조 자체가 완전하게 반복되기도 전에 원통형 주변을 360도" 나선 회전해야만 하는지 설명하면서 이 오류를 바로잡았다. 달리 말하면 합쳤을 때 34Å이 되는 3.4Å 염기쌍 10개가 나선의 완전한 회전을 나타내는 것이다. 이 배열은 프랭클린이 측정한 X선 사진에도 들어맞았다.[14] 몇 년 후 크릭은 왓슨이 『이중나선』에서 생물학적인 것은 한 쌍으로 존재한다는 개념이 이중나선의 근거라고 한 것이 공상이나 다름없다고 비난했다. "말도 안 되는 소리다. (사슬이 두 개인 모형을 구축할) 아주 *타당한* 근거가 있었는데 짐이 잊어버린 것이다!"[15] 크릭은 다른 인터뷰에서 자신의 역할을 한층 분명히 말했다. "(우리는) 핵심으로 이끌어줄 단서가 필요"했고 페루츠가 두 사람에게 보여준 의학위원회 보고서 속에 있던 "로잘린드 프랭클린의 자료"가 그 단서가 되었다.[16]

1968년에 『이중나선』이 출간되었을 때 페루츠가 정보를 전달하는 역할을 했다는 것이 마침내 공개되었다. 책이 논란의 중심이 되자 에르빈 샤르가프는 1968년 3월 29일 발행된 『사이언스』에서 가차 없이 비평했다. 비평을 보면 샤르가프가 왓슨과 크릭이 "사실 다른 사람들이 발견한 것에 편승하여 혼종을 만든" 행동에 분노했다는 것을 느낄 수 있다.[17] 그의 비판에서 몇 문단을 보면 샤르가프는 1952년 처음 만났을 때는 "아데닌의 철자가 무엇인지도" 몰랐던 두 사람이 이제 승리자가 되었다는 사실을 넘어 공격의 범위를 넓히고 있다. 샤르가프는 페루츠가 의학연구위원회 보고서의 기밀을 왓슨과 크릭에게 건넨 것이 부적절했다는 혐의를 제기하며 조용히 있던 페루츠를 기습 공격했다.[18] 샤르가프가 쓴 비평의 교정쇄를 본 뒤 페루츠는 불안으로 폭발할 지경이 되었다. 당연히 페루츠는 분자생물학계의 줄리어스 로젠버그(Julius Rosenberg)로 비치고 싶지 않았다. 처음에 페루츠는 왓슨의 원고를 훑어보느라 이 부분을 그냥 지

나갔으며, 만약 책을 천천히 읽었다면 게재에 반대했을 거라고 거짓말을 했다. 얼마 지나지 않아 페루츠는 자기 경력과 명성을 위협하는 이 사건에 대응하기 위해 무기를 들었다. 그는 존 랜들에게 편지를 써 "왓슨의 책에 있는 이 추문을 가능한 한 빨리 삭제"해야 할 필요성을 주장하는 것부터 시작했다.[19] 페루츠는 학술적 정확성으로 무장하고 삭제를 촉구했다.

페루츠는 어수선한 사무실을 뒤졌지만, 해당 기간에 의학연구위원회의 생물물리학위원회와 관련된 서신을 다 버렸다는 사실만 알게 되었다. 이어 페루츠는 분과위원회 위원장이었던 랜즈보로 톰슨(Landsborough Thomson)과 의학연구위원회 위원장이었던 해럴드 힘스워스(Harold Himsworth)의 서류함에서 먼지 쌓인 이 서신의 사본이라도 구하려고 백방으로 노력했다. 페루츠가 찾으려 했던 것은 이 보고서들이 그 자체로는 결코 "접근이 제한"되어 있거나 "기밀"이 아니라는 공식적인 확인서였다. 기술적으로는 사실이었다. 이 보고서들이 의학위원회 구성원이나 각 팀 관리자에게만 전달되긴 했지만, 보고서 상단에 "기밀"이라는 단어가 붙어있지는 않았다.[20]

배달되지 못한 우편물까지 뒤지고 나자 페루츠는 1969년 6월 27일자 『사이언스』를 통해 구성이 꽤 괜찮은 설명문을 발표할 수 있었다. 페루츠는 크릭과 왓슨에게 의학위원회 보고서를 보여줬을 때 자신이 "경험이 부족하고 행정적인 일에 무심했으며, 보고서가 기밀이 아니었기 때문에 숨길 이유가 없다고 생각했다"며 허술한 변명을 했다. 나아가 당시 보고서에는 "크릭이 활용할 만한 중요한 결정학적 정보가 하나도 실려 있지 않았고", 왓슨이 1951년 11월 학회에서 프랭클린의 발표를 들었으므로 이 자료를 전부 알고 있었다고 불만을 표했다. 페루츠는 "왓슨이 학회에서 필기를 잘했다면" 만 1년 전에 동일한 정보를 얻을 수 있었을 거

라고 적었다.[21]

이 일련의 과거 회상에 원인을 제공한 왓슨은 "추문"을 삭제하는 대신 페루츠가 의학위원회 보고서를 공유해준 것이 실제로 얼마나 중요했는지 생생하게 묘사하여 이야기를 강조했다. 왓슨은 다음과 같이 주장했다. "내가 1951년 11월에 단위격자의 차원과 대칭성에 관한 로잘린드의 학회 자료를 필사 '*할 수도 있었다*'는 것이 중요한 것이 아니라 '*하지 않았다*'는 것이 중요하다." 크릭이 프랭클린의 의학연구위원회 보고서를 읽은 것은 두 사람이 "염기쌍의 중요성을 깨닫고 'B' 구조의 모형을 구축"하기 시작한 직후였으며, "갑자기 한 쌍의 축과 이중나선 구조에서 그 축이 지니는 함의를 이해하게 되었다."[22]

전례를 들어 자신이 적절하게 행동했다는 페루츠의 주장은 역사가들이 영국국가기록원(British National Archives)에서 의학연구위원회 문서를 탐색하기 시작하면서 점점 설득력을 잃었다. 1953년 4월 6일, 왓슨과 크릭이 그 유명한 DNA 논문을 『네이처』에 제출하고 며칠밖에 지나지 않은 시점에 페루츠는 의학연구위원회의 해럴드 힘스워스에게 오해의 소지가 있는 편지를 보냈다. 한 주요 문단에서 페루츠는 왓슨이 51번 사진을 언제 보았는지, 킹스칼리지 의학연구위원회 보고서의 프랭클린 부분에 묘사된 정확한 수치를 왓슨과 크릭이 언제, 어떻게 알게 되었는지 얼버무렸다.

킹스칼리지에서 보고 들었던 출판되지 않은 X선 자료가 일부 사용되었다. 이 모든 X선 자료는 화질이 좋지 않은데다 다른 형태의 구조를 시사했으며, DNA 구조의 어떤 일반적인 특징은 나타나지만 상세한 특성은 알아낼 수 없었다. 왓슨과 크릭이 여기서 구조를 구축하는 동안 킹스칼리지의 프랭클린 양과 고슬링은 아주 자세한 DNA 사진을 새로 촬영했다. 왓슨과 크릭이 킹스칼리지로 원고 초안을 보냈을 때 이 사진에 대해서 들어보기만 했을 뿐이지만, 이 새로운 사진은 두 사람이 구축한 구조의 중요한 특성을 확인시켜 줄 것으로 보인다.[23]

막스 페루츠의 전기 작가인 조지나 페리(Georgina Ferry)는 이 편지를 "정직성과는 거리가 멀고 페루츠답지 않은 것"이라고 묘사했는데, 이는 "윌킨스가 킹스칼리지 생물물리학연구팀 책임자인 존 랜들에게 알리지 않고 프랭클린의 사진을 유출했다는 사실을 숨길 필요"가 있었기 때문에 작성된 것이라고 설명했다. 사실 은폐의 목적은 단순히 랜들이 연루되지 않도록 한다거나 윌킨스를 보호하는 것이 아니라 훨씬 더 공격적이었다. 해럴드 힘스워스에게 보낸 편지에서 페루츠는 이미 왓슨, 크릭, 윌킨스, 랜들로부터 시작된 로잘린드 프랭클린을 향한 음모에 공식적으로 가담했다. 페루츠가 프랭클린의 가장 만만치 않은 적이었던 크릭과 왓슨에게 의학연구위원회 보고서를 건넨 일이 적절했는지를 두고 1969년 1월 13일 윌킨스는 존 랜들에게 보낸 편지에서 아주 잘 설명했다. 다만 윌킨스는 애초에 *자신이* 왓슨에게 프랭클린의 사진을 보여준 장본인이라는 사실은 시종일관 무시했다. "만약 페루츠가 오직 '제한 문서'나 '기밀'이라고 표시된 문서만 다른 사람에게 보여주면 안 된다고 생각한다면, 제정신이 아닌 사람이라고 할 수밖에요!"[24] 랜들은 윌킨스에 동의하면서 만약 보고서에 "기밀" 표시가 없었더라도 그렇게 다뤄서는 안 됐다고 브래그에게 항의했다.[25]

25년이 지난 1987년, 페루츠는 여전히 죄지은 손을 비비고 있었다. 자해한 상처에 연고를 바르듯이 페루츠는 「생명의 비밀은 어떻게 밝혀졌는가」라는 긴 수필을 『데일리 텔레그래프』에 실었다. 페루츠는 그 과정에서 자신이 한 짓을 인정하는 대신 왓슨을 겨눠 "자신을 변호할 수 없는 재능있는 여자를 비방했다. (하지만) 나는 그를 변화시킬 수 없었다"고 분노했다. 이 고백의 가장 기이한 부분은 로잘린드 프랭클린의 외모에 대한 언급이다. "매력이 없다거나 외모에 신경을 쓰지 않는 것이 아니었다. 그녀는 평균적인 케임브리지 학부생보다 훨씬 우아한 차림새를 했다."[26]

1953년 2월 말, 캐번디시의 2인조는 당인산 뼈대 배열을 완전하게 파악하고 있었다. 이제 DNA 구조 규명을 향한 가장 눈부신 도약이 될 "염기의 비밀을 풀어낼" 차례였다.[27] 과학사가는 종종 자신이 다루는 주제와 관련해 중요한 발견 혹은 실험이 이루어진 시기의 책과 논문을 탐구하면서 즐거워한다. 이 경우도 예외는 아니다. 많은 시간이 지난 지금 시점에서 봐도 왓슨이 핵산 관련 문헌을 얼마나 탐독했는지 깊은 인상을 받을 수밖에 없다. 전부 도서관 도서 목록이나 출판된 색인을 통해 찾아봐야 했던 시절에 왓슨은 당시 존재하던 모든 정보의 파편까지 탐색했다.

왓슨이 참고했던 문헌 중 하나는 1950년에 출판된 『핵산의 생화학(Biochemistry of the Nucleic Acids)』이었다.[28] 저자 제임스 N. 데이비슨(James N. Davidson)은 글래스고대학교 소속 스코틀랜드 출신 생화학자로 "대서양 이쪽 편(영국)에서 핵산의 생화학을 활발히 연구하는 센터 중 한 곳"을 설립했다.[29] 데이비슨은 에르빈 샤르가프와 공저한 핵산 교과서 두 권을 포함해 많은 교과서를 썼다.[30] 왓슨은 모서리를 여러 곳 접은 데이비슨의 얇은 책 한 권을 갖고 있었다. 도식을 알맞게 그렸는지 확인하기 위해 책의 필요한 부분을 뒤적이며 왓슨은 캐번디시연구소의 담황색

편지지에 조그맣게 작성한 원고에 조심스럽게 DNA 퓨린 염기와 피리미딘 염기의 화학 구조를 그렸다.[31]

왓슨의 접근 방식은 타당했다. 그의 임무는 "바깥쪽으로 당인산염이 완전히 규칙적으로 배열된" 나선 가운데에 어떻게 뉴클레오타이드 염기를 배치하는지 알아내는 것이었다. 뉴클레오타이드 염기에 결합한 당인산염은 "똑같은 3차원 배열"이 되어야 했다. 이를 어렵게 만드는 것은 아예 형태가 다른 퓨린과 피리미딘 염기였다. 직소 퍼즐 방식으로 이들을 완벽히 맞추는 것은 불가능했다. 염기 한 개를 몇도 비틀면 다음 염기를 자리에 맞추기가 어려워졌다. "어떤 공간에서는 더 큰 염기"가 서로를 건드렸고 "다른 부분에서는 더 작은 염기가 정반대에 놓여 있어서" 뼈대를 내부 중앙으로 향하게 하는 설명할 수 없는 차이가 생겼다. 즉, 왓슨이 시도한 모든 배열은 "난장판"이었다.[32]

왓슨은 또한 이중나선의 사슬 두 가닥을 고정하는 수소 결합을 바르게 배열하기 위해서 애썼다. 분자 내 수소 결합의 특징과 분자 간 결합의 특징에 차이가 있다는 것이 이 시기에는 잘 알려지지 않았다. 그런 미세한 화학적 요소들은 고작 1년 전에야 "염기가 규칙적인 수소 결합을 형성한다는 가능성을 기각"했던 왓슨과 크릭의 상상력과 지적 기반을 훌쩍 뛰어넘는 것이었다. 대신 두 사람은 "각 염기에 있는 한 개 또는 그 이상의 수소 원자가 한 곳에서 다른 곳으로 이동할 수 있다"고 처음부터 가정했다.[33]

이어 왓슨은 노팅엄의 존 메이슨 걸랜드(John Mason Gulland)와 데니스 오스왈드 조던(Denis Oswald Jordan)의 DNA 산 · 염기 화학 연구를 참고했다. 왓슨은 이들의 연구를 보고 "마침내 염기의 전체, 아니면 염기의 큰 부분이 다른 염기와 수소 결합을 형성한다는 결론을 제대로 이해했다." 이제 "이 수소 결합이 DNA 농도가 아주 낮을 때 나타나고, 이는 같은 분자 안에 있는 염기들을 수소 결합이 연결한다는 강력한 단서"라는 것을 깨달았다.[34]

그래서 왓슨은 클레어 기숙사 방에 처박혀 이틀 동안 자신의 14~15cm쯤 되는 길쭉한 두개골 속에서 시간을 보냈다. 그가 "종이에 끄적거린 염기에 관한 내용"은 "아무것도 아니었다 … 머릿속에서 (영화) 「엑스터시」를 지우고 싶었는데도 그럭저럭 괜찮은 수소 결합을 생각해내지 못했다." 어느 시점엔가 사교적 교류를 찾아 다우닝칼리지(Downing College)의 학부생 파티에 가면서 "예쁜 여자애들이 가득하기를" 바랐다. 그의 호색적인 희망은 파티 장소에 도착해 "한 무리의 건강한 하키 선수와 안색이 창백한 데뷔탕트(처음 사교계에 나가는 상류층 여성) 몇 명"을 보자마자 박살 났다. 자신과 어울리지 않는 자리라고 느껴 "서둘러 자리를 뜨기 전에 예의상 잠시" 머물렀다. 자리를 뜨면서 피터 폴링을 염탐하고는 자신이 "(그의) 아버지와 노벨상을 향해 경쟁하고 있다"고 확실하게 알렸다.[35]

왓슨의 "낙서"는 그가 해답이라고 착각했던 어떤 배열을 찾을 때까지 거의 일주일간 이어졌다. 왓슨은 순수 아데닌 결정과 그 안에 있는 분자가 수소 결합으로 고정된다고 읽은 기억이 났다. 만약 DNA 분자에 있는 아데닌 잔기가 각각 같은 결합을 지니고 있다면? 왓슨은 자문했다. 아데닌 잔기 두 개 사이에는 180도 회전한 축과 함께 수소 결합도 두 개 있어야 했다. 이 유사성, 대칭적인 수소 결합은 "구아닌, 시토신, 티민의 쌍을 고정"하기에도 적절했다. 유일한 문제는 같은 염기끼리 짝지으면 그 전주에 왓슨이 주의 깊게 구축한 뼈대 구조가 너무 조밀해진다는 것이었다. "가운데에 퓨린 쌍이 있는지, 피리미딘 쌍이 있는지에 따라" 안팎으로 향하는 결합이 너무 많았다.[36]

저녁 무렵 왓슨은 모형에 더 큰 영향을 끼치는 요소를 위해 엉망이 된 뼈대는 무시하기로 마음먹었다. 그가 생각하기에 대자연이 사슬 두 개를 "같은 염기 순서"로 우연히 엮을 리가 없었다. 이는 아주 강력한 가설이었다. 세포가 복제되는 어느 시점에 사슬 하나는 "다른 사슬의 합성을 위한 형판 역할을 한다. 이 방식에 따르면 유전자 복제는 같은 사슬 두 개가 분리되면서 시작된다. 두 개의 새로운 딸 DNA 가닥이 두 개의 부모 형판에서 생성되고, 이로 인해 원래 분자와 같은 두 개의 DNA 분자가 형성된다"는 것이 더 중요했다. 왓슨은 모든 요소를 바로잡지 못했는데도 밤이 될 때까지 자신이 발견한 "충격적인" 구조를 계속 만지작거렸다. "왜 구아닌의 흔한 호변이성 형태가 아데닌과 수소 결합하지 않는지 알 수 없었다. 마찬가지로 다른 몇 개의 조합 실수도 일어났다. 하지만 특정한 효소가 개입될 가능성이 남아있었기 때문에 지나치게 불안해할 필요는 없었다."[37]

왓슨은 다시 "맥박이 거세게 뛰기 시작"하는 것을 느끼며 "시간이 자정을 넘어서자" 다음날 듣게 될 찬사를 상상했다. 왓슨의 상상은 월드시리즈 결승 9회에 만루홈런을 친다거나 슈퍼볼 4쿼터에서 터치다운 패스를 잡는 것이 아니었다. 그는 성대하게 강의를 마치고 학계 선배들이 보내는 박수를 우아하게 받는 모습을 상상했다. 그가 꿈꿔왔던 구조가 너무나 흥미로웠던 것이다. 결국 왓슨은 휴식을 취하기로 했다. 다음날 최근 떠올린 아이디어를 크릭에게 설명하려면 큰일이었다. 당연하게도 두 사람은 모형 조각을 재조합하면서 새로운 아이디어의 장단점을 다투고, 또 다툴 것이다. 하루가 끝날 때쯤이면 크릭이 자신에게 동의할 테니 이글에서 축하를 나눌 것이다. 그다음에는 최고의 학술지에 연구 결과를 보내기 위해 몇 날 며칠을 뜨겁게 보낼 것이다. 그날 밤 왓슨은 흥분과 불안에 휩싸여 푹 쉬지 못했다. 왓슨은 "감은 눈앞에서 빙글빙글 도는 아데닌 잔기 쌍" 때문에 두 시간 정도 더 깨어 있었다. 결국 잠든 후에도 그의 마른 몸을 가득 채우는 찌를 듯한 두려움이 "이렇게 좋은 아이디어라니 무언가 잘못되었다"고 속삭였다.[38]

[26]

이중나선의 열쇠 염기쌍을 발견한 왓슨[1]

솔직히 말해서 만약 1952년부터 1953년까지 사무실을 왓슨, 크릭과 함께 쓰라고 운명이 나에게 명령하지 않았다면, 두 사람은 아직도 염기의 에놀(enol)형에서 나타나는 "유사한 염기"끼리 짝지으려고 꾸물거리고 있었을 것이다.

– 제리 도너휴(Jerry Donohue)[2]

왓슨은 재미없는 잡무를 처리하면서 2월 20일 금요일 하루를 시작했다. 제멋대로 뻗쳐 엉키는 머리카락을 빗질할 때도 있고 아닐 때도 있는 목욕을 마치고 왓슨은 베이컨과 달걀을 먹으러 음식점 윔으로 향했다. 그다음에는 『미국국립과학원회보』에 실릴 수 있도록 막스 델브뤼크에게 추천을 요청했던 세균유전학 논문에 관해 델브뤼크가 보내온 편지에 답장하기 위해 방으로 돌아갔다(논문이 즉시 통과되어야 7월에 콜드스프링하버에서 열리는 여름 학회 전에 인쇄될 수 있었다).[3] 델브뤼크는 왓슨에게 논문이 허점으로 가득하고 결론도 잘못되었을 가능성이 크지만, 편집자들에게 보내긴 했다면서 항상 서두르는 왓슨에게 "논문을 출판하기에는 시기상조라는 것이 무슨 뜻인지 배울 좋은 기회가 될 것"이라고 경고했다.[4] 델브뤼크의 경고가 있었는데도 왓슨은 무슨 일이 있더라도 이력서에 한 줄 더 넣고 싶었다.[5] 나중에 왓슨은 델브뤼크가 작정하고 "남의 마음을 불안하게 하려고" 꾸중했다고 주장했지만, 이 불만은 곧 DNA를 거의 규명했다는 기쁨으로 대체되었다. 델브뤼크 때문에 울리는 것일지도 모르는 뱃속의 꾸르륵 소리를 무시하고 왓슨은 망상 중 하나를 현실로 끌어냈다. 바로 학계의 사다리 몇 칸을 뛰어넘고, 작은 사고를 쳤을 때 발생할 잠재적 비용은 무시하라고 그의 귀에 속삭이는 목소리였다. 그는 자신의 세균유전학 논문이 출판되면 오류가 여실히 드러날 텐데도 "멍청한 아이디어를 출판하는 경솔한 짓을 해도 나는 여전히 젊다. 내 경력이 엉망으로 영영 굳어지기 전에 만회할 수 있을 것"이라고 무신경한 핑계를 댔다.[6]

델브뤼크에게 보낸 세 장짜리 답장에서 왓슨은 어떻게 "세균이 짝을 지었는지" 논문에 적은 내용을 자신 있게 다시 적어 보냈다. 나중에 왓슨은 교수를 능가했다고 주장하는 학생처럼 "폴링의 것과 완전히 다른 아름다운 DNA 구조를 막 고안했다고 한 문장 덧붙이고 싶어서 참을 수 없었다"고 『이중나선』에 적었다. 하지만 실제로 2월 20일에 보낸 편지에서 왓슨은 DNA 구조를 연구하느라 "지나치게 바쁘다", "곧 해답에 이를 것 같다"는 내용이 들어간 긴 문단 하나만 적고, 아예 다른 이야기로 편지를 채웠다. 왓슨은 이어서 폴링과 코리의 『미국국립과학원회보』 논문을 읽었을 때 "몇 가지 너무 심한 실수가 있다"는 것을 발견했다고 언급했다. 또한 왓슨은 로잘린드 프랭클린처럼 언어로 펀치를 날리기까지 했다. 구체적으로 따지면 폴링이 "잘못된 유형의 모형"을 선택했을지도 모르지만, 최소한 "런던 킹스칼리지 사람들이 순수한 결정학자의 길 대신 택해야 하는 적절한 접근 유형과 방식"을 보여주었다는 것이다. 또한 왓슨은 "킹스칼리지가 경쟁도 협력도 반기지 않은 탓에" 1년 넘게 DNA 그림자도 보지 못했다고 한탄했다. 이제 폴링이 제한 없는 사냥철이 도래했다고 공표해준 덕에 브래그도 마침내 왓슨의 DNA 연구를 허락해주었다. 그래서 "덕분에 나도 해답을 구할 때까지 연구할 생각이다."[7]

왓슨은 토막 정보 몇 가지를 추가해 좀 더 자세히 설명할지 2초 내지는 3초 동안 고민했으나 금세 그만두기로 했다. 왓슨은 델브뤼크가 칼텍에서 폴링과 가까이 지낸다는 것을 알았고, 필연적으로 자기가 보낸 소식을 중년의 보폭으로 손수 폴링에게 전달할 것이라고 생각했다. 대신에 왓슨은 자신의 "아주 보기 좋은 모형, 너무 보기 좋아서 이전에 아무도 생각한 적이 없다는 것이 놀라운 아주 보기 좋은 모형"의 결과를 낙관하고 있다고만 말했다. 왓슨은 프랭클린의 자료를 사용하고 있다는 사실은 털어놓지 않은 채 X선 자료에 확실히 부합하도록 원자 배열을 연구하고 있다고 말하며 편지를 마무리했다. 왓슨은 만약 새로운 모형이 틀리더라도 큰 진전을 이룬 것은 틀림없으며, 자세한 내용을 곧 델브뤼크에게 보낼 수 있을 거라고 편지를 끝냈다.[8]

왓슨은 여왕 엘리자베스 2세의 새로운 치세를 나타내는 "ER Ⅱ"가 양각된 밝은 빨간색 타원형 우체통에 편지를 넣었다.[9] 왓슨이 아이디어를 델브뤼크에게 전부 쏟아내지 않기 위해 주의를 기울인 것은 올바른 선택이었다. 우체부가 커다란 철제 열쇠로 우체통을 열어 바닥에서부터 우편물을 수거하기 한참 전에 왓슨의 모형은 "갈기갈기 찢겨 터무니없는 것"으로 분류될 예정이었다.[10]

모형을 찢어버린 장본인은 103호를 공유한 네 번째 동료로, 아마 DNA를 향한 이 이야기에서 가장 중요하면서도 비중이 작은 인물일 것이다. 이 사람의 이름은 제리 도너휴였다. 빈정거리기 좋아하고 행동이 굼뜬 사각턱의 남자로 위스콘신 시보이건(Sheboygan) 출신이었다. 1941년 다트머스칼리지(Dartmouth College)에서 차석으로 학사 학위를 따고, 1943년 화학 석사 학위, 1947년 이론화학과 물리학 박사 학위 모두 칼텍에서 라이너스 폴링의 지도를 받았다. 이 쉽게 화를 내는 천재는 폴링의 보증으로 구겐하임재단 장학금을 받아 1953년 겨울 계절학기를 캐번디시에서 보냈다. 도너휴가 도착하자마자 존 켄드루는 몇 달 앞서 피터 폴링에게 한 것처럼 그를 왓슨과 크릭 옆자리로 배정했다. 작은 사무실 둘레로 책상 4개가 배치되었다. 크릭의 책상은 아래로 우중충한 뜰을 내려다 볼 수 있는 창문이 가까운 오른쪽 자리였고, 왓슨의 책상은 정반대인 왼쪽에 있었다.[11] 나중에 온 사람들의 책상은 문과 가까운 구석으로, 칠이 벗겨진 석고벽을 마주하고 있었다. 연구실 한가운데에는 좁은 책상이 놓여 있었다. 왓슨보다 여덟 살, 피터 폴링보다는 열한 살 연상인 도너휴는 종종 두 사람의 경박한 행동에 짜증을 냈는데, 특히 어떤 파티에 참석할지, 거기서 어떤 "여자(popsie)"를 만나고 싶은지 수다를 떨 때 그랬다.

몇 년 후 펜실베이니아대학교 화학과 교수가 된 도너휴는 이렇게 회상했다. "케임브리지에 막 도착했을 때 나는 핵산이 무엇인지도 몰랐다." 하지만 그는 구조 화학에 대해서는 "안팎으로" 알고 있었고, 수소 결합의 특성에 전문 지식을 갖고 있었다.[12] 영국에 머무는 동안 도너휴는 준 브룸헤드(June Broomhead)의 연구를 발전시켰다. 브룸헤드는 퓨린과 퓨린이 관련된 결합을 연구한 캐나다계 영국인 결정학자로 1948년 캐번디시연구소 결정학 분과에서 박사 학위를 땄으며, 학위를 받은 후에는 옥스퍼드의 도로시 호지킨 연구실에서 아데닌과 구아닌 결정의 구조를 규명했다. 왓슨과 크릭도 브룸헤드의 박사 학위 논문을 읽었다.[13]

1952년 도너휴는 순수 구아닌이 "규칙적으로 반복되는 배열을 띠면서 분자에서 분자로 수소 결합"하는 방식에 관한 브룸헤드의 결정학 자료를 자세히 검토했다.[14] 안식년 동안 도너휴는 "수소 원자의 위치가 고정되어 있고 이곳에서 저곳으로 뛰지 않는다"고 밝혀냈다. 이는 왓슨과 크릭이 1년 전 잘못 만들어냈던 수소 결합 이동 이론과 정반대였다. 두 사

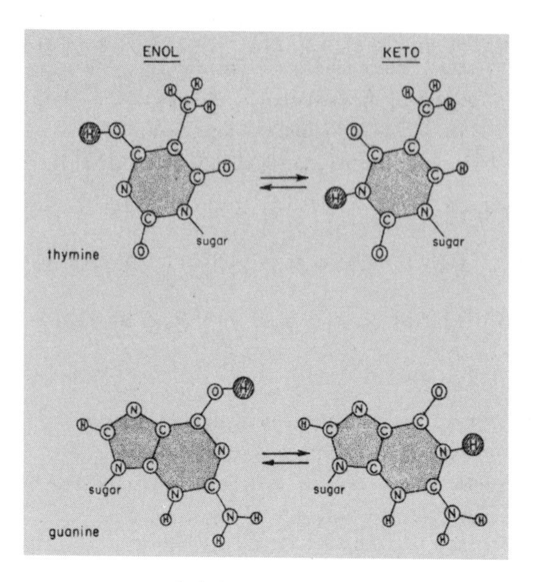

구아닌과 티민의 분자 형태

람은 DNA 분자 안에 있는 퓨린과 피리미딘이 호변이성을 보일 거라 예상했다. 분자 내의 원자가 1개 이상 자유롭게 움직이고 하나의 이성질체(구성요소는 같지만, 배열이 다른 원자로 된 분자의 변이)에서 다른 이성질체로 변환 가능하다는 점을 근거로 삼았다. 그래서 이성질체에 각각 다른 화학적, 생물학적, 물리학적 특질이 부여될 것이라 보았다. DNA의 뉴클레오타이드 염기인 아데닌, 구아닌, 시토신, 티민은 에놀 이성질체와 케토 이성질체의 두 가지 형태로 존재할 수 있는 화학적 잠재성을 지니고 있다. 그러나 도너휴의 핵심 결론은 핵산 속의 염기 중 어느 것도 호변이성을 보이지 않기 때문에 두 가지 형태 중 보다 안정적인 케토형으로 남아 있을 가능성이 있다는 것이었다.[15]

왓슨이 도너휴에게 자신의 기발한 유사성 결합, 즉 유사한 염기끼리 수소 결합한다는 가설을 말하자마자 도너휴는 "그 아이디어는 안 될 것"

이라고 답했다. 왓슨은 데이비슨의 『핵산의 생화학』에서 신경 써서 베낀 호변이성체의 "배열이 얼마나 잘못되었는지" 도너휴가 설명하자 의기소침해졌다. 책에 나온 도식은 화학적으로 더 안정적인 케토 이성질체가 아니라 에놀 이성질체를 띤 뉴클레오타이드 염기를 묘사하고 있었다. 도너휴가 말을 마치자 왓슨은 "다른 몇몇 문헌에서도 구아닌과 티민을 에놀형으로 묘사했다"고 반격했다. 날카롭게 쏘아붙였지만, 왓슨도 인정했듯 "제리에게는 아무 타격이 없었다."[16]

도너휴는 왓슨의 오류를 바로 알아챘지만 당장 보여줄 수 있는 자료나 "아주 간단한 근거"도 갖추지 못했다. 도너휴는 그저 훨씬 단순한 결정 구조의 사례를 하나 들 수 있었는데 "몇 년 전에 폴링의 연구실에서 3차원 배열을 유의 깊게 분석해낸 디케토피페라진(diketopiperazine)이라는 결정이었다. 여기서 에놀형이 아니라 케토형이 나타났다는 것은 이론의 여지가 없었다." 도너휴는 "양자역학적 논거"를 들어 같은 논리가 "구아닌과 티민에도 적용되어야 한다"고 주장했다. "몇 년 동안 유기 화학자들은 아주 조잡한 근거만 가지고 다른 대안은 등한시하고 임의로 특정 호변이성체를 선호해왔다. 사실 여러 유기화학 교과서도 실존하기 힘든 호변이성체 그림들로 엉망이다."[17] 도너휴는 왓슨에게 책상에 가득 쌓아놓은 논문들로 돌아가기 전에 유사한 염기를 짝짓겠다는 "말도 안 되는 계획에 시간을 더 낭비하지 말라고 단호하게 충고했다."[18]

짐 왓슨은 항상 자기 아이디어를 고평가하는 사람이었지만 과학자로서 그의 뛰어난 자질 중 하나는 좋은 아이디어와 "가짜", 왓슨이 흠결 있는 과학을 지칭할 때 즐겨 사용했던 경멸적인 단어로 표현하자면 "쓰레기"를 구별할 수 있는 능력이 있다는 것이었다.[19] 유사한 염기끼리 짝짓는 배열이 너무나 마음에 들었던 왓슨은 "제리가 허풍을 떨었을 것"이라는 희망을 잠깐 품었지만, 그런 희망은 가망이 없다는 것을 잘 알았다. 하루 정도 지나자 겸손하고도 분명하게 왓슨은 폴링을 제외하면 "세상에 제리보다 수소 결합을 더 잘 아는 사람은 없다"고 결론 내릴 수밖에 없었다. 도너휴가 이미 칼텍에서 수많은 유기 분자의 구조를 성공적으로 규명해왔기에 싫든 좋든 왓슨은 "그가 우리 문제점을 파악하지 못했다고 정당화할 수도 없었다"고 인정해야만 했다. "우리 사무실에서 그가 책상을 차지하고 있던 6개월간 나는 도너휴가 자신이 모르는 주제에 대해 입을 떼는 것을 한 번도 듣지 못했다."[20] 도너휴의 발언을 인정한 후에도 왓슨은 아데닌과 구아닌 염기가 티민과 시토신 염기보다 물리적으로 더 큰 분자라는 사실을 이해하지 못했다. 아데닌과 구아닌에는 탄소고리가 두 개였고 티민과 시토신에는 하나뿐이었다. 왓슨은 수소 원자를 염기의 케토 배열에 맞추기 위해 위치를 바꿨지만, 유사성 방식으로는 모형의 뼈대를 구부리지 않는 한 꿰맞출 수 없었다.

2월 23일 월요일 오후, 로잘린드 프랭클린은 두 개 층을 계단으로 올라 킹스칼리지 도서관으로 향했다. 복잡하게 배치된 목재 함에 학술지 제목 라벨이 붙어 있고, 최신 호가 들어 있는 선반으로 직행해 2월 21일에 발행된 『네이처』를 꺼냈다. 폴링이 삼중나선 DNA 모형을 『미국국립과학원회보』 2월호를 통해 곧 출판할 거라고 먼저 『네이처』에 편지를 보내서 발표한 일반적이지 않은 조치가 담긴 호였다.[21]

케임브리지 학생 시절부터 잘 훈련한 프랭클린의 독서 습관은 아주 유용했다. 복사기나 스캐너가 존재하지 않던 시절, 저자에게 엽서를 보내 논문의 사본을 요청하면 저자가 인사말을 적어 사본을 보내주기까지 오랫동안 기다려야 했는데, 프랭클린은 규칙적으로 결정학, 화학, 물리학 학술지 최신 호를 읽고 적절한 인용구가 있으면 헐겁게 묶은 공책 종이 묶음에 논평과 함께 기록하는 습관이 있었다. 이를 나중에 참조하기 위해 보관해 두었다가 논문 사본이 도착하면 알맞은 부분에 붙였다.

프랭클린은 왓슨이 3주 전인 1월 30일 사전 인쇄본을 보여주었을 때 폴링의 모형에 문제가 있다는 것을 알았다. 폴링이 『네이처』에 보낸 편지를 두고 프랭클린이 메모한 논평을 보면 오류를 바로잡으면 삼중나선이 아니라 이중나선 모형을 만들게 될 것이라고 적었다. 삐죽삐죽한 손글씨로 프랭클린은 "외부가 그렇게 비어있는 구조인데 왜 X선으로 지름 외부를 확인하는지 확실하지 않다"고 적었다. 프랭클린은 왓슨과 만났을 때 폴링이 예전 자료, 즉 윌리엄 애스트버리가 1938년에 촬영하고 1947년 재검토했던 흐릿한 X선 사진을 썼다는 것을 알게 됐다. 또 애스트버리가 두 가지 다른 형태의 DNA를 구별하지 않아서 사진이 건조한 A형과 수분이 있는 B형의 요소를 모두 담고 있고, 이것이 폴링의 계산에 간섭했다는 것을 알았다. 때로는 동료들과의 원만한 관계를 희생해서라도 진리 추구에 헌신하는 성격상 프랭클린은 그날 바로 폴링에게 편지를 써 모형에 인산기가 잘못 배치되었다고 말했다. 한 연구소에서 대놓고 축출되어 다른 연구소로 옮겨야 하는 서른두 살의 박사후과정 연구원이었지만 세계적 명성을 지닌 화학자에게 반박하는 일은 두렵지 않았다. 프랭클린은 자기가 가진 확실한 자료를 바탕으로 차분하게 동료로서의 연대감을 가지고 설명했다.[22] 연구소 상사였던 존 랜들의 신속한 동의가 없어 프랭클린이 미처 하지 못한 행동이 있는데, 장차 DNA에 관한 그녀의 세 가지 중요한 업적이 될 저작물들의 출판 전 원고를 폴링에게 보내는 것이었다. 두 건은 『악타 크리스탈로그라피카(Acta Crystallographica)』에 실렸다. 첫 번째는 DNA가 건조한 결정(A)과 젖은 파라결정(B)이라는 두 가지 형태로 존재한다는 것을 증명하는 논문이었고, 두 번째는 DNA를 한 가지 형태에서 다른 형태로 변화시키는 실험 방법을 상술한 논문이었다. 세 번째 논문은 A형과 B형에 관한 그녀의 연구를 요약한 것으로 그 유명한 왓슨과 크릭의 논문, 윌킨스의 논문과 함께 최종적으로 『네이처』에 게재되었다.[23] 폴링은 계속 자기 모형이 정확하다고 생각하면서도 다음에 영국에 방문할 때 프랭클린을 만나고 싶다고 고상하게 답장을 보냈다. 그 후 폴링은 다시 아들 피터에게 쓴 편지에서 프랭클린이 마무리했다는 DNA 관련 논문 세 건에 관해 이야기했다.[24]

회고록 『이중나선』에서 왓슨이 2월 20일부터 28일까지 약 일주일을 묘사할 때 그는 마치 뉴클레오타이드 염기쌍의 함의를 24시간 안에 발견해낸 듯이, 장난감 망원경의 시야처럼 사건들의 시간 순서를 왜곡해서 배치했다. 이 이야기 속에서는 도너휴가 염기의 케토 배열에 관해 즉흥적인 세미나를 마치자마자 크릭이 연구실에 도착해 왓슨이 제안한 구조가 34Å단위의 결정학적 반복을 명확히 보여주는 로잘린드 프랭클린의 X선 자료에 부합하지 않는다는 것을 입증하면서 왓슨의 "유사성" 뉴클레오타이드 염기 구조를 비난했다. 왓슨의 유사성 모형은 68Å마다 3차원에서 한 바퀴 회전할 필요가 있는데 회전 각도는 고작 18도여서 물리적으로 불가능했다. 더 큰 문제는 왓슨의 모형이 아데닌과 티민, 구아닌과 시토신 사이의 비율이 1:1이라는 샤르가프의 법칙에 위배된다는 것이었다. 아무리 왓슨 같은 사람이라도 불과 몇 시간 전까지 그렇게 훌륭해 보였던 자신의 잠정적인 유사성 구조가 옳지 않다는 것을 인정해야 했다.

크릭이 기억하기로는 일주일이 지난 2월 27일 금요일이 돼서야 마침내 왓슨이 유사성 모형을 포기했다. 그날 오후쯤 왓슨과 도너휴는 칠판에 마지막으로 쓴 내용이 무엇이든 간에 가늘게 눈을 뜨고 보고 있었고, 크릭은 자기 책상에 구부정하게 앉아 있었다. 동시에 눈앞이 번쩍인 순간, 세 사람은 같은 결론을 내렸다. "염기를 짝지어 1:1 비율을 설명할 수 있을 것 같았다"고 크릭은 기억했다. 이것 역시 "참이기엔 너무 좋아 보였지만 우리 세 사람은 염기를 같이 놓고 수소 결합해야 한다"는 전제를 받아들이기로 했는데 "다음날 짐이 오더니, 성공했다고 했다."[25]

왓슨은 나중에 정확한 날짜가 나와 있는데도 그날 오후 자기는 크릭

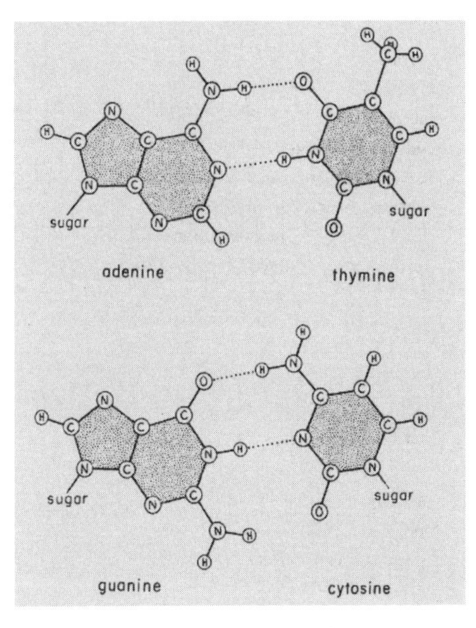

"유레카!" 이중나선을 구성하는 데 사용되는
올바른 아데닌-티민 및 구아닌-시토신 염기쌍

이 말한 내용을 자세히 듣지 않았다고 했다. 왜냐하면 "크릭은 너무 많은 아이디어를 말로 계속 떠드는 경우가 많았고 … 항상 사무실에 있는 다른 사람들의 생각도 정리해주려 했다 … 그래서 다음 단계에 관한 크릭의 충고는 누구 귀에도 들어가지 못했다."[26] 또한 왓슨은 도너휴가 자기 유사성 이론을 철저하게 격파했다는 점에 여전히 약간 화가 나 있었고, "학부생들이 입주 도우미 여자애들을 꼬여내지 못하는 이유" 따위의 다른 생각을 했다. 왓슨은 다시 "넘을 수 없는 벽을 마주하고 X선 증거에 부합하는 규칙적인 수소 결합 방식이 없다는 사실을 받아들여야 할까 봐" 두려워하면서 도너휴가 말한 케토형에 손을 대려는 의욕이 별로 없었다. 그래서 왓슨은 더 좋은 아이디어가 번개같이 떠오르길 바라면서 꾸물거리다가 창밖에 피어나는 크로커스를 응시했다.

점심 식사 후 왓슨과 크릭은 다시 한번 공방 기술자로부터 모형 조각이 예정된 제작 기간보다 더 늦어질 것이라는 연락을 받았다. 며칠이 더 지나도 준비를 마치지 못하는 상황이었다. 이 모형 조각들은 나선 중심에 있는 퓨린과 피리미딘 염기 사이의 수소 결합이라는 짜증스러운 문제를 해결하기 위해 꼭 필요했다. 다시 시간이 남아돈다는 것을 알게 되자 왓슨은 그날 오후 "딱딱한 판지를 정밀하게 잘라내 염기 모양을 만들면서" 시간을 보냈다.[27]

왓슨이 유기체 종이접기를 그만둘 때쯤에는 땅거미가 지고 있었다. 저녁 예배에서 소년 소프라노들이 노래하는 감미로운 소리가 공중에 울려 퍼지자 왓슨은 저녁에 극장에서 팝 프라이어와 하숙집 아가씨들을 만나기로 했다는 것을 떠올렸다. 연극은 리처드 셰리든(Richard Sheridan)이 1775년에 쓴 고전적인 희극 「연적(The Rivals)」이었다. 잘못된 단어를 소리가 비슷한 다른 단어로 바꿔 희극적 효과를 노리는 습관이 있는

맬라프롭 부인(Mrs. Melaprop)이라는 등장인물을 세상에 소개한 작품이며, 그 말장난은 우리 일상 언어에 아직 남아 있다.[28]

다음날 2월 28일 토요일 아침, 왓슨은 빈 사무실에 도착했다. 책상을 차지하고 있던 종이, 몽당연필, 더러운 찻잔 등을 치우고 새로 만든 판지 염기쌍을 놓기 위해 넓고 평평한 공간을 확보했다. 책상을 자기 기준에 깔끔한 백지상태로 정리하고 만족한 왓슨은 퍼즐 조각을 이렇게 배열해보고 저렇게 배열해보면서 수소 결합이 어디에 존재할 수 있을지 고민했다. 왓슨은 비슷한 염기끼리 짝짓는 것이 "어떤 결과도 내지 못한다"는 사실을 받아들이기 전에 다시 한번 자신이 몹시 아꼈던 "유사성 이론"을 시험해보았다.[29]

2000년도 전에 그리스의 수학자 아르키메데스는 욕조에 들어가 수면이 어떻게 상승하는지 알아차렸다고 전해진다. 욕조에서 흘러내린 물의 부피가 자기 몸이 물에 잠긴 부피와 같다는 사실에 감동한 아르키메데스는 "유레카, 유레카!"라고 외친 것으로 추정된다(Εύρηκα, "발견했다, 알아냈다"는 뜻).[30] 이 멋진 일화가 사실이든 아니든, 아르키메데스 이후로 유레카라는 말은 과학적 발견을 나타내는 상징이 되었다. 도너휴가 103호에서 짧은 과학 강의를 마친 직후, 왓슨은 데우스 엑스 마키나(deus ex machina, 극 · 소설 등에서 줄거리의 어려움을 해결하기 위한 부자연스럽고 억지스러운 결말)의 굉장한 힘으로 유레카의 순간을 맞이했다.[31] 케토형 아데닌과 티민을 두 개의 수소 결합으로 짝짓자 왓슨은 자기 눈을 믿을 수가 없었다. 이 분자 조합이 만들어내는 형태가 "최소한 두 개의 수소 결합으로 고정된 구아닌-시토신 쌍과 똑같았다." 더 대단한 것은 "수소 결합이 자연스럽게 형성된 것처럼 보였다. 두 종류의 염기쌍을 같은 형태로 만들 때 모든 부분이 딱 맞아떨어졌다." 왓슨은 도너휴를 불러 집착적으로 "나의 새로운 염기쌍"이라고 부르기 시작한 결합 형태에 축복을 내려주길 청했다.[32]

도너휴는 신중하게 판지 조각을 검토한 후, 배열 자체에는 문제가 없다고 선언했다. 도너휴의 선언에 왓슨의 맥박은 성층권까지 솟구쳤다. 샤르가프 법칙의 수수께끼, 너무 어려워서 법칙의 이름을 딴 성마른 샤르가프조차 밝히지 못했던 난제를 왓슨이 풀어낸 것이다. 이때 셰익스피어 역사극의 단역처럼 퇴장한 도너휴는 DNA 무대에 다시는 등장하지 않았다. 2018년, 왓슨은 "제리 도너휴를 홀대했다"고 후회했다. "도너휴의 연구는 너무나 중요했기에 (1953년에 발표한 왓슨과 크릭의 DNA 논문에) 공저자로 올라갈 수도 있었다. 도너휴의 연구가 돌파구 그 자체였다. 양자역학의 태동기였기 때문에 케토형이나 에놀형에 대해 잘 알고 있는 사람이 거의 없었다."[33]

도너휴는 제대로 도움을 주었다. 왓슨의 정신은 이제 수소 결합 방식으로 퓨린의 숫자가 어떻게 피리미딘의 숫자와 같은지 밝히는 데 집중했다. 이는 이중나선 가운데에서 일정한 배열로 항상 티민에 묶인 아데닌, 항상 시토신에 묶인 구아닌으로 치환되었다. 아주 단순하고 우아한 형태였다. 가장 훌륭한 점은 "잠깐 고려했던 유사한 염기끼리 짝짓는 방식보다 훨씬 더 만족스러운 복제 방법"을 시사한다는 것이었다. 해답 스스로 왓슨을 향해 소리치고 있었다. 만약 아데닌이 항상 티민과 짝을 맺고, 구아닌이 항상 시토신과 짝을 맺는다면 "뒤얽힌 나선 두 개의 염기 서열은 상호보완적이다. 한 사슬의 염기 서열이 쌍을 이루는 다른 사슬의 염기

서열을 결정했다. 개념적으로는 이제 어떻게 단일 사슬이 상보적인 서열을 따라 사슬 합성의 형판이 되는지 쉽게 시각화할 수 있었다."[34]

크리스마스이브에 산타클로스를 기다리듯이 왓슨은 103호 문턱에서 기다렸다. "프랜시스가 문을 반도 통과하기 전에 나는 해답이 우리 손에 들어왔다고 내뱉었다."[35] 각자 상대방이 제시하는 아이디어를 건강하게 의심하고, 개인적인 감정을 완전하게 배제하여 원망받을 걱정 없이 상대의 아이디어를 논박할 권리가 있는 두 사람의 협력 방식에 따라, 크릭은 왓슨이 만든 배열을 전후좌우 꼼꼼히 살펴보았다. 크릭 역시 종전까지 수수께끼였다가 이제 너무 명백하게 드러난 아데닌-티민 쌍과 구아닌-시토신 쌍의 비슷한 형태에 어안이 벙벙했다. 마치 토요일에 온 가족이 쩔쩔맨『뉴욕타임스』낱말 풀이를 다른 식구들이 자는 사이에 가장 어린애가 풀어놓은 것 같았다.[36]

크릭은 왓슨의 책상에 놓여 있던 판지 배열을 결정학 자료와 비교하면서 뉴클레오타이드 염기와 당을 연결하는 글리코시드 결합(glycosidic bond)에 대한 자신의 통찰이 옳았다는 것을 확인했다. 즉, 글리코시드 결합은 "나선 축과 수직으로 만나는 쌍자축(dyad axis)과 체계적인 연관이 있다. 따라서 각 염기쌍 모두 뒤집히면서도 같은 방향을 보는 글리코시드 결합을 유지할 수 있다."[37] 도너휴가 입체화학과 관련해 제공한 양은 적지만 확실한 정보 덕분에 왓슨의 판지 퍼즐 조각은 이제 로잘린드 프랭클린이 1952년 킹스칼리지 의학연구위원회에 제출한 보고서, 즉 페루츠가 크릭과 왓슨에게 무단 유출한 보고서의 내용처럼 완벽하게 단위격자의 C_2 대칭을 보였다. 크릭은 왓슨이 만든 모형을 보자 흥분해서 왓슨의 등을 손바닥으로 철썩 때리고 꽥 소리를 질렀다. "보게, 올바른 대칭을 이루고 있어."[38] 마침내 왓슨은 지난 한 주 동안 크릭이 계속 떠들었던 것, 특히 "주어진 사슬이 퓨린과 피리미딘을 모두 포함할 수도 있다. 동시에 두 사슬의 뼈대가 반대 방향으로 진행해야 한다는 것을 강력하게 시사하고 있다"는 것이 무슨 뜻인지 이해했다.[39]

아직 해야 할 일이 더 남아 있었다. 왓슨과 크릭은 여전히 어떻게 이 아데닌-티민 쌍과 구아닌-시토신 쌍이 지난 2주간 설계한 뼈대 배열에 들어맞는지 설명해야 했다. 감사하게도 나선 가운데에 염기쌍이 들어갈 만한 넓은 공간이 있었다. 이제 왓슨이 신중해질 차례였다. 역사가 로버트 올비(Robert Olby)는 아마도 "왓슨이 크릭만큼 결정학에 조예가 깊지 않아서 C_2 대칭성이 자신들이 만든 DNA 구조를 뒷받침한다고 확신하는 크릭에게 공감하지 못했을 것"이라고 주장했다.[40] 현실적으로 두 사람 모두 이 연구가 "모든 입체화학적 법칙을 충족하는" 새로운 조립식 모형을 구축할 때까지 끝나지 않으리라 생각했다. "또한 헛물을 켜는 위험을 감수하기에는 이중나선의 존재가 갖는 함의가 너무나 중요했다."[41]

잘 엮어서 만들어낸 책 『이중나선』 속에서 왓슨은 이때의 크릭이 날 듯이 "이글에 들어가 모든 주위 사람에게 우리가 생명의 비밀을 밝혀냈다고 말했다"고 적었다.[42] 오랫동안 크릭은 자기가 그렇게 거창하게 말한 적은 없다고 부정해왔지만, 두 사람의 연구에 대한 크릭의 자부심 섞인 발표는 실제 표현 수위와는 무관하게 잘못될 위험을 무릅쓴 발언이었고, 결과적으로 왓슨을 "약간 불안하게" 만들었다.[43] 50년이 지나, 자기 삶을 기념하는 위대한 날에 왓슨은 BBC와 인터뷰를 했다. 영광스러운 발견의 날로부터 수십 년이 지났지만, 왓슨은 마치 지난주 일인 것처럼 기억했다. "우리는 답을 찾았을 때 각자 살을 꼬집어 봐야 했다. 정말로 이렇게 보기 좋은 답일 수가 있나? 점심을 먹으러 가서는 너무나 보기 좋으니 오히려 참일 수 있겠다고 생각했다. 한 주를 거쳐 천천히 이루어진 것이 아니라 발견은 그날 이루어졌다. 답은 단순했다. 바로 누구에게든 이 아이디어를 설명할 수 있었다. 어떻게 유전 물질이 복제되는지 알기 위해 엄청난 과학자가 될 필요도 없었다."[44]

[27]

도둑맞은 프랭클린의 과학적 우선권

1950년대 초에 케임브리지에는 하디클럽(Hardy Club)이라는 다소 배타적인 소규모 생물물리학 모임이 있었는데, 모임 이름은 한 세대 전에 케임브리지 출신으로 동물학자에서 물리화학자가 된 사람의 이름에서 따왔다 … 짐은 이 선택적인 모임에서 (1953년 5월 1일) 저녁 강연을 해달라고 초대받았다 … 음식은 훌륭했지만, 발표자인 짐이 원래부터 모든 술을 받아 마시는 경솔한 사람인 양 저녁 식사 전에는 셰리를, 저녁 식사부터 그 이후까지는 와인을 들이켰다. 나는 술기운 때문에 자기 발표 주제를 찾아가기까지 고군분투하는 발표자를 여럿 봐왔다. 짐 역시 예외는 아니었다. 짐은 (DNA) 구조의 요점과 근거를 적절하게 설명하려고 무진 애를 썼지만, 논점을 요약할 때쯤에는 술기운에 꽤 압도되어 말을 잇지 못했다. 짐은 약간 침침한 눈으로 모형을 응시했다. 간신히 내뱉은 말은 "정말 아름답네요, 보시죠, 너무 아름다워요!"가 전부였다. 물론, 모형은 정말 아름다웠다.

– 프랜시스 크릭[1]

어떤 형태로든 생명의 비밀을 밝혀냈다는 발표를 하고 나서 크릭과 왓슨은 이글에서 빠르게 식사를 마쳤다. 한 시간도 지나지 않아 캐번디시로 돌아와 DNA 모형을 완성하는 데 모든 시간을 쏟아부었다. 다른 생각을 할 수 있을 리가 없었다. 그날 내내 크릭은 발견의 함의를 분출하듯 말했고 때로는 혼잣말을 했다. 이따금 헛소리를 멈추고 의자에서 벌

떡 일어나 모형을 건드렸다. 그러고 나서는 신생아의 아버지라도 된 듯이 멀찍이 떨어져 만족스럽게 환한 웃음을 띠었다. 왓슨은 보통 파트너가 끊임없이 쏟아내는 번드르르한 말을 그저 들어주곤 했지만, 이제 크릭이 하는 "케임브리지의 올바른 행동 양식으로 통하는 겸손함이 부족하다"는 지적에는 고개를 내저었다. 확실히 왓슨은 거짓말을 하지 않았다. 그 역시 "DNA 구조가 규명되었고, 해답은 믿을 수 없을 정도로 흥미진진하며, 알파나선에 폴링의 이름이 따라오는 것처럼 이중나선에는 우리 이름이 따라오게 된다"는 것을 깨닫자 황홀해했다.[2] 2018년, 90세의 왓슨은 수정 결정처럼 선명하게 기억했다. "이제는 다윈의 반열에 올랐다는, 그래, 그런 느낌이 들었다."[3]

두 사람은 오후 내내 틀어박혀 있다가 토요일 저녁 식사를 개시하는 오후 6시가 되어서야 이글에 나타났다. 늘 앉는 자리에서 두 사람은 다음 며칠간 다룰 연구 안건을 논의했다. 크릭은 속도가 관건이라고 주장했다. 그리고 속도만큼 입체화학 조건을 모두 만족하는 정확한 3차원 모형 구축도 필요했다. 원자간 결합의 길이와 각도뿐만 아니라 원자 사이의 공간도 현존하는 지식과 일치해야 했다. 몹시 신나고 흥분한 상태에서도 왓슨은 정확한 모델 구축은 물론 라이너스 폴링이 실수를 깨닫고 "우리가 해답을 이야기하기 전에 염기쌍을 우연히 알아냈을까 봐" 걱정했다.[4]

공방에서 아직도 금속 뉴클레오타이드 모형 조각을 완성하지 못해서 그날 저녁에는 더 할 수 있는 것이 없었다. 두 사람이 투박하게 자른 판지 조각을 철사로 연결해놓은 모형의 타당성을 킹스칼리지 연구팀은 차치하고서라도 페루츠, 켄드루, 브래그를 설득할 수 있을 리가 없었기 때문에 모형 조각 제작 지연은 곧 연구 속도의 제한을 의미했다. 따라서 왓슨과 크릭은 문명화된 영국인의 관습을 따라 토요일 저녁과 일요일 내내 휴식을 취해야 했다.

저녁 늦은 시간, 왓슨은 팝 프라이어의 하숙집에서 저녁을 먹기 위해 자전거를 타고 갔다. 입을 다물자는 크릭의 지시를 지키지 못하고 왓슨은 동생과 동생의 연인인 아름다운 베르트랑 푸르카드에게 자신과 크릭이 "해답을 눈앞에 두고 폴링을 이겼으며, 그 해답은 생물학에 혁신을 일으킬 것"이라고 했다. 엘리자베스는 "순수하게 기뻐하면서" 자랑스럽게 활짝 웃었다. 나중에 잡지 『보그(Vogue)』의 홍보 책임자가 되는 푸르카드는 자신이 속한 부유한 한량 모임을 이끄는 친구들에게 "노벨상을 받을 친구가 있다"고 말할 생각에 즐거워했다. 왓슨 옆에 앉은 피터 폴링은 "다른 사람만큼 열광했고 자기 아버지가 과학계에서 첫 패배를 맛볼 수 있다는 가능성에는 전혀 개의치 않는 것처럼 보였다."[5]

크릭이 이 멋진 토요일 저녁을 보낸 기억은 왓슨에 비해 훨씬 재미없다. "수요일에 (모형 구축)을 시작했고 토요일 아침에 마무리했기 때문에 저녁에는 너무 피곤했고 곧장 집에 가서 잠자리에 들었다."[6]

왓슨이 회고록에 적은 것처럼 일요일인 "다음 날 아침"이 아니라 아마도 3월 2일 월요일 아침에 왓슨은 연구소로 복귀했다.[7] 3월 1일이든 2일이든 왓슨은 "경이로울 정도로 활기차다"고 느끼면서 일어났다. 다시 왓슨이 좋아했던 할리우드 영화의 영상을 빌려 보자면, 왓슨은 "봄날 하늘"에 닿을 것 같은 "킹스칼리지 (케임브리지) 예배당의 고딕 첨탑"을 응시하면서 길을 비추는 지식의 힘에 한계란 없다는 믿음을 확고히 했다. "최근 청소한 깁스빌딩(Gibbs Building)의 완벽한 조지 왕조 시대 외관"

을 보려고 잠시 멈춘 왓슨은 케임브리지의 여러 칼리지를 지나 "눈에 띄지 않게 신간을 읽으러" 자주 가던 헤퍼스(Heffer's) 서점까지 크릭과 오랜 시간 산책했던 기억을 떠올렸다.[8] 103호에 들어가자 이미 크릭이 와서 모형을 조정 중이었다.

오전이 지날 무렵 왓슨과 크릭은 "염기쌍들이 뼈대 배열에 깔끔하게 들어맞아" 만족했다. 막스 페루츠와 존 켄드루는 여러 번 "우리 연구실에 나타나 우리가 아직도 DNA를 풀어냈다고 생각하는지 확인했다." 크릭은 속사포 같은 높은 목소리로, 앞으로 수없이 하게 될 DNA 강의를 펼치는 것으로 페루츠와 켄드루에게 응답했다. 크릭이 말하는 동안 왓슨은 뉴클레오타이드 조각이 그날 오후에는 완성되기를 바라면서 공방으로 내려갔다. "그저 약간 격려하는 말"을 했는데 공방 기술자는 "밝게 빛나는 금속판"이 "몇 시간 후에는" 준비될 거라고 했다.[9] 오후에 모형이 도착하자 왓슨과 크릭은 생일 선물 포장을 뜯는 어린 소년들처럼 흥분해서 모형 조각을 감싼 신문지를 벗겼다.

한 시간 혹은 그것보다 짧은 시간이 지나고 왓슨과 크릭의 첫 공식 DNA 모형이 온전히 모양을 갖췄다. 높이는 거의 180cm에 달했고 너비는 90cm 이상이었다. 사양에 맞춰 정확하게 자른 황동 막대와 얇은 금속판 조각으로 구성된 모형은 막대와 나사 위에 끼운 황동 보호판으로 연결되었는데 "거미 다리 같은 뼈대로 이루어진 성가신 작업"을 거쳐야 했다.[10] 높이 솟은 구조는 통제가 잘 안 돼서 한 번에 한 사람만 조작할 수 있었다. 그래서 왓슨이 공간적인 요소를 바로잡고 있으면 크릭은 초조하게 방을 이리저리 돌아다니면서 중얼거렸다. 크릭 차례가 되면 "모든 것이 제자리에 있는지" 확인하고 기존의 결합 각도와 조금이라도 일치하지 않는 부분이 없는지 탐색했다. "잠깐 쉬는 시간"이 있기도 했는데 크릭이 혼자서 이마를 찌푸리거나 왓슨이 또 뱃속 "상태가 이상하다"고 느낄 때였다. 하지만 "크릭은 매번 만족하면서 다른 원자간 접촉이 합당한지 검증하러 이동했다." 원자의 접촉을 만지작거리면서 두 사람은 뼈대를 너무 멀리 틀어버리지 않기 위해 주의했다. 카드로 만든 구조물처럼 전체 구조가 무너질 위험이 있었다.

원자는 모두 "X선 자료와 입체화학 법칙을 만족하는 위치에" 배열되어 있었다. "그 결과 만들어진 나선은 사슬 두 개가 반대 방향으로 움직이고 오른쪽으로 회전했다." 모든 기술 의존적인 측정은 이미 로잘린드

왓슨과 크릭의 이중나선 모형, 1953년

프랭클린이 시행했기 때문에 왓슨과 크릭의 연구실 설비는 모두 초등학생의 필통 수준과 비슷했다. 연필, 자, 컴퍼스에 더해 “하나의 뉴클레오타이드 안에 있는 모든 원자의 상대적 위치를 구하는 데 쓰는” 목수의 다림줄이 있었다.[11] 하지만 킹스칼리지 X선 회절 자료를 뛰어넘는 지침이나 도해가 없었기 때문에 이 간단한 도구를 이유로 이들의 성취를 깎아내릴 수는 없다. 왓슨과 크릭의 탁월함, 호기심, 직관 덕분에 전 세계적으로 널리 알려진 3차원 모형이 구축되었다.

해가 질 무렵, 크릭과 왓슨은 복잡한 노동을 멈추고 가까운 포르투갈 플레이스로 저녁을 먹으러 걸어갔다.[12] 대화의 주제는 DNA뿐이었다. 오딜 크릭은 나중에 “큰 발견”을 했다는 말을 처음에는 믿지 않았다고 회상했다. 몇 년이 지난 후 오딜은 남편에게 “항상 집에 오면 그런 말을 했으니 자연스럽게 아무 생각도 안 들었다”고 말했다.[13] 정말로 혁명적인 발견을 했다고 아내를 설득하는 대신 크릭은 “이 엄청난 소식을 공개할” 방법을 궁리하는 것으로 화제를 바꿨다. 두 사람은 막대한 외교력이 필요할 수도 있는 모리스 윌킨스에게 즉시 말해야 한다고 생각했다. 당장 신중한 것이 문제가 아니었다. 왓슨과 크릭은 16개월 전의 삼중나선 사태를 재현하고 싶지 않았다. 로잘린드 프랭클린의 날카로운 말을 또 듣고 싶지도 않았고, 크릭의 표현에 따르면 다시 “멍청이를 자처하고” 싶지도 않았다.[14] 왓슨은 또 다른 참사를 피하려면 킹스칼리지 연구팀에게 “알리지 않는 것”이 합리적이라고 주장했다. 두 사람은 아직 “모든 원자의 … 정확한 좌표”를 구하지 못했다. 어떻게 해서든 두 사람이 피하고 싶었던 것은 "각 원자만 볼 때는 그럴듯한 일련의 원자 접촉"을 임의로 정해 "전체로 보면 불가능한" 구조를 만드는 것이었다. "우리는 이런 오류를 범하지 않았다고 미심쩍게 생각했지만, 우리 판단이 상보적인 DNA 분자의 생물학적 이점 때문에 치우쳐 있을 수도 있었다."[15]

후식 커피를 다 마셨을 때쯤 오딜 크릭은 오늘의 사건이 중요하다는 사실을 받아들였다. 그녀는 남편에게 DNA가 "세상을 놀라게 하는" 주제인 만큼 "브루클린으로 망명을 가야 하는지" 물었다. 그녀는 심지어 브래그 교수에게 크릭과 왓슨이 "케임브리지에 머물면서 DNA만큼 중요한 다른 문제를 규명하도록" 해줄 수 있는지 물어보라고 크릭에게 권하기도 했다. 왓슨은 미국의 풍습이 알려진 만큼 끔찍하지는 않다고 이 교양있는 프랑스 여성을 안심시키려 했다. 미국에서 "누구도 가본 적 없는 탁 트인 공간"을 가보는 것이 재미있을지도 모른다고도 했다. 하지만 그런 사교적인 농담은 오딜에게 들리지 않았다.[16] 오딜은 확고하게 케임브리지에 머물고 싶었다.

3월 3일 화요일 아침, 크릭은 이틀 연속 왓슨보다 먼저 연구실에 도착해 원자를 "앞뒤로" 움직이면서 먼저 모형 작업을 했다. 이제 두 사람은 "모리스와 로지가 DNA의 나트륨염 모형을 주장한 것이 옳다"는 것을 확인했다. 즉, DNA가 안정적인 염 결정을 형성하려면 분자의 산성 부분에서 양수소 결합을 떼어내고 보통 몸에서 발견되는 나트륨 같은 양이온과 결합해야 한다.[17] 왓슨은 곧 막스 델브뤼크, 살바도르 루리아, 특히 라이너스 폴링에게 득의양양한 편지를 써 보낼 생각을 하면 자리에 앉아 있을 수가 없었다. 과학적 영광을 안는 총천연색 꿈에 빠진 왓슨은 크릭이 모형에 집중하지 않는 자신에게 못마땅한 시선을 보내도 무시했다.

1952년에서 1953년으로 넘어가는 가을과 겨울 사이에 인플루엔자가 복수라도 하듯 온 세상에 만연했다. 세계보건기구(WHO)의 전염병학자들에 따르면 바이러스는 서유럽으로 퍼지기 전에 미국과 일본에서 따로 시작되었다.[18] 1952년의 인플루엔자 바이러스는 유별나게 치명적인 것은 아니었지만 수백만 명이 크게 앓았다. 윌리엄 브래그도 그중 한 명이었다. 로잘린드 프랭클린 역시 인플루엔자에 걸려 너무 아픈 나머지 연구에 결정적이었던 1952년 마지막 몇 주를 놓쳤다.[19]

단순한 감기가 아닌 인플루엔자는 사람의 호흡기, 신경계, 면역계를 요란하게 공격했다. 많이 움직이지 않는 편인 63세의 브래그는 3월 초 바이러스에 걸려 40도의 극심한 열과 싸우면서 세균성 폐렴 2차 감염의 완벽한 매개체인 진하고 끈적거리는 가래를 잔뜩 뱉었다. 축 늘어진 중년의 신체는 누군가 크리켓 채로 전신을 두들긴 것처럼 욱신거렸다. 따라서 브래그는 왓슨과 크릭이 모형을 만드느라 애쓰는 동안 캐번디시를 완전히 비울 수밖에 없었다. 침실에 갇힌 브래그는 "핵산에 관한 것은 모두 완전히 잊어버렸다."[20]

3월 7일 토요일, 크릭은 다른 연구자의 검토를 받을 만큼 모형이 충분히 준비되었다고 발표했다. 이 소식을 듣자 막스 페루츠는 즉시 전화를 들어 집에 있던 브래그에게 연락했다. 기침과 쌕쌕거리는 숨소리 사이로 페루츠는 상사에게 모형을 잠깐 보러 오겠냐고 물었다. 켄드루가 끼어들어 왓슨과 크릭이 "생물학에 중요한 영향을 끼칠 수도 있는 기발한 DNA 구조를 생각해냈다"고 전했다.[21]

3월 9일 월요일, 눈에 띄게 병색이 완연해 비틀거리는 브래그가 캐번디시에 도착했다. 캐번디시에서 "인플루엔자 감염 이후 처음으로 자유로운 순간을 누리며" 브래그는 "사무실을 빠져나와 직접" 이중나선 모형을 보러 갔다. 브래그는 1년 전에 수다스러운 크릭과 이상한 왓슨에게 연구실을 배정한 이후로 103호에 들어간 적이 없었다. 천천히, 조심스럽게 브래그는 자신이 고용한 공방 기술자의 솜씨에 감탄하면서 구조를 살펴보았다. "브래그는 즉시 사슬 두 개 사이의 상보적 관계를 알아차리고 어떻게 당인산염 뼈대의 규칙적이고 반복적인 형태가 아데닌-티민, 구아닌-시토신의 등가라는 논리적인 결과를 낳는지 파악했다."[22] 왓슨은 조금도 지체하지 않고 퓨린과 피리미딘 염기 사이의 비율이 1:1이라는 샤르가프 법칙과 "다양한 염기의 상대적 비율에 관한 실험적 근거"의 중요성을 언급했다. 감성을 자극하는 안테나가 완벽하게 브래그를 조준했고, 왓슨은 자신이 한마디 할 때마다 브래그가 "유전자 복제 과정에서 이 모형이 갖는 함의로 인해 점점 흥분하는 것"을 느꼈다.[23]

로잘린드 프랭클린의 과학적 우선권을 빼앗자는 음모에 고속 기어가 가해졌고, 이번에 조종하는 사람은 브래그였다. 브래그는 왓슨에게 X선 자료가 어디서 났는지 물었고, 왓슨은 솔직히 대답했다. 브래그는 "왜 아직 우리가 킹스칼리지 연구팀에 알리지 않았는지 알겠다는 듯이" 조용히 고개를 끄덕였다.[24] 켄드루와 페루츠도 이 짧은 순간을 목격했으며, 연구자료 강탈 모의를 말리지 않았다.

사실 브래그가 그 순간 걱정했던 것은 훔친 자료라는 윤리적 딜레마가 아니라 왓슨과 크릭이 "아직 토드의 의견을 묻지 않은 이유"였다. 알렉

산더 토드는 케임브리지의 유기화학 교수이자 세계적인 뉴클레오타이드 화학 전문가였다. 크릭이 "유기화학을 바르게 적용했다"고 확신했지만, "(브래그는) 완전하게 안심하지 못했다." 브래그는 경험상 종종 크릭의 폭주에 오류가 있더라도 바로잡기에 너무 늦는 경우가 있다는 것을 알았다. 이 대학원생이 "잘못된 화학 공식"을 사용해 모형의 기본이 되는 사실을 엉망으로 해놨을 가능성이 언제나 있었다.[25] 브래그의 손짓 한 번에 학생 한 명이 펨브로크가(Pembroke Street)에 있는 토드의 연구실로 달려가 가능한 한 빨리 그를 캐번디시로 모셔 왔다.

토드의 두서없는 자서전을 보면 노벨상을 받을 정도로 탁월한 그의 뉴클레오타이드에 관한 화학적 지식을 뛰어넘는 긴급한 상담이 어땠는지 더 자세히 쓰여있다. 토드는 "케임브리지에서는 모든 일반적인 대학교들이 그렇듯 물리학과와 화학과 사이에 거의 접점이 없었다"는 것을 강조했다.[26] 학계에 몸담지 않은 사람이 보기에는 놀랍게도 건물 간 거리, 심지어 한 건물에서 층별로 나뉜 정도의 거리만 있어도 연구자 간에 필요한 소통을 도모하는 것은 불가능에 가까웠다. 말하자면 이 건물들 사이를 가르는 거리가 세상에서 가장 넓은 대로와 다름없었다.

이렇게 과학계의 거물 간에 단절이 일어난 것은 브래그가 1951년 단백질의 알파나선 구조 규명을 두고 라이너스 폴링에게 망신당했다는 이유도 있었다. "내가 케임브리지에서 근무한 이래 처음으로 브래그가 화학연구소로 나를 만나러 왔던 것을 기억한다. 그는 나에게 X선 증거만 보면 똑같이 가능성이 있다고 자신이 페루츠, 켄드루와 함께 작성한 논문에서 밝힌 세 가지 구조 중에서 폴링은 왜 알파나선을 선택했는지 물어보았다." 토드가 "X선 증거를 보면 어떤 숙련된 유기 화학자도 주저하지 않고 알파나선을 골랐을 거라고 지적"하자 브래그의 자신감은 "산산 조각이 났다."[27] 이 만남 이후 브래그는 "X선 증거에 기반한 핵산 구조는 (토드의) 승인을 먼저 받지 않으면 연구소 밖으로 나갈 수 없다"는 규칙을 만들었다.[28]

관련자 모두에게 다행스럽게도 토드 교수는 왓슨과 크릭의 구조를 인정했다. 처음 모형을 봤을 때부터 토드는 왓슨과 크릭이 "뛰어난 상상력으로 도약"했다는 것을 알아차렸다.[29] 여전히 "정확한 X선 근거"에 접근해 자신들의 원자 "배열이 정확하게 옳은지" 검증할 수는 없었지만 두 사람은 그날 저녁 "좌표를 최종적으로 수정"했다. 하지만 그런 세부 사항보다 "사슬 두 개짜리 특정한 상보적 나선 한 개가 입체화학에서 가능한지" 확인하는 것이 더 중요했다. "이것이 명확해질 때까지 아무리 모양이 우아하더라도 당인산염 뼈대의 존재 자체가 불가능하다는 이의가 제기될 수 있었다."[30] 1968년, 크릭은 컴퓨터가 없던 시절 결합 거리와 각도를 예측하는 것이 얼마나 어려운 일이었는지 설명했다. "약간 게으른 데다 세 지점 사이의 각도에 관한 공식을 몰랐기 때문에 나는 각도를 아예 확인해본 적이 없다. 그래서 거리는 꽤 괜찮지만, 몇 군데의 각도는 약간 어긋난 것을 발견할 수 있을 것이다."[31] 그렇다 하더라도 크릭과 왓슨은 자신들의 모형이 정확하다고 직감적으로 느꼈다. 거의 무아지경으로 두 사람은 "이렇게 멋진 구조는 존재할 수밖에 없다"고 되뇌다가 점심을 먹으러 이글에 갔다.[32]

왓슨은 크릭에게 "이따 오후에 루리아와 델브뤼크에게 이중나선에 관해 편지를 쓸 예정"이라고 했지만 먼저 테니스장으로 가서 베르트랑

차 마시며 대화를 나누는 왓슨과 크릭

푸르카드와 테니스 몇 세트를 쳤다.[33] 왓슨이 빈둥거릴 때 테니스를 치는 습관이 굳어지는 것을 경계하면서 크릭은 심사숙고해야 할 것들이 아직 남아 있다고 말했지만, 왓슨은 흘려들었다. 또 크릭은 몸 쓰는 것이 서투른 왓슨이 DNA 연구를 끝마치기 전에 "테니스공에 맞아 죽을까 봐" 걱정했다.[34]

모형의 구조를 추정하면서 맴돌던 긴장감이 누그러진 후에도 왓슨과 크릭은 신중하고도 의도적으로 모리스 윌킨스에게 자신들의 발견을 알리지 않았다. 1968년 회고록에서 왓슨은 자신들이 얼마나 미끈하게 회피했는지, 어떻게 존 켄드루에게 "부탁해서" 윌킨스에게 전화해 "프랜시스와 내가 막 고안해낸 것이 있는데 우리 둘 다 이 일을 맡고 싶지 않다. 보러 오라"고 초대했는지 담담하게 회고했다.[35]

대체로 왓슨과 크릭에게 유리하고 로잘린드 프랭클린과 모리스 윌킨스에게 불리한 우연으로 가득 찬 이 여정 속에서, 월요일 아침 또 다른 운명의 장난이 벌어졌다. 윌킨스가 3월 7일 토요일에 크릭에게 쓴 편지를 우체부가 배달했는데, 3월 7일은 왓슨과 크릭이 모형을 완성한 날이었다. 왓슨의 회고록에 따르면 윌킨스는 크릭에게 "이제 DNA에 전력을 다하려고 하는데 모형 구축에 중점을 둘 것"이라고 했다.[36] 윌킨스에게는 안된 일이었지만, 너무 늦었다.

[28]

패배

친애하는 프랜시스에게.

폴리펩타이드에 관한 편지 고맙네.

우리의 다크 레이디(dark lady)께서 다음 주면 여기를 떠난다는 소식과 3차원 관련 자료 대부분이 이미 우리 손에 있다는 소식에 자네가 흥미를 보일 것 같군. 나는 이제 다른 책무들을 끝내고 자연의 비밀을 향해 모든 면에서 총공세를 펼칠 작정이네. 모형, 이론화학, 결정학 자료와 비교 자료의 해석 같은 것들. 드디어 갑판이 비었으니 최선을 다할 일만 남았어.

이제 오래 걸리지 않을 걸세.

- 자네의 벗 M(모리스 윌킨스)으로부터

추신. 다음 주에 케임브리지에 갈지도 모르겠어.[1]

몇 달에 걸쳐 랜들의 지시, "로지의 폭정", 둘의 관계를 규정하는 온갖 미친 짓을 견뎌냈지만, 윌킨스는 여전히 프랭클린이 자신을 제치고 DNA 공을 차지하려 할까 봐 걱정했다. 윌킨스는 기꺼이 프랭클린에게 작별을 고하고 "최선을 다할" 준비가 되어 있었다. 모리가 1953년 3월 7일에 가로 5인치, 세로 7인치짜리의 얇은 킹스칼리지 공책 낱장에 휘리릭 갈겨쓴 편지에는 흥분한 윌킨스가 그대로 드러난다. "이제 오래 걸리지 않을 걸세." 윌킨스는 비록 자신에게 해당하지는 않았지만, 이것이 얼마나 선견지명 있는 표현인지 몰랐을 것이다.

같은 편지에서 윌킨스는 로잘린드 프랭클린에게 "우리의 다크 레이디"라는 새로운 별명도 붙였다. 작금의 독자들이 보기에 이 별명은 프랭클린 사후에 가짜 도덕극 속 남성 배우가 붙인 또 다른 모멸적인 별칭으로 보일 수도 있다. 하지만 이 세 단어를 1953년에 본 사람들은, 특히 "축복받은 터, 이 땅, 이 왕국, 이 영국"[2]에 살던 사람들은 이 구절이 셰익스피어 소네트에 나오는 어둠 속에서 빛나는 "다크 레이디"를 암시한다는 것을 쉽게 알아보았다.[3] 셰익스피어 학자인 마이클 쇤펠트(Michael Schoenfeldt)는 "다크 레이디"가 흰 피부, 금발, 푸른 눈 같은 요소를 지닌 전통적인 영국 미인상은 아니지만, 금지된 사랑, 어둠, 성욕, 관능의 상징이라고 언급하고 있다.[4] 또 소네트 147에서는 "내 사랑 열병과 같아 병을 더욱 키울 것을 늘 염원"한다면서 "다크 레이디"가 질병을 상징하기도 한다.[5] 지금에 와서는 모리스가 프랭클린을 "다크 레이디"라고 부른 의도는 추측해볼 수밖에 없다. 레이먼드 고슬링은 그저 프랭클린의 검은 머리, 짙은 갈색 눈, "암갈색" 혹은 올리브색 피부라는 아슈케나지(Ashkenazi) 유대인 후손에서 보이는 공통적인 특징을 나타내는 표현이라고 평가절하했다.[6] 하지만 윌킨스 또래의 남자들 사이에서 이 소네트들이 얼마나 유명했는지를 고려하면 어수선한 윌킨스의 마음속에 삐걱대는 사랑이나 욕망, 완전한 성적 혼란 같은 무거운 감정이 숨겨져 있다고 의심할 수밖에 없다.

이 과학계의 경주에서 패배한 사람이 또 있었다. 라이너스 폴링은 캘리포니아에서 "약간 조정하는 것으로는 극복할 수 없는 (원자간) 접촉 문제"가 있는 통제 불능의 삼중나선 모형을 가지고 여전히 호들갑을 떨고 있었다.[7] 3월 4일, 폴링은 칼텍 교강사를 대상으로 연구 세미나를 열었다. 다른 분자 구조에 대해 위풍당당하게 발표했던 이전의 연구 세미나들과 달리 세미나 전 환영 행사는 좋게 말해 냉담한 수준이었다. 이미 케임브리지로부터 왓슨-크릭 모형 소식을 들은 데다가 폴링의 구조에 "일부 아주 질 나쁜 실수"가 있다는 왓슨의 평가도 전해 들은 막스 델브뤼크가 가장 비판적인 태도를 보였다.[8]

폴링은 델브뤼크의 반대 발언을 마지못해 들었다. 서로 단절된 케임브리지 각 학과와는 달리 칼텍의 물리학자와 화학자는 친밀하게 연구했으며, 폴링과 델브뤼크의 전문가적 관계는 아주 좋은 사례였다. 현재 문제가 되는 것은 더 확실하게 하자면 라이너스의 문제였다. 당시 라이너스는 너무 유명하고, 너무 자신감에 차 있고, 너무 거창하게 일을 벌여서, 왓슨과 크릭이 매일 서로에게 가하는 것과 같은 동료의 따끔한 비판을 견디지 못했다. 왓슨은 1950년대 칼텍의 역학 관계를 잘 포착했다. "라이너스의 명성 때문에 사람들은 그에게 반대하는 것을 두려워했다. 자유롭게 대화할 수 있는 상대는 아내가 유일했는데, 그녀는 인생에 하등 쓸모없는 자존심을 더 높여주기만 했다."[9]

일주일 넘게 지나자 피터 폴링은 왓슨과 크릭이 모형을 만들어냈다는 흥분을 담은 편지를 보내 아버지에게 새로운 소식을 전했다. 피터는 구조의 세부 사항 몇 가지를 전달했는데, 당시 라이너스 폴링에게 가장 필요한 정보였다. 피터는 "왓슨과 크릭이 아이디어를 좀 가지고 있는데 곧 아버지한테 편지를 쓸 것이다. 그 아이디어를 아버지에게 전달하는 것은 사실 내가 아니라 둘에게 달려 있다"고 적절한 설명을 덧붙였다.[10] 젊은이 특유의 경멸을 담아 피터는 킹스칼리지 팀의 노력 부족을 비판했다.

"모리스(피터가 Maurice를 Morris로 잘못 적음) 윌킨스가 이 연구를 맡을 사람이라고 다들 생각했는데 분명히 프랭클린 씨도 바보예요. 왓슨과 크릭이 DNA 연구에 진입하니까 관계가 약간 껄끄러워졌어요." 피터는 왓슨에게 폴링-코리 논문의 사본을 건넸고, 폴링과 코리가 모형을 구축하는 데 어려움을 겪었다는 사실도 전했다면서 편지를 마쳤다. "아버지 모형이 상당히 빡빡했어요. 새로운 모형을 시도해봐야 하지 않을까요? 왓슨과 크릭은 새로 공들인 결과물에 너무 몰두해서 객관성을 잃고 있어요."[11] 크릭 역시 폴링에게 편지를 써 논문의 수정본을 보내줘 고맙다고 적었다. 그러나 패서디나에서 아프게 느낄 비꼬는 말 한 줄을 참지 못하고 더했다. "구조의 독창성에 감명받았습니다. 한 가지 우려되는 점은 분자끼리 무엇으로 고정되는지 알 수가 없었다는 겁니다."[12]

1953년 3월 12일은 모리스 윌킨스 인생에서 최악의 날인지도 모른다. 그날 아침 "여느 때처럼 도움을 주려는" 존 켄드루가 모리스를 초대해 "짐과 프랜시스가 새로 구축한 모형을 보고, 어땠는지 간단하게 (윌킨스와) 이야기했다." 윌킨스는 "케임브리지로 직행하는 기차"를 탔다.[13] 몇 시간 후, 103호로 들어갔을 때 윌킨스는 "프랜시스가 16개월 전에 첫 번째 모형을 보라고 나를 불렀던 때의 비교적 걱정 없던 분위기와는 달랐다. 공기 중에 긴장감이 흘렀다"고 느꼈다.[14] 왓슨과 크릭의 새 모형은 가장 눈에 잘 띄는 자리를 골라 "연구실 책상 위에 높이 세워져 있었다." 윌킨스는 유럽에서 수세식 변기가 있는 작은 공간을 완곡하게 이르는 "water closet"의 축약형 WC를 떠올리게 하는 프로이트식 농담을 담아 "W-C 모형"이라고 불렀던 모형을 유심히 검토했다. 또 "인산염이 바깥에 있고 염기가 중앙에 수소 결합하여 쌓여 있는" 브루스 프레이저의 실패한 삼중나선 모델과 연관이 있는지도 살폈다.[15]

제3의 사나이 모리스 윌킨스

윌킨스는 크릭의 흘러넘치는 말과 반복해서 등장하는 쌍, 이중, 축에 대한 언급 사이로 왓슨이 웃고 낄낄거리는 소리가 섞이자 혼란스러웠다. 윌킨스는 방금 본 것을 소화해서 어떻게 반응할지 결정할 시간이 필요했다. 왓슨과 크릭이 이미 확인했고, 며칠 지나 브래그, 페루츠, 켄드루도 확인했듯이 분명한 것은 "두 종류의 염기쌍이 완전히 똑같은 종합적인 차원을 지니는 특이한 방식"이라는 것이었다. 1년 넘게 에르빈 샤르가프와 꾸준히 연락해왔지만, 윌킨스도 샤르가프도 왓슨과 크릭처럼 단 몇 주 만에 염기쌍 사이를 관련 짓지는 못했다. 이제 윌킨스는 유전에 있어 이 상보적인 가닥들이 갖는 명백한 함의를 인정할 수밖에 없었다. 윌킨스는 2003년에 아주 오래전 오후에 보았던 광경을 여전히 당혹스러워하면서 회상했다. "마치 믿을 수 없을 정도로 대단한 신생아가 직접 입을 열어 '당신이 무슨 생각을 하든 나는 상관하지 않는다. 나는 내가 옳다는 것을 안다'고 말하는 것 같았다 … 살아 있는 것이 아닌 원자와 화학 결합이 저절로 생명을 형성하기 위해 모인 것 같았다."[16] 윌킨스는 "그 모든 것에 다소 얼이 빠졌고," 자신이 향후 7년간 W-C 모형의 거의 모든 세부 공간을 유례없이 선명한 X선 사진 연구로 철두철미하게 조사

해 확인하고 수정하는 데 시간을 보내게 된다는 것을 아직 알지 못했다.[17]

주석, 황동, 철사로 이루어진 탑을 올려다보면서 윌킨스는 "구아닌과 티민을 케토형으로 둔 이유"를 묻지 않았다. "케토형이 아니면 염기쌍이 파괴될 것이다. 윌킨스는 제리 도너휴가 주장했던 것이 상식인 것처럼 받아들였다." 불행하게도 킹스칼리지에는 윌킨스에게 "교과서의 그림이 전부 잘못되었다"고 경고해줄 제리 도너휴가 없었다. 왓슨이 말했던 것처럼 도너휴의 능력은 드문 것이었고, 도너휴 외에 "올바른 선택을 하고 그 결과를 지지할 가능성이 있었던" 유일한 사람은 라이너스 폴링이었다. "제리가 프랜시스, 피터, (짐과) 사무실을 공유하면서 예측하지 못한 이득이 발생한 것은 누가 봐도 명백했지만 아무도 그 사실을 언급하지 않았다."[18]

브래그는 나중에 "물론 윌킨스는 DNA를 아주 오랜 시간 연구해왔기 때문에 거의 자살할 지경이었다"고 주장했다.[19] 윌킨스는 자살 의혹에 분개하여 1976년 막스 페루츠에게 보낸 편지에서 격렬하게 부정했다. "가장 불쾌한 점은 제가 이중나선 구조의 우선권을 빼앗겨 '거의 자살할 지경'이었다고 브래그가 언급한 겁니다. 과학 연구에 아주 간절하게 임해 왔지만, 우선권 문제를 중요하다고 생각한 적은 결코 없습니다. 만약 브래그가 정말 그렇게 말했다면, 나를 그렇게 옹졸한 사람으로 봤다는 것이 유감입니다."[20] 자살 생각은 둘째치고 윌킨스는 W-C 모형을 처음 눈에 담은 순간부터 자신이 "마지막 위대한 걸음"을 딛지 못했다는 것을 알았다. 영국식 예의범절을 따라 윌킨스는 신사처럼 행동하면서 다음과 같이 말했다. "중요한 것은 과학의 진보였다." 하지만 처음 왓슨-크릭의 DNA 구조를 마주했을 때, 윌킨스는 경주에서 패배했고 "흥분해서 명료하게 생각할" 수 없었다.[21]

왓슨과 크릭은 고집을 밀어붙여, 로잘린드 프랭클린의 X선 회절 무늬와 자신들의 이중나선이 일치하는지 확인하는 일에 윌킨스의 도움을 청했다. 패배의 슬픔에 사로잡힌 채 윌킨스는 멍하게 고개를 끄덕여 "임계 반사"를 측정하는 데 동의했다. 윌킨스가 자신의 감정을 너무 잘 숨겼던 것이 틀림없다. 왓슨은 나중에 윌킨스가 "어떤 씁쓸한 기색"도 보이지 않았다고 칭찬했지만, 이 찬사는 선의의 동료애보다는 어떤 안도감을 나타냈다. 남의 등에 칼을 꽂거나 쿡 찌르는 짓을 하는 많은 사람이 그렇듯 왓슨도 면죄부를 원했다. 왓슨은 손에 잡힐 듯한 윌킨스의 슬픔을 무시했다. "모리스의 얼굴에 분노의 흔적은 없었고, 차분한 모습으로 생물학 발전에 큰 도움이 될 구조가 증명되었다는 사실을 대단히 기뻐했다."[22]

그 순간의 애매한 분위기를 바꾸고자 크릭은 프랭클린을 배제하고 『네이처』에 제출할 논문에 크릭, 왓슨, 윌킨스 세 사람의 이름을 올린 논문을 공저하자는 제안을 했다. 윌킨스는 이 제안을 듣고 큰 혼란에 빠졌다고 기억했다. "모형을 검증하는 데 완전하게 몰입했던 나는 쉴 시간이 필요했다. 기력이 거의 남지 않아 논문 저자 같은 주제를 논의할 준비가 되어 있지 않았다." 그는 결국 크릭에게 "모형 구축에 직접 참여한 것이 아니기" 때문에 공저자가 될 수 없다고 답했다. 기다렸다는 듯 동의한 크릭은 공저자 제안은 왓슨의 아이디어였다고 설명했다.

케임브리지 방문을 마치기 직전, 늘 그렇듯 사실을 분명히 확인하는 윌킨스가 화가 난 듯 질문했다. "어떻게 프랜시스와 짐의 모형 구축이 킹스칼리지 연구에 이렇게 많은 부분을 의존할 수 있었나?" 크릭은 "그런 태도는 공정하지 않다"고 윌킨스가 깜짝 놀랄 정도로 쏘아붙였지만, 어이 없게도 윌킨스는 크릭의 반발을 인정했다. 본래 성격 탓에 윌킨스는 그날 자신이 화를 냈다는 것을 두고두고 자책했다. 2003년의 회고록에서 윌킨스는 "마지막 위대한 걸음에 참여하지 못했다는 것"에 실망했고 그렇게 행동해서 후회한다고 공식적으로 언급했다. 같은 쪽에서 윌킨스는 왓슨이 『이중나선』에 자신이 분통을 터뜨렸다는 것을 언급하지 않아서 고맙다고 공개적으로 전했다.[23]

런던에서 윌킨스가 돌아오길 기다리던 킹스칼리지 물리학자 무리는 왓슨과 크릭이 이번에는 어떤 바보짓을 했는지 너무나 알고 싶었다. 이들은 어떤 소식을 듣게 될지 전혀 준비되어 있지 않았다. 윌킨스는 "모든 킹스칼리지 사람들에게 (왓슨-크릭) 구조의 주요 특징을 설명했고" 고슬링에게 "이제 킹스칼리지에서 북쪽으로 1km 정도 떨어진 블룸즈베리 버크벡에서 일하고 있을 로잘린드에게 소식을 전해달라고" 부탁했다.[24] 프랭클린이 킹스칼리지 집단에서 완전히 쫓겨났다는 것을 증명하듯이 이 소식은 일주일이 지나서야 그녀에게 도착했다. 윌킨스가 생각할 때 DNA에 관한 한 프랭클린은 더 이상 문제가 아니었다.

킹스칼리지의 사기는 물리학과 지하보다 몇 층 더 아래로 떨어졌다. 윌리 시즈에 따르면 존 랜들은 이 끔찍한 소식을 알게 되자 "끓는 물에 빠진 생쥐"처럼 화를 냈다. 제프리 브라운과 안젤라 브라운은 윌킨스의 정신이 "초토화되었다"고 묘사했다. 고슬링 역시 "상당히 속상하고 독점 입수한 소식을 빼앗긴" 기분을 느꼈다.[25] 스트랜드가에서 뻗어나간 왓슨과 크릭의 엄청난 행운은 다른 연구소에 이르자 빠져나올 수 없는 상실의 파도로 바뀌었다. 관찰자와 부분적인 조력자의 입장 사이에서 제리 도너휴는 킹스칼리지의 패배를 가장 잘 묘사했다. "만약 반대의 경우였다면, 만약 다른 곳에서 누군가 캐번디시 의학연구위원회 팀이 모은 자료로 같은 결과를 냈다면, 그 의미가 크라카타우(Krakatoa) 화산섬 분출 수준에서 곡식을 튀기는 정도로 퇴색되었을 것이다."[26]

왓슨이 3월 12일에 막스 델브뤼크에게 자신과 크릭의 DNA 모형을 상세히 적은 편지를 작성했으므로 비록 당일이 아니라 며칠 후에나 알게 되었지만, 3월 12일은 폴링에게도 좋지 않은 날이었다. 명확하고 간결하게 우아한 사실만 담은 이 노란 종이들은 생물학계의 마그나 카르타와 독립선언서를 하나로 합친 것과 같았다. 왓슨의 편지는 살아있는 유기체가 유전 정보를 다음 세대에 넘겨주는 경이로운 비밀의 향기를 풍겼다. 편지는 피리미딘과 퓨린 염기 구조를 손으로 그리고 모형의 입체화학적 조건을 고려해 에놀형이 아니라 케토형을 선택한 이유를 논했으며, "런던의 킹스칼리지(여기서도 딱히 로잘린드 프랭클린을 언급하지 않는다)와 협업해야 하는" 이유를 적었다. "킹스칼리지는 아주 뛰어난 결정 단계 사진과 상당히 괜찮은 파라결정 단계 사진도 보유하고 있어요." 추신으로 공손한 요청사항을 덧붙였다. "폴링에게 이 편지 내용을 알리지 않으면 좋겠습니다. 『네이처』에 보낼 편지가 완성되면 그 사본을 폴링에게 보낼 예정입니다."[27]

비밀을 지켜달라는 왓슨의 요청은 반(反)심리학적 역할을 했을지도 모른다. 현실이 그런 반심리학적 방향으로 나아갔다. 델브뤼크는 이 편지에 담긴 고상한 진리에 너무나 감동한 나머지 마지막 단어를 읽자마자 폴링에게 보여주었다. 델브뤼크는 나중에 왓슨으로부터 "소식을 들으면 바로 폴링에게 알리겠다고 먼저 약속했었다"고 설명했다. 그 약속만큼이나 중요한 것은 델브뤼크가 "과학에 관련된 어떤 형태의 비밀"도 혐오했고 "더 이상 폴링이 초조해하지 않기를 바랐다."[28] 왓슨은 이제 모형이 정확하다는 자신이 있었기에 폴링의 보증을 받을 수 있는 비공식 경로로 교묘하게 델브뤼크를 이용했다. 즉, 이미 확정된 왓슨과 크릭의 승리를 킹스칼리지와 칼텍에서 모두 검증받고자 한 것이다.

3월 15일 월요일 아침, 윌킨스는 크릭에게 전화해 주말 동안 모형과 킹스칼리지의 X선 자료를 비교했으며 자료가 "이중나선을 강력하게 뒷받침"하는 것을 확인했다고 전했다.[29] 그날 오후, 분개한 랜들과 득의양양한 브래그 사이에 전화 교섭이 주선되었다. 랜들은 상황을 옳게 정리하고자 했으나 일방적인 분노를 잘 가누지 못했다. 의학위원회 덕분에 랜들은 DNA 구조 규명을 목표로 하는 영국에서 가장 큰 생물물리학 연구소를 세웠다. 그런데 쉼 없이 똑똑한 척하는 대학원생 한 명과 타인의 분노를 유발하는 미국인 한 명이 전부인 케임브리지의 얼간이들이 선수를 쳤다. 랜들은 출판 과정에서 자기 연구소가 빠지는 당황스러운 상황까지 감수할 수는 없었다. 서로 예의를 지키는 해결 방안으로 책임자 두 사람은 윌킨스가 자기 몫의 보고서를 준비하기 전까지 왓슨과 크릭이 『네이처』에 논문 제출을 보류한다는 데 동의했다. 만약 윌킨스가 왓슨, 크릭과 논문을 공저할 기회가 조금이라도 있었다면, 윌킨스와 로잘린드 프랭클린 모두 같은 원고에 이름을 올릴 가능성이 0은 아니었을 것이다. 이 합의가 이루어졌을 때, 프랭클린의 연구에 어떤 합당한 공을 돌려야 할지는 협의도, 언급도 되지 않았다.

윌킨스가 "W-C 모형"을 보고 온 지 거의 일주일이 지나서 고슬링으로부터 소식을 들었을 때, 프랭클린은 버크벡칼리지의 비좁은 연구실을 정리하느라 바빴다. 앤 세이어는 "캐번디시가 DNA의 비밀을 풀었다는 소식은 프랭클린과 전혀 상관없는 송별 선물이었다"고 주장했다.[30] 사실은 그렇지 않았다. 킹스칼리지와 캐번디시의 논문 발표 계획을 알게 되자마자 프랭클린은 "자신과 고슬링도 동시에 B형에 관한 내용을 발표"하겠다고 요구하기 위해 랜들에게 연락했다.[31] 두 사람은 이미 51번 사진을 삽화로 그린 논문을 열심히 작성했고, 일주일 이내에 완성할 수 있었다.

3월 19일, 프랭클린과 고슬링은 직접 왓슨과 크릭의 모형을 살펴보기 위해 기차를 타고 케임브리지로 향했다. 회고록에서 왓슨은 프랭클린이 "우리 모형을 즉시 인정"해서 "몹시 놀랐다"고 회상했다. 처음에 왓슨은 "스스로를 반나선 함정에 갇히게 만든 날카롭고 고집스러운 로잘린드의 마음이 이중나선에 불확실성을 불러일으킬 수 있는 다른 무관한 부분을 들춰낼까 봐 두려웠다." 이 공감할 수 없는 예상은 프랭클린이 냉정하고 확실하고 재현 가능한 사실을 통해 얼마나 과학적 진리 발견에 투신하는지 왓슨이 전혀 이해하지 못했다는 것을 보여준다. 프랭클린은 "사납게 짜증스러워하지" 않았는데, 과학적인 면만 보자면 짜증을 낼 것이 아무것도 없었기 때문이다.[32] 모형은 정확해 보였다. 흥미로웠다. 계속 축적했지만 여태까지 완전하게 해석하지 못했던 자료에 대한 답이 되었다. 2013년 이중나선 발견 60주년 기념 『네이처』 인터뷰에서 고슬링은 프랭클린의 반응이 "자비롭고 낙관적이었다"고 기억했다. "프랭클린은 '연구의 독점'이라는 표현을 쓰지 않았다. 그녀가 실제로 한 말은 '우리는 모두

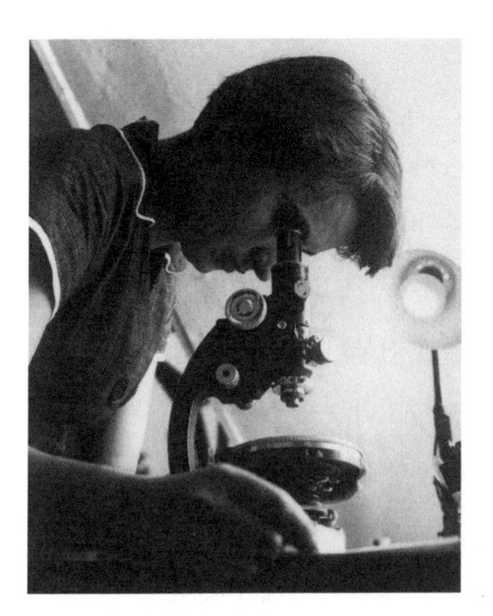

현미경을 보는 로잘린드 프랭클린

서로의 어깨를 밟고 서 있다'는 것이었다."[33]

캐번디시 팀의 성과로 "최상급 결정학자로서의 능력"이 공인되어 로잘린드가 "기쁨"을 느끼자 왓슨은 당황했다. 자기가 몇 년간 프랭클린을 오해했다는 것을 알고 당황한 왓슨은 행동을 바꿔 1968년 회고록 맨 끝에 이미 죽고 없는 프랭클린에 대해 성의 없이 다소 자기 편의적인 칭찬을 적었다. 나선에 반대했던 프랭클린의 시각이 "일류 과학을 반영한 것이지 아무것도 모르는 페미니스트가 그저 퍼부은 말이 아니라고" 인정했다. 왓슨은 "로지가 변화"한 이유는 "우리가 전부터 모형 구축을 떠들었던 것이 진지한 과학적 접근의 일환이었지, 정직하게 과학 업적을 쌓는 데 필수적인 힘든 일을 회피하려는 게으름뱅이들의 손쉬운 대안이 아니었다"고 새롭게 평가한 덕분이라고 썼다.[34]

『뉴요커』의 기자 호레이스 저드슨은 프랭클린이 DNA에 얽힌 이야기를 단 두 문장으로 냉정하게 요약했다. "프랭클린을 동정하기는 쉽다. 그녀가 귀납적 도약을 이루지 못했다는 것도 사실이다."[35] 2018년에 짐 왓슨은 훨씬 직설적으로 말했다. "실패자라고 하겠다 … 로지가 하층민이라거나 나쁜 사람이라서 실패자라는 단어를 쓴 것이 아니다. 그녀는 기회를 날렸다. 기회를 날렸다고! 듣기 끔찍한 소리지만 로지는 기회를 버렸고 그 이유는, A형도 나선이라는 생각 자체를 몹시 싫어했다는 것을 빼면 근거가 전혀 없었다."[36]

프랜시스 크릭도 프랭클린이 겪은 "어려움과 실패는 주로 자초한 일"이었다고 적으면서 자신과 왓슨이 아주 빠르게 넘은 과학적 추론의 벽을 프랭클린은 오르지 못했다고 조롱했다. 프랭클린이 딱딱하고 자신감 넘치는 것처럼 보였을지 몰라도 본질적으로 그녀는 "과민하고, 역설적으로, 과학적으로 건강한 논의를 하거나 지름길을 택하기에는 너무 단호했다. 혼자 힘으로 성공해야 한다고 굳게 마음먹고 자기 아이디어와 어긋나는 타인의 조언을 쉽게 받아들이지 않았다. 도움의 손길이 있었지만 받아들이지 않았다."[37]

프랭클린을 이렇게 요약하는 것은 냉정하다 못해 공정하지 않다. 브렌다 매독스가 관찰한 바에 따르면 로잘린드 프랭클린은 어린 시절부터 세인트폴여학교, 케임브리지를 거치면서 특히 과학자로 신중하게 훈련받아 "절대 사례를 과장하지 않고, 정확한 근거를 넘어서 추측하지 않았다. 상상력에 따른 충격적인 사고의 도약은 과도하게 빗을 지거나 빨간색 끈 없는 드레스를 입는 것만큼 프랭클린의 성격과 맞지 않았을 것이다."[38]

이 복잡하게 뒤엉킨 이야기 속에서 프랭클린의 복잡한 성격을 가장 잘 파악한 것은 비중이 적은 등장인물 중 하나인 다음 사람일 것이다. 웨일스 출신 물리학자이자 X선 결정학자인 맨설 데이비스(Mansel Davies)는 1952년 킹스칼리지 물리학과를 방문해 프랭클린과 소통한 내용을 1990년에 기록으로 남겼다. 데이비스는 1946년부터 1947년까지 리즈대에서 윌리엄 애스트버리와 DNA 연구를 했었기 때문에 프랭클린을 너무나 만나고 싶었다. 프랭클린이 친절하게도 자신이 찍은 X선 사진을 보여줬을 때 데이비스의 "맥박은 거세게 뛰었다." 왓슨이 1년 후 윌킨스를 통해 프랭클린의 사진을 봤을 때 사용했던 표현과 같다. 데이비스는 곧 "그녀가 DNA 문제 해결의 핵심을 나에게 보여주었다는 것을 깨달았다." 데이비스가 보기에 왓슨이나 크릭, 윌킨스가 영영 해결하지 못한 것은 자신들이 만들어낸 "로지 문제"였다. 먼저, 프랭클린과 왓슨이 과학적 탐구에 접근하는 방식이 어마어마하게 달랐다. "한 사람은 자신의 연구를 굽히지 않는 전문적 태도를 지니고 엄중하고 성실했다. 다른 사람은 앞일을 걱정하지 않는 재기발랄한 젊은이였다." 데이비스는 "확실히 로지가 실수를 저지른 것에 가깝다"고 인정하면서 "왓슨은 그 무례한 태도로 로지에게 DNA 구조 해답의 단서를 줬을 수도 있다"고 보았다. 데이비스는 또 "로지가 그저 천사였어야 왓슨과 죽이 맞아 유용한 정보 교환을 마음껏 했을 것"이라고도 적었다. 하지만 데이비스는 "로지를 '어려운 사람'이라고 깎아내리는 것"은 정당하지 않다고 주장했다. "로지가 자신의 과학적 흥미를 좇는 개인이자 불필요한 간섭 없이 그런 흥미를 추구할 때 가장 행복한 사람인지라 그런 모욕적인 별명이 붙었다." 데이비스가 보기에 이 관계를 부드럽게 하려면 "이해라는 요소"가 필요했다.[39] 안타깝게도 킹스칼리지나 캐번디시에서 그녀를 둘러싼 남자 중 누구도 가지지 못한 것이었다.

3월 15일 무렵에 영국의 봄은 절정을 맞이했고 날이 갈수록 103호에 와서 W-C 모형에 넋을 놓는 케임브리지의 과학계 인사들이 늘어났다. 한 사람이 나타날 때마다 크릭은 의기양양하게 구조를 둘러보게 안내하고 "지난 일주일간 매일 몇 번씩 반복해도 그 열정이 줄어들지 않았다. 그가 흥분하는 정도는 나날이 상승했다."[40] 설명을 반복할 때마다 커지던 크릭의 목소리는 "위층의 물리학자들이 아래층에서 '증기'가 올라온다고 지적하기 전까지" 커졌다.[41] 방문객 중 한 사람은 1890년대에 톰슨(J. J. Thomson)과 함께 캐번디시에서 연구했던 88세의 실험 물리학자 설(G. F. S. Searle)이었다. 크릭이 DNA가 "인간 유전의 기반"이라고 설명하자 설은 "그러니 인간이 이렇게 이상한 집단이군!"이라고 말했다고 한다.[42] 크릭의 듣기 싫은 웃음소리와 고음으로 꽥꽥거리는 반경에서 멀어지고 싶어 하는 사람은 브래그를 제외하고도 금세 늘어났다. 도너휴나 왓슨이 "새로 온 사람을 안내하는 프랜시스의 목소리"를 들을 때마다 "(두 사람은) 사상이 새로이 개조된 사람들이 풀려나 사무실이 다시 정돈될 때까지 밖에 나와 있었다."[43]

크릭에게는 실망스럽게도 3월 13일 왓슨은 파리로 날아가 일주일간 파스퇴르연구소의 유전학자 보리스 에프리시(Borris Ephrussi), 해리엇 테일러 에프리시(Harriet Taylor Ephrussi)를 만나 고급 식당을 가면서 휴식을 취했는데, 이 여행은 "몇 주 전에 정해졌다." 진이 빠져있던 왓슨이 그렇게 고대하던 빛의 도시 파리 방문 계획을 취소할 리가 없었다. 당시 새로 등장한 여행 방식인 비행기를 타기 위해 런던에서 파리까지 가는 항공권까지 미리 사 둔 왓슨은 에프리시 부부와 친구들에게 "자신의" 이중나선에 관해 이야기할 기회를 손꼽아 기다렸다.[44] 문자 그대로 날라버리는 왓슨 때문에 불만스러워진 크릭은 "이렇게 극도로 중요한 일을 버려두기에 일주일은 너무 길다"고 했다. 왓슨은 후일 젊은이 특유의 상반되는 행동을 이렇게 설명했다. "진지해지라는 요구는 내 취향이 아니었다. 특히 존 (켄드루)가 프랜시스와 나에게 우리 이름이 언급된 샤르가프의 편지를 막 보여줬을 때 더 그랬다. 샤르가프는 추신에서 '내 광대들이 다음에는 무엇을 할지' 물었다."[45] 생각해보면 그런 어마어마한 발견을 발표하기 직전에 휴가를 떠나는 사람이 있을 거라고는 상상하기 어렵다. 아마 왓슨이 데옥시리보핵산의 스포트라이트가 영원히 그의 과학적 행보를 비추어 "삶의 다른 측면에 집중하는 것"이 불가능해지기 전에 마지막 일주일이 필요하다고 델브뤼크에게 편지로 적었을 때는 문자 그대로의 의미였을 것이다.[46]

왓슨이 파리에서 돌아왔을 때, 크릭은 초조하게 그를 기다리고 있었다. 이제 출판을 위한 논문 작성 임무를 수행하고자 크릭이 파트너의 온전한 집중력을 뽑아낼 차례였다.[47] 그 와중에 크릭은 3월 19일, 열두 살 난 아들 마이클에게 보내는 도해가 포함된 일곱 장짜리 편지를 쓸 시간을 마련했다. DNA를 손글씨로 설명한 것이 최초는 아니겠지만, 아마 틀림없이 가장 사랑스러운 글일 것이다.

마이클에게

짐 왓슨과 내가 중요한 발견을 해낸 것 같단다. 우리는 DNA라고 불리는 데-옥시-리보-핵-산(주의해서 읽으렴)의 구조를 모형으로 만들었어. 유전인자를 운반하는 염색체의 유전자가 단백질과 DNA로 이루어져 있다는 것을 기억하는지 모르겠구나. 우리가 만든 구조는 아주 아름다워. DNA는 대충 판판한 조각이 바깥으로 붙어 있는 아주 긴 사슬이라고 생각하면 돼. 판판한 조각을 염기라고 부른단다 … 각자 나선을 띠면서 서로를 감싸고 도는 사슬 두 가닥이 있는데, 각 사슬의 당과 인산염은 바깥에, 염기는 모두 안에 있고…

이제 우리는 DNA가 암호라고 생각해. 즉, 염기(문자)의 순서는 인쇄된 한쪽이 다른 쪽과 다른 것처럼 한 유전자와 다른 유전자의 차이를 만든단다. 자연이 어떻게 유전자의 복사본을 만드는지 알 수 있지. 만약 사슬 두 개가 풀려서 별개의 사슬이 된다면, 또 그 별개의 사슬이 각자 짝이 되는 사슬을 만든다면 항상 A는 T와, G는 C와 짝이 되기 때문에 이제 우리는 이전에 한 개였던 사슬의 복사본을 두 개 얻게 된단다…

다시 말해 우리는 생명이 생명에서 비롯된다는 기본적인 복제 메커니즘을 발견했다고 생각한단다. 우리 모형의 훌륭한 점은 이 쌍이 자유롭게 떠다닌다면 다른 방식으로도 짝지을 수 있겠지만, 자유롭지 않게 묶여 있다면 이 쌍끼리만 짝지을 수 있는 형태라는 거야. 우리가 아주 신났다는 걸 너도 이해할 수 있겠지. 이 편지를 신중하게 읽고 이해하도록 하렴. 집에 오면 모형을 보여주마.

큰 사랑을 담아 아빠가.[48]

[29]

연구윤리를 내팽개친 공식적인 모의들

우리는 데옥시리보핵산(DNA)의 염 구조를 제시하고자 했다. 생물학적으로 상당히 흥미로운 이 구조는 참신한 특징을 지닌다 … 우리가 상정한 특정한 쌍이라면 유전 물질의 복제 메커니즘을 밝혀낼 수 있다는 사실을 놓치지 않았다.

– 제임스 왓슨 & 프랜시스 크릭[1]

크릭과 왓슨은 폴링이 아직도 두 사람의 성공 소식을 모를 거라고 생각하는 바보는 아니었지만, 케임브리지의 관습에 따라 폴링에게 개인적으로 이중나선에 관해 알려야 했다. 3월 21일, 두 사람은 마침내 세계에서 가장 영향력 있는 화학자에게 우리가 당신을 이겼음을 알리는 긴 편지를 썼다. 신중하게 써야 했지만, 왓슨에게는 신중함이 없다시피 했고 그나마 크릭이 가끔 신중하게 굴었다.

첫 번째로 폴링과 직접 소통하는 것이 늦어진 이유를 꾸며내야 했다. 크릭의 주장에 따라 왓슨은 몇 가지 핑계를 추가했다. "저희 중 한 사람(J. W.)이 멀리 파리에 가 있었고 브래그 교수가 인플루엔자로 2주간 앓아눕는 바람에 또 늦어졌습니다."[2] 두 가지 구실 모두 얄팍했다. 왓슨의 파리 나들이는 3월 13일부터 18일까지 엿새밖에 걸리지 않았다. 연구 내용을 외부자에게 전하기 전에 연구소 관리자에게 보고하는 것이 예의였으므로 브래그의 인플루엔자 탓을 하는 것이 더 안전해 보였다. 두 사람이 폴링에게 편지를 쓸 때까지도 브래그는 바이러스 감염의 후유증을 겪고 있긴 했지만, 3월 9에는 병상에서 일어나 W-C 모형을 검토하러 연구소로 직행했었다. 사실 편지가 늦어진 진짜 이유는 연구 결과의 상세한 내용을 가장 상대하기 어려운 경쟁자라고 할 수 있는 사람에게 공유할 준비가 되지 않았기 때문이었다.

3월 말에 왓슨과 크릭은 드디어 논문 초안을 폴링에게 보내면서 비록 그의 구조에 "관한 의심을 억누를" 수는 없지만, 논문에 언급해도 될지 공손하게 허락을 구했다. 만약 폴링-코리 모형에 변화가 있었다면 "언제든 원고 수정쇄에 단서를 달아 언급할 수 있다"고 덧붙였다. 나아가 폴링에게 "킹스칼리지 연구자들이 우리(논문)와 동시에 실험 자료를 가지고 논문을 발표"할 예정이며, 여기서도 역시 프랭클린은 언급하지 않은 채, 윌킨스가 곧 폴링에게 최종 원고를 보낼 것이라고 알렸다. 편지의 마지막 문장은 명백한 거짓말이었다. "교수님이 캐번디시에 방문해 DNA에 관해 충분히 논의할 기회가 있기를 아주 고대하고 있습니다. 브래그 교수가 아직 이 편지 소식을 모르니 며칠간은 기밀로 다뤄주실 수 있을까요?"[3] 며칠 뒤인 3월 24일, 왓슨은 부모에게 편지를 써 작게는 폴링의 답장이 어떨지 너무 신경 쓰이고, 더 크게는 과학계의 정밀한 조사에 앞서 왓슨 자신이 "아주 위대한 발견을 … 객관적으로" 보지 못한다는 것이 걱정스럽다고 적었다. "그래서 이 걱정을 잊어버리려고 대신 테니스를 치고 있어요."[4]

폴링은 런던과 케임브리지를 방문한 후 브뤼셀에서 4월 6일부터 14일까지 열리는 국제솔베이화학협회(Institut International de Chimie Solvay) 제9회 학회에 참석할 예정이었다. 학회 주제는 단백질이었다. 브래그 역시 초청되었고 페루츠와 켄드루의 헤모글로빈 연구를 발표할 계획이었다. 최근 캐번디시에서 일어난 사건을 고려해 브래그는 왓슨과 크릭의 이중나선 모형을 보완하는 내용을 발표하겠다고 학회에 요청했고 허락이 떨어졌다.[5]

폴링은 여권 발급 때문에 또다시 미국 국무부와 씨름했다. 폴링이 1951년 11월 산업고용심사위원회(Industrial Employment Reivew Board) 증언에서 "나는 기밀 정보를 보유하기에는 나의 활동과 정치적 관계가 신뢰성이 없다는 것을 인지하고 있다"고 발언한 기록이 발견되자, 루스 쉬플리는 고심 끝에 다시 출국 불가 방침을 세웠다. 2년 전의 발언 때문에 여러 서류가 오가는 전쟁이 또 한 차례 터졌고, 폴링은 자신이 공산당원이 아니며 현재 연구나 여행에 일급 보안 허가가 필요하지 않다는 점을 또다시 확인시켜야 했다. 산업고용심사위원회의 소환장이 애초에 오류 때문에 작성되었고, 전체 사건이 기각되었으므로 쉬플리의 입지는 1952년에 벌였던 폴링과의 싸움 때보다 약해져 있었다. 그런데도 폴링의 여권 신청서를 조용히 승인하기까지 일주일이나 괴롭혔다.[6]

폴링은 브래그에게 편지를 써 왓슨과 크릭의 모형, 킹스칼리지의 X선 자료를 직접 검토해보고 싶다고 전했다. 폴링은 3월 12일에 왓슨이 막스 델브뤼크에게 보낸 "DNA 편지"를 읽었고, 곧 패배를 인정하겠다는 신호를 보냈다. 왓슨과 크릭에게 "진정한 황홀감"을 안기는 퇴각 선언이었다.[7] 예상 밖의 동료들에게 패배해 그 속이 "불타는" 중임을 생각하면 폴링이 공적으로 내세운 태도는 놀라웠다.[8] 언젠가 미국 연방 정부 앞에서 선서 후 증언했던 것처럼 "저는 미국에 있는 그 누구보다 수학, 물리학, 화학, 생물학, 지질학(광물학) 같은 과학을 전체적으로 폭넓게 이해하고 있는 사람일 겁니다."[9]

영국의 저명한 주간 과학 "잡지" 『네이처』는 왓슨과 크릭의 연구를 빠르게 발표할 수 있는 확실한 수단이었는데, 특히 편집자들과 사이좋은 브래그와 랜들이 모두 두 사람의 논문을 보증했기 때문이다.

『네이처』의 공동 편집자 라이오넬 "잭" 브림블(Lionel J. F. "Jack" Brimble)은 영국에서 가장 명망 있는 상류층 신사 클럽으로 런던에 있는 아테네움에서 활발히 활동하고 있었다. 존 랜들 역시 아테네움의 일원이었다. 훌륭한 스카치위스키가 담긴 튼튼한 크리스털 잔 너머로 브림블은 랜들의 고민을 들어주었고, "킹스칼리지가 막판에 추월당했다는 사실을 안타깝게 생각한 첫 번째 인물"이 되었다.[10] 랜들은 기회가 생겼다는 것을 눈치채고 브림블에게 "왓슨과 크릭의 논문과 함께 윌킨스의 논문을 실어 주되, 프랭클린의 논문은 프랭클린이 요청하면 추가해달라"고 부탁했다. 랜들은 점심 식사를 마치고 킹스칼리지로 돌아가자마자 휘하 연구원에게 명령했다. "논문을 쓰기 시작하게!"[11] 논문이 한 달 내에 편집, 조판, 수정, 출판될 수 있도록 동료 평가는 놀랍게도 아예 생략됐다. 다른 공동 편집자인 게일(A. J. V. Gale)은 후일 왓슨과 크릭의 논문이 "특출나게 중요했다"고 회상했지만, 그 논문과 관련된 기록은 거기서 끝난다. 불행히도 1869년부터 1963년 사이에 『네이처』가 걸출한 기고가들과 나눈 모든 서신을 포함해 방대한 편집 기록이 1963년 사무실 이전 과정에서 버려졌고, 1953년 4월 25일 자 『네이처』의 편집 관련 서신도 모두 사라졌다.[12]

몇 주 전인 3월 17일, 크릭은 아직 브래그의 승인을 받지 않은 논문 초안을 윌킨스에게 보냈다. 동봉한 편지에서 크릭은 킹스칼리지의 출판되지 않은 연구 몇 가지를 참조해도 될지 허락을 구했고, 정리가 쉽지 않은 논문 속 감사의 말 문제를 끄집어냈다. 감사의 말은 시간이 지날수록 질척거리며 정리가 힘들어지기만 했다. 편지는 다음 소식을 언급하며 끝났다. "짐은 파리에 갔네. 운 좋은 녀석."[13] 다음 날 아침, 윌킨스는 맑은 눈으로 크릭에게 답장했다.

> 자네 둘이 노회한 악당처럼 느껴지지만, 결국 자네들에게 무언가 있는 것이겠지. 원고 고맙네. 나는 퓨린과 피리미딘의 1:1 비율이 중요하다는 점을 확신했고, 4개 평면군 스케치를 살펴볼 작정이었어. 그리고 나선 가설로 돌아가서 시간이 조금만 있었더라면 구조를 밝혀낼 수도 있었겠지. 그래서 약간 짜증이 났었네. 하지만 불평한다 해서 좋을 건 하나도 없지 않나. 나는 개념 자체가 아주 흥미진진하다고 생각하고, 누가 (DNA 구조를) 설명해내든 중요한 건 그게 아니야 … 자네들의 모형이 발표될 때 우리도 전반적인 나선 사례를 보여주는 사진과 짧은 설명을 나란히 발표하려고 해 … 며칠이면 모든 준비를 마칠 수 있어. 발표 두 개가 함께 게재되면 보기 좋을 것 같아 … 이로 인해 자네들 출판이 살짝 늦어지는 걸 양해해주길 바라네. 생쥐들의 경주 같은 나선 경쟁에 갓 참여한 출전자의 소식이지. R.F.(프랭클린)와 G.(고슬링)는 12개월 전의 우리 아이디어를 재탕한 걸 내놨어. 두 사람도 전부 써놨으니 무언가 출판하긴 해야 했던 것 같아. 그러니 『네이처』에는 최소한 세 개의 짧은 논문이 실리겠군. 경쟁에 참여했던 한 생쥐로서 다른 생쥐에게 고하네. 좋은 경주였어.[14]

윌킨스가 사용한 "노회한 악당", "우리 아이디어의 재탕", "한 생쥐로서 다른 생쥐에게" 같은 표현을 보면 호되게 패배한 실망감을 느낄 수 있다. 이 울분은 금방 사라질 만한 것이 아니었다. 왓슨과 크릭의 논문이 발표되고 한 달도 더 지난 후, 윌킨스는 마찬가지로 기분이 상한 에르빈 샤르가프에게 편지를 보냈다. "나만 모형이 틀리기를 바랐던 것은 아니라고 확신하지만, 여태까지 뒤집을 근거는 나오지 않는군요."[15]

DNA 논문 세 개를 "묶음으로" 『네이처』에 신도록 조정하는 일은 킹스칼리지 2인조 사이의 악감정, 즉 윌킨스와 프랭클린 사이의 더 심한 악감정 때문에 어마어마한 협상이 필요했다. 하지만 브래그와 랜들은 엄격하게 마감일을 정했고, 논문 세 개는 모두 4월 2일에 『네이처』 편집실에 도착했다.[16]

1953년 4월 25일 자 『네이처』에 발행된 DNA 협주곡은 세 부분으로 이루어졌다. 왓슨과 크릭의 모형이 1악장으로, 가장 요란하고 기억에 남을 논문이 '대단히 빠르게(molto allegro)' 연주되었다. 왓슨이 먼저 오고 크릭이 다음에 오는 저자 순서는 "동전 던지기"로 결정했다.[17] 완전한 이론 논문으로 독창적인 자료 조사는 단 한 줄도 포함되어 있지 않았다. 두 사람은 이때까지 DNA 한 가닥도 실제로 다루거나 준비하거나 들여다본 적이 없었다.[18] 842 단어짜리 논문의 간결하지만 명료한 어조 때문에 곧 "잔잔한 바닷속 수중 폭뢰의 줄"을 당겨 학계에 파란을 일으킬 내용이 마치 평범한 것처럼 보였다.[19]

원고 원본은 파이카(pica) 글꼴로 타자가 쳐져 있었는데, 왓슨이나 크릭, 캐번디시의 비서가 한 것이 아니라, 기록에 남지 않은 모종의 이유로 엘리자베스 왓슨이 작업했다. 엘리자베스는 오빠를 사랑하는 마음과 더불어 "다윈의 책 이래 생물학에서 가장 유명한 사건에 참여할 수 있을 것"이라는 오빠의 말 때문에 3월의 마지막 주 내내 여러 잡무를 도와주기로 했다.[20] 진부하게 성 역할 고정관념을 따른 이 장면을 완성하듯이 왓슨과 크릭은 엘리자베스 뒤에 선 채로 그녀가 한 단어를 칠 때마다 신이 나서 특히 마음에 드는 문장을 소리치거나 오타를 낼 때마다 지적했다.

본문에는 여섯 개의 참고문헌(폴링과 코리, 퓨베르그, 샤르가프, 와이엇, 애스트버리, 윌킨스와 랜들), 오딜 크릭이 그린 이중나선 그림의 범례, 다음의 감사 인사가 추가되었다. "제리 도너휴 박사는 계속해서 조언과 비평을 해주었는데, 특히 원자간 거리에 관해 도움을 주었다. 또한 M. H. F. 윌킨스 박사, R. E. 프랭클린 박사, 두 사람의 런던 킹스칼리지 동료들의 출판되지 않은 실험 결과와 아이디어, 그 전반적인 지식에 자극받았다. 우리 중 한 사람(J. D. W.)은 국립소아마비재단의 장학금을 받았다."[21]

DNA 협주곡의 2악장은 윌킨스, 알렉 스톡스, 허버트 윌슨이 '매우 여리게(pianissimo)' 연주했다. 이들의 논문은 사실 스톡스의 나선 이론과 윌킨스가 1951년 5월 나폴리동물학연구소에서 발표하고 1952년 여름 케임브리지에서 다시 발표했던 X선 회절 연구의 요점을 되풀이한 것이었다.[22] 난해하고 전문용어로 가득 찬 논문은 이해는 고사하고 끝까지 읽기도 엄두가 나지 않았다.

마지막 악장은 무반주(a cappella)곡으로 프랭클린과 고슬링이 DNA A형과 B형 자료를 기반으로 쓴 논문이었다.[23] 이론가인 독자들이 셋 중에서 가장 읽을 필요가 없는 논문이라고 주장할 만한 자리였다. 프랭클린에게 손해인 논문의 게재 순서는 그녀가 더는 킹스칼리지 소속이 아닌데다 그녀를 옹호할 사람이 아무도 없는 상태에서 결정되었다. X선 결정학을 해석하는 일은 그 자체로 고도로 기술적이고 도전적이며, 고된 노력의 산물인데 프랭클린의 복잡하고 따분한 문체와 긴 문장은 상황에 도움이 되지 않았다. 왓슨과 크릭이 쓴 논문 분량의 거의 두 배에 달하는 논문의 초고는 3월 19일 케임브리지에 직접 모형을 살피러 가기 전에 대부분 작성되었다. 프랭클린의 남겨진 서류들을 통해 3월 17일에는 상당히 완성된 초고를 써놨다는 것을 알 수 있다.[24]

프랭클린은 최종 원고에 한 줄을 추가했는데, W-C 모형을 본 이후에야 덧붙일 수 있는 문장이었다. 끝에서 두 번째 문단을 마치면서 프랭클린은 조그맣고 거미 다리 같은 손글씨로 단순하고 신중하지만, 어떤 선언과 다름없는 문장을 적었다. "따라서 우리의 전반적인 아이디어는 앞서 왓슨과 크릭이 제안한 모형과 일치하지 않는 점이 없다." 같은 문단에서 프랭클린은 DNA-B 구조가 "아마도 나선형일 것"이라고 언급했다.[25] 2002년에 프랭클린의 전기작가인 브렌다 매독스는 분개하며 전했다. (현대 일상언어에서 "미투(me-too)"가 어떤 의미로 진화했는지 생각하면 역설적이기도 한데) "논문을 이렇게 수정하자 따지고 보면 본래 프랭클린의 연구 결과물이었던 것이 왓슨과 크릭에게 편승한 '나도(me-too)' 노력했다는 식으로 변형되어 버렸다." 왓슨과 크릭이 발표한 내용과 프랭클린이 낸 결과물이 일치하는 것이 놀라운 일인가? 왓슨과 크릭은 프랭클린의 X선 회절 측정값을 사용해 모형을 세웠다. 더 역설적인 점은 프랭클린이 『네이처』 논문에 삽화로 넣기 위해 DNA-B 51번 사진을 사용했지만, 왓슨과 크릭의 글 어디에도 51번 사진을 봤다거나 "영감을 얻었다"고 시인하는 내용은 없었다.[26]

4월 4일 케임브리지에 도착한 라이너스 폴링은 생각 없는 아들 피터의 추천으로 팝 프라이어의 하숙집에 방을 예약했다. 왓슨은 폴링이 "조식 때 외국 여자들과 함께 식사할 수 있다고 해도 온수가 잘 안 나오는 방은 참을 수 없다"며 숙박시설에 대해 아들을 꾸짖고는 상급 호텔로 다시 예약시키는 모습이 어땠는지를 만족스럽게 기억했다.[27]

제9차 솔베이화학학회 (앞줄 왼쪽에서 두 번째 지그너, 다섯 번째 브래그, 오른쪽에서 다섯 번째 폴링). 1953년 4월

다음 날 왓슨과 크릭은 폴링을 103호로 초대해 위풍당당하게 서 있는 DNA 모형을 검토하게 했다. "모든 카드가 우리 손에 쥐어져 있었으므로 폴링은 품위 있게 우리가 이미 알고 있는 답을 코멘트했다."[28] 브래그는 자랑스럽게 활짝 웃었다. 그가 사랑하는 캐번디시연구소가 마침내 칼텍의 마법사를 쓰러뜨렸다. 비록 이중나선을 뒷받침하는 증거는 다른 연구소에서 나왔지만, 이 영국인 물리학자는 40년 전에 자신과 아버지가 개발한 X선 결정학 방법론이 "생명의 본질 그 자체를 밝히는 심오한 통찰의 중심에 있다"는 점 역시 뿌듯하게 여겼다.[29]

그날 저녁 피터 폴링과 라이너스 폴링, 엘리자베스 왓슨과 짐 왓슨은 크릭의 집에서 저녁을 먹었다. 오딜은 호화로운 기념 정찬을 대접했고, 참석자 모두 "상당한 양의 부르고뉴 와인"을 마셨다. 크릭은 폴링 앞

에서 평소답지 않게 조용했다. 활력있는 분위기를 유지하고자 왓슨은 폴링이 오딜과 베티에게 농담을 할 수 있도록 나섰다. 시차와 비행으로 피곤했던 폴링은 평소의 매력을 꺼내지 못했다. 시간이 지나자 왓슨은 폴링이 자기에게 직접 말하고 싶어하다는 것을 눈치챘다. 자신은 여전히 "젊은 세대의 미성숙한 구성원"인 반면 크릭은 쉽게 외부의 영향에 동요하지 않는 연령대였기 때문이다. 그러나 영국으로 오는 긴 여정은 폴링의 몸과 마음을 잠식했고 자리는 자정쯤 파했다.[30] 다음 날 아침 폴링은 브뤼셀로 떠났다.

4월 6일, 솔베이학회 첫날이 지나고 폴링은 호텔로 돌아와 "세상에서 가장 사랑하는" 에바 헬렌에게 편지를 썼다. "킹스칼리지의 핵산 사진을 보고 왓슨, 크릭과도 대화를 나눴어요. 아마 우리 구조가 잘못되었고, 두 사람의 구조가 맞는 것 같아요."[31] 4월 8일, 브래그가 발표하는 동안 폴링은 뭉툭한 연필로 공책에 적었다. "브래그가 왓슨, 크릭의 N.A.(핵산)를 논했다. 나는 W와 C가 옳다는 것을 꽤 확신하고 있다고 말했다. 왜 우리 모형이 잘못되었는지 설명했다."[32] 여름이 끝날 무렵, 독일, 스웨덴, 덴마크의 저명한 과학자들을 만나느라 유럽 대륙을 종횡무진 누빈 폴링은 더욱 확신하게 되었다. 폴링의 7, 8월 일기에는 다음처럼 간략하게 적혀 있다. "왓슨과 크릭의 구조가 모든 것을 설명한다."[33]

폴링은 자주 학생들에게 말했다. "실수를 두려워하지 마라. 지나치게 조심스러운 과학자가 너무 많다. 만약 여러분이 절대 틀린 적이 없다면 여러분 수준에 너무 쉬운 영역에 있는 것이다 … 실수를 드러낸 것 말고는 여러분보다 나을 게 없는 수천 명의 과학자가 있다. 중요한 것을 발견했다면, 발표해라."[34] DNA에 관해서 폴링이 저지른 실수는 엄청났다. 폴링의 모형을 좌절시킨 가장 큰 요인은 분자의 수분 밀도를 잘못 계산한 것이었다. 이는 프랭클린을 괴롭힌 문제이기도 했고, 나중에 윌킨스, 왓슨과 크릭도 겪었던 문제였다. 폴링이 이후 설명한 것처럼 그는 애스트버리의 오래된 X선 사진에 사용된 DNA가 수분 33%로 준비된 것인지 몰랐다. "그래서 나는 DNA를 세 가닥이 되게 만든 수분을 무시하고 계산했다. 당시 나는 수분 함량이 그렇게 높은 줄 몰랐는데, 만약 수분을 바로 잡고 계산하면 두 가닥이 된다."[35] 또 다른 확연한 문제는 폴링이 프랭클린과 고슬링이 찍은 선명한 사진을 접하지 못하고, DNA-A와 DNA-B가 중첩된 더 오래되고 흐릿한 애스트버리의 사진에 의존하는 바람에 발생했다. 그러나 폴링은 이후에도 자신이 퓨린과 피리미딘의 화학적 특성을 충분히 알지 못해 오류가 생겼다고 주장했다.

이 주장은 에바 헬렌 폴링이 남편의 핑계에 지쳐 직설적으로 질문할 때까지 몇 년간 끊임없이 이어졌다. "만약 (DNA를 규명하는 것이) 그렇게 중요한 문제였다면 왜 더 열심히 연구하지 않았어요?"[36] 폴링이 아내에게 들려준 겸손한 대답은 나아가 세상을 향한 답변이기도 했다. "잘 모르겠어요. 항상 DNA 구조를 풀 사람은 나라고 생각해서 충분히 공격적으로 탐구하지 못한 것 같아요."[37] 폴링은 자신이 현대 과학의 가장 큰 트로피가 될 DNA 규명이 걸린 속도전을 잘 마치고 승기를 잡을 정도로 뛰어나다고 생각했다. 폴링의 전기작가인 토머스 헤이거(Thomas Hager)는 폴링의 역사적인 실패를 이항방정식으로 요약했다. "폴링이 실패한 원인은 두 가지다. 성급함과 자만심."[38]

법조인이라는 숙명을 진 사람들 사이에서 음모(conspiracy)는 한 사람 이상이 연루된 은밀한 범죄 행위를 말한다. 음모라는 단어의 기원과 통시적으로 용법을 주의 깊게 살펴본 『옥스퍼드 영어사전(Oxford English Dictionary)』 편집자들은 음모가 "악하거나 불법적인 목적을 위해 모인 사람들의 조합; (특히 반역, 폭동, 살인과 관련해) 어떤 범죄, 불법, 혹은 비난받을 만한 일을 하기로 두 사람 이상이 동의하는 일; 모의"라고 더 넓게 정의한다.[39] 이중나선 결탁 사건은 상호이익, 문화적 신념, 공식적인 권리가 얽힌 사람들 사이의 모의라고 하기에 부족함이 없다. 왓슨과 크릭의 논문이 『네이처』에 발표되기 한참 전부터 가담자들은 음모가 담긴 긴 도미노를 신중하게 배치했다. 어떻게 이 도미노가 정밀하게 세워졌는지, 왓슨, 크릭, 윌킨스, 랜들, 페루츠, 켄드루, 브래그가 W-C 모형이 로잘린드 프랭클린의 자료를 근거로 삼고 있다는 사실을 숨기기 위해 어떤 교묘한 책략을 부렸는지를 보면 모두 음모의 정의에 딱 들어맞는다.

윌킨스는 삼중나선 이론에 관한 브루스 프레이저의 미출판된 연구를 『네이처』에 보내는 논문 묶음에 포함하도록 로비하여 이 음모의 망을 넓혔다. 이 연구는 2년 전에 왓슨이 출판할 준비가 되지 않았다고 했던 바로 그 연구였다.[40] 1950년대 장거리 통신비를 고려하면 윌킨스는 당시 고향인 호주에서 연구하고 있던 프레이저에게 전보를 보내고 전화를 거느라 약간의 재산을 소모했을 것이 틀림없다. 프레이저는 연구 결과를 타자로 치고 자신이 제안하는 모형의 도해를 그리느라 밤을 새웠고, 과학사에 한 부분 차지할 수 있길 바라면서 다음 날 아침 해가 뜨자마자 간절하게 그 결과물을 런던에 전보로 보냈다.[41] 윌킨스는 그 논문을 『네이처』 묶음에 끼지 못할 거라고 주장하던 크릭에게 확실하게 전달했다. 크릭은 자신과 왓슨의 아름다운 결과물과 나란히 하기에는 프레이저의 모형이 너무 "빈약하다"고 생각했다. 결국 타협이 이루어져 왓슨과 크릭은

"다소 불분명하게 묘사된 구조이며, 그러므로 따로 논하지 않을 것"이라고 프레이저의 모형을 무시하는 듯한 논평과 함께 "출판 준비 중인" 논문 중의 하나라고 언급하기로 했다.[42] 윌킨스가 기억하기로 원래 문장은 "왜 그렇게 신랄해야 하는지" 크릭에게 항의하고 말투를 다듬게 하기 전까지는 더 가혹했다. 결국 너무 "빈약했던" 프레이저의 논문은 영영 출판되지 않았다. 왓슨과 크릭에게 프레이저의 논문을 언급하라고 우긴 것은 윌킨스가 왓슨과 크릭보다 최소한 2년 먼저 킹스칼리지가 DNA의 나선 구조를 연구하고 있었다는 것을 보여주는 한편 그 뒤에 이루어진 프랭클린의 연구 가치를 축소하기 위해 대놓고 시도한 것이었다.[43]

윌킨스는 "자네들의 원고에 제안하는 수정 사항"을 보내면서 왓슨과 크릭에게 프랭클린의 최상급 X선 자료가 그들의 이론을 뒷받침한다는 사실을 애매하게 밝혀달라고 요청했다.

> "잘 알려져 있듯이 아직 발표되지 않은 실험 자료가 많다"는 문장을 삭제해줄 수 있겠는가? (약간 모순처럼 느껴질 수 있겠어.) 간단히 "이 구조는 물론 더 완전한 실험 자료로 확인하기 전까지 실증되지 않았다고 보아야 할 것…"이라고 한다거나. '아주 아름다운'을 삭제하고 "우리는 킹스칼리지의 연구에 자극받아왔다"고 해주게.[44]

3월 23일이 되자 윌킨스는 전반적인 상황에 몹시 낙담했다. 프랭클린이 "생쥐들의 경주"(출판)에 자신의 연구를 포함해 달라고 요구했을 뿐만 아니라 폴링이 영국에 와서 프랭클린과 만나기로 했다. 윌킨스는 프랭클린이 『네이처』에도 등장하고 폴링도 직접 만나면 자신이 이중으로 수치를 겪게 될까 봐 두려웠다. 한편에서는 왓슨과 크릭의 성공에 짓눌리고 다른 편에서는 공정한 경기를 요구하는 프랭클린에게 치이면서 윌킨스는 크릭에게 분통을 터뜨렸다.

> 로지와 내 편지를 있는 그대로 보내면서 편집장이 중복되는 부분을 알아채지 못하기를 바라는 수밖에 없을 것 같아. 이 아수라장 속에서 나는 너무 지쳤고 무슨 일이 일어나든 개의치 않을 거라네. 로지가 폴링을 만나겠다고 하면 대체 내가 무엇을 할 수 있겠나. 폴링을 만나지 않는 게 좋겠다고 말해본들 폴링을 만나려는 로지의 의지만 강해질 거야. 왜 다들 그렇게 폴링을 만나지 못해 안달일까? … 이제 레이먼드(고슬링)도 폴링을 만나고 싶다고 한다네! 될 대로 되라지. M.
>
> 추신. 레이먼드와 로지가 자네 논문을 갖고 있으니 이제 다들 서로의 논문을 보게 되겠어.[45]

케임브리지에서는 훨씬 더 사악한 조작 행위가 역사에 기록되고 있었다. 왓슨과 크릭의 『네이처』 논문은 연구 부정행위인 인용 표시 누락, 즉 저자들이 모형 구축에 사용한 것이 분명한 발표 또는 미발표 연구의 일부 또는 전체의 출처를 밝히지 않는 행위의 증거가 넘쳤다. 로잘린드 프랭클린이 공헌한 연구의 공식적인 인용을 빠트린 것은 왓슨과 크릭이 저지른 잘못 중에서도 최악이다.[46] 윌킨스, 왓슨, 크릭이 당시 서로 주고받은 편지에 기록된 바에 따르면 이들이 논문 원고에서 연달아 삭제, 누락시킨 행위는 온정적으로 봐도 충격적이고, 냉정하게 보면 철회, 해명, 제재가 필요한 수준이다.[47] 심지어 『네이처』 편집장인 브림블과 게일이 어떻게 왓슨과 크릭이 이중나선 모형에 다다를 수 있었는지 정확한 세부 사항을 알았다면 로잘린드 프랭클린을 논문의 주요 저자로 올려야 한다고 주장했을 것이라는 추측도 있다. 슬프게도 두 편집장 모두 관련 질문을 받기 전에 사망했고, 출판사 맥밀란이 악의 없이 두 사람의 문서를 전부 없앴기 때문에 진실은 영원히 알 수 없다.[48] 하지만 만약 어떤 저자가 고의로 적절한 출처를 작성하지 않거나 모든 논문 공헌자를 제대로 언급하지 않았다는 것을 편집장이 알면서 바로잡지 못했다면, 논문의 저자만큼이나 편집장도 연구 부정행위로 유죄가 될 것이다.

왓슨과 크릭의 부당한 행동은 자신들의 연구에서 먼저 발표된 문헌의 역할과 비교해 킹스칼리지의 연구가 어떤 역할을 했는지 설명한 문장 두 줄에 가장 잘 드러난다. 두 사람은 애스트버리의 1947년 논문, 윌킨스와 랜들의 1953년 논문을 인용했다.[49] 하지만 앞선 문단에서 두 사람은 "이전에 출판된 데옥시리보핵산의 X선 자료는 우리 모형을 철저히 검증하기에 충분하지 않다. 지금까지 말할 수 있는 것은 실험 자료와 대략 호응한다는 것이지만, 더 정확한 실험 결과와 비교하기 전까지는 실증되지 않았다고 보아야 한다"고 부분적으로 윌킨스가 쓴 표현을 이용하여 의뭉스럽게 말했다. 그리고 다음은 유죄를 입증한다고 볼 수 있는 문장들이다. "일부 자료는 다음 논문(즉, 『네이처』에 함께 게재되는 윌킨스와 프랭클린의 논문)에서 나왔다. 우리가 이미 출판된 실험 자료나 입체화학 논의에 전적으로는 아니어도 주로 의존하여 모형 구조를 고안했을 때는 각 논문에 발표된 상세한 내용을 아직 알지 못했다."[50]

사실을 알고 있는 독자라면 이 마지막 문장들을 보고 경악에 차서 그저 "뭐?"라는 반응만 보일 수 있을 것이다. 몇몇은 왓슨과 크릭의 편을 들어 두 사람이 모형을 고안할 당시에는 아직 프랭클린(또는 윌킨스)이

『네이처』에 제출한 논문을 읽어보지 못했으므로, 기술적으로는 진실을 말한 것이라고 주장했다. 이런 주장은 탈무드의 문장이나 변호인의 변론처럼 느껴진다. 상대편 변호인은 왓슨과 크릭이 DNA의 나선 구조를 거의 2년 전부터 윌킨스와 끝없이 논의했다는 사실, 자주 윌킨스를 이용해 로잘린드 프랭클린이 무엇을 하고 있는지 알아냈고 그 결과 윌킨스가 왓슨의 심장을 뛰게 한 프랭클린의 바로 그 51번 사진을 보여줬다는 사실, 막스 페루츠가 크릭과 왓슨에게 프랭클린이 했던 가장 중요한 측정과 그 결과가 담긴 의학연구위원회 보고서 사본을 줬다는 사실을 알고 있다면 사건을 훨씬 더 잘 끌어갈 수 있을 것이다.

왓슨과 크릭은 연구의 우선권을 갖고자 하는 과정에서 자신들의 위대한 발견에 로잘린드 프랭클린의 자료가 얼마나 핵심적인 요소였는지 공개적으로 자백할 수는 없었다. 프랭클린에게 자료 사용 허가를 단 한 번도 요청한 적이 없다는 사실도 서면으로 인정할 수 없었다. 두 사람은 1년이 지나 1954년 발행된 『왕립학회 회보』에서도 그런 자백은 고려하지 않았다. 『왕립학회 회보』에 실린 논문 첫 쪽 가장 밑에 크릭과 왓슨은 거의 실토하는 듯한 각주를 달았다. 윌킨스와 프랭클린에게 감사 인사를 한 후, 두 사람의 자료가 없었다면 "우리 구조를 공식화하는 것이 불가능하거나 매우 어려웠을 것"이라고 적어 사실을 공개하는 것처럼 보였다. 하지만 이어지는 문장은 진실에서 멀리 달아나 다시 자신들의 우위를 주장하면서 "동시에 우리는 윌킨스와 프랭클린의 X선 사진의 자세한 내용을 알지 못했고, 입체화학적으로 가능한 구조를 찾고자 노력하는 과정에서 광범위한 모형 구축을 한 결과 우리 구조를 성립시킬 수 있었다고 언급하고자 한다"고 선언했다.[51]

왓슨과 크릭이 『네이처』 논문을 강력하고 뛰어난 문장으로 마쳤고,

여러 생물학자가 그 이후로 그 문장에 사로잡혀 영감을 받았다는 것은 논란의 여지가 없다. 두 사람이 "내숭을 떨며" 발표를 마친 문장은 사실 항상 자신감 넘치는 크릭이 "간절하게" 부연하고 싶어 했던 것을 엄청나게 부드럽게 바꾼 것으로, 혹시 자신들이 틀렸을 때 너무 멍청해 보이지 않도록 왓슨이 다듬은 것이다. 크릭은 "(왓슨의) 의견을 따르면서도 논문에 문장을 추가해야 한다. 그렇지 않으면 마치 우리가 그 점을 보지 못한 것처럼 분명히 누군가 물어볼 것"이라고 주장했다.[52] 그렇게 왓슨이 느끼는 꺼림칙함을 뒤로 하고 과학적 불멸을 향한 주장이 분명하게 추가되었다. "우리가 상정한 특정한 쌍이라면 유전 물질의 복제 메커니즘 밝혀낼 수 있다는 사실을 놓치지 않았다."[53]

왓슨과 크릭이 이중나선을 규명하는 마지막 핵심 두 단계, 상보성과 염기쌍을 풀어내자, 로잘린드 프랭클린이나 그녀의 자료에 관한 이야기는 곧 중단되었다. 이제 유전자가 운반하는 유전 정보를 복제하는 왓슨과 크릭의 아름다운 메커니즘을 이야기할 차례였다. 왓슨과 크릭의 이름은 뉴턴, 다윈, 멘델, 아인슈타인처럼 역사에 깊이 새겨졌다. 실제로는 불공평하지만, 만약 인생이 공평하다면 "왓슨과 크릭"만 언급하는 대신 왓슨-크릭-프랭클린의 DNA 모형이라고 불러야 할 것이다.[54]

로잘린드 프랭클린이 킹스칼리지에서 보낸 마지막 나날은 중요하지 않았다. 송별회도, 기념 케이크와 맥주도 없었고, 고별사조차 없었다. 프랭클린은 킹스칼리지에 있던 몇 안 되는 개인 물건을 챙기고 마지막으로 나가기 전에 연구실 사진사 프레다 타이스허스트(Freda Ticehurst)에게

도움과 우정에 감사한다고 전했다. 프랭클린은 사무적인 어조로 타이스허스트에게 "이곳은 나를 원하지 않는다. 우리(즉, 그녀와 윌킨스)는 절대 같이 일할 수 없다. 나는 여기에 머물 수 없다"고 말했다.[55]

몇 주 뒤인 4월 17일, 존 랜들은 프랭클린에게 에두른 경고의 편지를 보냈다.

> 자네가 연구소를 나가는 문제를 의논했을 때, 핵산 문제 연구는 그만두고 다른 연구 주제를 찾는 것에 자네도 동의했다는 것을 분명히 기억하고 있겠지. 깊이 관련되어 있던 주제에 관한 생각을 곧바로 멈추는 것이 힘들다는 것은 잘 알고 있지만, 자네가 이제 적절한 단계에서 연구를 청산하거나 작성을 마무리해준다면 고맙겠어.[56]

프랭클린은 하소연하듯 앤 세이어에게 물었다. "생각을 어떻게 멈춰?"[57] 랜들의 요청은 우스꽝스러울 지경이었다. "킹스칼리지 사람들이 하는 짓이 그렇지."[58] 윌킨스는 나중에 프랭클린을 킹스칼리지에서 추방한 책임을 랜들에게 떠넘기려 했다. "랜들은 무서운 일도 능히 저지르는 사람이었다."[59] 그래도 윌킨스는 점차 다음과 같이 고백할 정도로 솔직해졌다. "나도 나 자신이 편하지 않았다."[60] 랜들과 자신에 대한 평가 모두 정확했다.

과학적 기준으로 보면 J. D. 버널 교수가 프랭클린에게 미생물의 본질적 요소인 담배모자이크바이러스, RNA, 핵산에 관해 연구하라고 요청한 상황에서 랜들의 요구는 특히 말도 안 되는 것이었다. 일주일 뒤인 4월 23일, 프랭클린은 요령 좋게 랜들에게 답장을 보냈다.

> 저도 가능한 한 빨리 DNA 연구 작성을 마치고 싶지만, 서두른다고 끝낼 수 있는 일이 아닙니다. 연구소를 떠날 때 말씀드렸던 것처럼 써야 할 것이 아주 많고, 쓰다 보면 또 새로운 아이디어가 나올 기회이기도 하고요. 고슬링과 저는 이미 논문 쓸 준비를 시작했습니다. 언제 이 기회를 교수님과 논의할 자리가 있으면 좋겠군요 … 버널 교수님이 이쪽 연구실에 교수님을 초대하려 한다고 말씀하셨는데 그때 DNA 연구 논문 관련해 얘기할 적당한 기회가 주어질 것 같네요.[61]

로잘린드 프랭클린은 "DNA에 관한 생각을 멈출" 수 없었지만, 머지않아 DNA가 유전학, 생물학, 진화, 의학의 거의 모든 측면에서 어떤 역할을 하게 될지는 아직 상상할 수 없었을 것이다. 또 수십 년 후에 킹스칼리지가 그녀의 DNA 연구를 기념할 거라 꿈에서도 생각하지 않았을 것이며, 처절하게 다퉜던 남자의 성(姓)과 나란히 신축 건물에 프랭클린 윌킨스라는 이름이 붙을 줄도 몰랐을 것이다.[62] 동생 제니퍼 글린에 따르면 로잘린드 프랭클린은 자기 자료가 윌킨스에 의해 그렇게 부적절하게 왓슨에게 공유되고, 자신의 동의 없이 페루츠가 왓슨과 크릭에게 의학위원회 보고서를 보여줘 도둑질당한 줄 몰랐다. 2012년의 회고록에서 글린은 프랭클린이 자기 연구가 도용당한 사실을 모른 채 사망했다면서 글을 마쳤다. "언니는 최종 모형을 봤을 때 먼저 자기가 목표 지점에 도달하지 못했다는 점은 아쉬워했겠지만, 모형에 감탄했을 뿐 전혀 분노하지 않았다. 놀랍지 않게도 모형은 언니의 연구 결과에 들어맞았다."[63] 2018년 5월, 글린은 논점을 더 명확히 했다. "만약에 언니가 알았다면 엄청나게 심각한 갈등이 벌어졌을 것이다. 의심의 여지가 없다. 누구든 언니의 분노를 이해할 수 있었을 것이고, 두려워했을 것이다."[64]

몇 달 뒤인 2018년 7월, 짐 왓슨은 약간 다른 의견을 내놨다. "우리가 훔쳤다고 (프랭클린이) 한 번도 말한 적이 없다는 점에서 아주 관대했다 … 우리가 자기를 이용한 것이 아니라는 것을 알고 있었던 것 같다. 그녀는 B 사진을 들여다보지 않아 스스로 체면을 구겼다."[65] 증거 부족이 항상 부재의 증거가 되지는 않는다. 결국 우리는 로잘린드 프랭클린이 DNA 이중나선 발견 이후 몇 년간 정확히 어떤 생각을 했는지 절대 알 수 없을 것이다.

『네이처』의 1953년 4월 25일 자에 「핵산의 분자 구조」라는 특집이 실린 바로 그날, 존 랜들은 휘하의 DNA 연구자들의 노고를 기리는 축하 파티를 열었다. 킹스칼리지 지하에 와인, 셰리, 맥주가 흐르고, 저렴한 샴페인 병의 코르크 마개가 튀었으며, 웃음소리가 휩쓸었다. 흥청대며 놀던 어느 순간, 연구실 사진사인 프레다 타이스허스트는 붐비는 공간을 살펴본 후 물었다. "로잘린드는 어디 있어요?" 그녀가 기억하기에 돌아온 대답은 "어떤 표정들" 뿐이었다.[66] 프랭클린은 당시 버크벡칼리지에 유배 중이었고 랜들의 엄격한 지시하에 더 이상 핵산이라는 주제를 연구할 수 없었다.[67]

로잘린드 프랭클린 시기의 여성 과학자들은 미묘한, 혹은 그리 미묘하지도 않은 일종의 명예훼손과 탄압을 매일같이 겪는 가혹한 현실 속에 살았다. 프랭클린의 성격상 연구소 내의 그런 분위기에 극도로 민감했다. 너무 많은 경우에 이런 성격이 프랭클린 최악의 적이 되곤 했다. 권위 있는 영국 학계의 백인 귀족들이 일터에 대한 프랭클린의 불만이나 윌킨스에 관한 솔직하면서도 잔혹한 묘사에 어떻게 반응하거나 무시했을지 상상해보라. 윌킨스의 지속적인 방해 공작에 영향을 받지 않고 일하는 동안 사생활을 보장해달라는 요구까지 더해보자. 만약 프랭클린이 남성이었거나, 거창한 이론을 뒷받침하는 과학적 증거를 오랫동안 힘들게 확보하는 이론적 개념화를 중요시하는 분야를 선택하지 않았다면 자료에 관한 그녀의 기벽이나 고집이 그렇게 비판받지 않았을 것이다. 킹스칼리지와 캐번디시에 있던 프랭클린의 적수가 모두 젊고 미성숙한 남자로 이뤄진 몹시 이상한 집단이기도 했다. 그렇지만 아무도 모리스 윌킨스의 여러 신경증을 이유로 그를 비난하지 않았다. 프랜시스 크릭은 자기가 그 자리에서 가장 똑똑한 사람이라고 우기는 경우가 많았지만, 상사였던 윌리엄 로렌스 브래그를 제외하고 크릭에게 화를 낸 사람도 많지 않았다. 그리고 짐 왓슨의 경우에는 그가 영국 연구 관행을 무시하고, 원하는 결과를 위해서라면 이용 가능한 지름길은 전부 택하고, 독특한 습관이 있더라도 동료들이 그의 등 뒤에서 비웃거나 투덜거릴 뿐이었다.

하지만 위험부담이 큰 물리학과 영국 학계라는 남성의 영역에서 유대인 여성인 로잘린드 프랭클린은 어떤 실수도 저지를 여유가 없었다. 아주 작은 계산 실수라도 하면 그녀가 짠 실험이라는 직물에 큰 구멍이 생겼고 남성 경쟁자들은 기꺼이 밟고 올라갔다. 이런 부담스러운 역학 관계는 왓슨과 크릭은 결코 이해할 수 없을 방식으로 결국 프랭클린이 앞으로 나아갈 수 없게 가로막았고, 두 사람은 수십 년간 이런 프랭클린을 깎아내렸다. 만약 둘 중 하나라도 새뮤얼 존슨(Samuel Johnson) 같은 통렬한 재치를 1mg이라도 지녔거나 최소한 새뮤얼 존슨을 인용하는 성향이라도 있었다면, 1763년에 새뮤얼 존슨이 제임스 보즈웰(James Boswell)에게 했던 여성 설교자에 관한 논평을 여성 물리학자에 적용했을 수도 있다. "여자의 설교는 뒷다리로 걷는 개 같은 것이다. 잘 되지 않는다. 그래도 그 모습을 보면 놀란다."[68] 대신 킹스칼리지와 캐번디시의 남자들은 유치한 별명, 고약한 사무실 장난, 우월감, 정신을 좀먹는 조롱에 의존했다. 그들에게 프랭클린은 논리적인 탁월함으로 과학적 비행을 할 능력이 부족해 결코 하늘로 날아오를 수 없는 존재였다. 프랭클린에게 틀릴지도 모른다는 위험부담은 견딜 수 없는 것이었다.

왓슨은 1968년 출간된 회고록 『이중나선』에서 비유와 함께 "1951년부터 1953년 사이에 나는 세상을 아이디어, 사람, 나 자신으로 구분했다"는 이야기를 했다. 실제로 왓슨은 10년 이상 사실관계를 좇으며 이 책을 신중하게 준비했다. 그는 자신을 이상하고 처치 곤란한 젊은이이자 재능이 뛰어난 침입자로 묘사했다. 또는 윌킨스가 해석한 것처럼 "짐은 바보 행세를 했다." 책 『이중나선』을 좋아하지 않는다고 확실히 밝힌 윌킨스는 "대체로 프랜시스는 영리했다. 나머지는 빌어먹을 멍청이들이었다."[69] 그 "빌어먹을 멍청이" 중 일부는 다른 이들보다 훨씬 쉽게 떠났다. 로잘린드 프랭클린을 향한 왓슨의 악의와 그녀를 과하게 감정적이고, 화를 잘 내고, 무능한 여성으로 희화해 묘사한 내용은 그가 회고록의 마지막 줄을 쓸 때쯤에는 문학적인 콘크리트 토대에 단단히 고정되어 있었다.

2018년, 왓슨은 1967년 후반에 하버드대학교 출판사의 편집자 중 한 명인 조이스 레보비츠(Joyce Leibowitz)가 "로잘린드에 관해 더 좋은 말을 써야 한다"고 주장했다고 회상했다. "영리한 유대인 여자"라고 칭했던 레보비츠의 뜻에 따라 왓슨은 짧은 후기를 덧붙였다.[70] 이 두 쪽에서 왓슨은 로잘린드 프랭클린의 "뛰어난" 연구를 칭찬하고 "책의 초반에 적은 그녀의 첫인상은 과학적인 면에서나 인간적인 면에서나 틀린 부분이 있다"고 인정했다. 왓슨은 DNA의 A형과 B형을 구별한 프랭클린의 연구를 언급했다. "그 연구만으로도 명성을 떨칠 수 있었을 것이다. 1952년에 패터슨 중첩법으로 인산기가 반드시 DNA 분자의 외부에 있어야 한다고 증명한 연구는 더욱 뛰어났다." 이어서 담배모자이크바이러스에 관한 연구도 칭찬했다. 프랭클린은 "나선 구조에 관한 우리의 정성적 아이디어를 빠르게 정밀한 정량적 사진으로 확장해 필수적인 나선 변수를 확립하고 중심축에서 반 정도 벗어난 리보핵산 사슬의 위치를 확인했다."[71] 얼마 남지 않은 여생 동안 프랭클린은 크릭이 위대한 과학자가 갖춰야 할 탁월함, 지식, 창조적 사고를 지녔다고 존중하면서 좋은 친구로 지냈다.[72] 심지어 프랭클린은 왓슨과도 다정한 관계를 맺고 연구 지원서 일로 왓슨에게 상담하기도 했다.[73] 왓슨은 온화하게 회상했다. "그때쯤에는 예전에 다퉜던 기억을 전부 잊고 우리 둘 다 프랭클린의 정직하고 관대한 성품을 아주 높이 사게 되었다. 우리는 진지한 생각을 잠시 쉬게 해주는 존재로 여자를 취급하곤 하는 과학계에서 지적인 여성이 인정받으려면 어떤 투쟁을 벌여야 했는지 너무 오랜 시간이 지나고 깨달았다. 로잘린드의 모범적인 용기와 진실성은 중병에 걸렸음을 알면서도 불평하지 않고 죽기 불과 몇 주 전까지 계속해서 높은 수준의 연구를 하던 모습에서 분명하게 드러났다."[74]

그런데 만약 후기가 사실이라면 왓슨은 왜 프랭클린의 명성에 해를 끼치는 두꺼운 책을 그대로 출판했나? 노벨상 수상만으로는 충분하지 않았나? 평생 얼마나 많은 명성과 찬사를 들어야 만족할 수 있나? 왜 그렇게 여성혐오, 무신경함, 경쟁, 차별, 반유대주의, 가부장제, 문화적 계층적 차이, 미성숙함, 괴롭힘, 허튼소리를 녹인 잉크로 베스트셀러의 페이지를 가득 채워서 "그녀의 모범적인 용기와 진실성"을 가려야 했나? 멋지게 공들여 『이중나선』이라는 책을 만들면 성공과 즐거움을 얻을 수 있다고 해도, 애초에 점잖은 사람이라면 그런 책을 쓸 것인가? 이 질문들에 대한 최고의 답은 소설가이자 물리 화학자인 C. P. 스노우(C. P. Snow)가 브래그에게 1968년 『이중나선』을 읽은 후 기밀로 보냈던 편지에서 찾을 수 있다. "짐 왓슨의 책을 흥미롭게 만드는 것은 그가 전혀 좋은 사람이 아니라는 사실이다."[75]

동시에 왓슨은 DNA의 구조를 확립하는 데 필수적이었던 프랭클린의 연구를 막스 델브뤼크에게 1953년 4월 25일 아침에 보냈던 편지에서만 인정했다. 자신과 프랭클린의 논문이 『네이처』에 발표되었던 바로 그날이다. "편의를 위해 알려드리자면 저는 『네이처』에 크릭과 제 논문과 함께 게재될 R. 프랭클린 양(킹스칼리지 런던 소속)의 노트에서 다음 문단을 인용하는 것이 최선이라고 생각합니다." 이어서 왓슨은 프랭클린과 고슬링의 『네이처』 논문에서 프랭클린이 현상한 X선 회절 자료, B형 분자의 이중나선 속성, 나선 뼈대 외부에 배열되는 인산기, 수분에 의한 DNA A형에서 B형으로의 전환, 그와 크릭의 이론 모형의 증거가 될 핵심 원자 측정값이 상술 된 핵심 문단 네 개를 인용했다. 왓슨은 망설이면서 편지를 마쳤다. "따라서 저는 우리 구조가 높은 가능성으로 옳다고 생각합니다. 하지만 아직 옳다고 확신할 준비가 되지 않았습니다. 지금은 함의를 알아보는 것보다 모형이 옳은지 아닌지 확인하는 것이 더 신경 쓰입니다."[76]

마지막 문장은 당황스럽다. 만약 왓슨이 그의 "아름다운" 모형의 정확성을 그렇게 확신하지 못했다면 왜 세계적으로 저명한 과학 학술지에 논문을 출판하려 했나? 만약 모형의 "함의"를 신경 쓰지 않았다면 왜 그와 크릭은 4월 25일 논문의 심오한 추론에 관해 가장 확실한 가설을 세우고 설명한 보고서인 "데옥시리보핵산 구조의 유전적 함의"라는 제목의 후속 논문을 5월 30일 자 『네이처』에 싣고자 일찌감치 열을 올렸는가?[77] 그리고 왜 왓슨은 자신들의 모형에 프랭클린의 연구가 지닌 중요성을 개인적인 편지에서만 솔직하게 인정했나? 왓슨은 공개적으로는 훨씬 더 겸손한 태도로 선언했다. "DNA 문제에 모든 시간을 쏟을 수 있었던 사람이 저뿐이라 해결할 수 있었던 것 같아요 … 달리 할 일이 없었거든요. 완전히 제 능력에 못 미치는 일만 있었어요. 그렇게 제가 DNA 구조를 밝혀낸 사람이 된 거고 … 가능성이 있던 유일한 다른 사람은 프랜시스였을 텐데, (만약에 그가) 그날 밤 돌아갔다면 … 풀었겠죠."[78]

『네이처』에 논문이 실린 다음 날인 4월 26일, 왓슨은 다시 파리에 갔다. 이번에는 금방 미국으로 돌아가 "대학 때부터 알던 미국인"과 결혼하는 동생과 함께였다. 왓슨은 애석해하며 사랑하는 동생에게 편지를 썼다. "양면적이기 쉬운 미국 문화와 중서부에서 벗어나 최소한 근심이라도 없이 우리가 함께 지낼 수 있는 건 이번 여행이 마지막이겠구나." 두 사람은 고상한 생토노레(Faubourg Saint-Honoré) 거리를 산책하다가 "세련된 우산이 가득한 가게"에 들어갔는데, 왓슨은 결혼 생활의 궂은날에 대비하라고 결혼 선물로 우산을 사줬다.[79]

기운이 넘치는 피터 폴링이 다음 날인 4월 27일에 합류했다. 왓슨의 스물다섯 번째 생일은 4월 6일이었지만 세 사람은 그날 저녁 뒤늦은 축하 자리를 가졌다. 폴링은 연애사를 펼치기 위해 남았고 왓슨은 센강을 따라 호텔로 돌아갔다. 15년 후, 다소 외로웠던 이 날의 생일 축하를 떠올리며 왓슨은 회고록의 너무나 귀중한 마지막 줄을 작성했다. "하지만 이제 나는 혼자였다. 생제르망데프레 근처에 있는 긴 머리의 소녀들을 보면서 내 짝이 아니라는 것을 알았다. 나는 스물다섯 살이었고 이상한 짓을 하기에는 나이가 많았다."[80]

4월 말에 서른세 살의 로잘린드 프랭클린은 블룸즈베리 토링턴광장(Torrington Square) 21, 22번지에 있는 전쟁의 피해를 본 "빈민가 같고" 오래된 두 동의 연결된 연립주택 건물 안에 있는 버크벡결정학연구소에서 잘 적응하고 있었다. 프랭클린의 연구실은 21번지에 있었다. 학과장인 J. D. 버널은 22번지 꼭대기 층에 살았는데 여학생들, 파블로 피카소(Pablo Picasso), 폴 로브슨(Paul Robeson) 같은 좌파 유명 인사들과 자신의 엉망인 침실에서 만나 즐거운 시간을 보내곤 했다. 프랭클린은 버널의 과학적 기량을 존경하고 정치관도 일부 존경했지만, 그의 남녀공학 활동은 찬성하지 않았다.[81]

프랭클린은 킹스칼리지에서와 마찬가지로 버크벡에서도 타인의 무지를 잘 참아주지 못했다. 1955년 1월, 프랭클린은 상사인 버널에게 늘 그렇듯 강경한 태도로 그녀의 연구실 바로 위층에서 일하는 약제사들이 어떻게 "화재가 일어날 수도 있는 무모한 짓을 하고 있는지" 적어 보냈다. 몇 달 지나지 않아 프랭클린은 다시 약제사들에게 분노했는데 "(이들이 일으킨) 심각한 침수 때문에 천장에서 물이 줄줄 흘러 주요 탄화 장치와 취약하고 값비싼 진공 유리 장치에 쏟아진" 사건 때문이었다.[82] 그 해 7월, 프랭클린은 남성 동료들과 비교해 급여가 공평하지 않으며 종신교수직을 보장받지 못한다는 점에 항의했다. "상당한 책임이 따르는 자리에 있는데도 사실상 고용 안정이 보장되지 않는 것이 내가 볼 때는 전적으로 불공정하다."[83]

그래도 여전히 프랭클린은 착실히 연구해나갔다. 실험할 때 가장 행복했다. 무엇보다도 프랭클린은 버크벡에서 일하는 것이 아주 좋았다. 킹스칼리지에서 물리적인 거리는 겨우 2.4km 정도 떨어져 있었지만, 실험에 관한 한 우주 사이 거리만큼 차이가 있었다. 프랭클린이 연구를 진행하기에 완벽한 곳은 더 작고 덜 유명한 학교였다. 버크벡에서도 프랭클린은 프랭클린이었다. 신랄하고, 날카롭고, 바보를 참지 못하고, 뛰어나고, 과감하고, 생기로 가득했다. 1950년대 중반이 되자 프랭클린은 과학자로서 자기가 지닌 능력과 직관에 훨씬 더 자신을 갖게 되었다. 실제로 프랭클린은 꾸준히 그 위대한 크릭이 특유의 변덕스러운 추정을 할 때마다 꾸짖었다. 그런 크릭식 허튼소리에 프랭클린이 보낸 답장 중 하나는 짧고, 예리했으며, 그녀의 성격을 잘 반영한 것이었다. "사실은 사실이야, 프랜시스!"[84]

1953년부터 58년까지 버크벡칼리지에서 보낸 5년간 로잘린드 프랭클린은 선구자적인 X선 회절 연구로 담배모자이크바이러스, 폴리오바이러스, RNA의 구조를 밝히고자 했다. 프랭클린의 바이러스 연구를 흠모했던 사람 중 한 명은 윌리엄 로렌스 브래그였다. 1956년, 브래그는 브뤼셀에서 개최될 1958년 만국박람회, 또는 "엑스포 58"에 내보낼 영국과학전(British Science Exhibit)을 기획하고 있었다. 당시 왓슨과 크릭의 이미 유명해진 논문을 둘러싼 상황을 잘 알고 있던 브래그는 1953년의 전쟁을 반복하지 않으려 신중했다. 뛰어난 외교가로서 브래그는 먼저 크릭에게 편지를 써 "살아있는 세포"로 주제를 잡아 놓은 전시에 프랭클린과 윌킨스를 따로 초청하는 것이 어떤지 물었다. 1956년 12월 8일 보낸 답장에서 크릭은 다음과 같이 적었다. "브뤼셀 전시 관련해서 프랭클린 양에게 바이러스를 맡기고, 윌킨스에게는, 제 생각에, DNA를 맡기면 될 것 같습니다. 제가 콜라겐을 맡게 되면 좋겠는데, 킹스칼리지와 협업하게 되면 불필요한 마찰이 일어날 것 같습니다."[85] 6개월 후, 브래그는 프랭클린에게 공식적인 초청장을 보내면서, 담배모자이크바이러스 연구는 프랭클린이 큰 찬사를 받는 분야이니 엑스포의 국제과학관에 전시할 150cm 정도 길이의 담배모자이크바이러스 모형을 만들어 달라고 요청했다.

1957년 여름 내내 미국을 여행하는 동안 프랭클린은 미국의 분자생물학자인 도널드 캐스퍼(Donald Caspar)와 연애 감정을 갖고 만났을지도 모른다(아니었을 수도 있다). 두 사람은 담배모자이크바이러스를 함께 연구한 가까운 친구 사이가 확실했지만, 그 관계가 어떻게 발전했는지와 관련해서는 프랭클린의 전기작가와 여동생 사이에 논란거리로 남아 있다.[86]

그해 8월 프랭클린은 별개의 두 가지 상황에서 복통을 느끼고 캘리포니아에서 의사를 찾아갔지만, 진통제만 처방받았다. 프랭클린은 병원에 입원하라는 의사의 권고를 무시하고 여행을 계속했다. 1957년 가을 런던에 돌아왔을 때 프랭클린의 복부는 예전의 늘씬한 체형에 맞췄던 옷들을 더 이상 입을 수 없을 정도로 부풀어 있었다. 프랭클린의 친구이자 일반의였던 의학박사 마이어 리빙스턴(Mair Livingstone)은 임신했냐고 물었고 프랭클린은 "그랬으면 좋겠다"고 답했다. 단순한 난소 낭종이기를 바라면서 리빙스턴은 환자 프랭클린을 유니버시티칼리지병원(University College Hospital)으로 보내 종합 검진을 받게 했다. 결과는 좋지 않았다.[87]

프랭클린의 병은 공격적인 악성 종양인 난소암이었는데, 연구실에서 일하면서 막대한 양의 방사선에 노출된 탓으로 추정된다. 레이먼드 고슬링은 자주 프랭클린이 최상의 X선 사진을 얻기 위해 무모하게 기계의 "광선 앞으로" 들어간다고 걱정했다. 프랭클린이 재직하는 동안 킹스칼리지에서 자원봉사 보조로 일했던 시러큐스대의 루이스 헬러 역시 걱정했지만, 프랭클린이 "다른 무엇보다 연구가 중요하다는 식의 추진력"을 보였기 때문에 아무 말도 하지 않았다.[88] 프랭클린의 암을 유발한 다른 요인은 아슈케나지 유대인 여성에게 종종 발견되는 BRCA 1과 2의 선천적인 유전자 변이, 나쁜 운, 혹은 앞선 모든 요인 전부일 수도 있었다. 의사는 양쪽 난소에서 종양을 제거했다. 오른쪽 종양은 크리켓공(지름 약 9cm) 크기였고 왼쪽 종양은 테니스공(지름 약 7cm) 크기였다.[89]

1950년대의 항암치료는 현대의 종양전문의가 제공하는 치료보다는 중세의학에 가까웠다. 그나마 피를 빼내고 독성 있는 약초를 먹이는 대신 로잘린드 프랭클린의 의사는 신체를 약하게 만드는 방사성 코발트 치료를 몇 달간 시도했는데, 이는 감마선을 이용해 암세포를 죽이지만 심각한 피부 화상, 구토, 설사, 내출혈을 유발했다. 또 프랭클린은 너무 강한 화학요법을 받다가 더욱 심한 멀미와 고통을 겪었다. 자궁과 양쪽 난소를 모두 적출하는 종양 용적 축소 수술도 받았다. 병원에 입원했다가 퇴원하는 사이에 점점 쇠약해지고 복수가 차 고통스러운 시간을 보내면서도 프랭클린은 용감하게 연구실로 돌아가 연구를 계속했다. 가장 몸이 안 좋았던 시기에는 런던에 있는 남동생 롤랜드의 집이나 케임브리지에 있는 크릭 부부의 집에서 요양했다. 어떤 사람들은 롤랜드나 크릭의 집에서 요양했던 것을 "부모님과 프랭클린 사이의 악감정을 증명하는 증거"로 이용하려 하지만, 제니퍼 글린은 "전혀 그렇지 않았다. 언니는 어머니가 걱정하고 견디기 힘들 만큼 고통스러워한다는 것을 알았다"고 말한다.[90] 여담이지만 이런 "악감정" 설을 가장 크게 떠들고 다닌 사람은 짐 왓슨이었다. 1984년 왓슨은 프랭클린의 모교인 런던의 세인트폴여학교에서 연설하면서 "가족과의 관계가 끔찍했다. 실제로 병원 치료를 받은 후에 크릭 부부와 지내러 갔다"고 거짓을 퍼뜨렸다.[91]

그래도 가혹한 치료 덕분에 10개월 정도는 차도가 있었다. 이 시기 프랭클린의 성취는 놀라웠다. 1957년과 1959년 사이에 프랭클린은 동료 심사를 받은 새 논문 11건과 책의 한 장(章)을 집필했고, 이 중 몇 가지는 프랭클린 사후에 출판되었다. 제니퍼 글린은 언니가 버크벡에서 일하는 동안 "캐번디시 팀을 향한 분노를 전혀 보이지 않았다"고 전했다. 버크벡에서 프랭클린과 연구실을 함께 쓴 아론 클루그는 다음과 같이 기억하면서 이 주장을 뒷받침했다. "로잘린드가 왓슨이나 크릭에 관해 불평하는 것을 한 번도 듣지 못했고, 그저 두 사람을 아주 존경했다."[92] 분노도 누군가의 괴롭힘도 없는 환경에서 프랭클린의 연구는 눈부시게 진화했고, 1958년 초 막스 페루츠는 "직접 버크벡에 와서 프랭클린과 클루그에게 연구를 케임브리지로 옮기자고 초청했다." 페루츠는 두 사람이 캐번디시 의학연구위원회 분자생물학 팀이 머물게 될 훌륭한 신식 연구시설이 갖춰진 자기 팀에 들어오기를 원했다. 프랭클린도 캐번디시로의 이동을 고대했다. 몇 년간 이 연구지원금에서 저 연구지원금을 전전하던 프랭클린은 마침내 사랑하는 케임브리지대학교에서 안정적인 종신 교강사 지위로 나아가게 되었다.[93]

그러나 1958년 3월 28일 모든 일이 중단되었다. 가족이 모여 저녁 식사를 하는 동안 뮤리엘 프랭클린은 아들 엘리스가 와서 "로잘린드한테 또 문제가 생겼다"고 말했을 때 정원에 나가 있었다. 프랭클린은 중증 복부 종양의 특징 중 하나인 격렬한 통증 발작을 겪고 있었고[94], 구급차로 풀햄로(Fulham Road) 첼시(Chelsea)에 있는 로열마스덴암병원

(Royal Marsden Cancer Hospital)에 이송되었다. 의사들이 진찰을 위해 긴급 수술을 했으나 암이 간, 결장, 복막, 소장 전체에 번진 것을 확인하자마자 절개 부위를 봉합했다. 모르핀과 헤로인으로 진정된 프랭클린은 전신이 쇠약하고 안색이 누렇게 변했다. 한때 풍성했던 검은 머리카락은 뭉텅이로 빠지기 시작했고, 남은 머리카락도 윤기를 잃었다. 과도한 화학요법과 급격하게 떨어진 간 기능 때문에 올리브 빛깔이었던 안색은 금속성의 황록색으로 바뀌었다. 복수와 악성 종양 때문에 팽창한 복부는 프랭클린의 병색이 그렇게 완연하지 않았다면 9개월 차 임신부로 보일 정도였다. 어느 시점에 프랭클린은 팔을 움직일 수 없었고, 자신이 연구실에서 연구했던 바이러스인 폴리오바이러스 때문에 급성 회백수염(소아마비)에 걸린 것은 아닌지 걱정했다.[95] 프랭클린이 의식과 무의식을 오가면서 심연에 가까워지는 동안 프랭클린의 어머니는 "다 괜찮다, 다 괜찮다" 부드럽게 속삭이면서 딸을 편하게 해주려 했다. 언제나 솔직했던 평소 성격답게 프랭클린은 "반쯤 의식이 돌아오면 '전혀 괜찮지 않다. 어머니도 아주 잘 알고 있지 않느냐'고 분연히 쏘아붙였다."[96]

많은 혼수상태의 환자들처럼 로잘린드 프랭클린도 기관지 폐렴을 일으켰다. 1958년 4월 16일 숨을 거뒀다. 동석했던 의사가 사망 증명서에 그녀의 사인을 "암종증(다발성 혹은 전이성 암)"과 "상피성 난소암"이라고 적었다. 의사는 건조하고 불완전하게 그녀의 삶을 설명하는 문장 한 줄을 추가했다. "연구원, 독신녀, 은행가 엘리스 아서 프랭클린의 딸."[97] J. D. 버널은 1958년 7월 19일 자 『네이처』에 프랭클린의 부고를 내면서 훨씬 더 감정을 담았다.

과학자로서 프랭클린 양은 맡았던 모든 일을 극도로 명료하고 완벽하게 해내는 것으로 유명했다. 물질을 촬영한 모든 X선 사진 중에서 그녀의 사진이 가장 아름답다. 그 탁월함은 신중한 준비 과정과 산더미 같은 표본뿐만 아니라 주의 깊은 사진 촬영이 맺은 열매다. 프랭클린은 이 모든 일을 거의 직접 수행했다 … 그녀의 때 이른 죽음은 과학계의 어마어마한 손실이다.[98]

브렌트(Brent) 런던 자치구의 윌즈덴유대인공동묘지(Willesden Jewish Cemetery)에 있는 프랭클린의 묘를 방문하는 사람들은 DNA에 관한 언급이 아예 없는 그녀의 비석에 놀라곤 한다.

로잘린드 엘시 프랭클린을 기리며
랍비 예후다의 딸 라헬(יהודה ר' בת רחל מ')
엘리스와 뮤리엘 프랭클린이 아끼고 사랑했던 맏딸
1920년 7월 25일 ~ 1958년 4월 16일

과학자
바이러스에 관한 그녀의 연구와 발견은
영원히 인류에게 유익하게 남을 것이다
그녀의 영혼이 생명 싸개에 묶이게 하라(ה ב צ נ ת)[99]

2018년 5월 초, 제니퍼 글린은 사람들이 로잘린드의 묘비문을 바꾸지 않을 건지 물어볼 때마다 다음과 같이 설명한다고 했다. "늘 사람들한테 단호하게 바꾸지 않을 거라고 답해왔다. 알다시피 역사의 문제고, 비문이 작성되었을 시기 역사적 맥락의 문제다. 그래서 그대로 둬야 한다고 생각한다."[100]

스스로 뛰어난 역사학자이기도 한 글린은 프랭클린을 다룬 멋진 책을 한 권 썼다. 글린은 이 책을 통해 아주 건강하고 감상적이지 않은 태도로 언니의 업적을 칭송했으며, 그 찬사는 다른 것으로 대체할 수 없을 만큼 훌륭하다.

> 그래서 로잘린드는 처음에는 따지기 좋아하는 공붓벌레(swot)의 상징이었다가, 짓밟힌 여성 과학자의 상징이 되었다가, 마침내 남자의 세계에서 성공을 거둔 여걸의 상징이 되었다. 이 중 어느 것도 로잘린드의 모습이 아니며, 로잘린드도 몽땅 싫어했을 것이다. 로잘린드는 그냥 야망을 품은 아주 괜찮은 과학자였고, 병상에 있을 때 동생 콜린에게 말했던 것처럼 마흔이 되기 전에 왕립학회 회원이 될 수 있는 과학자였다. 하지만 서른일곱에 죽었다.[101]

6부

노벨상

작가에게 주어진 오래된 책임은 변하지 않았습니다. 작가는 진보라는 목적의식 아래 우리의 어둡고 위험한 꿈에 빛을 비추고, 우리의 수많은 비통한 잘못과 실패를 폭로할 책임이 있습니다.

– 존 스타인벡, 1962년 노벨상 수락 연설[1]

[30]

스톡홀름

마지막으로 하고 싶은 말은 훌륭한 과학이란 삶의 방식으로서는 때때로 힘들다는 것입니다. 미래가 향하는 방향을 정말 알고 있다고 자신하는 것은 힘들 때가 있습니다. 그러므로 동료들의 눈에 성가시고 짜증스러워 보이거나 심지어 오만해 보일지라도 우리의 아이디어를 굳게 믿어야 합니다. 적어도 젊었을 때의 저를 참기 힘들다고 생각했던 사람이 많았습니다. 일부는 모리스가 아주 이상하다고 생각했고, 저 자신을 포함해 다른 사람들은 프랜시스가 까다로울 때가 있다고 생각했습니다. 다행히 저희는 과학 탐구의 정신과 우리 세대에 필요한 조건을 이해하는 현명하고 관대한 사람들 사이에서 연구할 수 있었습니다.

– 제임스 D. 왓슨, 1962년 노벨상 수락 연설[1]

1962년 12월 10일 오후, 노벨상 수상자들은 귀족처럼 차려입었다. 정해진 시간대보다 거의 두 시간 앞서 행사가 진행되었지만, 여자들은 우아한 드레스에 불편한 머리 모양을 했고, 남자들은 연미복에 보타이를 했다. 행사 참석자는 모두 스웨덴의 왕 구스타프 6세 아돌프(Gustaf VI Adolf)가 1962년 노벨 생리의학상, 화학상, 물리학상, 문학상을 공식적으로 시상하는 것을 보았다. 왓슨은 이날이 "반짝거리는 동화의 대단원" 같았다고 묘사했다.[2]

시상식 거의 일주일 전부터 왓슨, 크릭, 윌킨스와 그 가족들은 스톡홀름이라는 황홀한 도시를 즐겼다. 이들은 스톡홀름의 그랜드호텔에 묵었고 연이은 파티마다 환영받았다. 행사가 없는 사이에는 변덕스러운 북극 바람에 휘날리는 색색의 깃발이 정렬된 거리를 따라 겨울 동화 나라를 거닐었다. 건물과 공공장소를 장식한 크리스마스 조명이 어둠 속에서 반짝이면서 흔들렸다. 얼음처럼 차가운 멜라렌호(Mälaren)를 둘러싼 모든 것이 희미하게 빛나면서 도시의 해안선을 이루는 열네 개 섬에 찰랑거리는 것 같았다.

알프레트 노벨(Alfred Nobel)은 생전에 다이너마이트와 다른 강력한 폭발물을 제조해 큰돈을 벌었다. 그의 마지막 유언에 따라 재산에서 발생하는 이자를 "전년도 인류에 가장 큰 공헌을 한 사람에게 상의 형태로 매년 배분"하게 되었다.[3] 노벨은 죽기 전에 상을 만든 이유를 공식적으로 설명하지 않았지만, 많은 이들이 동시대의 전쟁에서 노벨이 개발한 수많은 물질이 그런 치명적인 결과를 낳았다는 회한에서 비롯되었다고 추정하고 있다.[4] 매년 시상식은 노벨이 사망한 1896년 12월 10일을 기념해 열리고 있다.

1936년 이래로 이 위풍당당한 연례행사는 스톡홀름 콘서트홀에서 열린다. 직사각형으로 신고전주의적 구조를 띤 인상적인 콘서트홀은 늘 북적이는 회토리에트(Hötorget)와 헤이마켓(Haymarket)에 자리하고 있다. 로열스톡홀름교향악단(Royal Stockholm Symphony Orchestra)의 본거지로 외부는 광택이 있는 파란색 벽돌로 되어 있고 우아한 코린트(Corinth)식 기둥 열 개가 일정한 간격으로 서 있다. 계단을 쭉 올라 동굴 같은 대리석 로비를 가로지르면 관객이 줄지어 객석으로 들어가 금색 양단 테두리가 있는 붉은 우단을 풍성하게 씌워놓은 지정 좌석에 앉았다. 스톡홀름에서 노벨상 시상식 입장권은 왓슨의 고향인 시카고에서 야구 월드시리즈 박스석 입장권만큼 귀한 취급을 받는다.

왓슨은 아버지 제임스 시니어와 동생 엘리자베스를 손님으로 데려갔다. 어머니 마거릿 진은 평생 류머티즘성 열과 씨름한 끝에 1957년에 울혈성 심부전으로 사망했다. 이제 서른넷의 나이로 하버드대 생물학 교수가 된 왓슨은 "교묘하게" 전에 연구 조교를 맡았던 래드클리프칼리지(Radcliffe College) 3학년생 팻 콜린지(Pat Collinge)를 시상식에 데려오고 싶어 했다. 팻 콜린지의 "고양이 같은 푸른 눈이 진지하게 빛나는 독특한 개구쟁이 같은 태도는 스톡홀름에도 적수가 없을 듯했다."[5] 오늘날이라면 확실히 경보가 울리고 이의를 제기하는 사람이 있을 법한 소름 돋는 초대를 콜린지에게 보낸 후, 왓슨은 콜린지에게 "문학에 포부가 있는

노벨상 시상식에 참석하기 위해 코펜하겐에 도착한
왓슨과 여동생 엘리자베스, 아버지 제임스 시니어. 1962년

하버드생 남자친구가 있고, 나는 상대가 안 될 것 같다"는 것을 알고 실망했다. 하지만 왓슨은 "노벨상 관례상 춰야 하는 첫 번째 춤에 필요한 왈츠 스텝을 숙지하고자" 콜린지에게 도움을 청했다.[6] 하버드 교원으로 있는 동안 왓슨은 몇몇 여성 학부생들을 좇아 연애를 제안했다. 1968년 마흔이 된 왓슨은 한층 박차를 가해, 전에 그의 연구소 비서로 근무했던 19세의 래드클리프 여학생 엘리자베스 루이스(Elizabeth Lewis)와 결혼했다. 두 사람은 왓슨이 죽을 때까지 행복한 결혼 생활을 했다.

DNA 모임은 크릭과 그의 아내 오딜, 두 딸 가브리엘과 재클린, 첫 번째 결혼에서 얻은 아들 마이클이 자리를 채웠다. 가브리엘은 12세, 재클린은 8세, 마이클은 22세였다. 모리스 윌킨스는 두 번째 아내인 패트리샤(Patricia), 걸음마 중인 딸 사라(Sarah), 갓난쟁이 아들 조지(George)와 함께 스톡홀름에 왔다.[7]

수상자는 시상식 아침 최종 연습에 참석한 후 콘서트홀에 오후 3시 45분까지 다시 돌아오라고 안내받았다. 오후 4시 15분, 자랑스러운 수상자들과 그들의 소개를 맡은 흥분한 인사들이 무대 뒤로 안내되어 노련한 행사 기획자의 지시로 발표 순서에 따라 줄을 섰다.

정확히 4시 30분이 되자 로열스톡홀름교향악단의 지휘석에 자리한 수석 지휘자 한스 슈미트-이세르슈테트(Hans Schmidt-Isserstedt)를 따라 스포트라이트가 비췄다. 슈미트-이세르슈테트는 하얀 지휘봉을 들어 올려 단원들을 이끌면서 스웨덴의 왕실 국가 「왕의 노래(Kungssången)」를 연주했다. 청중이 국가의 첫 소절 "스웨덴인 마음의 깊은 곳에서부터(Ur svenska hjärtans djup en gång)"를 부르는 것을 신호로 국왕 구스타프 6세 아돌프가 입장했다. 국가가 끝나자 슈미트-이세르슈테트는 트럼펫 연주자에게 신호해 1962년 노벨상 수상자들이 무대에 올라 각자 자리

1962년 노벨상 수상자들. 왼쪽부터 모리스 윌킨스, 막스 페루츠,
프랜시스 크릭, 존 스타인벡, 제임스 왓슨, 존 켄드루

를 찾아가도록 유도하는 격렬한 팡파르를 연주했다.

생리의학상은 "핵산의 분자 구조와 생명체가 정보를 전달하는 과정에서 그 분자 구조가 지니는 중요성을 발견"한 공로로 제임스 왓슨, 프랜시스 크릭, 모리스 윌킨스에게 돌아갔다.[8] 화학상은 "구형단백질 연구", 특히 헤모글로빈과 미오글로빈의 구조를 밝힌 캐번디시연구소의 막스 페루츠와 존 켄드루가 받았다. 문학상은 미국의 소설가 존 스타인벡이 가져갔다. 1939년 발표된 명작 『분노의 포도(The Grapes of Wrath)』에서 지적하는 통제되지 않는 자본주의에서 비롯되는 부당한 사회는 오늘날에도 시사하는 바가 크다.[9] 왓슨과 윌킨스 모두 스타인벡 작품의 열렬한 숭배자였기에 스타인벡을 만나게 되어 아주 들떴다.[10] 노벨 물리학상 수상자인 소련의 레프 다비도비치 란다우(Lev Davidovich Landau)는 "응집

물질, 특히 액체 헬륨에 관한 선구적인 이론"으로 상을 받았지만,[11] 약 1년 전에 자동차 사고로 심각하게 다쳐 시상식에 참석하지 못했다.

노벨상 위원회를 대표하는 저명한 학자들의 개회사 후에 각 수상자가 상을 받기 위해 지정된 자리로 나아갔다. 시상식 때 찍힌 영상을 돌려본다면 DNA 3인방이 선보인 격식 있는 모습에 매우 놀랄 것이다. 세 사람이 고개 숙여 인사하자 구스타프 왕이 왓슨, 크릭, 윌킨스에게 메달과 상장을 수여했다. 영상에 음성은 없지만, 누구든 왕의 입이 움직이는 모양을 보면 잘 연습한 축하 인사를 건넨다는 것을 알 수 있다.

메달의 한쪽 면에는 얕은 돋을새김으로 알프레트 노벨의 옆모습이 새겨져 있고 다른 쪽에는 "무릎에 책을 펼쳐 올려놓고 아픈 소녀의 갈증을 달래주기 위해 바위틈에서 샘솟는 물을 모으는 치유의 여신"이 새겨져 있다. 이 그림들 아래에 수상 연도와 수상자의 이름이 새겨졌다. 메달 테두리에는 베르길리우스(Virgil)의 『아이네이스(Aeneis)』에서 변용한 문구가 들어가 있다. "과학과 예술의 발견으로 인간의 삶을 이롭게 한다(Invents vitam invat excoluisse per artes)." 아울러 메달을 수여하는 학술단체인 카롤린스카의과대학교(Karolinska Institutet Medical University)를 뜻하는 "Reg. Universitas Med. Chir. Carol"이 새겨져 있다.[12] 현재 시장에서는 약 10,000달러의 가치가 있는 무게 200g, 지름 66mm, 23금으로 된 메달은 스웨덴 왕립조폐국의 금형으로 생산된 후 위조를 방지하기 위해 금고에 보관되다가 안데르스 에릭슨(Anders Erikkson)의 공방에서 수제 제작된 붉은 가죽 상자에 보관했다. 메달이 너무 귀중해서 노벨상 수상자들은 대부분 메달을 은행 금고에 보관하고, 진품을 도난당할 우려 없이 전시할 수 있는 황동 복제품도 받는다. 왓슨과 크릭의 메달 상속자를 포함해 소수의 수상자가 경매를 통해 메달을 어마어마한 금액

에 팔았다.[13]

밝은 파란색, 검은색, 금색 잉크로 글씨가 쓰인 1962년 노벨상 상장에는 왓슨, 크릭, 윌킨스의 순서로 이름이 적혔다. 상장 테두리는 달과 별 그림으로 장식되어 있었다. 상장 뒷면에는 토가(toga)를 입고 이중나선처럼 보이는 막대를 옮기는 젊은이가 그려져 있었다. 상록수, 올리브 가지, 통통한 보랏빛 포도송이 테두리 안에 서 있는 그림 속 젊은이에게 햇살이 떨어진다.

그리고 상금이 있었다. 알프레트 노벨이 1896년에 남긴 재산은 3,100만 스웨덴 크로나였는데, 복리 덕분에 오늘날 총액은 17억 크로나 이상, 미국 달러로는 거의 2억 달러 이상의 가치를 지닌다. 짐 왓슨이 1/3로 나누어 받은 몫은 85,739크로나로 16,500달러였는데, 오늘날 가치로는 약 107,000달러이다.[14] 왓슨은 그 현금을 "하버드광장(Harvard Square)에서 걸어서 갈 수 있는 거리에 있는 19세기 초 목조 주택"의 계약금으로 사용했다.[15]

마지막 시상이 끝나자마자 영예로운 손님들과 관객들이 질서정연하게 강당을 빠져나갔다. 바깥에는 시동이 걸린 리무진 여러 대가 수상자들을 스톡홀름시청에 마련된 호화로운 노벨상 연회로 재빨리 데려가기 위해 기다리고 있었다. 1911년부터 1923년 사이에 지어진 시청 건물은 뭉크테겔(munktegel), "수도사의 벽돌"로 알려진 암적색 벽돌이 800만 개 이상 소요되었다. 같은 벽돌이 많은 스웨덴 교회나 수도원 건축에도 쓰였다. 국가 상징인 왕관 세 개로 지붕이 장식된 106m 높이의 종탑과 함께 인상적인 시청 건물이 우뚝 서서 쿵스홀멘(Kungsholmen) 섬의 동쪽 끝을 지키고 있다.

1962년 연회는 야외 뜰처럼 보이지만 스웨덴의 긴 겨울 때문에 지붕과 창문으로 막힌 블루홀(Blue Hall)이라는 거대한 공간에서 시작되었다. 홀 한쪽 끝에는 스웨덴의 군주와 노벨상 수상자들이 내려올 때 확실하게 위압감을 줄 수 있는 웅장한 계단이 있다. 계단은 완만하게 설계되어 넘어지지 않고 편하게 지나갈 수 있다. 치맛자락이 긴 드레스를 입는 여성들에게 특히 중요한 안전장치다. 12월 10일 밤, 이들을 기다리고 있던 것은 초청객 822명과 추첨을 통해 입장권을 받은 스톡홀름대학교 학생 250명이라는 인파가 모여 박수치는 모습이었다.

1960년대에도 연회는 2층에 있는 웅장하고 아름다운 골드홀(Gold Hall)에서 열렸다.[16] 골드홀의 벽은 1,800만 개의 금 모자이크 조각으로 장식되어 있는데, 얇은 두 장의 베니스 무라노(Murano) 수제 유리판 사이에 금박 4kg을 녹여서 모자이크 조각을 만들었다. 65개의 기다란 식탁에 노란 미모사와 빨간 카네이션이 잘게 장식된 흰색, 금색 고급 리넨이 드리워져 있었다. 상석에는 왕족 124명, 노벨상 수상자와 그 가족을 위해 골드홀의 너비를 꽉 채울 만큼 큰 식탁이 준비되어 있었다.

연회는 왕과 왕비에게 바치는 전통적인 찬사를 마친 노벨재단 의장 아르네 티셀리우스(Arne Tiselius)의 건배로 시작되었다. 이어서 구스타프 왕이 건배를 위해 자리에서 일어나, 알프레트 노벨을 기리는 침묵의 시간을 1분 동안 갖자고 청했다. 식사는 3시간 30분 동안 이어졌지만, 식탁에 놓인 흰색 양초는 2시간이면 쏟아져서 불붙을 위험이 있는 크기로 줄어들기 때문에 조심스럽게 교체해야 했다. 골드홀 바로 아래에 있는 주방은 흰 장갑을 끼고 금색 어깨 장식과 금색 단추가 달린 진청색 연미복을 입은 웨이터 210명을 이동시킬 수 있는 엘리베이터 두 대로 연결되어 있었다. 아주 잘 훈련된 이 웨이터 군단은 왕과 가장 먼 자리에 앉은 손님에게 음식을 차리기까지 단 3분의 시차가 있을 뿐이었다.

70명의 수석 요리사, 일반 요리사, 보조 인력이 준비한 식사 메뉴는 파리식 훈제 송어, 마데이라 소스와 오리 간을 곁들인 구운 닭고기, 구운 사과, 계절 샐러드였고, 디저트는 그랑 마니에 리큐어에 졸인 복숭아와 휘핑크림이었다. 소믈리에들이 식사 시간 동안 거의 1,000병에 달하는 1955년산 샤토 벨뷔(Chateau Bellevue), 생테밀리옹(St. Emilion), 포므리 브뤼 샴페인(Pommery & Greno Brut Champagne)의 마개를 땄다. 디저트 코스에서는 손님들이 커피나 마리 브리자드(Marie Brizard), 스트레가(Strega) 같은 리큐르, 크루보아제 코냑(Courvoisier Cognac)을 홀짝였다. 아래층의 블루홀에서 식사한 대학생들은 소금에 절인 연어 오픈 샌드위치, 블랙베리를 곁들인 무스 스테이크 등 더 간단한 메뉴를 대접받았다. 학생들은 노벨상 수상자들만큼 식사를 즐겼는지 나중에는 다 같이 스웨덴 민요를 여러 곡 연달아 불렀다.[17]

참석자들이 잘 졸여진 새콤한 복숭아를 다 먹고 나서 외투 보관증을 찾아 주머니 속을 뒤지기 한참 전 어느 시점에 노벨 문학상 수상자의 연설이 있었다. 스타인벡은 아쿠아비트를 너무 많이 마신 탓에 불안정한 걸음걸이로 단상에 올랐다. 새카맣게 염색한 앞머리를 올백으로 넘긴 3자 이마에 잘 손질된 콧수염과 뾰족한 턱수염 때문에 정말 악마처럼 보였다. 제대로 목소리를 내기까지 몇 문단을 더듬었으나 성 요한의 구절을 풀어서 인용하며 말을 마쳤다. "결국에는 말이 있고, 말은 곧 사람이며, 사람들에게 있다."[18] 45년이 지난 후에도 왓슨은 스타인벡의 연설이 "엄청난 긴장감과 부조리가 흐르던 시기에 분별력과 이성을 갈구하는 외침"이라서 좋았다고 기억했다. "(1950년에 문학상을 받은 윌리엄) 포크너의 연설보다 나았다고 생각하지만, (스타인벡은) 사람들이 어떻게 반응할지 신경 쓰고 있었다."[19]

다음으로 짐 왓슨의 연설 소개를 맡은 노벨 생리의학상 위원회 의장이자 세포 생물학자인 아르네 엥스트룀(Arne Engström)이 단상에 올랐다. 엥스트룀은 DNA가 "누구도 오를 수 없는 두 개의 얽힌 나선 계단(이지만) A-T-G-C 상형문자를 단백질 구조의 언어로 해석하는 … 유전암호(를 담고 있다)"고 설명했다."[20]

윌킨스와 크릭은 왓슨에게 연회에서 대신 발언해달라고 부탁했는데, 경쟁에서의 승리를 원동력 삼아 채울 수 없는 야망을 불태우던 왓슨에게 딱 맞는 일이었다. 왓슨은 매사추세츠 케임브리지에서 새로 산 섬세하게 바느질된 "연미복"을 입고 있었는데, 뉴헤이븐(New Haven)에서 개업해 오랫동안 명성을 이어온 양복점 J. 프레스(J. Press)의 옷이었다.[21] 재단사는 큰 키에 마른 체격이지만 허리에 지방을 두르고 있는 왓슨의 단점을 보완하고 매력을 돋보이게 하려고 최선을 다했다. 시상식 날 저녁에 찍힌 사진 속 왓슨은 눈이 튀어나오고 어딘가 불편한 버전의 배우 프레드 아스테어(Fred Astaire)처럼 나왔다. 34세인 왓슨의 두피에는 10년 전 케임브리지 시절보다 훨씬 적은 머리카락이 듬성듬성 나 있었다. 그의 이마와 머리카락의 경계는 향후 물러나는 정도가 아니라 빠른 속도로 퇴각할 것이라는 더 암울한 미래를 암시했다.

왓슨은 불과 몇 시간 전에 카롤린스카연구소를 다녀오면서 인후염이 생겨 말하는 것 자체가 고역이었다. 이비인후과 의사는 걱정할 것 없다고 진단하더니 자기도 노벨상 위원회에서 왓슨에게 투표했다고 말했다. 건배사를 하면서 불쌍한 왓슨은 신경이 곤두선 나머지 마이크에 직접 대고 말하지 않았다. 일상적인 대화에서 짐 왓슨의 말소리는 시끄럽거나 잘 들리는 편이었지만, 강단에서는 가끔 잘 들리지 않는 부드러운 어조로 말했다. 1962년 12월 10일의 연단에서도 마찬가지여서 청중은 왓슨이 뭐라고 말하는지 정확히 따라가기가 어려웠다.[22]

다행히 왓슨이 "J.F.K.의 뛰어난 연설의 운율"과 겨룰 수 있길 바랐던 이 연설이 문서로 남아 있다.[23] 왓슨은 "그랜드호텔 스톡홀름"이라는 글자가 양각된 리넨 종이 몇 장을 쥐고 조그맣고 깔끔한 필체로 DNA 연구가 얼마나 어려운 일이었는지 특히 크릭과 윌킨스의 감정을 설명하면서 원고를 적기 시작했다. 왓슨에게 있어 시상식 날 밤은 "인생에서 두 번째로 황홀한 순간이다. 첫 번째는 DNA의 구조를 발견한 순간이었다. 그때 우리는 신세계가 열리고 다소 신비스러워 보였던 구세계가 끝났다는 것을 알았다."

이어서 왓슨은 자신들이 어떻게 "생물학을 이해하기 위해 물리학과 화학의 방법론"을 사용했는지 설명했다. DNA를 규명한 세 명 중에 자신이 가장 젊다는 것을 청중에게 환기한 후, 왓슨은 DNA 규명을 "모리스와 프랜시스의 도움이 있었기에 해낼 수 있었다"고 주장했다. 다음으로 왓슨은 "물리학과 화학 기술이 생물학에 진정으로 이바지할 수 있다"는 것을 먼저 이해했던 두 사람에게 감사를 전했다. 오랜 상사인 윌리엄 로렌스 브래그와 닐스 보어를 언급했는데, 논문에서는 닐스 보어의 등장이 카메오만도 못하다는 것을 생각하면 이상한 일이었다. 왓슨은 중간에 말을 더듬었다. "이 위대한 인물들이 그러한 방향성을 믿었던 덕분에, 우리가 앞으로 나아가기가 훨씬 수월했다." 왓슨은 막스 델브뤼크나 루리아, 파지 그룹의 다른 동료들, 제리 도너휴, 존 랜들, 라이너스 폴링은 언급하지 않았다. 최악은 로잘린드 프랭클린을 언급하지 않았다는 것이다.[24] 왓슨이 자리로 돌아온 후, 크릭은 자신의 좌석표 뒷면에 급하게 휘갈긴 메모를 전했다. "내가 했다면 자네만큼 못했을 걸세. —F."[25]

다음 날 아침, 30분간 펼쳐진 노벨상 강연에서 왓슨과 크릭 모두 로잘린드 프랭클린을 언급하지 않았다. 크릭은 지난 노력을 요약하는 것보다 현재 그리고 미래에 할 연구에 초점을 맞추자고 왓슨을 설득했다. 윌킨스는 양보하지 않았고 역사적 관점에서 자신의 현재 DNA 연구를 발표했다. 윌킨스는 강연에서 스치듯이 프랭클린을 언급했다. "경력의 정점을 몇 년 지나 사망한 로잘린드 프랭클린은 X선 분석에 아주 귀중한 공헌을 했다." 강연 내용을 출판한 책에서 윌킨스는 감사의 말에 "이미 세상을 떠난 동료 로잘린드 프랭클린은 X선 회절 연구에 대단히 뛰어나고 경험이 많았으며, DNA 초기 연구에 큰 도움을 주었다"고 적었다.[26] 프랭클린의 가족들은 솔직하지 않은 발언으로 프랭클린을 노벨상에서 떼어 놓으려는 윌킨스의 시도에 좋게 말해서 속상했다. 몇 년 지나지 않아 존 랜들은 레이먼드 고슬링에게 다음과 같은 편지를 보냈다. "나는 늘 모리스의 노벨상 강연이 그 주변 환경(킹스칼리지 생물물리학연구소)에, 특히 자네와 로잘린드의 공헌을 고려하면 공평하지 않다고 생각했네."[27] 버크벡칼리지에서 프랭클린의 친구이자 공동연구자로 지냈던 아론 클루그는 1982년 노벨 화학상을 받으면서 단호하게 역사 기록을 바로잡고자 했다. "로잘린드의 삶이 그렇게 비극적으로 짧게 끝나지 않았다면, 훨씬 일찍 이 자리에 설 기회가 있었을 것이다."[28]

축제 분위기는 1962년 12월 13일 성 루시아 축일에 끝났다. 왓슨, 크릭, 윌킨스, 켄드루, 페루츠, 존 스타인벡은 각각 "흰색 예복과 불타는 촛불 왕관을 쓴 소녀가 오래전부터 스웨덴 겨울 축제와 동의어가 되어버린 나폴리의 찬가를 부르는 소리"에 잠에서 깼다.[29] 79세의 짐 왓슨은 "추파를 던지는 산타 루시아 소녀"는 기대하지 말라고 미래의 노벨상 수상자들을 향해 음탕한 경고를 날렸다. 이 사랑스러운 젊은 여성들은 사진가 무리와 동행했고 "노래가 끝나자마자 다른 수상자의 방으로 이동할 것이다. 스웨덴의 겨울 해가 지평선 너머로 빼꼼히 올라오기 전까지 어둠 속에서 몇 시간이나 더 잠에서 깬 채로 버텨야 한다."[30]

노벨상 만찬장에 함께한 크릭의 가족, 1962년

그 주에 있던 거의 모든 행사에서 왓슨은 젊은 백작 부인이나 스웨덴 고관대작의 딸을 꼬여내려 했다. 성 루시아 축일 저녁, 왓슨과 엘리자베스는 스톡홀름의사회(Stockholm Medical Association)의 루시아 무도회(Lucia Ball)에 참석했다. 구운 사슴고기로 정찬을 마치자 춤과 추파의 향연이 펼쳐졌다. 왓슨은 무도회 직후 열렸던 "훨씬 작고 개인적인 파티"에서 더 많은 성공을 거둔 것으로 기억했다. 거기서 왓슨은 "머리카락 색이 짙고 예쁜 의대생인 엘렌 헐트(Ellen Huldt)와 시시덕대다가 다음 날 저녁을 같이 먹자고 약속을 잡을" 기회가 생겼다.[31] 호레이스 저드슨은 여자 꽁무니를 쫓아다닌 왓슨의 행태를 잘 포착했다. "온 세상에 공개된 무도회 사진들 속에서 크릭은 어린 딸들과 트위스트를 추고 있고, 왓슨은 목이 깊게 파인 드레스를 입은 예쁘장한 스웨덴 공주의 품속에 있다."[32]

[31]

엔딩 크레딧

전설이 사실이 되면, 그 전설을 인쇄하라.

– 제임스 벨라, 윌리스 골드벡, 「리버티 밸런스를 쏜사나이 (The Man Who Shot Liberty Valance)」[1]

40년 이상 학문과 연구에 몸담으면서 나는 수백 개의 도서관과 역사기록보관소를 방문해왔다. 그 어느 곳도 노벨상 기록보관소만큼 접근이 어렵지 않았다. 노벨상 기록보관소는 사실 세 개의 보관소로 나누어 문서를 보관 중인데 각기 스톡홀름의 다른 지역에 있다. 생리의학상 위원회의 문서는 카롤린스카연구소의 노벨포럼(Nobel Forum)에서, 물리 화학상 위원회의 자료는 왕립 스웨덴과학원(Royal Swedish Academy of Sciences)의 과학사센터에서, 문학상 위원회 기록은 스웨덴한림원(Swedish Academy)에서 관리하고 있다.

이 기록보관소들은 역사적인 연구를 위한 것이 아니라, 다양한 위원회 구성원들이 과거 수상 후보 목록을 살펴보고 어떤 후보의 이름이 안건으로 재등장할 때마다 확인할 수 있도록 현재도 운영 중인 문서 보관실이다. 50년 넘게 지난 과거 수상 후보 목록만을 열람할 수 있으며, 접근하려면 학력을 증명하는 발표, 5부의 추천서, 상세한 연구 계획 제출을 포함해 1년 이상의 지원 단계를 거쳐야 한다. 지원 과정 초기에 한 기록보관 담당자가 나에게 경고했듯이 "우리는 매해 어마어마한 수의 지원서를 받고 노벨 위원회에서는 일부밖에 승인하지 못한다."[2]

생리의학상 위원회 기록보관소에 접근을 허가받고 가장 먼저 검토하고 싶었던 문서는 제일 접근이 어려웠다. 한 가지 장애물은 시상까지 이어지는 논의를 둘러싼 엄청난 수준의 기밀 유지였다. 보다 설득력 있는 이유는 드넓은 노벨포럼에서 일하는 근무자의 수가 적다는 것이다. 노벨상 시상과 관련된 업무 대부분은 각 학술원에서 온 무보수 자원봉사자들이 주관한다. 생리의학상의 사무총장인 토머스 펄먼(Thomas Perlmann)은 카롤린스카연구소의 일원으로 연구에 바쁜 분자생물학자이다. 그는 위원회에 있는 다른 50명의 동료 심사위원과 마찬가지로 자원봉사로 "근무 중"이다. 그래도 정규직 근무자가 딱 한 명 있는데, 행정을 담당하는 기록보관 담당자 앤-마리 두만스키(Ann-Mari Dumanski)이다.[3] 내가 노벨포럼에 갔을 때 매년 노벨상 수상자들이 토론을 벌이는 공간에서 메모를 적는 동안 그 건물 전체에 있는 사람은 두만스키 양과 나뿐이었다. 이런 비용 절약은 의도적이다. 알프레트 노벨의 유언에 따라 그의 재산에서 발생하는 거금은 노벨상과 관련된 주변 업무에 쓰이기보다는 수상자에게 가야 한다.

2019년 4월 24일, 나는 두만스키 양으로부터 6월의 날짜 3개가 선택지로 제시된 보관소 초청 메일을 받았다. 근무 중인 의대에 갑작스러운 해외여행 허가를 받는다는 쉽지 않은 일을 해결하느라 씨름한 뒤, 이글펍이 아닌 스톡홀름으로 날아갔다. 의심할 것도 없이 이 여행이 내가 노벨상에 가장 가까워질 수 있는 기회일 것이다. 불행히도 나는 출발 전날 오후가 돼서야 물리학과 화학 위원회 서류는 다른 장소에 있다는 것을 기억해냈다. 그래서 나는 왕립 스웨덴과학원의 수석 담당자인 칼 그랜딘(Karl Grandin) 교수와 연락해 그곳의 자료도 살펴볼 수 있도록 약속을 잡기 위해 새벽 3시까지 깨어 있었다. 다행히도 그랜딘 교수가 독일 뒤셀도르프(Düsseldorf)에서 스톡홀름으로 돌아가는 비행 사이에 나의 메일을 발견했다. 그랜딘 박사는 고맙게도 그 주 후반에 자료를 열람할 수 있도록 허락해주었다.

"돌발적으로" 내 연구에 추가된 이 사건은 역사가가 지니는 기술의 본질을 나타낸다. 얼마나 정밀한 검색도구가 등장하든지 누구도 문서보관소를 뒤지다가 어떤 것을 발견할지 모른다. 그저 다른 방향을 가리키는 서류철 한 개라고 생각한 것이 최우선으로 검토해야 하는 자료를 담고 있는 경우가 없지 않다. 이따금 오는 방문객보다 기록보관 담당자들이 소장품에 대해 훨씬 더 잘 알고 있으며, 보통 더 나아간 조사에 도움이 되는 훌륭한 제안을 해주기 때문에 현장에서 그들과 직접 대화를 나누는 것도 아주 중요하다. 알고 보니 왓슨, 크릭, 윌킨스는 1962년에 생리의학상을 받기 전인 1960년과 1961년에 화학상 후보로 지명되어 심사받은 적이 있었다. 그러므로 왕립 스웨덴학술원에는 더 발굴해낼 금쪽같은 자료들이 많았다.

거의 모든 사람이 노벨상의 중요성을 알고 있지만, 불가사의한 노벨상의 규칙과 규정에 익숙한 사람은 많지 않다. 매년 자기를 지명하고 추천하는 문서 여러 상자가 위원회 위원의 책상을 스치지도 못한다. 보통 이전 노벨상 수상자들의 지명과 위원회 위원들이 공식적으로 지명을 요청한 인물들의 자료가 다음 단계로 나아갈만한 무게를 지닌다. 매년 9월, 학계, 정부, 문학계, 기타 여러 분야의 전문가가 초빙되어 수상 후보 지명서를 작성한다.[4]

또 다른 규칙은 "어떤 경우에도 상은 3인을 초과해 공동 시상하지 않는다"는 것이다. 한 해에 어떤 상을 2인이나 3인에게 나누어 시상하면 상금도 그만큼 나누어서 지급한다. 가장 수상자의 수가 다양한 것은 생리의학상이다. 1901년부터 2020년까지 111개의 상이 222명의 수상자에게 전달되었다. 39개 상은 1인에게, 33개는 2인에게, 39개는 3인에게 돌아갔다.[5]

아마도 노벨상을 둘러싸고 가장 오해를 사는 규칙은 대상자 사후에는 수여하지 않는다는 조항일 것이다. 달리 말하면 수상자는 지명된 해에 살아서 스톡홀름에 가서 메달을 받아야만 한다. 이 규칙은 지난 100년 동안 약간 개정되었으나, 빙하가 꿈쩍하는 수준이었다. 1974년 전에 노벨상은 두 번 후보 사후에 시상되었지만, 후보자 모두 지명 당시에는 살아있었다. 그 주인공은 1961년 노벨 평화상 수상자인 다그 함마르셸드(Dag Hammarskjöld)와 1931년 노벨 문학상 수상자인 에리크 악셀 카를펠트(Erik Axel Karlfeldt)이다. 노벨상 조례에 따르면 "1974년부터 노벨상 발표 이후에 사망한 것이 아니라면, 사후에는 지명할 수 없다고 노벨재단의 규정에 명기한다."[6]

로잘린드 프랭클린은 1958년에 사망했고 노벨상 후보로 지명된 적도 없다. 다른 DNA 도전자 중에서도 1960년까지 지명된 사람은 없다. 1974년 규정이 변경되었다고 해도 프랭클린은 너무 일찍 사망했기 때문에 애초에 수상 가능성이 없었다.[7] 이 슬픈 사실은 항상 "왜 로잘린드 프랭클린은 1962년의 노벨상을 나눠 받지 못했나?"라는 질문에 대한 정당한 최종 답변이 되었다. 하지만 스톡홀름의 맑은 한여름 날 왕립 스웨덴 과학원의 기록보관소를 나온 순간부터 쭉 나의 뇌리에서 잊히지 않는, 프랭클린이 배제된 또 다른 가혹한 현실이 있었다.

1960년 화학상 지명자 관련 자료를 검토하는 동안 나는 수많은 저명인사가 왓슨과 크릭의 편을 들었던 편지들을 발견했다. 캐번디시연구소와 킹스칼리지의 관계를 정중하게 유지하기 위해 영국 과학계의 거장이자 당시 그 위엄있는 영국왕립연구소의 소장이었던 윌리엄 로렌스 브래그는 모리스 윌킨스가 노벨상을 공동 수상할 수 있도록 "모든 힘을 다했다."[8] 하지만 다른 몇몇 지명권자는 윌킨스가 노벨상을 받을 만한 가치가 없다고 느꼈으며 왓슨, 크릭과 상을 삼등분하는 것에 반대했다.

라이너스 폴링도 반대하던 사람 중 한 명이었다. 1960년 3월, 폴링은 왓슨, 크릭, 윌킨스를 화학상에 지명한 브래그에게 자기 의견을 보냈다. 폴링은 자기 동료인 로버트 코리가 "단백질 폴리펩타이드 사슬의 구조"를 연구한 켄드루, 페루츠와 공동 수상해야 한다고 주장했다. 폴링은 왓슨과 크릭의 연구가 중요하다는 것은 인정했지만, "DNA 구조의 상세한 특징은 내가 볼 때 여전히 어느 범위에서는 불확실하지만, 단백질 속 폴리펩타이드 사슬의 구조는 이제 명확해졌다"고 주장했다. 폴링은 모리스 윌킨스에 대해서는 훨씬 더 불친절했다. 윌킨스가 "그전보다 뛰어난 DNA 섬유를 기르고, 더 나은 X선 사진을 획득하는 기교"가 있다는 것은 인정했다. 그렇지만 폴링은 그 연구만으로 "노벨상 수상자 명단에 올리기에 화학 분야에 충분한 공헌을 했는지" 심각한 의문을 제기했다.[9]

이중나선 발견에 관계된 나머지 추천서는 여러 의견이 뒤섞인 것들이었다. 1960년부터 1962년 사이에 추가로 이중나선을 후보 지명한 것은 화학상으로 7건, 생리의학상으로 10건이었다. 합쳐서 11건이 왓슨과 크릭만을 지명했고, 브래그의 것을 포함해 5건이 왓슨, 크릭, 윌킨스를 지명했다. 다른 한 사람은 왓슨과 윌킨스를 모두 제외하고 크릭과 페루츠를 지명했다.[10]

나는 엄청나게 큰 검정 가죽 정장이 된, 당시 가장 기량이 뛰어나고 박식한 과학자들이 작성한 노벨상 지명서 묶음을 휙휙 넘겨보면서 큰 기쁨을 느꼈다. 그 행복한 시간의 끝은 갑작스러운 차량 충돌처럼 다가왔는데, 로잘린드 프랭클린의 연구를 언급하는 편지가 단 한 통도 없다는 것을 깨달은 순간이었다. 확실히 프랭클린은 이미 사망했고 더 이상 수상 자격이 없었다. 하지만 대대로 전해지면서 강화되는 예의, 사람이 초등학교에 들어가기도 전에 배우는 수준의 예의라는 것이 세상에는 존재하는 법이다. 이 유명한 과학자 중에서 한 사람이라도 지명서에서 프랭클린이 공헌한 바를 언급했다 한들, 왓슨, 크릭, 윌킨스가 이룬 것을 한 톨도 빼앗지 않았을 것이다. 다만 학문적으로 합당하고 고결한 행동이 되었을 것이다. 하지만 그 누구도 프랭클린 쪽으로 펜을 기울이지 않았다.

「글로리아 스콧(The Gloria Scott)」이라는 아서 코난 도일의 1893년 단편을 보면 코난 도일의 전형적인 탐정 셜록 홈스가 "연기 나는 권총"이라는 문구를 영어권에 처음으로 소개했다. 이제는 "연기 나는 총"이라고 알려진 이 표현은 움직일 수 없는 범죄의 증거를 뜻한다.[11] 확실한 홈스식 증거는 아니지만, 화학상 기록보관소에는 아직 누가 검토하지 않아 이중나선의 역사를 미완으로 남겨 놓은 문서 다발이 있다. 문제가 되는 서류철은 왕립 스웨덴과학원의 물리학 화학 노벨 위원회 비서이자 화학 교수로서 "물리 금속공학에 X선 회절 방법을 적용"한 선구자 아르네 베스트렌(Arne Westgren)이 적은 1960년 화학상 내부 문서이다. 베스트렌 또한 DNA나 단백질 같은 생물학적 고분자의 X선 결정학 연구에 정통했다.[12] 그가 작성한 14쪽짜리 보고서는 후보 중에 누가 DNA 구조 규명에 세운 공이 가장 큰지, 누가 노벨상을 받아 마땅한지 건조하게 분석했다.

베스트렌의 간략한 과학적 의견서는 "DNA 구조를 규명하는 데 공헌한 사람이 많아서 수상자를 평가하기가 확실히 어렵다. 관련된 많은 과학자 중에서 누가 이론 개발에 결정적으로 참여했는지, 특히 인정받아 마땅한 사람은 누구인지 확인하는 것이 문제"라고 밝혔다. 베스트렌은 왓슨과 크릭이 매우 중요한 "기발한" 가설을 제시했다고 인정했지만, "두 사람이 그 분야에서 직접 수행한 실험 조사가 거의 없다. (가설) 검증도 완전히 다른 사람들이 맡아서 했다"는 점에 우려를 표했다. 이어서 베스트렌은 실험 자료 덕분에 이론과 모형 구축이 성과를 낼 수 있었다고 주장했다. (아래 이탤릭체는 저자가 표시)

> 이러한 맥락에서 가장 크게 공헌한 것은 한편으로는 윌킨스와 그가 확실하게 주도적인 역할을 한 대형 연구팀이고, 다른 한편으로는 프랭클린과 고슬링이다. 실험으로 왓슨과 크릭이 제안한 구조를 검증해준 연구자들이 없었다면 두 사람의 연구에 대한 보상을 고려할 가치조차 없었을 것이다. 실험에 공헌한 사람 중에서 윌킨스의 공은 독보적이다. *다음으로 공헌도가 큰 것은 로잘린드 프랭클린과 고슬링인데, 전자는 이미 사망했다. 만약 프랭클린이 생존해 있었다면 노벨상에서 자신의 몫을 요구할 만하다. 현장에서 이 연구를 밀접하게 관찰했던 브래그는 제안서에 고슬링을 포함하지 않았다. 즉, 프랭클린과 고슬링 2인조가 수행했던 연구에서 고슬링이 공헌한 바가 결정적인 중요성을 띠지 않은 것으로 보인다. 만약 현재 논의 중인 연구에 노벨상을 수여한다면 근거가 충분한 브래그의 의견에 의문을 제기할 이유가 없고, 상은 왓슨, 크릭, 윌킨스에게 나누어 수여되어야 한다* … DNA 구조 발견은 의심할 여지 없이 화학적으로도 중요하다. 그러나 성취한 업적에서 주요 부분이 유전학 분야에 해당하므로 생리의학상으로 고려하는 것이 가장 적합할 것이다.[13]

브래그와 다른 지명권자들이 프랭클린의 연구를 제안서에서 언급하지 않았지만, 그녀의 연구는 노벨상 기록에 올라 있었다. 그러나 이는 오직 아르네 베스트렌이 포함한 덕분이었다.[14] "만약 프랭클린이 생존해 있었다면 노벨상에서 자신의 몫을 요구할 만하다." 이렇게 1960년의 노벨상 위원회는 침묵을 깼다. 이후의 위원회들에서도 더욱 분명하게 침묵을 깼다면 좋았을 것이다.

이 난해하기 짝이 없는 이야기의 미묘한 부분을 이해하려고 탐구한 4년 동안, 나를 가장 크게 이끌어준 것은 2018년 7월에 제임스 왓슨과 진행했던 일련의 인터뷰였다. 두 대의 조용한 바이올린만 남기고 연주자들이 각자의 보면대에 있던 촛불을 불어서 끄고 무대를 떠나면 끝나는 하이든의 교향곡 「작별」처럼 득의양양한 DNA팀이 떠나고 남은 것은 기록 유산이 담긴 수백 개의 상자와 아직 생생히 살아있는 왓슨이었다.[15] 우리가 만나기 일주일 전, 왓슨은 미국 사회 문화에 큰 공헌을 한 인물을 다루는 「아메리칸 마스터즈(American Masters)」라는 미국 공영방송 다큐멘터리 시리즈의 촬영을 막 마친 참이었다. 왓슨은 프로듀서들을 실망시키지 않았다. 다큐멘터리는 잘 알려진 왓슨의 과학자로서의 경력을 다루다가 재빠르게 그의 인종차별적인 시각을 밝히는 일에 집중했다. 영상 속에서 왓슨은 유색인종보다 백인이 유전자에 기반한 지적 우월성을 지닌다고 주장했던 2007년의 악명높은 발언을 철회하겠냐는 질문을 받았다. 왓슨은 이렇게 대답했다. "아뇨, 전혀요. 타고난 천성보다 교육이 훨씬 중요하다는 새로운 발견이 이루어져 그 사실이 바뀐다면 저도 좋겠습니다. 하지만 그런 발견은 아직 접하지 못했어요. 흑인과 백인 아이큐 검사의 평균 수치에 차이가 있기도 하고요. 저는 그 차이가 유전 때문이라고 봅니다."[16] 2019년 1월 2일 방송이 나간 후, 무명의 유전학자들이 모인 오합지졸 여름 캠프에서 시작해 왓슨이 세계 수준의 연구 시설로 만들어낸 사랑하는 콜드스프링하버연구소가 왓슨의 학위를 박탈했고 공식적으로 그와의 모든 관계를 단절했다.[17]

직접 만나보면 왓슨은 매력적이고, 똑똑하고, 호감을 불러일으키는 사람이다. 왓슨과 한 주를 보내는 동안 그는 아프리카인, 아프리카계 미국인, 아시아인, 내 출신이기도 한 동유럽 유대인 등 다른 민족 집단을 향한 불쾌한 시각을 서슴없이 표출했다. 몇 년 전에도 왓슨을 만났던 터라 그런 표현에 대비하기는 했지만, 훨씬 더 흥미로웠던 것은 왓슨이 열렬히 DNA를 좇았던 1950년부터 1953년까지의 3년을 이야기할 때였다.

우리가 처음 그의 사무실에서 만났을 때, 왓슨은 『이중나선』에 기록했던 로잘린드 프랭클린이나 다른 여자들에 대한 젊은이 특유의 생각이나 감정이 1950년대 수많은 젊은 남자와 다르지 않다고 자평하면서 대화를 시작했다. 시대의 행동 양식이 아주 많이 변화하는 와중에도 여전히 과학계에서 널리 읽히는 인기 작품이 될 책에 여성혐오에 기반한 관찰 내용을 적은 것이 그저 운이 없었다는 것이다. "혐의를 인정합니다. 그러니까 나는 어떤 성별 요소도 가져가려고 한 적이 없어요. 생각을 해본 적이 없죠. 이제 나는 여자들이 남자들만큼 똑똑하다는 것을 확실히 인지하고 있어요. 여자들이 테스토스테론이 부족하긴 하지만… 그게 답니다."[18]

일주일간 우리는 여러 차례 함께 식사했고, 왓슨은 나를 집으로 초대해 음식과 술을 대접했다. 참나무 벽에 성당 천장처럼 장식된 그의 사무실에서 커다란 책상 뒤에 DNA교 교황처럼 앉은 왓슨과 함께 몇 시간이

나 분자생물학과 과학사를 논했다. 왓슨의 머리 위에는 금테가 둘린 노벨상 상장이 인상적으로 걸려 있었다. 상체를 따라 잔물결 치는 층층이 쌓인 툭 튀어나온 지방 때문에 조롱박 같은 체형을 한 왓슨은 미셸린 타이어 마스코트의 늙은이 버전처럼 보였다. 날마다 왓슨은 밝은 색깔 반바지에 비싼 셔츠를 입었지만, 목깃 단추를 풀고 손목의 프렌치 커프스도 열어놓는 이상한 차림새로 나타났다. 나이가 아흔이 되어서도 짐 왓슨은 잊기 힘든 인상을 남길 줄 알았다. 나는 그에게서 샘솟는 여러 아이디어와 시각에 때로는 매료되었다가 때로는 혐오감을 느꼈다. 그렇지만 여태 내가 인터뷰했던 다른 많은 대상과 달리 논쟁거리를 더 많이 끌어안고 돌아갈 수밖에 없었는데도 그 일을 즐겁게 반복할 수 있었다.

인터뷰가 끝을 향해 갈 때 나는 이런 질문을 했다. "이상적인 세계라고 가정하고 로잘린드 프랭클린이 1962년에 살아있었다면, 프랭클린과 윌킨스가 화학상이나 물리학상을 공동 수상하고 당신과 크릭이 생리의학상을 공동 수상하는 것이 더 낫지 않았을까요?" 나는 제임스 왓슨을 정확히 겨냥해 질문한 나의 용기가 가상했다. 왓슨은 2002년의 회고록 『유전자, 여자, 가모프』에서 직접 스치듯이 암시했으면서도 이 딜레마에 대한 어떤 공식적인 판단도 내리지 않았다. 책에서 왓슨은 다음과 같이 적었다. "모리스가 수상에 포함되어 프랜시스도, 나도 기뻤지만, 만약 로잘린드 프랭클린이 그렇게 젊은 나이에 비극적으로 사망하지 않았다면 상을 어떻게 나눠야 했을지 궁금해졌다."[19] 내가 제시한 해답은 왓슨에게 모든 이의 연구를 축복하면서 손상된 역사적 기록도 바로잡을 희망을 주는 것이었다.

하지만 나는 그런 대답을 들을 것이라고는 전혀 생각하지 못했다. 왓슨은 부리부리한 눈으로 나를 빤히 쳐다보았고, 그의 얼룩덜룩한 피부는 붉어졌으며, 드문드문 거무스름한 정수리의 혈관이 금방이라도 터질 것 같았다. 천천히 의자에서 일어난 왓슨은 나를 향해 삿대질하면서 힘주어 말했다. "해석하지 못하는 자료로는 보통 노벨상을 탈 수가 없어요."[20] 그의 반격은 냉혹한 만큼 반박하기 어려웠다. 프랭클린은 결정적으로 DNA 수수께끼를 풀 수 있었던 마지막 직관적인 두 단계를 넘지 못했고, 넘지 않으려 했다. C_2 면사정계 결정이 역병렬 상보성을 나타내고, 아데닌과 티민의 수소결합, 시토신과 구아닌의 수소결합이 샤르가프의 법칙을 만족시킨다. 왓슨과 크릭은 프랭클린으로부터 도용한 자료가 있었기에 가능하긴 했지만, 그 직관을 발휘했다.

그날 저녁에 짐과 짐의 매력적인 아내 엘리자베스와 저녁을 먹은 후 나는 모텔 방으로 돌아와 그에게 서명받기 위해 가져왔던 책더미를 샅샅이 뒤졌다. 왓슨의 수필집 『DNA를 향한 열정(A Passion for DNA)』에서 한 권을 꺼내 그가 식사하는 동안 언급했던 1981년에 쓴 짧은 글을 펼쳤다. "탁월함을 향한 분투"라는 글이었는데, 왓슨은 글을 쓸 때 항상 "내가 존경하는 사람들이 읽고 싶어 하거나 대화하고 싶어 할 만한 아이디어나 책"을 만들어낼 방법을 찾는다고 설명했다. 다음 문단은 인터뷰를 마치기 전에 의식적으로든 아니든 왓슨이 내가 읽기를 바란, 어떤 기묘한 고백처럼 다가왔다.

> 1962년 봄에 나는 뉴욕에서 DNA의 구조가 실제로 어떻게 규명되었는지 공개 강연을 했다. 많은 웃음이 터져 나왔고, 나는 글로 남겨야겠다고 생각했다. 처음에 나는 『뉴요커』에서 "범죄 연보" 지시문 아래 인쇄하는 것이 아닌가 망상했다. 왜냐하면 프랜시스와 내가 타인의 자료로 연구할 권리가 없다고 생각하는 사람들, 사실 모리스 윌킨스와 로잘린드 프랭클린에게서 이중나선을 훔쳤다고 생각하는

사람들이 있기 때문이었다.[21]

인터뷰 둘째 날을 마무리하면서 왓슨과 나는 점심을 먹으며 과학에 관한 긴 대화를 나눈 후 쉬고 있었다. 대화를 하던 중에 왓슨은 근처 경쟁 기관에 소속된 교활한 과학자와 협업하려면 어떻게 하는 것이 최선인지 묻는 동료의 전화를 받았다. "그 사람 사무실로 건너가게." 왓슨은 동료에게 조언을 건네면서 나에게는 한쪽 눈을 찡긋했다. "연구 지휘권을 따지는 대신에 그 사람에게 자기가 중요한 인물이라고 느끼게 만들어. 그러고 나서 나에게 다시 연락하면 내가 그 사람에게 전화할 테니." 나는 훌륭한 조언이라고 생각했고 왓슨이 전화를 끊자 그렇게 말해주었다.

왓슨이 우쭐해진 것 같아 나는 노벨상 질문을 다른 방향에서 해보기로 즉석에서 결정했다. "지난번에 로잘린드가 자기 자료를 해석하지 못했다고 당신이 말했던 것을 생각해보다가 모리스 윌킨스 역시 로잘린드의 자료를 해석하지 못했다는 것을 떠올렸어요. 윌킨스는 로잘린드 X선 자료의 사본을 전부 갖고 있었고, 당신에게 51번 사진을 보여주기 전에 오랫동안 살펴봤지만, 어떤 것도 해결하지 못했죠. 당신은 보자마자 DNA가 이중나선이라는 것을 깨달았고, 당신과 크릭은 몇 주도 지나지 않아 구조를 완성했어요. 그렇다면 윌킨스는 왜 노벨상을 받았나요?" 왓슨은 내 순진한 의문에 빙그레 웃더니 답했다. "우리가 모리스도 노벨상을 *받기를 원했어요*. 왜냐하면 우리 모두 그를 *좋아했고* 또 킹스칼리지 연구팀하고도 우호적으로 지내고 싶었으니까요."[22] 그가 내 쪽을 보고 웃자 나는 앉아 있기가 불편했다. 내가 남자들의 관계망이 두르고 있는 여성혐오라는 성벽에 뛰어든 셈이었다. 1년 전에 스톡홀름에서 노벨상 지명서류를 검토하면서 더욱 뚜렷하게 알게 된 관행이었다. 윌킨스와 상을 나누는 것은 "모두 그를 *좋아했기*" 때문에 프랭클린의 공을 인정할 때 엉켜 들었던 복잡한 문제가 아무것도 없었다.

곧 짐 왓슨과 내가 함께 보낼 마지막 시간이 다가왔다. 일주일이 넘는 시간 동안 우리는 진심으로 서로를 마음에 들어 하며 서로의 연구를 존경하고 있다는 것을 알게 됐다. 왓슨은 내내 내 이력서를 책상에 올려놓았고 다음 해외여행 길에 읽겠다며 내 책 몇 권을 보내달라고 했다. 나는 프랭클린이 사후에도 노벨상을 받을 만하다는 주장에 결국 왓슨도 동의하는지, 내내 신경 쓰였던 질문을 할 마지막 단 한 번의 기회가 남았다는 것을 알았다.

이번에는 애초에 『이중나선』의 제목으로도 거론되었던 "정직한 짐"이라는 별명을 어떻게 얻게 되었는지 묻는 것부터 시작했다. 몇 차례나 책을 읽었기 때문에 나는 이미 답을 알고 있었고, 머릿속에 1955년 여름 알파인 등반을 묘사하는 문단이 들어 있었으므로 바로 인용할 수도 있었다. 왓슨은 위쪽에서 "내려오는" 등산객 무리를 봤다. 등산객 중 한 명은 킹스칼리지에서 윌킨스와 함께 DNA 섬유의 광학적 특성을 연구하는 물리학자 윌리 시즈였다. 시즈도 왓슨을 보고 "순간적으로 배낭을 내려놓고 한동안 대화를 나눌 것 같은 분위기를 풍겼다. 하지만 시즈가 한 말이라곤 '정직한 짐은 어때?'였고 걷는 속도를 빠르게 올리더니 금방 길 아래로 내려갔다."[23]

취재자와 취재 대상 사이의 추격전을 벌이면서 나는 소리 내서 던진 질문 이상의 것들을 마음속으로 생각하고 있었다. 나는 왓슨이 자칭 절대적 지적 정직성이라고 부르는 미덕에 대해 논하는 것을 듣고 싶었다. 교활한 노인은 대답하기 전에 잠시 생각을 다듬었다. "윌리 시즈는 킹스칼리지의 물리학자였어요. 상당히 냉소적인 사람이었죠. 나를 처음 '정직한 짐'이라고 부른 사람인데 내가 항상 생각한 것을 그대로 말한다는 거죠." 왓슨은 킹스칼리지 DNA 자료를 훔쳐 결국 세계적으로 유명한 노벨상 수상자가 된 왓슨을 혐오하면서 시즈가 그 표현을 사용하기도 했다고 많은 이들이 믿고 있다는 것은 덧붙이지 않았다.[24]

두 번째로 왓슨이 나를 놀라게 한 것은 그가 노쇠한 가슴을 있는 대로 부풀려 지치고 굽은 몸을 원래 키인 185cm 가까이 일으켜 세웠을 때였다. 왓슨은 옆 방에 있던 비서에게 들릴 정도로 큰 목소리로 자랑스럽게 선언했다. "말합니다! 아직도 그래요! 무슨 일이든 내가 생각한 것을 그대로 말하죠!" 다른 말이 더 나올 것 같았고, 내 입을 다물 때라는 것도 잘 알았다. 왓슨은 2초에서 3초 정도 잠시 멈췄는데 내가 느끼기에는 훨씬 긴 시간이었다. 왓슨은 입술을 오므리고, 눈을 부릅뜨더니, 마침내 천천히 말했다. "그런데 말이죠. 내가, 그날 오후 킹스칼리지에 가서 그 (51번) 사진을 봤을 때, 나는 정직하지 않았어요." 왓슨이 느릿하게 자리로 돌아가는 동안, DNA와 관련된 이야기를 마지막으로 세상에 드러낼 중요한 말을 듣게 될 거라 마음의 준비를 하는 내 맥박이 격렬하게 뛰었다. 왓슨이 "정직한 짐"이라는 이름을 자기 비난의 미묘한 형태로 받아들이겠다고 고백할 순간이 다가오는가? 드디어 왓슨이 프랭클린이 받아 마땅한 것들을 돌려주는가? 이어서 제임스 왓슨의 입에서 떨어진 말은 다음과 같다. "나는 정직했다고 생각해요. 아마 그게 잘못된 표현일 수도 있겠지. 나는 내가 정직하다고 생각했지만… 내가 진짜로 고결한 사람이라고는 당신도 말하지 않겠죠." 나는 의대에서 어려운 환자를 인터뷰할 때 그러라고 배운 것처럼 그의 대답을 되뇌었다. "그렇다면 당신은 51번 사진을 봤을 때 고결한 태도로 행동하지 않았다는 건가요?" 내가 물었다. 그러자 왓슨은 프랭클린과 그녀의 훌륭한 사진에서 급격하게 선회해 마치

원자를 튕겨내는 X선처럼 방향을 돌려 누구나 좋아했고 누구나 이길 수 있었던 남자, 윌킨스 이야기를 했다. "뭐, 그렇게 따지면 윌킨스가 DNA 연구를 해도 된다고 허락했을 때도 나는 윌킨스를 따라가려 했지, 이기려고 하지 않았어요. 하지만, 한 번 그 사진을 보니까 내가 *반드시 이용해야겠다*는 생각이 너무나 분명하고 선명하게 들었어요."

그는 *반드시* "이용해야 했다." 그는 *반드시* DNA의 수수께끼를 푼다는 자신의 과학적 운명을 먼저 충족해야 했다. 그는 자신이나 다른 사람이 어떤 대가를 치르든 *반드시* 세상이 생명 그 자체를 이해하는 방식을 바꾼 노벨상 수상자 제임스 왓슨이 되어야 했다. 왓슨이 되고 싶었던 전설의 위치에 안주하려면 그 기념비적인 발견 속에서 로잘린드 프랭클린의 역할은 *반드시* 흐릿해야 했다.

전설은 죽지 않는다. 하지만 언젠가 프랭클린이 크릭을 꾸짖었던 것처럼 "사실은 사실이다." 유명 인사 대접을 받았던 그들의 긴 인생에서 제임스 왓슨, 프랜시스 크릭, 모리스 윌킨스는 스스로 만들어낸 전설에서 생겨난 수많은 세속적인 승리를 만끽했다. 하지만 정교한 실험 기술과 DNA 구조를 뒷받침하는 사실을 발견해내는 불굴의 의지를 타고난 로잘린드 프랭클린이라는 여성은 어느 곳에서든 영원히 승리할 것이다.

감사의 말

DNA에 대해 생각하기 시작한 것은 2016년 봄 미시간대학교의 열성적인 의대생 무리가 "의학사와 과학사 속 위대한 논문"을 다루는 과목을 만들어달라고 요청한 이후부터다. 만 2학기 동안 매달 학생들과 만나서 점심을 먹고 의료행위나 과학 지식을 바꾼 중요한 논문을 공부했다. 이 수업은 1953년 4월 25일 자 『네이처』에 발표된 왓슨과 크릭의 간략하지만, 보기 드물게 강력한 논문 「데옥시리보핵산의 구조」를 토론하는 것으로 시작했다. 그날 오후 학생들이 보인 열의는 나에게 이 중대한 연구의 뒷이야기를 밝히겠다는 용기를 주었다. 실제로 책을 구성하기 시작한 것은 이탈리아 벨라지오(Bellagio)에 있는 록펠러재단 벨라지오센터에서 지원금을 받고 동료 연구자들과 관계를 맺으며 아주 멋진 한 달을 보냈던 2017년 10월이었다. 그 후로 2년간 후속 연구를 위해 케임브리지, 런던, 콜드스프링하버, 필라델피아, 나폴리, 볼티모어, 뉴욕, 스톡홀름을 돌아다녔다. 콜드스프링하버연구소에서는 2018년 7월 말에 일련의 구술사 인터뷰를 하는 동안 참을성 있게 내 질문을 받아 준 제임스 D. 왓슨에게 큰 은혜를 입었다. 또 콜드스프링에 쾌적하게 머물면서 생산적인 시간을 보낼 수 있도록 도와준 엘리자베스 왓슨, 루드밀라 폴락(Ludmilla Polluck), 피터 타르(Peter Tarr), 잰 비트코프스키(Jan Witkowski), 알렉산더 간(Alexander Gann), 브루스 스틸만(Bruce Stillman), 스테파니 사탈리노(Stephanie Satalino), 모린 베레즈카(Maureen Berejka)에게도 감사를 전한다.

케임브리지대에서는 로잘린드 프랭클린의 논문만이 아니라 존 랜들, J. D. 버널, 아론 클루그, 막스 페루츠의 논문도 기꺼이 살펴보게 해주었다. 이 작업은 케임브리지대 처치힐칼리지의 처치힐기록보관소에서 멋진 팀으로 일하는 앨런 팩우드(Allen Packwood), 줄리아 슈미트(Julia Schmidt), 나타샤 스웨인스턴(Natasha Swainston)의 도움을 받았다. 또 케임브리지대 도서관 기록보관소의 프랭크 보울(Frank Bowle), 1952년 왓슨이 살았던 기숙사 방을 파악하는 데 도움을 준 케임브리지대 클레어칼리지 기록보관소의 주드 브리머(Jude Brimmer)에게도 감사하고 싶다.

케임브리지대 캐번디시물리학연구소의 말콤 롱에어(Malcolm Longair) 교수는 오스틴동을 부수기 불과 몇 주 전에 친절하게 나를 안내해 한때 왓슨과 크릭이 일했던 103호를 살펴볼 수 있게 해주었다. 케임브리지대 트리니티칼리지의 제니퍼 글린, 이안 글린, 애드리안 풀(Adrian Poole)에게는 특히 더 감사하다. 제니퍼는 로잘린드 프랭클린의 아홉 살 어린 동생으로 뛰어난 역사가이자 최고의 로잘린드 비망록 저자이기도 하다. 제니퍼가 언니의 삶을 추억한 기록은 로잘린드라는 한 놀라운 여성의 성격을 묘사하는 데 귀중한 도움이 되었다.

볼티모어 카운티 메릴랜드대학교(University of Maryland) 쿤도서관(Albin O. Kuhn Library) 특수수집품 팀의 제프 카(Jeff Karr)와 린지 로퍼(Lindsey Loeper)는 담당 업무가 아닌데도 내가 이 책을 쓰면서 꼭 필요했던 풍부한 인터뷰와 서신이 포함된 세이어의 문서들에 접근할 수 있도록 도와주었다.

필라델피아에 있는 미국철학학회(American Philosophical Society)의 찰스 그라이펜슈타인(Charles Greifenstein), 데이비드 개리(David Gary), 트레이시 더용(Tracey de Jong), 마이클 밀러(Michael Miller)는

호레이스 저드슨과 에르빈 샤르가프의 자료 연구에 중요한 도움을 주었다. 런던대 킹스칼리지 기록보관소의 제프 브로웰(Geoff Browell), 카트리나 디무로(Katrina DiMuro), 다이애나 매니퍼드(Diana Manipud), 케이트 오브라이언(Kate O'Brien), 프랜시스 패트먼(Frances Pattman), 케이시 윌리엄스(Cathy Williams)는 모리스 윌킨스의 자료를 파악하는 것을 도와주었다.

또 윌리엄 로렌스 브래그의 자료 검토를 도와준 영국 왕립연구원 샬롯 뉴(Charlotte New), 로잘린드 프랭클린이 근무하는 동안 남긴 자료의 위치를 알려준 런던대 버크벡칼리지의 사라 홀(Sarah Hall)과 엠마 일링워스(Emma Illingworth), 라이너스 폴링과 에바 헬렌 폴링의 문서, 라이너스 폴링의 디지털 문서를 소장한 오레곤주립대학 도서관 특수수집품 기록연구센터(Special Collections and Archives Research Center)의 크리스 피터슨(Chris Petersen), 프랑수아 자코브(François Jacob)가 작성한 노벨상 지명서를 소장한 파리 루이파스퇴르연구소 기록보관소의 다니엘 드멜리어(Daniel DeMellier), 존 켄드루의 자료를 소장한 옥스퍼드대 보들리언도서관(Bodleian Libraries) 웨스턴도서관(Weston Library)의 안나 피터(Anna Petre), 제리 도너휴의 자료를 소장한 필라델피아 펜실베이니아대 기록보관소 밴펠트도서관(Van Pelt Library)의 티모시 호닝(Timothy Horning), 칼텍 기록보관소의 피터 콜로피(Peter Collopy)와 로마 카클린스(Loma Karklins), 왓슨이 처음으로 DNA 구조 규명에 X선 결정학을 사용하겠다는 윌킨스의 말을 들었던 시점의 자료이자 DNA 관련 이야기에서 거의 다뤄진 적 없는 중대한 자료를 수집하는 데 너무나 친절한 도움을 준 이탈리아 나폴리 안톤돈동물학연구소(Stazione Zoologica Anton Dohrn) 기록보관소의 클라우디아 디솜마(Claudia di Somma)와 크리스티안 그뢰벤(Christiane Groeben)에게도 감사 인사를 전한다.

스톡홀름에서는 스톡홀름 카롤린스카연구소 노벨포럼의 앤-마리 두만스키, 스톡홀름 왕립 스웨덴과학원 과학사센터의 칼 그랜딘 교수와 얼링 노르비(Erling Norrby) 교수, 스톡홀름 국립학술원 노벨도서관의 매들린 엥스트룀 브로버그(Madeline Engström Broberg)에게 큰 은혜를 입었다.

또 프랜시스 크릭, 제임스 왓슨, 로잘린드 프랭클린, 모리스 윌킨스의 자료를 디지털화한 런던 웰컴의학사도서관(Wellcome History of Medicine Library)의 직원들, 앤아버 미시간대학교 도서관, 뉴욕공공도서관(New York Public Library), 베데스다(Bethesda)의 국립의학도서관(National Library of Medicine), 이 책의 주석에 언급된 분자생물학의 역사를 연구하고 분석한 수많은 역사가에게도 감사한다.

앤아버에서 전례 없는 영하의 기온을 기록했던 2018년 1월 말에 시작해 전염병이 기승이었던 2020년을 꽉 채워서 집필을 마칠 때까지, 나는 당신이 막 읽은 이 책의 초고를 여러 번 작성했다. 몇몇 동료들이 넓은 아량으로 다양한 초고를 읽어 주었고 덕분에 끔찍한 오류를 많이 범하지 않을 수 있었다. 남아 있는 실수는 전부 내 탓이며, 사과 역시 나의 몫이다. 내가 몸담은 곳이기도 한 미시간대에서 나를 지지하고 영감을 주는 동료 마이클 쇤펠트(Michael Schoenfeldt), 알렉산더 나바로(J. Alexander Navarro), 하이디 뮐러(Heidi Mueller), 레슬리 애츠먼(Leslie Atzmon), 데이비드 블룸(David Bloom), 프랜시스 블루인(Francis Blouin), 데이비드 긴즈버그(David Ginsberg), 마이클 임페리얼(Michael Imperiale), 아서 밴더(Arthur Vander), 토머스 겔러터(Thomas Gelehrter)에게도 감사를 전한다. 또 지도 중인 의대생들에게 DNA에 관한 세미나를 몇 번 열도록 나를 초대해준 뉴욕대의 데이비드 오신스키(David Oshinsky)가 지닌 지혜에 기댈 수 있어서 정말 운이 좋았다. 베티앤고든무어재단(Betty and Gordon Moore Foundation)의 하비 파인버그(Harvey Fineberg), 전기 작가 에릭 랙스(Eric Lax), 샌프란시스코 캘리포니아대의 브루스 알버츠(Bruce Alberts)도 나에게 지혜를 빌려주었다.

미시간에서 나의 연구는 대체로 작고한 조지 원츠(George E. Wantz) 박사가 남긴 자비로운 유산의 혜택을 받았다. 이 책을 쓰는데 필요했던 연구 대부분은 조지 원츠 우수의학박사 지원금(George E. Wantz MD Distinguished Professorship)과 조지 원츠 의학사연구기금(George E. Wantz History of Medicine Research Fund)의 지원을 받았다. 2010년에 사망한 뛰어난 외과 의사이자 의학사가였던 조지가 살아있다면 이 책을 즐겁게 읽었을 것이다.

나의 출판 대리인인 라이터스레프리젠터티브스(Writers Representatives)의 글렌 하틀리(Glen Hartley)와 린 추(Lynn Chu)는 작가가 바라는 최고의 지지자이자 비판적인 독자다. 우리는 20년 이상 함께 일해왔고 나는 늘 두 사람에게 고마운 마음뿐이다.

노튼앤컴퍼니(W. W. Norton and Company)의 부사장이자 편집장 존 글루스먼(John Glusman)은 최고의 편집 기술과 지혜를 겸비해 나에게 축복 같은 존재이며, 글루스먼의 동료인 편집자 헬렌 토마이데스(Helen Thomaides), 교정 담당자 매리 카나블(Mary Kanable), 프로젝트 편집자 대시 자이델(Dassi Zeidel) 역시 그렇다.

감사를 전해야 하는 가족들이 많지만, 가장 고마운 것은 셸든 마르켈(Sheldon Markel) 박사와 제럴딘 마르켈(Geraldine Markel) 박사이다.

이 책을 쓰는 동안, 특히 로잘린드 프랭클린의 삶과 경력을 적으면서 나는 내 두 딸, 열여섯 살 사만다(Samantha)와 곧 스물한 살이 되는 베스(Bess)의 생각을 참 많이 했다. 두 딸이 앞으로 살면서 어떤 장애물을 마주하든 용감하고 대담한 선택을 할 수 있도록 이 책이 용기를 불어넣길 바란다.

2020년 12월 31일

미시간 앤아버에서

하워드 마르켈

약어표

다음 약어는 미주를 참조할 때 쓰인다.

JDWP	James D. Watson Collection, Cold Spring Harbor Laboratory Archives, Cold Spring Harbor, NY. All citations quoted with permission of James D. Watson.
WFAT	Watson Family Asset Trust, Cold Spring Harbor Laboratory Archives, Cold Spring Harbor, NY. All citations quoted with permission of James D. Watson.
FCP	Francis Crick Papers, Wellcome Library, London.
RFP	Rosalind Franklin Papers, Churchill College Archives Centre, University of Cambridge.
LAHPP	Linus and Ava Helen Pauling Papers, Oregon State University, Corvallis, OR.
MDP	Max Delbruck Papers, Archives and Special Collections, California Institute of Technology, Pasadena, CA.
MWP	Maurice Hugh Frederick Wilkins Collection, King's College, London
JRP	Sir John Randall Papers, Churchill College Archives Centre, University of Cambridge.
WLBP	William Lawrence Bragg Papers, Archives of the Royal Institution, London.
AKP	Aaron Klug Papers, Churchill College Archives Centre, University of Cambridge.
ECP	Erwin Chargaff Papers, American Philosophical Society, Philadelphia, PA.
HFJP	Horace Freeland Judson Papers, American Philosophical Society, Philadelphia, PA.
ASP	Anne Sayer Papers, American Society of Microbiology Collection, University of Maryland at Baltimore County.
MPP	Max Ferdinand Perutz Papers, Churchill College Archives Centre, University of Cambridge.

미 주

1부 프롤로그

1. Voltaire, *Jeannot et Colin* (1764), in Œuvres complètes de Voltaire (Paris: Garnier, 1877), vol. 21, 235–42, quote is on 237.
2. Foreign Affairs, House of Commons Debate, 23 January 1948, vol. 446, 529–622, https://api.parliament.uk/historic-hansard/commons/1948/jan/23/foreign-affairs#S5CV0446P0_19480123_HOC_45.

1. 오프닝 크레딧

1. Francis Crick, *What Mad Pursuit: A Personal View of Scientific Discovery* (New York: Basic Books, 1988), 35, 62.
2. James D. Watson, *The Double Helix: A Personal Account of the Discovery of the Structure of DNA* (New York: Atheneum, 1968); for the remainder of the notes, I use the Norton Critical Edition, edited by Gunther Stent (New York: Norton, 1980), this first quote is from p. 9.
3. Monthly Weather Report of the Meteorological Office, Summary of Observations Compiled from Returns of Official Stations and Volunteer Observers, 1953; 70:2 (London: Her Majesty's Stationery Office, 1953).
4. Watson, *The Double Helix*, 115.
5. "Of that I have no recollection," Crick said many times in his long life. See Francis Crick, "How to Live with a Golden Helix," *The Sciences* 19 (September 1979): 6–9.
6. The historian Robert Olby has argued that the revelation of DNA's structure on April 28, 1953, was only quietly received in the press; Robert Olby, "Quiet Debut for the Double Helix," *Nature* 421 (2003): 402–5. Yves Gingras, on the other hand, has argued against this "quiet debut" and documents, using bibliometric data and citation analysis, the immediate and long-term impact of the announcement; Yves Gingras, "Revisiting the 'Quiet Debut' of the Double Helix: SA Bibliometric and Methodological Note on the "Impact" of Scientific Publications," *Journal of the History of Biology* 43, no. 1 (2010):

159–81.
7. George Johnson, "Murray Gell-Mann, Who Peered at Particles and Saw the Universe, Dies at 89," *New York Times*, May 25, 2019, B12.
8. Daniel J. Kevles, *The Physicists: The History of a Scientific Community in Modern America* (New York: Knopf, 1978); Richard Rhodes, *The Making of the Atomic Bomb* (New York: Simon and Schuster, 1986), 113–17, 127–29,131–33.
9. Abraham Pais, *Niels Bohr's Times in Physics, Philosophy, and Polity* (Oxford: Clarendon Press, 1991), 176–210, 267–94; John Gribbin, *Erwin Schrödinger and the Quantum Revolution* (Hoboken, NJ: John Wiley and Sons, 2013); George Gamow, *Thirty Years That Shook Physics: The Story of Quantum Theory* (New York: Dover, 1966).
10. Rhodes, *The Making of the Atomic Bomb*; Andrew Hodges, *Alan Turing: The Enigma* (Princeton: Princeton University Press, 2014); Kai Bird and Martin J. Sherwin, *American Prometheus: The Triumph and Tragedy of J. Robert Oppenheimer* (New York: Knopf, 2005).
11. Author interview with James D. Watson (no. 4), July 26, 2018.
12. Schrödinger shared the Nobel Prize in Physics with Paul A. M. Dirac in 1933. See "The Nobel Prize in Physics 1933," https://www .nobelprize .org/prizes/physics/1933/summary/.
13. John Gribbin, *In Search of Schrödinger's Cat: Quantum Physics and Reality* (New York: Bantam, 1984).
14. Erwin Schrödinger, *What Is Life? The Physical Aspect of the Living Cell, with Mind and Matter and Autobiographical Sketches* (Cambridge: Cambridge University Press, 1992).
15. N. W. Timofeeff-Ressovsky, K. G. Zimmer, and M. Delbrück, "Uber die Natur der Genmutation und der Genstruktur: Nachrich-ten von der Gessellschaft der Wissenschaften zu Gottingen" (On the Nature of Gene Mutation and Structure), *Biologie, Neue Folge* 1, no. 13 (1935): 189–245. Among the scientists who disagreed with Delbrück's and, by extension, Schrödinger's concept of the "aperiodic crystal" were Linus Pauling and Max Perutz. See Linus Pauling, "Schrödinger's Contribution to Chemistry and Biology," and Max Perutz, "Erwin Schrödinger's *What Is Life?* and Molecular Biology," in C. W. Kilmister, ed., *Schrödinger: Centenary Celebration of a Polymath* (Cambridge: Cambridge University Press, 1987), 225–33 and. 234–51.
16. J. T. Randall, "An Experiment in Biophysics," *Proceedings of the Royal Society of London, Series A, Mathematical and Physical Sciences* 208, no. 1092

(1951): 1–24; Horace Freeland Judson, *The Eighth Day of Creation: Makers of the Revolution in Biology* (Cold Spring Harbor, NY: Cold Spring Harbor Laboratory Press, 2013), 77; Robert Olby, *The Path to the Double Helix* (Seattle: University of Washington Press, 1974), 326–33.

17. Lily E. Kay, *The Molecular Vision of Life: Caltech, the Rockefeller Foundation, and the Rise of the New Biology* (New York: Oxford University Press, 1993); Robert E. Kohler, *Partners in Science: Foundations and Natural Scientists, 1900–1945* (Chicago: University of Chicago Press, 1991).
18. Watson, *The Double Helix*.
19. Matthew Cobb, "Happy 100th Birthday, Francis Crick (1916–2004)," *Why Evolution Is True blog*, https://whyevolutionistrue.wordpress.com/2016/06/08/happy-100th-birthday-francis-crick-1916-2004/.
20. Author interview with James D. Watson (no. 1), July 23, 2018.
21. Vilayanur S. Ramachandran, "The Astonishing Francis Crick," *Perception* 33 (2004): 1151–54; Rupert Shortt, "Idle Components: An Argument Against Richard Dawkins," *Times Literary Supplement*, no. 6089 (December 13, 2019): 12–13.
22. Howard Markel, "Who's On First?: Medical Discoveries and Scientific Priority," *New England Journal of Medicine* 351 (2004): 2792–94.

2. 수도원에서 발견한 멘델의 법칙

1. Charles Darwin, *On the Origin of Species by Means of Natural Selection, or the Preservation of Favoured Races in the Struggle for Life* (London: John Murray, 1859), 13.
2. There may have been two gardens: the smaller one described above and another one on the southern side of the courtyard gate near the service entrance. Robin Marantz Henig, *The Monk in the Garden: The Lost and Found Genius of Gregor Mendel, the Father of Modern Genetics* (Boston: Houghton Mifflin, 2009), 21–36.
3. The Punnett square was developed by the British geneticist Reginald C. Punnett. It is a square diagram used to predict the genotypes of a cross-breeding experiment. F. A. E. Crew, "Reginald Crundall Punnett 1875–1967," *Biographical Memoirs of Fellows of the Royal Society* 13 (1967): 309–26.
4. Curriculum vitae, Gregor Mendel. Mendel Museum, Masarykova Univerzita, https://mendelmuseum.muni.cz/en/g-j-mendel/zivotopis.
5. Gregor Mendel, "Versuche über Plflanzenhybriden," *Verhandlungen des naturforschenden Vereines in Brünn, Bd. IV fur das Jahr 1865, Abhandlungen*

(Experiments in Plant Hybridization. Read at the February 8 and March 8, 1865, Meetings of the Brünn Natural History Society) (1866), 3–47; William Bateson and Gregor Mendel, *Mendel's Principles of Heredity: A Defense, with a Translation of Mendel's Original Papers on Hybridisation* (New York: Cambridge University Press, 2009).

6. Charles E. Rosenberg, "The Therapeutic Revolution: Medicine, Meaning, and Social Change in Nineteenth-Century America," in Morris J. Vogel and Charles E. Rosenberg, eds., *The Therapeutic Revolution: Essays in the Social History of American Medicine* (Philadelphia: University of Pennsylvania Press, 1979), 3–25.
7. Gunther S. Stent, "Prematurity and Uniqueness in Scientific Discovery," *Scientific American* 227, no. 6 (1972): 84–93.
8. Even this finding has been contested; some historians claim von Schermak did not fully understand Mendel's work and Spillman is often left off even the "parentheses" list. See Augustine Brannigan, "The Reification of Mendel," Social Studies of Science 9, no. 4 (1979): 423-54; Malcolm Kottler, "Hugo De Vries and the Rediscovery of Mendel's Laws," *Annals of Science* 36 (1979): 517–38; Randy Moore, "The Re-Discovery of Mendel's Work," *Bioscene* 27, no. 2 (2001): 13–24.
9. R. A. Fisher, "Has Mendel's Work Been Rediscovered?," *Annals of Science* 1 (1936): 115–37; Bob Montgomerie and Tim Birkhead, "A Beginner's Guide to Scientific Misconduct," *ISBE Newsletter* 17, no. 1 (2005): 16–21; Daniel L. Hartl and Daniel J. Fairbanks, "Mud Sticks: On the Alleged Falsification of Mendel's Data," *Genetics* 175 (2007): 975–79; Allan Franklin, A. W. F. Edwards, Daniel J. Fairbanks, Daniel L. Hartl, and Teddy Seidenfeld, eds., *Ending the Mendel–Fisher Controversy* (Pittsburgh: University of Pittsburgh Press, 2008); Gregory Radick, "Beyond the 'Mendel–Fisher Controversy,'" *Science* 350, no. 6257 (2015): 159–60.
10. "Wilhelm His, Sr. (1831–1904), Embryologist and Anatomist," editorial, *Journal of the American Medical Association* 187, no. 1 (January 4, 1964): 58; Elan D. Louis and Christian Stapf, "Unraveling the Neuron Jungle: The 1879–1886 Publications by Wilhelm His on the Embryological Development of the Human Brain," *Archives of Neurology* 58, no. 11 (2001): 1932–35.
11. The weave structure of gauze includes pairs of weft yarns that are crossed before and after each warp yarn, to keep the weft in place. Interestingly, this arrangement looks a great deal like the double helix of DNA. A. Klose, "Victor von Bruns und die sterile Verbandswatte," ("Victor Bruns and the

Sterile Cotton Wool"), *Ausstellungskatalog des Stadtsmuseums Tübinger Katalogue* 77 (2007): 36–46; D. J. Haubens, Victor von Bruns (1812–1883) and his contributions to plastic and reconstructive surgery," *Plastic and Reconstructive Surgery* 75, no. 1 (January 1985): 120–27.

12. Ralf Dahm, "Discovering DNA: Friedrich Miescher and the Early Years of Nucleic Acid Research," *Human Genetics* 122 (2008): 565–81; Ralf Dahm, "Friedrich Miescher and the Discovery of DNA," *Developmental Biology* 278, no. 2 (2005): 274–88; Ralf Dahm, "The Molecule from the Castle Kitchen," Max Planck Research, 2004, 50–55; Ulf Lagerkvist, *DNA Pioneers and their Legacy* (New Haven: Yale University Press, 1998), 35–67.
13. Horace W. Davenport, "Physiology, 1850–1923: The View from Michigan," *Physiologist* 25, suppl. 1 (1982): 1–100.
14. Friedrich Miescher, "Ueber die chemische Zusammensetzung der Eiterzellen" (On the Chemical Composition of Pus Cells), *Medicinisch-chemische Untersuchungen* 4 (1871): 441–60; Felix Hoppe-Seyler, "Ueber die chemische Zusammensetzung des Eiter" (On the Chemical Composition of Pus), *Medicinisch-chemische Untersuchungen* 4 (1871): 486–501.
15. S. B. Weineck, D. Koelblinger, and T. Kiesslich, "Medizinische Habilitation im deutschsprachigen Raum: Quantitative Untersuchung zu Inhalt und Ausgestaltung der Habilitationsrichtlinien" (Medical Habilitation in German-Speaking Countries: Quantitative Assessment of Content and Elaboration of Habilitation Guidelines), *Der Chirurg* 86, no. 4 (April 2015): 355–65; Theodor Billroth, *The Medical Sciences in the German Universities: A Study in the History of Civilization* (New York: Macmillan, 1924).
16. Freidrich Miescher, "Die Spermatozoen einiger Wirbeltiere: Ein Beitrag zur Histochemie" (The Spermatazoa of Some Vertebrates: A Contribution to Histochemistry), *Verhandlungen der naturforschenden Gesellschaft in Basel* 6 (1874): 138–208; Dahm, "Discovering DNA"; Ulf Lagerkvist, *DNA Pioneers and their Legacy* (New Haven: Yale University Press, 1998), 35–67.
17. Dahm, "Discovering DNA," 574.

3. 이중나선이 등장하기 전에

1. Adolf Hitler, *Mein Kampf*, (My Struggle) translated by James Murphey (Munich: ZentralVerlag der NSDAP, Franz Eher Nachfolger, 1940), 149.
2. Much of the historical research on eugenics is drawn from one of my earlier books: Howard Markel, *The Kelloggs: The Battling Brothers of Battle Creek* (New York: Pantheon, 2017), 298–321.

3. Galton also coined the term "nurture vs. nature." He and Charles Darwin were both grandsons of the same Birmingham physician, Erasmus Darwin. See Francis Galton, *Inquiries into Human Faculty and its Development* (London: Macmillan, 1883), 17, 24–25, 44; Francis Galton, Hereditary Genius: An Inquiry into its Laws and Consequences (London: Macmillan, 1869); Francis Galton, "On Men of Science: Their Nature and Their Nurture," *Proceedings of the Royal Institution of Great Britain* 7 (1874): 227–36.
4. Howard Markel, *Quarantine: East European Jewish Immigrants and the New York City Epidemics of 1892* (Baltimore: Johns Hopkins University Press, 1997), 179–82; Howard Markel, *When Germs Travel: Six Major Epidemics That Invaded America Since 1900 and the Fears They Unleashed* (New York: Pantheon, 2004), 34–36; Kenneth M. Ludmerer, *Genetics and American Society: A Historical Appraisal* (Baltimore: Johns Hopkins University Press, 1972), 87–119.
5. Public Law 68-139, enacted by the 68th U.S. Congress; John Higham, *Strangers in the Land: Patterns of American Nativism, 1860–1925* (New York: Atheneum, 1963), 152; Barbara M. Solomon, *Ancestors and Immigrants: A Changing New England Tradition* (Cambridge, MA: Harvard University Press, 1956); Markel, *Quarantine*, 1–12, 66–67, 75–98, 133–52, 163–78, 181–85; Markel, *When Germs Travel*, 9–10, 35–36, 56, 87–89, 96–97, 102–3.
6. Charles E. Rosenberg, "Charles Benedict Davenport and the Irony of American Eugenics," in *No Other Gods: On Science and American Social Thought* (Baltimore: Johns Hopkins University, Press, 1976), 89–97; Garland E. Allen, "The Eugenics Record Office at Cold Spring Harbor, 1910–1940: An Essay in Institutional History," *OSIRIS* (second series) 2 (1986): 225–64; Oscar Riddle, "Biographical Memoir of Charles B. Davenport, 1866–1944," *Biographical Memoirs*, vol. 25 (Washington, DC: National Academy of Sciences of the United States of America, 1947).
7. Over the years, James Watson has made many racist (and public) statements that blacks are intrinsically and genetically not as intelligent as whites despite the absence of any scientific evidence. Most recently, these repugnant views were presented in a PBS *American Masters* episode. See Amy Harmon, "For James Watson, the Price Was Exile," *New York Times*, January 1, 2019, D1; "Decoding Watson," *American Masters*, PBS, January 2, 2019, http://www.pbs.org/wnet/americanmasters/american-masters-decoding-watson-full-film/10923/?button=fullepisode.
8. Rosenberg, *No Other Gods*, 91.

9. Charles B. Davenport, "Report of the Committee on Eugenics," *American Breeders Magazine* 1 (1910): 129.
10. Letter from C. B. Davenport to Madison Grant, April 7, 1922, Charles B. Davenport Papers, American Philosophical Society, Philadelphia, cited in Rosenberg, *No Other Gods*, 95–96.
11. Madison Grant, *The Passing of the Great Race, or The Racial Basis of European History* (New York: Charles Scribner's Sons, 1916); Jacob H. Landman, *Human Sterilization: The History of the Sexual Sterilization Movement* (New York: Macmillan, 1932); Harry H. Laughlin, *Eugenical Sterilization in the United States* (Chicago: Municipal Court of Chicago, 1932); Paul Lombardo, *Three Generations, No Imbeciles: Eugenics, the Supreme Court, and Buck v. Bell* (Baltimore: Johns Hopkins University Press, 2010); Adam Cohen, *Imbeciles: The Supreme Court, American Eugenics and the Sterilization of Carrie Buck* (New York: Penguin, 2016); Daniel Kevles, *In the Name of Eugenics: Genetics and the Uses of Human Heredity* (New York: Knopf, 1985), 96–112. Harder to calculate are the many thousands of gay, handicapped, "gypsies," and other "so-called" defectives killed in Hitler's Final Solution. See U.S. Holocaust Museum, "Documenting the Numbers of Victims of the Holocaust and Nazi Persecution," https://encyclopedia.ushmm.org/content/en/article/documenting-numbers-of-victims-of-the-holocaust-and-nazi-persecution.
12. Archibald Garrod, *Garrod's Inborn Factors in Disease: Including an annotated facsimile reprint of The Inborn Factors in Disease* (New York: Oxford University Press, 1989); Thomas Hunt Morgan, "The Theory of the Gene," *American Naturalist* 51 (1917): 513–44; T. H. Morgan, A. H. Sturtevant, H. J. Muller, and C.B. Bridges, *The Mechanism of Mendelian Heredity*, revised ed. (New York: Henry Holt, 1922); T. H. Morgan, "Sex-linked Inheritance in Drosophila," *Science* 32, no. 812 (1910); 120–22; T. H. Morgan and C. B. Bridges, *Sex-linked Inheritance in Drosophila* (Washington, DC: Carnegie Institution of Washington/Press of Gibson Brothers, 1916). For an example of population genetics of this era, see Raymond Pearl, *Modes of Research in Genetics* (New York: Macmillan, 1915).
13. Matt Ridley, *Francis Crick: Discoverer of the Genetic Code* (New York: Harper Perennial, 2006), 33.
14. George W. Corner, *A History of the Rockefeller Institute, 1901–1953: Origins and Growth* (New York: Rockefeller Institute Press, 1964); E. R. Brown, *Rockefeller Medicine Men: Medicine and Capitalism in America* (Berkeley: University of California Press, 1979).
15. Howard Markel, "The Principles and Practice of Medicine: How a Textbook,

a Former Baptist Minister, and an Oil Tycoon Shaped the Modern American Medical and Public Health Industrial–Research Complex," *Journal of the American Medical Association* 299, no. 10 (2008): 1199–201; Ron Chernow, *Titan: The Life of John D. Rockefeller* (New York: Random House, 1998), 470–79.

16. René Dubos, *The Professor, the Institute and DNA* (New York: Rockefeller University Press, 1976), 10, 161–79.
17. Robert D. Grove and Alice M. Hetzel, *Vital Statistics in the United States, 1940–1960*, U.S. Department of Health, Education and Welfare, Public Health Service, National Center for Health Statistics (Washington, DC: Government Printing Office, 1968), 92.
18. Frederick Griffith, "The Significance of Pneumococcal Types," *Journal of Hygiene* 27, no. 2 (1928): 113–59.
19. M. H. Dawson, "The transformation of *pneumococcal* types. I. The Conversion of R forms of *Pneumococcus* into S forms of the homologous type," *Journal of Experimental Medicine* 51, no. 1 (1930): 99–122; M. H. Dawson, "The Transformation of *Pneumococcal* Types. II. The interconvertibility of type-specific S *pneumococci*," *Journal of Experimental Medicine* 51, no. 1 (1930): 123–47; M. H. Dawson and R. H. Sia, "*In vitro transformation of Pneumococcal* types. I. A technique for inducing transformation of *Pneumococcal* types in vitro," Journal of Experimental Medicine 54, no. 5 (1931): 681–99; M. H. Dawson and R. H. Sia, "In vitro transformation of *Pneumococcal* types. II. The nature of the factor responsible for the transformation of *Pneumococcal* types," *Journal of Experimental Medicine* 54, no. 5 (1931): 701–10; J. L. Alloway, "The transformation *in vitro of R Pneumococci* into S forms of different specific types by the use of filtered *Pneumococcus* extracts," *Journal of Experimental Medicine* 55 No. 1 (1932): 91–99; J. L. Alloway, "Further observations on the use of *Pneumococcus* extracts in effecting transformation of type *in vitro*," *Journal of Experimental Medicine* 57, no. 2 (1933): 265–78.
20. Avery was nominated thirteen times, in 1932, 1933, 1934, 1935, 1936, 1937, 1938, 1939, 1942, 1945, 1946, 1947, and 1948, to no avail. See "List of Individuals Proposing Oswald Avery and others for the Nobel Prize (1932–1948)," Oswald Avery Collection, Profiles in Science, U.S. National Library of Medicine, https://profiles.nlm.nih.gov/ps/access/CCAAFV.pdf#xml=https://profiles.nlm.nih.gov:443/pdfhighlight?uid=CCAAFV&query=%28Nobel%2C%20Avery%29.
21. Dubos, *The Professor, the Institute and DNA*, 139.

22. Dubos, *The Professor, the Institute and DNA*, 66; Matthew Cobb, "Oswald Avery, DNA, and the Transformation of Biology," *Current Biology* 24, no. 2 (2014): R55–R60; Maclyn McCarty, *The Transforming Principle: Discovering that Genes Are Made of DNA* (New York: Norton, 1985); Maclyn McCarty, "Discovering Genes are Made of DNA," *Nature* 421 (2003): 406; Horace Freeland Judson, "Reflections on the Historiography of Molecular Biology," *Minerva* 18, no. 3 (1980): 369–421; Alan Kay, "Oswald T. Avery," in Charles C. Gillespie, ed., *Dictionary of Scientific Biography*, vol. 1 (New York: Scribner's, 1970); Charles L. Vigue, "Oswald Avery and DNA," *American Biology Teacher* 46, no. 4 (1984): 207–11; Nicholas Russell, "Oswald Avery and the Origin of Molecular Biology," *British Journal for the History of Science* 21, no. 4 (1988): 393–400; M. F. Perutz, "Co-Chairman's Remarks: Before the Double Helix," *Gene* 135 (1993): 9–13.
23. In the 1950s, the terminology of DNA shifted from *desoxyribonucleic* acid to *deoxyribonucleic* acid. This letter was excerpted by René Dubos in *The Professor, the Institute and DNA*, 217–20, quote is on 218–19. The original fourteen-page letter from Oswald Avery to Roy Avery, dated May 26, 1943, can be found in the Oswald Avery Papers, Tennessee State Library and Archives, Nashville, and online at Oswald Avery Collection, Profiles in Science, U.S. National Library of Medicine, https://profiles.nlm.nih.gov/ps/retrieve/ResourceMetadata/CCBDBF.
24. O. T. Avery, C. M. Macleod, and M. McCarty, "Studies on the chemical nature of the substance inducing transformation of pneumococcal types: Induction of transformation by a desoxyribonucleic acid fraction isolated from pneumococcus Type II," *Journal of Experimental Medicine* 79, no. 2 (1944): 137–58.
25. M. McCarty and O. T. Avery, "Studies on the chemical nature of the substance inducing transformation of pneumococcal types. II. Effect of desoxyribosenucleic on the biological activity of the transforming substance," *Journal of Experimental Medicine* 83, no. 2 (1946): 89–96; M. McCarty and O. T. Avery, "Studies on the chemical nature of the substance inducing transformation of pneumococcal types. III. An improved method for the isolation of the transforming substance and its application to pneumococcus types II, III, and VI," *Journal of Experimental Medicine* 83, no. 2 (1946): 97–104.
26. Cobb, "Oswald Avery, DNA, and the Transformation of Biology"; "List of Those Attending or Participating in the [Cold Spring Harbor on Heredity and Variation in Microorganisms] Symposium for 1946," Oswald Avery Papers, Tennessee State Public Library and Archives, Nashville.

27. H. V. Wyatt, "When Does Information Become Knowledge?," *Nature* 235 (1972): 86–89; Gunther S. Stent, "Prematurity and Uniqueness in Scientific Discovery," *Scientific American* 227, no. 6 (1972): 84–93.
28. Letter from W. T. Astbury to F. B. Hanson, October 19, 1944, Astbury Papers, University of Leeds Special Collections, Brotherton Library, (MS419, Box E. 152), quoted in Kirsten T. Hall, *The Man in the Monkeynut Coat: William Astbury and the Forgotten Road to the Double Helix* (Oxford: Oxford University Press, 2014); Kirsten T. Hall, "William Astbury and the Biological Significance of Nucleic Acids, 1938–1951," *Studies in History and Philosophy of Biological and Biomedical Sciences* 42 (2011): 119–28.
29. Kalckar insisted that Avery should have won two Nobel Prizes, for discovering that antigens need not be proteins as well as for his pneumococcus work. Horace Judson interview with Herman Kalckar, September 1973, 484, HFJP.
30. Cobb, "Oswald Avery, DNA, and the Transformation of Biology." Quote is cited in Joshua Lederberg Papers, U.S. National Library of Medicine, https://profiles.nlm.nih.gov/ps/retrieve/Narrative/BB/p-nid/30.
31. Joshua Lederberg, "Reply to H. V. Wyatt," Nature 239, no. 5369 (1972): 234. Lederberg made these assertions several times in his correspondence; see also letter from Joshua Lederberg to Maurice Wilkins, undated ?1973, inquiring about Wilkins's perceptions of Avery in 1944, Oswald Avery Collection, U.S. National Library of Medicine, https://profiles.nlm.nih.gov/spotlight/cc/catalog/nlm:nlmuid-101584575X263-doc.
32. Horace Judson interview with Max Delbrück, July 9, 1972, HFJP.
33. Delbrück shared the 1969 Nobel Prize in Physiology or Medicine with Salvador Luria and Alfred D. Hershey for their work on phage genetics. The italicized "stupid" appears in Judson, "Reflections on the Historiography of Molecular Biology," 386. See also Horace Judson interview with Max Delbrück, July 9, 1972, HFJP.

2부 다섯 명의 DNA 구조 발견 공로자

1. Oscar Wilde, *De Profundis* (New York: G. P. Putnam's Sons, 1905), 63.

4. 프랜시스 크릭

1. James D. Watson, *The Double Helix: A Personal Account of the Discovery of the Structure of DNA*, edited by Gunther Stent (New York: Norton, 1980), 9. Elsewhere, Watson told audiences that he was aiming for "a book as good

as The Great Gatsby"; James D. Watson, *A Passion for DNA: Genes, Genomes, and Society* (Cold Spring Harbor, NY: Cold Spring Harbor Laboratory Press, 2001), 120.

2. Atheneum was founded by Alfred A. Knopf, Jr., Simon Michael Bessie, and Hiram Haydn in 1959. See Herbert Mitgang, "Atheneum Publishers Celebrates its 25th Year," *New York Times*, December 23, 1984, 36.
3. The controversy over the publication of *The Double Helix*, and its unorthodox cancellation by Harvard University Press thanks to the robust letter-writing campaign orchestrated by Crick and Wilkins, is well documented in the William Lawrence Bragg Papers, RI.MS.WLB 12/3-12/100. Bragg wrote the introduction for the original edition. Sales figures are estimated in Nicholas Wade, "Twists in the Tale of the Great DNA Discovery," *New York Times*, November 13, 2012, D2.
4. Information on Crick's early life is drawn from Francis Crick, *What Mad Pursuit: A Personal View of Scientific Discovery* (New York: Basic Books, 1988), 3–80; the quote is on 40. See also Robert Olby, *Francis Crick: Hunter of Life's Secrets* (Cold Spring Harbor, NY: Cold Spring Harbor Laboratory Press, 2009); Matt Ridley, *Francis Crick: Discoverer of the Genetic Code* (New York: Harper Perennial, 2006); Mark S. Bretscher and Graeme Mitchison, "Francis Harry Compton Crick, O.M., 8 June 1916–28 July 2004," *Biographical Memoirs of Fellows of the Royal Society* 63 (2017): 159–96.
5. Horace W. Davenport, "The Apology of a Second-Class Man," *Annual Review of Physiology* 47 (1985): 1–14.
6. Crick, *What Mad Pursuit*, 13.
7. "Of the 236,000 British mines laid in World War II, one-third of them were of the non-contact type, i.e., magnetic or acoustic": Olby, *Francis Crick*, 53–54. See also Science Museum, "Naval Mining and Degaussing: Catalogue of an Exhibition of British and German Material Used in 1939–1954 (London: His Majesty's Stationery Office, 1946), iv; and Crick, *What Mad Pursuit*, 15.
8. Ridley, *Francis Crick*, 13.
9. Olby, *Francis Crick*, 62; Crick, *What Mad Pursuit*, 15.
10. Quote is from Crick, *What Mad Pursuit*, 18. See also Linus Pauling, *The Nature of the Chemical Bond and the Structure of Molecules and Crystals: An Introduction to Modern Structural Chemistry* (Ithaca, NY: Cornell University Press, 1939); Cyril Hinshelwood, *The Chemical Kinetics of the Bacterial Cell* (Oxford: Clarendon Press, 1946); Edgar D. Adrian, *The Mechanism of*

Nervous Action: Electrical Studies of the Neurone (Philadelphia: University of Pennsylvania Press, 1932). Hinshelwood won the 1956 Nobel Prize in Physiology or Medicine and Lord Adrian shared the 1932 Nobel Prize in Physiology or Medicine with Charles Sherrington.

11. Ridley, *Francis Crick*, 23.
12. Crick, *What Mad Pursuit*, 15.
13. V. V. Ogryzko, "Erwin Schrödinger, Francis Crick, and epigenetic stability," *Biology Direct* 3 (April 17, 2008): 15, doi:10.1186/1745-6150-3-15.
14. Crick, *What Mad Pursuit*, 19–23; Brenda Maddox, *Rosalind Franklin: The Dark Lady of DNA* (New York: HarperCollins, 2002), 105.
15. Francis Crick's Application for a Studentship for Training in Research Methods, July 7, 1947, Medical Research Council, Francis Crick Personal File, FD21/13, British National Archives; Olby, *Francis Crick*, 69–90; Ridley, *Francis Crick*, 26.
16. H. H. Dale, "Edward Mellanby, 1884–1955," *Biographical Memoirs of Fellows of the Royal Society* 1 (1955): 192–222.
17. Crick, *What Mad Pursuit*, 19.
18. Edward Mellanby, memorandum of a meeting with Francis Crick, July 7, 1947, Medical Research Council, Francis Crick Personal File, FD21/13, British National Archives; Olby, *Francis Crick*, 69.
19. Papers of the Strangeways Laboratory, Cambridge Research Hospital, 1901–1999, PP/HBF, Honor Fell Papers, Wellcome Library, London; L. A. Hall, "The Strangeways Research Laboratory: Archives in the Contemporary Medical Archives Centre," *Medical History* 40, no. 2 (1996): 231–38.
20. Crick, *What Mad Pursuit*, 22; F. H. C. Crick and A. F. W. Hughes, "The Physical properties of cytoplasm. A Study by means of the magnetic particle method. Part I. Experimental," *Experimental Cell Research* 1 (1950): 3–-90; F. H. C. Crick, "The Physical properties of cytoplasm. A Study by means of the magnetic particle method. Part II. Theoretical Treatment," *Experimental Cell Research* 1 (1950): 505–33.
21. Crick, *What Mad Pursuit*, 22.
22. Olby, *Francis Crick*, 147.
23. Francis Crick, "Polypeptides and proteins: X-ray studies," PhD dissertation, Gonville and Caius College, University of Cambridge, submitted on July 1953, FCP, PPCRI/F/2, https://wellcomelibrary.org/item/b18184534.
24. Crick, *What Mad Pursuit*, 40.
25. I am indebted to Professor Malcolm Longair of the University of Cambridge Cavendish Physics Laboratory, who took me through the Austin Wing on

February 19, 2018, only weeks before it was torn down. For background on the critically important work done there, see Malcolm Longair, *Maxwell's Enduring Legacy: A Scientific History of the Cavendish Laboratory* (Cambridge: Cambridge University Press, 2016); J. G. Crowther, *The Cavendish Laboratory*, 1874–1974 (New York: Science History Publications, 1974); Thomas C. Fitzpatrick, *A History of the Cavendish Laboratory, 1871–1910* (London: Longmans, Green and Co., 1910); Dong-Won Kim, *Leadership and Creativity: A History of the Cavendish Laboratory 1871–1919* (Dordrecht, The Netherlands: Kluwer Academic Publishers, 2002); John Finch, *A Nobel Fellow on Every Floor: A History of the Medical Research Council Laboratory of Molecular Biology* (Cambridge: MRC/LMB, 2008); Egon Larsen, *The Cavendish Laboratory: Nursery of Genius* (London: Franklin Watts, 1952); Alexander Wood, *The Cavendish Laboratory* (Cambridge: Cambridge University Press, 1946); Basil Mahon, *The Man Who Changed Everything: The Life of James Clerk Maxwell* (Chichester, UK: John Wiley and Sons, 2004).

26. Letter from James Clerk Maxwell to L. Campbell, quoted in Lewis Campbell and William Garnet, *The Life of James Clerk Maxwell, with a selection from his correspondence and occasional writings and a sketch of his contributions to science* (London: Macmillan, 1882), 178.
27. Mahon, *The Man Who Changed Everything*.
28. Longair, *Maxwell's Enduring Legacy*, 55–60.
29. "Onward Christian Soldiers," lyrics by Sabine Baring-Gould (1865), music by Arthur Sullivan (1872), in Ivan L. Bennett, ed., *The Hymnal Army and Navy* (Washington, DC: Government Printing Office, 1942), 414.
30. Longair, *Maxwell's Enduring Legacy*, 255–318.
31. William Henry Bragg held several positions, including Cavendish Professor of Physics at the University of Leeds 1909–18 and director of the Royal Institution in London 1923–42. The element braggite is named for him. See A. M. Glazer and Patience Thomson, eds., *Crystal Clear: The Autobiographies of Sir Lawrence and Lady Bragg* (Oxford: Oxford University Press, 2015); John Jenkin, *William and Lawrence Bragg, Father and Son: The Most Extraordinary Collaboration in Science* (Oxford: Oxford University Press, 2008); André Authier, *Early Days of X-ray Crystallography* (Oxford: Oxford University Press/International Union of Crystallography Book Series, 2013); Anthony Kelly, "Lawrence Bragg's interest in the deformation of metals and 1950–1953 in the Cavendish—a worm's-eye view," *Acta Crystallographica* A69 (2013): 16–24; Edward Neville Da Costa Andrade and Kathleen Yardley Londsale, "William Henry Bragg, 1862–1942," *Biographical*

Memoirs of Fellows of the Royal Society 4 (1943): 276–300; David Chilton Phillips, "William Lawrence Bragg, 31 March 1890–1 July 1971. Elected F.R.S. 1921," *Biographical Memoirs of Fellows of the Royal Society* 25 (1979): 75–142.

32. Chilton Phillips, "William Lawrence Bragg."
33. "Cavendish Laboratory, Cambridge, Benefaction by Sir Herbert Austin, K.B.E.," editorial, Nature 137, no. 3471 (May 9, 1936): 765–66; "Cavendish Laboratory: The Austin Wing," editorial, Nature 158, no. 4005 (August 3, 1946): 160; W. L. Bragg, "The Austin Wing of the Cavendish Laboratory," *Nature* 158, no. 4010 (September 7, 1946): 326–27. Bragg later solicited many other gifts, including £37,000 for a new cyclotron and another £100,000 for construction of a connector building between the Austin and the original wings.
34. Adam Smith interview with James D. Watson, December 10, 2012, https://old.nobelprize.org/nobel_prizes/medicine/laureates/1962/watson-interview.html.
35. Anne Sayre interview with Francis Crick, June 16, 1970, ASP, box 2, folder 9.
36. Angus Wilson, "Critique of the Prizewinners," typescript for article in *The Queen*, January 2, 1963, FCP, PP/CRI/I/2/4, box 102.
37. Olby, *Francis Crick*, 108–9.
38. Crick, *What Mad Pursuit*, 50.
39. Murray Sayle, "The Race to Find the Secret of Life," *Sunday Times*, May 5, 1968, 49–50. Bragg later denied much of this version of his relationship with Crick and called many of Watson's recollections "pure imagination." See Horace Judson interview with William Lawrence Bragg, January 28, 1971, HFJP.
40. Author interview with James D. Watson (no. 1), July 23, 2018.

5. 모리스 윌킨스

1. The phrase "the third man" comes from Wilkins's memoir, *The Third Man of the Double Helix* (Oxford: Oxford University Press, 2003). *The Third Man* (1949) is a famous British film noir, directed by Carol Reed, written by Graham Greene, produced by David O. Selznick, and starring Joseph Cotten and Orson Welles. In that film, a mysterious murder is witnessed by three men but no one can recall who the third man was nor where he went. At the end of the movie, the third man is exposed as the villain Harry Lime, played superbly by Orson Welles.

2. Horace Freeland Judson, *The Eighth Day of Creation: Makers of the Revolution in Biology* (Cold Spring Harbor, NY: Cold Spring Harbor Laboratory Press, 2013), 9.
3. Wilkins, *The Third Man of the Double Helix*, 112, 113, 150.
4. Anne Sayre interview with Maurice Wilkins, June 15, 1970, ASP, box 4, folder 32.
5. Steven Rose interview with Maurice Wilkins, "National Life Stories. Leaders of National Life. Professor Maurice Wilkins, FRS," C408/017 (London: British Library, 1990).
6. Anne Sayre interview with Maurice Wilkins, June 15, 1970.
7. Anne Sayre interview with Francis Crick, June 16, 1970, ASP, box 2, folder 9.
8. Wilkins, *The Third Man of the Double Helix*; Struther Arnott, T. W. B. Kibble, and Tim Shallice, "Maurice Hugh Frederick Wilkins, 15 December 1916–5 October 2004; Elected FRS 1959," *Biographical Memoirs of Fellows of the Royal Society* 52 (2006): 455–78; Steven Rose interview with Maurice Wilkins.
9. Wilkins, *The Third Man of the Double Helix*, 6–7.
10. Wilkins, *The Third Man of the Double Helix*, 16–17.
11. Wilkins, *The Third Man of the Double Helix*, 17–18.
12. Wilkins, *The Third Man of the Double Helix*x, 19.
13. Edgar H. *Wilkins, Medical Inspection of School Children* (London: Balliere, Tindall and Cox, 1952).
14. Wilkins, *The Third Man of the Double Helix*, 31–32.
15. Eric Hobsbawm, "Bernal at Birkbeck," in Brenda Swann and Francis Aprahamian, eds., *J. D. Bernal: A Life in Science and Politics* (London: Verso, 1999), 235–54; Maurice Goldsmith, *Sage: A Life of J. D. Bernal* (London: Hutchinson, 1980); Andrew Brown, *J. D. Bernal: The Sage of Science* (Oxford: Oxford University Press, 2005).
16. Wilkins, *The Third Man of the Double Helix*, 41.
17. Wilkins, *The Third Man of the Double Helix*, 42.
18. Horace Judson interview with Maurice Wilkins, September 1975, 145, HFJP.
19. Steven Rose interview with Maurice Wilkins, 81.
20. Wilkins, *The Third Man of the Double Helix*, 44.
21. Wilkins, *The Third Man of the Double Helix*, 48.
22. Wilkins, *The Third Man of the Double Helix*, 48.
23. Wilkins, *The Third Man of the Double Helix*, 49.
24. M. H. F. Wilkins, "John Turton Randall, 23 March 1905–16 June 1984,

Elected F.R.S. 1946," *Biographical Memoirs of Fellows of the Royal Society* 33 (1987): 493–535.

25. Wilkins, *The Third Man of the Double Helix*, 50, 100.
26. Wilkins, *The Third Man of the Double Helix*, 100.
27. Wilkins, *The Third Man of the Double Helix*, 101.
28. M. H. F. Wilkins, "Phosphorescence Decay Laws and Electronic Processes in Solids," PhD thesis, University of Birmingham, 1940; G. F. G. Garlick and M. H. F. Wilkins, "Short Period Phosphorescence and Electron Traps," *Proceedings of the Royal Society A: Mathematical, Physical and Engineering Sciences* 184, no. 999 (1945): 408–33; J. T. Randall and M. H. F. Wilkins, "Phosphorescence and Electron Traps. I. The Study of Trap Distributions," Proceedings of the Royal Society A: Mathematical, Physical and Engineering Sciences 184, no. 999 (1945): 365–89; J. T. Randall and M. H. F. Wilkins, "Phosphorescence and Electron Traps. II. The Interpretation of Long-Period Phosphorescence," *Proceedings of the Royal Society A: Mathematical, Physical and Engineering Sciences* 184, no. 999 (1945): 390–407; J. T. Randall and M. H. F. Wilkins, "The Phosphorescence of Various Solids," *Proceedings of the Royal Society A: Mathematical, Physical and Engineering Sciences* 184, no. 999 (1945): 347–64.
29. Wilkins, *The Third Man of the Double Helix*, 68.
30. Wilkins, *The Third Man of the Double Helix*, 65.
31. Wilkins, *The Third Man of the Double Helix*, 65.
32. Angela Hind, "The Briefcase 'That Changed the World'," *BBC News/Science*, February 5, 2007, http://news.bbc.co.uk/2/hi/science/nature/6331897.stm.
33. Wilkins, *The Third Man of the Double Helix*, 71–72.
34. Steven Rose interview with Maurice Wilkins, 81.
35. Wilkins, *The Third Man of the Double Helix*, 72.
36. "Secret Home Office Warrant from D. L. Stewart," August 7, 1953, M15 file on M. H. F. Wilkins, allowing Wilkins's mail to be searched at his new address. His phone was also tapped. Reproduced in James D. Watson, *The Annotated and Illustrated Double Helix*, edited by Alexander Gann and Jan Witkowski (New York: Simon and Schuster, 2012), 123.
37. Wilkins, *The Third Man of the Double Helix*, 86.
38. Wilkins, *The Third Man of the Double Helix*, 86.
39. Letter from Maurice Wilkins to John Randall, August 2, 1945, JRP, RNDL File 3/3/4 "One Man's Science."
40. Steven Rose interview with Maurice Wilkins, 95.
41. Wilkins, *The Third Man of the Double Helix*, 84.

42. Steven Rose interview with Maurice Wilkins, 95.
43. Naomi Attar, "Raymond Gosling: The Man Who Crystalized Genes," *Genome Biology* 14 (2013): 402–14, quote is on 403.
44. The term "molecular biology" is said to have been coined in 1938 by Warren Weaver, the director of the Rockefeller Foundation's natural science division. See Warren Weaver, "Molecular Biology: Origins of the Term," *Science* 170 (1970): 591–92.
45. Wilkins, *The Third Man of the Double Helix*, 99.
46. "Engineering, Physics and Biophysics at King's College, London, New Building," editorial, *Nature* 170, no. 4320 (August 16, 1952): 261–63. The plans, acetate slides, papers, and publications for this unit can be found in the King's College, London, Department of Biophysics Records, Archives and Special Collections, KDBP 1/1–10; 2/1–8; 3/1–3; 4/1–71; 5/1–3.
47. "The Strand Quadrangle Redevelopment: History of the Quad," King's College, London, website, https://www.kcl.ac.uk/aboutkings/orgstructure/ps/estates/quad-hub-2/history-of-the-quad.
48. Wilkins, *The Third Man of the Double Helix*, 111–12.
49. Wilkins, *The Third Man of the Double Helix*, 106.
50. Wilkins, *The Third Man of the Double Helix*, 101, 106.
51. Wilkins, *The Third Man of the Double Helix*, 106–7, 135, 142; Brenda Maddox, *Rosalind Franklin: The Dark Lady of DNA* (New York: HarperCollins, 2002), 156; Matthias Meili, "Signer's Gift: Rudolf Signer and DNA," *Chimia* 57, no. 11 (2003): 734–40; Tonja Koeppel interview with Rudolf Signer, September 30, 1986, Beckman Center for the History of Chemistry (Philadelphia: Chemical Heritage Foundation, Oral History Transcript no. 0056); Attar, "Raymond Gosling," 402.

6. 로잘린드 프랭클린

1. Letter from Anne Sayre to Muriel Franklin, February 5, 1970, ASP, box 2, folder 15.1.
2. Letter from James D. Watson to Jenifer Glynn, June 11, 2008. Quoted with permission of Jenifer Glynn.
3. Brenda Maddox, *Rosalind Franklin: The Dark Lady of DNA* (New York: HarperCollins, 2002); Anne Sayre, *Rosalind Franklin and DNA* (New York: Norton, 1975); J. D. Bernal, "Dr. Rosalind E. Franklin," *Nature* 182 (1958): 154; Jenifer Glynn, *My Sister Rosalind Franklin: A Family Memoir* (Oxford: Oxford University Press, 2012); Jenifer Glynn, "Rosalind Franklin, Fifty Years On," *Notes and Records of the Royal Society* 62 (2008): 253–55; Jeni-

fer Glynn, "Rosalind Franklin, 1920–1958," in Edward Shils and Carmen Blacker, eds., *Cambridge Women: Twelve Portraits* (Cambridge: Cambridge University Press, 1996), 267–82; Arthur Ellis Franklin, *Records of the Franklin Family and Collaterals* (London: George Routledge and Sons, 1915, printed for private circulation); Muriel Franklin, "Rosalind," privately printed obituary pamphlet, RFP, "Articles and Obituaries," FRKN 6/6.

4. Author interview with James D. Watson (no. 3), July 25, 2018.
5. Franklin, *Records of the Franklin Family and Collaterals*, 4. The Franklin family banking firm, A. Keyser and Company, specialized in American rail bonds. It purchased the publishing house of George Routledge in 1902 and in 1911 bought Kegan Paul. Both firms employed many Franklin men over the years.
6. "The Golem" tells the story of a rabbi, based on Rabbi Löwe, who builds a man from clay and then cannot control his creation. In some versions, the Golem goes on a murderous rampage. See Friedrich Korn, *Der Jüdische* Gil Blas (Leipzig: Friese, 1834); Gustave Meyrink, *The Golem* (London: Victor Gollancz, 1928); Chayim Bloch, *The Golem: Legends of the Ghetto of Prague* (Vienna: John N. Vernay, 1925); Mary Shelley, *Frankenstein, or The Modern Prometheus* (London: Lackington, Hughes, Harding, Mavor and Jones, 1818).
7. Chaim Bermant, *The Cousinhood: The Anglo-Jewish Gentry* (New York: Macmillan, 1971), 1.
8. (The Right Honorable Viscount) Herbert Samuel, "The Future of Palestine," January 15, 1915, CAB (Cabinet Office Archives), British National Archives, 37/123/43; Bernard Wasserman, *Herbert Samuel: A Political Life* (Oxford: Clarendon Press, 1992).
9. Letter from Muriel Franklin to Anne Sayre, November 23, 1969, ASP, box 2, folder 15.1.
10. The five Franklin children were David, b. 1919; Rosalind, b. 1920; Colin, b. 1923; Roland, b. 1926; and Jenifer, b. 1929. See Helen Franklin Bentwich, *Tidings from Zion: Helen Bentwich's Letters from Jerusalem, 1919–1931* (London: I. B. Tauris and European Jewish Publication Society, 2000), 147; Helen Franklin Bentwich, *If I Forget Thee: Some Chapters of Autobiography, 1912–1920* (London: Elek for the Friends of the Hebrew University of Jerusalem, 1973); Maddox, *Rosalind Franklin*, 15. See also Norman Bentwich, *The Jews in Our Time: The Development of Jewish Life in the Modern World* (London: Penguin, 1960); Norman and Helen Bentwich, *Mandate Memories, 1918–1948: From the Balfour Declaration to the Establishment of Israel* (New

York: Schocken, 1965).

11. Letter from Muriel Franklin to Anne Sayre, July 10, 1970, ASP, box 2, folder 15.1.
12. Letter from Colin Franklin to Jenifer Glynn, quoted in Glynn, *My Sister Rosalind Franklin*, 26.
13. Muriel Franklin, "Rosalind," 4.
14. Muriel Franklin, "Rosalind," 3.
15. Sayre, *Rosalind Franklin and DNA*, 39.
16. Maddox, *Rosalind Franklin*, 18.
17. J. F. C. Harrison, *A History of the Working Men's College*, 1854–1954 (London: Routledge and Kegan Paul, 1954), 157, 164, 168.
18. Muriel Franklin, *Portrait of Ellis* (London: Willmer Brothers, 1964, printed for private circulation); Maddox, *Rosalind Franklin*, 5.
19. George Orwell, "Anti-Semitism in Britain," *Contemporary Jewish Record*, April 1945, reprinted in George Orwell, *Essays* (New York: Everyman's Library/Knopf, 2002), 847–56.
20. St. Paul's School was administered by the Worshipful Company of Mercers, a livery guild of the City of London. It was a trade association for general merchants, and especially for exporters of wool and importers of velvet, silk, and other luxurious fabrics. Not coincidentally, many Anglo-Jews were in the clothing and textile business. Maddox, *Rosalind Franklin*, 21–42; "Notes on the Opening of the Rosalind Franklin Workshop at St. Paul's Girls School, February 1988" and *Paulina* (St. Paul's Girls School yearbook), 1988, AKP, 2/6/2/4.
21. Maddox, *Rosalind Franklin*, 24.
22. Maddox, *Rosalind Franklin*, 33.
23. Elisabeth Leedham-Green, *A Concise History of the University of Cambridge* (Cambridge: Cambridge University Press, 1996).
24. Letter from Rosalind Franklin to Muriel and Ellis Franklin, January 20, 1939, ASP, box 3, folder 1; Maddox, *Rosalind Franklin*, 48.
25. Philippa Strachey, *Memorandum on the Position of English Women in Relation to that of English Men* (Westminster: London and National Society for Women's Service, 1935); Virginia Woolf, *Three Guineas* (New York: Harcourt, 1938), 30–31; Maddox. *Rosalind Franklin*, 44.
26. Virginia Woolf, *A Room of One's Own* (London: Hogarth Press, 1929), 6.
27. Letter from Rosalind Franklin to Muriel and Ellis Franklin, "Saturday, 7 Mill Road, undated," cited in Maddox, *Rosalind Franklin*, 72; Virginia Woolf, *To the Lighthouse* (London: Hogarth Press, 1927).

28. Woolf, *Three Guineas*, 17–18.
29. Letter from Rosalind Franklin to Muriel and Ellis Franklin, October 26, 1939, ASP, box 3, folder 1.
30. Letter from Rosalind Franklin to Muriel and Ellis Franklin, November 25, 1940, ASP, box 3, folder 1.
31. Letter from Rosalind Franklin to Muriel and Ellis Franklin, February 18, 1940, ASP, box 3, folder 1.
32. Letters from Rosalind Franklin to Muriel and Ellis Franklin, July 12, 1940, and February 7, 1941, ASP, box 3, folder 1.
33. Letter from Rosalind Franklin to Muriel and Ellis Franklin, December 8, 1940, ASP, box 3, folder 1.
34. Maddox, *Rosalind Franklin*, 65–66.
35. Letter from Rosalind Franklin to Muriel and Ellis Franklin, November 25, 1940, ASP, box 3, folder 1; see also, Jenifer Glynn, *My Sister Rosalind Franklin*, 56.
36. Maddox, *Rosalind Franklin*, 65.
37. Sayre, *Rosalind Franklin and DNA*, 45–46; Maddox, *Rosalind Franklin*, 94.
38. Muriel Franklin, "Rosalind," 5.
39. Letter from Rosalind Franklin to Ellis Franklin, undated, probably the summer of 1940, quoted in Glynn, *My Sister Rosalind Franklin*, 61–62; Glynn, "Rosalind Franklin, 1920–1958," 272; Maddox, *Rosalind Franklin*, 60–61.
40. Sayre, *Rosalind Franklin and DNA*, 45–46.
41. Letter from Muriel Franklin to Anne Sayre, July 24, 1974, ASP, box 2, folder 15.2.
42. Letter from Muriel Franklin to Anne Sayre, October 22, 1974, ASP, box 2, folder 15.2.
43. Letter from Anne Sayre to Muriel Franklin, October 30, 1974, ASP, box 2, folder 15.2.
44. Francis Crick, "How to Live with a Golden Helix," *The Sciences* 19, no 7 (September 1979): 6–9. A letter to the editor by Charlotte Friend of Mount Sinai Hospital in New York City, printed a few months later, complained, "Crick still feels the need to justify his condescension toward Rosalind Franklin": *The Sciences* 19, no. 3 (December 1979); Francis Crick, *What Mad Pursuit: A Personal View of Scientific Discovery* (New York: Basic Books, 1988), 68–69; author interview with James D. Watson (no. 3), July 25, 2018.
45. Anne Sayre interview with Gertrude "Peggy" Clark Dyche, May 31, 1977, ASP, box 7, "Post Publication Correspondence A–E"; Maddox, *Rosalind*

Franklin, 306.

46. Glynn, *My Sister Rosalind Franklin*, 61. Glynn told me, "she was of infinite good company. A terrific sense of humor, quite loyal to her friends and very unforgiving of her enemies [but] trivial topics bored her and she did not well tolerate those who indulged in them when she thought they ought to be considering things of greater import, or, at least, what she felt were of greater import." Author interview with Jenifer Glynn, May 7, 2018.
47. Rosalind Franklin, "Notebook: X-ray Crystallography II," March 7, 1939, RFP; Maddox, *Rosalind Franklin*, 55–56.
48. Letter from Sir Frederick Dainton to Anne Sayre, November 8, 1976, ASP, box 7, "Post Publication Correspondence A–E."
49. Marion Elizabeth Rodgers, *Mencken and Sara: A Life in Letters* (New York: McGraw-Hill, 1987), 29; Maddox, *Rosalind Franklin*, 68.
50. Letter from Sir Frederick Dainton to Anne Sayre, November 24, 1976, ASP, box 7, "Post Publication Correspondence A–E."
51. Letter from Anne Sayre to Sir Frederick Dainton, November 14, 1976, ASP, box 7, "Post Publication Correspondence A–E."
52. Letter from Frederick Dainton to Anne Sayre, November 8, 1976, ASP, box 7, "Post Publication Correspondence A–E."
53. J. E. Carruthers and R. G. W. Norrish, "The polymerisation of gaseous formaldehyde and acetaldehyde," *Transactions of the Faraday Society* 32 (1936): 195–208. The society was named for Michael Faraday (1791–1867), who made many important contributions to electrochemistry and electromagnetism.
54. Glynn, *My Sister Rosalind Franklin*, 60.
55. Glynn, *My Sister Rosalind Franklin*, 61.
56. Letter from Rosalind Franklin to Ellis Franklin, June 1, 1942, ASP, box 3, folder 1.
57. Sayre, *Rosalind Franklin and DNA*, 203.
58. D. H. Bangham and Rosalind E. Franklin, "Thermal Expansion of Coals and Carbonized Coals," *Transactions of the Faraday Society* 42 (1946): B289–94.
59. Maddox, *Rosalind Franklin*, 87–10
60. "The X-ray Crystallography that Propelled the Race for DNA: Astbury's Pictures vs. Franklin's Photo 51," *The Pauling Blog*, July 9, 2009, https://paulingblog.wordpress.com/2009/07/09/the-X-ray-crystallography-that-propelled-the-race-for-dna-astburys-pictures-vs-franklins-photo-51/.
61. Peter J. F. Harris, "Rosalind Franklin's Work on Coal, Carbon and Graphite,"

Interdisciplinary Science Reviews 26, no. 3 (2001): 204–9.

62. Letter from Vittorio Luzzati to Anne Sayre, May 17, 1968, ASP, box 4, folder 13.
63. Maddox, *Rosalind Franklin*, 96.
64. Maddox, *Rosalind Franklin*, 93.
65. Maddox suggested a flirtation between the married Mering and the "puritanical" Franklin that came close to, but never reached, consummation; Maddox, *Rosalind Franklin*, 85, 96–97. Franklin's sister Jenifer Glynn holds true to the narrative that Franklin never found the right man and that the stories about Mering are "pure fantasy." Author interview with Jenifer Glynn, May 7, 2018.
66. Maddox, *Rosalind Franklin*, 90.
67. Letter from Vittorio Luzzati to Anne Sayre, May 17, 1968, ASP, box 4, folder 13; Robert Olby, *Francis Crick: Hunter of Life's Secrets* (Cold Spring Harbor, NY: Cold Spring Harbor Laboratory Press, 2009), 212–13, 221.
68. Anne Sayre interview with Geoffrey Brown, May 12, 1970, ASP, box 2, folder 3.
69. Maddox, *Rosalind Franklin*, 174–75. Maddox interviewed Brown on February 10, 2000.
70. Letter from Rosalind Franklin to Muriel and Ellis Franklin, undated, March 1950, quoted in Glynn, *My Sister Rosalind Franklin*, 108.
71. Rosalind Franklin, "Résumé and Application for Fellowship," undated, early 1950, JRP, Franklin personnel file.
72. Quotes are from letter from I. C. M. Maxwell, Secretary I.C.I. and Turner and Newall Research Fellowships Committee to John Randall, July 7, 1950; letter from John Randall to Principal, King's College, June 19, 1950; letter from Principal, King's College, to John Randall, June 20, 1950, all in JRP, RNDL 3/1/6.
73. Louise Heller, a volunteer worker at King's during this period, was a graduate of Syracuse University and formerly a health physics employee at the U.S. Atomic Energy Facility at Oak Ridge, Tennessee. Letter from John Randall to Rosalind Franklin, December 4, 1950, JRP, RNDL 3/1/6.
74. Maurice Wilkins, *The Third Man of the Double Helix* (Oxford: Oxford University Press, 2003), 128.
75. Wilkins, *The Third Man of the Double Helix*, 129.
76. James D. Watson, *The Double Helix: A Personal Account of the Discovery of the Structure of DNA*, edited by Gunther Stent (New York: Norton, 1980), 14–15.

77. Anne Sayre interview with Maurice Wilkins, June 15, 1970, 18, ASP, box 4, folder 32.
78. Letter from Maurice Wilkins to Roy Markham, February 6, 1951, MWP (Letters to Roy Markham, supplied by Robert Olby), K/PP178/3/5/11.
79. Brenda Maddox interview with Maurice Wilkins, November 4, 2000, cited in Maddox, *Rosalind Franklin*, 130; Maurice Wilkins, "Origins of DNA Research at King's College, London," in Seweryn Chomet, ed., *D.N.A.: Genesis of a Discovery* (London: Newman–Hemisphere, 1995), 10–26; Wilkins, *The Third Man of the Double Helix*, 126–35.
80. Wilkins, *The Third Man of the Double Helix*, 148–49.
81. Wilkins, *The Third Man of the Double Helix*, 156.
82. Anne Sayre interview with Sir John Randall, May 18, 1970, ASP, box 4, folder 27.

7. 라이너스 폴링

1. The chapter title and the quote that follows are from the same passage, in James D. Watson, *The Double Helix: A Personal Account of the Discovery of the Structure of DNA, edited by Gunther Stent* (New York: Norton, 1980), 25.
2. Thomas Hager, *Force of Nature: The Life of Linus Pauling* (New York: Simon and Schuster, 1995), 207.
3. Warren Weaver, "Molecular Biology: Origin of the Term," Science 170 (1970): 581–82; Warren Weaver, "The Natural Sciences," in *Annual Report of the Rockefeller Foundation for 1938*, 203–51 (quote is on 203), https://assets.rockefellerfoundation.org/app/uploads/20150530122134/Annual-Report-1938.pdf.
4. Hager, Force of Nature, 214; Linus Pauling and E. Bright Wilson, *Introduction to Quantum Mechanics With Applications to Chemistry* (New York: McGraw-Hill, 1935).
5. Horace Freeland Judson, *The Eighth Day of Creation: The Makers of the Revolution in Biology* (Cold Spring Harbor, NY: Cold Spring Harbor Laboratory Press, 1996), 60; Horace Judson interviews with Linus Pauling, March 1, 1971, and December 23, 1975, HFJP.
6. Biographical information on Pauling is drawn from Hager, *Force of Nature*; Jack D. Dunitz, *A Biographical Memoir of Linus Carl Pauling, 1901–1994* (Washington, DC: National Academy of Sciences/National Academies Press, 1997), 221–61; Anthony Serafini, *Linus Pauling: A Man and His Science* (St. Paul, MN: Paragon House, 1989); Ted Goertzel and Ben Goertzel, *Linus Pauling: A Life in Science and Politics* (New York: Basic Books, 1995);

Clifford Mead and Thomas Hager, eds., *Linus Pauling: Scientist and Peacemaker* (Corvallis: Oregon State University Press, 2001); Mina Carson, *Ava Helen Pauling: Partner, Activist, Visionary* (Corvallis: Oregon State University Press, 2013); Barbara Marinacci, ed., *Linus Pauling: In His Own Words* (New York: Touchstone Books/Simon and Schuster, 1995); Chris Petersen and Cliff Mead, eds., *The Pauling Catalogue: The Ava Helen and Linus Pauling Papers at Oregon State University*, 6 vols. (Corvallis: Valley Library Special Collections, Oregon State University, 2006); Lily E. Kay, *The Molecular Vision of Life: Caltech, the Rockefeller Foundation, and the Rise of the New Biology* (New York: Oxford University Press, 1993); Richard Severo, "Linus C. Pauling Dies at 93; Chemist and Voice for Peace," *New York Times*, August 21, 1994, 1A, 51B.

7. The best friend's name was Lloyd Jeffress. Irwin Abrams, *The Nobel Peace Prize and the Laureates: An Illustrated Biographical History, 1901–2001* (Nantucket: Science History Publications USA, 2001), 198.
8. Hager, *Force of Nature*, 68 – 71.
9. The California Institute of Technology was founded as a vocational and preparatory school by Amos G. Throop in 1891. It was named, successively, Throop University, Throop Polytechnic Institute (and Manual Training School), and Throop College of Technology. In 1921, under the presidency of Nobel laureate Robert Millikin, the institution was expanded into the California Institute of Technology. (The vocational school was disbanded and preparatory school spun off as a separate institution in 1907.) Pauling left Caltech in 1963 because he believed the institution ignored the occasion of his second Nobel Prize because of its conservative political opposition to his outspoken antinuclear and leftist beliefs.
10. Initially, Guggenheim Fellows were "required to spend their terms outside of the United States . . . but eager to place as few restrictions as possible on the Fellows, the Foundation rescinded that requirement with the completion of 1941." "History of the Fellowship," John Simon Guggenheim Memorial Foundation, https://www.gf.org/about/history/.
11. In 1925, Pauling applied to work at both the Sommerfield and the Bohr institutes: "Sommerfield answered my letter but Bohr didn't." Linus Pauling oral history interview by John L. Greenberg, May 10, 1984, 11, Archives of the California Institute of Technology, Pasadena, CA.
12. Dunitz, *Biographical Memoir*, 226. The paper Pauling wrote as a Guggenheim Fellow is "The theoretical prediction of the physical properties of many electron atoms and ions: Mole refraction, diamagnetic susceptibility, and

extension in space," *Proceedings of the Royal Society A: Mathematical, Physical and Engineering Sciences* 114, no. 767 (1927): 181–211. See also Linus Pauling, "The Nature of the Chemical Bond: Application of Results Obtained from the Quantum Mechanics and From a Theory of Paramagnetic Susceptibility to the Structure of Molecules," *Journal of the American Chemical Society* 53, no. 4 (1931): 1367–400; and Linus Pauling, *The Nature of the Chemical Bond and the Structure of Molecules and Crystals: An Introduction to Modern Structural Chemistry* (Ithaca, NY: Cornell University Press, 1939).

13. Apparently, Pauling spent very little time with Bohr, whose "mind was on larger questions." He left after about a month there. Hager, Force of Nature, 131. See also Werner Heisenberg, "Preface," *The Physical Principles of the Quantum Theory*, translated by Carl Eckart and F. C. Hoyt (New York: Dover, 1950), iv.
14. Hager, *Force of Nature*, 161; Severo, "Linus C. Pauling Dies at 93."
15. Severo, "Linus C. Pauling Dies at 93."
16. W. T. Astbury and H. J. Woods, "The Molecular Weights of Proteins," Nature 127 (1931): 663–65; W. T. Astbury and A. Street, "X-ray studies of the structures of hair, wool and related fibers. I. General," *Philosophical Transactions of the Royal Society of London A 230* (March 1931): 75–101; W. T. Astbury, "Some Problems in the X-ray Analysis of the Structure of Animal Hairs and Other Protein Fibres," *Transactions of the Faraday Society* 29 (1933): 193–211; W. T. Astbury and H. J. Woods, "X-ray studies of the structures of hair, wool and related fibers. II. The molecular structure and elastic properties of hair keratin," *Philosophical Transactions of the Royal Society of London A* 232 (1934): 333–94; W. T. Astbury and W. A. Sisson, "X-ray Studies of the Structures of Hair, Wool and Related Fibres. III. The configuration of the keratin molecule and its orientation in the biological cell," *Philosophical Transactions of the Royal Society of London A* 150 (1935): 533–51.
17. Horace Judson interview with Linus Pauling, December 23, 1975, HFJP; see also Judson, *The Eighth Day of Creation*, 61–62.
18. L. C. Pauling, "The Structure of the Micas and Related Minerals," *Proceedings of the National Academy of Sciences* 16, no. 2 (February 1930): 123–29.
19. *Oxford English Dictionary*, 2nd edition, vol. 16 (Oxford: Oxford University Press, 1989), 730.
20. Pauling, *The Nature of the Chemical Bond*, 411.
21. Jack Dunitz, "The Scientific Contributions of Linus Pauling," in Clifford Mead and Thomas Hager, eds., *Linus Pauling: Scientist and Peacemaker*

(Corvallis: Oregon State University Press, 2001), 78-97, quote is on 89.

22. Hager, *Force of Nature*, 282. In 1987, Pauling wrote, "It was, and still is, my opinion that Schrödinger made no contribution to our understanding of life"; Linus Pauling, "Schrödinger's Contribution to Chemistry and Biology," in C. W. Kilmister, ed., *Schrödinger: Centenary Celebration of a Polymath* (Cambridge: Cambridge University Press, 1987), 225–33.
23. Linus Pauling and Max Delbrück, "The Nature of the Intermolecular Operative in Biological Processes," *Science* 92, no. 2378 (1940): 77–99, quote is on 78. The typescript of this paper is in LAHPP, Manuscript Notes and Typescripts, The Race for DNA, http://scarc.library.oregonstate.edu/coll/pauling/dna/notes/1940a.5-03.html. See also Dunitz, "The Scientific Contributions of Linus Pauling," 8; Pascual Jordan, "Biologische Strahlenwirkung und Physik der Gene" (Biological Radiation Effects and Physics of Genes), \ *Physikalische Zeitschrift* 39 (1938): 345–66, 711; Pascual Jordan, "Problem der spezifischen Immunität" (Problem of Specific Immunity), *Fundamenta Radiologica* 5 (1939): 43–56; Richard H. Beyler, "Targeting the Organism: The Scientific and Cultural Context of Pascual Jordan's Quantum Biology, 1932–1947," Isis 87, no. 2 (1996): 248–73; Nils Roll-Hansen, "The Application of Complementarity to Biology: From Niels Bohr to Max Delbrück," *Historical Studies in the Physical and Biological Sciences* 30, no. 2 (2000): 417–42; Daniel J. McKaughan, "The Influence of Niels Bohr on Max Delbrück," *Isis* 96, no. 4 (2005): 507–29; Bernard S. Strauss, "A Physicist's Quest in Biology: Max Delbrück and "Complementarity," *Genetics* 206 (2017): 641–50; James D. Watson, "Growing Up in the Phage Group," JDWP, JDW/2/3/1/38.
24. Linus Pauling, *Molecular Architecture and Processes of Life: The 21st Annual Sir Jesse Boot Foundation Lecture* (Nottingham, UK: Sir Jesse Boot Foundation, 1948), 1–13, esp. 10; see also L. C. Pauling, "Molecular Basis of Biological Specificity," *Nature* 258, no. 5451 (1974): 769–71.
25. The National Institute of Health changed its name to the National Institutes of Health in 1948. Richard E. Marsh, *Robert Brainard Corey, 1897–1971: A Biographical Memoir* (Washington, DC: National Academies Press, 1997), 51-67; quote is on 55.
26. Beaumont Newhall, "The George Eastman Visiting Professorship at Oxford University," *American Oxonian* 52, no. 2 (April 1965): 65–69.
27. 열광의 탐구, 77쪽
28. Francis Crick, *What Mad Pursuit: A Personal View of Scientific Discovery* (New York: Basic Books, 1988), 54.

29. Linus Pauling, *Vitamin C, the Common Cold and the Flu* (New York: W. H. Freeman, 1977).
30. Thomas Hager, *Linus Pauling and the Chemistry of Life* (New York: Oxford University Press, 1998), 86.
31. Hager, *Linus Pauling*, 323–24; see also Horace Judson interview with Linus Pauling, December 23, 1975, HFJP.
32. The sixth amino acid on the 147-amino-acid chain making up the β-chain of hemoglobin is glutamic acid; in sickle cell anemia, the mutation substitutes valine rather than glutamic acid. L. C. Pauling, H. A. Itano, S. J. Singer, and A. C. Wells, "Sickle Cell Anemia, a Molecular Disease," Science 110, no. 2865 (1949): 543–48. The same year, James Neel of the University Michigan, also demonstrated that sickle cell anemia is an inherited disease; James V. Neel, "The Inheritance of Sickle Cell Anemia," *Science* 110, no. 2846 (1949): 64–66.
33. Linus Pauling, "Reflections on the New Biology," *UCLA Law Review* 15 (February 1968): 268–72.
34. Max F. Perutz, *Science is Not a Quiet Life: Unraveling the Atomic Mechanism of Haemoglobin* (Singapore: World Scientific, 1997), 41.
35. W. L. Bragg, J. C. Kendrew, and M. F. Perutz, "Polypeptide Chain Configurations in Crystalline Proteins," *Proceedings of the Royal Society of London A: Mathematical and Physical Sciences* 203, no. 1074 (October 10, 1950), 321–57.
36. David Eisenberg, "The discovery of the α-helix and β-sheet, the principle structural feature of proteins," *Proceedings of the National Academy of Sciences* 100, no. 20 (September 30, 2003): 11207–10. See also M. F. Perutz, "New X-ray Evidence on the Configuration of Polypeptide Chains: Polypeptide Chains in Poly-γ-benzyl-L-glutamate, Keratin and Hæmoglobin," *Nature* 167, no. 4261 (1951): 1053–54; Arthur S. Edison, "Linus Pauling and the Planar Peptide Bond," *Nature Structural Biology* 8, no. 3 (2001): 201–2; California Institute of Technology press release on Pauling and Corey's protein research, September 4, 1951, LAHPP, http://scarc.library.oregonstate.edu/coll/pauling/proteins/papers/1951n.7.html.
37. Quote is from Edison, "Linus Pauling and the Planar Peptide Bond." See also Linus Pauling, Robert B. Corey, and Herman R. Branson, "The structure of proteins; two hydrogen-bonded helical configurations of the polypeptide chain," *Proceedings of the National Academy of Sciences* 37, no. 4 (1951): 205–11; L. C. Pauling and R. B. Corey, "Atomic coordinates and structure factors for two helical configurations of polypeptide chains," *Proceedings of*

the National Academy of Sciences 37, no. 5 (1951): 235–40; L. C. Pauling and R. B. Corey, "The structure of synthetic polypeptides," *Proceedings of the National Academy of Sciences* 37, no. 5 (1951): 241–50; L. C. Pauling and R. B. Corey, "The Pleated Sheet, A New Layer Configuration of Polypeptide Chains," *Proceedings of the National Academy of Sciences* 37, no. 5 (1951): 251–56; L. C. Pauling and R. B. Corey, "The structure of feather rachis keratin," *Proceedings of the National Academy of Sciences* 37, no. 5 (1951): 256–61; L. C. Pauling and R. B. Corey, "The Structure of Hair, Muscle, and Related Proteins," *Proceedings of the National Academy of Sciences* 37, no. 5 (1951): 261–71; L. C. Pauling and R. B. Corey, "The Structure of Fibrous Proteins of the Collagen–Gelatin Group," *Proceedings of the National Academy of Sciences* 37, no. 5 (1951): 272–81; L. C. Pauling and R. B. Corey, "The polypeptide-chain configuration in hemoglobin and other globular proteins," *Proceedings of the National Academy of Sciences* 37, no. 5 (1951): 282–85.

38. W. L. Bragg, "First Stages in the Analysis of Proteins," *Reports of Progress in Physics* 28 (1965): 1–16; quote is on 6–7. This is the text of his lecture to the X-ray Analysis Group, November 15, 1963.

8. 제임스 왓슨

1. Carl Sandburg, "Chicago Poems," *Poetry* 3, no. 4 (March 1914): 191–92.
2. The full first line is, "I am an American, Chicago born, and go at things as I have taught myself, free-style, and will make the record in my own way: first to knock, first admitted." Saul Bellow, *The Adventures of Augie March* (New York: Viking, 1953), 1.
3. James D. Watson, *Avoid Boring People: Lessons from a Life in Science* (New York: Knopf, 2007), 4; author interview with James D. Watson (no. 1), July 23, 2018.
4. Watson, *Avoid Boring People*, 5.
5. Watson, *Avoid Boring People*, 5. More than twenty species of warblers, most notably the Kirkland warbler, migrated to Chicago's Jackson Park, near the Watson family home, each year. James D. Watson (Sr.), George Porter Lewis, Nathan F. Leopold, Jr., *Spring Migration Notes of the Chicago Area*, privately printed pamphlet, 1920, JDWP.
6. Friedrich Nietzsche, *Thus Spake Zarathustra*, translated by Thomas Common (New York: Modern Library/Boni and Liveright, 1917). The novel was originally published in Germany in four parts from 1883 to 1885. The title

is now more commonly translated as *Thus Spoke Zarathustra*.

7. James D. Watson, ed., *Father to Son: Truth, Reason and Decency* (Cold Spring Harbor, NY: Cold Spring Harbor Laboratory Press, 2014), 53–87; Simon Baatz, *For the Thrill of It: Leopold, Loeb, and the Murder That Shocked Jazz Age Chicago* (New York: Harper Perennial, 2009).
8. Watson, ed., *Father to Son*, title page.
9. Watson, *Avoid Boring People*, 6.
10. Victor K. McElheny, *Watson and DNA: Making a Scientific Revolution* (New York: Perseus, 2003), 7.
11. James D. Watson, *Genes, Girls and Gamow: After the Double Helix* (New York: Knopf, 2002), 118.
12. Carolyn Hong, "Focus: Newsmakers: How Beautiful It Was, This Thing Called DNA," *New Straits Times* (Malaysia), December 1, 1995, 15.
13. David Ewing Duncan, "Discover Magazine Interview: Geneticist, James Watson," *Discover*, July 1, 2003, http://discovermagazine.com/2003/jul/featdialogue.
14. Watson, *Avoid Boring People*, 7.
15. McElheny, *Watson and DNA*, 6–7.
16. Lee Edson, "Says Nobelist James (Double Helix) Watson: 'To Hell With Being Discovered When You're Dead,'" *New York Times Magazine*, August 18, 1968, 26, 27, 31, 34.
17. Cowan later created *The $64,000 Question* television show and became the president of the CBS network. During the Second World War, he was the director of Voice of America. His wife, Pauline, was a major civil rights activist in Mississippi and Alabama from 1964 to 1965. They both died in 1976 in a fire in their apartment in the Westbury Hotel at 15 East Sixty-Ninth Street in New York City, caused by "smoking carelessness"; "Louis Cowan, Killed with Wife in a Fire; Created Quiz Shows," *New York Times*, November 19, 1976, 1. The original sponsor was Alka-Seltzer, made by Miles Laboratories; later, the show was sponsored by both Alka-Seltzer and another Miles Labs product, One-A-Day vitamin tablets. The quizmaster on the show was Joe Kelly. See also Ruth Duskin Feldman, *Whatever Happened to the Quiz Kids: Perils and Profits of Growing Up Gifted* (Chicago: Chicago Review Press, 1982), 10.
18. Author interview with James D. Watson (no. 4), July 26, 2018. See also Larry Thompson, "The Man Behind the Double Helix: Gene-Buster James Watson Moves on to Biology's Biggest Challenge, Mapping Heredity," *Washington Post*, September 12, 1989, Z12; Feldman, *Whatever Happened to*

the Quiz Kids.

19. McElheny, *Watson and DNA*, 8.
20. "Heads University at 30, Dean Hutchins of Yale Named U. of C. Chief, Youngest American College President," *Chicago Daily Tribune*, April 26, 1929, 1.
21. Nathaniel Comfort, "'The Spirit of the New Biology': Jim Watson and the Nobel Prize," in Christie's auction catalogue, *Dr. James Watson's Nobel Medal and Related Papers: Thursday 4 December 2014* (New York: Christie's, 2014), 11–19; quote is on 13.
22. McElheny, *Watson and DNA*, 7.
23. Robert Olby, *The Path to the Double Helix* (Seattle: University of Washington Press, 1974), 297. Olby interviewed Weiss for his book on April 25, 1973.
24. Interview with James D. Watson on *Talk of the Nation/Science Friday*, NPR, June 2, 2000, https://www.npr.org/templates/story/story.php?storyId=1074946. See also James D. Watson, "Values from a Chicago Upbringing," *Annals of the New York Academy of Sciences* 758 (1995): 194–97, reprinted in James D. Watson, A Passion for DNA: Genes, Genomes and Society (Cold Spring Harbor, NY: Cold Spring Harbor Laboratory Press, 2001), 3–5; this article was adapted from an after-dinner talk given on October 14, 1993, at a meeting on "The Double Helix: 40 Years Prospective and Perspective," sponsored by the University of Illinois at Chicago, the New York Academy of Sciences, and Green College, Oxford University. See also McElheny, *Watson and DNA*, 14–16.
25. Watson, "Values from a Chicago Upbringing."
26. Watson, *Avoid Boring People*, 49.
27. Sinclair Lewis, *Arrowsmith* (New York: Harcourt, Brace, 1925); Howard Markel, "Prescribing Arrowsmith," *New York Times Book Review*, September 24, 2000, D8.
28. Watson, "Values from a Chicago Upbringing," 5.
29. Erwin Schrödinger, *What Is Life?: The Physical Aspect of the Living Cell, with Mind and Matter and Autobiographical Sketches* (Cambridge: Cambridge University Press, 1992), 21.
30. Letter from James Watson to his parents, November 21, 1947, WFAT, "Letters to Family, Bloomington Sept. 1947–May 1948." See also William Provine, *Sewall Wright and Evolutionary Biology* (Chicago: University of Chicago Press, 1986).
31. James D. Watson, "Winding Your Way Through DNA," video of symposium, University of California, San Francisco, September 25, 1992 (Cold Spring

Harbor, NY: Cold Spring Harbor Laboratory Press, 1992); quote appears in McElheny, *Watson and DNA*, 16.

32. Salvador Luria, *A Slot Machine, a Broken Test Tube: An Autobiography* (New York: Harper and Row, 1983), 41–43.
33. Thomas Hager, *Force of Nature: The Life of Linus Pauling* (New York: Simon and Schuster, 1995), 409.
34. McElheny, *Watson and DNA*, 17–29; Watson, *Avoid Boring People*, 38–54; William C. Summers, "How Bacteriophage Came to Be Used by the Phage Group," *Journal of the History of Biology* 26, no. 2 (1993): 255–67.
35. Letter from James Watson to his parents, undated, spring 1948, WFAT, "Letters to Family, Bloomington, September 1947–May 1948."
36. Howard Markel, "Happy Birthday, Renato Dulbecco, Cancer Researcher Extraordinaire," *PBS NewsHour*, February 22, 2014, https://www.pbs.org/newshour/health/happy-birthday-renato-dulbecco-cancer-researcher-extraordinaire.
37. Watson, *Avoid Boring People*, 40–41; James H. Jones, *Alfred Kinsey: A Public/Private Life* (New York: Norton, 1997); Jonathan Gathorne-Hardy, *Sex the Measure of All Things: A Life of Alfred C. Kinsey* (Bloomington: Indiana University Press, 1998).
38. The Hoosiers' 1947 season was pitiful; the team tied with Iowa for sixth place in the Big Nine Conference, which had recently decreased from its iconic number of Ten when the University of Chicago dropped out in 1946. The University of Chicago discontinued its football program in 1939. Jim much preferred the Indiana basketball matches, despite an eighth-place finish in the 1947–48 season. Watson, *Avoid Boring People*, 45; A few years later, while on a postdoctoral fellowship in Copenhagen, Watson wrote to his parents, "I miss the basketball games of Bloomington"; letter from James D. Watson to his parents, December 13, 1950, WFAT, "Letters to Family, Copenhagen, Fall–Dec. 1950."
39. Letter from James D. Watson to his parents, undated, fall 1947, WFAT, "Letters to Family, Bloomington Sept. 1947–May 1948." LaMont Cole was a prominent evolutionary biologist and ecologist at the University of Chicago, Indiana University, and, later, Cornell University. He was one of Watson's teachers at Indiana in 1947–48. See Gregory E. Blomquist, "Population Regulation and the Life History Studies of LaMont Cole," *History and Philosophy of the Life Sciences* 29, no. 4 (2007): 495–516.
40. Letter from James D. Watson to his parents, November 21, 1947, WFAT, "Letters to Family, Bloomington Sept. 1947–May 1948."

41. Letter from James D. Watson to his parents, November 21, 1947, WFAT, "Letters to Family, Bloomington Sept. 1947–May 1948."
42. James D. Watson, "Growing Up in the Phage Group," in John Cairns, Gunther S. Stent, and James D. Watson, eds., *Phage and the Origins of Molecular Biology* (1966; Cold Spring Harbor, NY: Cold Spring Harbor Laboratory Press, 2007), pp. 239–45, quote is on 239. (The article also appears in Watson, *A Passion for DNA*, 7–15.) See also James D. Watson, "Lectures on Microbial Genetics–Sonneborn (Fall Term, 1948)," JDWP, JDW/2/6/1/5.
43. Watson, *Avoid Boring People*, 42, 45.
44. Watson, *Avoid Boring People*, 46.
45. Luria and Delbrück shared the Nobel Prize in Physiology or Medicine with Alfred Hershey in 1969. Dulbecco shared his Nobel for Physiology or Medicine with David Baltimore and Howard Temin in 1976, and Watson shared his with Francis Crick and Maurice Wilkins in 1962. See also Watson, "Values from a Chicago Upbringing," and Watson, "Growing Up in the Phage Group."
46. John Kendrew, "How Molecular Biology Started," and Gunther Stent, "That Was the Molecular Biology That Was," in Cairns, Stent, and Watson, eds., *Phage and the Origins of Molecular Biology*, 343–47, 348–62.
47. Watson, "Growing Up in the Phage Group," 240; Ernst P. Fischer and Carol Lipson, *Thinking About Science: Max Delbrück and the Origins of Molecular Biology* (New York: Norton, 1988), 183, 196.
48. Letter from James D. Watson to his parents, July 5, 1948, WFAT, "Letters to Family, Cold Spring Harbor, June to September, 1948." Watson took the Long Island Railroad from Cold Spring Harbor into Manhattan and noted it was a fifty-three-minute trip.
49. Letter from Horace Judson to Alfred D. Hershey, August 27, 1976, HFJP.
50. Letters from James D. Watson to Elizabeth Watson, February 8 and March 6, 1950, and letter from James D. Watson to his parents, March 2, 1950, WFAT, "Letters to Family, Bloomington, Fall 1949–Spring 1950."
51. Letter from James D. Watson to his parents, March 12, 1950, WFAT, "Letters to Family, Bloomington, Fall 1949–Spring 1950." See also James D. Watson, 1950 Merck/NRC Fellowship Application Materials and Acceptance Letters, National Research Council, JDWP, JDW/2/2/12.
52. Letter from James D. Watson to his parents, March 24, 1950, WFAT, "Letters to Family, Bloomington, Fall 1949–Spring 1950."
53. Letter from James D. Watson to his parents, September 11, 1950, WFAT, "Letters to Family, Copenhagen, September 15, 1950–October 1, 1951."

54. Letter from James D. Watson to his parents, September 13, 1950, WFAT, "Letters to Family, Copenhagen, September 15, 1950–October 1, 1951." The music and lyrics of "Wonderful Copenhagen" were written by Frank Loesser in 195. (New York: Frank Music Corp, September 24, 1951); the song first appeared in the 1952 film *Hans Christian Andersen*, starring Danny Kaye; https://frankloesser.com/library/wonderful-copenhagen/.
55. "The Nobel Prize in Physics, 1922," Nobel Media AB 2019, https://www.nobelprize.org/prizes/physics/1922/summary/.
56. Fritz Kalckar obituary, *Nature* 141, no. 3564 (February 19, 1938): 319; Herman M. Kalckar, "40 Years of Biological Research: From Oxidative phosphorylation to energy requiring transport regulation," *Annual Review of Biochemistry* 60 (1991): 1–37. Fritz Kalckar was working on a theory of nuclear reactions at the time of his death. The *Nature* obituary states that he died of heart failure, but Herman notes in the memoir cited here that his younger brother had epilepsy, in an era when there were no effective pharmacological treatments for seizures, and died during a spell of intractable seizures, or *status epilepticus*. Herman Kalckar dedicated his PhD thesis on oxidative phosphorylation in the kidney's cortex to Fritz's memory.
57. Paul Berg, "Moments of Discovery: My Favorite Experiments," *Journal of Biochemistry* 278, no. 42 (October 17, 2003): 40417–24, doi: 10.1074/jbc.X300004200; quotes are on 40419 and 40420. Berg was widely celebrated for his work on nucleic acid chemistry and recombinant DNA. He was also one of the key architects of the 1975 Asilomar conference on the potential hazards and ethics of the emerging field of biotechnology.
58. Berg, "Moments of Discovery," 40420–21; John H. Exton, *Crucible of Science: The Story of the Cori Laboratory* (New York: Oxford University Press, 2013), 21–28. See also Kalckar, "40 Years of Biological Research"; "Herman Kalckar, 83, Metabolism Authority," *New York Times* May 22, 1991, D25; James D. Watson, *The Double Helix: A Personal Account of the Discovery of the Structure of DNA*, edited by Gunther Stent (New York: Norton, 1980), 17–21.
59. Exton, *Crucible of Science*, 28.
60. Watson, *The Double Helix*, 19.
61. Watson, *The Double Helix*, 18.
62. Francis Crick, "The Double Helix: A Personal View," *Nature* 248, no. 5451 (April 26, 1974): 766–69.
63. Letter from James D. Watson to his parents, September 19, 1950, WFAT, "Letters to Family, Copenhagen, September 15, 1950–October 1, 1951."

64. Letter from James D. Watson to his parents, September 16, 1950, WFAT, "Letters to Family, Copenhagen, September 15, 1950–October 1, 1951." See also Eugene Goldwasser, *A Bloody Long Journey: Erythropoietin (Epo) and the Person Who Isolated It* (Bloomington, IN: Xlibris, 2011), 55–60. Goldwasser later became well-known for identifying erythropoietin, the hormone manufactured by the kidney that, upon sensing cellular hypoxia or lack of oxygen, stimulates the production of red blood cells.
65. Letter from James D. Watson to his parents, September 19, 1950, WFAT, "Letters to Family, Copenhagen, September 15, 1950–October 1, 1951."
66. Author interview with James D. Watson (no. 1), July 23, 2018.
67. As chance would have it, John Steinbeck won the Nobel Prize for Literature in 1962, the same year as Watson, Crick, and Wilkins won their prize. Letter from James D. Watson to his parents, January 14, 1951, WFAT, "Letters to Family, Copenhagen, September 15, 1950–October 1, 1951."
68. Letter from James D. Watson to Elizabeth Watson, February 4, 1951, WFAT, "Letters to Family, Copenhagen, September 15, 1950–October 1, 1951." *Sunset Boulevard* (1950) was directed by Billy Wilder, screenplay by Billy Wilder and Charles Brackett, and starred Gloria Swanson, William Holden, and Erich von Stroheim.
69. Watson, *The Double Helix*, 21.
70. Goldwasser, *A Bloody Long* Journey, 55–56.
71. Letter from James D. Watson to his parents, November 6, 1950, WFAT, "Letters to Family, Copenhagen, September 15, 1950–October 1, 1951."
72. Letter from James D. Watson to his parents, November 6, 1950, WFAT, "Letters to Family, Copenhagen, September 15, 1950–October 1, 1951."
73. Letter from James D. Watson to his parents, November 19, 1950, WFAT, "Letters to Family, Copenhagen, September 15, 1950–October 1, 1951." In the 1840s, Jacobsen became a great admirer of the scientific methods then being developed and applied them to the production of beer. See Carlsberg Foundation, "The Carlsberg Foundation's Home," https://www.carlsbergfondet.dk/en/About-the-Foundation/The-Carlsberg-Foundations%27s-home/Domicile.
74. Letter from James D. Watson to his parents, December 3, 1950, WFAT, "Letters to Family, Copenhagen, September 15, 1950–October 1, 1951."
75. Letters from James D. Watson to his parents, December 3 and 17, 1950, and January 1, 1951, WFAT, "Letters to Family, Copenhagen, September 15, 1950–October 1, 1951."
76. Letter from James D. Watson to his parents, December 21, 1950, WFAT,

"Letters to Family, Copenhagen, September 15, 1950–October 1, 1951."

3부 운명의 1951년

1. Sinclair Lewis, *Arrowsmith* (New York: Harcourt, Brace, 1925), 280–81.

9. 왓슨과 윌킨스의 첫 만남

1. A literal translation of the proverb, which refers to the extraordinary beauty of the Bay of Naples and the view of Vesuvius in the horizon, is, "See Naples and then die"; more romantically, it is construed as "Nothing compares to the beauty of Naples, so you can die after you've seen it." Naples was a required visit on most eighteenth- and nineteenth-century "grand tours" of Europe. The phrase is often ascribed to Johann Wolfgang von Goethe, who made his grand tour through Italy in 1786–88. See J. W. Goethe, *Italian Journey*, 1786–1788, translated by W. H. Auden and Elizabeth Meyer (London: Penguin, 1970), 189.
2. Letter from Herman Kalckar to Reinhard Dohrn, January 13, 1950 (sic, but probably 1951 as it was received January 18, 1951), Archives of the Naples Zoological Station, Correspondence, K:SZN, 1951, Naples, Italy.
3. Letter from Herman Kalckar to Reinhard Dohrn, January 13, "1950" and letter from Reinhard Dohrn to Herman Kalckar, January 21, 1951, Archives of the Naples Zoological Station, Correspondence, K:SZN, 1951. Dohrn was pleased to accept the Americans because he wanted to curry favor with his American funders. Neither Watson nor Wright required financial support from Dohrn's strapped budget, because their expenses were being covered by the National Research Council. Kalckar's colleague Heinz Holter, a cell physiologist who had a long history of working at the Stazione, sent a letter or recommendation for Watson and Wright on January 18, 1951, which was answered by Dohrn on February 2, 1951. H:SZN, 1951. See also Jytte R. Nilsson, "In memoriam: Heinz Holter (1904–1993)," *Journal of Eukaryotic Microbiology* 41, no. 4 (1994): 432–33.
4. Letter from James D. Watson to Alberto Monroy, February 20, 1980, Archives of the Naples Zoological Station, uncatalogued.
5. Barbara Wright's father, Gilbert Munger Wright, was a writer and the son of one of America's best-selling writers of the day, Harold Bell Wright. Together, they wrote the best-selling 1932 science fiction tale *The Devil's Highway* (Gilbert using the pen name John Lebar) about a mad scientist who controls his victims' minds. Her mother, Leta Luella Brown Deery,

was a physics major at Berkeley (class of 1919) and an English teacher in the California public school system. In addition to her scientific accomplishments, Wright was an able boater and, later in life, became an internationally ranked whitewater slalom kayaker. See obituary of Barbara Evelyn Wright, *The Missoulian* (Missoula, MT), July 14, 2016.

6. Letter from James D. Watson to his parents, August 15, 1949, WFAT, "Letters to Family, Pasadena, 1949."
7. Letter from James D. Watson to his parents, August 15, 1949, WFAT, "Letters to Family, Pasadena, 1949."
8. Letter from James D. Watson to his parents, August 15, 1949, WFAT, "Letters to Family, Pasadena, 1949." In *The Annotated and Illustrated Double Helix*, edited by Alexander Gann and Jan Witkowski (New York: Simon and Schuster, 2012), 20, In this volume, the editors claim that Watson and Wright were arrested by the sheriff, but Watson's letter written at the time makes no mention of this part of the adventure.
9. Letter from C. J. Lapp, National Research Council, to James D. Watson, December 14, 1950, JDWP, JDW/2/2/1284.
10. Letter from James D. Watson to Max Delbrück, March 22, 1951, MDP, box 23, folder 20.
11. James D. Watson, *The Double Helix: A Personal Account of the Discovery of the Structure of DNA*, edited by Gunther Stent (New York: Norton, 1980), 20; Eugene Goldwasser, *A Bloody Long Journey: Erythropoietin (Epo) and the Person Who Isolated It* (Bloomington, IN: Xlibris, 2011), 55–60.
12. All the quotes in this paragraph are drawn from letter from James D. Watson to Max Delbrück, March 22, 1951, MDP, box 23, folder 20.
13. Letter from James D. Watson to Max Delbrück, March 22, 1951, MDP, box 23, folder 20.
14. Wright and Kalckar married in the fall of 1951, just before the arrival of their baby girl, Sonia. They had two more children, a boy and a girl, Niels (after Niels Bohr) and Nina, but the scandal was too great to be contained within the tiny social circles of Copenhagen. The Cytophysiology Institute, which a wealthy donor endowed expressly to advance Kalckar's research, lost its funding, and in 1952, the Kalckars sailed to America, first for a job at the National Institutes of Health and, later, at Johns Hopkins University (1958), and then Massachusetts General Hospital and Harvard Medical School (1961). By 1963, Wright and Kalckar had divorced and in 1968 he married a former Copenhagen student, Agnete Fridericia.
15. Theodor Heuss, *Anton Dohrn: A Life for Science* (Berlin: Springer, 1991), 63;

Christiane Groeben, ed., *Charles Darwin (1809–1882)–Anton Dohrn (1840–1909) Correspondence* (Naples: Macchiaroli, 1982); Christiane Groeben, "Stazione Zoologica Anton Dohrn," in *Encyclopedia of the Life Sciences* (Chichester, UK: John Wiley & Sons, 2013), doi.org/10.1002/9780470015902.a0024932.

16. In 1982, the name was formally changed to Stazione Zoologica Anton Dohrn. See Christiane Groeben, "The Stazione Zoologica Anton Dohrn as a Place for the Circulation of Scientific Ideas: Vision and Management," in K. L. Anderson and C. Thiery, eds., *Information for Responsible Fisheries: Libraries as Mediators. Proceedings of the 31st Annual Conference of the International Association of Aquatic and Marine Sciences, Rome, Italy, October 10–14, 2005* (Fort Pierce, FL: International Association of Aquatic and Marine Science Libraries and Information Centers, 2006); Christiane Groeben and Fabio de Sio, "Nobel Laureates at the Stazione Zoologica Anton Dohrn: Phenomenology and Paths to Discovery in Neuroscience," *Journal of the History of the Neurosciences* 15, no. 4 (2006): 376–95; Groeben, "Stazione Zoologica Anton Dohrn"; "Some Unwritten History of the Naples Zoological Station," *American Naturalist* 31, no. 371 (1897): 960–65 ("It is beyond question, the greatest establishment for research in the world," 960); Paul Gross, ed., "The Naples Zoological Station and the Woods Hole, Maine Marine Biological Laboratory: One Hundred Years of Biology," *Biological Bulletin* 168, no. 3, supplement (June 1985): 1–207; M. H. F. Wilkins, "Essay," in Christiane Groeben, ed., *Reinhard Dohrn, 1880–1962: Reden, Briefe und Veroffentlichungen zum 100. Geburtstag* (Berlin: Springer, 1983), 5–10; Charles Lincoln Edwards, "The Zoological Station at Naples," *Popular Science Monthly* 77 (September 1910): 209–25; Giuliana Gemelli, "A Central Periphery: The Naples Stazione Zoologica as an 'Attractor,'" in William H. Schneider, ed., *Rockefeller Philanthropy and Modern Biomedicine: International Initiatives from World War I to the Cold War* (Bloomington: University of Indiana Press, 2002), 184–207.
17. Registration cards for laboratory tables at the Naples Zoological Station, for Herman Kalckar, 4/16/61–9[5]/25.51; Barbara Wright, 4/16/61–9[5]/25.51; and James D. Watson 4/16/51–5/26/51; Archives of the Naples Zoological Station.
18. Gemelli, "A Central Periphery." The 1949 symposium on genetics and mutagens featured a lecture by the Paris-based scientist Harriet E. Taylor, who worked with Oswald Avery on the "transforming principle" of pneumococcus and later married the molecular biologist Boris Ephrussi. See H. E. Taylor,

"Biological Significance of the Transforming Principles of *Pneumococcus*," *Pubblicazioni della Stazione Zoologica di Napoli* 22, supplement (Relazioni Tenute al Convegno su Gli Agenti Mutageni, May 27–31, 1949), 65–77. Taylor also presented these data at the annual Cold Spring Harbor Symposium of 1946; see M. McCarty, H. E. Taylor, and O. T. Avery, "Biochemical Studies of Environmental Factors Essential in Transformation of *Pneumococcus* types," *Cold Spring Harbor Symposia* 11 (1946): 177–83. It is worth noting that the 1948 meeting on embryology and genetics included a paper on nucleic acids in the nuclei of bacteria, which discussed the importance of the Avery and Griffith pneumococci papers with respect to the nucleic acids; Luigi Califano, "Nuclei ed acidi nucleinici nei bacteri" (Nuclei and Nucleic Acid in Bacterium), *Pubblicazioni della Stazione Zoologica di Napoli* 21 (1949): 173–90.

19. Watson, *The Double Helix*, 22.
20. Letter from James D. Watson to his parents, April 17, 1951, WFAT, "Letters to Family, Naples, April–May 1951."
21. Registration cards for laboratory tables at the Naples Zoological Station; *Relazione sull'attivita della Stazione Zoologica di Napoli durante l'anno* 1951 (annual report, 1951) lists Kalckar as working on "purine metabolism of sea-urchin eggs, *Paracentrotus*," Wright on "purine metabolism of sea-urchin eggs," and Watson on "bibliographic work," (4–6). Archives of the Naples Zoological Station.
22. Letter from James D. Watson to Elizabeth Watson, April 30, 1951, WFAT, "Letters to Family, Naples, April–May 1951."
23. Watson, *The Double Helix*, 22; *Relazione sull'attivita della Stazione Zoologica di Napoli durante l'anno 1952, 1953, 1954* (annual reports, 1952, 1953, 1954), 19–22. See also Biblioteca della Stazione Zoologica di Napoli, Report of Library Holdings for 1982, Archives of the Naples Zoological Station.
24. Frank Fehrenbach, "The Frescoes in the Statione Zoologica and Classical Ekprhrasis," in Lea Ritter-Santini and Christiane Groeben, eds., *Art as Autobiography: Hans von Marées* (Naples: Pubblicazioni della Stazione Zoologica Anton Dohrn, 2008), 93–104, quote is on 98. See also Christiane Groeben, *The Fresco Room of the Stazione Zoologica Anton Dohrn: The Biography of a Work of Art* (Naples: Macchiaroli, 2000).
25. Watson, *The Double Helix*, 22.
26. Letter from James D. Watson to Max Delbrück enclosing manuscript of "The Transfer of Radioactive Phosphorus From Parental to Progeny Phage," April 22, 1951, MDP, box 23, folder 20; Victor K. McElheny, *Watson and DNA:*

Making a Scientific Revolution (New York: Perseus, 2003), 28; Ole Maaløe and James D. Watson, "The Transfer of Radioactive Phosphorus from Parental to Progeny Phage," *Proceedings of the National Academy of Sciences* 37, no. 8 (1951): 507–13. For a more complete report, see: James D. Watson and Ole Maaløe, "Nucleic Acid Transfer from Parental to Progeny Bacteriophage," *Biochimica et Biophysica Acta* 10 (1953): 432–42. They found that 40–50% of the radiolabeled phosphorus was transmitted from parental to phage progeny; only 5–10% stay associated with bacterial debris after lysis and the remaining 40% appear as non-sedimented material in the lysate.

27. Letter from James D. Watson to Local Draft Board No. 75, Chicago, March 13, 1951, and letter from James D. Watson to Max Delbrück, March 13, 1951, both in MDP, box 23, folder 20; letter from C. J. Lapp to James D. Watson, March 23, 1951, JDWP, JDW/2/2/1284; letter from James D. Watson to his parents, May 8, 1951, WFAT, "Letters to Family, Naples, April–May 1951"; S. E. Luria, *A Slot Machine, A Broken Test Tube: An Autobiography* (New York: Harper and Row, 1983), 88–90.

28. For biographical studies of William Astbury, see Kersten T. Hall, *The Man in the Monkeynut Coat: William Astbury and the Forgotten Road to the Double Helix* (Oxford: Oxford University Press, 2014); Kersten T. Hall, "William Astbury and the biological significance of nucleic acids, 1938–1951," *Studies in History and Philosophy of Biological and Biomedical Sciences* 42 (2011): 119–28; J. D. Bernal, "William Thomas Astbury, 1898–1961," *Biographical Memoirs of Fellows of the Royal Society* 9 (1963): 1–35; Robert Olby, *The Path to the Double Helix* (Seattle: University of Washington Press, 1974), 41–70. For Astbury's X-ray studies on nucleic acids, see W. T. Astbury, "X-ray Studies of Nucleic Acids," *Symposia of the Society for Experimental Biology* 1 (1947): 66–76; W. T. Astbury, "Protein and virus studies in relation to the problem of the gene," in R. C. Punnett, ed., *Proceedings of the Seventh International Congress on Genetics, Edinburgh, Scotland, August 20–23, 1939* (Cambridge: Cambridge University Press, 1941), 49–51; W. T. Astbury and F. O. Bell, "X-ray Study of Thymonucleic Acid," *Nature* 141 (1938): 747–48; W. T. Astbury and F. O. Bell, "Some Recent Developments in the X-ray Study of Proteins and Related Structures," *Cold Spring Harbor Symposia on Quantitative Biology* 6 (1938): 109–18; W. T. Astbury, "X-ray Studies of the Structure of Compounds of Biological Interest," *Annual Review of Biochemistry* 8 (1939): 113–33; W. T. Astbury, "Adventures in Molecular Biology," Harvey Lecture for 1950, *Harvey Society Lectures* 46 (1950): 3–44.

29. Mansel Davies, "W. T. Astbury, Rosie Franklin, and DNA: A Memoir," *Annals of Science* 47 (1990): 607–18, quote is on 609; Hall, *The Man in the Monkeynut Coat*, 67–72, 91–102.
30. Astbury and Bell, "X-ray Study of Thymonucleic Acid." In 1951, a full year before Franklin took her famous Photograph No. 51, Elwyn Beighton, Astbury's assistant and later his doctoral student, produced an X-ray photograph that showed a similar "Maltese cross" pattern. Astbury paid little attention to Beighton's picture; indeed, he could not "see" the helical form that would soon make Watson and Crick famous. Hall, "William Astbury and the biological significance of nucleic acids"; Davies, "W. T. Astbury, Rosie Franklin, and DNA."
31. Astbury, "X-ray Studies of Nucleic Acids," 68; Astbury and Bell, "X-ray Study of Thymonucleic Acid"; Horace Freeland Judson, *The Eighth Day of Creation: The Makers of the Revolution in Biology* (Cold Spring Harbor, NY: Cold Spring Harbor Laboratory Press, 1996), 93.
32. Watson recalled Astbury telling dirty jokes in author interview (no. 2) with James D. Watson, July 24, 2018. The letters of invitation from the Stazione and Astbury's responses and travel plans to Naples can be found in W. T. Astbury Papers, MS 419/File 4: Conference on Submicroscopic Structure of Protoplasm, May 22–25, 1951, University of Leeds; and letters from W. T. Astbury to Reinhold Dohrn regarding the conference, Archives of the Naples Zoological Station, Correspondence, A:SZN, 1951.
33. Astbury, "Protein and virus studies in relation to the problem of the gene"; Astbury, "X-ray Studies of the Structure of Compounds of Biological Interest"; Hall, *The Man in the Monkeynut Coat*, 100.
34. W. T. Astbury, "Some Recent Adventures Among Proteins," and H. M. Kalckar, "Biosynthetic aspects of nucleosides and nucleic acids," in *Pubblicazioni della Stazione Zoologica di Napoli* 23, supplement (1951): 1–18 and 87–103.
35. Author interview with James D. Watson (no. 1), July 23, 2018.
36. Hall, *The Man in the Monkeynut Coat*, 121–22.
37. Watson, *The Double Helix*, 23.
38. Letter from John Randall to Reinhard Dohrn, August 11, 1950 ("During the course of the visit I should like to spend two or three days in Naples collecting spermatozoa for our electron microscope research programme"), Archives of the Naples Zoological Station, Correspondence A.1950 (J–Z).
39. Maurice Wilkins, *The Third Man of the Double Helix* (Oxford: Oxford University Press, 2003), 135–39.

40. Maurice Wilkins, "The molecular configuration of nucleic acids," December 11, 1962, in *Nobel Lectures, Physiology or Medicine 1942–1962* (Amsterdam: Elsevier, 1964).
41. Anne Sayre interview with Raymond Gosling, May 18, 1970, ASP, box 4, folder 2.
42. Naomi Attar, "Raymond Gosling: The Man Who Crystallized Genes," Genome Biology 14 (2013): 402; Matthew Cobb, *Life's Greatest Secret: The Race to Crack the Genetic Code* (New York: Basic Books, 2015), 93.
43. Watson, *The Double Helix*, 23.
44. M. H. F. Wilkins, "I: Ultraviolet dichroism and molecular structure in living cells. II. Electron Microscopy of nuclear membranes," *Pubblicazioni della Stazione Zoologica di Napoli* 23, supplement (1951): 104–14. At lunch directly following Wilkins's presentation, Watson paired off with an Italian marine biologist named Elvezio Ghiradelli. All the while, Watson doodled onto a napkin versions of the X-ray photographs Wilkins had just projected and, when the meal ended, "he threw the napkin away!" Christiane Groeben, Archivist Emerita, Naples Zoological Station, email to the author, February 15, 2019.
45. Letter from Reinhard Dohrn to John Randall, May 31, 1951, Archives of the Naples Zoological Station, ASZN:R, Correspondence I–Z, 1951.
46. Wilkins, *The Third Man of the Double Helix*, 137.
47. Watson, *The Double Helix*, 23.
48. Pellegrino Claudio Sestieri, Paestum: *The City, the Prehistoric Necropolis in Contrada Gaudo, the Heriaion at the Mouth of the Sele* (Rome: Istituto Poligrafico Dello Stato, 1967); Gabriel Zuchtriegel and Marta Ilaria Martorano, *Paestum: From Building Site to Temple* (Naples: Parco archeologico di Paestum minister dei beni e delle attività culturali, 2018); Paul Blanchard, *Blue Guide to Southern Italy* (New York: Norton, 2007), 271–79.
49. File "James D. Watson and his Sister's Tour of Europe," JDWP, JDW/1/1/30, which includes photographs of Betty and Jim Watson on trips to Salzburg, the Alps, Vienna, Paris, Bavaria, Munich, Brussels, Copenhagen, Florence, Rome, Bern, and Venice, including a shot of a young Jim standing in front of the Coliseum; letter from James D. Watson to Elizabeth Watson, January 8, 1951, regarding her plans to apply to Oxford and Cambridge, JDWP, "James D. Watson Letters" (1 of 5), JDW/2/2/1934.
50. Letter from Henri Chantrenne to Reinhold Dohrn, May 27, 1951, Archives of the Naples Zoological Station, H:SZN, 1951; H. Chantrenne, "Recherches sur le mécanisme de la synthèse des protéines" (Research on the mechanism

of protein synthesis), *Pubblicazioni della Stazione Zoologica di Napoli* 23, supplement (1951), 70–86. Commenting on this paper, Astbury said, "I am particularly interested in the problem of the interplay between protein and nucleic acids in biogenesis . . . certain nucleoprotein combinations for which I have suggested the name 'viable growth complexes,' have the power, the minimum essential of reproduction, of making exact copies of themselves given the right physico-chemical environment (whatever that may mean!) and we will not progress very far until we have found out the common structural principle underlying this property" (82).

51. Watson, *The Double Helix*, 23-24.
52. Watson, *The Double Helix*, 24.
53. Wilkins, *The Third Man of the Double Helix*, 139.
54. Attar, "Raymond Gosling."
55. James D. Watson, *The Annotated and Illustrated Double Helix*, edited by Alexander Gann and Jan Witkowski (New York: Simon and Schuster, 2012), 27.
56. Watson, *The Double Helix*, 31.

10. 케임브리지로 가려는 왓슨의 여러 시도들

1. Letter from Salvador Luria to James D. Watson, October 20, 1951, WFAT, "DNA Letters."
2. "The Summer Symposium on Theoretical Physics at the University of Michigan," Science 83, no. 2162 (June 5, 1936): 544; "Calendar of Events," *Physics Today* 3, no. 6 (1950): 40; James Tobin, "Summer School for Geniuses," *Michigan Today*, November 10, 2010, https://michigantoday.umich.edu/2010/11/10/a7892/; Alaina G. Levine, "Summer Symposium in Theoretical Physics, University of Michigan, Ann Arbor, Michigan," APS Physics, https://www.aps.org/programs/outreach/history/historicsites/summer.cfm.
3. Sutherland later became director of Britain's National Physics Laboratory, 1956–64, and Master of Emmanuel College, Cambridge, 1964–77. See Norman Sheppard, "Gordon Brims Black McIvor Sutherland, 8 April 1907–27 June 1980," *Biographical Memoirs of Fellows of the Royal Society* 28 (1982): 589–626.
4. The biophysicists offered thirty-six lectures to "audiences composed of graduate students and staff members of the departments of Bacteriology, Biochemistry, Botany, Medicine, Physics, Public Health and Zoology": *The*

President's Report to the Board of Regents of the University of Michigan for the Academic Year 1951, 191; Proceedings of the Board of Regents of the University of Michigan, 1951–1954: September 1951 meeting, 80, October 1951 meeting, 182; Sheppard, "Gordon Brims Black McIvor Sutherland"; Samuel Krimm, "On the Development of Biophysics at the University of Michigan," Michigan Physics, Histories of the Michigan Physics Department, https://michiganphysics.com/2012/06/24/development-of-biophysics-at-michigan/.

5. Sinclair Lewis, *Arrowsmith* (New York: Harcourt, Brace, 1925), 7. This was not Watson's first close encounter with the University of Michigan. He spent the summer of 1946 at its Biological Station on Douglas Lake, in northern Michigan. There, he waited tables to pay his tuition for two courses, "Systematic Botany" and "Advanced Ornithology," lived in a tented cabin, and briefly acquired the unfortunate nickname Jimbo. James D. Watson, *Avoid Boring People: Lessons from a Life in Science* (New York: Knopf, 2007), 29.
6. Wilfred B. Shaw, *The University of Michigan: An Encyclopedic Survey*, vol. 1 (Ann Arbor: University of Michigan Press, 1942), 206.
7. Letter from James D. Watson to his parents, September 24, 1951, WFAT, "Letters to Family, Copenhagen, 1951"; George Santayana, *The Last Puritan: A Memoir in the Form of a Novel* (New York: Charles Scribner's Sons, 1936). The novel took Santayana forty-five years to complete and sold more copies than any book published in 1936 save Margaret Mitchell's *Gone With the Wind*.
8. James D. Watson, *The Double Helix: A Personal Account of the Discovery of the Structure of DNA*, edited by Gunther Stent (New York: Norton, 1980), 24–25; L. C. Pauling, R. B. Corey, and H. R. Branson, "The structure of proteins; two hydrogen-bonded helical configurations of the polypeptide chain," *Proceedings of the National Academy of Sciences* 37, no. 4 (1951): 205–11.
9. Watson, *The Double Helix*, 25.
10. Watson, *The Double Helix*, 24–25.
11. Letter from James D. Watson to his parents, July 12, 1951, WFAT, "Letters to Family, Copenhagen, 1951."
12. Letter from James D. Watson to Elizabeth Watson, July 14, 1951, JDWP, "James D. Watson Letters" (1 of 5), JDW/2/2/1934.
13. Horace Freeland Judson, *The Eighth Day of Creation: The Makers of the Revolution in Biology* (New York: Simon and Schuster, 1979), 97; Torbjörn Caspersson, "The Relations Between Nucleic Acid and Protein Synthesis," *Symposia of the Society for Experimental Medicine* 1 (1947): 127–51; R.

Signer, T. Caspersson, and E. Hammarsten, "Molecular Shape and Size of Thymonucleic Acid," Nature 141 (1938): 122; G. Klein and E. Klein, "Torbjörn Caspersson, 15 October 1910–7 December 1997," *Proceedings of the American Philosophical Society* 147, no. 1 (2003): 73–75.

14. James D. Watson, Merck/National Research Council Fellowship correspondence, 1950–52, JDWP, JDW/2/2/1284.
15. Horace Judson interview with John Kendrew, November 11, 1975, HFJP.
16. Author interview with James D. Watson (no. 1), July 23, 2018.
17. Letter from James D. Watson to his parents, August 21, 1951, WFAT, "Letters to Family, Copenhagen, 1951."
18. Letter from James D. Watson to his parents, August 27, 1951, WFAT, "Letters to Family, Copenhagen, 1951."
19. James D. Watson, fellowship applications and correspondence with the National Foundation for Infantile Paralysis, 1951–53, JDWP, JDW/2/2/1276; letter from James D. Watson to his parents, August 27, 1951, WFAT, "Letters to Family, Copenhagen, 1951." See also Niels Bohr, "Medical Research and Natural Philosophy," Basil O'Connor, "Man's Responsibility in the Fight Against Disease," and Max Delbrück, "Virus Multiplication and Variation," in International Poliomyelitis Congress, *Poliomyelitis: Papers and Discussions Presented at the Second International Poliomyelitis Conference* (Philadelphia: J. B. Lippincott, 1952), xv–xviii, xix–xxi; 13–19. The conference was hosted by the Medicinsk–Anatomisk Institut, University of Copenhagen, September 3–7, 1951.
20. Howard Markel, "April 12, 1955: Tommy Francis and the Salk Vaccine," *New England Journal of Medicine* 352 (2005): 1408–10.
21. Watson, *The Double Helix*, 28.
22. Jane Smith, *Patenting the Sun: Polio and the Salk Vaccine* (New York: William Morrow, 1990), 171–72.
23. Letter from James D. Watson to his parents, September 15, 1951, WFAT, "Letters to Family, Copenhagen, 1951." In a letter dated September 29, he gives his new address as "Cavendish Laboratory, Cambridge England"; see Watson, *The Double Helix*, 28.
24. Letter from James D. Watson to C. J. Lapp, undated, early October 1951, WFAT, quoted in Watson, *The Annotated and Illustrated Double Helix*, 273.
25. Letter from Herman Kalckar to C. J. Lapp, October 5, 1951, JDWP, JDW/2/2/1284, "James Watson's Merck/National Research Council Fellowship Correspondence, 1950–1952."
26. Letter from James D. Watson to Elizabeth Watson, October 16, 1951,

WFAT; quoted in Watson, *The Annotated and Illustrated Double Helix*, 275.

27. George H. F. Nuttall, "The Molteno Institute for Research in Parasitology, University of Cambridge, with an Account of How it Came to be Founded," *Parasitology* 14, no. 2 (1922): 97–126; S. R. Elsden, "Roy Markham, 29 January 1916–16 November 1979," *Biographical Memoirs of Fellows of the Royal Society* 28 (1982): 319–314; 319–45.
28. Letter from Salvador Luria to Paul Weiss, October 20, 1951, JDWP, JDW/2/2/1284, "James Watson's Merck/National Research Council Fellowship Correspondence, 1950–1952."
29. Watson, *The Annotated and Illustrated Double Helix*, 275.
30. Watson, *The Double Helix*, 30.
31. Letter from Paul Weiss to James D. Watson, October 22, 1951, JDWP, JDW/2/2/1284, "James Watson's Merck/National Research Council Fellowship Correspondence, 1950–1952."
32. Watson, *The Double Helix*, 30–31.
33. Letter from Catherine Worthingham, Director of Professional Education, NFIP, to James D. Watson, October 29, 1951, JDWP, JDW/2/2/1276, "James D. Watson Fellowship Applications and Correspondence to the National Foundation for Infantile Paralysis, 1951–1953." This letter was correctly addressed to Watson at the Cavendish Laboratory.
34. Letter from James Watson to Paul Weiss, November 13, 1951. A carbon copy of this letter is dated November 14, 1951, but is otherwise the same. JDWP, JDW/2/2/1284, "James Watson's Merck/National Research Council Fellowship Correspondence, 1950–1952."
35. James D. Watson to C. J. Lapp, November 27, 1951 (see also C. J. Lapp to James D. Watson, November 21, 1951), JDWP, JDW/2/2/1284, "James Watson's Merck/National Research Council Fellowship Correspondence, 1950–1952"; quoted in Watson, *The Annotated and Illustrated Double Helix*, 277–78.
36. Letter from James D. Watson to his parents, November 28, 1951, WFAT, "Letters to Family, Cambridge, October 1951–August 1952."
37. Letter from James D. Watson to Elizabeth Watson, November 28, 1951, WFAT, "Letters to Family, Cambridge, October 1951–August 1952."
38. Letter from James D. Watson to Max Delbrück, December 9, 1951, MDP, box 23, folder 20.
39. Letter from James D. Watson to his parents, January 8, 1952, WFAT, "Letters to Family, Cambridge, October 1951–August 1952."
40. Letter from James D. Watson to his parents, January 18, 1951, WFAT, "Let-

ters to Family, Cambridge, October 1951 – August 1952."

41. National Research Council Merck Fellowship Board, minutes of meeting March 16, 1952, National Academy of Sciences Archives; quoted in Watson, *The Annotated and Illustrated Double Helix*, 279.
42. Letter from Salvador Luria to James D. Watson, March 5, 1952, JDWP, JDW 2/2/1284; see Watson, *The Annotated and Illustrated Double Helix*, 109 and 280.
43. Letter from James D. Watson to his parents, October 9, 1951, WFAT, "Letters to Family, Cambridge, October 1951 – August 1952."

11. 왓슨과 크릭의 첫 만남

1. James D. Watson, *The Double Helix: A Personal Account of the Discovery of the Structure of DNA*, edited by Gunther Stent (New York: Norton, 1980), 31.
2. Horace Judson interview with John Kendrew, November 11, 1975, HFJP.
3. Georgina Ferry, *Max Perutz and the Secret of Life* (London: Chatto and Windus, 2007), 1 – 53; Max F. Perutz, "X-Ray Analysis of Hemoglobin," December 11, 1962, in *Nobel Lectures, Chemistry 1942–1962* (Amsterdam: Elsevier, 1964), 653 – 73; D. M. Blow, "Max Ferdinand Perutz, OM, CH, CBE. 19 May 1914 – 6 February 2002," *Biographical Memoirs of Fellows of the Royal Society* 50 (2004): 227 – 56; Alan R. Fersht, "Max Ferdinand Perutz, OM, FRS," *Nature Structural Biology* 9 (2002): 245 – 46.
4. Ferry, *Max Perutz and the Secret of Life*, 26; Blow, "Max Ferdinand Perutz."
5. Max F. Perutz, "True Science," review of *Advice to a Young Scientist* by P. B. Medawar, *London Review of Books*, March 19, 1981.
6. Max F. Perutz, "How the Secret of Life Was Discovered," *I Wish I'd Made You Angry Earlier: Essays on Science, Scientists and Humanity* (Cold Spring Harbor, NY: Cold Spring Harbor Laboratory Press, 2003), 197 – 206, quote is on 204.
7. Watson, *The Double Helix*, 28.
8. Watson, *The Double Helix*, 28 – 29.
9. Watson, *The Double Helix*, 29.
10. Letter from James D. Watson to Elizabeth Watson, September 12, 1951, JDWP, JDW/2/2/1934.
11. K. C. Holmes, "Sir John Cowdery Kendrew, 24 March 1917 – 23 August 1997," *Biographical Memoirs of Fellows of the Royal Society* 47 (2001): 311 – 32; John C. Kendrew, *The Thread of Life: An Introduction to Molecular Biology* (Cambridge, MA: Harvard University Press, 1968); Soraya de Chadarevian, "John Kendrew and Myoglobin: Protein Structure Determination in

the 1950s," *Protein Science* 27, no. 6 (2018): 1136–43.
12. Watson, *The Double Helix*, 29.
13. Author interview with James D. Watson (no. 1), July 23, 2018.
14. Watson, *The Double Helix*, 31.
15. Letter from James D. Watson to his parents, October 9, 1951, WFAT, "Letters to Family, Cambridge, October 1951–August 1952."
16. Watson, *The Double Helix*, 31.
17. The Kendrews divorced in 1956. Author interview with James D. Watson (no. 3), July 25, 2018; Paul M. Wasserman, *A Place in History: The Biography of John C. Kendrew* (New York: Oxford University Press, 2020), 130–36.
18. Watson, *The Double Helix*, 31.
19. Letter from James D. Watson to his parents, October 16, 1951, WFAT, "Letters to Family, Cambridge, October 1951–August 1952"; Denys Haigh Wilkinson, "Blood, Birds and the Old Road," *Annual Review of Nuclear Particle Science* 45 (1995): 1–39. Wilkinson was on the Cavendish staff from 1947 to 1957, before moving to Oxford. Interestingly, Sir William Lawrence Bragg was also an avid birdwatcher.
20. Author interview with James D. Watson (no. 2), July 24, 2018.
21. Sherwin B. Nuland, "The Art of Incision," New Republic, August 13, 2008, https://newrepublic.com/article/63327/the-art-incision.
22. Horace Judson interview with John Kendrew, November 11, 1975, HFJP.
23. Watson, *The Double Helix*, 31.
24. Francis Crick, *What Mad Pursuit: A Personal View of Scientific Discovery* (New York: Basic Books, 1988), 64.
25. Crick, *What Mad Pursuit*, 64.
26. Francis Crick interviewed on *The Prizewinners*, BBC Television, December 11, 1962; Horace Freeland Judson, *The Eighth Day of Creation: Makers of the Revolution in Biology* (Cold Spring Harbor, NY: Cold Spring Harbor Laboratory Press, 2013), 125.
27. Letter from James D. Watson to Max Delbrück, December 5, 1951, MDP, box 23, folder 20.
28. Erwin Chargaff, "A Quick Climb Up Mount Olympus," review of *The Double Helix* by James D. Watson, Science 159, no. 3822 (1968): 1448–49.
29. Crick, *What Mad Pursuit*, 65.
30. Matt Ridley, *Francis Crick: Discoverer of the Genetic Code* (New York: Harper Perennial, 2006), 50; email from Malcolm Longair to the author, June 12, 2020. When I visited Room 103 on February 19, 2018, just prior

to the Austin Wing's demolition, it was a storeroom for the zoology department, filled to the ceiling with shelves and boxes containing the disarticulated skeletons of cows and other large creatures.

31. Letter from James D. Watson to his parents, November 4, 1951, WFAT, "Letters to Family, Cambridge, October 1951 – August 1952."
32. Anne Sayre, *Rosalind Franklin and DNA* (New York: Norton, 1975), 131.
33. "The Race for the Double Helix," documentary television program, narrated by Isaac Asimov, *Nova*, PBS, March 7, 1976.
34. Watson, *The Double Helix*, 31 – 32.
35. Watson, *The Double Helix*, 13.
36. Watson. *The Double Helix*, 34.
37. Watson, *The Double Helix*, 34.
38. Watson, *The Double Helix*, 36.
39. Watson, *The Double Helix*, 37.
40. Crick, *What Mad Pursuit*, 65.
41. Watson, *The Double Helix*, 43.
42. Victor K. McElheny, *Watson and DNA: Making a Scientific Revolution* (New York: Perseus, 2003), 40.
43. Watson, *The Double Helix*, 37.

12. 프랭클린과 윌킨스

1. Horace Judson interview with Maurice Wilkins, March 12, 1976, HFJP.
2. Muriel Franklin, "Rosalind," privately printed obituary pamphlet, 16 – 17, RFP, "Articles and Obituaries," FRKN 6/6.
3. In the decade after the Second World War, there were approximately 400,000 Jews in Great Britain, compared to roughly 300,000 in 1933—the result of refugee migration. George Orwell, "Anti-Semitism in Britain," *Contemporary Jewish Record*, April 1945, reprinted in George Orwell, *Essays* (New York: Everyman's Library/ Knopf, 2002), 847 – 56; Eli Barnavi, *A Historical Atlas of the Jewish People: From the Time of the Patriarchs to the Present* (New York: Schocken, 1992); United States Holocaust Memorial Museum, "Jewish Population of Europe in 1933: Population Data by Country," *Holocaust Encyclopedia*, https://encyclopedia.ushmm.org/content/en/article/jewish-population-of-europe-in-1933-population-data-by-country.
4. Horace Judson interview with John Kendrew, November 11, 1975, HFJP.
5. Anne Sayre interview with Francis Crick, June 16, 1970, ASP, box 2, folder 9.
6. Anne Sayre interview with Geoffrey Brown, May 12, 1970, ASP, box 2,

folder 3.
7. Horace Judson interview with Raymond Gosling, July 21, 1975, HFJP.
8. Raymond Gosling interview in "The Secret of Photo 51," documentary television program, *Nova*, PBS, April 22, 2003, https://www.pbs.org/wgbh/nova/transcripts/3009_photo51.html.
9. Anne Sayre interview with Raymond Gosling, May 18, 1970, ASP, box 4, folder 2.
10. Anne Sayre interview with Maurice Wilkins, June 15, 1970, 18, ASP, box 4, folder 32.
11. Letter from Maurice Wilkins to Horace Judson, July 12, 1976, HFJP.
12. Brenda Maddox, *Rosalind Franklin: The Dark Lady of DNA* (New York: HarperCollins, 2002), 146.
13. Author interview with Jenifer Glynn, May 7, 2018.
14. Horace Freeland Judson, *The Eighth Day of Creation: Makers of the Revolution in Biology* (Cold Spring Harbor, NY: Cold Spring Harbor Laboratory Press, 2013), 82–83; Maddox, *Rosalind Franklin*, 129.
15. Naomi Attar, "Raymond Gosling: The Man Who Crystallized Genes," *Genome Biology* 14 (2013): 402.
16. Raymond G. Gosling, "X-ray Diffraction Studies with Rosalind Franklin," in Seweryn Chomet, ed., *Genesis of a Discovery* (London: Newman Hemisphere, 1995), 43–73, quote is on 52.
17. Wilkins, *The Third Man of the Double Helix*, pp. 129–30.
18. Wilkins, *The Third Man of the Double Helix*, 130.
19. Wilkins, *The Third Man of the Double Helix*, 130.
20. Wilkins, *The Third Man of the Double Helix*, 132. He later claimed to have found the exchange amusing and the result of "not having had the advantage of living in post-war Paris where food was not rationed as it had been in Britain." In contrast to those living elsewhere, he had simply "forgotten what real cream was like." Rationing was not limited to Britain. Even as late as 1949 to 1950, "World War II still cast a shadow over France. Heat and hot water were scarce; baths were limited to once a week. Everyone . . . had a ration card for coffee and sugar"; Ann Mah, "After She Had Seen Paris," *New York Times*, June 30, 2019, TR1. See also Alice Kaplan, *Dreaming in French: The Paris Years of Jacqueline Bouvier Kennedy, Susan Sontag, and Angela Davis* (Chicago: University of Chicago Press, 2012), 7–80.
21. Wilkins, *The Third Man of the Double Helix*, 133. He recalled that at this time, "In any case my interests were fairly heavily occupied by Edel [Lange], whom I visited that summer at her family home in Berlin."

22. Judson, *The Eighth Day of Creation*, 626 – 27; see also Horace Judson interview with Sylvia Jackson, June 30, 1976, HFJP, "Women at King's College."
23. Anne Sayre, *Rosalind Franklin and DNA* (New York: Norton, 1975), 76 – 107; Maddox, *Rosalind Franklin*, 127 – 28, 134. Watson claims that Franklin was angry because "the women's combination room remained dingily pokey whereas money had been spent to make life agreeable for [Maurice] and his friends when they had their morning coffee": Watson, *The Double Helix*, 15.
24. Anne Sayre interview with Raymond Gosling, May 18, 1970, ASP, box 4, folder 2.
25. Margaret Wertheim, *Pythagoras's Trousers: God, Physics, and the Gender War* (New York: Norton, 1997), 12; Maddox, *Rosalind Franklin*, 134.
26. Letter from Maurice Wilkins to Horace Judson, April 28, 1976, HFJP.
27. As the King's MRC unit's Senior Biological Advisor, Fell "came in every week to give an experienced ear and council to each research team." Judson, *The Eighth Day of Creation*, 625 – 26; Horace Judson interview with Dame Honor Fell, January 28, 1977, HFJP, "Women at King's College."
28. They were Dr. E. Jean Hanson, Dr. Angela Martin Brown, Dr. Marjorie B. M'Ewan, Miss M. I. Pratt, Dr. Rosalind Franklin, Miss Pauline Cowan Harrison, Miss J. Towers, Dr. Mary Fraser, and a lab technician named Sylvia Fitton Jackson, who had published papers and later took a PhD degree at Randall's urging. Judson interviewed or corresponded with seven of these women; the transcripts of his interviews, and letters from the interviewees, are filed in HFJP under "Women at King's College" (Brown, Fell, Harrison, Jackson, North). Franklin and Hanson had died when he began his research, and he was unable to trace Miss Towers. He corresponded with M'Ewan but did not interview her in person. I am deeply indebted to Charles Griefenstein, chief archivist at the American Philosophical Society, for unsealing these critical documents for my review. See also Judson, *The Eighth Day of Creation*, 625 – 26; Maddox, *Rosalind Franklin*, 137; MRC Biophysics/Biophysics Research Unit, King's College London, PP/HBF/C.10, box 4, and MRC Biophysics/Biophysics Research Unit, King's College London, PP/HBF/C.11, box 4, Honor Fell Papers, Wellcome Library, London.
29. Judson, *The Eighth Day of Creation*, 626.
30. Sayre, *Rosalind Franklin and DNA*, 96 – 97. Sayre notes that, as of 1971, Wilkins had never directed a female PhD student at King's College (107).
31. Robert Olby, *The Path to the Double Helix* (Seattle: University of Washington Press, 1974), 331; W. E. Seeds and M. H. F. Wilkins, "A Simple Reflecting Microscope," *Nature* 164 (1949): 228 – 29; W. E. Seeds and M. H. F.

Wilkins, "Ultraviolet Micrographic Studies of Nucleoproteins and Crystals of Biological Interest," *Discussions of the Faraday Society* 9 (1950): 417–23; M. H. F. Wilkins, R. G. Gosling and W. E. Seeds, "Physical Studies of Nucleic Acid," *Nature* 167 (1951): 759–60; M. H. F. Wilkins, W. E. Seeds, A. R. Stokes, H. R. Wilson, "Helical Structure of Crystalline Deoxypentose Nucleic Acid," *Nature* 172 (1953): 759–62.

32. Maddox, *Rosalind Franklin*, 160.
33. Maddox, *Rosalind Franklin*, 160, 256. Other of Seeds's nicknames included "Uncle" for Wilkins and "Aunty" for Honor Fell. He called Stokes "Archangel Gabriel."
34. Maddox, *Rosalind Franklin*, 288.
35. Maddox, *Rosalind Franklin*, 160, 288. Maddox notes that "she would accept 'Ros'" from close friends and family members. She also notes that some women friends, such as the Reuters journalist Rosanna Groarke, would "routinely, although no one else did, refer to her as 'Rosie.'"
36. Anne Sayre interview with Maurice Wilkins, June 15, 1970, ASP, box 4, folder 32.
37. Maddox, *Rosalind Franklin*, 160–61.
38. Maddox, *Rosalind Franklin*, 146.
39. Sayre, *Rosalind Franklin and DNA*, 102–3.
40. Anne Sayre interview with Raymond Gosling, May 18, 1970, ASP, box 4, folder 2.
41. Author interview with Jenifer Glynn, May 7, 2018.
42. Sayre, *Rosalind Franklin and DNA*, 105.
43. Letter from Mary Fraser to Horace Judson, August 22, 1978, HFJP, "Women at King's College."
44. Letter from Marjorie M'Ewan to Horace Judson, September 15, 1976, HFJP, "Women at King's College;" Judson, *The Eighth Day of Creation*, 625–26.
45. Anne Sayre interview with Raymond Gosling, May 18, 1970, ASP, box 4, folder 2; Sayre, *Rosalind Franklin and DNA*, 102–3.
46. Maddox, *Rosalind Franklin*, 145–47. She said to her former laboratory mate Vittorio Luzzati, of Wilkins, "He's so middle-class, Vittorio!"
47. In the coming months, after she obtained the proper camera setup, Franklin showed that "the lengthening of the DNA fibers was the same as the increase in the periodicity of the diffraction pattern," and "the change of fiber length resulted from the helices of DNA partially uncoiling and lengthening": Wilkins, The Third Man of the Double Helix, 134. See also Sayre, *Rosalind Franklin and DNA*, 103–4.

48. Sayre, *Rosalind Franklin and DNA*, 104.
49. Wilkins, *The Third Man of the Double Helix*, 134–35.
50. Maddox, *Rosalind Franklin*, 144.
51. Sayre, *Rosalind Franklin and DNA*, 104.
52. Anne Sayre interview with Maurice Wilkins, June 15, 1970, ASP, box 4, folder 32.
53. Wilkins, *The Third Man of the Double Helix*, 134–35.
54. Olby, *The Path to the Double Helix*, 341.
55. Wilkins, *The Third Man of the Double Helix*, 142.
56. Wilkins, *The Third Man of the Double Helix*, 142–43.
57. Letter from John Randall to Rosalind Franklin, December 4, 1950, JRP, RNDL 3/1/6.
58. Maddox, *Rosalind Franklin*, 150.
59. Wilkins, *The Third Man of the Double Helix*, 150–51.
60. Letter from Maurice Wilkins to Rosalind Franklin, July 1951, MWP, K/PP178/3/9.
61. Prime Minister Neville Chamberlain's disastrous policy of appeasement with Hitler was articulated in his infamous "Peace for our Time" speech, September 30, 1938. Anne Sayre interview with Maurice Wilkins, June 15, 1970, 11–12, ASP, box 4, folder 32.
62. Anne Sayre interview with Maurice Wilkins, June 15, 1970, 5, ASP, box 4, folder 32.
63. Wilkins, *The Third Man of the Double Helix*, 157–58.
64. Wilkins, *The Third Man of the Double Helix*, 156.
65. Letter from Muriel Franklin to Anne Sayre, November 23, 1969, ASP, box 2, folder 15.1.
66. Letter from Rosalind Franklin to Adrienne Weill, October 21, 1941, ASP, box 3, folder 1.

13. 프랭클린과 왓슨의 첫 만남

1. James D. Watson, *The Double Helix: A Personal Account of the Discovery of the Structure of DNA, edited by Gunther Stent* (New York: Norton, 1980), 14. The term "bluestocking," for an intellectual or literary woman, originates with a mid- to late-eighteenth-century cohort of British feminists who were members of the Blue Stockings Society, which emphasized education, social cooperation, and the pursuit of intellectual accomplishments. Many of the women in the society were not wealthy enough to afford silk stockings or fancy clothes and, instead, wore worsted wool ones. See Gary Kelly, ed.,

Bluestocking Feminism: *Writings of the Bluestocking Circle, 1738–1785*, 6 vols. (London: Pickering & Chatto, 1999).

2. Letter from Muriel Franklin to Anne Sayre, undated, mid-April to early May 1970 (certainly after the publication of Watson's *The Double Helix*), ASP, box 2, folder 15.1.
3. Brenda Maddox, *Rosalind Franklin: The Dark Lady of DNA* (New York: HarperCollins, 2002), 138.
4. Letter from Anne Sayre to Gertrude Clark Dyche, June 28, 1978, ASP, box 7, "Post- Publication Correspondence A – E"; Maddox, *Rosalind Franklin*, 52 – 53, 138 – 39.
5. Muriel Franklin, "Rosalind," 16, privately printed obituary pamphlet, RFP, "Articles and Obituaries," FRKN 6/6. Brenda Maddox in *Rosalind Franklin* (138) describes the flat as having four rooms; Jenifer Glynn noted in an interview with the author, May 7, 2018, that there was one bedroom, a living/dining room, a full bathroom, and a kitchen.
6. Maddox, *Rosalind Franklin*, 139-140; Anne Sayre interview with Mrs. Simon Altmann, May 15, 1970, ASP, box 2, folder 2; Anne Sayre interview with Geoffrey Brown, May 12, 1970, ASP, box 2, folder 3.
7. Meteorological Office, United Kingdom, *British Rainfall, 1951. The 91st Annual Volume of the British Rainfall Organization. Report on the Distribution of Rain in Space and Time Over Great Britain and Northern Ireland During the 1951 as Recorded by About 5,000 Observers* (London: Her Majesty's Stationery Office, 1953), 17 – 18, 81 – 82.
8. Horace Judson interview with Raymond Gosling, July 21, 1975, HFJP.
9. Muriel Franklin, "Rosalind," 10; Maddox, *Rosalind Franklin*, 21.
10. Letter from Muriel Franklin to Anne Sayre, undated, probably mid-April to early May, 1970 (certainly after the publication of Watson's *The Double Helix*), ASP, box 2, folder 15.1.
11. King's College, London, "Strand Campus: Self-Guided Tour," pamphlet, 2; correspondence from Ben Barber, King's College, London, Archives, to the author, July 19, 2019. The building was designed by the architect Sir Robert Smirk, who also drew up plans for portions of the British Museum and the Royal Opera House at Covent Garden.
12. Maddox, *Rosalind Franklin*, 135, 255 – 56.
13. Maurice Wilkins, *The Third Man of the Double Helix* (Oxford: Oxford University Press, 2003), 163.
14. Robert Olby, The Path to the Double Helix (Seattle: University of Washington Press, 1974), 348.

15. Horace Judson interview with Alexander Stokes, August 11, 1976, HFJP. Wilkins recalled this lecture in his 2003 memoir even more hazily: "I don't think he attempted to link his work with Rosalind's new B pattern." This is a puzzling comment because if Stokes gave his talk before Franklin, it appears unlikely that he would go off point to discuss her data. See Wilkins, *The Third Man of the Double Helix*, 163.
16. François Jacob, *The Statue Within: An Autobiography* (Cold Spring Harbor, NY: Cold Spring Harbor Laboratory Press, 1995), 264.
17. Horace Freeland Judson, *The Eighth Day of Creation: Makers of the Revolution in Biology* (Cold Spring Harbor, NY: Cold Spring Harbor Laboratory Press, 2013), 97.
18. Letter from James D. Watson to his parents, November 20, 1951, WFAT, "Letters to Family, Cambridge, October 1951 – August 1952."
19. Victor K. McElheny, *Watson and DNA: Making a Scientific Resolution* (New York: Perseus, 2003), 40.
20. Watson, *The Double Helix*, 44 – 45.
21. Watson, *The Double Helix*, 45.
22. Olby, *The Path to the Double Helix*, 316.
23. Watson, *The Double Helix*, 59.
24. Watson, *The Double Helix*, 45.
25. Wilkins, *The Third Man of the Double Helix*, 163 – 64.
26. Wilkins, *The Third Man of the Double Helix*, 164.
27. Anne Sayre interview with Maurice Wilkins, June 15, 1970, ASP, box 4, folder 32.
28. Letter from Maurice Wilkins to Robert Olby, December 18, 1972 (returning the author's manuscript chapters 19, 20, 21, with annotations), quoted in Olby, *The Path to the Double Helix*, 350. Olby is highly skeptical of this claim and, following the quote, writes, "But these speculations were limited and they were supported by her realization that she had to do with near-hexagonal packing, indicative of cylindrical molecules. Surely she had every reason to refer to this feature and its significance in her talk?"
29. Letter from Maurice Wilkins to Horace Judson, April 28, 1976, HFJP.
30. Wilkins, *The Third Man of the Double Helix*, 163 – 64; see also letter from Maurice Wilkins to Robert Olby, December 18, 1972, quoted in Olby, *The Path to the Double Helix*, 350.
31. Horace Judson interview with Alexander Stokes, August 11, 1976, HFJP.
32. Rosalind Franklin, Colloquium, November 1951, RFP, FRKN 3/2; Rosalind Franklin, "Interim Annual Report: January 1, 1951 – January 1, 1952,"

Wheatstone Laboratory, King's College, London, February 7, 1952, RFP, FRKN 4/3; Rosalind Franklin DNA research notebooks, September 195–May 1953, RFP, FRKN 1/1.

33. Watson, *The Double Helix*, 45; Judson, *The Eighth Day of Creation*, 98.
34. Anne Sayre interview with Raymond Gosling, May 18, 1970, ASP, box 4, folder 2.
35. Franklin, Colloquium, November 1951.
36. Aaron Klug, "Rosalind Franklin and the Discovery of the Structure of DNA," *Nature* 219, no. 5156 (1968): 808–10, 843–44; Aaron Klug, "Rosalind Franklin and the Double Helix," *Nature* 248 (1974): 787–88.
37. C. Harry Carlisle, "Serving My Time in Crystallography at Birkbeck: Some Memories Spanning 40 Years." Unpublished lecture, partly delivered as a valedictory lecture at Birkbeck College, May 30, 1978. Birkbeck College, University of London Library and Repository Services. I am indebted to Sarah Hall and Emma Illingworth for helping me to find this manuscript.
38. Franklin, Colloquium, November 1951.
39. At this point in time, the terms "spiral" and "helical" were often used interchangeably. Franklin, Colloquium, November 1951.
40. Franklin, Colloquium, November 1951; Franklin, "Interim Annual Report."
41. Franklin, Colloquium, November 1951.
42. Franklin, Colloquium, November 1951; see also Sayre, *Rosalind Franklin and DNA, 127–29; Judson, The Eighth Day of Creation*, 98.
43. Franklin, "Interim Annual Report."
44. Judson, *The Eighth Day of Creation*, 100.
45. Horace Judson interview with Max Perutz, February 15, 1975, HFJP.
46. Horace Judson interview with Max Perutz, February 15, 1975, HFJP; see also Judson, *The Eighth Day of Creation*, 101–2.
47. Horace Judson interview with Max Perutz, February 15, 1975, HFJP; see also Judson, *The Eighth Day of Creation*, 102.
48. Horace Judson interview with Max Perutz February 15, 1975, HFJP; see also Judson, *The Eighth Day of Creation*, 102–3.
49. Horace Judson interview with Max Perutz, February 15, 1975; see also Judson, *The Eighth Day of Creation*, 102–3.
50. Watson, *The Double Helix*, 45.
51. Eugene Fodor and Frederick Rockwell, *Fodor's Guide to Britain and Ireland, 1958* (New York: David McKay, 1958), 122; British Library Learning Timelines: Sources from History, "Chinese Food, 1950s: Oral History with Wing Yip, Asian Food Restaurateur in London, 1950s and 1960s," http://www.

bl.uk/learning/timeline/item107673.html.

52. Watson, *The Double Helix*, 46.
53. Watson, *The Double Helix*, 46.
54. Watson, *The Double Helix*, 46.
55. Judson, *The Eighth Day of Creation*, 102–3.
56. Watson, *The Double Helix*, 46.
57. Watson, *The Double Helix*, 48.

14. 옥스퍼드의 꿈꾸는 첨탑

1. Matthew Arnold, "Thyrsis: A Monody, to Commemorate the Author's Friend, Arthur Hugh Clough," https://www.poetryfoundation.org/poems/43608/thyrsis-a-monody-to-commemorate-the-authors-friend-arthur-hugh-clough.
2. Fleming discovered the mold *Penicillin notatum* in 1928, but it was thirteen years before Howard Florey, Ernst Chain, and their team at Oxford University were able to mass-produce the antibiotic for wide-scale use. The three shared the 1945 Nobel Prize in Physiology or Medicine. See Eric Lax, *The Mold in Dr. Florey's Coat: The Story of the Penicillin Miracle* (New York: Henry Holt, 2004); Howard Markel, "Shaping the Mold, from Lab Glitch to Life Saver," *New York Times*, April 20, 2004, D6.
3. Georgina Ferry, *Dorothy Hodgkin: A Life* (London: Granta, 1998); Guy Dodson, "Dorothy Mary Crowfoot Hodgkin, O.M., 12 May 1910–29 July 1994," *Biographical Memoirs of Fellows of the Royal Society* 48 (2002): 179–219; Dorothy Crowfoot, Charles W. Bunn, Barbara W. Rogers-Low, and Annette Turner-Jones, "X-ray crystallographic investigation of the structure of penicillin," in H. Y. Clarke, J. R. Johnson, and R. Robinson, eds., *The Chemistry of Penicillin* (Princeton: Princeton University Press, 1949), 310–67.
4. W. Cochran and F. H. C. Crick, "Evidence for the Pauling–Corey α-Helix in Synthetic Polypeptides," Nature 169, no. 4293 (1952): 234–35; W. Cochran, F. H. C. Crick, and V. Vand, "The structure of synthetic peptides. I. The transform of atoms on a helix," *Acta Crystallographica* 5 (1952): 581–86.
5. James D. Watson, *The Double Helix: A Personal Account of the Discovery of the Structure of DNA*, edited by Gunther Stent (New York: Norton, 1980), 48.
6. Vand received his doctorate in physics and astrophysics from Charles University in Prague. After a few industrial jobs, first for the Skoda automo-

bile works and then Lever Brothers, he was a research fellow at Glasgow University and ultimately a professor of physics at Pennsylvania State. He died on April 4, 1968, at the age of fifty-seven. See "Vladimir Vand, Pennsylvania State Crystallographer Dies," *Physics Today* 21, no. 7 (July 1, 1968): 115.

7. Robert Olby interview with Francis Crick, March 8, 1968, HFJP; Watson, *The Double Helix*, 41.
8. Watson, *The Double Helix*, 41.
9. Watson, *The Double Helix*, 41.
10. Watson, *The Double Helix*, 43.
11. Robert Olby interview with Francis Crick, March 8, 1968, HFJP.
12. *Wine Tasting: Vintage 1949*, mimeographed announcement, October 31, 1951, FCP, PP/CRI/H/1/42/6, box 73.
13. Watson, *The Double Helix*, 43.
14. Watson, *The Double Helix*, 43; Cochran and Crick, "Evidence for the Pauling–Corey α-Helix in Synthetic Polypeptides"; Cochran, Crick, and Vand, "The structure of synthetic peptides."
15. Watson, *The Double Helix*, 43.
16. Horace Judson interview with Max Perutz, February 15, 1975, HFJP; Horace Freeland Judson, *The Eighth Day of Creation: Makers of the Revolution in Biology* (Cold Spring Harbor, NY: Cold Spring Harbor Laboratory Press, 2013), 100–3, quote is on 101.
17. Horace Judson interview with Max Perutz, February 15, 1975, HFJP; Judson, *The Eighth Day of Creation*, 101. With respect to DNA, the "spot" at 3.4 Ångstroms (the same smudge described by William Astbury in 1939 and which Rosalind Franklin detected in her 1952 photographs) sits at the outside edge of the molecule. It diffracts X-rays so well because the nucleotide bases—especially the phosphorus atoms, which are the heaviest elements of those nucleotides—repeat along the helix at that interval. In a voice that defined the geometric expression "Q.E.D.," (*quod erat demonstrandum*, or "that which was to be demonstrated"), Perutz added with a flourish what became crystal clear to Watson and Crick in February 1953: "It's the same principle as the 1.5 Ångstrom spot I found in the alpha helix, beyond where people had looked before. The fact that in DNA the bases are stacked in the helix parallel to each other at that 3.4 Ångstrom distance makes the spots more intense."
18. Maurice Wilkins, *The Third Man of the Double Helix* (Oxford: Oxford University Press, 2003), 160; the description of the November 22, 1951,

colloquium is on 160–64. See also Michael Fry, *Landmark Experiments in Molecular Biology* (Amsterdam: Academic Press, 2016), 181. Stokes told Wilkins about his insight and Wilkins shared it with Crick, around the same time Crick and Cochran came to their own conclusions. Stokes never published his theory, but the Cochran, Crick, and Vand paper acknowledges that the theory "was also derived independently and almost simultaneously by Dr. A. R. Stokes (private communication)." See Cochran, Crick, and Vand, "The structure of synthetic peptides," 582. See also James D. Watson, *The Annotated and Illustrated Double Helix*, edited by Alexander Gann and Jan Witkowski (New York: Simon and Schuster, 2012), 90.

19. Wilkins, *The Third Man of the Double Helix*, 161.
20. Ferry, *Dorothy Hodgkin*, 275. Dunitz was a research fellow in Hodgkin's laboratory at the time and later became a professor at the Swiss Federal Institute of Technology in Zurich.
21. Ferry, *Dorothy Hodgkin*, 275–76.
22. Author interview with James D. Watson (no. 2), July 24, 2018.
23. Watson, *The Double Helix*, 45.
24. Watson, *The Double Helix*, 49.
25. Watson, *The Double Helix*, 48.
26. Watson, *The Double Helix*, 49.
27. Watson, *The Double Helix*, 49.
28. Watson, *The Double Helix*, 49.
29. Peter Pauling, "DNA: The Race That Never Was?," *New Scientist* 58 (May 31, 1973): 558–60.
30. W. L. Bragg, J. C. Kendrew, and M. F. Perutz, "Polypeptide Chain Configurations in Crystalline Proteins," *Proceedings of the Royal Society of London A: Mathematical and Physical Sciences* 203, no. 1074 (October 10, 1950): 321–57; L. C. Pauling, R. B. Corey, and H. R. Branson, "The structure of proteins; two hydrogen-bonded helical configurations of the polypeptide chain," *Proceedings of the National Academy of Sciences* 37, no. 4 (1951): 205–11.
31. Watson, *The Double Helix*, 49.
32. Rosalind Franklin, Colloquium, November 1951. RFP, FRKN 3/2.
33. Watson, *The Double Helix*, 51.
34. Jenny Pickworth Glusker, "ACA Living History," *ACA [American Crystallographic Association] Reflections* 4 (Winter 2011): 6–10; Ian Hesketh, *Of Apes and Ancestors: Evolution, Christianity, and the Oxford Debate* (Toronto: University of Toronto Press, 2009).

35. Ferry, *Dorothy Hodgkin*, 63, 106.
36. Samanth Subramanian, *A Dominant Character: The Radical Science and Restless Politics of J. B. S. Haldane* (New York: Norton, 2020); Claude Gordon Douglas, "John Scott Haldane, 1860–1936," *Biographical Memoirs of Fellows of the Royal Society* 2, no. 5 (December 1, 1936): 115–39.
37. Watson, *The Double Helix*, 52.
38. Letter from James D. Watson to Elizabeth Watson, November 28, 1951, WFAT, "Letters to Family, Cambridge, October 1951–August 1952." "Apparently the family is very rich. They have a mansion in Scotland. There is a chance I may be invited for Christmas." Elizabeth was in Copenhagen in the weeks before Christmas and told her jealous brother she was being "pursued by a Dane," who was an actor; "sensing impending disaster," Watson asked Mitchison if she could come along as well. Watson, *The Double Helix*, 63; author interview with James D. Watson (no. 2), July 24, 2018.
39. Letter from James D. Watson to Max and Manny Delbrück, December 9, 1951, MDP, box 23, folder 20.

15. 왓슨과 크릭의 삼중나선 모형 제작

1. Horace Judson interview with Raymond Gosling, July 21, 1975, HFJP.
2. Author interview with James D. Watson (no. 3), July 25, 2018; James D. Watson, *The Double Helix: A Personal Account of the Discovery of the Structure of DNA*, edited by Gunther Stent (New York: Norton, 1980), 48.
3. Watson, *The Double Helix*, 52.
4. Watson, *The Double Helix*, 53.
5. Anne Sayre, *Rosalind Franklin and DNA* (New York: Norton, 1975), 131.
6. Letter from Dorothy Hodgkin to David Sayre, January 7, 1975, ASP, box 4, folder 7; Sayre, *Rosalind Franklin and DNA*, 134. Anne Sayre's husband, David, was a crystallographer who at one time worked with Hodgkin.
7. Sayre, *Rosalind Franklin and DNA*, 134.
8. Letter from Dorothy Hodgkin to David Sayre, January 7, 1975, ASP, box 4, folder 7; a slightly misquoted version of Hodgkin's observation appears in Brenda Maddox, *Rosalind Franklin: The Dark Lady of DNA* (New York: HarperCollins, 2002), 178–79.
9. Watson, *The Double Helix*, 53.
10. Watson, *The Double Helix*, 53.
11. Watson, *The Double Helix*, 53.
12. Watson, *The Double Helix*, 53.
13. Margaret Bullard, A Perch in Paradise (London: Hamish Hamilton, 1952);

James D. Watson, *The Annotated and Illustrated Double Helix*, edited by Alexander Gann and Jan Witkowski (New York: Simon and Schuster, 2012), 82. Bertrand Russell was one of the people characterized in Bullard's novel; see Kenneth Blackwell, "Two Days in the Dictation of Bertrand Russell," *Russell: The Journal of the Bertrand Russell Archives* 15 (new series, Summer 1995): 37–52.

14. Watson, *The Double Helix*, 53.
15. Watson, *The Double Helix*, 53.
16. Horace Freeland Judson, *The Eighth Day of Creation: Makers of the Revolution in Biology* (Cold Spring Harbor, NY: Cold Spring Harbor Laboratory Press, 2013), 118.
17. Watson, *The Double Helix*, 55.
18. Watson, *The Double Helix*, 56.
19. Watson, *The Double Helix*, 42, 57.
20. Francis Crick, *What Mad Pursuit: A Personal View of Scientific Discovery* (New York: Basic Books, 1988), 35.
21. Francis Crick and James D. Watson, "A Structure of Sodium Thymonucleate: A Possible Approach," 1951, FCP, PP/CRI/H/1/42/1, box 72. Thymonucleate is the sodium salt of DNA extracted from calves' thymus.
22. Watson, *The Double Helix*, 57.
23. Wilkins, *The Third Man of the Double Helix*, 164–65.
24. Wilkins, *The Third Man of the Double Helix*, 165.
25. Wilkins, *The Third Man of the Double Helix*, 165–66; J. M. Gulland, D. O. Jordan, and C. J. Threlfall, "212. Deoxypentose Nucleic Acids. Part I. Preparation of the Tetrasodium Salt of the Deoxypentose Nucleic Acid of Calf Thymus," *Journal of the Chemical Society* 1947: 1129–30; J. M. Gulland, D. O. Jordan, and H. F. W. Taylor. "213. Deoxypentose Nucleic Acids. Part II. Electrometric Titration of the Acidic and the Basic Groups of the Deoxypentose Nucleic Acid of Calf Thymus," *Journal of the Chemical Society* 1947: 1131–41; J. M. Creeth, J. M. Gulland, and D. O. Jordan, "214. Deoxypentose Nucleic Acids. Part III. Viscosity and Streaming Birefringence of Solutions of the Sodium Salt of the Deoxypentose Nucleic Acid Thymus," *Journal of the Chemical Society* 1947: 1141–45.
26. Sven Furberg, "An X-ray study of some nucleosides and nucleotides," PhD diss., University of London, 1949; Sven Furberg, "On the Structure of Nucleic Acids," *Acta Chemica Scandinavica* 6 (1952): 634–40.
27. Watson adds, "But not knowing the details of the King's College experiments, [Furberg] built only single-stranded structures, and so his structural

ideas were never seriously considered in the Cavendish." *The Double Helix*, 54.

28. Wilkins, *The Third Man of the Double Helix*, 166.
29. Wilkins, *The Third Man of the Double Helix*, 166.
30. Rosalind Franklin, "Interim Annual Report: January 1, 1951 – January 1, 1952," Wheatstone Laboratory, King's College, London, February 7, 1952. RFP, FRKN 4/3.
31. Wilkins, *The Third Man of the Double Helix*, 166; Rosalind Franklin, Colloquium, November 1951, RFP, FRKN 3/2; Franklin, "Interim Annual Report."
32. Watson, *The Double Helix*, 58.
33. Wilkins, *The Third Man of the Double Helix*, 171.
34. Watson, *The Double Helix*, 58.
35. Watson, *The Double Helix*, 58.
36. Watson, *The Double Helix*, 58.
37. Watson, *The Double Helix*, 59.
38. Robert Olby, *Francis Crick: Hunter of Life's Secret*s (Cold Spring Harbor, NY: Cold Spring Harbor Laboratory Press, 2009), 134. Olby uses the script of the 2003 BBC documentary *Double Helix: The DNA Story* as his source for Franklin's "tickled pink" mood and exclamation.
39. Gosling wrote these comments to the editors in a letter dated January 28, 2012; see Watson, *The Annotated and Illustrated Double Helix*, 91.
40. Watson, *The Double Helix*, 59.
41. Watson, *The Double Helix*, 59; Olby, Francis Crick, 135.
42. Robert Olby, *The Path to the Double Helix* (Seattle: University of Washington Press, 1974), 362.
43. Judson, *The Eighth Day of Creation*, 106 – 7.
44. "The Race for the Double Helix," documentary television program, narrated by Isaac Asimov, Nova, PBS, March 7, 1976.
45. Watson, *The Double Helix*, 59.
46. Watson, *The Double Helix*, 59; see also Wilkins, *The Third Man of the Double Helix*, 171 – 75; Crick, *What Mad Pursuit*, 65; Judson, *The Eighth Day of Creation*, 105 – 7; Olby, *The Path to the Double Helix*, 357 – 63.
47. Author interviews with James D. Watson (nos. 1 and 2), July 23 and 24, 2018.
48. Watson, *The Double Helix*, 60 – 61.
49. Wilkins, *The Third Man of the Double Helix*, 173 – 75.
50. Brenner shared the 2002 Nobel Prize in Physiology or Medicine with H.

Robert Horvitz and John E. Sulston, "for their discoveries concerning genetic regulation of organ development and programmed cell death." I am grateful to professors Alexander Gann and Jan Witkowski at the Cold Spring Harbor Laboratory for their work in restoring these once lost letters to the historical record and their generosity in discussing them with me. See A. Gann and J. Witkowski, "The Lost Correspondence of Francis Crick," *Nature* 467, no. 7315 (September 30, 2010): 519–24. The thirty-four letters, which date from 1951 to 1964, can be found at in the Cold Spring Harbor Laboratory Archives Repository, Cold Spring Harbor, NY, SB/11/1/177, http://libgallery.cshl.edu/items/show/52125.

51. Letter from Maurice Wilkins to Francis Crick, December 11, 1951, Cold Spring Harbor Laboratory Archives Repository, SB/11/1/177. Quoted with permission.
52. Letter from Maurice Wilkins to Francis Crick, December 11, 1951, Cold Spring Harbor Laboratory Archives Repository, SB/11/1/177. Quoted with permission.
53. Letter from Francis Crick to Maurice Wilkins, December 13, 1951. Cold Spring Harbor Laboratory Archives Repository, SB/11/1/177. Quoted with permission.
54. Wilkins says this event occurred in early December 1951; see Wilkins, *The Third Man of the Double Helix*, 170–71.
55. Wilkins, *The Third Man of the Double Helix*, 171.
56. Anne Sayre interview with Francis Crick, June 16, 1970, ASP, box 2, folder 9.
57. After leaving King's College for J. D. Bernal's laboratory at Birkbeck College in the spring of 1953, Rosalind Franklin would make great strides in TMV and virology research. See Rosalind Franklin and K. C. Holmes, "The Helical Arrangement of the Protein Sub-Units in Tobacco Mosaic Virus," *Biochimica et Biophysica Acta* 21, no. 2 (1956): 405–6; Rosalind Franklin and Aaron Klug, "The Nature of the Helical Groove on the Tobacco Mosaic Virus," *Biochimica et Biophysica Acta* 19, no. 3 (1956): 403–16; J. G. Shaw, "Tobacco Mosaic Virus and the Study of Early Events in Virus Infections," *Philosophical Transactions of the Royal Society B: Biological Sciences* 354, no. 1383 (1999): 603–11; A. N. Craeger and G. J. Morgan, "After the Double Helix: Rosalind Franklin's Research on Tobacco Mosaic Virus," Isis 99, no. 2 (2008): 239–72.
58. Patricia Fara, "Beyond the Double Helix: Rosalind Franklin's work on viruses," *Times Literary Supplement*, July 24, 2020, https://www.the-tls.co.uk/

articles/beyond-the-double-helix-rosalind-franklins-work-on-viruses/.
59. Watson, *The Double Helix*, 74.
60. Watson, *The Double Helix*, 74.
61. Watson, *The Double Helix*, 62.
62. Watson, *The Double Helix*, 67.
63. Watson, *The Double Helix*, 62.
64. Watson, *The Double Helix*, 62.
65. Letter from W. L. Bragg to A. V. Hill, January 18, 1952, A.V. Hill Papers, II 4/18, Churchill College Archives Centre, University of Cambridge.

4부 1952년, 이중나선으로부터 비켜선 사람들

1. Horace Judson interview with William Lawrence Bragg, January 28, 1971, HFJP.

16. 라이너스 폴링의 불운

1. This chapter title was taken from the title of an editorial that appeared in the *New York Times*, May 19, 1952, 16.
2. Linus Pauling, notarized statement, June 20, 1952, LAHPP, http://scarc.library.oregonstate.edu/coll/pauling/peace/papers/bio2.003.1-ts-19520620.html.
3. Thomas Hager, *Force of Nature: The Life of Linus Pauling* (New York: Simon and Schuster, 1995), 335-407, quote is on 358.
4. David Oshinsky, *A Conspiracy So Immense: The World of Joe McCarthy* (New York: Oxford University Press, 2005); Ellen Schrecker, *Many Are the Crimes: McCarthyism in America* (Princeton: Princeton University Press, 1999); Ellen Schrecker, *No Ivory Tower: McCarthysim and the Universities* (New York: Oxford University Press, 1986).
5. Hager, *Force of Nature*, 335-407; Victor Navasky, *Naming Names* (New York: Viking, 1980), 78-96, 169-78; "Statement by Prof. Linus Pauling, regarding clemency plea for Julius and Ethel Rosenberg," January 1953 (typescript), LAHPP; Helen Manfull, ed., *Additional Dialogue. Letters of Dalton Trumbo, 1942–1962* (New York: M. Evans/J. B. Lippincott, 1970), 172, 176, 191-92, 328.
6. James D. Watson, *The Double Helix: A Personal Account of the Discovery of the Structure of DNA*, edited by Gunther Stent (New York: Norton, 1980), 63.
7. Hager, *Force of Nature*, 357.
8. Robert Olby interview with Linus Pauling, November 1968, quoted in

Robert Olby, *The Path to the Double Helix* (Seattle: University of Washington Press, 1974), 376–77; see also Hager, *Force of Nature*, 397.

9. Letter from John Randall to Linus Pauling, August 28, 1951, LAHPP, http://scarc.library.oregonstate.edu/coll/pauling/dna/corr/sci9.001.2-randall-lp-19510828.html. Letter from Linus Pauling to John Randall, September 25, 1951, LAHPP, http://scarc.library.oregonstate.edu/coll/pauling/dna/corr/sci9.001.2-lp-randall-19510925.html.
10. *Life Story: Linus Pauling*, documentary film, BBC, 1997. Transcript and video clip in LAHPP, http://scarc.library.oregonstate.edu/coll/pauling/dna/audio/1997v.1-photos.html.
11. Olby, *The Path to the Double Helix*, 400.
12. Linus Pauling, "My Efforts to Obtain a Passport," *Bulletin of the Atomic Scientists* 8, no. 7 (October 1952): 253–56.
13. Ruth Bielaski married Frederick Shipley in 1909 and left government service when her husband was appointed a federal government administrator in the Panama Canal Zone. The couple had a son in 1911 but returned to Washington in 1914 after Fred contracted yellow fever and could no longer work. From 1912 to 1919, her brother, A. Bruce Bielaski, ran the U.S. Department of Justice's Bureau of Investigation, the forerunner to the FBI. It was through Bielaski's influence that Mrs. Shipley was given a much-needed job on the passport desk at the State Department. She declined the promotion to head of the passport office twice before finally accepting it in 1928. "Basic Passports," *Fortune* 32, no. 4 (October 1945): 123.
14. "Ogre," *Newsweek*, May 29, 1944, 38; "Sorry, Mrs. Shipley," *Time*, December 31, 1951, 15. The Subversive Activities Control Act of 1950, also known as the Internal Security Act of 1950, can be accessed at https://www.loc.gov/law/help/statutes-at-large/81st-congress/session-2/c81s2ch1024.pdf.
15. "Sorry, Mrs. Shipley." The *Time* cover that week featured a portrait of the comedian Groucho Marx, with the caption "Trademark: effrontery."
16. Andre Visson, "Ruth Shipley: The State Department's Watchdog," *Reader's Digest*, October 1951; 73–74 (condensed and reprinted from *Independent Woman*, August 1951); Richard L. Strout, "Win a Prize—Get a Passport," *New Republic*, November 28, 1955, 11–13.
17. "Woman's Place Also in the Office, Finds Chief of the Nation's Passport Division," *New York Times*, December 24, 1939, 22. See also Hager, *Force of Nature*, 335–407; Jeffrey Kahn, *Mrs. Shipley's Ghosts: The Right to Travel and Terrorist Watch Lists* (Ann Arbor: University of Michigan Press, 2013);

Jeffrey Kahn, "The Extraordinary Mrs. Shipley: How the United States Controlled International Travel Before the Age of Terrorism," *Connecticut Law Review* 43 (February 2011): 821–88; "Passport Chief to End Career; Mrs. Shipley Retiring After 47 Years in Government—Figured in Controversies," *New York Times*, February 25, 1955, 15; "Ruth B. Shipley, Ex-Passport Head, Federal Employee 47 Years Dies at 81 in Washington," *New York Times*, November 5, 1966, 29.

18. "Woman's Place Also in the Office."
19. "Mrs. Shipley Abdicates," editorial, *New York Times*, February 26, 1955, 14.
20. Luria, a leftist sympathizer, was refused a passport to travel to Oxford in April 1952 for a Society for General Microbiology symposium, at which he had been asked to give a paper on the highly apolitical topic of bacteriophage multiplication. His paper was read in absentia and included in the published proceedings of the meeting. Letter from James D. Watson to Elizabeth Watson, April 3, 1952, WFAT, "Letters to Family, Cambridge, October 1951–August 1952"; James D. Watson, *The Annotated and Illustrated Double Helix*, edited by Alexander Gann and Jan Witkowski (New York: Simon and Schuster, 2012), 121–24; S. E. Luria, "An Analysis of Bacteriophage Multiplication," in Paul Fieldes and W. E. Van Heyningen, eds., *The Nature of Virus Multiplication: Second Symposium for the Society of General Microbiology Held at Oxford University, April 1952* (Cambridge: Cambridge University Press, 1953). Luria also sent Watson a précis of the Hershey–Chase Waring blender experiment to be read at the Oxford conference; see letter from Horace Judson to Alfred D. Hershey, August 27, 1976, HFJP.
21. Letter from Ruth B. Shipley, U.S. State Department, to Linus Pauling, February 14, 1952, LAHPP, http://scarc.library.oregonstate.edu/coll/pauling/dna/corr/bio2.002.5-shipley-lp-19520214.html.
22. Biographer Thomas Hager investigated Pauling's State Department file through a Freedom of Information Act application and quotes this passage and others in *Force of Nature*, 401–3.
23. Hager, *Force of Nature*, 401.
24. 77th Congress of the United States, Public Law 77-671, 56 Stat 662, S.2404, enacted July 20, 1942: "To Create the Decorations to be Known as the Legion of Merit, and the Medal for Merit."
25. Letter from Linus Pauling to President Harry Truman, February 29, 1952. The letter is included in Pauling's State Department file and is quoted in Hager, *Force of Nature*, 401.
26. Hager, *Force of Nature*, 402.

27. Graham Berry oral history interview with Edward Hughes, 1984, California Institute of Technology Archives; Hager, *Force of Nature*, 401–4.
28. "Passport is Denied to Dr. Linus Pauling; Scientist Assails Action as 'Interference'," *New York Times*, May 12, 1952, 8; "Passport Denial Decried: British Scientists Score U.S. Action on Prof. Linus Pauling," *New York Times*, May 13, 1952, 10; "Dr. Pauling's Predicament"; "Linus Pauling and the Race for DNA," documentary film, *Nova*, PBS and Oregon State University, 1977, available at http://osulibrary.oregonstate.edu/specialcollections/coll/pauling/dna/audio/1977v.66.html.
29. Robert Robinson, letter to the editor, *The Times*, May 2, 1952; Hager, *Force of Nature*, 405. Robinson's letter is dated May 1, which, he admitted, was "possibly an unfortunate choice of day" to invite an accused Communist to speak at the Royal Society.
30. "Second International Congress of Biochemistry (July 21–27, 1952)," *Nature* 170, no. 4324 (1952): 443–44; Hager, *Force of Nature*, 405.
31. *Tech* (magazine of the California Institute of Technology), May 15, 1952, 1.
32. Ruth B. Shipley, internal memorandum, May 16, 1952, quoted in Hager, *Force of Nature*, 406.
33. "Dr. Pauling Gets Limited Passport. State Department Reverses Its Stand in Cases of Famed Caltech Scientist," *Los Angeles Times*, July 16, 1952, 20.
34. "Linus Pauling Day-by-Day," July 1952, Linus Pauling Special Collections, Oregon State University, Corvallis, OR, http://scarc.library.oregonstate.edu/coll/pauling/calendar/1952/07/index.html.
35. Hager, *Force of Nature*, 414–15.
36. *Life Story: Linus Pauling*, documentary film, BBC, 1997. Transcript and video clip in LAHPP, http://scarc.library.oregonstate.edu/coll/pauling/dna/audio/1997v.1-photos.html.

17. 샤르가프의 불운

1. Erwin Chargaff, "Preface to a Grammar of Biology," Science 172, no. 3984 (May 14,1971): 637–42, quote is on 639; Erwin Chargaff, *Heraclitean Fire: Sketches from a Life Before Nature* (New York: Rockefeller University Press, 1978), 81–82. The paper he refers to is O. T. Avery, C. M. Macleod, and M. McCarty, "Studies on the chemical nature of the substance inducing transformation of pneumococcal types. Induction of transformation by a desoxyribonucleic acid fraction isolated from pneumococcus Type II," *Journal of Experimental Medicine* 79 (1944): 137–58 (DNA was still referred to as desoxyribonucleic acid rather than deoxyribonucleic acid); the Cardinal

Newman book mentioned is John Henry Newman, *An Essay in Aid of the Grammar of Assent* (London: Burns, Oates, 1870).

2. Seymour S. Cohen, "Erwin Chargaff, 1905–2002," *Biographical Memoirs of the National Academy of Sciences* (Washington, DC: National Academy of Sciences, 2010), 5 (reprinted from *Proceedings of the American Philosophical Society* 148, no. 2 (2004): 221–28. See also Nicholas Wade, "Erwin Chargaff, 96, Pioneer in DNA Chemical Research," *New York Times*, June 30, 2002, 27; Nicole Kresge, Robert D. Simoni, and Robert L. Hill, "Chargaff's Rules: The Work of Erwin Chargaff," *Journal of Biological Chemistry* 280, no. 24 (2005): 172–74.
3. *Naturphilosophie* is a now obscure German theory of biology, nature, and mystical pantheism once adored by German academics. Chargaff, *Heraclitean Fire*, 15–16; Howard Markel, *An Anatomy of Addiction: Sigmund Freud, William Halsted, and the Miracle Drug, Cocaine* (New York: Pantheon, 2011), 21.
4. Chargaff, *Heraclitean Fire*, 16.
5. C. J. M., "Léon Charles Albert Calmette, 1863–1933," *Obituary Notices of Fellows of the Royal Society* 1 (1934): 315–25.
6. Chargaff, *Heraclitean Fire*, 52–54.
7. Chargaff first lived at 410 Central Park West: *Manhattan (New York) Telephone Directory, 1940* (New York: New York Telephone Co., 1939), 184. He later moved to 350 Central Park West: *National Academy of Sciences, National Academy of Engineering, Institute of Medicine, National Research Council: Annual Report, Fiscal Year, 1974–1975*, (Washington, DC: National Academy of Sciences), 213.
8. Chargaff, *Heraclitean Fire*, 39–40.
9. Chargaff, *Heraclitean Fire*, 84–85.
10. Chargaff, *Heraclitean Fire*, 85.
11. Chargaff, "Preface to a Grammar of Biology," 639.
12. Cohen, "Erwin Chargaff, 1905–2002," 8.
13. Ernst Vischer and Erwin Chargaff, "The Separation and Quantitative Estimation of Purines and Pyrimidines in Minute Amounts," *Journal of Biological Chemistry* 176 (1948): 703–14; Erwin Chargaff, "On the nucleoproteins and nucleic acids of microorganisms," *Cold Spring Harbor Symposia of Quantitative Biology* 12 (1947): 28–34; Erwin Chargaff and Ernst Vischer, "Nucleoproteins, nucleic acids, and related substances," *Annual Review of Biochemistry* 17 (1948): 201–26; Erwin Chargaff, "Chemical Specificity of Nucleic Acids and Mechanism of Their Enzymatic Degradation," *Experientia*

6 (1950): 201–9; Erwin Chargaff, "Some Recent Studies of the Composition and Structure of Nucleic Acids," *Journal of Cellular and Comparative Physiology* 38, suppl. I (1951): 41–59. See also Erwin Chargaff and J. N. Davidson, eds., *The Nucleic Acids: Chemistry and Biology*, 2 vols. (New York: Academic Publishers, 1955); Pnina Abir-Am, "From Biochemistry to Molecular Biology: DNA and the Acculturated Journey of the Critic of Science, Erwin Chargaff," *History and Philosophy of the Life Sciences* 2, no. 1 (1980): 3–60.

14. Chargaff, "Chemical Specificity of Nucleic Acid and Mechanism of Their Enzymatic Degradation."
15. Chargaff, *Heraclitean Fire*, 87.
16. Horace Freeland Judson, *The Eighth Day of Creation: Makers of the Revolution in Biology* (Cold Spring Harbor, NY: Cold Spring Harbor Laboratory Press, 2013), 75, see also 73–75, 117–21; Robert Olby, *Francis Crick: Hunter of Life's Secrets* (Cold Spring Harbor, NY: Cold Spring Harbor Laboratory Press, 2009), 140–43, 165–66.
17. Erwin Chargaff, "Amphisbanea," *Essays on Nucleic Acids* (New York: Elsevier, 1963), 174–99, quote is on 176; Chargaff, *Heraclitean Fire*, 140. The amphisbaena, from Greek mythology, is an ant-eating, double-headed serpent.
18. James D. Watson, *The Double Helix: A Personal Account of the Discovery of the Structure of DNA*, edited by Gunther Stent (New York: Norton, 1980), 74.
19. Watson, *The Double Helix*, 75.
20. Watson, *The Double Helix*, 75–76.
21. Watson, *The Double Helix*, 76.
22. Hermann Bondi and Thomas Gold, "The Steady State Theory of the Expanding Universe," *Monthly Notices of the Royal Astronomical Society* 109, no. 3 (1948): 252–70.
23. Watson, *The Double Helix*, 76. Self-replication, per se, was hardly a new hypothesis. Since, at least, the 1920s, several scientists, including Pauling and Delbrück, had speculated about a process where a complementary, negative-shaped molecule or structure fit precisely into a positive one. This molecular arrangement also allowed for an extant negative structure to act as a mold or template for a new positive image. Not all scientists agreed with the notion of complementarity: Hermann Muller and the German theoretical physicist Pascual Jordan argued that "like attracts like." See L. C. Pauling and M. Delbrück, "The Nature of the Intermolecular Operative in Biological Processes," *Science* 92, no. 2378 (1940): 77–99; Pascual Jordan, "Biologische Strahlen-

wirkung und Physik der Gene" (Biological Radiation and Physics of Genes), *Physikalische Zeitschrift* 39 (1938): 345–66, 711; Pascual Jordan, "Problem der spezifischen Immunität" (Problem of Specific Immunity), *Fundamenta Radiologica* 5 (1939): 43–56.

24. John Griffith—the nephew of Frederick Griffith, who conducted some of the first transforming principle experiments on pneumococcus—was outraged by Watson's "uncalled-for remarks" in *The Double Helix* (77). See John Lagnado, "Past Times: From Pablum to Prions (via DNA): A Tale of Two Griffiths," *Biochemist* 27, no. 4 (August 2005): 33–35, http://www.biochemist.org/bio/02704/0033/027040033.pdf.
25. Watson, *The Double Helix*, 77.
26. Watson claimed this meeting occurred in July, but Chargaff dates it to May 24–27, 1952, which is far more likely. Watson, *The Double Helix*, 77–78; Chargaff, Heraclitean Fire, 100.
27. Chargaff had aspirations for an endowed chair in Switzerland at this time, but it came to naught. Horace Freeland Judson, "Reflections on the Historiography of Molecular Biology," *Minerva* 18, no. 3 (1980): 369–421.
28. Chargaff titles this chapter "Gullible's Troubles." Chargaff, *Heraclitean Fire*, 100–103.
29. Chargaff, *Heraclitean Fire*, 100.
30. Chargaff, "Preface to a Grammar of Biology," 641.
31. Watson, *The Double Helix*, 78.
32. Watson was actually twenty-four when he first met Chargaff; Chargaff, *Heraclitan Fire*, 100–2.
33. Erwin Chargaff, "Building the Tower of Babble," *Nature* 248 (April 26, 1974): 776–79, quote is on 776–77.
34. Watson, *The Double Helix*, 78.
35. Robert Olby, *The Path to the Double Helix* (Seattle: University of Washington Press, 1974), 385–423, quote is on 388; Olby, *Francis Crick*, 139–44; Royal Society interviews with Crick in Cambridge, conducted by Robert Olby, March 8, 1968, and August 7,1972, Collections of the Royal Society, London.
36. Watson, *The Double Helix*, 77–78.
37. "And the king [Solomon] said: 'Fetch me a sword.' And they brought a sword before the king. And the king said: 'Divide the living child in two, and give half to the one, and half to the other.'" 1 Kings 3:24, 25.
38. Chargaff and Wilkins met during the annual Gordon Conference on Nucleic Acids and Proteins, held in New Hampton, NH, on August 27–31, 1951.

The Chargaff–Wilkins letters, from late December 1951 through the end of 1953, are in ECP, box 59, Mss. B.C37. I am grateful to Charles Greif-enstein, Associate Librarian and Curator of Manuscripts of the American Philosophical Society, for introducing me to these documents. See also Wilkins, *The Third Man of the Double Helix, 151–54. Bacillus coli, or B. coli, is the antiquated name for Escherichia coli, or E. coli.*

39. As late as 2000, he was still complaining that Franklin took the Signer DNA from him. Brenda Maddox, *Rosalind Franklin: The Dark Lady of DNA* (New York: HarperCollins, 2002), 195, 343. Maddox interviewed Wilkins on November 4, 2000.
40. Letter from Maurice Wilkins to Erwin Chargaff, January 6, 1952, ECP, box 59, Mss.B.C37.
41. Letter from Maurice Wilkins to Erwin Chargaff, January 6, 1952. "Nerk" is a British slang word of the era, referring to a foolish or objectionable person or activity.
42. Chargaff's mood only hardened further after enduring "shabby" treatment by his administrative superiors at Columbia. When he retired after forty years of service, the university refused "to endorse new grant applications, chang[ed] the locks on his old laboratory, strand[ed] him with a pension of 30 per cent of his salary." Judson, "Reflections on the Historiography of Molecular Biology."
43. Horace Freeland Judson, "No Nobel Prize for Whining," op-ed, *New York Times*, October 20, 2003, A17. Ironically, Chargaff was invited many times to nominate people for the Nobel Prize, a task he could not have completed with joy. ECP, Nobel Prize correspondence, box 121, Mss.B.C37.
44. Chargaff, *Heraclitan Fire*, 103; Erwin Chargaff, review of The Path to the Double Helix by Robert Olby, *Perspectives in Biology and Medicine* 19 (1976): 289–90.

18. 왓슨과 크릭에게 미소짓는 행운의 여신

1. James D. Watson, *The Double Helix: A Personal Account of the Discovery of the Structure of DNA*, edited by Gunther Stent (New York: Norton, 1980), 80.
2. "Second International Congress of Biochemistry [July 21-27, 1952]," *Nature* 170, no. 4324 (1952): 443–44; Linus Pauling's annotated program from the Second International Congress of Biochemistry, Paris, July 21–27, 1952, LAHPP, http://scarc.library.oregonstate.edu/coll/pauling/proteins/papers/1952s.9-program.html.

3. This section of the famed forest was known as the Glade of the Armistice. Adolf Hitler had the railway carriage in which the First World War armistice was signed transported from Paris to Compiègne. It served as a symbol of Germany's humiliating defeat and the harsh treaty he felt his nation was forced to sign in 1918 and his revenge in the form of the Third Reich's conquest of France. See William Shirer, *The Rise and Fall of the Third Reich* (New York: Simon and Schuster, 1960), 742.
4. Watson, *The Double Helix*, 79.
5. In 1622, Cardinal Richelieu was elected the *proviseur*, or principal, of the Sorbonne. Erwin Chargaff, "Building the Tower of Babble," *Nature* 248 (April 26, 1974): 776–79, quote is on 776.
6. Watson, *The Double Helix*, 79. Watson incorrectly recalled that Pauling presented his lecture during "the session at which [Max] Perutz spoke." But Perutz's session was the "first symposium," on the biochemistry of haemopoesis, and he covered the structure of hemoglobin. Pauling's archival papers, however, indicates that he spoke at the "second symposium," on the biogenesis of protein.
7. Commemorative dinner menu, International Congress of Biochemistry, Paris, July 26, 1952, LAHPP, http://scarc.library.oregonstate.edu/coll/pauling/proteins/pictures/1952s.9-menu.html.
8. Maurice Wilkins, *The Third Man of the Double Helix* (Oxford: Oxford University Press, 2003), 186.
9. Phage Conference, International (Summary of the Proceedings of the Conference), July 1952, JDWP, JDW/2/7/3/3.
10. Watson, *The Double Helix*, 80.
11. Frederick W. Stahl, ed., *We Can Sleep Later: Alfred D. Hershey and the Origins of Molecular Biology* (Cold Spring Harbor, NY: Cold Spring Harbor Laboratory Press, 2000).
12. Allen Campbell and Franklin W. Stahl, "Alfred D. Hershey," *Annual Review of Genetics* 32 (1998): 1–6.
13. Alfred Hershey and Martha Chase, "Independent Functions of Viral Protein and Nucleic Acid in Growth of Bacteriophage," *Journal of General Physiology* 36, no. 1 (1952): 39–56; see also The Hershey–Chase Experiment," in Jan Witkowski, ed., *Illuminating Life: Selected Papers from Cold Spring Harbor, 1903–1969* (Cold Spring Harbor, NY: Cold Spring Harbor Laboratory Press, 2000), pp. 201–22; Stahl, ed., *We Can Sleep Later*, 171–207; Alfred D. Hershey, "The Injection of DNA into Cells by Phage," in John Cairns, Gunther S. Stent, and James D. Watson, eds., *Phage and the Origins of Mo-*

lecular Biology (Cold Spring Harbor, NY: Cold Spring Harbor Laboratory Press, 1966), 100–9. Unlike Watson's 1951 Copenhagen study, which only tagged the phosphorus of DNA, the 1952 Hershey study used radiolabeled tags for both protein and DNA, produced far better yields, and was considered by many to be the definitive study.

14. "The Hershey–Chase Experiment," 201; H. V. Wyatt, "How History Has Blended," *Nature* 249, no. 5460 (June 28, 1974): 803–4. Hershey shared the Nobel Prize with Luria and Delbrück ("two enemy aliens and one social misfit," as Hershey referred to the trio), "for their discoveries concerning the replication mechanism and the genetic structure of viruses." Unlike Oswald Avery, who never won a Nobel, these three men had the advantage of being associated with the Cold Spring Harbor Laboratory, where the scientists saw great value in writing, revising, and widely disseminating the literature of genetics in their own image.
15. James D. Watson, "The Lives They Lived: Alfred D. Hershey: Hershey Heaven," *New York Times Magazine*, January 4, 1998, 16; a longer version of this essay appears as "Alfred Day Hershey 1908–1997," in *Cold Spring Harbor Laboratory Annual Report 1997*, ix–x, http://repository.cshl.edu/id/eprint/36676/1/CSHL_AR_1997.pdf.
16. Thomas Hager, *Force of Nature: The Life of Linus Pauling* (New York: Simon and Schuster, 1995), 408.
17. Watson, *The Double Helix*, 80.
18. Letter from James D. Watson to Max Delbrück, May 20, 1952, MDP, box 23, folder 21.
19. Letter from Max Delbrück to James D. Watson, June 4, 1952, MDP, box 23, folder 21. Incidentally, Rosalind Franklin was not invited to Pauling's 1953 Pasadena Conference on Protein Structure at Caltech (September 21–25), although Wilkins, Randall, Bragg, Kendrew, Perutz, Watson, and Crick were. See "Linus Pauling Day-by-Day," September 21, 1952, Linus Pauling Special Collections, Oregon State University, Corvallis, OR, http://scarc.library.oregonstate.edu/coll/pauling/calendar/1953/09/21.html.
20. Watson, *The Double Helix*, 81.
21. Watson, *The Double Helix*, 81. Watson confirmed his ingratiating approach to Mrs. Pauling to the author in interview no. 2, July 24, 2018.
22. Peter Pauling, "DNA: The Race That Never Was?," *New Scientist*, May 31, 1973, 558–60, quote is on 558.
23. Pauling, "DNA: The Race That Never Was?," 558; Horace Judson interview with Peter Pauling, February 1, 1970, HFJP.

24. Watson, *The Double Helix*, 81.
25. Photographs from the conference amply demonstrate Watson's odd attire. See JDWP, "Meeting at Royaumont, France," JDW/1/6/1, and "Bacteriophage Conference at Royaumont France," JDW/1/11/2.
26. Letter from James D. Watson to Francis Crick, August 11, 1952, FCP, PP/CRI/H/1/42/3, box 72. See also JDWP, "Italian Alps, 1952," JDW/1/15/2.
27. Letter from Jean Mitchell Watson to James D. Watson, Sr., June 18, 1952, WFAT, JDW/2/2/1947/55.
28. Watson, *The Double Helix*, 8.
29. Letter from James D. Watson to Francis and Odile Crick, August 11, 1952, FCP, PP/CRI/H/1/42/3, box 72.
30. Pauling, "DNA: The Race That Never Was?"
31. Author interview with James D. Watson (no. 2), July 24, 2018.

19. 다섯 연구자의 정중동

1. Horace Judson interview with Francis Crick, July 3, 1975, HFJP.
2. Maurice Wilkins, *The Third Man of the Double Helix* (Oxford: Oxford University Press, 2003), 181.
3. Carlos Chagas, "Nova tripanozomiaze humana: estudos sobre a morfolojia e o ciclo evolutivo do *Schizotrypanum cruzi n. gen., n. sp.*, ajente etiolojico de nova entidade morbida do homem," (Human nova trypanossomia: studies on the morphology and evolutionary cycle of Schistrypanum cruzi (new genus, new species), etiological agent of a new morbid entity in man). *Memórias do Instituto Oswaldo Cruz* 1, no. 2 (1908;): 158–218.
4. Letter from Maurice Wilkins to Francis Crick, undated, "on train, Innsbruck to Zurich," FCP, PP/CRI/H/1/42/4, box 72.
5. Wilkins, *The Third Man of the Double Helix*, 185–95, quote is on 194.
6. Wilkins, *The Third Man of the Double Helix*, 194.
7. Wilkins, *The Third Man of the Double Helix*, 195.
8. Wilkins, *The Third Man of the Double Helix*, 195.
9. Anne Sayre interview with Geoffrey Brown, May 12, 1970, ASP, box 2, folder 3.
10. Letter from Rosalind Franklin to Anne and David Sayre, March 1, 1952, ASP, box 2, folder 15.1.
11. Letter from Rosalind Franklin to Anne and David Sayre, March 1, 1952.
12. Letter from Rosalind Franklin to Anne and David Sayre, June 2, 1952, ASP, box 3, folder 1.
13. Letter from Rosalind Franklin to J. D. Bernal, June 19, 1952, RFP, person-

nel file, FRKN 2/31; Horace Freeland Judson, *The Eighth Day of Creation: Makers of the Revolution in Biology* (Cold Spring Harbor, NY: Cold Spring Harbor Laboratory Press, 2013), 114.

14. Brenda Maddox, *Rosalind Franklin: The Dark Lady of DNA* (New York: HarperCollins, 2002), 183.
15. Randall approved the request on July 3 with the recommendation that Franklin transfer out of King's to Birkbeck on January 1, 1953. I. C. Maxwell, the chairman of the fellowship committee, echoed the recommendation on July 21. See I. C. Maxwell, Chair of the Turner and Newall Fellowships, to John Randall, July 1, 1952. JRP, RNDL 3/1/6, ; letter from Rosalind Franklin to J. D. Bernal, June 19, 1952, RFP, personnel file, FRKN 2/31; Rosalind Franklin, "Annual Report, 1 January 1954–1 January 1955," Birkbeck College, 1955, RFP, FRKN 1/4. See also Maddox, *Rosalind Franklin*, 183.
16. Maddox, *Rosalind Franklin*, 168–69. Both Crick and Wilkins said that Franklin pursued the cumbersome Patterson analysis based on Luzzati's advice. See Anne Sayre interview with Francis Crick, June 16, 1970, ASP, box 2, folder 9; Anne Sayre interview with Maurice Wilkins, June 15, 1970, ASP, box 4, folder 32. In a letter to Horace Judson, Luzzati complicates historical matters by stating that he did not see Franklin's B picture until after it was published, and therefore he did not push her in the direction of model building. He described his role as a minor one; while he taught her how to use the Beevers and Lipson's strips, he did not recall "seeing even a beginning of an application of Patterson superpositions, or any other of my pet ideas, to DNA." Letter from Vittorio Luzzati to Horace Judson, September 21, 1976, HFJP.
17. Raymond G. Gosling, "X-ray diffraction studies with Rosalind Franklin," in Seweryn Chomet, ed., *Genesis of a Discovery* (London: Newman Hemisphere, 1995), 43–73, esp. 47–48.
18. Judson, *The Eighth Day of Creation*, 128.
19. M. F. Perutz and J. C. Kendrew, "The Application of X-ray crystallography to the study of biological macromolecules," in F. J. W. Roughton and J. C. Kendrew, eds., *Haemoglobin: The Joseph Barcroft Memorial Conference* (London: Butterworths, 1949), 171.
20. Francis Crick, "The height of the vector rods in the three-dimensional Patterson of haemoglobin," unpublished typescript (no. 1), signed by Crick and dated July 1951, and another typescript (no. 2) returned with editorial marks and figures following acceptance for publication in *Acta Crystallographica* 5 (1952): 381–86. FCP, PPCRI/H/1/4. Box 68.

21. Author interview with James D. Watson (no. 2), July 24, 2018.
22. Gosling, "X-ray diffraction studies with Rosalind Franklin," 66.
23. Rosalind Franklin, laboratory notebooks 1951–52, RFP, FRKN 1/1. When Franklin told Crick these findings, while in a tea queue at a conference in the Sedgwick Zoology Laboratory in July 1952, he condescendingly advised her to "scrutinize the evidence" she gathered, which appeared to be anti-helical, "very carefully." See Robert Olby, *Francis Crick: Hunter of Life's Secrets* (Cold Spring Harbor, NY: Cold Spring Harbor Laboratory Press, 2009), 152–53.
24. Postcard sent by Franklin and Gosling, "Announcing the Death of the DNA Helix, July 18, 1952." See Wilkins, The Third Man of the Double Helix, 182–83; Judson, *The Eighth Day of Creation*, 121; Maddox, *Rosalind Franklin*, 184–85. "Besselised" refers to the mathematical formula called a Bessel function, which is used in helical diffraction theory. According to Gosling, the "death notice" was given only to Wilkins and Stokes; Gosling preserved his copy. James D. Watson, *The Annotated and Illustrated Double Helix*, edited by Alexander Gann and Jan Witkowski (New York: Simon and Schuster, 2012), 179.
25. Maddox, *Rosalind Franklin*, 184; Jenifer Glynn, *My Sister Rosalind Franklin: A Family Memoir* (Oxford: Oxford University Press, 2012), 129; email from Jenifer Glynn to the author, August 27, 2020.
26. Gosling, "X-ray diffraction studies with Rosalind Franklin," 68.
27. Description of the Second European Symposium on Microbial Genetics, 1952, at Pallanza, by John Fincham, professor of genetics at Edinburgh and later Cambridge, JDWP, JDW/2/1/29; letters from Luca Cavalli-Sforza to James D. Watson, September–October,1952, JDWP, JDW/2/2/304; "Pallanza Italy Meeting," photographs of the attendees, JDWP, JDW/1/11/1; photographs of friends and colleagues at Cold Spring Harbor, 1946, and of attendees at the Pallanza conference, Guido Pontecorvo Papers, UGC198/10/1/1/11, Glasgow University Archive Services; Guido Pontecorvo, "Somatic recombination in genetics analysis without sexual reproduction in filamentous fungi," paper read at the conference, Guido Pontecorvo Papers, UGC198/7/3/3.
28. Watson, *The Double Helix*, 83.
29. J. Lederberg and E. L. Tatum, "Gene Recombination in *Escherichia coli*," *Nature* 158, no. 4016 (1946): 558; E. L. Tatum and J. Lederberg, "Gene Recombination in the Bacterium *Escherichia coli*," *Journal of Bacteriology* 53, no. 6 (1947): 673–84; J. Lederberg and N. D. Zinder, "Genetic Exchange

in Salmonella," *Journal of Bacteriology* 64, no. 5 (1952): 679–99; J. Lederberg, L. L. Cavalli, and E. M. Lederberg, "Sex Compatibility in *Escherichia coli*," *Genetics* 37 (1952): 720–31; J. Lederberg, "Genetic Recombination in Bacteria: A Discovery Account," *Annual Review of Genetics* 21 (1987): 23–46.

30. Watson, *The Double Helix*, 83.
31. Watson, *The Double Helix*, 83. Watson's ridicule was contagious. Lederberg's elaborate lecture and terminology was later "spoofed" in a joke letter to the editor of Nature about the "possible future importance of cyberkinetics at the bacterial level"; the editors of Nature did not realize it was a joke and published the letter. Boris Ephrussi, James Watson, Jean Weigle, and Urs Leopold, "Terminology in Bacterial Genetics," Nature 171, no. 4355 (April 18, 1953): 701. The letter ran in Nature only a week before Watson and Crick's famous DNA paper.
32. Watson, *The Double Helix*, 83–84; William Hayes, "Recombination in B. coli-12. Unidirectional transfer of genetic material," *Nature* 169 (1952): 118–19; William Hayes, "Observations on a transmissible agent determining sexual differentiation in *B. coli*," *Journal of General Microbiology* 8 (1953): 72–88; P. Broada and B. Holloway, "William Hayes, 19 January 1913–7 January 1994," *Biographical Memoirs of Fellows of the Royal Society* 42 (1996): 172–89; Roberta Bivins, "Sex Cells: Gender and the Language of Bacterial Genetics," *Journal of the History of Biology* 33, no. 1 (Spring 2000): 113–39; R. Jayaraman, "Bill Hayes and his Pallanza Bombshell," *Resonance*, October 2011, 911–21, https://www.ias.ac.in/article/fulltext/reso/016/10/0911-0921.
33. Letter from James D. Watson to Elizabeth Watson, October 27, 1952, WFAT, JDW/1/1/22. He uses a similar turn of phrase in a letter to Max Delbrück, September 23, 1952, MDP, box 23, folder 21.
34. Watson, *The Double Helix*, 84.
35. Watson, *The Double Helix*. 84.
36. Thomas Hager, *Force of Nature: The Life of Linus Pauling* (New York: Simon and Schuster, 1995), 413–15; letter from Linus Pauling to Arne Tiselius, October 17, 1952, LAHPP, http://scarc.library.oregonstate.edu/coll/pauling/calendar/1952/10/17.htmlNo.corr407.5-lp-tiselius-19521017.tei.xml.
37. Hager, *Force of Nature*, 413; W. Cochran and F. H. C. Crick, "Evidence for the Pauling–Corey α-Helix in Synthetic Polypeptides," *Nature* 169, no. 4293 (1952): 234–35; W. Cochran, F. H. C. Crick, and V. Vand, "The structure of synthetic peptides. I. The transform of atoms on a helix," *Acta*

Crystallographica 5 (1952): 581 – 86.

38. Francis Crick, *What Mad Pursuit: A Personal View of Scientific Discovery* (New York: Basic Books, 1988), 60 – 61; Horace Judson interview with Francis Crick, July 3, 1975, HFJP. In this interview, Crick recalled teaching Watson helical diffraction theory around this time and how hard Watson worked to master it, "better than Max and John at that time, you see. Because he kept at it. I don't think he'd ever have learnt it by himself, he had to be taught."
39. Watson, *The Double Helix*, 9, 86.
40. Hager, *Force of Nature*, 414.
41. L. C. Pauling and R. B. Corey, "Compound Helical Configurations of Polypeptide Chains: Structure of Proteins of the α-Keratin Type," *Nature* 171, no.4341 (January 10, 1953): 59 – 61.
42. F. H. C. Crick, "Is α-Keratin a Coiled Coil?," *Nature* 170, no. 4334 (November 22, 1952): 882 – 33; see also F. H. C. Crick, "The Packing of α-helices. Simple Coiled-Coils," *Acta Crystallographica* 6 (1953): 689 – 97.
43. On November 19, 1952, Pauling wrote to Donohue that "Crick had asked me if I had thought about the possibility of alpha helixes twisting around each other, and I said I said that I had—I don't remember that we said any more about the matter." Letter from Jerry Donohue to Linus Pauling, November 19, 1952, LAHPP, http://scarc.library.oregonstate.edu/coll/pauling/calendar/1952/11/index.html. In another letter, dated December 19, 1952, Donohue wrote of Crick's embarrassment over "the sloppy timing of the publication" of his and Pauling's α-keratin papers; LAHPP http://scarc.library.oregonstate.edu/coll/pauling/dna/corr/sci9.001.14-donohue-lp-19521215-transcript.html. See also letter from Peter Pauling to Linus Pauling, January 13, 1953, and letter from Linus Pauling to Max Perutz, March 29, 1953, LAHPP, Quoted in: James Watson *The Annotated and Illustrated Double Helix*, 152, 325.
44. Hager, *Force of Nature*, 415 – 16.

5부 1952년 11월~1953년 4월, 마지막 경쟁

1. Horace Judson interview with William Lawrence Bragg, January 28, 1971, HFJP.
2. "Nature Conference: Thirty Years of DNA," *Nature* 302 (April 21, 1983): 651 – 54, quote is on 652.

20. 오답으로 향하는 폴링의 연구

1. A Linos (Λῖνος) song, or "Linus song," was a dirge sung to commemorate the end of summer. See Homer, *The Iliad*, translated by Robert Fagles (New York: Penguin, 1990), 586 (Book 18, lines 664–69).
2. Thomas Hager, *Force of Nature: The Life of Linus Pauling* (New York: Simon and Schuster, 1995), 416–21, quotes are on 417. It should be noted that in some viruses RNA, rather than DNA, carries genetic information.
3. Hager, *Force of Nature*, 417.
4. James D. Watson, *The Double Helix: A Personal Account of the Discovery of the Structure of DNA*, edited by Gunther Stent (New York: Norton, 1980), 33. Alexander Todd, an organic chemist from Scotland, would go on to win the 1957 Nobel Prize in Chemistry "for his work on nucleotides and nucleotide co-enzymes." See Alexander R. Todd and Daniel M. Brown, "Nucleotides. Part 10. Some observations on the structure and chemical behavior of the nucleic acids," *Journal of the Chemical Society* 1952: 52–58; Daniel M. Brown and Hans Kornberg, "Alexander Robertus Todd, O.M., Baron Todd of Trumpington, 2 October 1907–10 January 1997," *Biographical Memoirs of Fellows of the Royal Society* 46 (2000): 515–32; Alexander Todd, *A Time to Remember: The Autobiography of a Chemist* (Cambridge: Cambridge University Press, 1983), 83–91; letter from Linus Pauling to Henry Allen Moe, December 19, 1952, LAHPP, http://scarc.library.oregonstate.edu/coll/pauling/dna/corr/sci14.014.7-lp-moe-19521219-01.html.
5. Linus Pauling, "A Proposed Structure for the Nucleic Acids" (70 pp. manuscript, 2 pp. typescript, 7 pp. notes), November–December 1952, and "Atomic Coordinates for Nucleic Acid, December 20, 1952," LAHPP, http://scarc.library.oregonstate.edu/coll/pauling/dna/notes/1952a.22.html.
6. "The Triple Helix," Narrative 19 in "Linus Pauling and the Race for DNA," documentary film, *Nova*, PBS and Oregon State University, 1977, LAHPP, http://scarc.library.oregonstate.edu/coll/pauling/dna/narrative/page19.html.
7. Pauling and Corey, "A Proposed Structure for the Nucleic Acids" and "Atomic Coordinates for Nucleic Acid, December 20, 1952."
8. Hager, *Force of Nature*, 418.
9. Hager, *Force of Nature*, 419.
10. Letter from Linus Pauling to E. Bright Wilson, December 4, 1952, cited in Hager, *Force of Nature*, 419.
11. Letter from Linus Pauling to Alexander Todd, December 19, 1952, LAHPP, http://scarc.library.oregonstate.edu/coll/pauling/dna/corr/sci9.001.16-lp-todd-19521219.html.

12. Hager, *Force of Nature*, 354–56, 420–21; "Budenz to Lecture on Communist Peril," *New York Times*, October 13, 1945, 5; Louis F. Budenz, *This Is My Story* (New York: McGraw-Hill, 1947); Louis F. Budenz, Men Without Faces: *The Communist Conspiracy in the U.S.A.* (New York: Harper, 1950); Robert M. Lichtman, "Louis Budenz, the FBI, and the 'List of 400 Concealed Communists': An Extended Tale of McCarthy-era Informing," *American Communist History* 3, no. 1 (2004): 25–54; "Louis Budenz, McCarthy Witness, Dies," *New York Times*, April 28, 1972, 44.
13. Louis F. Budenz, "Do Colleges Have to Hire Red Professors," *American Legion* 51, no. 5 (November 1951): 11–13, 40–43.
14. *Hearings Before the Select Committee to Investigate Tax-Exempt Foundations and Comparable Organizations, U.S. House of Representatives, 82nd Congress, Second Session on H.R. 561, December 23, 1952* (Washington, DC: Government Printing Office, 1953), 715–27, quote is on 723.
15. Linus Pauling, memorandum without address or title regarding allegations by Louis Budenz of Pauling's Communist affiliations, December 23, 1952, LAHPP, http://scarc.library.oregonstate.edu/coll/pauling/peace/notes/1952a.21.html.
16. L. C. Pauling and R. B. Corey, "A Proposed Structure for the Nucleic Acids," *Proceedings of the National Academy of Sciences* 39 (1953): 84–97. The short "preview version" was published as "Structure of the Nucleic Acids," *Nature* 171 (February 21, 1953): 346.
17. Hager, *Force of Nature*, 421.
18. Pauling and Corey, "A Proposed Structure for the Nucleic Acids."
19. Letter from Linus Pauling to John Randall, December 31, 1952, LAHPP, http://scarc.library.oregonstate.edu/coll/pauling/calendar/1952/12/31-xl.html. By the end of 1952, Alexander Rich, a superb American crystallographer, was working with Pauling in Pasadena on getting better X-ray photographs of DNA.
20. Pauling and Corey, "Structure of the Nucleic Acids."
21. Horace Freeland Judson, *The Eighth Day of Creation: Makers of the Revolution in Biology* (Cold Spring Harbor, NY: Cold Spring Harbor Laboratory Press, 2013), 131–35; Hager, *Force of Nature*, 420–22; Pauling and Corey, "A Proposed Structure for the Nucleic Acids"; Pauling and Corey, "Structure of the Nucleic Acids."

21. 왓슨의 소화불량

1. Walt Whitman, "Manly Health and Training, With Off-Hand Hints Toward

Their Conditions," *Walt Whitman Quarterly Review* 33 (2016): 184–310, quote is on 210. The emphases are Whitman's. These essays were originally published in the *New York Atlas*, in serial form on successive Sundays from September 12 to December 26, 1858, under the pseudonym Mose Velsor.

2. Letter from L. M. Harvey, Secretary, Board of Research Studies, Assistant Registrary, to James Watson, November 17, 1952, JDWP, JDW/2/2/1862. The Registrary is the chief academic officer of the University of Cambridge; the archaic spelling of "registrar" is unique in its use to Cambridge University.
3. James D. Watson, *The Double Helix: A Personal Account of the Discovery of the Structure of DNA*, edited by Gunther Stent (New York: Norton, 1980), 87.
4. Watson, *The Double Helix*, 87. The physicist Denis Wilkinson, a Fellow of Jesus College (and later Professor of Experimental Physics at Oxford), was the point person for Watson's possible matriculation to Jesus.
5. Watson, *The Double Helix*, 87–88.
6. Watson's room was number 5 on R stairwell. "Room Assignments: Lent Term, 1953, Easter Term, 1953; both in Clare College Archives, University of Cambridge; Clare College, Cambridge, Extensions, 1951: Layout of typical bedroom and bed sitting rooms. Architects, Sir Giles Gilbert Scott and Son"; October Term, 1952; See also JDWP, "Receipts and Correspondence, 1953–1956, Clare College, Cambridge" (1 of 2), JDW/2/2/338, and "Correspondence 1967–1986, Clare College, Cambridge" (2 of 2). I am indebted to Jude Brimmer at Clare College Archives, who helped me locate the rooms where Watson lived in 1952.
7. Letter from James D. Watson to Elizabeth Watson, October 8, 1952, JDW/2/2/1934, JDWP.
8. Watson, The Double Helix, 87. In 1944, Hammond commanded the Allied military mission that supported the Greek resistance in Thessaly and Macedonia. He was an author of many books on classical Greece and Rome. Nicholas Hammond, (Obituary). *The Guardian*, April 4, 2001. Accessed on December 13, 2020 at: https://www.theguardian.com/news/2001/apr/05/guardianobituaries1.
9. Letter from James D. Watson to Elizabeth Watson, October 18, 1952, JDWP, JDW/2/2/1934.
10. The cost of 42 pence in 1952 would equal about £5, or $6.50, today. Watson, *The Double Helix*, 88. For the Whim restaurant ("In Cambridge, All Roads Lead to the Whim"), see http://www.iankitching.me.uk/history/cam/whim.html?LMCL=PkVbfy.

11. Author interview with James D. Watson (no. 4), July 26, 2018.
12. Watson, *The Double Helix*, 88.
13. The English-Speaking Union was founded as an international trust in 1918 by Sir John Evelyn Wrench, popular journalist and editor of the Spectator. Its purpose was to bring together students of different cultures in the belief that "the peace of the world and the progress of mankind can be largely helped by a unity of purpose of the English-speaking democracies." See "Creed," *Landmark* 1, no. 4 (April 1919): ix.
14. Author interview with James D. Watson (no. 4), July 26, 2018.
15. Watson, *The Double Helix*, 88; Howard Markel, *The Kelloggs: The Battling Brothers of Battle Creek* (New York: Pantheon, 2017); James C. Whorton, *Inner Hygiene: Constipation and the Pursuit of Health in Modern Society* (New York: Oxford University Press, 2000).
16. Watson, *The Double Helix*, 88.
17. S. C. Roberts, *Adventures with Authors* (Cambridge: Cambridge University Press, 1966), 144.
18. Watson, *The Double Helix*, 88–89. On October 8, 1952, Watson wrote to his sister Elizabeth, "I have started taking private French lessons from the famed Mrs. Camille Prior who runs the 'high class' boarding house for young Continental girls. They should be rather pleasant as well as instructive"; JDWP, JDW/2/2/1934.
19. In London, this event came to be known as the Great Smog of 1952. Before the thick, grimy, particle-carrying wave of sulfur dioxide dispersed, at least 4,000 Londoners died (recent epidemiological analyses peg the mortality rate at more than 12,000 deaths); in the months that followed, 6,000 or more succumbed to respiratory illnesses and more than 100,000 Britons fell ill. M. L. Bell, D. L. Davis, and T. Fletcher, "A retrospective assessment of mortality from the London smog episode of 1952: the role of influenza and pollution," *Environmental Health Perspectives* 112, no. 1 (2004): 6–8. This event led to the passage of some of the first air pollution laws in England, including the Clean Air Act of 1956; see Peter Hennessy, *Having It So Good: Britain in the Fifties* (London: Penguin, 2006), 117–18, 120–22.
20. Watson, *The Double Helix*, 89.
21. Francis Crick, "On Protein Synthesis," typescript of a lecture delivered on September 19, 1957, at a Society for Experimental Biology Symposium on the Biological Replication of Macromolecules, held at University College, London), Sydney Brenner Collection, SB/11/5/4, Cold Spring Harbor Laboratory Archives, Cold Spring Harbor, NY, published as F. H. C. Crick,

"On Protein Synthesis," *The Symposia of the Society for Experimental Biology* 12 (1958): 138–63; F. H. C. Crick, "The Central Dogma of Molecular Biology," Nature 227 (August 8, 1970): 561–63; Matthew Cobb, "60 Years Ago, Francis Crick Changed the Logic of Biology," *PLoS Biology* 15, no. 9 (2017): e2003243, doi.org/10.1371/journal.pbio.2003243.
22. Watson, *The Double Helix*, 89; author interview with James D. Watson (no. 4), July 26, 2018.
23. Watson, *The Double Helix*, 89.
24. Watson, *The Double Helix*, 89–90.
25. Taslima Khan, "A Visit to Abergwenlais Mill," The Pauling Blog, https://paulingblog.wordpress.com/tag/abergwenlais-mill/; Peter Pauling, "DNA: The Race That Never Was?," *New Scientist*, May 31, 1973, 558–60.
26. Watson, *The Double Helix*, 91.
27. Thomas Hager, *Force of Nature: The Life of Linus Pauling* (New York: Simon and Schuster, 1995), 420.
28. Watson, *The Double Helix*, 91.
29. Watson, *The Double Helix*, 91.

22. DNA 사냥터로 돌아온 왓슨과 크릭

1. Peter Pauling, "DNA: The Race That Never Was?," *New Scientist*, May 31, 1973, 558–60, quote is on 559.
2. James D. Watson, *The Double Helix: A Personal Account of the Discovery of the Structure of DNA*, edited by Gunther Stent (New York: Norton, 1980), 92.
3. Pauling, "DNA: The Race That Never Was?," 559. Pauling wrote to Jerry Donohue around the same time stating that he was "hoping soon to complete a short paper on nucleic acids"; Thomas Hager, *Force of Nature: The Life of Linus Pauling* (New York: Simon and Schuster, 1995), 420.
4. Linus Pauling sent the manuscript to Peter and to Bragg on January 21, 1952; it was received on January 28. Victor K. McElheny, *Watson and DNA: Making a Scientific Revolution* (New York: Perseus, 2003), 49–50.
5. Cynthia Sanz, "Brooklyn's Polytech: A Storybook Success," *New York Times*, January 5, 1986, 26.
6. Erwin Chargaff, "A Quick Climb Up Mount Olympus," review of *The Double Helix* by James D. Watson, *Science* 159, no. 3822 (1968): 1448–49.
7. Pauling, "DNA: The Race That Never Was?," 559.
8. Watson, *The Double Helix*, 93; Peter Pauling recalled merely giving the manuscript to Watson and Crick; see Pauling, "DNA: The Race That Never

Was?," 559.

9. Horace Freeland Judson, *The Eighth Day of Creation: Makers of the Revolution in Biology* (Cold Spring Harbor, NY: Cold Spring Harbor Laboratory Press, 2013), 133. Judson does a superb job of explaining Pauling's errors in his triple helix paper on 133–35; see also Thomas Hager, *Force of Nature: The Life of Linus Pauling* (New York: Simon and Schuster, 1995), 416–25.
10. L. C. Pauling and R. B. Corey, "A Proposed Structure for the Nucleic Acids," *Proceedings of the National Academy of Sciences* 39 (1953): 84–97.
11. Howard Markel, "Science Diction: The Origin of Chemistry," *Science Friday/Talk of the Nation*, NPR, August 26, 2011, https://www.npr.org/2011/08/26/139972673/science-diction-the-origin-of-chemistry.
12. Judson, *The Eighth Day of Creation*, 135.
13. Watson, *The Double Helix*, 94.
14. Chemically speaking, an acid contains a hydrogen atom bonded to a negatively charged atom and when placed in water, that bond is broken. This facilitates a chemical process called dissociation wherein the acid (HA) releases the hydrogen ion (a proton or positive charge, H+) that binds with water to yield a conjugate base (H3O+) and a conjugate acid (A-). Watson, *The Double Helix*, 94.
15. Watson, *The Double Helix*, 93.
16. Watson, *The Double Helix*, 94.
17. Watson, *The Double Helix*, 94.
18. Watson, *The Double Helix*, 94.
19. Watson, *The Double Helix*, 94.
20. Judson, *The Eighth Day of Creation*, 135.
21. Watson, *The Double Helix*, 94.
22. Watson, *The Double Helix*, 95.
23. Defense of the Realm (No. 2) Regulations, 1914, s. 4. *London Gazette (Supplement)*, September 1, 1914., 6968–69.
24. Author interview with James D. Watson (no. 1), July 23, 2018.
25. Watson, *The Double Helix*, 95.

23. 문제의 51번 사진

1. Steven Rose interview with Maurice Wilkins, "National Life Stories. Leaders of National Life. Professor Maurice Wilkins, FRS," C408/017 (London: British Library, 1990), 111.
2. James D. Watson, address at the inauguration of the Center for Genomic

Research, Harvard University, September 30, 1999, quoted in "Linus Pauling and the Race for DNA," documentary film, PBS and Oregon State University, 1977, LAHPP, http://scarc.library.oregonstate.edu/coll/pauling/dna/quotes/rosalind_franklin.html.

3. Steven Rose interview with Maurice Wilkins.
4. Maurice Wilkins, *The Third Man of the Double Helix* (Oxford: Oxford University Press, 2003), 196.
5. Wilkins, *The Third Man of the Double Helix*, 196–98, quote is on 198.
6. Brenda Maddox interview with Raymond Gosling, c. 2000, cited in Rosalind Franklin: *The Dark Lady of DNA* (New York: HarperCollins, 2002), 196, 343; Raymond G. Gosling, "X-ray Diffraction Studies of Desoxyribose Nucleic Acid," PhD thesis, University of London, 1954.
7. "The Secret of Photo 51," documentary television program, *Nova*, PBS, April 22, 2003, https://www.pbs.org/wgbh/nova/transcripts/3009_photo51.html.
8. James D. Watson, *The Annotated and Illustrated Double Helix*, edited by Alexander Gann and Jan Witkowski (New York: Simon and Schuster, 2012), 182.
9. Author interview with Jenifer Glynn, May 7, 2018.
10. Maddox, *Rosalind Franklin*, 190–206, quote is on 190. Rosalind Franklin, laboratory notes for January 1953, Rosalind Franklin, laboratory notebooks, September 1951–May 1953, RFP, FRKN 1/1; Aaron Klug, "Rosalind Franklin and the Discovery of the Double Helix," *Nature* 219, no. 5156 (1968): 808–10 and 843–44; Aaron Klug, "Rosalind Franklin and the Double Helix," *Nature* 248 (1974): 787–88.
11. A. Gann and J. Witkowski, "The Lost Correspondence of Francis Crick," *Nature* 467 (2010): 519–24, quote is on 522.
12. Wilkins, *The Third Man of the Double Helix*, 203–4.
13. Wilkins, *The Third Man of the Double Helix*, 200–1.
14. Wilkins, *The Third Man of the Double Helix*, 200–3.
15. Herbert R. Wilson, "The Double Helix and All That," *Trends in Biochemical Sciences* 13, no. 7 (1988): 275–78; see also Herbert R. Wilson, "Connections," *Trends in Biochemical Sciences* 26, no. 5 (2000): 334–37; Maddox, *Rosalind Franklin*, 192.
16. Klug, "Rosalind Franklin and the Discovery of the Double Helix."
17. Horace Freeland Judson, *The Eighth Day of Creation: Makers of the Revolution in Biology* (Cold Spring Harbor, NY: Cold Spring Harbor Laboratory Press, 2013), 145–52; Watson, The Double Helix, 95–99.
18. Watson, *The Double Helix*, 95.
19. Anne Sayre interview with André Lwoff, c. early October 1970, ASP, box

4, folder 14.

20. Author interview with James D. Watson (no. 4), July 26, 2018.
21. Maddox, *Rosalind Franklin*, 194.
22. Author interview with Jenifer Glynn, May 7, 2018; Jenifer Glynn, *My Sister Rosalind Franklin: A Family Memoir* (Oxford: Oxford University Press, 2012), 156.
23. Watson, *The Double Helix*, 95.
24. Judson, *The Eighth Day of Creation*, 136.
25. Klug, "Rosalind Franklin and the Discovery of the Double Helix."
26. Watson, *The Double Helix*, 96.
27. Watson, *The Double Helix*, 96.
28. Watson, *The Double Helix*, 96.
29. Watson, The Double Helix, 96.
30. Anne Sayre interview with Maurice Wilkins, June 15, 1970, ASP, box 4, folder 32.
31. "The Race for the Double Helix," documentary television program, narrated by Isaac Asimov, *Nova*, PBS, March 7, 1976.
32. Jenifer Glynn, email to the author, August 13, 2019.
33. Author interview with James D. Watson (no. 1), July 23, 2018.
34. Watson, *The Double Helix*, 97.
35. James D. Wilson, *Genes, Girls and Gamow: After the Double Helix* (New York: Knopf, 2002), 10.
36. Watson, *The Double Helix*, 98.
37. Watson, *The Double Helix*, 98. The many drafts of the book are preserved in the Watson Family Asset Trust. Suffice it to say, Watson worked long and hard to perfect his now famous narrative.
38. Anne Sayre interview with Maurice Wilkins, June 15, 1970, ASP, box 4, folder 32.
39. Letter from Francis Crick to Brenda Maddox, April 12, 2000, cited in Maddox, *Rosalind Franklin*, 343.
40. Wilkins, *The Third Man of the Double Helix*, 218–19.
41. Author interview with Jenifer Glynn, May 7, 2018.
42. Watson, *The Double Helix*, 99.
43. Watson, *The Double Helix*, 99.
44. Watson, *The Double Helix*, 98.
45. Watson, *The Double Helix*, 99.
46. Watson, *The Double Helix*, 99.
47. Watson, *The Double Helix*, 99.

24. 이중나선 규명 직전에서 멈춰선 프랭클린

1. Anne Sayre interview with Francis Crick, June 16, 1970, ASP, box 2, folder 9; see also Anne Sayre, *Rosalind Franklin and DNA* (New York: Norton, 1975), 214, n. 21.
2. James D. Watson, *The Double Helix: A Personal Account of the Discovery of the Structure of DNA*, edited by Gunther Stent (New York: Norton, 1980), 105.
3. Watson, *The Double Helix*, 61; J. G. Crowther, *The Cavendish Laboratory, 1874–1974* (New York: Science History Publications, 1974), 283.
4. Watson, *The Double Helix*, 100.
5. Watson, *The Double Helix*, 100.
6. Horace Freeland Judson, *The Eighth Day of Creation: Makers of the Revolution in Biology* (Cold Spring Harbor, NY: Cold Spring Harbor Laboratory Press, 2013), 139.
7. W. S. Gilbert and Arthur Sullivan, *H.M.S. Pinafore, in The Complete Plays of Gilbert and Sullivan* (New York: Modern Library, 1936), 99-137; "For He Is an Englishman," 131. See also Thomas Hager, *Force of Nature: The Life of Linus Pauling* (New York: Simon and Schuster, 1995), 424.
8. Watson, *The Double Helix*, 100.
9. Watson, *The Double Helix*, 100.
10. Watson, *The Double Helix*, 100.
11. Watson, *The Double Helix*, 100 – 1.
12. Watson insistently told Crick, "the meridional reflection at 3.4 Å was much stronger than any other reflection . . . [meaning that] the 3.4 Å-thick purine and pyrimidine bases were stacked on top of each other in a direction perpendicular to the helical axis. In addition, we could feel sure from both electron-microscope and X-ray evidence that the helix diameter was about 20 Å." Watson, *The Double Helix*, 101.
13. Watson, *The Double Helix*, 101.
14. Rosalind Franklin, laboratory notebooks, September 1951 – May 1953, RFP, FRKN 1/1; Brenda Maddox, *Rosalind Franklin: The Dark Lady of DNA* (New York: HarperCollins, 2002), 197 – 98; Judson, The Eighth Day of Creation, 139 – 41.
15. Rosalind Franklin, laboratory notebooks, September 1951 – May 1953, RFP, FRKN 1/1.
16. By this point, Franklin was so close to figuring out the helical structure that she was even consulting Crick's helical theory paper. Rosalind Franklin, laboratory notebooks, September 1951 – May 1953, RFP, FRKN 1/1; W. Cochran, F. H. C. Crick, and V. Vand, "The structure of synthetic peptides.

I. The transform of atoms on a helix," *Acta Crystallographica* 5 (1952): 581–86.
17. Judson, *The Eighth Day of Creation*, 627.
18. Judson, *The Eighth Day of Creation*, 627.
19. Aaron Klug, "Rosalind Franklin and the Discovery of the Double Helix," *Nature* 219, no. 5156 (1968): 808–10, 843–44.
20. Rosalind Franklin, laboratory notebooks, September 1951–May 1953, RFP, FRKN 1/1; Klug, "Rosalind Franklin and the Discovery of the Double Helix"; Aaron Klug, "Rosalind Franklin and the Double Helix," Nature 248 (1974): 787–88; Judson, *The Eighth Day of Creation*, 148.
21. Anne Sayre interview with Maurice Wilkins, June 15, 1970, ASP, box 4, folder 32.
22. Author interview with James D. Watson (no. 2), July 24, 2018.
23. Letter from Peter Pauling to Linus Pauling, January 13, 1953, and letter from Linus Pauling to Peter Pauling, February 4, 1953, both in LAHPP, http://scarc.library.oregonstate.edu/coll/pauling/dna/corr/bio5.041.6-peter-pauling-paulings-19530113.html and http://scarc.library.oregonstate.edu/coll/pauling/dna/corr/sci9.001.24-lp-peterpauling-19530204.html; Robert Olby, *The Path to the Double Helix* (Seattle: University of Washington Press, 1974), 382–83; "A Very Pretty Model," Narrative 25 in "Linus Pauling and the Race for DNA," documentary film, PBS and Oregon State University, 1977, LAHPP, http://scarc.library.oregonstate.edu/coll/pauling/dna/narrative/page25.html.
24. Letter from Linus Pauling to Peter Pauling, February 18, 1953, LAHPP, http://scarc.library.oregonstate.edu/coll/pauling/dna/corr/sci9.001.26-lp-peterpauling-19530218.html.
25. Olby, *The Path to the Double Helix*, 383.
26. Watson, *The Double Helix*, 102.
27. Watson, *The Double Helix*, 102.
28. Watson, *The Double Helix*, 103.
29. Watson, *The Double Helix*, 103.
30. Watson, *The Double Helix*, 103.
31. Francis Crick, *What Mad Pursuit: A Personal View of Scientific Discovery* (New York: Basic Books, 1988), 70.
32. Watson, *The Double Helix*, 103.
33. Watson, *The Double Helix*, 103.
34. Francis Crick, "Polypeptides and proteins: X-ray studies," PhD dissertation, Gonville and Caius College, University of Cambridge, submitted on July

1953, FCP, PPCRI/F/2, https://wellcomelibrary.org/item/b18184534.

35. Watson, The Double Helix, 103.
36. Letter from Maurice Wilkins to Francis Crick, dated "Thursday," probably written on February 5, 1953, and received on Saturday, February 7, 1953, FP, PPCRI/H/1/42/4. See also Judson, The Eighth Day of Creation, 140, 664; Wilkins, The Third Man of the Double Helix, 203.
37. Watson, *The Double Helix*, 103.
38. Wilkins, *The Third Man of the Double Helix*, 203–5.
39. Watson, *The Double Helix*, 104.
40. Wilkins, *The Third Man of the Double Helix*, 205–6.
41. Wilkins, *The Third Man of the Double Helix*, 206.
42. Watson, *The Double Helix*, 104.
43. Wilkins, *The Third Man of the Double Helix*, 206–7.

25. 왓슨, 프랭클린의 연구 보고서를 손에 넣다

1. Hedy Lamarr, *Ecstasy and Me: My Life as a Woman* (New York: Fawcett Crest, 1967), 249.
2. Francis Crick, *What Mad Pursuit: A Personal View of Scientific Discovery* (New York: Basic Books, 1988), 75.
3. Horace Freeland Judson, *The Eighth Day of Creation: Makers of the Revolution in Biology* (Cold Spring Harbor, NY: Cold Spring Harbor Laboratory Press, 2013), 139.
4. James D. Watson, *The Double Helix: A Personal Account of the Discovery of the Structure of DNA*, edited by Gunther Stent (New York: Norton, 1980), 104.
5. The Rex was originally a barnlike structure called the Rendezvous, which from 1911 to 1919 was a roller-skating rink. After the Great War, the building was converted into the Rendezvous Theatre to accommodate the silent picture craze but it burned to the ground in 1931. The theatre reopened the following year as the Rex. James D. Watson, *The Annotated and Illustrated Double Helix*, edited by Alexander Gann and Jan Witkowski (New York: Simon and Schuster, 2012), 193; "flea pit" in *The Cambridge Dictionary*, https://dictionary.cambridge.org/dictionary/english/fleapit.
6. During the Second World War, Lamarr invented a "wi-fi" radio guidance system for torpedoes which prevented them from being jammed up by enemy radio signals and thrown off course. Lamarr, a self-taught inventor, patented this technology with the musician George Antheil in 1942, but it was not installed on U.S. naval ships until 1962. Richard Rhodes, *Hedy's*

Folly: The Life and Breakthrough Inventions of Hedy Lamarr, the Most Beautiful Woman in the World (New York: Doubleday, 2012).

7. The 1933 Czech erotic romance was Lamarr's first starring role. The dark-haired eighteen-year-old played the bored wife of a much older man. The most titillating scenes featured close-ups of her face in the throes of orgasm (fueled by the sadistic director, Gustav Machatý, who repeatedly jabbed her in the buttocks and elbows with a pin), her "bare bottom bounc[ing] across the screen," swimming in the nude, and a handful of other glimpses of her body which at the time were viewed as "sizzling," if not absolutely forbidden. Instantly banned in both the United States and Germany, Ecstasy enjoyed a comeback of sorts in the 1950s. The version Watson saw was heavily cut and its lines of "uncontrolled passion" were dubbed into stilted English. Lamarr, *Ecstasy and Me*, 21–25.
8. Watson, *The Double Helix*, 104.
9. Watson, *The Double Helix*, 104–5.
10. M. F. Perutz, M. H. F. Wilkins, and J. D. Watson, "DNA Helix," *Science* 164, no. 3887 (1969): 1537–39; report by John Randall to the Medical Research Council, December 1952, JRP, RNDL 2/2/2,; see also "Letters and Documents related to R. E. Franklin's X-ray diffraction studies at King's College, London, in my Laboratory," JRP, RNDL 3/1/6.
11. Judson, *The Eighth Day of Creation*, 142.
12. Horace Judson interview with Francis Crick, July 3, 1975, HFJP; Judson, *The Eighth Day of Creation*, 142.
13. Judson, *The Eighth Day of Creation*, 142.
14. Horace Judson interview with Francis Crick, July 3, 1975, HFJP; Judson, *The Eighth Day of Creation*, 142.
15. Horace Judson interview with Francis Crick, July 3, 1975, HFJP; Judson, *The Eighth Day of Creation*, 143; Watson, *The Double Helix*, 99.
16. Robert Olby interviews with Francis Crick, March 6, 1968, and August 7, 1972, cited in Robert Olby, *The Path to the Double Helix* (Seattle: University of Washington Press, 1974), 404.
17. This tart description appears in a letter Chargaff wrote to Maurice Wilkins, just after the famous Watson and Crick model was published; May 8, 1953, ECP.
18. Erwin Chargaff, "A Quick Chase Up Mount Olympus," review of *The Double Helix* by James D. Watson), *Science* 159, no. 3822 (1968): 1448–49.
19. Letter from Max Perutz to John Randall, February 13, 1969, JRP, RNDL 2/4.

20. Letter from Landsborough Thomson to Max Perutz, February 4, 1969, and letter from H. P. Himsworth to Max Perutz, July 26, 1968, both in JRP, RNDL 2/4 and 2/2/2.
21. Perutz, Wilkins, and Watson, "DNA Helix."
22. Perutz, Wilkins, and Watson, "DNA Helix."
23. Letter from Max Perutz to Harold Himsworth, April 6, 1953, Medical Research Council Archives, FD1, British National Archives, Richmond, UK. This remarkable letter was discovered by Georgina Ferry and appears in her *Max Perutz and the Secret of Life* (London: Chatto and Windus, 2007), 151–54.
24. Memorandum from Maurice Wilkins to John Randall, December 19, 1968, MWP, K/PP178/3/35/7.
25. Letter from John Randall to W. L. Bragg, January 13, 1969, WLBP, 12/98. In another letter to Bragg, November 5, 1968, Randall wrote, "I have always felt that an initial joint publication by Watson, Crick and Wilkins would have been the best thing, but I was unable to press this with you at the time because Wilkins himself did not appear to want it" (12/90).
26. Max F. Perutz, "How the Secret of Life was Discovered," *Daily Telegraph*, April 27, 1987 reprinted as "Discoverers of the Double Helix" in Max F. Perutz, *Is Science Necessary? Essays on Science and Scientists* (New York: E. P. Dutton, 1989), 181–83.
27. Watson, *The Double Helix*, 105.
28. J. N. Davidson, *The Biochemistry of the Nucleic Acids* (London: Methuen, 1950).
29. Albert Neuberger, "James Norman Davidson, 1911–1972," *Biographical Memoirs of Fellows of the Royal Society* 19 (1973): 281–303.
30. Erwin Chargaff and J. N. Davidson, eds., *The Nucleic Acids: Chemistry and Biology*, 2 vols. (New York: Academic, 1955).
31. Davidson, *The Biochemistry of the Nucleic Acids*, 5–19.
32. Watson, *The Double Helix*, 105.
33. Watson, *The Double Helix*, 105.
34. Professor Gulland died in a train crash on October 26, 1947, while traveling on the London Northeastern Railway from Edinburgh to King's Cross. James D. Watson, *The Double Helix*, 106. J. M. Gulland, D. O. Jordan, and C. J. Threlfall, "212. Deoxypentose Nucleic Acids. Part I. Preparation of the Tetrasodium Salt of the Deoxypentose Nucleic Acid of Calf Thymus," *Journal of the Chemical Society* 1947: 1129–30; J. M. Gulland, D. O. Jordan, and H. F. W. Taylor, "213. Deoxypentose Nucleic Acids. Part II. Electrometric

Titration of the Acidic and the Basic Groups of the Deoxypentose Nucleic Acid of Calf Thymus," *Journal of the Chemical Society* 1947: 1131–41; J. M. Creeth, J. M. Gulland, and D. O. Jordan, "214. Deoxypentose Nucleic Acids. Part III. Viscosity and Streaming Birefringence of Solutions of the Sodium Salt of the Deoxypentose Nucleic Acid Thymus," *Journal of the Chemical Society* 1947: 1141–45; J. M. Creeth, "Some Physico-Chemical Studies on Nucleic Acids and Related Substances," PhD thesis, University of London, 1948; S. E. Harding, G. Channell, Mary K. Phillips-Jones, "The Discovery of Hydrogen Bonds in DNA and a Re-evaluation of the 1948 Creeth Two-Chain Model for its Structure," *Biochemical Society Transactions* 48 (2018): 1171–82; H. Booth and M. J. Hey, "DNA Before Watson and Crick: The Pioneering Studies of J. M. Gulland and D. O. Jordan at Nottingham," *Journal of Chemical Education* 73, no. 10 (1996): 928–31; A. Peacocke, "Titration Studies and the Structure of DNA," Trends in Biochemical Sciences 30, no. 3 (2005): 160–62; K. Manchester, "Did a Tragic Accident Delay the Discovery of the Double Helical Structure of DNA?," *Trends in Biochemical Sciences* 20, no. 3 (1995): 126–28. As an aside, Linus Pauling gave the prestigious Jesse Boot Lecture at Nottingham in 1948 but did not meet with Jordan or Creeth. At the time, the doctoral student Creeth was fiddling with a two-chain model of DNA but did not realize the implications because he was focusing on hydrogen bonding.

35. Watson, *The Double Helix*, 106.
36. Watson, *The Double Helix*, 106.
37. Watson, *The Double Helix*, 108.
38. Watson, *The Double Helix*, 108.

26. 이중나선의 열쇠 염기쌍을 발견한 왓슨

1. The phrase "base pairs" is used here as a pun drawn from the bonding of the nucleotide bases in DNA. "Base Pairs" was one of the original titles Watson proposed for what became *The Double Helix*. See manuscripts of *The Double Helix*, JDWP.
2. Jerry Donohue, "Honest Jim?," *Quarterly Review of Biology* 51 (June, 1976): 285–89. Donohue was a chemistry professor at the University of Southern California, 1953–66 and at the University of Pennsylvania from 1966 until his death in 1985. In the 1970s, he became a harsh critic of the Watson–Crick model of DNA. See letters from Jerry Donohue to Francis Crick, May 6, 1970, and August 10, 1970, and letter from Francis Crick to Jerry

Donohue, May 20, 1970, FCP, PP/CRI/D/2/11/; see also Jerry Donohue, "Fourier Analysis and the Structure of DNA," *Science* 165, no. 3898 (September 12, 1969): 1091–96; Jerry Donohue, "Fourier Series and Difference Maps as Lack of Structure Proof: DNA Is an Example," *Science* 167, no. 3826 (March 27, 1970): 1700–2; F. H. C. Crick, "DNA: Test of Structure?," *Science* 167, no. 3926 (March 27, 1970): 1694; M. H. F. Wilkins, S. Arnott, D. A. Marvin, and L. D. Hamilton, "Some Misconceptions on Fourier Analysis and Watson–Crick Base Pairing," *Science* 167, no. 3926 (27 March 27, 1970:): 1693–94.

3. James D. Watson, *The Double Helix: A Personal Account of the Discovery of the Structure of DNA*, edited by Gunther Stent (New York: Norton, 1980), 110.
4. On February 25, Max Delbrück handwrote a postscript to a copy of the paper's submission letter to the editor of *PNAS*: "Jim: [Albert] Sturtevant thinks your theory is all wrong . . . Marguerite [Vogt] thinks your theory has a chance but the paper [is] written much too positively. We all think the evidence is very thin and the formulation difficult to read. However, since you don't want to change it, and since I want to do experiments rather than rewrite your paper, and since it will do you good to learn what it means to publish prematurely, I sent it off today with only a few commas and missing words amended." Letter from Max Delbrück to James D. Watson, February 25, 1953, JDWP. See also letter from Max Delbrück to E. B. Wilson, February 25, 1953, JDWP; J. D. Watson and W. Hayes, "Genetic Exchange in *Escherichia Coli* K 12: Evidence for Three Linkage Groups," *Proceedings of the National Academy of Sciences* 39, no. 5 (May, 1953): 416–26.
5. Papers sent to the *Proceedings of the National Academy of Sciences* must be "sponsored" by an elected Academy member. Watson was not yet a member and thus needed Delbrück's sponsorship. See letters from James D. Watson to Max Delbrück, September 23, 1952, October 6, 1952, October 22, 1952, November 25, 1952, and January 15, 1953, MDP, box 23, folders 21 and 22.
6. Watson, *The Double Helix*, 110. See also letter from Max Delbrück to James D. Watson, February 25, 1953, JDWP; letter from Max Delbrück to E. B. Wilson, February 25, 1953, JDWP; and the paper that resulted: Watson and Hayes, "Genetic Exchange in *Escherichia Coli* K 12"; James D. Watson to Max Delbrück, February 20, 1953, MDP, box 23, folder 22.
7. James D. Watson to Max Delbrück, February 20, 1953, MDP, box 23, folder 22.
8. James D. Watson to Max Delbrück, February 20, 1953, MDP, box 23, folder 22.
9. Watson, *The Double Helix*, 110. Elizabeth II's accession to the throne oc-

curred soon after the death of her father, King George V1, on February 6, 1952; her coronation, as Queen of England, was celebrated on June 2, 1953. Postboxes with her royal marker, ER II (Elizabeth Regina II) began appearing in the spring of 1952.

10. Watson, *The Double Helix*, 110.
11. Horace Freeland Judson, *The Eighth Day of Creation: Makers of the Revolution in Biology* (Cold Spring Harbor, NY: Cold Spring Harbor Laboratory Press, 2013), 129.
12. Thomas Hager, *Force of Nature: The Life of Linus Pauling* (New York: Simon and Schuster, 1995), 425–26.
13. June M. Broomhead, "The structure of pyrimidines and purines. II. A determination of the structure of adenine hydrochloride by X-ray methods," *Acta Crystallographica* 1 (1948): 324–29; June M. Broomhead, "The structures of pyrimidines and purines. IV. The crystal structure of guanine hydrochloride and its relation to that of adenine hydrochloride," *Acta Crystallographica* 4 (1951): 92–100; June M. Broomhead, "An X-ray investigation of certain sulphonates and purines," PhD thesis, Cambridge University, 1948. Her married name was Lindsay and some of her later publications reflect this.
14. Judson, *The Eighth Day of Creation*, 145.
15. Judson, *The Eighth Day of Creation*, 146–47; Jerry Donohue, "The Hydrogen Bond in Organic Crystals," *Journal of Physical Chemistry* 56 (1952): 502–10; Horace Judson interview with Jerry Donohue, October 5, 1973, HFJP; Jerry Donohue Papers, box 5, folders 20 and 21, University of Pennsylvania Archives, Philadelphia, PA.
16. Watson, *The Double Helix*, 110.
17. Watson, *The Double Helix*, 110.
18. Watson, *The Double Helix*, 112.
19. Author interview with James D. Watson (no. 4), July 26, 2018.
20. Watson, *The Double Helix*, 112.
21. L. C. Pauling and R. B. Corey, "Structure of the Nucleic Acids," *Nature* 171 (February 21, 1953): 346; L. C. Pauling and R. B. Corey, "A Proposed Structure for the Nucleic Acids," *Proceedings of the National Academy of Sciences* 39 (1953): 84–97.
22. Rosalind Franklin, notes on the Pauling–Corey triple helix paper, February 1953, RFP, ARCHIVAL REF?; Judson, *The Eighth Day of Creation*, 141.
23. Brenda Maddox, *Rosalind Franklin: The Dark Lady of DNA* (New York: HarperCollins, 2002), 195, 200; R. E. Franklin and R. G. Gosling, "Molecular configuration in sodium thymonucleate," *Nature* 171 (1953): 740–41;

R. E. Franklin and R. G. Gosling, "The Structure of Sodium Thymonucleate Fibers. I. The Influence of Water Content," *Acta Crystallographica* 6 (1953): 673–77; R. E. Franklin and R. G. Gosling, "The Structure of Thymonucleate Fibers. II: The Cylindrically Symmetrical Patterson Function," *Acta Crystallographica* 6 (1953): 678–85; see also R. E. Franklin and R. G. Gosling, "The Structure of Sodium Thymonucleate Fibers III. The Three-Dimensional Patterson Function," Acta Crystallographica 8 (1955): 151–56. See also J. D. Watson and F. H. C. Crick, "A structure for deoxyribose nucleic acid," Nature 171 (1953): 737–38; M. H. F. Wilkins, A. R. Stokes, and H. R. Wilson, "Molecular structure of deoxypentose nucleic acids," *Nature* 171 (1953): 738–40.

24. The *Acta Crystallographica* papers were received for publication by the journal's English editor and slotted to appear in the September 1953 issue; Maddox, *Rosalind Franklin*, 199–201.
25. Robert Olby, *Francis Crick: Hunter of Life's Secrets* (Cold Spring Harbor, NY: Cold Spring Harbor Laboratory Press, 2009), 165; Robert Olby, *The Path to the Double Helix* (Seattle: University of Washington Press, 1974), 410–14.
26. Olby, *Francis Crick*, 165.
27. Watson, *The Double Helix*, 112, 114.
28. Richard Sheridan, The Rivals, in *The School for Scandal and Other Plays* (London: Penguin, 1988), 29–124.
29. Watson, *The Double Helix*, 114.
30. This likely apocryphal tale was told a few centuries later by Marcus Vitruvius Pollo in his *Ten Books on Architecture*. Archimedes' discovery regarding displaced volumes immediately allowed him to develop a means of testing the purity of gold. The full text of an English translation by Morris H. Morgan is available at http://www.gutenberg.org/ebooks/20239.
31. Another contribution by the Greeks, this dramatic trick is credited to the playwright Euripides (480–406 BCE).
32. Watson, *The Double Helix*, 113–14. Watson claims that the formation of a third hydrogen bond between guanine and cytosine was considered, but rejected because a crystallographic study of guanine hinted that it would be very weak. Today, this conjecture is known to be incorrect; three strong hydrogen bonds exist between guanine and cytosine. Linus Pauling made this correction, but it should be noted that the original 1953 Watson–Crick model did <u>not</u> include the third hydrogen bond between cytosine and guanine. L. C. Pauling and R. B. Corey, "Specific Hydrogen-Bond Formation

Between Pyrimidines and Purines in Deoxyribonucleic Acids," *Archives of Biochemistry and Biophysics* 65 (1956): 164–81.

33. Author interview with James D. Watson (no. 2), July 25, 2018.
34. Watson, *The Double Helix*, 114–15.
35. Watson, *The Double Helix*, 115.
36. Deb Amlen, "How to Solve the New York Times Crossword," *New York Times*, https://www.nytimes.com/guides/crosswords/how-to-solve-a-crossword-puzzle.
37. Watson, *The Double Helix*, 115; Olby, Francis Crick, 166.
38. Olby, *The Path to the Double Helix*, 412.
39. Watson, *The Double Helix*, 115.
40. Olby, *Francis Crick*, 167–68.
41. Watson, *The Double Helix*, 115.
42. Watson, *The Double Helix*, 115.
43. Watson, *The Double Helix*, 115.
44. Ivan Noble, "'Secret of Life' Discovery Turns 50," *BBC News*, February 28, 2003, http://news.bbc.co.uk/2/hi/science/nature/2804545.stm.

27. 도둑맞은 프랭클린의 과학적 우선권

1. Francis Crick, *What Mad Pursuit: A Personal View of Scientific Discovery* (New York: Basic Books, 1988), 78–79. Invitation to the May 1, 1953, meeting of the Hardy Club in Kendrew's rooms at Peterhouse College, featuring James Watson's reading of a paper, "Some Comments on desoxyribonucleic acid"; letters from James D. Watson to Francis Crick, FCP, PP/CRI/H/1/42/3, box 72.
2. James D. Watson, *The Double Helix: A Personal Account of the Discovery of the Structure of DNA*, edited by Gunther Stent (New York: Norton, 1980), 116.
3. Author interview with James D. Watson (no. 1), July 23, 2018.
4. Watson, *The Double Helix*, 116; see also Robert Olby, *Francis Crick: Hunter of Life's Secrets* (Cold Spring Harbor, NY: Cold Spring Harbor Laboratory Press, 2009), 168–69; Robert Olby, *The Path to the Double Helix* (Seattle: University of Washington Press, 1974), 399–416; Horace Freeland Judson, *The Eighth Day of Creation: Makers of the Revolution in Biology* (Cold Spring Harbor, NY: Cold Spring Harbor Laboratory Press, 2013), 148–52.
5. Watson, *The Double Helix*, 116.
6. Olby, *The Path to the Double Helix*, 414; Robert Olby recorded Interviews with Francis Crick for the Royal Society, March 8, 1968 and August 7,

1972, Collections of the Royal Society, London.

7. Olby, *The Path to the Double Helix*, 414.
8. Watson, *The Double Helix*, 116–17.
9. Watson, *The Double Helix*, 117.
10. Judson, *The Eighth Day of Creation*, 627–29.
11. Watson, *The Double Helix*, 118.
12. Watson, *The Double Helix*, 117.
13. Crick, *What Mad Pursuit*, 77.
14. "The Race for the Double Helix," documentary television program, narrated by Isaac Asimov, *Nova*, PBS, March 7, 1976.
15. Watson, *The Double Helix*, 117–18.
16. Watson, *The Double Helix*, 118.
17. Watson, *The Double Helix*, 118.
18. The most prevalent viral type in England in 1953 was prosaically labeled Influenza Virus A/England/1/51, quite similar to the Liverpool strain of 1950–51; the second most prevalent type that year, A/England/1/53, probably originated in Scandinavia; A. Isaacs, R. Depoux, P. Fiset, "The Viruses of the 1952–53 Influenza Epidemic," *Bulletin of the World Health Organization* 11, no. 6 (1954): 967–79; *The Registrar General's Statistical of England and Wales for the Year 1953* (London: Her Majesty's Stationery Office, 1956), 173–88. For an exegesis on the history of influenza pandemics, see Howard Markel et al., "Nonpharmaceutical Interventions Implemented by U.S. Cities During the 1918–1919 Influenza Pandemic," *Journal of the American Medical Assocation* 298, no. 6 (2007; 644–54; Howard Markel and J. Alexander Navarro, eds., *The American Influenza Epidemic of 1918–1919: A Digital Encyclopedia*, http://www.influenzaarchive.org.
19. Letter from Rosalind Franklin to Adrienne Weill, March 10, 1953, ASP, box 2, folder 15.1; Brenda Maddox, *Rosalind Franklin: The Dark Lady of DNA* (New York: HarperCollins, 2002), 205–6.
20. WLBP, MS WLB 54A/282; MS WLB 32E/7. See also Graeme K. Hunter, *Light is a Messenger: The Life and Science of William Lawrence Bragg* (Oxford: Oxford University Press, 2004), 196, 279.
21. Watson, *The Double Helix*, 118.
22. Watson, *The Double Helix*, 118.
23. Watson, *The Double Helix*, 120.
24. Watson, *The Double Helix*, 120.
25. Watson, *The Double Helix*, 120.
26. Alexander Todd, *A Time to Remember: The Autobiography of a Chemist* (Cam-

bridge: Cambridge University Press, 1983), 88.

27. Todd, *A Time to Remember*, 89. See also W. L. Bragg, J. C. Kendrew, and M. F. Perutz, "Polypeptide Chain Configurations in Crystalline Proteins," *Proceedings of the Royal Society of London A: Mathematical and Physical Sciences* 203, no. 1074 (October 10, 1950): 321–57; L. C. Pauling, R. B. Corey, and H. R. Branson, "The structure of proteins: Two hydrogen-bonded helical configurations of the polypeptide chain," *Proceedings of the National Academy of Sciences* 37, no. 4 (1951): 205–11; M. F. Perutz, "New X-ray Evidence on the Configuration of Polypeptide Chains: Polypeptide Chains in Poly-γ-benzyl-L-glutamate, Keratin and Hæmoglobin," *Nature* 167, no. 4261 (1951): 1053–54.
28. Todd conjectured that if only the physicists and chemists had worked more closely together during this era, the chemists might "have enabled the physicists to make the imaginative jump a year or so earlier, but probably not much more." Todd, *A Time to Remember*, 89.
29. Todd, *A Time to Remember*, 89.
30. Watson, *The Double Helix*, 120.
31. Olby, *The Path to the Double Helix*, 416.
32. Watson, *The Double Helix*, 120.
33. Watson, *The Double Helix*, 120.
34. Crick, *What Mad Pursuit*, 75.
35. Watson, *The Double Helix*, 120.
36. Watson, *The Double Helix*, 120. This is a paraphrase of what Wilkins actually wrote in his letter to Francis Crick, March 7, 1953, FCP, PP/CRI/H/1/42/4.

28. 패배

1. Letter from Maurice Wilkins to Francis Crick, March 7, 1953, FCP, PP/CRI/H/1/42/4.
2. William Shakespeare, *The Life and Death of Richard II*, Act II, scene I.
3. William Shakespeare, sonnets 127–52.
4. Michael Schoenfeldt, *The Cambridge Introduction to Shakespeare's Poetry* (Cambridge: Cambridge University Press, 2010), 98–111.
5. William Shakespeare, sonnet 147.
6. Horace Judson interview with Raymond Gosling, July 21, 1975, HFJP.
7. James D. Watson, *The Double Helix: A Personal Account of the Discovery of the Structure of DNA*, edited by Gunther Stent (New York: Norton, 1980), 126.
8. Max Delbrück, undated memorandum, "The Pauling seminar on his triple

helix DNA structure was held on Wednesday, March 4, 1953," MDP, box 23, file 22; Thomas Hager, *Force of Nature: The Life of Linus Pauling* (New York: Simon and Schuster, 1995), 425; Watson, *The Double Helix*, 126.

9. James D. Watson, "Succeeding in Science: Some Rules of Thumb," *Science* 261, no. 5129 (September 24, 1993): 1812–13.
10. Letter from Peter Pauling to Linus and Ava Helen Pauling, March 14, 1953, LAHPP, http://scarc.library.oregonstate.edu/coll/pauling/dna/corr/bio5.041.6-peterpauling-lp-19530301-transcript.html.
11. Letter from Peter Pauling to Linus and Ava Helen Pauling, March 14, 1953, LAHPP, http://scarc.library.oregonstate.edu/coll/pauling/dna/corr/bio5.041.6-peterpauling-lp-19530301-transcript.html.
12. Letter from Francis Crick to Linus Pauling, March 2, 1953, California Institute of Technology Archives, Pasadena, CA, cited in Hager, *Force of Nature*, 424.
13. Maurice Wilkins, The Third Man of the Double Helix (Oxford: Oxford University Press, 2003), 211; Horace Freeland Judson, *The Eighth Day of Creation: Makers of the Revolution in Biology* (Cold Spring Harbor, NY: Cold Spring Harbor Laboratory Press, 2013), 152.
14. Wilkins, *The Third Man of the Double Helix*, 211.
15. Wilkins, *The Third Man of the Double Helix*, 211.
16. Wilkins, *The Third Man of the Double Helix*, 211–12.
17. Wilkins, *The Third Man of the Double Helix*, 212. "Their [the Wilkins laboratory] improved structure for the B form differed from the original in details of the backbones, most significantly by a shift in the angle of sugars, which brings the bases in more snugly to the center. The improved model took Wilkins seven years"; Judson, *The Eighth Day of Creation*, 167. See also Maurice Wilkins, "The Molecular Configuration of Nucleic Acids," in *Nobel Lectures, Physiology or Medicine 1942–1962* (Amsterdam: Elsevier, 1964), 755–82, available at https://www.nobelprize.org/prizes/medicine/1962/wilkins/lecture.
18. Watson, *The Double Helix*, 122.
19. Horace Judson interview with William Lawrence Bragg, January 28, 1971, HFJP.
20. Letter from Maurice Wilkins to Max Perutz, June 30, 1976, HFJP.
21. Wilkins, *The Third Man of the Double Helix*, 215.
22. Watson, *The Double Helix*, 122. In 2018, Watson applauded the "good British manners" of both Wilkins and Franklin when first seeing his and Crick's DNA double helix model; author interview with James D. Watson (no. 4),

July 26, 2018.

23. Wilkins, *The Third Man of the Double Helix*, 213–15.
24. Wilkins, *The Third Man of the Double Helix*, 215.
25. Brenda Maddox, *Rosalind Franklin: The Dark Lady of DNA* (New York: HarperCollins, 2002), 209.
26. Anne Sayre interview with Jerry Donohue, December 19, 1975, ASP, box 2; Maddox, *Rosalind Franklin*, 209.
27. Letter from James D. Watson to Max Delbrück, March 12, 1953, MDP, box 23, folder 22.
28. Watson, *The Double Helix*, 127.
29. Watson, *The Double Helix*, 122.
30. Anne Sayre, *Rosalind Franklin and DNA* (New York: Norton, 1975), 168–69.
31. Judson, *The Eighth Day of Creation*, 628.
32. Watson, *The Double Helix*, 124.
33. "Due Credit," *Nature* 496 (April 18, 2013): 270. The last line paraphrases Isaac Newton's famous 1675 adage, "If I have seen further than others, it is by standing on the shoulders of giants." The phrase has been attributed to Bernard of Chartres, who may have first uttered it in the twelfth century.
34. Watson, *The Double Helix*, 124–26.
35. Judson, *The Eighth Day of Creation*, 148.
36. Author interview with James D. Watson (no. 4), July 26, 2018.
37. Sayre, *Rosalind Franklin and DNA*, 213–14; Francis Crick, "How to Live with a Golden Helix," *The Sciences* 19 (September 1979): 6–9.
38. Maddox, *Rosalind Franklin*, 202.
39. Mansel Davies, "W. T. Astbury, Rosie Franklin, and DNA: A Memoir," *Annals of Science* 47 (1990): 607–18, quote is on 617–18. Mansel Davies (1913–95) was a student of William Astbury's and a prominent physicist, X-ray crystallographer, and expert on molecular structure. See Sir John Meurig Thomas, "Professor Mansel Davies," obituary, *Independent*, January 17, 1995, https://www.independent.co.uk/news/people/obituariesprofessor-mansel-davies-1568365.html.
40. Watson, *The Double Helix*, 126.
41. Robert Olby, *Francis Crick: Hunter of Life's Secrets* (Cold Spring Harbor, NY: Cold Spring Harbor Laboratory Press, 2009), 169.
42. Judson, *The Eighth Day of Creation*, 151.
43. Watson, *The Double Helix*, 126.
44. Author interview with James D. Watson (no. 4), July 26, 2018.

45. Watson, *The Double Helix*, 127.
46. Letter from James D. Watson to Max Delbrück, March 22, 1953, MDP, box 23, folder 22.
47. Author interview with James D. Watson (no. 4), July 26, 2018.
48. A copy of the complete letter, Francis Crick to Michael Crick, March 19, 1953, can be found in FCP, PP/CRI/D/4/3, box 243. The original sold at auction on April 10, 2013, by Christie's of New York, for $6,059,750, the world record price for a letter at the time; Jane J. Lee, "Read Francis Crick's $6 Million Letter to Son Describing DNA," *National Geographic*, April 11, 2013, https://blog.nationalgeographic.org/2013/04/11/read-francis-cricks-6-million-letter-to-son-describing-dna/.

29. 연구윤리를 내팽개친 공식적인 모의들

1. J. D. Watson and F. H. C. Crick, "A Structure for Deoxyribose Nucleic Acid," *Nature* 171, no. 4356 (April 25, 1953): 737–38.
2. Letter from James D. Watson and Francis Crick to Linus Pauling, March 21, 1953, LAHPP, http://scarc.library.oregonstate.edu/coll/pauling/dna/corr/sci9.001.32-watsoncrick-lp-19530321.html.
3. Letter from James D. Watson and Francis Crick to Linus Pauling, March 21, 1953, LAHPP, http://scarc.library.oregonstate.edu/coll/pauling/dna/corr/sci9.001.32-watsoncrick-lp-19530321.html.
4. Letter from James D. Watson to his parents, March 24, 1953, WFAT, "Cambridge Letters, to his Family, September 1953–September 1953."
5. Held since 1922, and attended by some of the brightest physicists and chemists in the world, the Solvay Conferences were funded by the wealthy Belgian chemist and industrialist Ernest G. J. Solvay. Although Solvay did not attend university, because of pleurisy, he spent the rest of his life associating with brilliant chemistry and physics professors through his philanthropic work. He developed the Solvay process, which makes soda ash (anhydrous sodium hydroxide, a key ingredient in the manufacture of glass, paper, rayon, soaps, and detergents) from brine and limestone. See Institut International de Chimie Solvay, *Les Protéines, Rapports et Discussions: Neuvième Conseil de Chimie tenu à l'université de Bruxelles du 6 au 14 Avril 1953* (Brussels: R. Stoops, 1953).
6. Thomas Hager, Force of Nature: *The Life of Linus Pauling* (New York: Simon and Schuster, 1995), 388–89, 427.
7. James D. Watson, *The Double Helix: A Personal Account of the Discovery of the Structure of DNA*, edited by Gunther Stent (New York: Norton, 1980), 127;

letter from James D. Watson to Max Delbrück, March 12, 1953, MDP, box 23, folder 22.

8. Hager, *Force of Nature*, 428.
9. Hager, *Force of Nature*, 387–89, 427–28.
10. Brenda Maddox, *Rosalind Franklin: The Dark Lady of DNA* (New York: HarperCollins, 2002), 209.
11. Maddox, *Rosalind Franklin*, 209; "Due Credit," editorial, Nature 496 (April 18, 2013): 270.
12. When Macmillan sold the extant files of *Nature* to the British Museum in 1966, the historic and important materials regarding the Watson and Crick DNA paper had already been destroyed. Letter from A. J. V. Gale to Horace Judson, October 3, 1976, and letter from David Davies, editor of *Nature*, to Horace Judson, September 1, 1976, HFJP, file "A. J. V. Gale/*Nature*"; Maddox, *Rosalind Franklin*, 211.
13. Letter from Francis Crick to Maurice Wilkins, March 17, 1953; on the reverse side is a draft of a note to A. J. V. Gale, the co-editor of *Nature*, about their DNA paper, or "letter" as it was referred to in *Nature* parlance: "Both Prof Bragg & Perutz have read the letter and have approved our sending it to you. We would be grateful if you could give us a rough idea if & when you are likely to be able to publish it." See: A. Gann and J. Witkowski, "The lost correspondence of Francis Crick, *Nature* 467 (2010): 519–24.
14. Letter from Maurice Wilkins to Francis Crick, March 18, 1953, FCP, PP/CRI/H/1/42/3, box 72, quoted in Robert Olby, *The Path to the Double Helix* (Seattle: University of Washington Press, 1974), 417–18.
15. Letter from Maurice Wilkins to Erwin Chargaff, June 3, 1953, ECP.
16. The day before, April 1, Gerald Pomerat, the influential assistant director of the natural sciences program at the Rockefeller Foundation, was visiting the Cavendish Laboratory to examine Bragg's protein research, which was funded by the Foundation. Pomerat's diary makes clear that the key story in Cambridge was the excitement over DNA and the two "somewhat mad hatters who bubble over their new structure." J. Witkowski, "Mad Hatters at the DNA Tea Party," *Nature* 415 (2001): 473–74.
17. James D. Watson, *Girls, Genes and Gamow: After the Double Helix* (New York: Knopf, 2002), 8.
18. Martin J. Tobin, "Three Papers, Three Lessons," *American Journal of Respiratory and Critical Care Medicine* 167, no. 8 (2003): 1047–49.
19. Horace Freeland Judson, *The Eighth Day of Creation: Makers of the Revolution in Biology* (Cold Spring Harbor, NY: Cold Spring Harbor Laboratory Press,

2013), 154.

20. Watson, *The Double Helix*, 129.
21. Watson and Crick, "A Structure of Deoxyribose Nucleic Acid."
22. M. H. F. Wilkins, A. R. Stokes, and H. R. Wilson, "Molecular Structure of Deoxypentose Nucleic Acids," *Nature* 171, no. 4356 (April 25, 1953): 738–40.
23. R. E. Franklin and R. G. Gosling, "Molecular Configuration in Sodium Thymonucleate," Nature 171, no. 4356 (April 25, 1953): 740–41. See also Roger Chartier, *The Order of Books: Authors and Libraries in Europe Between the 14th and 18th Centuries* (Palo Alto, CA: Stanford University Press, 1994); and Roger Chartier, *The Cultural Uses of Print in Early Modern France* (Princeton: Princeton University Press, 2019).
24. Judson, *The Eighth Day of Creation*, 148.
25. Franklin and Gosling, "Molecular Configuration in Sodium Thymonucleate."
26. Maddox, *Rosalind Franklin*, 211–12. In fact, Franklin accepted the Watson–Crick model only as a hypothesis. In a September 1953 paper, she wrote that "discrepancies prevent us from accepting it in detail." See R. E. Franklin and R. G. Gosling, "The structure of sodium thymonucleate fibres: The influence of water content. Part I," and "The structure of sodium thymonucleate fibres: The cylindrically symmetrical Patterson function. Part II," *Acta Crystallographica* 6 (1953): 673–77, 678–85; see also Brenda Maddox, "The Double Helix and the 'Wronged Heroine,'" *Nature* 421, no. 6291 (January 23, 2003): 407–8.
27. Watson, *The Double Helix*, 129.
28. Watson, *The Double Helix*, 130.
29. Watson, *The Double Helix*, 129.
30. Watson, *The Double Helix*, 130.
31. Letter from Linus Pauling to Ava Helen Pauling, April 6, 1953, LAHPP, http://scarc.library.oregonstate.edu/coll/pauling/dna/corr/safe1.021.3.html.
32. Linus Pauling notebook, Solvay Congress, April 1953, LAHPP, http://scarc.library.oregonstate.edu/coll/pauling/dna/notes/safe4.083-031.html. In the published version of Bragg's "Note Complémentaire" on Watson and Crick's work—a short report constituting the first formal announcement of their DNA model—Pauling gave a smoother imprimatur to the proceedings: "I feel that it is very likely that the Watson–Crick model is essentially correct." See "Discussion des rapports de MM. L. Pauling et L. Bragg," and J. D. Watson and F. H. C. Crick, "The Stereochemical Structure of DNA," both in Institut International de Chimie Solvay, Les Protéines. *Rapports et Discus-*

sions, 113–18, 110–12.

33. "Linus Pauling Diary: Trips to Germany, Sweden and Denmark, July and August, 1953," 89, LAHPP, http://scarc.library.oregonstate.edu/coll/pauling/dna/notes/safe4.082-017.html.
34. *Lifestory: Linus Pauling*, BBC, 1997, in Linus Pauling and the Nature of the Chemical Bond, website maintained by the LAHPP, http://scarc.library.oregonstate.edu/coll/pauling/bond/audio/1997v.1-pasadena.html.
35. Hager, *Force of Nature*, 429.
36. Hager, *Force of Nature*, 431; John L. Greenberg oral history interview with Linus Pauling, May 10, 1984, 23, Archives of the California Institute of Technology, Pasadena, CA, http://oralhistories.library.caltech.edu/18/1/OH_Pauling_L.pdf.
37. Jim Lake, "Why Pauling Didn't Solve the Structure of DNA," correspondence, *Nature* 409, no. 6820 (February 1, 2001): 558.
38. Hager, *Force of Nature*, 429–30.
39. *Oxford English Dictionary* (Oxford: Oxford University Press, 1989), https://www.oed.com/oed2/00048049;jsessionid=0389830C953F30EA35E2A97FD896F289.
40. Maurice Wilkins, *The Third Man of the Double Helix* (Oxford: Oxford University Press, 2003), 164–65.
41. Maddox, *Rosalind Franklin*, 209–10.
42. Watson and Crick, "A Structure for Deoxyribose Nucleic Acid."
43. Letter from Maurice Wilkins to Francis Crick, March 23, 1953, Sydney Brenner Collection, SB/11/1/77/, Cold Spring Harbor Laboratory Archives, Cold Spring Harbor, NY; Maddox, *Rosalind Franklin*, 210.
44. Maurice Wilkins to Francis Crick, March 18, 1953, cited in Olby, *The Path to the Double Helix*, 418; Maddox, *Rosalind Franklin*, 211.
45. Oddly, Wilkins spells the nickname both "Rosy" and "Rosie" in the same letter. Letter from Maurice Wilkins to Francis Crick, March 23, 1953, Sydney Brenner Collection, SB/11/1/77.
46. Eugene Garfield, "Bibliographic Negligence: A Serious Transgression," *Scientist* 5, no. 23 (November 25, 1991): 14.
47. James D. Watson and Francis Crick, "A Structure for DNA," FCP, PP/CRI/H/1/11/2, box 69.
48. Maddox, *Rosalind Franklin*, 210.
49. W. T. Astbury, "X-ray Studies of Nucleic Acids," *Symposia of the Society for Experimental Biology* (*I. Nucleic Acids*), 1947: 66–76; M. H. F. Wilkins and J. T. Randall, "Crystallinity in sperm heads: molecular structure of nucleo-

protein in vivo," *Acta Biochimica et Biophysica* 10, no. 1 (1953): 192-93.

50. Watson and Crick, "A Structure for Deoxyribose Nucleic Acid."
51. F. H. C. Crick and J. D. Watson, "The Complementary Structure of Deoxyribonucleic Acid," *Proceedings of the Royal Society A: Mathematical, Physical and Engineering Sciences* 223 (1954): 80-96.
52. Francis Crick, *What Mad Pursuit: A Personal View of Scientific Discovery* (New York: Basic Books, 1988), 66.
53. Watson and Crick, "A Structure for Deoxyribose Nucleic Acid." In *What Mad Pursuit*, Crick noted that some critics have called the closing sentence of their famous paper as coy. In his memoir, he recalled his efforts to include a line or two about the genetic implications of DNA: "I was keen that the paper should discuss genetic implications. Jim was against it. He suffered from periodic fears that the structure might be wrong and that he had made an ass of himself. I yielded to his point of view but insisted that something be put in the paper, otherwise someone would certainly write to make the suggestion, assuming we had been too blind to see it. In short, it was a claim to priority" (66).
54. Watson and Crick have often complained that they gained no immediate fame or credit for the discovery of the double helix. This is true regarding the popular media, and a few years passed before their DNA model was incorporated into college and medical school coursework and textbooks. Watson explained the absence of cheering as the result of "the feeling that we didn't deserve it—because we hadn't done any experiments and it was other people's data"; see Victor K. McElheny, *Watson and DNA: Making a Scientific Revolution* (New York: Perseus, 2003), 65. At the fortieth anniversary of the double helix, Crick told an audience that, as far as instant acclaim went, there was "Not a bit of it, not a bit of it"; see Stephen S. Hall, "Old School Ties: Watson, Crick, and 40 Years of DNA," *Science* 259, no. 5101 (March 12, 1993): 1532-33. There was some newspaper coverage of the Solvay announcement, and only a smattering of newspaper articles on the Nature paper. The *New York Times* did not cover the DNA story until May 16, 1953, under the title, "Form of 'Life Unit' in Cell Is Scanned"; a longer piece appeared on June 12, 1953. An article by Ritchie Calder, "Why You Are Nearer to the Secret of Life," appeared in the May 15, 1953, edition of the London News Chronicle and there was a short article in the Cambridge undergraduate school paper, The *Varsity*, on May 30, 1953. Nonetheless, one hundred or more scientists who really counted at the time understood the importance of their discovery rather quickly and redirected their own research

agendas accordingly.

55. Maddox, *Rosalind Franklin*, 206.
56. Letter from John Randall to Rosalind Franklin, April 17, 1953, JRP, RNDL 3/1/6.
57. Franklin asked Sayre this question in 1953; Anne Sayre, Rosalind Franklin and DNA (New York: Norton, 1975), 168, 214.
58. Maddox, Rosalind Franklin, 221–22.
59. Steven Rose interview with Maurice Wilkins, "National Life Stories. Leaders of National Life. Professor Maurice Wilkins, FRS," C408/017 (London: British Library, 1990), 60, 116.
60. Steven Rose interview with Maurice Wilkins, 60, 104.
61. Letter from Rosalind Franklin to John Randall, April 23, 1953, JRP, RNDL 3/1/6.
62. The Franklin–Wilkins Building is located at 150 Stamford Street, in the Waterloo campus of the University of London. It now houses the Dental Education Centre and the Franklin–Wilkins Library, which "supports the needs of nursing and midwifery students [and] contains extensive management, bioscience and educational holdings," as well as a small collection of law books for law students taking courses in the building. See https://www.kcl.ac.uk/visit/franklin-wilkins-building.
63. Jenifer Glynn, *My Sister Rosalind Franklin: A Family Memoir* (Oxford: Oxford University Press, 2012), 127.
64. Author interview with Jenifer Glynn, May 7, 2018; Glynn, *My Sister Rosalind Franklin*, 127. Brenda Maddox reported an interview with Dr. Simon Altmann in 1999, and subsequent letters in 2000 and 2001, where he claimed that Franklin told him how she came to her lab one day and "found her notebooks being read." She also was worried that her supervisors were not protecting her and, instead, conferring with Watson and Crick. Unfortunately, with the passage of years, Altman could not place the time of this discussion and was working in Argentina between early 1952 and the spring of 1953. Maddox, *Rosalind Franklin*, 194, 210, 343.
65. Author interview with James D. Watson (no. 2), July 24, 2019.
66. Maddox, *Rosalind Franklin*, 212.
67. Letter from John Randall to Rosalind Franklin, April 17, 1953, JRP, RNDL 3/1/6.
68. James Boswell, *The Life of Samuel Johnson* (London: Penguin, 1986), 116. Johnson uttered this chauvinistic quip on July 31, 1763, after Boswell told Johnson he had attended a Quaker meeting; see Howard Markel, "The Death

of Dr. Samuel Johnson: A Historical Spoof on the Clinicopathologic Conference," in Howard Markel, *Literatim: Essays at the Intersections of Medicine and Culture* (New York: Oxford University Press, 2020), 15–24.

69. The "holy fool" refers to a cadre of "prophets" who followed Christ under the guise of acting mad, or "foolish," and who insisted that they were able to reveal the truth of the Gospel. In Watson's case, his god and gospel were contained within DNA. Horace Judson interview with Maurice Wilkins, June 26, 1971, HFJP; Judson, *The Eighth Day of Creation*, 156–57.
70. Author interview with James D. Watson (no. 2), July 24, 2019.
71. Watson, *The Double Helix*, 132–33.
72. Maddox, *Rosalind Franklin*, 254.
73. Maddox, *Rosalind Franklin*, 240–41, 246, 262–63, 268–69, 295.
74. Watson, *The Double Helix*, 133.
75. Letter from C. P. Snow to W. L. Bragg, March 14, 1968, after reading the manuscript of *The Double Helix*, MFP, 4/2/1. In another communication, John Maddox, the editor of Nature, wrote that "discomfited scientists had a duty to do more than strike Jim Watson off their Christmas card lists. They had a duty to come forward with their own accounts; Victor McElheny, review of *The Path to the Double Helix* by Robert Olby, *New York Times Book Review*, March 16, 1975, BR19.
76. Franklin and Gosling, "Molecular Configuration in Sodium Thymonucleate."
77. J. D. Watson and F. H. C. Crick, "Genetical Implications of the Structure of Deoxyribonucleic Acid," *Nature* 171, no. 4361 (May 30, 1953): 964–67.
78. Judson, *The Eighth Day of Creation*, 156.
79. Watson, *The Double Helix*, 130–31.
80. Watson, *The Double Helix*, 131.
81. Maurice Goldsmith, *Sage: A Life of J. D. Bernal* (London: Hutchinson, 1980), 166.
82. Letter from J. D. Bernal to Birkbeck Administration, January 6, 1955; letter from Rosalind Franklin to J. D. Bernal, undated (May 26, 1955?), both in RFP, "Rosalind Franklin File Kept by Professor J. D. Bernal," FRKN 2/31.
83. Letter from Rosalind Franklin to J. D. Bernal, July 25, 1955, RFP, "Rosalind Franklin File Kept by Professor J. D. Bernal," FRKN 2/31; Maddox, *Rosalind Franklin*, 256, 262–65.
84. Maddox, *Rosalind Franklin*, 254.
85. Letter from W. L. Bragg to Francis Crick, November 23, 1956 (83P/20); letter from Francis Crick to W. L. Bragg, December 8, 1956 (83P/37); invitation letter to Rosalind Franklin from W. L. Bragg, June 26, 1956

(85B/164); letter from Rosalind Franklin to W. L. Bragg, July 23, 1956 (85B/165), all in WLBP.

86. Muriel Franklin came tantalizingly close to identifying Caspar as a potential beau during her correspondence with Anne Sayre, and Brenda Maddox has suggested a love relationship between Franklin and Caspar which may have begun in 1955 or 1956, while he was a fellow under her at Birkbeck College, London (*Rosalind Franklin*, 258, 274–75, 280–81, 283, 295–96, 304). After Franklin's death, Caspar kept a photograph of her on his desk, and he named his first daughter after her. Some have even commented that the woman he married looked like her. Anna Ziegler dramatized an imagined romance in the play *Photograph No. 51*, in Anna Ziegler, *Plays One* (London: Oberon, 2016), 199–274. Jenifer Glynn holds that the stories about Caspar are "pure fantasy" (author interview, May 7, 2018). Caspar later worked with both James Watson and Aaron Klug.
87. Some have asserted that Franklin's comment "I wish I were" suggests a physical relationship with Donald Caspar, but her words could also represent a wish that she was healthy and pregnant rather than riddled with malignant tumors. Maddox, *Rosalind Franklin*, 284, see also 279.
88. Maddox, *Rosalind Franklin*, 144.
89. Maddox, *Rosalind Franklin*, 285, quotes from her medical chart at University College Hospital: "Prof. Nixon, UCH notes for Miss Rosalind Franklyn [sic] Right oophorectomy and left ovarian cystectomy, Case No. AD 1651, September 4, 1956;" See also K. A. Metcalfe, A. Eisen, J. Lerner-Ellis, and S. A. Narod, "Is it time to offer BRCA1 and BRCA2 testing to all Jewish women?," *Current Oncology* 22, no. 4 (2015): e233–36; F. Guo, J. M. Hirth, Y. Lin, G. Richardson, L. Levine, A. B. Berenson, and Y. Kuo, "Use of BRCA Mutation Test in the U.S., 2004–2014," *American Journal of Preventive Medicine* 52, no. 6 (2017): 702–9.
90. Glynn, *My Sister Rosalind Franklin*, 149–50.
91. Maddox, *Rosalind Franklin*, 315. Watson made a similar statement about Franklin's so-called "poor relations" with her parents to the author during lunch at the Cold Spring Harbor Laboratory on July 23, 2018.
92. Glynn, *My Sister Rosalind Franklin*, 142; author interview with Jenifer Glynn, May 7, 2018.
93. Maddox, *Rosalind Franklin*, 304–5. In his biography of Aaron Klug, Kenneth C. Holmes claims it was Crick who came to Birkbeck to invite Franklin and Klug to work at the new Laboratory for Molecular Biology in Cambridge; Kenneth C. Holmes, *Aaron Klug: A Long Way from Durban* (Cam-

bridge: Cambridge University Press, 2017), 103–4.
94. Maddox, *Rosalind Franklin*, 305.
95. Anne Sayre interview with Gertrude "Peggy" Clark Dyche, May 31, 1977, ASP, box 7, "Post Publication Correspondence A–E."
96. Letter from Muriel Franklin to Anne Sayre, November 23, 1969, ASP, box 2, folder 15.2.
97. The term "spinster" was not derogatory, as it would be considered today; it was a legal term for a woman who had never married, analogous to "widow" or "wife." Rosalind Franklin's death certificate, April 15, 1958, cited in Maddox, *Rosalind Franklin*, 307.
98. J. D. Bernal, "Dr. Rosalind E. Franklin," *Nature* 182, no. 4629 (1958): 154.
99. The third line on her tombstone, in Hebrew, says, "Rochel, daughter of Yehuda" (her Hebrew name and her father's Hebrew name); the final line represents the Hebrew initials for םייחה רורצב התמשנ היהת ("Let her soul shall be bound in the bundle of life"), from 1 Samuel 25:29. Willesden is one of the most prominent Anglo-Jewish cemeteries in Great Britain. See "Tomb of Rosalind Franklin, Non-Civil Parish-1444176," Historic England, https://historicengland.org.uk/listing/the-list/list-entry/1444176.
100. Author interview with Jenifer Glynn, May 7, 2018.
101. Glynn, *My Sister Rosalind Franklin*, 160. The Oxford English Dictionary defines "swot" as a slang term meaning "to work hard at one's studies." The term originated at the Royal Military College, Sandhurst, c. 1850, when the assignments of a mathematics professor named William Wallace were said to make one swot (from "sweat"). On her deathbed, Rosalind told her brother Colin of her ambition to become a member of the Royal Society. See also "Rosalind Franklin was so much more than the 'wronged heroine' of DNA," editorial, *Nature* 583 (July 21, 2020): 492.

6부 노벨상

1. John Steinbeck, Nobel Prize Banquet speech, December 10, 1962, https://www.nobelprize.org/prizes/literature/1962/steinbeck/25229-john-steinbeck-banquet-speech-1962/.

30. 스톡홀름

1. James D. Watson, Nobel Prize Banquet toast, December 10, 1962. https://www.nobelprize.org/prizes/medicine/1962/watson/speech/.
2. Adam Smith interview with James D. Watson, December 10, 2012, Nobel

Media AB 2019, https://www.nobelprize.org/prizes/medicine/1962/watson/interview/.

3. Ragnar Sohlman, *The Legacy of Alfred Nobel* (London: Bodley Head, 1983).
4. Howard Markel, "The Story Behind Alfred Nobel's Spirit of Discovery," PBS NewsHour, https://www.pbs.org/newshour/health/the-story-behind-alfred-nobela-spirit-of-discovery.
5. James D. Watson, *Avoid Boring People: Lessons from a Life in Science* (New York: Knopf, 2007), 179.
6. Watson, *Avoid Boring People*, 179.
7. Maurice Wilkins, *The Third Man of the Double Helix* (Oxford: Oxford University Press, 2003), 241.
8. The Nobel Prize in Physiology or Medicine, 1962, https://www.nobelprize.org/prizes/medicine/1962/summary/.
9. John Steinbeck's *The Grapes of Wrath* (New York: Viking, 1939) won the 1939 National Book Award and the 1940 Pulitzer Prize. See also William Souder, *Mad at the World: A Life of John Steinbeck* (New York: Norton, 2020).
10. Wilkins, *The Third Man of the Double Helix*, 241; Paul Douglas, "An Interview with James D. Watson," Steinbeck Review 4, no.1 (February, 2007): 115–18.
11. The Nobel Prize in Physics, 1962, https://www.nobelprize.org/prizes/physics/1962/summary/.
12. The Nobel Medal for Physiology or Medicine, https://www.nobelprize.org/prizes/facts/the-nobel-medal-for-physiology-or-medicine. Virgil, *Aeneid*, book 6, line 663; Aeneas is in the underworld and looking upon the spirits of past human beings who made great contributions to the betterment of humankind by their unique creations and discoveries in what we now call artes et scientiae, the arts and sciences. The original line is "*Inventas aut qui vitam excoluere per artes*" (in William Morris's 1876 translation it reads, "and they who bettered life on earth by new-found mastery"). Since 1980, the medals have been made of "18 carat recycled gold."
13. A Unique Gold Medal, https://www.nobelprize.org/prizes/about/the-nobel-medals-and-the-medal-for-the-prize-in-economic-sciences; *Dr. James D. Watson's Nobel Medal and Related Papers*, auction catalogue, Christies: New York, December 4, 2014. The medal sold for $4.1 million to the Russian billionaire Alisher Usmanov, who promptly returned the medal to Watson. Watson said he would use some of the proceeds to support research at Cold Spring Harbor Laboratory and Trinity College, Dublin; see Brendan Borrell, "Watson's Nobel medal sells for U.S. $4.1 million," Nature, December 4,

2014, https://www.nature.com/news/watson-s-nobel-medal-sells-for-us-4-1-million-1.16500.

14. The morning after the awards ceremony, December 11, 1962, Jim Watson went to the Enskilda Bank to change his one-third share of the prize into American dollars; Watson, *Avoid Boring People*, 189. The amount of money for each of the Nobel Prizes awarded in 2022 was set at 10 million Swedish krona, or about $1,126,934.50; press release from the Nobel Foundation, September 24, 2020, https://www.nobelprize.org/press/?referringSource=articleShare#/publication/5f6c4a7438241500049eca4a/552bd85dccc8e20c00e7f979?&sh=false.
15. James D. Watson, *Genes, Girls and Gamow: After the Double Helix* (New York: Knopf, 2002), 252.
16. Since 1974, the banquet has been held in the Blue Hall, to accommodate more guests. See also Philip Hench, "Reminiscences of the Nobel Festival, 1950," *Proceedings of the Staff Meetings of the Mayo Clinic* 26 (November 7, 1951): 417-37, available at https://www.nobelprize.org/ceremonies/reminiscences-of-the-nobel-festival-1950/.
17. Ulrica Söderlind, *The Nobel Banquets: A Century of Culinary History, 1901–2001* (Singapore: World Scientific, 2005), 148–52; menu available at https://www.nobelprize.org/ceremonies/nobel-banquet-menu-1962/.
18. Steinbeck, Nobel Prize Banquet speech. The axiom Steinbeck uses to conclude his speech ("In the end is the Word, and the Word is Man—and the Word is with Men") is adapted from John 1:1 (King James Version): "In the beginning was the Word, and the Word was with God, and the Word was God." The Steinbeck Nobel Prize files are "Utlånde av Svenska Akademiens Nobelkommitté, 1962; Förslag till utdelning av nobelpriset i litteratur år 1962" [Lent by the Swedish Academy's Nobel Committee, 1962; Proposal for the Awarding of the Nobel Prize in Literature in 1962]; Per Hallström, "John Steinbeck, 1943," Archives of the Swedish Academy, Stockholm.
19. Douglas, "An interview with James D. Watson."
20. Erling Norrby, *Nobel Prizes and Nature's Surprises* (Singapore: World Scientific, 2013), 348–50; see also Wilkins, *The Third Man of the Double Helix*, 242–43.
21. Watson, *Avoid Boring People*, 183, 192.
22. Horace Freeland Judson, *The Eighth Day of Creation: Makers of the Revolution in Biology* (Cold Spring Harbor, NY: Cold Spring Harbor Laboratory Press, 2013), 556.
23. Watson's toast did not match the soaring orations uttered by the thirty-fifth

American president, with the help of his superb speechwriter, Theodore Sorenson. Watson, *Avoid Boring People*, 187.

24. Watson, Nobel Prize Banquet toast.
25. Watson, *Avoid Boring People*, 187.
26. Maurice Wilkins, "The Molecular Configuration of Nucleic Acids," in *Nobel Lectures, Physiology or Medicine 1942–1962* (Amsterdam: Elsevier, 1964), 754–82; see also James D. Watson, "The Involvement of RNA in the Synthesis of Proteins," ibid., 785–808, and Francis H. C. Crick, "On the Genetic Code," https://www.nobelprize.org/prizes/medicine/1962/crick/lecture/.
27. Norrby, *Nobel Prizes and Nature's Surprises*, 373–74.
28. Klug received the 1982 prize in Chemistry for his "development of crystallographic electron microscopy and his structural elucidation of biologically important nucleic acid-protein complexes." Aaron Klug, "From Macromolecules to Biological Assemblies," in *Nobel Lectures, Chemistry 1981–1990* (Singapore: World Scientific, 1992), available at https://www.nobelprize.org/prizes/chemistry/1982/klug/lecture/.
29. Watson, *Avoid Boring People*, 189.
30. Watson, *Avoid Boring People*, 193.
31. Watson, *Avoid Boring People*, 187, 189.
32. Judson, *The Eighth Day of Creation*, 556–57.

31. 엔딩 크레딧

1. *The Man Who Shot Liberty Valance*, directed by John Ford, screenplay by James Warner Bellah and Willis Goldbeck based on a short story by Dorothy M. Johnson, Paramount Pictures, 1962.
2. Email from Ann-Mari Dumanski, Karolinska Institutet, to the author, August 6, 2018.
3. Email from Ann-Mari Dumanski, Karolinska Institutet, to the author, August 21, 2020.
4. The biochemist Erwin Chargaff remained intensely bitter about being overlooked in 1962 for the prize awarded to Watson, Crick, and Wilkins. Adding a hefty dose of salt to his wound were 1988 and 2001 invitations from the Nobel Committee for him to nominate "one or more candidates for the Nobel Prize in Physiology or Medicine." Rest assured, Dr. Chargaff knew he could not nominate himself. He died in 2002, Nobel-less. ECP, B: C37, Series IIC. See also Horace Freeland Judson, "No Nobel Prize for Whining," op-ed, New York Times, October 20, 2003, A17; David Kroll, "This Year's Nobel Prize in Chemistry Sparks Questions About How Winners Are

Selected," *Chemical and Engineering News* 93, no. 45 (November 11, 2015): 35–36.

5. The Physics prize is a close second. As of 2020, out of the 114 prizes awarded to 216 laureates since 1901, 47 went to one laureate, 32 were shared by two, and 35 were shared by three; in Chemistry, out of 112 prizes awarded to 186 laureates, 63 were awarded to a single laureate, 24 were shared by two, and 25 were shared by three. Of the 100 Peace Prizes, 68 went to individual laureates, 30 to two, and 2 to three; of the 52 Economics prizes, which were awarded to 84 laureates, 25 went to individuals, 19 to two, and 7 to three; and of the 113 Literature prizes, only 4 awards were shared by two writers and the rest, 109, were awarded individually. The Peace prize has often been awarded to organizations (27); the 2020 award, for example, was awarded to the UN-based World Food Programme. See https://www.nobelprize.org/prizes/facts/nobel-prize-facts/.
6. The Swedish economist, diplomat, and second UN Secretary-General, Dag Hammerskjöld, died in a plane crash on September 18, 1961, at age fifty-six; he was nominated for the 1961 Peace Prize before his death. The Swedish poet and permanent secretary of the Swedish Academy, Karl Karlfeldt, died on April 8, 1931, at age sixty-six; he, too, was nominated before his death. Following the announcement of the 2011 Nobel Prize in Physiology or Medicine, it was discovered that one of the laureates, Ralph Steinman, had passed away three days earlier. An interpretation of the purpose of the rule above led the board of the Nobel Foundation to conclude that Dr. Steinman should remain a laureate because the Nobel Assembly at Karolinska Institute had made the announcement without knowing of Steinman's death. See https://www.nobelprize.org/prizes/facts/nobel-prize-facts/.
7. Email from Dr. Karl Grandin to the author, July 22, 2019; https://www.nobelprize.org/prizes/facts/nobel-prize-facts.
8. Horace Judson interview with William Lawrence Bragg, January 28, 1971, HFJP; letter from W. L. Bragg to Arne Westgren, Nobel Committee in Chemistry, January 9, 1960, Archives of the Center for the History of Science, Royal Swedish Academy of Sciences, Stockholm.
9. Letter from Linus Pauling to the Nobel Committee in Chemistry, March 15, 1960, LAHPP, http://scarc.library.oregonstate.edu/coll/pauling/dna/corr/sci9.001.47-lp-nobelcommittee-19600315.html.
10. The 1960 Chemistry nominators were W. L. Bragg, D. H. Campbell, W. H. Stein, H. C. Urey, J. Cockcroft, S. Moore, L. C. Pauling, and J. Monod, and the nominators in Physiology or Medicine were M. Stoker, E. J. King (he

nominated only Crick and Perutz); in 1961, the Chemistry nominators were A. Szent-Gyorgi, G. Beadle, and R. M. Herriott; in 1962, G. H. Mudge, G. Beadle, C. H. Stuard-Harris, P. J. Gaillard, and F. H. Sobels. Archives of the Center for the History of Science, Royal Swedish Academy of Sciences, Stockholm. See also Nobel Prize nominations for Medicine or Physiology: *Karol. Inst. Nobelk. 1960. P.M. Forsändelser Och Betänkanden; Sekret Handling, 1961. Betänkande angående F.H.C. Crick, J.D. Watson och M.H.F. Wilkins av Arne Engström; (Shipments and Reports; Secret Action, 1961. Report on F.H.C. Crick, J.D. Watson, and M.H.F. Wilkins by Arne Engström)* Nobel Prize Nominations for Medicine or Physiology. *Karol. Inst. Nobelk. 1961; P.M. Forsändelser Och Betänkanden; Sekret Handling, 1962. Betänkande angående F.H.C. Crick, J.D. Watson och M.H.F. Wilkins av Arne Engström* (Shipments and Reports; Secret Action, 1962. Report on F.H.C. Crick, J.D. Watson, and M.H.F. Wilkins by Arne Engström), Nobel Prize Nominations for Medicine or Physiology. Karol. Inst. Nobelk. 1962. Nobel Prize Committee in Physiology or Medicine, Nobel Forum, Karolinska Institute, Stockholm, Sweden. For secondary accounts, see Erling Norrby, *Nobel Prizes and Nature's Surprises* (Singapore: World Scientific, 2013), 333, 370; A. Gann and J. Witkowski, "DNA: Archives Reveal Nobel Nominations," correspondence, Nature 496 (2013): 434.

11. Arthur Conan Doyle, "The Gloria Scott," *The Adventures and Memoirs of Sherlock Holmes* (New York: Modern Library, 1946), 427. This 1893 story originally appeared in *The Strand* magazine and then as part of the collection of stories *The Memoirs of Sherlock Holmes* (London: George Newnes, 1893). In the storThe Farewell Symphony was written in 1772 by Haydn, who served as Kappelmeister of the orchestra that played for Prince Esterházy. As summer segued into fall, the orchestra members appealed to Haydn to do something to get the prince to leave his summer home in rural Hungary so that they might return to their families. The musical ploy apparently worked and the court musicians returned to their homes the next day. Daniel Coit Gilman, Harry Thurston Peck, and Frank Moore Colby, eds., The New International Encyclopedia (New York: Dodd, Mead, 1905), 43; James Webster, Haydn's "Farewell" Symphony and the Idea of Classical Style (Cambridge: Cambridge University Press, 1991). y, Conan Doyle portrays the vicious murder of a prison ship captain by a "sham chaplin . . . [who stood over a dead captain] with his brains smeared over the chart of the Atlantic . . . [and] with a smoking pistol in his hand at his elbow." See also William Safire, "The Way We Live Now: On Language, Smok-

ing Gun," *New York Times Magazine*, January 26, 2003, 18, https://www.nytimes.com/2003/01/26/magazine/the-way-we-live-now-1-26-03-on-language-smoking-gun.html.

12. Gunnar Hägg, "Arne Westgren, 1889–1975," *Acta Crystallographica* 32, no. 1 (1976): 172–73.
13. Arne Westgren, "Bilaga 8: Yttrande rörande förslag att belöna J. D. Watson, F. H. C. Crickoch M. H. F. Wilkins med nobelpris," in *Protokoll vid Kungl: Vetenskapsakademiens Sammankomster för Behandling av Ärenden Rörande Nobelstiftelsen, Är 1960* (Minutes at the Royal Swedish Academy of Sciences' Meetings for Processing Matters Concerning the Nobel Foundation, 1960), Center for the History of Science, Royal Swedish Academy of Sciences, Stockholm. Translated by Erling Norrby in *Nobel Prizes and Nature's Surprises*, 337–38. I am indebted to Professor Erling Norrby of the Royal Swedish Academy of Sciences, a former Nobel Prize committee member, for his excellent translation and elucidation of this critical report and his generosity in sharing it with me and permission to quote from it.
14. W. L. Bragg, nomination for the Nobel Prize in Chemistry, January 9, 1960, *Ärenden Rörande Nobelstiftelsen. Är 1960* (Matters Concerning the Nobel Foundation, 1960), Center for the History of Science, Royal Swedish Academy of Sciences, Stockholm.
15. The Farewell Symphony was written in 1772 by Haydn, who served as *Kappelmeister* of the orchestra that played for Prince Esterházy. As summer segued into fall, the orchestra members appealed to Haydn to do something to get the prince to leave his summer home in rural Hungary so that they might return to their families. The musical ploy apparently worked and the court musicians returned to their homes the next day. Daniel Coit Gilman, Harry Thurston Peck, and Frank Moore Colby, eds., *The New International Encyclopedia* (New York: Dodd, Mead, 1905), 43; James Webster, *Haydn's "Farewell" Symphony and the Idea of Classical Style* (Cambridge: Cambridge University Press, 1991).
16. "Decoding Watson," *American Masters*, PBS, January 2, 2019, http://www.pbs.org/wnet/americanmasters/american-masters-decoding-watson-full-film/10923/?button=fullepisode.
17. Amy Harmon, "For James Watson, the Price Was Exile," *New York Times*, January 1, 2019, D1; Amy Harmon, "Lab Severs Ties with James Watson, Citing 'Unsubstantiated and Reckless' Remarks," *New York Times*, January 11, 2019, https://www.nytimes.com/2019/01/11/science/watson-dna-genetics.html.

18. Author interview with James D. Watson (no. 1), July 23, 2018.
19. James D. Watson, *Genes, Girls and Gamow: After the Double Helix* (New York: Knopf, 2002), 250.
20. Author interview with James D. Watson (no. 1), July 23, 2018. In 1970, Maurice Wilkins told Anne Sayre that had Franklin been alive, the Nobel would have been awarded only to Watson and Crick. Sayre recounts that "this thought haunts and depresses him"; Anne Sayre interview with Maurice Wilkins, June 15, 1970, ASP, box 4, folder 32.
21. James D. Watson, "Striving for Excellence," *A Passion for DNA: Genes, Genomes and Society* (Cold Spring Harbor, NY: Cold Spring Harbor Laboratory Press, 2001), 117–21, quote is on 120. In his 2010 book *Avoid Boring People*, Watson credits the eminent Columbia University historian Jacques Barzun for encouraging him to tell "the story of our discovery as a very human drama" (213).
22. Author interview with James D. Watson (no. 2), July 24, 2018.
23. James D. Watson, *The Double Helix: A Personal Account of the Discovery of the Structure of DNA*, edited by Gunther Stent (New York: Norton, 1980), 7. At the time, one of the best-selling books in Britain was the novel Lucky Jim by Kingsley Amis (London: Victor Gollancz, 1954), which depicted the life of a lecturer, James Dixon, at a provincial university. Brenda Maddox has speculated that Watson liked the novel so much he based the format of *The Double Helix* on it, with himself playing the "bumbling honest Jim Dixon" and Franklin "the neurotic female lecturer Margaret Peel ('quite horribly well done', said the New Statesman), with her tasteless clothes and utter ignorance of how to appeal to a man." Brenda Maddox, *Rosalind Franklin: The Dark Lady of DNA* (New York: HarperCollins, 2002), 315.
24. Maddox, *Rosalind Franklin*, 314.

인명 색인

A~Z

A. V. 힐(A. V. Hill) … 57, 298
C. J. 랩(C. J. Lapp) … 168, 193~194, 196~197

ㄱ

게오르그 크라이셀(George Kreisel) … 274
게일(A. J. V. Gale) … 483, 494
고든 서덜랜드(Gordon Sutherland) … 185
군터 스텐트(Gunther Stent) … 151, 158~159, 167, 169
그루초 마르크스(Groucho Marx) … 71

ㄴ

네빌 체임벌린(Neville Chamberlain) … 234
네이선 퓨지(Nathan Pusey) … 51
니콜라스 해먼드(Nicholas Hammond) … 369
닐스 보어(Niels Bohr) … 16, 125, 158, 160~162, 185, 192, 525

ㄷ

다니엘 M. 브라운(Daniel M. Brown) … 358
데니스 오스왈드 조던(Denis Oswald Jordan) … 430
데니스 헤이 윌킨슨(Denys Haigh Wilkinson) … 206
도널드 캐스퍼(Donald Caspar) … 507
도로시 호지킨(Dorothy Hodgkin) … 212, 261~262, 266~267, 273, 278, 393, 437

ㄹ

라이너스 폴링(Linus Pauling) … 20, 55, 103, 120, 124, 127, 132, 135, 137, 184, 210, 261, 270, 272, 281, 297, 303~304, 312, 319, 329, 332, 337, 376~377, 381, 413, 436, 451, 456, 459, 464~465, 468, 487~488, 526, 533, 546
라이오넬 브림블(Lionel J. F. Brimble)

… 483, 494
랜즈보로 톰슨(Landsborough Thomson) … 426
레나토 둘베코(Renato Dulbecco) … 150~151
레슬리 오겔(Leslie Orgel) … 274
레오 실라르드(Leo Szilard) … 16
레일리(John William Strutt Rayleigh) … 61
로널드 노리시(Ronald G. W. Norrish) … 104~108
로버트 로빈슨(Robert Robinson) … 312
로버트 오펜하이머(J. Robert Oppenheimer) … 185
로버트 올비(Robert Olby) … 287
로버트 코리(Robert Corey) … 129~131, 135~136, 307, 311~312, 333~334, 352, 361, 365, 380, 392, 395, 435, 466, 481, 486, 533
로버트 허친스(Robert Maynard Hutchins) … 145~146
로블리 윌리엄스(Robley Williams) … 358~359
로스코 디킨슨(Roscoe Dickinson) … 124
로이 마컴(Roy Markham) … 118, 195, 382
루돌프 지그너(Rudolf Signer) … 83
루돌프 파이얼스(Rudolph Peierls) … 76
루드비히 비트겐슈타인(Ludwig Wittgenstein) … 274
루스 도드(Ruth Doreen Dodd) … 53
루스 쉬플리(Ruth Bielaski Shipley) … 308~311, 3313, 482
루스 애보트(Ruth Abbott) … 77~78
루이스 헬러(Louise Heller) … 116, 218, 508
루카 카발리 스포르차(Luca Cavalli-Sforza) … 348
리처드 마시(Richard Marsh) … 130

ㅁ

마거릿 램지(Margaret Ramsey) … 72, 75
마르셀 마티외(Marcel Mathieu) … 109
마리 퀴리(Marie Curie) … 98
마이어 리빙스턴(Mair Livingstone) … 507
마조리 엠이웬(Marjorie M'Ewen) … 229
마크 올리펀트(Mark L. E. Oliphant) … 70, 73, 76
마틴 카멘(Martin D. Kamen) … 309
막스 델브뤼크(Max Delbrück) … 18, 46, 129, 148, 151, 154, 156, 158~159, 167~169, 173~175, 188, 191~192, 195, 197, 208, 330, 334~335, 434~436, 456, 460, 465, 471~472, 478, 482, 503, 526
막스 페루츠(Max Perutz) … 59,

65~66, 134~135, 200~203, 208, 232, 254~256, 262~264, 271, 279, 286, 291, 296, 298, 333, 345, 351, 369, 373, 376, 378~379, 383~384, 406~408, 423~428, 447, 451, 453, 467~468, 482, 491, 495, 498, 509, 519, 527, 533, 545
막스 플랑크(Max Planck) … 16
매클린 맥카티(Maclyn McCarty) … 42
매트 리들리(Matt Ridley) … 56
맨설 데이비스(Mansel Davies) … 475
메리 프레이저(Mary Fraser) … 228

ㅂ

바바라 라이트(Barbara Wright) … 165~170, 173, 190, 393
바질 오코너(Basil O'Connor) … 192
베르너 슈마커(Verner Schomaker) … 360, 413
베르너 에렌베르크(Werner Ehrenberg) … 219
베르너 하이젠베르크(Werner von Heisenberg) … 16, 61, 125
보리스 에프리시(Borris Ephrussi) … 477
볼프강 파울리(Wolfgang Pauli) … 125
볼프하르트 바이델(Wolfhard Weidel) … 167
브라이트 윌슨(E. Bright Wilson) … 361
브렌다 매독스(Brenda Maddox) … 117~118, 217, 487
브루스 프레이저(Bruce Fraser) … 227, 283, 491
블라디미르 반트(Vladimir Vand) … 262, 264
비토리오 루차티(Vittorio Luzzati) … 112, 344
빅토르 폰 브룬스(Viktor von Bruns) … 31

ㅅ

살바도르 루리아(Salvador Luria) … 148~150, 152~156, 175, 185, 190~191, 194~198, 200, 309, 330, 456, 460, 526
셰르마크-제이젠네크(Erich von Schermack-Seysenegg) … 28
스노우(C. P. Snow) … 54, 503
스벤 퓨베르그(Sven Furberg) … 284, 360, 486
시드니 브레너(Sydney Brenner) … 291
실비아 잭슨(Sylvia Jackson) … 224
싱클레어 루이스(Sinclair Lewis) … 147, 149, 163, 186

ㅇ

아돌프 히틀러(Adolf Hitler) … 34, 36,

38, 201~202, 317
아드리엔느 바일(Adrienne Weill) … 103, 109, 236
아론 클루그(Aaron Klug) … 392, 411, 509, 526, 545
아르네 베스트렌(Arne Westgren) … 534~536
아르네 엥스트룀(Arne Engström) … 524
아서 설리번(Arthur Sullivan) … 62
아서 패터슨(Arthur L. Patterson) … 234, 344~347, 410, 412, 502
아이작 아시모프(Issac Asimov) … 210
안젤라 브라운(Angela Brown) … 222, 233, 470
안톤 도른(Anton Dohrn) … 171~172
알렉 스톡스(Alec Stokes) … 218, 242, 265, 281, 486
알렉산더 토드(Alexander Todd) … 358, 361
알렉산더 플레밍(Alexander Fleming) … 260~261
알베르 칼메트(Albert Calmette) … 317
알베르트 아인슈타인(Albert Einstein) … 16, 61, 64, 78, 126, 303, 337, 496
알프레드 킨제이(Alfred Kinsey) … 151
알프레드 허쉬(Alfred D. Hershey) … 329~333
앙드레 르보프(Andre Lwoff) … 192, 333, 393
앤 세이어(Anne Sayre) … 64, 67, 85, 90, 101, 108, 119, 209, 223~225, 227, 229, 234, 277~278, 341, 473, 497, 545
어니스트 러더포드(Ernest Rutherford) … 62, 232
어니스트 로렌스(Ernest Lawrence) … 76
에드워드 멜란비(Edward Mellanby) … 57~58
에드워드 안드라데(Edward Neville da Coasta Andrade) … 52
에드워드 테이텀(Edward Tatum) … 348~349
에르빈 샤르가프(Erwin Chargaff) … 209, 242, 284, 295, 315~319, 321~326, 328, 383, 389, 425, 429, 442, 458, 467, 477, 486, 539, 546
에르빈 슈뢰딩거(Erwin Schrödinger) … 16, 18~19, 56, 61, 79, 129, 147~148, 317
에른스트 헤켈(Ernst Haeckel) … 171
에이드리언(Edgar D. Adrian) … 55
에이브리언 미치슨(Avrion Mitchison) … 274
엔리코 페르미(Enrico Fermi) … 185
엘리자베스 루이스(Elizabeth Lewis) … 518
오너 펠(Honor Fell) … 58, 223
오딜 스피드(Odile Speed) … 53
오즈월드 에이버리(Oswald Avery) … 40~46, 82, 130, 148, 174, 307, 315,

317, 329
오토 프리시(Otto Frisch) … 76
요하네스 미셔(Johannes Friedrich Miescher) … 29~33, 44
월터 스피어(Walter Spear) … 219
월트 휘트먼(Walt Whitman) … 367
윌리 시즈(Willy Seeds) … 221~222, 225~226, 232, 285, 290, 470, 541~542
윌리엄 로렌스 브래그(William Lawrence Bragg) … 63~66, 98, 134~137, 202~204, 209, 245, 271, 291, 293, 296, 298, 301, 319, 324, 333, 351~353, 355, 361, 374~376, 378~379, 384, 406~408, 435, 451, 456~459, 467~468, 472, 477~483, 485, 488~489, 491, 500, 503. 506~507, 525, 533, 535~536, 546
윌리엄 애스트버리(William Astbury) … 45, 126~127, 131~133, 136, 175~179, 181, 252, 324, 358, 360, 381, 441, 475, 486, 490, 494
윌리엄 웰치(William Henry Welch) … 45
윌리엄 재스퍼 스필만(William Jasper Spillman) … 28
윌리엄 코크란(William Cochran) … 262, 264, 269
윌리엄 헤이즈(William Hayes) … 348~349, 378, 384, 392

ㅈ

자크 메링(Jacques Mering) … 109, 111, 217
장 바이겔(Jean Weigel) … 188
장 핸슨(Jean Hanson) … 222
제리 도너휴(Jerry Donohue) … 434, 436~440, 442~447, 468, 477, 486, 526, 546
제임스 N. 데이비슨(James N. Davidson) … 429, 439
제임스 맥스웰(James Clerk Maxwell) … 60~61
제임스 채드윅(James Chadwick) … 62
제포 마르크스(Zeppo Marx) … 71
제프리 브라운(Geoffrey Brown) … 112~113, 216~217, 233, 341, 470
조너스 소크(Jonas Salk) … 192~193
조셉 매카시(Joseph R. McCarthy) … 304~306, 308
조슈아 레더버그(Joshua Lederberg) … 46, 348~350, 378
조이스 레보비츠(Joyce Leibowitz) … 501
조지 비들(George Beadle) … 349
존 그리피스(John Griffith) … 314, 320, 323
존 듀이(John Dewey) … 145
존 랜들(John Randall) … 57, 71, 73~76, 78~80, 82~84, 114~119, 177, 179, 212, 218, 221, 223, 232, 236, 242, 253, 278, 291~293, 307,

324, 341, 343, 352, 365, 377, 384, 389, 420, 423, 426, 428, 441, 463, 471~473, 483, 485~486, 491, 494, 497, 499, 526
존 메이슨 걸랜드(John Mason Gulland) … 2842, 430
존 스타인벡(John Ernst Steinbeck) … 160, 513, 519, 523~524, 527
존 엔더스(John Enders) … 192
존 켄드루(John Kendrew) … 59, 65, 83, 134, 185, 190~191, 200, 203~208, 215, 263, 271, 276~277, 279, 283, 296, 319, 321, 324, 333, 345, 351, 367~368, 371, 376, 383~384, 420, 424, 437, 451, 453, 457~459, 461, 466~467, 477, 482, 491, 519, 527, 533, 546
준 브룸헤드(June Broomhead) … 437

ㅊ

찰스 다윈(Charles Darwin) … 24, 28, 34, 170~171, 273, 368, 384, 451, 485, 496
찰스 대븐포트(Charles Benedict Davenport) … 36~38
찰스 쿨슨(Charles Coulson) … 113

ㅋ

카를 루드비히(Carl Ludwig) … 31
카를 코렌스(Karl Correns) … 28
카를로스 샤가스(Carlos Chagas) … 338
콜린 맥러드(Colin Macleod) … 42
치코 마르크스(Chico Marx) … 71

ㅌ

토머스 스트레인지웨이스(Thomas Strangeways) … 58
토머스 윌슨(Thomas Wilson) … 51
토머스 골드(Thomas Gold) … 320
토머스 리버스(Thomas Rivers) … 192
토머스 웰러(Thomas Weller) … 192
토머스 펄먼(Thomas Perlmann) … 530
토비아스 스몰릿(Tobias Smollett) … 53
톰슨(Joseph John Thomson) … 62
트레이시 손번(Tracy Sonneborn) … 149, 152~153

ㅍ

파스쿠알 요르단(Pascual Jordan) … 129
팻 콜린지(Pat Collinge) … 517
폴 디락(Paul Dirac) … 125
폴 버그(Paul Berg) … 158
폴 와이즈(Paul Weiss) … 146, 194, 197~198

프랑수아 자코브(François Jacob) … 243~244, 546
프랜시스 골턴(Francis Galton) … 34
프레다 타이스허스트(Freda Ticehurst) … 497, 499
프레더릭 그리피스(Frederick Griffith) … 41
프레더릭 로빈스(Frederick Robbins) … 192
프레더릭 홉킨스(Frederick Gowland Hopkins) … 201
프레더릭 데인튼(Frederick Dainton) … 104~105
프리드리히 니체(Friedrich Nietzche) … 140
플로렌스 벨(Florence Bell) … 176
피버스 레빈(Phoebus A. Levene) … 44~46

ㅎ

하포 마르크스(Harpo Marx) … 71
해럴드 힘스워스(Harold Himsworth) … 426~428
해리 매시(Harrie Massey) … 56, 79
해리 칼라일(C. Harry Carlisle) … 251
해리엇 테일러 에프리시(Harriet Taylor Ephrussi) … 477
허먼 J. 멀러(Herman J. Muller) … 149, 152~153
허먼 브랜슨(Herman Branson) … 136
허버트 오스틴(Herbert Austin) … 64
허버트 윌슨(Herbert Wilson) … 391~392, 486
헤르만 칼카르(Herman Kalckar) … 156~162, 165~166, 168~170, 173, 175, 177, 180, 183, 189, 194, 197, 204, 393
호레이스 저드슨(Horace Freeland Judson) … 217, 224, 244, 254~255, 264, 345, 383, 424, 474, 528, 546
호페 자일러(Felix Hoppe-Seyler) … 29~30, 32
홀데인(J. B. S. Haldane) … 274
휘호 더프리스(Hugo de Vries) … 28
휴 헉슬리(Hugh Huxley) … 273, 319